cher Reihen. Im Jahre 1673 lernte er Blaise Pascals Schr… kennen und bemerkte dort die Bedeutung des heute als Steigungsdreieck bezeichneten „charakteristischen" Dreiecks für das allgemeine Tangentenproblem. Im Oktober 1675 fasste Leibniz entscheidende Grundgedanken seiner Infinitesimalmathematik, seines „Calculus", und erkannte den wechselseitigen Zusammenhang von Quadratur- und Tangentenproblem, also von Integration und Differentiation.

Die Lebensumstände haben es Leibniz nicht erlaubt, eine ihm vorschwebende zusammenhängende Darstellung der Wissenschaft vom Unendlichen, einer Infinitesimalmathematik niederzuschreiben. Er konnte lediglich, allerdings sehr wesentliche Teilergebnisse zum „Calculus" veröffentlichen. In der neu gegründeten Leipziger Zeitschrift „Acta Eruditorum" (Berichte der Gelehrten) erschien 1682 eine Abhandlung, die die Reihe für $\frac{\pi}{4}$ und das Konvergenzkriterium für alternierende Reihen enthielt. Die Abhandlung aus dem Jahre 1684 ist die Geburtsstunde der Differentialrechnung. Hier tritt das Wort „Differentialrechnung" zum ersten Mal auf; bis dahin hatte Leibniz von „direkter Tangentenmethode" gesprochen. Auch erscheint an dieser Stelle das Differentiationszeichen d erstmals im Druck. Die Arbeit enthält die Differentiationsregeln für Summe und Differenz, für Produkt und Quotient, die Kettenregel, die zweite Ableitung, die Bedingung $dv = 0$ für Extremwerte bzw. $ddv = 0$ für Wendepunkte einer Funktion, die Lösung einer Differentialgleichung durch Trennung der Variablen. Zwei Jahre später, 1686, veröffentlichte Leibniz die Grundregeln der Integralrechnung. Hier erscheint das Integralzeichen $\int$ als Stilisierung des Anfangsbuchstabens S von *Summa* erstmals im Druck. Das Wort „Integral" geht auf Johann Bernoulli zurück; Leibniz sprach anfangs von „calculus summatorius". Später fand Leibniz noch weitere wegbereitende Einzelergebnisse, z. B. zur Integration einiger Typen von gewöhnlichen Differentialgleichungen, zur Berührung von Kurven und zur Theorie der Einhüllenden sowie zur Anwendung des „Calculus" auf physikalische Probleme (u. a. Belastung eines Balkens, Fallbewegung im widerstrebenden Medium, Isochrone, Kettenlinie).

Darüber hinaus hat Leibniz – wie teilweise erst bei der Erschließung des Nachlasses erkennbar wurde – bedeutsame Beiträge zur mathematischen Logik, zur Determinantentheorie und zur Wahrscheinlichkeitsrechnung geleistet.

Leibniz gehört, neben Descartes und Euler, zu den Hauptgestaltern der mathematischen Symbolik und Terminologie. „Bei den Bezeichnungen", so sagt Leibniz, „ist darauf zu achten, dass sie für das Erfinden bequem sind". Der Gebrauch des Wortes *Funktion* geht auf Leibniz zurück. Im Briefwechsel zwischen Leibniz und Johann Bernoulli (1694 bis 1698) einigte man sich auf die Begriffsbezeichnungen *Konstante, Variable, Koordinate, Parameter, algebraische* und *transzendente Funktion.* Von Leibniz stammen der Gebrauch von Indizes und Doppelindizes, die Überstreichung von Buchstaben, die Determinantenschreibweise, die Schreibweise $a : b = c : d$ für Proportionen (mit Doppelpunkt und Gleichheitszeichen).

Der „Calculus", d. h. die leibnizsche Form der Infinitesimalmathematik, setzte sich, nicht zuletzt wegen der glücklich erfundenen Bezeichnungen, auf dem Kontinent rasch durch und erwies sich in den Händen von Jakob Bernoulli, Johann Bernoulli und Euler als überaus leistungsfähig in der Mathematik selbst, aber auch bei Anwendungen in Astronomie, Physik und Technik. In England dagegen behauptete sich die von Newton geschaffene Form der Infinitesimalrechnung noch bis ins 19. Jahrhundert.

Unglücklicherweise wurden Newton und Leibniz in einen von ihren jeweiligen Anhängern erbittert geführten Prioritätsstreit um die Erfindung der Infinitesimalrechnung verwickelt. Heute steht fest, dass beide unabhängig voneinander zu ihren Entdeckungen auf dem Gebiet der Infinitesimalmathematik gelangt sind.

Weber · Zillmer

# Mathematik

Analysis

Analytische Geometrie

Stochastik

Sekundarstufe II

Grundkurs mit Erweiterungen
und Vertiefungen

PAETEC
Gesellschaft für Bildung und Technik mbH

Herausgeber: Prof. Dr. habil. Karlheinz Weber
Doz. Dr. habil. Wolfgang Zillmer

Autoren:
Dr. Georg-Christian Brückner
Irmhild Kantel
Dr. Marga Schmidt
Dr. habil. Michael Schmitz
Helmut Schreiber
Dr. habil. Bernd Wernicke
Beate Wießer
Doz. Dr. habil. Wolfgang Zillmer

Den einleitenden Text zu Leben und Werk von G. W. Leibniz verfasste
Prof. Dr. habil. Hans Wußing.

Berater:
Dr. Heidemarie v. Lojewski

Dieses Werk folgt der reformierten Rechtschreibung und Zeichensetzung.

Gedruckt auf chlorfrei gebleichtem Papier

1. Auflage

1 5 4 3 | 2001 2000 1999 98 97
Alle Drucke dieser Auflage können im Unterricht nebeneinander benutzt werden.
Die letzte Zahl bezeichnet das Jahr dieses Druckes.

Redaktion: Prof. Dr. habil. Karlheinz Weber
Layout: Erika Netzmann, Martina Holzinger, Britta Scharffenberg
Zeichnungen: Dr. Günter Liesenberg
Druck: Westermann Druck Zwickau GmbH

ISBN 3-89517-208-1

# Inhalt

## ANALYSIS

# ANALYTISCHE GEOMETRIE UND LINEARE ALGEBRA



# STOCHASTIK

* Im Text dieses Lehrbuches wird verschiedentlich auf *„Formeln und Tabellen"* verwiesen. Damit ist der Titel *„Formeln und Tabellen für die Sekundarstufen I und II"* des PAETEC Schulbuchverlages (ISBN 3-89517-252-9) gemeint.

* Um die Übersichtlichkeit zu erhöhen, werden in den Randleisten dieses Buches Farbfelder verwendet, in welche jeweils die Kapitelbezeichnung und eine kapitelbezogene Nummer eingetragen sind. Zum Beispiel:

**A 5** für Beispiele **A 30** für (Lehr-)Sätze, Regeln, Verfahren **A 6** für Definitionen

# ANALYSIS

# A Funktionen

In der Mathematik, insbesondere in der Analysis, kommt dem Begriff ***Funktion*** eine zentrale Bedeutung zu. Es hat Jahrhunderte gedauert, bis der Funktionsbegriff in seiner heutigen Form entwickelt worden ist. Die Namen bekannter Mathematiker sind damit verbunden. LEIBNIZ (1646–1716) verwendete erstmals 1692 das Wort *Funktion* als Bezeichnung für Längen, die von einem beweglich gedachten Punkt einer Kurve abhängen. Von BERNOULLI (1667–1748) stammt die erste Definition. EULER (1707–1783), FOURIER (1768–1830) und DIRICHLET (1805–1859) trugen in der Folge maßgeblich zur weiteren Entwicklung dieses grundlegenden Begriffs bei.
Der ursprüngliche Funktionsbegriff kennzeichnete die gesetzmäßige Abhängigkeit einer Größe von einer anderen, die mit mathematischen Mitteln beschrieben werden kann und deren Veranschaulichung zu einer zusammenhängenden Linie „ohne Knick" führt. Durch vielfältige Anwendungsprobleme wurde diese Auffassung schrittweise immer mehr verallgemeinert. Heute versteht man unter einer (Zahl-)Funktion einfach eine Vorschrift, die jeder Zahl x einer bestimmten Menge genau eine Zahl y einer anderen Menge zuordnet.

## A 1 Funktionsbegriff und Eigenschaften von Funktionen

### A 1.1 Der Begriff *Funktion*

Wir betrachten folgendes Beispiel:
An einer Klassenarbeit haben 30 Schüler teilgenommen. Das Ergebnis wird im nachfolgenden Notenspiegel wiedergegeben.

| Note | 1 | 2 | 3 | 4 | 5 | 6 |
|---|---|---|---|---|---|---|
| Anzahl der Schüler | 3 | 7 | 10 | 6 | 3 | 1 |

Man erkennt, dass jeder Note *eindeutig* eine bestimmte Zahl, nämlich die Anzahl der Schüler mit dieser Note, *zugeordnet* wird, z. B. der Note 2 die Anzahl 7.
Mit Hilfe von Mengen lässt sich die Situation noch anschaulicher und klarer beschreiben. Wir bezeichnen dazu die Menge der auftretenden Noten mit D (also D = {1; 2; …; 6}), die Menge der Anzahl der Schüler, die jeweils eine bestimmte Note erreichen, mit W (also W = {1; 3; 6; 7; 10}) (Fig. A 1).

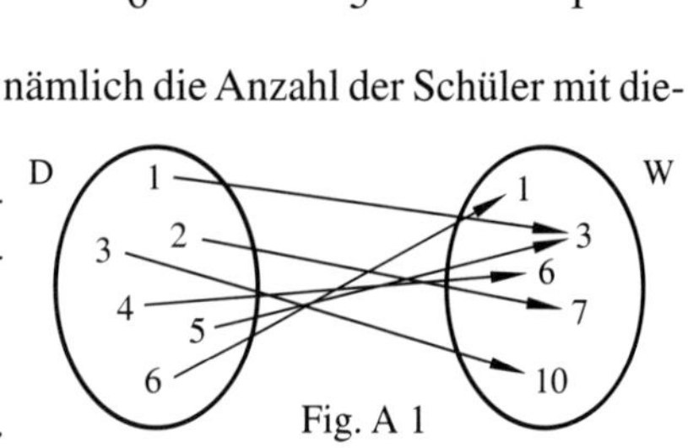

Fig. A 1

In der Darstellung erkennt man die *eindeutige Zuordnung* daran, dass von jedem Element der Menge D genau ein Pfeil ausgeht. Wenn eine solche *eindeutige Zuordnung* zwischen den Elementen zweier Mengen D und W vorliegt, dann spricht man in der Mathematik von einer *Funktion*.

A 1 Definition A 1:
Unter einer **Funktion f** versteht man eine *eindeutige Zuordnung*. Dabei wird jedem $x \in D_f$ genau ein $y \in W_f$ zugeordnet.

Man nennt

$D_f$ den *Definitionsbereich* oder die *Definitionsmenge* der Funktion f,
$W_f$ den *Wertebereich* oder die *Wertemenge* der Funktion f.

In Kurzform: $f: x \mapsto y$ oder $f: x \mapsto f(x)$.
Durch die Angabe der *Zuordnungsvorschrift*, des *Definitions-* und des *Wertebereichs* wird eine Funktion vollständig und korrekt gekennzeichnet.

A 1 Beispiel A 1:
Da von jedem Element des Definitionsbereichs $D_f$ genau ein Pfeil ausgeht, handelt es sich bei der dargestellten Zuordnung gemäß Definition A 1 um eine Funktion.

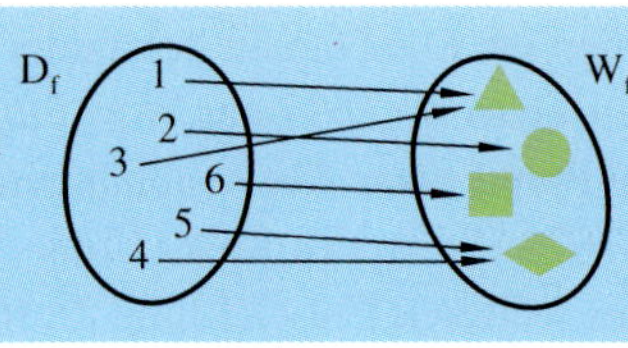

Fig. A 2

A 2 Beispiel A 2:
$f: x \mapsto x + 1, \ x \in \mathbb{R}$
Diese Zuordnung ist nach Definition A 1 ebenfalls eine Funktion. Jeder reellen Zahl x wird durch f die um 1 vermehrte Zahl x + 1 zugeordnet. Es gilt: $D_f = \mathbb{R}$ und $W_f = \mathbb{R}$.

A 3 Beispiel A 3:
Die Kanten eines Würfels werden durch senkrechte Parallelprojektion auf eine Ebene abgebildet (Fig. A 3). Auf diese Weise wird jedem Punkt P der Würfelkanten genau ein Punkt P′ der Ebene zugeordnet – die Zuordnung ist eindeutig, es handelt sich um eine Funktion. In der umgekehrten Richtung, also von der Projektion zum Original, ist die Zuordnung allerdings nicht mehr eindeutig: Dem Punkt $P_1 \in \varepsilon$ werden auf diese Weise nämlich alle Punkte der Kante $\overline{AB}$ des Würfels zugeordnet – die Zuordnung ist keine Funktion.

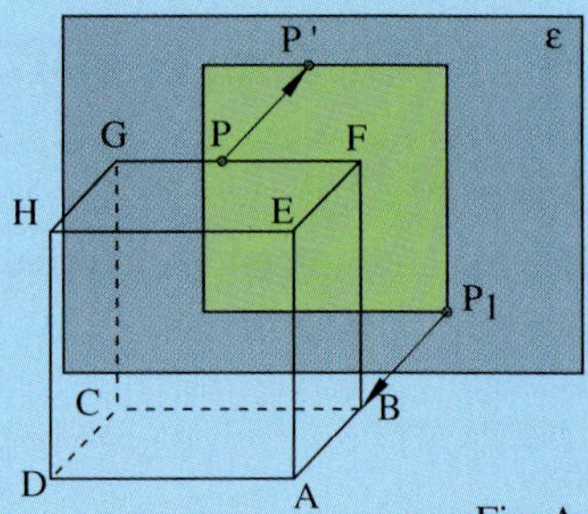

Fig. A 3

A 4 Beispiel A 4:
Durch Zentralprojektion werden die Punkte der Geraden a den Punkten der Geraden b zugeordnet (Fig. A 4).

| $D_f$ | $A_1$ | $A_2$ | $A_3$ | $A_4$ |
|---|---|---|---|---|
| $W_f$ | $B_1$ | $B_2$ | $B_3$ | $B_4$ |

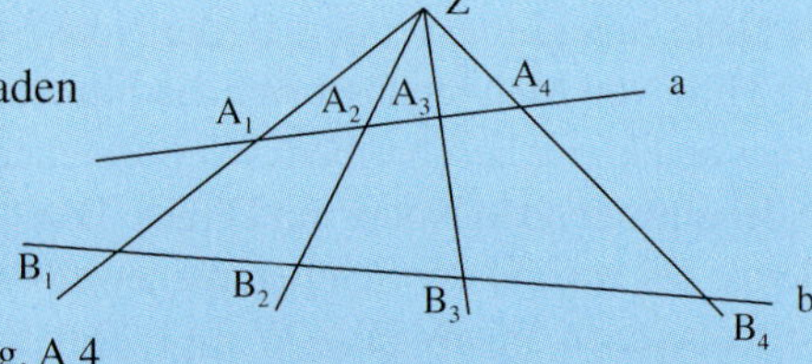

Fig. A 4

Man erkennt: Jedem Punkt der Geraden a ist eindeutig ein Punkt der Geraden b zugeordnet. Durch die Zuordnungsvorschrift „Zentralprojektion“ ist also eine Funktion gegeben (im geometrischen Bereich spricht man meist von einer [eindeutigen] Abbildung).

Im Unterschied zu den Beispielen A1, A3 und A4 beschäftigt man sich in der Analysis ausschließlich mit Funktionen, bei denen Definitionsbereich und Wertebereich Mengen reeller Zahlen sind. Man spricht in diesem Fall von *reellen Funktionen*[1]. Als Kurzbezeichnung für eine Funktion verwendet man meist Kleinbuchstaben, z. B. f, g, h oder $f_1$, $f_2$ …
Die Elemente des Definitionsbereiches nennt man *Argumente* und die Elemente des Wertebereiches *Funktionswerte*.

## A 1.2 Darstellung von Funktionen

Für die *Darstellung von Funktionen* gibt es verschiedene Möglichkeiten:

a) Die in der Mathematik am häufigsten angewendete Darstellungsart für reelle Funktionen (auch sogenannte Zahl-Zahl-Funktionen) ist die *Funktionsgleichung*.
Man schreibt z. B.

$y = x + 1,\ x \in \mathbb{R}$, oder $f(x) = x + 1,\ x \in \mathbb{R}$, oder $y = f(x) = x + 1,\ x \in \mathbb{R}$,
oder $f\colon x \mapsto x + 1,\ x \in \mathbb{R}$.

Wir vereinbaren:
∗ Die eigentlich notwendige umfangreiche Formulierung *„Die Funktion f mit der Zuordnungsvorschrift/Gleichung $x \mapsto f(x) = \ldots$ bzw. $y = f(x) = \ldots$ und dem Definitionsbereich $D_f = \ldots$“* wollen wir bei Betrachtungen zu Funktionen in diesem Buch in der Regel durch die Kurzform *„Die Funktion f …“* oder *„Die Funktion $y = f(x) = \ldots$“* oder *„Die Funktion $f(x) = \ldots$“* ersetzen. Die Achse, in deren Richtung die Funktionswerte f(x) abgetragen werden, ist mit y bezeichnet.
∗ Da vielfach der Definitionsbereich die Menge $\mathbb{R}$ der reellen Zahlen ist, erfolgt in der Regel nur dann eine gesonderte Aussage über $D_f$, wenn gegenüber $\mathbb{R}$ eine Einschränkung erfolgen soll bzw. muss.

b) In einer *Wertetabelle* kann eine Funktion durch Angabe geordneter Paare (x; y) dargestellt werden.

| x | −3 | −2,5 | −1 | 0 | 0,5 | 1 | 2 |
|---|---|---|---|---|---|---|---|
| y | −2 | −1,5 | 0 | 1 | 1,5 | 2 | 3 |

c) Die *grafische Darstellung* im rechtwinkligen Koordinatensystem ist eine weitere Möglichkeit, eine Funktion anzugeben. Sie liefert den *Graphen* (oder das *Schaubild*) der Funktion (Fig. A 5).

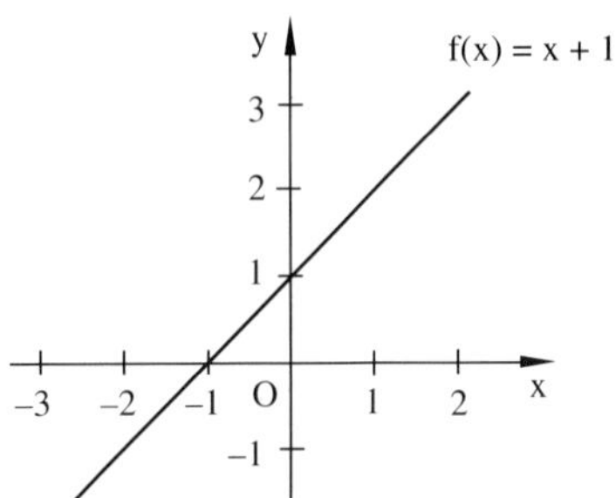


Fig. A 5

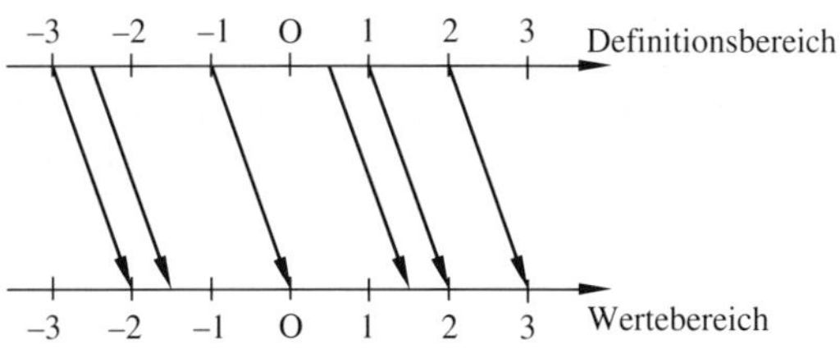


Fig. A 6

[1] Treten in Anwendungsbeispielen dennoch gelegentlich Größen auf, so werden in der Regel nur die Maßzahlen dieser Größen betrachtet.

d) *Pfeildarstellungen* oder Pfeildiagramme (Fig. A 6) wurden bereits in Fig. A 1 und A 2 genutzt.

e) Die *verbale Beschreibung* oder *Wortvorschrift* wird vor allem immer dann Anwendung finden, wenn sich die Zuordnung nicht oder nur sehr schwer bzw. umständlich durch eine Gleichung ausdrücken lässt. Die Zuordnung der Schüler einer Klasse zu ihrem Geburtsdatum wäre ein Beispiel für den Fall, dass sich keine Zuordnungsvorschrift in Form einer Gleichung angeben lässt.

## A 1.3 Abschnittsweise definierte Funktionen

Mitunter ist der Definitionsbereich einer Funktion nicht die Menge $\mathbb{R}$ aller reellen Zahlen, sondern eine spezielle Teilmenge, ein *Intervall* oder *Abschnitt* von $\mathbb{R}$. Für die genauere Kennzeichnung von Intervallen verwenden wir folgende Begriffe bzw. Symbole (s. „Formeln und Tabellen“, S. 21):

Sind a, b $\in \mathbb{R}$ und ist a < b, so heißt

* $[a; b] = \{x \mid x \in \mathbb{R} \text{ und } a \leq x \leq b\}$ abgeschlossenes Intervall von a bis b;
* $]a; b[ = \{x \mid x \in \mathbb{R} \text{ und } a < x < b\}$ offenes Intervall von a bis b;
* $]a; b] = \{x \mid x \in \mathbb{R} \text{ und } a < x \leq b\}$
* $[a; b[ = \{x \mid x \in \mathbb{R} \text{ und } a \leq x < b\}$ halboffenes Intervall von a bis b.

a und b sind jeweils die Intervallenden.

A 5

Beispiel A 5:
Die Funktion f, die jedem x $\in \mathbb{R}$ den Betrag von x zuordnet, heißt **Betragsfunktion**.
Kurz: $f(x) = |x|, x \in \mathbb{R}$.
Fig. A 7 zeigt den Graphen dieser Funktion. Ihr Wertebereich ist die Menge aller positiven reellen Zahlen einschließlich der Null. Mit Hilfe der Definition des absoluten Betrages einer reellen Zahl x

$$|x| = \begin{cases} x & \text{für } x \geq 0 \\ -x & \text{für } x < 0 \end{cases}$$

kann die Funktionsgleichung der Betragsfunktion in die Form

$$f(x) = \begin{cases} x & \text{für } x \geq 0 \\ -x & \text{für } x < 0 \end{cases}$$

gebracht werden. Man sagt: Die Betragsfunktion wurde abschnittsweise definiert.

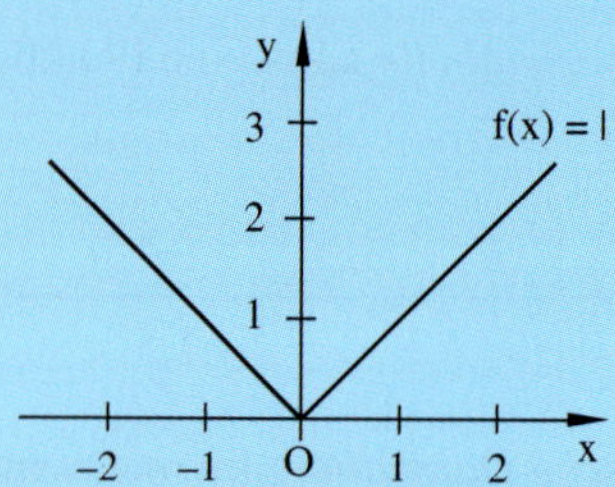


Fig. A 7

A 6

Beispiel A 6:
Die **Vorzeichenfunktion (Signumfunktion)** ist ein weiteres Beispiel für eine abschnittsweise definierte Funktion. Diese Funktion ist definiert durch

$$\operatorname{sgn}(x) = \begin{cases} 1 & \text{für } x > 0 \\ 0 & \text{für } x = 0 \\ -1 & \text{für } x < 0. \end{cases}$$

Fig. A 8 zeigt den Graphen der Vorzeichenfunktion[1)].

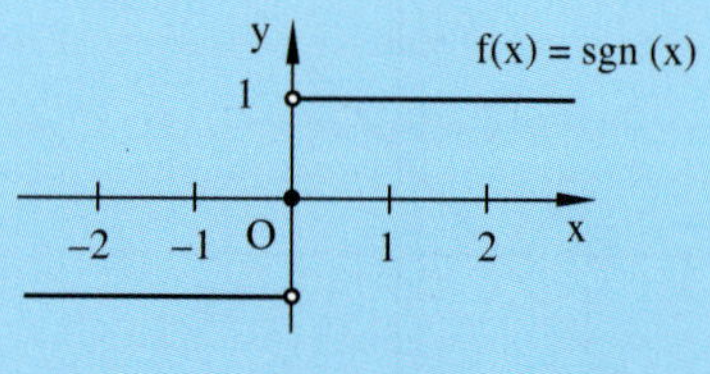


Fig. A 8

1) „∘“ bedeutet: Der Punkt gehört nicht zum Graphen der Funktion.
„•“ bedeutet: Der Punkt gehört zum Graphen der Funktion.

A 7

Beispiel A 7:
Abschnittsweise definierte Funktionen kann man auch „beliebig" bilden.
Wir betrachten etwa die Funktion f mit der Gleichung

$$f(x) = \begin{cases} x + 2 & \text{für } x < 0 \\ 2 & \text{für } 0 \le x < 2 \\ \frac{1}{4}x^2 & \text{für } x \ge 2. \end{cases}$$

Fig. A 9 zeigt den Graphen der Funktion.

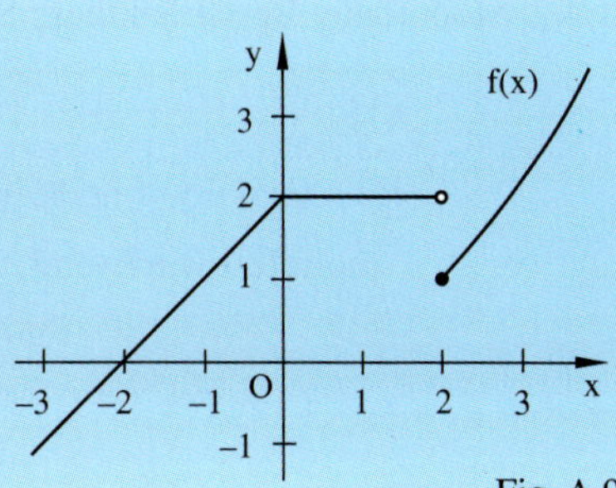


Fig. A 9

## A 1.4 Eigenschaften von reellen Funktionen

Bei der Anfertigung und Interpretation von Funktionsgraphen ist die Kenntnis solcher Funktionseigenschaften wie Schnittpunkte des Graphen mit den Koordinatenachsen, Monotonie, Beschränktheit und Symmetrie von großem Nutzen.

Rein anschauliche Vorstellungen reichen oftmals nicht aus, um mit diesen Eigenschaften in den nachfolgenden Abschnitten korrekt arbeiten zu können. Deshalb sollen sie nachfolgend durch Definitionen genau gefasst werden. Weitere wichtige Eigenschaften von Funktionen werden dann in den Kapiteln C und D (C 2; D 5) behandelt.

### A 1.4.1 Schnittpunkte des Graphen mit den Achsen

a) Es sei $S_x$ der Schnittpunkt des Graphen einer Funktion mit der x-Achse. Seine Koordinaten sind dann $(x_s; 0)$.

A 2

Definition A 2:
Eine Zahl $x_s \in D_f$ heißt **Nullstelle von f**, wenn gilt $f(x_s) = 0$.

Nullstellen kann man also rechnerisch ermitteln, indem man den Funktionsterm gleich null setzt und dann die entsprechende Gleichung löst.

Bei vielen Funktionen reichen dabei die Kenntnisse über das Lösen von linearen bzw. quadratischen Gleichungen nicht aus. In solchen Fällen bedient man sich besonderer *numerischer Verfahren* oder *Näherungsverfahren* zur Nullstellenermittlung, die wir im Abschnitt A 6 bzw. D 5.3 besprechen werden. Eine Funktion kann genau eine, mehrere oder aber auch keine Nullstelle besitzen.

Betont sei: Die *Nullstelle einer Funktion* und der *Schnittpunkt ihres Graphen mit der x-Achse* dürfen *nicht miteinander verwechselt* werden. Die Nullstelle ist *ein* Element (*eine* reelle Zahl) aus dem Definitionsbereich der Funktion, und zwar (nur) die x-Koordinate bzw. der Abszissenwert des Schnittpunktes des Funktionsgraphen mit der x-Achse.

b) Es sei $S_y$ der Schnittpunkt des Graphen einer Funktion f mit der y-Achse. Seine Koordinaten sind dann $(0; y_s)$. Der Funktionswert $y_s$ an der Stelle $x_s = 0$ hat keinen besonderen Namen.

A 1.4.2 Monotonie; Beschränktheit; Symmetrie

A 3 Definition A 3:

Eine Funktion f heißt in einem Intervall I ihres Definitionsbereichs $D_f$

| | |
|---|---|
| **monoton wachsend,** | **monoton fallend,** |
| wenn für beliebige $x_1, x_2 \in I$ gilt: | |
| $x_1 < x_2 \Rightarrow f(x_1) \leq f(x_2)$ | $x_1 < x_2 \Rightarrow f(x_1) \geq f(x_2)$ |
| Gilt sogar | |
| $x_1 < x_2 \Rightarrow f(x_1) < f(x_2)$, | $x_1 < x_2 \Rightarrow f(x_1) > f(x_2)$, |
| so heißt f | |
| **streng monoton wachsend.** | **streng monoton fallend.** |

A 4 Definition A 4:

Eine Funktion f heißt

| | |
|---|---|
| **nach oben beschränkt,** | **nach unten beschränkt,** |
| wenn es eine Zahl $S_o \in \mathbb{R}$ gibt, | wenn es eine Zahl $S_u \in \mathbb{R}$ gibt, |
| so dass für alle $x \in D_f$ gilt: | |
| $f(x) \leq S_o$ | $f(x) \geq S_u$ |
| Man nennt dann | |
| $S_o$ **obere Schranke** von f. | $S_u$ **untere Schranke** von f. |

Existieren eine obere *und* eine untere Schranke, dann sagt man, die *Funktion f ist beschränkt.*

A 5 Definition A 5:

Eine Funktion f heißt

| | |
|---|---|
| **gerade Funktion,** | **ungerade Funktion,** |
| wenn mit $x \in D_f$ stets auch $-x \in D_f$ und wenn gilt: | |
| $f(-x) = f(x)$ | $f(-x) = -f(x)$ |

Der Graph einer geraden Funktion ist *achsensymmetrisch zur y-Achse*. Der Graph einer ungeraden Funktion ist *punktsymmetrisch zum Koordinatenursprungspunkt* (s. „Formeln und Tabellen", S. 40). Die hier definierten Funktionseigenschaften werden an vielfältigen Beispielen in den Abschnitten A 2 bis A 5 verdeutlicht.

# A 2 Lineare Funktionen, quadratische Funktionen und Potenzfunktionen

Wir fassen nachfolgend in knapper Form Erkenntnisse über Funktionen zusammen, die bereits im Mathematikunterricht der vorangegangenen Klassenstufen untersucht wurden.

## A 2.1 Lineare Funktionen

A 6

Definition A 6:
Funktionen mit einer Gleichung der Form $f(x) = m \cdot x + n$ mit $m, n \in \mathbb{R}$ heißen **lineare Funktionen**.

Die einfachsten linearen Funktionen sind diejenigen mit der Gleichung $f(x) = m \cdot x$. Sie kommen besonders oft bei Anwendungen innerhalb der Mathematik oder im Bereich der Physik vor, nämlich immer dann, wenn *proportionale Zusammenhänge* auftreten.
Wir wissen bereits: Die Graphen linearer Funktionen sind Geraden. Diese werden durch zwei zur Funktion gehörende Zahlenpaare eindeutig bestimmt (s. auch Abschnitt F 4).

A 1

Satz A 1:
Für eine lineare Funktion mit der Gleichung $f(x) = mx + n$

gilt $\dfrac{f(x_1) - f(x_2)}{x_1 - x_2} = m = \tan\alpha \qquad (x_1 \neq x_2).$

m heißt der *Anstieg*, $\alpha$ der *Steigungswinkel* des Graphen, hier also der Geraden. Der Anstieg m bestimmt den Verlauf der Geraden im Koordinatensystem. Für $m > 0$ verläuft die Gerade aufsteigend, also „von links unten" nach „rechts oben", für $m < 0$ fallend, also von „links oben" nach „rechts unten". Rationelle Möglichkeiten für das Zeichnen des Graphen einer linearen Funktion sind:

a) Man bestimmt zwei Punkte (z. B. die Schnittpunkte mit den Achsen), die zum Graphen der Funktion gehören.
b) Man liest aus der Gleichung m und n ab. S(0; n) ist dann der Schnittpunkt der Geraden mit der y-Achse. Mit Hilfe von m (Steigungsdreieck) wird die Richtung der Geraden festgelegt.

Durch beide Vorgehensweisen ist der Verlauf der Geraden eindeutig bestimmt.

A 8

Beispiel A 8:
Wir betrachten die Funktion $f(x) = 2x + 3$. Definitions- und Wertebereich von f ist ohne Einschränkungen die Menge $\mathbb{R}$ der reellen Zahlen, d. h., f ist weder nach oben noch nach unten beschränkt.
Zur Berechnung möglicher Nullstellen setzen wir $f(x_0) = 0$. Es ergibt sich die Gleichung $0 = 2x_0 + 3$ und damit $x_0 = -1{,}5$.[1)]
Das bedeutet: f hat an der Stelle $x_0 = -1{,}5$ eine Nullstelle, bzw. der Graph der Funktion schneidet die Abszissenachse im Punkt $S_x(-1{,}5; 0)$. Die Ordinate des Schnittpunktes mit der

[1)] Wir verzichten im Folgenden der Einfachheit halber i. Allg. darauf, den Übergang von der Funktionsgleichung $y = f(x)$ zu der Bestimmungsgleichung $f(x) = 0$ für eine Nullstelle zusätzlich durch Anhängen eines Index an die Variable x kenntlich zu machen.

Ordinatenachse können wir unmittelbar aus der Gleichung ablesen und erhalten damit $S_y(0; 3)$. Der Verlauf der Geraden ist durch $S_x$ und $S_y$ bestimmt (Fig. A 10).

Der Vergleich von $f(x) = 2x + 3$ mit $f(-x) = -2x + 3$
bzw. von $f(-x) = -2x + 3$ mit $-f(x) = -2x - 3$
ergibt, dass f *weder gerade noch ungerade* ist (vgl. Definition A 5). Dieser Sachverhalt lässt sich auch durch Symmetriebetrachtungen am Graphen der Funktion anschaulich erklären.

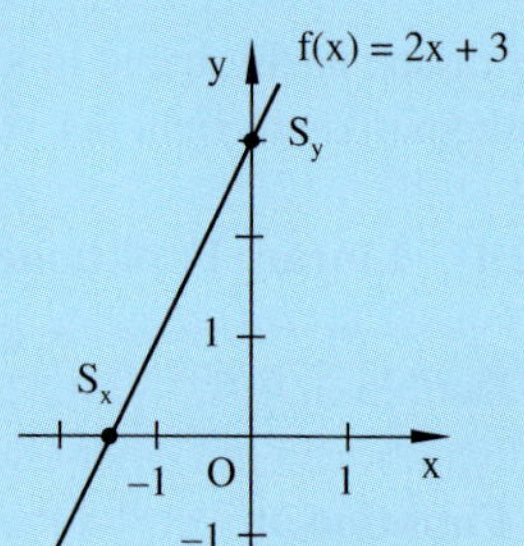

Fig. A 10

Die Funktion f ist *streng monoton wachsend*, denn für $x_1 < x_2$ gilt stets $f(x_1) < f(x_2)$.
*Begründung:*
Aus $x_1 < x_2$ folgt $x_1 + h = x_2$ (mit $h \in \mathbb{R}$, $h > 0$).
Bezogen auf die Funktion $f(x) = 2x + 3$ ist
$f(x_1) = 2x_1 + 3$ und $f(x_2) = 2x_2 + 3$,
wegen $x_2 = x_1 + h$ also $f(x_2) = 2(x_1 + h) + 3 = 2x_1 + 2 \cdot h + 3 = 2x_1 + 3 + 2h$.
Da aber $2x_1 + 3 < 2x_1 + 3 + 2h$, gilt stets $f(x_1) < f(x_2)$.

Hat die Gleichung einer linearen Funktion die Gestalt $f(x) = n$ für alle $x \in \mathbb{R}$, ist also $m = 0$, dann ist der Graph dieser Funktion eine *Parallele zur x-Achse*. Wegen der Gleichheit aller Funktionswerte bezeichnet man jede Funktion diesen Typs als eine *konstante Funktion*. Dagegen ist eine Parallele zur y-Achse nicht Graph einer linearen Funktion. Die Gleichung einer solchen Parallelen hat die Form $x = a$, $a \in \mathbb{R}$. Einem x-Wert werden so unendlich viele y-Werte zugeordnet. Das steht im Widerspruch zur Definition des Funktionsbegriffs (s. Definition A 1).

## A 2.2 Quadratische Funktionen

**A 7**

Definition A 7:
Funktionen mit einer Gleichung der Form $f(x) = ax^2 + bx + c$ mit $a, b, c \in \mathbb{R}$ und $a \neq 0$ heißen **quadratische Funktionen**.

Der Graph einer quadratischen Funktion ist eine *Parabel* (quadratische Parabel). Die Symmetrieachse der Parabel verläuft parallel zur y-Achse und schneidet den Graphen der Funktion im Scheitelpunkt (Scheitel) der Parabel (s. auch Abschnitt F 1.9). Für $a > 0$ ist die Parabel nach oben und für $a < 0$ nach unten geöffnet (Fig. A 11).

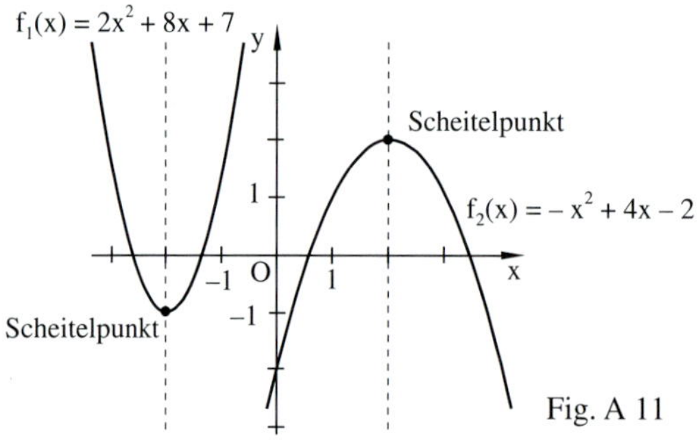

Fig. A 11

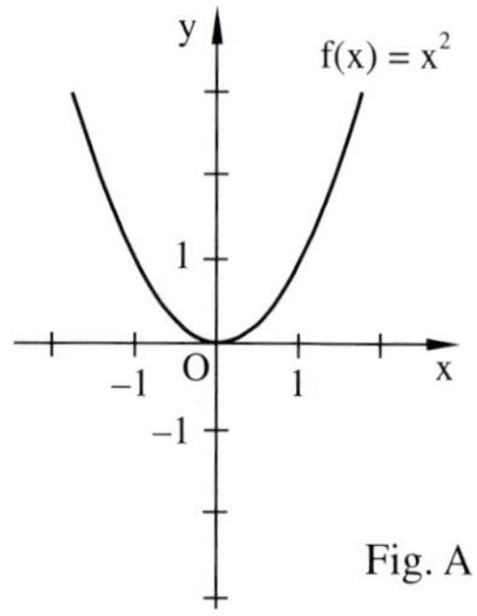

Fig. A 12

Von besonderem Interesse sind quadratische Funktionen mit a = 1. Man erhält

$f(x) = x^2 + bx + c$ bzw. durch Umbenennung $f(x) = x^2 + px + q,$ $p, q \in \mathbb{R}.$

Um den Zusammenhang zwischen den reellen Zahlen p, q und den Graphen der entsprechenden quadratischen Funktionen zu erkennen, ist es zweckmäßig, eine Fallunterscheidung durchzuführen.

*Fall 1:* $p = 0, q = 0$
Man erhält die quadratische Funktion $f(x) = x^2$ (Fig. A 12). Ihr Definitionsbereich ist die Menge der reellen Zahlen, ihr Wertebereich die Menge aller nichtnegativen reellen Zahlen. Die Funktion hat genau eine Nullstelle ($x_0 = 0$). Der Graph dieser Funktion wird **Normalparabel** genannt. Ihre Symmetrieachse ist die y-Achse; der Scheitel hat die Koordinaten (0; 0). Aufgrund der im Funktionsterm auszuführenden Operation (Quadrieren) ist die Funktion $f(x) = x^2$ für alle $x \leq 0$ streng monoton fallend und für alle $x \geq 0$ streng monoton wachsend sowie nach unten beschränkt.

*Fall 2:* $p = 0; q \neq 0$
Es ergibt sich die Gleichung $f(x) = x^2 + q$, $q \in \mathbb{R}$, z. B. also

$f_1(x) = x^2 + 1$ oder $f_2(x) = x^2 - 4.$

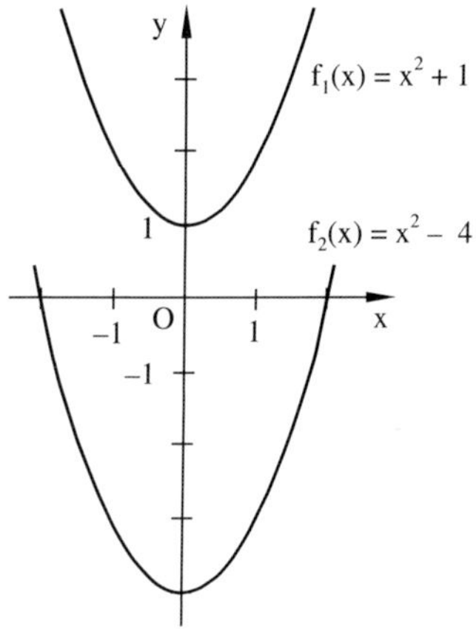


Fig. A 13

Im Vergleich zum zuvor betrachteten Fall erhält man die Funktionswerte der jeweiligen Funktion, indem man zum entsprechenden Funktionswert von $f(x) = x^2$ die Zahl 1 addiert bzw. von diesem 4 subtrahiert (allgemein: q addiert). Das heißt geometrisch: Der Graph der Funktionen $f(x) = x^2 + q$ ist eine um $|q|$ Einheiten in Richtung der positiven bzw. negativen y-Achse verschobene Normalparabel mit der y-Achse als Symmetrieachse und dem Scheitel (0; q) (Fig. A 13).
Man erkennt: Ist $q > 0$, so existiert kein Schnittpunkt mit der x-Achse und demzufolge keine Nullstelle; für $q < 0$ dagegen gibt es zwei Abszissen-Schnittpunkte und folglich zwei Nullstellen. Bei der rechnerischen Nullstellenbestimmung geht man in folgenden Schritten vor:

| *Allgemeiner Fall:* | *Beispiel:* |
|---|---|
| $f(x) = x^2 + q$ | $g(x) = x^2 - 4$ |
| $0 = x^2 + q \Rightarrow x^2 = -q,$ | $0 = x^2 - 4 \Rightarrow x^2 = 4,$ |
| also $\lvert x \rvert = \sqrt{-q}$ und damit $x_1 = +\sqrt{-q}$, $x_2 = -\sqrt{-q}$. | $\lvert x \rvert = \sqrt{4}$ und damit $x_1 = 2$, $x_2 = -2$. |

*Fall 3:* $p \neq 0, q = 0$
Man erhält die Gleichung $f(x) = x^2 + px$, $p \in \mathbb{R}$, zum Beispiel also $f(x) = x^2 + 2x$.
Um mit den vorangegangenen Fällen vergleichen zu können, liegt es nahe, die Summe im Funktionsterm in ein *vollständiges Quadrat* umzuwandeln. Das ist mit Hilfe der *quadratischen Ergänzung* möglich.

$$f(x) = x^2 + 2x + \mathbf{1 - 1} = (x + 1)^2 - 1$$

Die Funktionsgleichung erreicht damit die Gestalt $f(x) = (x + d)^2 + e$.
Der Einfluss des Summanden e auf den Graphen der Funktion ist bekannt (s. Fall 2). Anhand der Funktionsgleichungen $h(x) = x^2$ und $f(x) = (x + d)^2$ erkennt man: Der Funktionswert, den die Funktion $h(x) = x^2$ an einer beliebigen Stelle x annimmt, ist gleich dem Funktionswert von $f(x) = (x + d)^2$ an der Stelle $x - d$, denn

$$f(x - d) = [(x - d) + d]^2 = x^2 = h(x).$$

Also: Der Graph der Funktion $f(x) = (x + d)^2$ ist die um $|d|$ Einheiten in Richtung der positiven (falls $d < 0$) oder der negativen x-Achse (falls $d > 0$) verschobene Normalparabel. In Bezug auf das betrachtete Beispiel $f(x) = x^2 + 2x$ bzw. $f(x) = (x + 1)^2 - 1$ bedeutet das: Der Graph der Funktion ist die um je 1 Einheit in Richtung der negativen x- und y-Achse verschobene Normalparabel; der Scheitelpunkt ist S(–1; –1) (Fig. A 14).

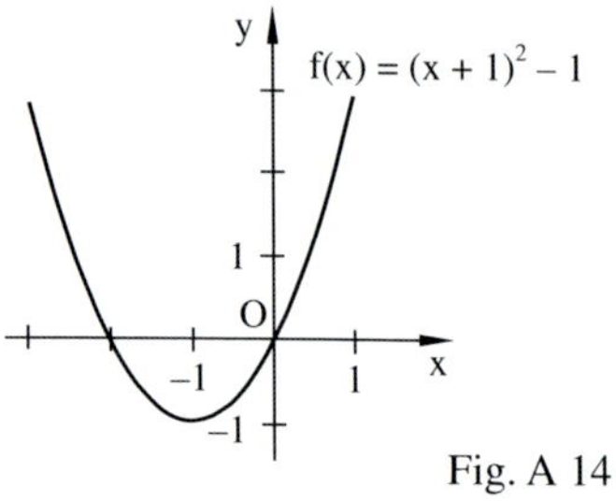


Fig. A 14

*Fall 4:* $p \neq 0$; $q \neq 0$

Man erhält die Gleichung $f(x) = x^2 + px + q$, $p, q \in \mathbb{R}$. Mit Hilfe der quadratischen Ergänzung kann die Gleichung wieder in die Struktur $f(x) = (x + d)^2 + e$ überführt werden, aus der sich die Koordinaten des Scheitelpunktes S(–d; e) unmittelbar ablesen lassen (s. Fall 3). Man spricht deshalb auch von der *Scheitelpunktform* der Gleichung einer quadratischen Funktion. Bei der Umformung geht man in folgenden Schritten vor:

Beispiel:

$$g(x) = x^2 + 5x + 7$$
$$= x^2 + 5x + (\tfrac{5}{2})^2 - (\tfrac{5}{2})^2 + 7$$
$$= (x + \tfrac{5}{2})^2 + \tfrac{3}{4},$$

also $d = \frac{5}{2}$; $e = \frac{3}{4}$ und damit $S(-\frac{5}{2}; \frac{3}{4})$.

Allgemeiner Fall:

$$f(x) = x^2 + px + q$$
$$= x^2 + px + (\tfrac{p}{2})^2 - (\tfrac{p}{2})^2 + q$$
$$= (x + \tfrac{p}{2})^2 + [-(\tfrac{p}{2})^2 + q],$$

also $d = \frac{p}{2}$; $e = -(\frac{p}{2})^2 + q$ und damit $S(-\frac{p}{2}; -(\frac{p}{2})^2 + q)$.

Das heißt: Die Koordinaten des Scheitelpunktes kann man unmittelbar aus p und q erhalten, ohne die Scheitelpunktform zu erzeugen.

Führt man für $(\frac{p}{2})^2 - q = \frac{p^2}{4} - q$ die Abkürzung D ein, so erhält man für die Koordinaten des Scheitelpunktes $S(-\frac{p}{2}; -D)$ bzw. $S(-\frac{p}{2}; -(\frac{p^2}{4} - q))$. D nennt man **Diskriminante** der quadratischen Funktion. Kennt man D, dann kann man Aussagen über die Anzahl der Nullstellen einer quadratischen Funktion machen. Es gilt:

| $D = \frac{p^2}{4} - q$ | $D > 0$ | $D = 0$ | $D < 0$ |
|---|---|---|---|
| Anzahl der Nullstellen | 2 | 1 | 0 |

**A 9**

Beispiel A 9:
Gegeben sei die quadratische Funktion $f(x) = x^2 - 3x - 1{,}75$ mit $D_f = \mathbb{R}$.
Aus $p = -3$ und $q = -1{,}75$ folgt für die Diskriminante $D = \frac{9}{4} + 1{,}75 = 4 > 0$.
Das heißt: Die Funktion f besitzt zwei Nullstellen.

Nullstellenberechnung:

*Beispiel:* $g(x) = x^2 - 3x - 1{,}75$
Aus $x^2 - 3x - 1{,}75 = 0$

*Allgemeiner Fall:* $f(x) = x^2 + px + q$
Aus $x^2 + px + q = 0$

ergibt sich mittels quadratischer Ergänzung (s. o.)

$$(x - \tfrac{3}{2})^2 - \tfrac{9}{4} - 1{,}75 = 0$$

$$(x - \tfrac{3}{2})^2 = \tfrac{16}{4} = 4.$$

Daraus folgt

$$|x - \tfrac{3}{2}| = 2,$$

also $x - \tfrac{3}{2} = \pm 2$

bzw. $x_1 = \tfrac{7}{2}, x_2 = -\tfrac{1}{2}.$

$$(x + \tfrac{p}{2})^2 + [-(\tfrac{p}{2})^2 + q] = 0$$

$$(x + \tfrac{p}{2})^2 = (\tfrac{p}{2})^2 - q.$$

Daraus folgt

$$|x + \tfrac{p}{2}| = \sqrt{\tfrac{p^2}{4} - q},$$

also $x + \tfrac{p}{2} = \pm \sqrt{\tfrac{p^2}{4} - q}$

bzw. $x_1 = -\tfrac{p}{2} + \sqrt{\tfrac{p^2}{4} - q},\ x_2 = -\tfrac{p}{2} - \sqrt{\tfrac{p^2}{4} - q}.$

Die für den allgemeinen Fall erhaltenen Ausdrücke stellen zugleich Lösungsformeln für alle quadratischen Gleichungen der Form $x^2 + px + q = 0$ dar.

Für das o. g. Beispiel können wir feststellen: Die Funktion ist nach unten beschränkt, kleinster Funktionswert ist $f(\tfrac{3}{2}) = -4$. Der Wertebereich ist demzufolge das halboffene Intervall $[-4; +\infty[$. Der Graph der Funktion ist eine nach oben geöffnete Normalparabel mit dem Scheitelpunkt $(\tfrac{3}{2}; -4)$. Für alle $x \le \tfrac{3}{2}$ ist die Funktion streng monoton fallend, für alle $x \ge \tfrac{3}{2}$ ist die Funktion streng monoton wachsend. Die Gerade $x = \tfrac{3}{2}$ ist Symmetrieachse des Graphen von f (Fig. A 15).

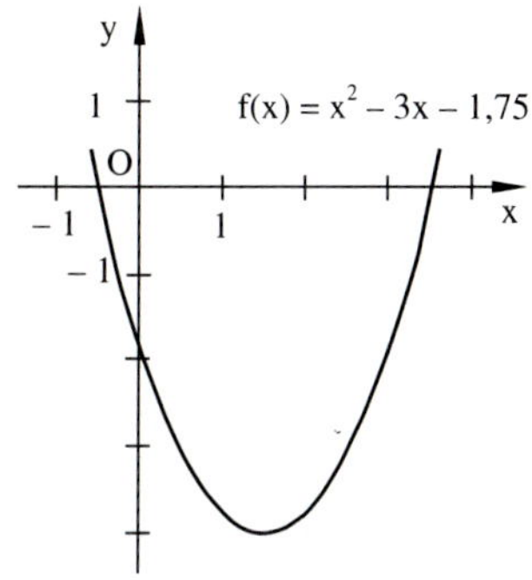


Fig. A 15

## A 2.3 Potenzfunktionen

Definition A 8: **A 8**
Funktionen mit einer Gleichung der Form $f(x) = x^n$, $n \in \mathbb{Q}$, heißen **Potenzfunktionen**.

Für den Exponenten n (auch Grad der Potenzfunktion genannt) lassen sich folgende Fälle unterscheiden:

*Fall 1:* $n \in \mathbb{N} \setminus \{0\} = \mathbb{N}^*$

Der Definitionsbereich dieser Potenzfunktionen ist die Menge der reellen Zahlen; ihre Graphen sind Parabeln. Ist n gerade, so liegt der Graph symmetrisch zur y-Achse – es handelt sich also um eine gerade Funktion (s. Definition A 5). Für ungerade n ist der Graph punktsymmetrisch zum Koordinatenursprung – es liegt eine ungerade Funktion vor (Fig. A 16). Alle Funktionen $f(x) = x^n$ mit $n \in \mathbb{N}^*$ besitzen die Nullstelle $x_0 = 0$. Im Intervall $[0; \infty[$ ist jede dieser Funktion streng monoton wachsend. Im Intervall $]-\infty; 0]$ sind die Funktionen für gerade n streng monoton fallend und für ungerade n streng monoton wachsend.

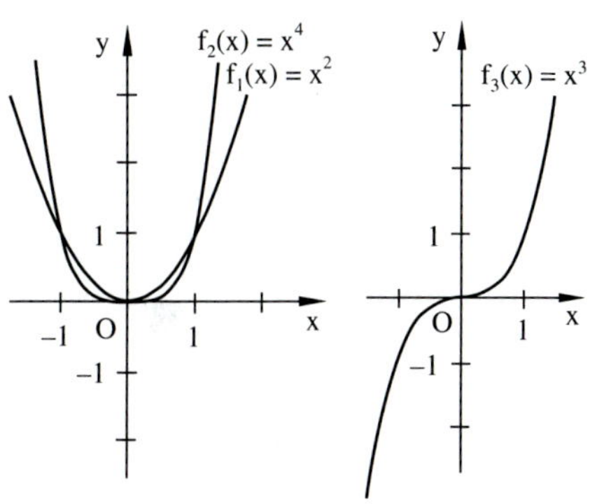


Fig. A 16

*Fall 2:* $n \in \mathbb{Z}$ und $n \leq -1$
Der Definitionsbereich dieser Potenzfunktionen ist $\mathbb{R} \setminus \{0\}$. Ihre Graphen sind Hyperbeln (Fig. A 17).
In diesem Fall existieren keine Nullstellen. Die Funktionen sind unbeschränkt und zeigen unterschiedliches Monotonieverhalten.

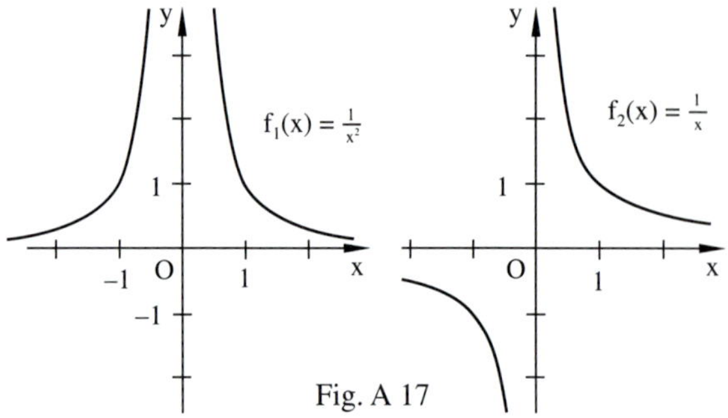

Fig. A 17

*Fall 3:* Der Exponent lässt sich als gebrochene Zahl in der Form $\frac{1}{n}$ mit $n \in \mathbb{N}$, $n \geq 2$ darstellen.
Die Potenzfunktionen $f(x) = x^{\frac{1}{n}}$ mit $D_f = [0; +\infty[$, $n \in \mathbb{N}$ und $n \geq 2$ werden auch **Wurzelfunktionen** genannt. Wegen $x^{\frac{1}{n}} = \sqrt[n]{x}$ (für $n \in \mathbb{N}^*$) lassen sie sich in der Form $f(x) = \sqrt[n]{x}$ schreiben.

Beispiele: $f_1(x) = x^{\frac{1}{3}} = \sqrt[3]{x}$ bzw. $f_2(x) = x^{\frac{1}{2}} = \sqrt{x}$

Fig. A 18 zeigt die Graphen dieser beiden Wurzelfunktionen. Sie sind Teile einer Parabel, besitzen bei $x_0 = 0$ eine Nullstelle, sind nach unten beschränkt (kleinster Funktionswert ist $f(0) = 0$) und streng monoton wachsend.

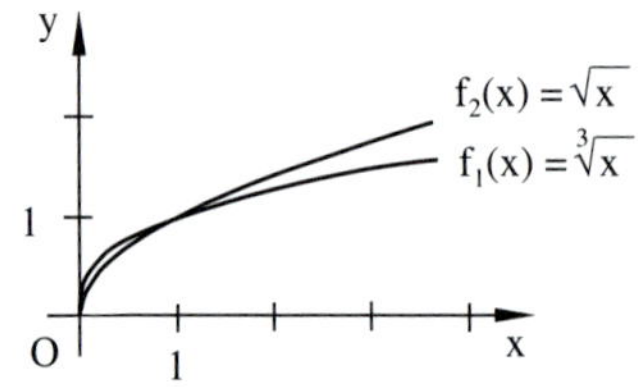

Fig. A 18

Da die Wurzeln stets nichtnegativ sind, ist der Wertebereich von Wurzelfunktionen die Menge der nichtnegativen reellen Zahlen: $W_f = [0, +\infty[$.
Im weiten Sinne spricht man auch von Wurzelfunktionen, wenn man zum Funktionsterm einer Wurzelfunktion eine reelle Zahl addiert, ihn mit einer von 0 verschiedenen Zahl multipliziert oder die Variable x durch andere Terme ersetzt (s. Abschnitt A 5 *Verketten von Funktionen).*
Die rechnerische Bestimmung der Nullstellen derartiger Wurzelfunktionen führt auf das Lösen von **Wurzelgleichungen**. Wurzelgleichungen lassen sich in einfachen Fällen durch Quadrieren in lineare oder quadratische Gleichungen umformen und dann mit den o. g. Methoden lösen.

**A 10** Beispiel A 10:
Zu ermitteln sind die Nullstellen folgender Wurzelfunktionen:

a) $f_1(x) = -\frac{1}{2}\sqrt{x}$; $D_{f_1} = [0; +\infty[$, $W_{f_1} = ]-\infty; 0]$

Nullstellenermittlung: $0 = -\frac{1}{2}\sqrt{x} \Rightarrow 0 = \frac{1}{4}x$, also $x = 0$

Probe: $-\frac{1}{2}\sqrt{0} = 0$ und damit $0 = 0$

b) $f_2(x) = \sqrt{x} - 1$; $D_{f_2} = [0; +\infty[$, $W_{f_2} = [-1; +\infty[$

Nullstellenermittlung: $0 = \sqrt{x} - 1 \Rightarrow \sqrt{x} = 1$, also $x = 1$

Probe: $\sqrt{1} - 1 = 0$ und damit $0 = 0$

c) $f_3(x) = \sqrt{x+2} + x$; $D_{f_3} = [-2; +\infty[$, $W_{f_3} = [-2; +\infty[$

Nullstellenermittlung:

$0 = \sqrt{x+2} + x \Rightarrow -x = \sqrt{x+2}$,

also $x^2 = x + 2$ (da $x + 2 \geq 0$).

Damit erhalten wir:

$x^2 - x - 2 = 0$ mit den Lösungen $x_{1/2} = \frac{1}{2} \pm \sqrt{\frac{1}{4} + \frac{8}{4}}$

$x_1 = 2$, $x_2 = -1$.

Probe für $x_1 = 2$: $\sqrt{2+2} + 2 = 4 \neq 0$

Probe für $x_2 = -1$: $\sqrt{-1+2} - 1 = 0$

Also ist nur $x_2 = -1$ eine Nullstelle von $f_3$.

Fig. A 19 zeigt die Graphen der Funktionen.

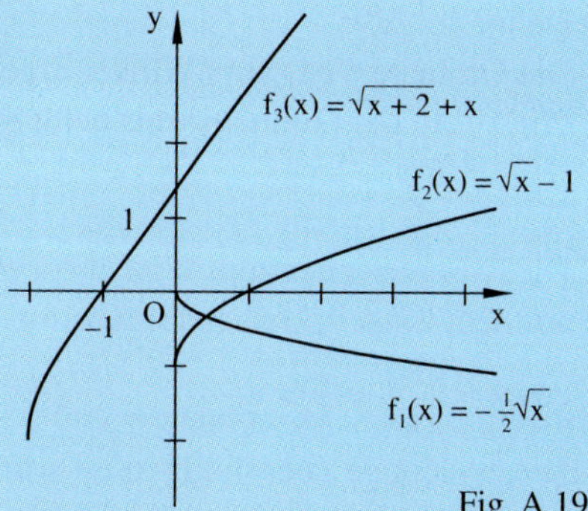


Fig. A 19

Das Beispiel der Funktion $f_3(x) = \sqrt{x+2} + x$ zeigt, dass nicht jede Lösung der sich durch die Umformung ergebenden quadratischen Gleichung die Wurzelgleichung erfüllt. Das liegt daran, dass das Quadrieren eine sogenannte „Gewinnumformung“ darstellt: Es werden scheinbar Lösungen dazugewonnen – Ausgangsgleichung und die durch Quadrieren erhaltene Gleichung sind zueinander nicht äquivalent. Deshalb ist beim Lösen von Wurzelgleichungen in jedem Fall eine Probe durchzuführen.

# A 3 Trigonometrische Funktionen und ihre Anwendungen

## A 3.1 Sinus, Kosinus und Tangens beliebiger Winkel

Einen Kreis mit dem Radius r = 1 LE (Längeneinheit) nennt man **Einheitskreis**. Fig. A 20 zeigt einen Einheitskreis, dessen Mittelpunkt der Ursprung eines Koordinatensystems ist.
Beliebige Winkel $\alpha$ lassen sich erzeugen, indem man den durch die Punkte O und A bestimmten Strahl um den Koordinatenursprungspunkt O im *mathematisch positiven* (gegen die Uhrzeigerrichtung) oder im *mathematisch negativen Drehsinn* (in Uhrzeigerrichtung) dreht. Die Drehrichtung wird durch ein positives bzw. negatives Vorzeichen vor dem Winkelmaß gekennzeichnet.

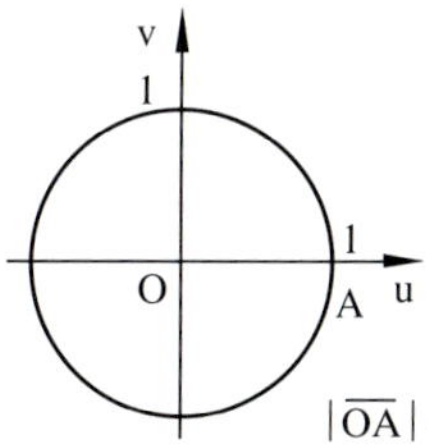


$|\overline{OA}| = 1$ LE Fig. A 20

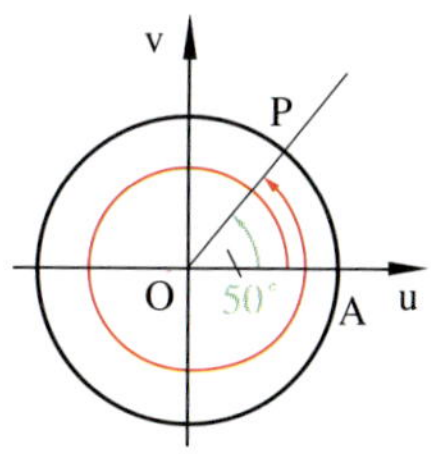


Fig. A 21

Fig. A 21 zeigt, wie durch Drehung des Strahls OA in mathematisch positivem Drehsinn der Winkel $\sphericalangle AOP = 50°$ erzeugt wurde. Dieselbe Lage des Strahls OP wird aber auch durch die Drehungen um

$$410° = 1 \cdot 360° + \mathbf{50}°;\quad 770° = 2 \cdot 360° + \mathbf{50}°;\quad 1130° = 3 \cdot 360° + \mathbf{50}°;\ \dots \text{ bzw.}$$

$$-310° = -1 \cdot 360° + \mathbf{50}°;\ -670° = -2 \cdot 360° + \mathbf{50}°;\ -1030° = -3 \cdot 360° + \mathbf{50}°;\ \dots$$

(Fig. A 21) erreicht.

Man erkennt: Jedem Winkel $\alpha \in W$ [1] wird durch den zugehörigen Strahl mit dem Anfangspunkt O genau ein Punkt P auf dem Einheitskreis zugeordnet.

**A 9**

Definition A 9:
Die Ordinate v des zum Winkel $\alpha$ gehörenden Punktes P(u; v) auf dem Einheitskreis heißt **Sinus** des Winkels $\alpha$:

$$\mathbf{sin}\,\alpha = \frac{\overline{|PQ|}}{\overline{|OP|}} = \frac{v}{1} = v, \qquad (\alpha \in W).$$

Die Abszisse u des zum Winkel $\alpha$ gehörenden Punktes P auf dem Einheitskreis heißt **Kosinus** des Winkels $\alpha$:

$$\mathbf{cos}\,\alpha = \frac{\overline{|OQ|}}{\overline{|OP|}} = \frac{u}{1} = u, \qquad (\alpha \in W).$$

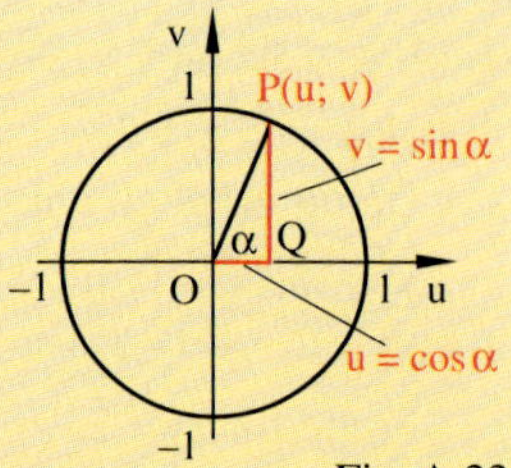

Fig. A 22

Die eindeutige Zuordnung $\alpha \mapsto \sin\alpha$ nennt man **Sinusfunktion,** die eindeutige Zuordnung $\alpha \mapsto \cos\alpha$ entsprechend **Kosinusfunktion** (vgl. Fig. A 22).

Es gilt also zum Beispiel:

| | $\alpha = 0°$ | $\alpha = 90°$ | $\alpha = 180°$ | $\alpha = 270°$ | $\alpha = 360°$ |
|---|---|---|---|---|---|
| $\sin\alpha$ | 0 | 1 | 0 | –1 | 0 |
| $\cos\alpha$ | 1 | 0 | –1 | 0 | 1 |

In Fig. A 23 ist gezeigt, wie man im Intervall $0° \leq \alpha \leq 360°$ die Funktionsgraphen der Sinus- und Kosinusfunktion erhält.

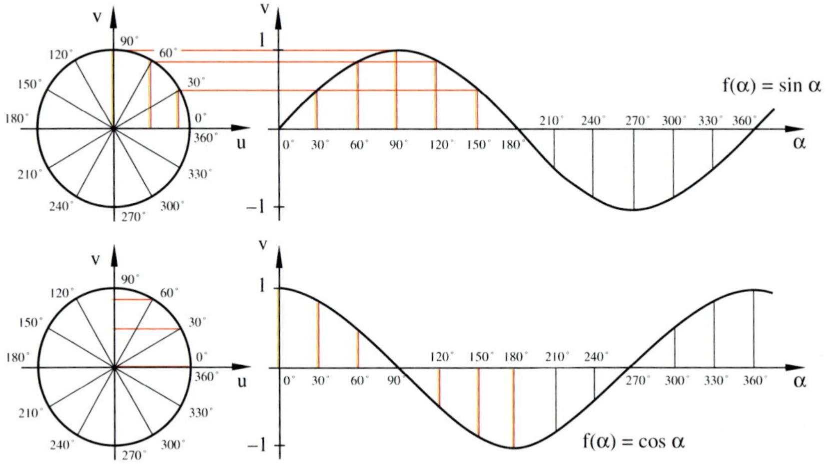

Fig. A 23

**A 10**

Definition A 10:
Für beliebige Winkel $\alpha$, $\alpha \in W$ mit $\alpha \neq 90° + k \cdot 180°$ $(k \in \mathbb{Z})$ gilt:
Der Quotient aus dem Sinus und dem Kosinus eines Winkels $\alpha$ heißt **Tangens** des Winkels $\alpha$ (Fig. A 24). Die eindeutige Zuordnung $\alpha \mapsto \tan\alpha$ nennt man **Tangensfunktion**.

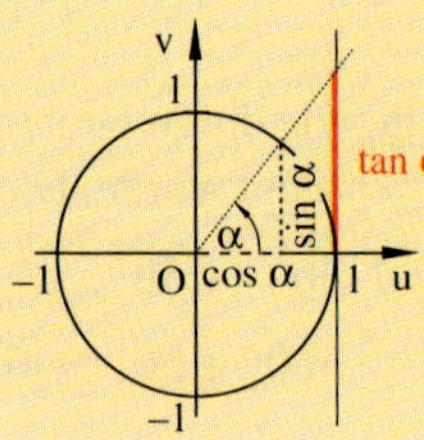

Fig. A 24

[1] Mit W bezeichnen wir die Menge aller Winkel der Ebene.

Sinus-, Kosinus- und Tangensfunktion sind spezielle **trigonometrische**[1] **Funktionen.**
Fig. A 25 zeigt den Verlauf des Graphen der Tangensfunktion im Intervall $0° \leq \alpha \leq 360°$.

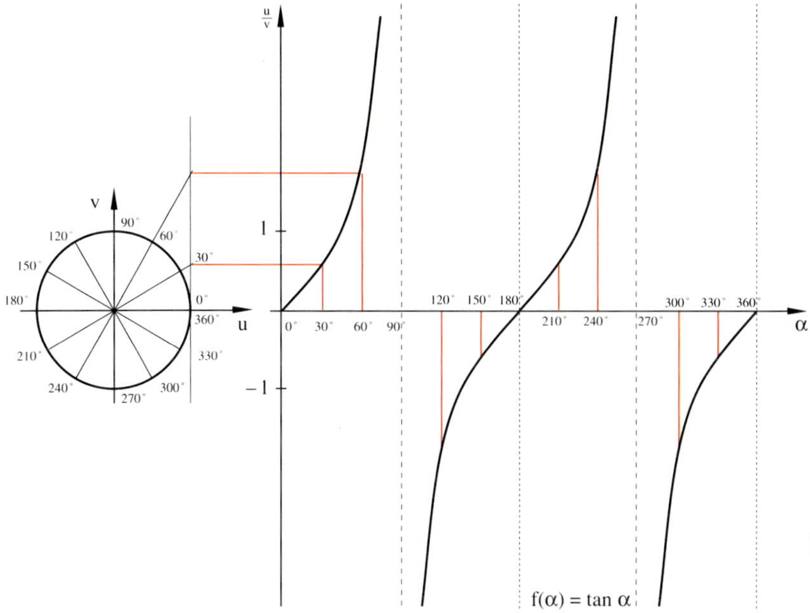


Fig. A 25

## A 3.2 Zusammenhänge zwischen Winkelfunktionswerten; Funktionswerte spezieller Winkel

Fig. A 26 zeigt einen Vierteleinheitskreis. Das Dreieck OQP ist rechtwinklig und somit folgt $\sin^2\alpha + \cos^2\alpha = 1$ (s. „Formeln und Tabellen", S. 35).
Diese Beziehung gilt für alle Winkel $\alpha$ ($\alpha \neq k \cdot 90°$, $k \in \mathbb{Z}$) und trifft wegen $0^2 + 1^2 = 1^2 + 0^2 = 1$ sogar auf Winkel $\alpha = k \cdot 90°$ zu, obwohl dann das o. g. rechtwinklige Dreieck nicht mehr existiert.
Vergleicht man die Graphen der Sinus- und Kosinusfunktion in Fig. A 23, so liegt die Vermutung nahe, dass sie gegeneinander um den $90°$ entsprechenden Betrag in Richtung der Abszissenachse verschoben sind und dass

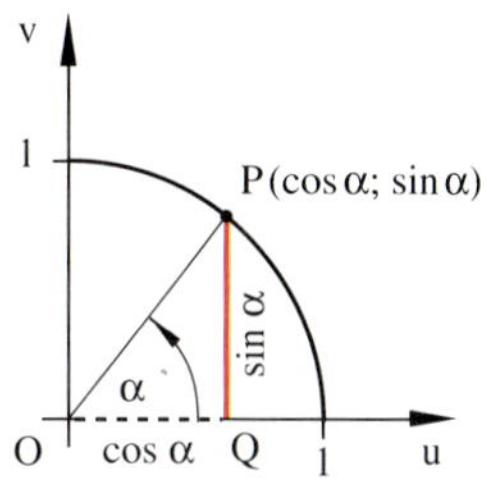


Fig. A 26

$$\sin\alpha = \cos(90° - \alpha) \quad \text{bzw.} \quad \cos\alpha = \sin(90° - \alpha)$$

gilt. Fig. A 27 verdeutlicht für Winkel $\alpha$, $0° < \alpha < 90°$, dass diese *Komplementwinkelbeziehung* tatsächlich zutrifft. Der Beweis lässt sich über die Kongruenz der Dreiecke $OQ_1P_1$ und $OQ_2P_2$ führen.

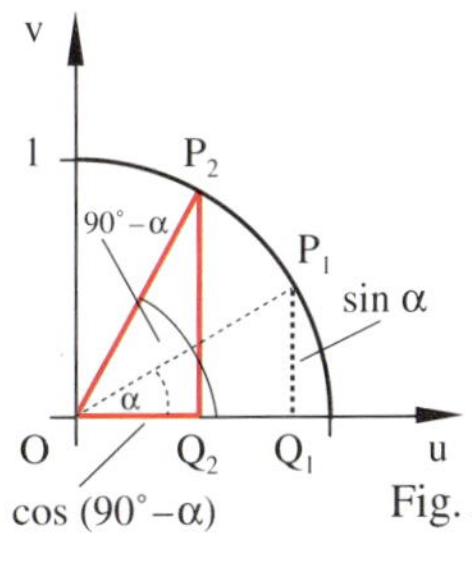


Fig. A 27

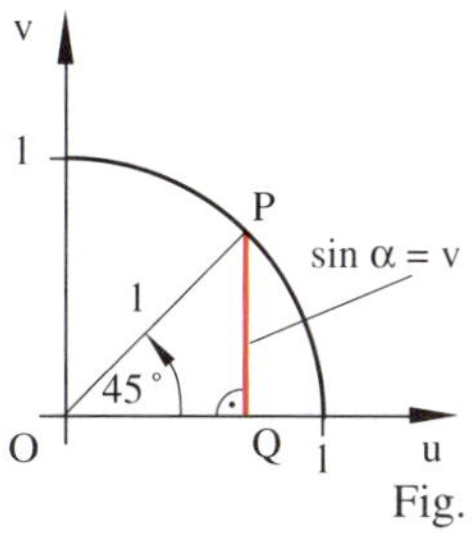


Fig. A 28

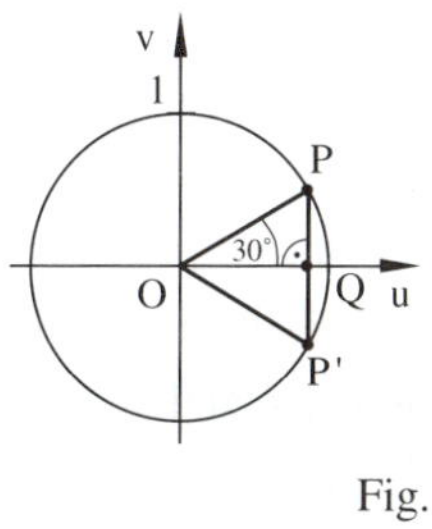


Fig. A 29

[1] trigon (gr.) – Dreieck

Die Fig. F 28 und F 29 wollen wir nutzen, um Aussagen über die Größe der Funktionswerte spezieller Winkel zu gewinnen.
Für $\alpha = 45°$ ist das Dreieck OQP rechtwinklig-gleichschenklig (Fig. F 28) mit $|\overline{OQ}| = |\overline{QP}| = v$.
Es gilt $2v^2 = 1$, also $v^2 = \frac{1}{2}$. Daraus folgt $|v| = \frac{1}{\sqrt{2}} = \frac{1}{2}\sqrt{2}$ und damit $v_1 = \frac{1}{2}\sqrt{2}$, $v_2 = -\frac{1}{2}\sqrt{2}$.

Der negative Wert $v_2$ scheidet wegen $v = \sin 45° > 0$ aus.

Damit gilt $\sin 45° = \frac{1}{2}\sqrt{2}$ und wegen der Komplementwinkelbeziehung auch $\cos 45° = \frac{1}{2}\sqrt{2}$. Aus diesen beiden Werten ergibt sich $\tan 45° = \frac{\sin 45°}{\cos 45°} = 1$.
Durch entsprechende Überlegungen kann man an den Dreiecken in Fig. A 29 Aussagen zu den Winkelfunktionswerten $\alpha = 30°$ und $\alpha = 60°$ gewinnen. Die nachfolgende Tabelle gibt einen Überblick über die Werte trigonometrischer Funktionen für spezielle Winkel $\alpha$ mit $0° \le \alpha \le 90°$ (s. auch „Formeln und Tabellen", S. 39).

| Funktion \ $\alpha$ | 0° | 30° | 45° | 60° | 90° |
|---|---|---|---|---|---|
| $\sin\alpha$ | 0 | $\frac{1}{2}$ | $\frac{1}{2}\sqrt{2}$ | $\frac{1}{2}\sqrt{3}$ | 1 |
| $\cos\alpha$ | 1 | $\frac{1}{2}\sqrt{3}$ | $\frac{1}{2}\sqrt{2}$ | $\frac{1}{2}$ | 0 |
| $\tan\alpha$ | 0 | $\frac{1}{3}\sqrt{3}$ | 1 | $\sqrt{3}$ | nicht def. |

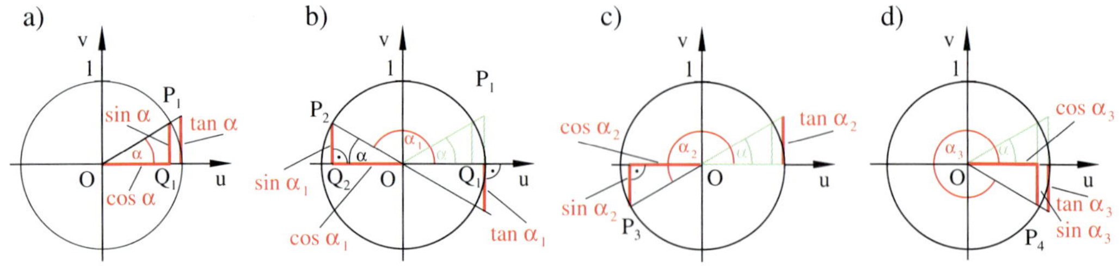


Fig. A 30a–d

Für Winkel $\alpha$ mit $90° < \alpha < 360°$ lassen sich aufgrund der Festlegungen in den Definitionen A 9 und A 10 weitere Zusammenhänge erkennen. Dazu betrachten wir die in Fig. A 30 dargestellten Sachverhalte.

Sei in Fig. A 30b der Winkel $\sphericalangle Q_2OP_2 = \alpha$ und demzufolge $\alpha_1 = 180° - \alpha$. Die Fig. A 30a und b lassen dann vermuten, dass es zwischen den Sinuswerten von $\alpha$ und $\alpha_1$ (im I. bzw. II. Quadranten) einen Zusammenhang gibt, dass nämlich $\sin(180° - \alpha) = \sin\alpha$ gilt. Wir beweisen diese Vermutung:

Aus den Voraussetzungen

1. $|\overline{OP_1}| = |\overline{OP_2}|$ 2. $\sphericalangle P_1OQ_1 = \sphericalangle Q_2OP_2 = \alpha$ 3. $\sphericalangle OQ_1P_1 = \sphericalangle P_2Q_2O = 90°$

(Radien im Einheitskreis)

folgt nach dem Kongruenzsatz *wsw*

$\Delta OQ_1P_1 \cong \Delta OP_2Q_2$ und damit $|\overline{Q_1P_1}| = |\overline{Q_2P_2}|$.

Wegen $|\overline{Q_1P_1}| = \sin\alpha$ und $|\overline{Q_2P_2}| = \sin\alpha_2 = \sin(180° - \alpha)$ ergibt sich daraus aber die vermutete Beziehung $\sin(180° - \alpha) = \sin\alpha$.

In entsprechender Weise lassen sich unter Verwendung von Fig. b–d die folgenden *„Quadrantenbeziehungen“* ableiten (s. auch „Formeln und Tabellen“, S. 35):

$\cos(180° - \alpha) = -\cos\alpha$ $\quad$ $\sin(180° + \alpha) = -\sin\alpha$ $\quad$ $\sin(360° - \alpha) = -\sin\alpha$

$\tan(180° - \alpha) = -\tan\alpha$ $\quad$ $\cos(180° + \alpha) = -\cos\alpha$ $\quad$ $\cos(360° - \alpha) = \cos\alpha$

$\tan(180° + \alpha) = \tan\alpha$ $\quad$ $\tan(360° - \alpha) = -\tan\alpha$

## A 3.3 Bogenmaß eines Winkels; Eigenschaften der trigonometrischen Funktionen

### A 3.3.1 Bogenmaß eines Winkels

Die Größe von Winkeln haben wir bisher stets im Gradmaß angegeben und deshalb auch die Werte der trigonometrischen Funktionen nur für Argumente im Gradmaß bestimmt. Definitionsbereich war also die Menge W aller im Gradmaß angegebenen Winkel bzw. eine Teilmenge davon. Um die Möglichkeit zu erhalten, auch die trigonometrischen Funktionen als reelle Zahl-Zahl-Funktionen zu beschreiben, wollen wir ein weiteres Winkelmaß kennen lernen.

Für die zu einem Winkel α gehörende Kreisbogenlänge b (Fig. A 31) gilt, wie wir wissen,

$b : u = \alpha : 360°$ (mit $u = 2\pi r$ – Umfang des Kreises), also

$b : (2\pi \cdot r) = \alpha : 360°$ bzw. $\frac{b}{r} = \alpha \cdot \frac{\pi}{180°}$.

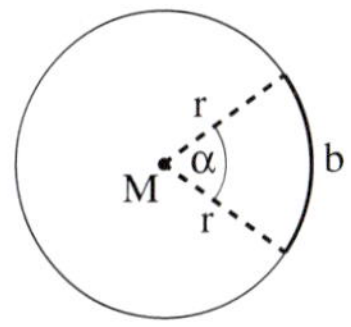


Fig. A 31

Wir sehen: Das Verhältnis $\frac{b}{r}$ hängt nur vom Winkel α ab. Jedem Winkel α, dessen Größe im Gradmaß angegeben ist, wird genau eine reelle Zahl $\alpha \cdot \frac{\pi}{180°}$ zugeordnet. Das gilt auch für Winkel, die kleiner als 0° oder größer als 360° sind. Diese Zahl können wir nun als ein neues Maß für den Winkel α auffassen. Man nennt es das **Bogenmaß** von Winkel α und bezeichnet es mit arc α (lies: arkus)[1)] oder $\widehat{\alpha}$ :

$$\alpha \leftrightarrow \frac{\alpha \cdot \pi}{180°} = \text{arc}\ \alpha = \widehat{\alpha}$$

Am Einheitskreis gilt wegen r = 1 LE die Beziehung arc α = b.

Als Einheit des Bogenmaßes verwendet man *1 Radiant (1 rad)*, kurz rad, und legt fest: 1 rad ist die Größe des Winkels α, für den am Einheitskreis arc α = 1 gilt (Fig. A 32). Aus $\text{arc}\ \alpha = \frac{\alpha \cdot \pi}{180°}$ folgt in diesem Falle $\alpha = 1 \cdot \frac{180°}{\pi} \approx 57{,}29578°$. Mit anderen Worten: Der Winkel 57,29578° im Gradmaß hat das Bogenmaß 1 rad (s. auch „Formeln und Tabellen“, S. 35).

Eine Zusammenstellung häufig benutzter Werte enthält die nachfolgende Tabelle.

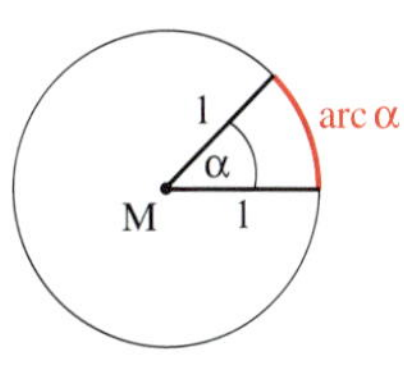


Fig. A 32

| Gradmaß | 0° | 30° | 45° | 60° | 90° | 180° | 270° | 360° |
|---|---|---|---|---|---|---|---|---|
| Bogenmaß | 0 | $\frac{\pi}{6}$ | $\frac{\pi}{4}$ | $\frac{\pi}{3}$ | $\frac{\pi}{2}$ | $\pi$ | $\frac{3}{2}\pi$ | $2\pi$ |

Unter Verwendung des Bogenmaßes für Winkel (also reeller Zahlen) können wir nun die *trigonometrischen Funktionen* auch als *reelle Funktionen* (s. Abschnitt A 1) mit der Menge der reellen Zahlen ℝ bzw. einer Teilmenge von ℝ als Definitionsbereich auffassen.

[1)] arcus (lat.) – Bogen

A 3.3.2 Die Sinusfunktion

Fig. A 33 zeigt den Graphen der Funktion $f(x) = \sin x,\ x \in \mathbb{R}$ (oder ausführlicher: der Funktion f mit $x \mapsto \sin x,\ x \in \mathbb{R}$) im Intervall $-2\pi \le x \le 3\pi$. Der Wertebereich von f ist $W_f = [-1; +1]$.

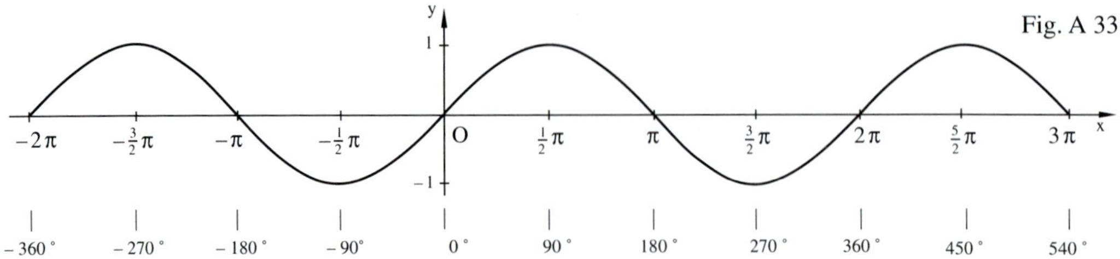


Fig. A 33

Aus dem Graphen lassen sich in Verbindung mit der Definition A 9 der Sinusfunktion eine Reihe von Eigenschaften der Sinusfunktion erkennen:

a) Die Sinusfunktion ist eine nach oben und unten beschränkte Funktion. Eine obere Schranke ist +1, eine untere Schranke ist –1.

b) Nullstellen besitzt $f(x) = \sin x$ für die Argumente … $-2\pi, -\pi, 0, \pi, 2\pi, 3\pi$ …, allgemein für $x_0 = k \cdot \pi,\ k \in \mathbb{Z}$.

c) Aus Definition A 9 folgt, dass Winkel, die sich nur um Vielfache von 360° unterscheiden, den gleichen Sinuswert besitzen. Anders ausgedrückt: Die Sinusfunktion hat an einer beliebigen Stelle $x \in \mathbb{R}$ und an jeder anderen Stelle, die man durch Addition eines ganzzahligen Vielfachen von $2\pi$ zu x erhält, denselben Funktionswert: $\sin x = \sin(x + k \cdot 2\pi),\ k \in \mathbb{Z}$.

   Funktionen, die derartiges Verhalten zeigen, nennt man periodisch. Die Sinusfunktion ist also eine **periodische Funktion** mit der (kleinsten) Periode $2\pi$.

d) Für alle $x \in \mathbb{R}$ gilt: $\sin(-x) = -\sin x$. Das bedeutet: $f(x) = \sin x$ ist eine ungerade Funktion – ihr Graph liegt punktsymmetrisch zum Koordinatenursprung. (Eine Begründung für diese Eigenschaft lässt sich der Fig. A 34 entnehmen.)

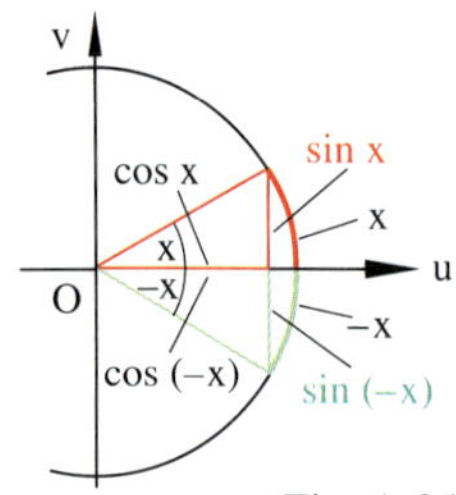


Fig. A 34

Wir betrachten nun noch Sinusfunktionen mit den Gleichungen $f(x) = a \cdot \sin x$ bzw. $f(x) = \sin bx$ $(a, b > 0)$ und untersuchen anhand von Beispielen speziell den Einfluss der Faktoren a und b auf die Graphen der Funktionen und auf ihre Eigenschaften.

A 11

Beispiel A 11:
Gegeben seien die Funktionen $f_1(x) = 2 \cdot \sin x$ und $f_2(x) = \frac{1}{2} \cdot \sin x$.
Wir ermitteln zunächst einige spezielle Funktionswerte und vergleichen diese mit den Werten von $f(x) = \sin x$.

| x | 0 | $\frac{\pi}{2}$ | $\pi$ | $\frac{3}{2}\pi$ | $2\pi$ |
|---|---|---|---|---|---|
| $f(x) = \sin x$ | 0 | 1 | 0 | –1 | 0 |
| $f_1(x) = 2\sin x$ | 0 | 2 | 0 | –2 | 0 |
| $f_2(x) = \frac{1}{2}\sin x$ | 0 | $\frac{1}{2}$ | 0 | $\frac{1}{2}$ | 0 |

Wir erkennen: Die Funktionswerte $f_1(x)$ und $f_2(x)$ erhält man durch Verdoppeln bzw. Halbieren der bekannten Funktionswerte von $f(x) = \sin x$. Nullstellen, Periodizität und Monotonie bleiben unverändert. Beeinflusst wird aber der Wertebereich. Es ist

$W_{f_1} = [-2; 2]$ bzw. $W_{f_2} = [-\frac{1}{2}; \frac{1}{2}]$.

Die zugehörigen Graphen sind in der Fig. A 35 dargestellt.

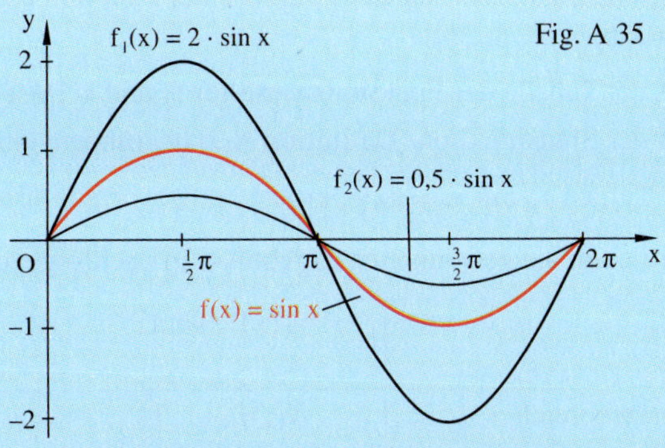

Fig. A 35

Ein Vergleich zeigt: Die Graphen von $f_1$ bzw. $f_2$ sind im Vergleich zum Graphen von $f(x) = \sin x$ mit dem Faktor 2 bzw. $\frac{1}{2}$ in Richtung der y-Achse gestreckt bzw. gestaucht.

Beispiel A 12: A 12

Gegeben sind die Funktionen $f_1(x) = \sin 2x$ und $f_2(x) = \sin \frac{1}{2} x$.

Wir ermitteln wieder einige spezielle Funktionswerte:

| x | $0$ | $\frac{1}{4}\pi$ | $\frac{1}{2}\pi$ | $\frac{3}{4}\pi$ | $\pi$ | $\frac{5}{4}\pi$ | $\frac{3}{2}\pi$ | $\frac{7}{4}\pi$ | $2\pi$ |
|---|---|---|---|---|---|---|---|---|---|
| $f(x) = \sin x$ | 0 | $\frac{1}{2}\sqrt{2}$ | 1 | $\frac{1}{2}\sqrt{2}$ | 0 | $-\frac{1}{2}\sqrt{2}$ | $-1$ | $-\frac{1}{2}\sqrt{2}$ | 0 |
| $f_1(x) = \sin 2x$ | 0 | 1 | 0 | $-1$ | 0 | 1 | 0 | $-1$ | 0 |

| x | $0$ | $\frac{1}{2}\pi$ | $\pi$ | $\frac{3}{2}\pi$ | $2\pi$ | $\frac{5}{2}\pi$ | $3\pi$ | $\frac{7}{2}\pi$ | $4\pi$ |
|---|---|---|---|---|---|---|---|---|---|
| $f(x) = \sin x$ | 0 | 1 | 0 | $-1$ | 0 | 1 | 0 | $-1$ | 0 |
| $f_2(x) = \sin\frac{1}{2}x$ | 0 | $\frac{1}{2}\sqrt{2}$ | 1 | $\frac{1}{2}\sqrt{2}$ | 0 | $-\frac{1}{2}\sqrt{2}$ | $-1$ | $-\frac{1}{2}\sqrt{2}$ | 0 |

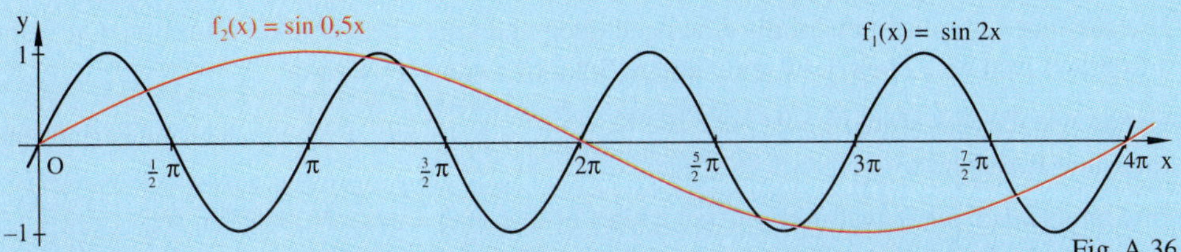

Fig. A 36

Den Tabellen und den grafischen Darstellungen in Fig. A 36 entnehmen wir:

a) Der Faktor 2 bzw. $\frac{1}{2}$ im Argument lässt den für $f(x) = \sin x$ bestimmten Wertebereich unverändert.

b) Beeinflusst werden hingegen Nullstellen, Periodenlänge und Monotonieverhalten. Insbesondere gilt: Durch den Faktor 2 im Argument der Funktion $f_1(x)$ wird die Periodenlänge verkleinert (halbiert) und bei $f_2(x)$ durch den Faktor $\frac{1}{2}$ vergrößert (verdoppelt). Im Vergleich zu $f(x) = \sin x$ (Periode $2\pi$) hat $f_1(x) = \sin 2x$ die Periode $\pi$ und $f_2 = \sin\frac{1}{2}x$ die Periode $4\pi$.

Allgemein gilt: Die kleinste Periode einer Funktion $f(x) = \sin bx$ hat die Länge $p = \frac{2 \cdot \pi}{b}$ (s. „Formeln und Tabellen", S. 35).

Aus der Tabelle der Funktionswerte für $f_1$ und $f_2$ lässt sich ferner ableiten und mit Hilfe der Definition der Sinusfunktion (Definition A 9) begründen: Nullstellen der Funktion f mit $f(x) = \sin bx$ sind alle Zahlen $x_0$ mit $x_0 = k \cdot \frac{\pi}{b}$, $k \in \mathbb{Z}$.

Wir fassen die gewonnenen Ergebnisse in nachfolgender Übersicht zusammen:

| | $f(x) = \sin x$ | $f(x) = a \cdot \sin x$<br>$a > 0$ | $f(x) = \sin b \cdot x$<br>$b > 0$ |
|---|---|---|---|
| Wertebereich | $W_f = [-1;\ 1]$ | $W_f = [-a;\ a]$ | $W_f = [-1;\ 1]$ |
| Nullstellen | $x = k \cdot \pi;\ k \in \mathbb{Z}$ | $x = k \cdot \pi;\ k \in \mathbb{Z}$ | $x = k \cdot \frac{\pi}{b};\ k \in \mathbb{Z}$ |
| Periode | $2\pi$ | $2\pi$ | $\frac{2\pi}{b}$ |

A 3.3.3 Die Kosinusfunktion

Fig. A 37 zeigt den Graphen der Funktion $f(x) = \cos x$, $x \in \mathbb{R}$, im Intervall $-2\pi \le x \le 3\pi$. Der Wertebereich dieser Funktion ist wieder $W_f = [-1;\ 1]$.

Fig. A 37

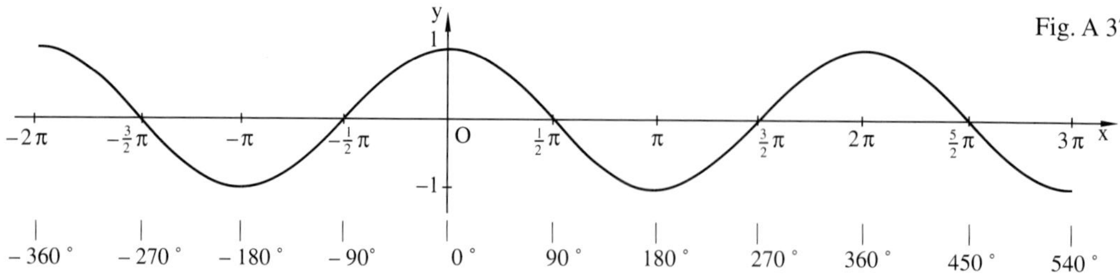


Ein Vergleich der Graphen von Sinus- und Kosinusfunktion ergibt, dass beide Funktionen gemeinsame, aber auch unterschiedliche Eigenschaften besitzen.

a) Die Kosinusfunktion ist ebenfalls eine nach oben und unten beschränkte Funktion. Die Zahlen +1 und –1 sind eine obere bzw. eine untere Schranke von $f(x) = \cos x$.

b) Genau wie die Sinusfunktion ist auch die Kosinusfunktion eine periodische Funktion mit der kleinsten Periode $2\pi$.

c) Im Unterschied zur Sinusfunktion $f(x) = \sin x$ besitzt $f(x) = \cos x$ Nullstellen für $\ldots -\frac{3}{2}\pi, -\frac{\pi}{2}, \frac{\pi}{2}, \frac{3}{2}\pi, \frac{5}{2}\pi \ldots$, allgemein für $x_0 = k \cdot \frac{\pi}{2}$ $(k \in \mathbb{Z})$.

d) Ebenfalls abweichend von der Sinusfunktion gilt $\cos x = \cos(-x)$ für alle $x \in \mathbb{R}$, d. h., $f(x) = \cos x$ ist eine gerade Funktion (Fig. A 34). Der Graph ist achsensymmetrisch mit der Ordinatenachse als Symmetrieachse.

A 3.3.4 Die Tangensfunktion

Nach Definition A 10 ist die Tangensfunktion für alle $x = \frac{\pi}{2} + k \cdot \pi$, $k \in \mathbb{Z}$, nicht erklärt, da die Kosinusfunktion an diesen Stellen den Wert 0 annimmt. In der folgenden Tabelle sind Funktionswerte für den Fall angegeben, dass man sich der Stelle $x_0 = \frac{\pi}{2}$ von links bzw. rechts immer mehr annähert.

| x | tan x | x | tan x |
|---|---|---|---|
| $\frac{\pi}{2} - 0{,}1$ | 9,967 | $\frac{\pi}{2} + 0{,}1$ | –9,967 |
| $\frac{\pi}{2} - 0{,}01$ | 99,997 | $\frac{\pi}{2} + 0{,}01$ | –99,997 |
| $\frac{\pi}{2} - 0{,}001$ | 999,999 | $\frac{\pi}{2} + 0{,}001$ | –999,999 |

Wir sehen: Nähert sich das Argument der Stelle $x_0 = \frac{\pi}{2}$ von links, so werden die Tangenswerte beliebig groß; nähert es sich von rechts, dann werden die Tangenswerte beliebig klein. Der Wertebereich ist also die Menge $\mathbb{R}$ der reellen Zahlen. Aus der Definitionsgleichung folgt außerdem $\tan x = \frac{\sin x}{\cos x}$ $(\cos x \neq 0)$. Die Tangensfunktion hat dieselben Nullstellen wie die Sinusfunktion, nämlich alle reellen Zahlen $x_0$ mit $x_0 = k \cdot \pi$ $(k \in \mathbb{Z})$. Fig. A 38 zeigt den Graphen der Tangensfunktion für

$-\frac{1}{2}\pi \leq x \leq \frac{3}{2}\pi$.

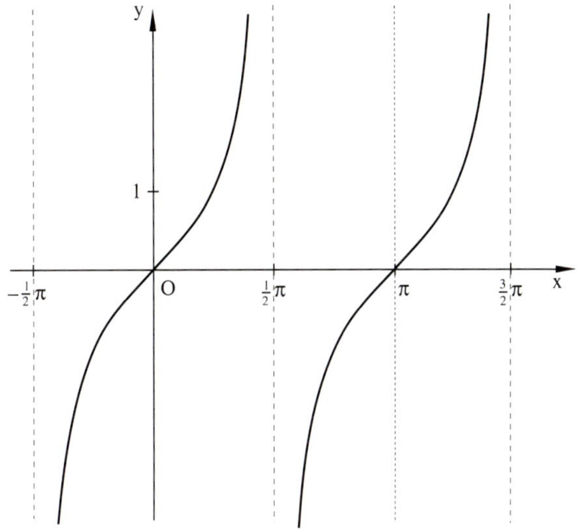


Fig. A 38

Die Tangensfunktion ist ebenfalls eine periodische Funktion. Es gilt $\tan x = \tan(x + k \cdot \pi)$. Die kleinste Periode ist also π. Dieser Zusammenhang lässt sich mit Hilfe von Definition A 10 und den bekannten Eigenschaften der Sinus- und Kosinusfunktion beweisen. Mit denselben Hilfsmitteln kann man zeigen, dass die Tangensfunktion in den offenen Intervallen $](2k-1)\cdot\frac{\pi}{2}; (2k+1)\cdot\frac{\pi}{2}[$ mit $k \in \mathbb{Z}$ eine streng monoton wachsende Funktion ist.

## A 3.4 Additionstheoreme

Oftmals wird der Sinus- bzw. Kosinuswert der Summe von zwei Winkeln α und β benötigt. Wählt man $\alpha = 30°$ und $\beta = 60°$, so lässt sich nachprüfen, dass $\sin(\alpha + \beta) \neq \sin\alpha + \sin\beta$ ist. Denn:
$\sin(30° + 60°) = \sin 90° = 1$, aber $\sin 30° + \sin 60° = 0{,}5 + \frac{1}{2}\sqrt{3} \neq 1$.

Um den Sinuswert für die Summe zweier Winkel α und β zu bestimmen, gehen wir zweckmäßigerweise vom Einheitskreis aus.
Das Lot von Q auf OR liefert als Fußpunkt $S \in OR$. Parallelen zu den Koordinatenachsen durch S führen zu den Punkten $T \in PQ$ und $U \in OP$. An den so entstandenen rechtwinkligen Dreiecken lässt sich ablesen (Fig. A 39):

$\Delta OPQ$: $\sin(\alpha + \beta) = |\overline{PQ}| = |\overline{PT}| + |\overline{TQ}|$;

$\Delta OUS$: $|\overline{SU}| = \sin\alpha \cdot |\overline{OS}|$, $|\overline{SU}| = |\overline{PT}|$;

$\Delta QTS$: $|\overline{TQ}| = \cos\alpha \cdot |\overline{QS}|$.

Fig. A 39

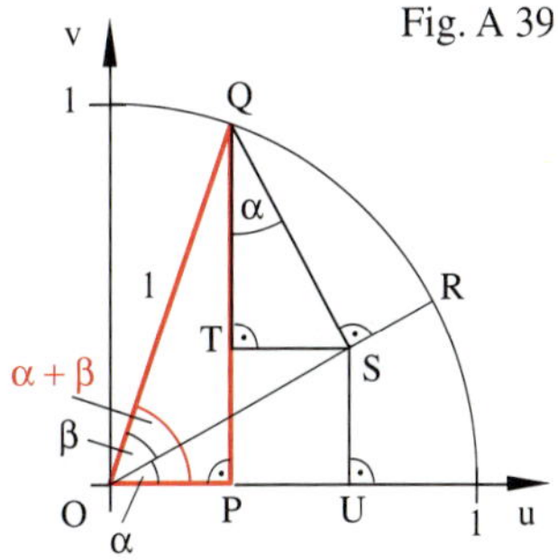

Damit ergibt sich:

$$\sin(\alpha + \beta) = \sin\alpha \cdot |\overline{OS}| + \cos\alpha \cdot |\overline{QS}|,$$

woraus wegen $|\overline{OS}| = \cos\beta$ und $|\overline{QS}| = \sin\beta$ (in $\Delta OSQ$) folgt:

$$\sin(\alpha + \beta) = \sin\alpha \cdot \cos\beta + \cos\alpha \cdot \sin\beta$$

Diese Beziehung wird **Additionstheorem für die Summe zweier Winkel** genannt.
Mit $\alpha = \beta$ erhält man daraus das **Additionstheorem für den doppelten Winkel:**

$$\sin 2\alpha = 2\sin\alpha \cdot \cos\alpha$$

Entsprechend lässt sich zeigen:

$$\sin(\alpha - \beta) = \sin\alpha \cdot \cos\beta - \cos\alpha \cdot \sin\beta \qquad \sin\frac{\alpha}{2} = \sqrt{\frac{1 - \cos\alpha}{2}}$$

Eine Übersicht über weitere Beziehungen zwischen den Winkelfunktionen (Additionstheoreme) findet man z. B. in „Formeln und Tabellen“, S. 36.

Nutzen kann man die Additionstheoreme beispielsweise, um Sinus- oder Kosinuswerte von Winkeln zu ermitteln, die sich als Summe oder Differenz von Winkeln mit bekannten Sinus- bzw. Kosinuswerten ausdrücken lassen.

A 13

Beispiel A 13:

$$\begin{aligned}\sin 15° &= \sin(45° - 30°)\\ &= \sin 45° \cdot \cos 30° - \cos 45° \cdot \sin 30° = \frac{1}{2}\sqrt{2} \cdot \frac{1}{2}\sqrt{3} - \frac{1}{2} \cdot \sqrt{2} \cdot \frac{1}{2} = \frac{1}{4}(\sqrt{6} - \sqrt{2})\\ &\approx 0{,}259\end{aligned}$$

Häufig wird auf die Additionstheoreme auch bei mathematischen Beweisführungen zurückgegriffen (vgl. D 3.3).

## A 3.5 Goniometrische Gleichungen

Gleichungen, bei denen die Variable im Argument von Winkelfunktionen auftritt, heißen **goniometrische Gleichungen**.

A 14

Beispiel A 14:
Zu lösen sei die Gleichung $\cos x = 0{,}5$.
Für $0 \leq x \leq 2\pi$ erhalten wir die Lösungen $x_1 = \frac{\pi}{3}$ bzw. $x_2 = \frac{5}{3}\pi$. Da die Kosinusfunktion die Periode $2\pi$ besitzt, ergeben sich als Lösungen in $\mathbb{R}$: $x_1 = \frac{\pi}{3} + 2k\pi$ und $x_2 = \frac{5\pi}{3} + 2k\pi$.

A 15

Beispiel A 15:
Es sind die Lösungen der Gleichung $2\cos^2 x + \cos x - 1 = 0$ für $0 \leq x \leq 2\pi$ zu ermitteln.
Wir setzen $\cos x = z$ und erhalten die quadratische Gleichung $2z^2 + z - 1 = 0$ bzw.
$z^2 + \frac{1}{2}z - \frac{1}{2} = 0$ mit den Lösungen $z_1 = \frac{1}{2}$; $z_2 = -1$. Wegen $z = \cos x$ ergibt sich

a) $\cos x = \frac{1}{2}$ und damit $x_1 = \frac{\pi}{3}$, $x_2 = \frac{5}{3}\pi$,

b) $\cos x = -1$ und damit $x_3 = \pi$.

Probe: Wir setzen $x_1$, $x_2$ bzw. $x_3$ in den Term $2\cos^2 x + \cos x - 1$ ein und vergleichen den erhaltenen Wert mit der rechten Seite der Gleichung.

- für $x_1$: $2\cos^2 \frac{\pi}{3} + \cos\frac{\pi}{3} - 1 \quad = 2\cdot\frac{1}{4} + \frac{1}{2} - 1 = 0$; Vergleich: $0 = 0$.
- für $x_2$: $2\cos^2 \frac{5}{3}\pi + \cos\frac{5}{3}\pi - 1 = 2\cdot\frac{1}{4} + \frac{1}{2} - 1 = 0$; Vergleich: $0 = 0$.
- für $x_3$: $2\cos^2 \pi + \cos\pi - 1 \quad = 2\cdot 1 - 1 - 1 = 0$; Vergleich: $0 = 0$.

Beispiel A 16: A 16

Man löse die goniometrische Gleichung $3\cdot\sin x = \sqrt{3}\cdot\cos x$ für $0 \le x \le 2\pi$.

Wir dividieren die Gleichung $3\cdot\sin x = \sqrt{3}\cdot\cos x$ durch $\cos x$ ($x \ne \frac{\pi}{2}; \frac{3\pi}{2}$) und erhalten

$\frac{3\sin x}{\cos x} = \sqrt{3}$.

Wegen $\frac{\sin x}{\cos x} = \tan x$ folgt $\tan x = \frac{1}{3}\sqrt{3}$; also $x_1 = \frac{\pi}{6}$, $x_2 = \frac{7}{6}\pi$.

Probe:

- für $x_1$: $3\cdot\sin\frac{\pi}{6} = 3\cdot\frac{1}{2} = \frac{3}{2}$; $\sqrt{3}\cdot\cos\frac{\pi}{6} = \sqrt{3}\,\frac{1}{2}\cdot\sqrt{3} = \frac{3}{2}$; Vergleich: $\frac{3}{2} = \frac{3}{2}$
- für $x_2$: $3\cdot\sin\frac{7}{6}\pi = 3\cdot(-\frac{1}{2}) = -\frac{3}{2}$; $\sqrt{3}\cdot\cos\frac{7}{6}\pi = \sqrt{3}\,(-\frac{1}{2}\cdot\sqrt{3}) = -\frac{3}{2}$; Vergleich: $-\frac{3}{2} = -\frac{3}{2}$

## A 3.6 Anwendungen der trigonometrischen Funktionen

Bisher haben wir Winkel im Einheitskreis betrachtet. Dort bilden der Radius und die $\sin\alpha$ bzw. $\cos\alpha$ entsprechenden Strecken ein rechtwinkliges Dreieck. Vergrößern (oder verkleinern) wir den Radius r, so erhalten wir ein zum Ausgangsdreieck ähnliches rechtwinkliges Dreieck, dessen Seiten und auch ihre Längen wir wie gewohnt mit a, b und c bezeichnen wollen (Fig. A 40).

Nach dem Strahlensatz (bzw. nach den Sätzen für ähnliche Dreiecke) gilt:

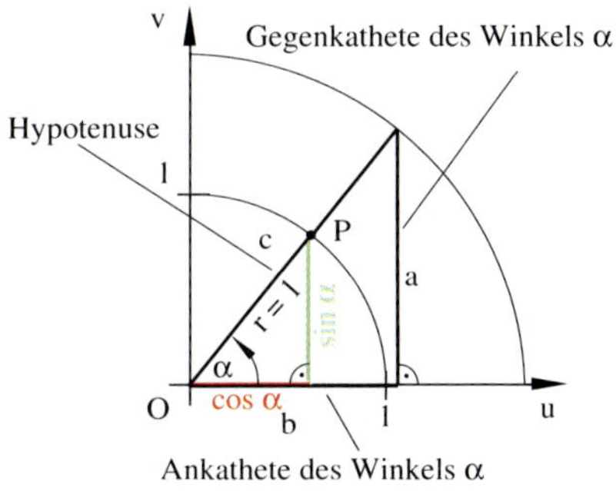


Fig. A 40

$$\sin\alpha : a = 1 : c \quad \text{bzw.} \quad \sin\alpha = \frac{a}{c} = \frac{\text{Gegenkathete}}{\text{Hypotenuse}}.$$

Das heißt: In einem rechtwinkligen Dreieck ist der ***Sinus*** *eines Winkels das Verhältnis aus den Längen von Gegenkathete des Winkels und Hypotenuse des Dreiecks.* Entsprechend lässt sich

$$\cos\alpha = \frac{b}{c} = \frac{\text{Ankathete}}{\text{Hypotenuse}} \quad \text{und} \quad \tan\alpha = \frac{a}{b} = \frac{\text{Gegenkathete}}{\text{Ankathete}}$$

gewinnen. Mit anderen Worten: In einem rechtwinkligen Dreieck ist der ***Kosinus*** *eines Winkels das Verhältnis aus den Längen von Ankathete und Hypotenuse* sowie der ***Tangens*** *das Verhältnis der Längen von Gegenkathete und Ankathete des Winkels.*

Bisher konnten wir nur aus zwei bekannten Seiten eines rechtwinkligen Dreiecks die dritte mit Hilfe des Satzes von PYTHAGORAS ermitteln. Unter Verwendung der Kenntnisse über trigonometrische

Funktionen ist es möglich, rechtwinklige Dreiecke vollständig zu berechnen, d. h. fehlende Seiten *und* Winkel zu bestimmen, wenn entsprechende Stücke gegeben sind. In den nachfolgenden Beispielen A 17 bis A 21 werden typische Fälle für Berechnungen am rechtwinkligen Dreieck dargestellt. Es sind jeweils alle nicht gegebenen Seiten und Winkel des betreffenden Dreiecks mit trigonometrischen Hilfsmitteln zu berechnen.

A 17

Beispiel A 17:
Von einem rechtwinkligen Dreieck ($\gamma = 90°$) seien eine **Kathete** $a = 4{,}5$ cm und ihr **Gegenwinkel** $\alpha = 64°$ bekannt[1] (Fig. A 41)[2].

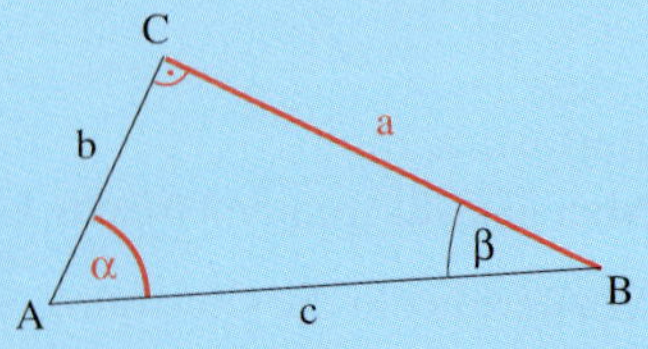

Fig. A 41

1. $\beta = 90° - \alpha$, also $\beta = 90° - 64° = 26°$.
2. $\sin\alpha = \frac{a}{c}$, also $c = \frac{a}{\sin\alpha} = \frac{4{,}5\,\text{cm}}{\sin 64°}$ und damit $c \approx 5{,}0$ cm.
3. $\tan\alpha = \frac{a}{b}$, also $b = \frac{a}{\tan\alpha} = \frac{4{,}5\,\text{cm}}{\tan 64°}$ und damit $b \approx 2{,}2$ cm.

*Bemerkung:* Natürlich lässt sich hier wie auch in den folgenden Beispielen die dritte Seite des rechtwinkligen Dreiecks auch nach dem Lehrsatz des PYTHAGORAS berechnen. Man sollte diese Möglichkeit zur Kontrolle verwenden, die hier die Rechnung (bis auf Rundungsfehler) bestätigt.

A 18

Beispiel A 18:
Die **beiden Katheten** eines rechtwinkligen Dreiecks seien $a = 15$ cm und $b = 8$ cm (Fig. A 42).

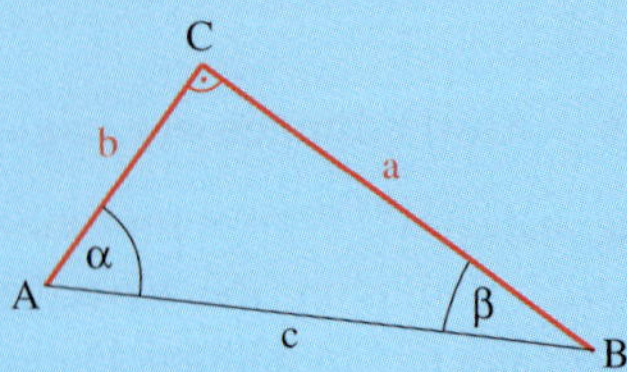

Fig. A 42

1. $\tan\alpha = \frac{a}{b}$, also $\tan\alpha = \frac{15\,\text{cm}}{8\,\text{cm}} = 1{,}875$ und damit $\alpha \approx 61{,}9°$.
2. $\beta = 90° - \alpha$, also $\beta \approx 90° - 61{,}9° = 28{,}1°$.
3. $\sin\alpha = \frac{a}{c}$, also $c = \frac{a}{\sin\alpha} = \frac{15\,\text{cm}}{\sin 61{,}9°}$ und damit $c \approx 17$ cm.

A 19

Beispiel A 19:
Gegeben sind die **Hypotenuse** $c = 10$ cm und der **Winkel** $\alpha = 35°$ eines rechtwinkligen Dreiecks (Fig. A 43).

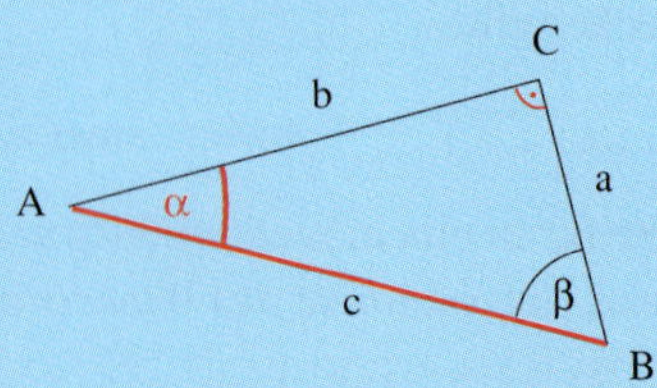

Fig. A 43

1. $\beta = 90° - \alpha$, also $\beta = 90° - 35° = 55°$.
2. $\sin\alpha = \frac{a}{c}$, also $a = c \cdot \sin\alpha$.

   Damit gilt $a = 10\,\text{cm} \cdot \sin 35° \approx 5{,}7$ cm.
3. $\cos\alpha = \frac{b}{c}$, also $b = c \cdot \cos\alpha$.

   Damit gilt $b = 10\,\text{cm} \cdot \cos 35° \approx 8{,}2$ cm.

[1] Wir verwenden hier und bei den folgenden Beispielen diese Kurzschreibweise anstelle der Formulierung „Länge der Kathete …“, „Größe des Winkels …“ u. Ä.

[2] Die Dreiecksdarstellungen sind hier und im Folgenden nicht maßstabsgetreu.

Beispiel A 20: A 20

Von einem rechtwinkligen Dreieck sind die **Kathete** a = 3 cm und die **Hypotenuse** c = 6,9 cm bekannt (Fig. A 44).

1. $\sin\alpha = \frac{a}{c}$, also $\sin\alpha = \frac{3\text{cm}}{6{,}9\text{cm}} \approx 0{,}4348$ und damit $\alpha = 23{,}5°$.
2. $\beta = 90° - \alpha$, also $\beta \approx 90° - 23{,}5° = 66{,}5°$.
3. $\cos\alpha = \frac{b}{c}$, also $b = c \cdot \cos\alpha = 6{,}9\text{ cm} \cdot \cos 23{,}5°$ und damit $b \approx 6{,}3$ cm.

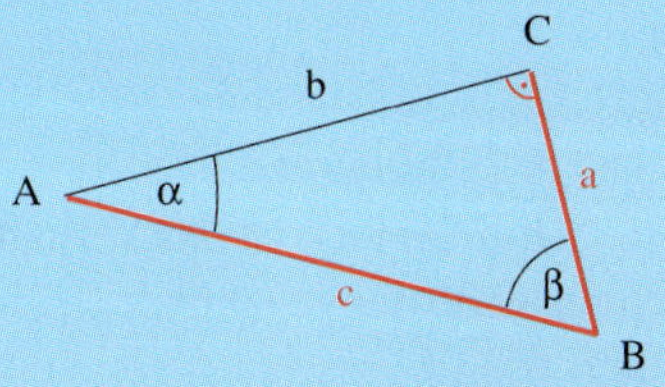

Fig. A 44

Die mathematische Bearbeitung vielfältiger praktischer Sachverhalte erfordert letztlich die Berechnung rechtwinkliger Dreiecke. Doch es kann auch erforderlich sein, Seiten und Winkel beliebiger (nicht rechtwinkliger) Dreiecke zu ermitteln. Auch das ist mit Hilfe der trigonometrischen Funktionen möglich, indem man dieses neue Problem auf das bereits gelöste zurückführt: Ist beispielsweise ein spitzwinkliges Dreieck zu berechnen, so reduziert sich diese Aufgabe durch Einzeichnen einer Höhe auf Überlegungen an zwei rechtwinkligen Dreiecken.

Beispiel A 21: A 21

Bekannt seien von einem spitzwinkligen Dreieck die Winkel $\alpha = 43°$ und $\beta = 58°$ sowie die Seite c = 7,5 cm (Fig. A 45).

Nach dem Kongruenzsatz *wsw* ist das Dreieck ABC eindeutig bestimmt.

1. Für $\gamma$ gilt nach dem Satz über die Innenwinkelsumme im Dreieck: $\gamma = 180° - (\alpha + \beta)$, also $\gamma = 180° - (43° + 58°) = 79°$
2. Durch die Höhen $h_a$ und $h_b$ werden je zwei rechtwinklige Dreiecke erzeugt. Es gilt:

$\sin\alpha = \frac{h_b}{c}$, also $h_b = c \cdot \sin\alpha$ und damit $h_b \approx 5{,}1$ cm

$\sin\beta = \frac{h_a}{c}$, also $h_a = c \cdot \sin\beta$ und damit $h_a \approx 6{,}4$ cm

$\sin\gamma = \frac{h_b}{a}$, also $a = \frac{h_b}{\sin\gamma}$ und damit $a \approx 5{,}2$ cm

$\sin\gamma = \frac{h_a}{b}$, also $b = \frac{h_a}{\sin\gamma}$ und damit $b \approx 6{,}5$ cm

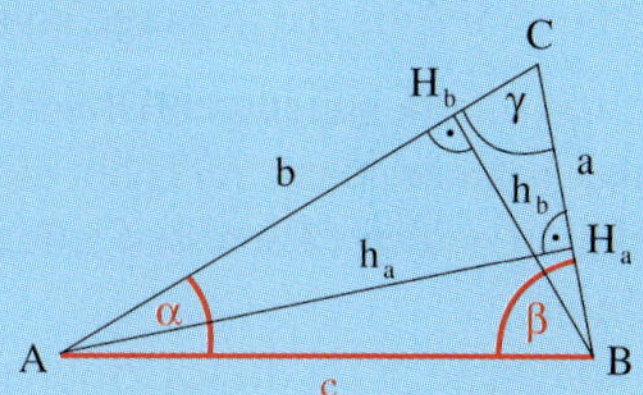

Fig. A 45

Wir sehen also: Das Berechnen eines spitzwinkligen Dreiecks wurde auf das Berechnen rechtwinkliger Dreiecke zurückgeführt. Man muss nur geeignete Höhen einzeichnen, deren Länge in einem Zwischenschritt bestimmen und dann wie bekannt fortfahren. Dass man auch ohne diesen Zwischenschritt auskommen kann, zeigt eine nochmalige Betrachtung des Lösungsweges.

- Unter Nutzung der beiden Teildreiecke $ABH_b$ und $BCH_b$ erhielten wir $h_b = c \cdot \sin\alpha$ bzw. $h_b = a \cdot \sin\gamma$. Daraus folgt:
  $c \cdot \sin\alpha = a \cdot \sin\gamma$, also $\frac{\sin\alpha}{\sin\gamma} = \frac{a}{c}$
- Unter Nutzung der beiden Teildreiecke $ABH_a$ und $AH_aC$ erhielten wir $h_a = c \cdot \sin\beta$ bzw. $h_a = b \cdot \sin\gamma$. Daraus folgt:
  $c \cdot \sin\beta = b \cdot \sin\gamma$, also $\frac{\sin\beta}{\sin\gamma} = \frac{b}{c}$

– Unter Verwendung der Höhe $h_c$ ergibt sich auf gleiche Weise $\frac{\sin\alpha}{\sin\beta} = \frac{a}{b}$.

Wir haben obige Beziehungen zwischen Sinuswerten und Seitenlängen zwar an einem speziellen spitzwinkligen Dreieck gewonnen, doch es lässt sich zeigen, dass sie für beliebige Dreiecke gültig sind.

A 2

Satz A 2: **Sinussatz**

In jedem Dreieck ist das Verhältnis der Längen zweier Seiten gleich dem Verhältnis der Sinuswerte der gegenüberliegenden Winkel.

$a : b = \sin\alpha : \sin\beta$ $\quad b : c = \sin\beta : \sin\gamma$ $\quad a : c = \sin\alpha : \sin\gamma$

A 22

Beispiel A 22:

Von einem Dreieck ABC sind gegeben $a = 4{,}5$ cm, $c = 6{,}3$ cm und $\gamma = 110°$.

Mit Hilfe des Sinussatzes berechnen wir die fehlenden Stücke.

1. $\frac{\sin\alpha}{\sin\gamma} = \frac{a}{c}$, also $\sin\alpha = \frac{a}{c}\cdot\sin\gamma$ und damit $\sin\alpha = \frac{4{,}5\,\text{cm}}{6{,}3\,\text{cm}}\cdot\sin 110° \approx 0{,}6712$.

   Daraus folgt (bei Verwendung gerundeter Werte) $\alpha_1 = 42{,}1°$ und $\alpha_2 = 137{,}9°$. Da in jedem Dreieck der kleineren Seite der kleinere Winkel gegenüberliegt, kommt wegen $a < c$ nur $\alpha_1 = \alpha \approx 42{,}1°$ als Lösung in Frage.
2. $\beta = 180° - (\alpha + \gamma)$, also $\beta \approx 180° - 152{,}1° = 27{,}9°$.
3. $\frac{b}{c} = \frac{\sin\beta}{\sin\gamma}$, also $b = \frac{\sin\beta}{\sin\gamma}\cdot c$ und damit $b \approx \frac{\sin 27{,}9°}{\sin 110°}\cdot 6{,}3\text{ cm} \approx 3{,}1$ cm.

*Bemerkung:*

Bei der Ermittlung eines Winkels mit Hilfe des Sinussatzes erhält man rein rechnerisch im Allgemeinen zwei Resultate. Es muss besonders untersucht werden, ob sie auch beide als Lösungen der entsprechenden Aufgabe in Frage kommen.

Sind von einem beliebigen Dreieck nur die drei Seiten oder zwei Seiten und der eingeschlossene Winkel bekannt, dann versagen die Möglichkeiten des Sinussatzes zur Berechnung der fehlenden Stücke. In beiden Fällen sind jedoch die Dreiecke nach dem Kongruenzsatz sss bzw. sws eindeutig bestimmt.

Wir wollen auch für dieses Problem eine Lösung finden und wählen als Beispiel den Fall, dass von einem spitzwinkligen Dreieck ABC die Seiten a und c sowie der von ihnen eingeschlossene Winkel β bekannt sind (Fig. A 46).

Die Höhe $h_c$ zerlegt das Dreieck ABC in zwei rechtwinklige Teildreiecke ADC und BCD. Nach dem Lehrsatz des PYTHAGORAS gilt dann:

$$h_c^2 = b^2 - q^2 \qquad \text{und} \qquad h_c^2 = a^2 - p^2$$

Daraus folgt $b^2 - q^2 = a^2 - p^2$ bzw. $b^2 = a^2 - p^2 + q^2$. (1)

Wegen $q = c - p$ erhält man aus (1)

$$b^2 = a^2 - p^2 + (c - p)^2 \quad \text{oder}$$

$$b^2 = a^2 - p^2 + c^2 - 2cp + p^2 \quad \text{bzw.} \quad b^2 = a^2 + c^2 - 2cp. \quad (2)$$

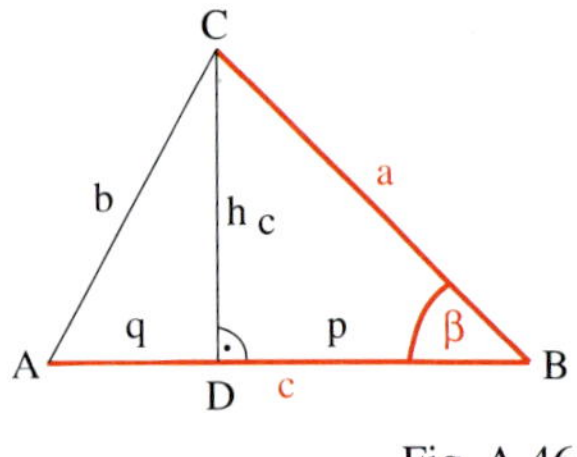


Fig. A 46

Da $p = a\cdot\cos\beta$ ist, folgt aus (2)

$$b^2 = a^2 + c^2 - 2ac\cdot\cos\beta.$$

Diese Gleichung ist auch für stumpfwinklige Dreiecke gültig.

A 3

Satz A 3: **Kosinussatz**
In jedem Dreieck ABC ist das Quadrat der Länge einer Seite gleich der Summe der Quadrate der Längen der beiden anderen Seiten, vermindert um das doppelte Produkt aus den Längen dieser beiden Seiten und dem Kosinuswert des von beiden Seiten eingeschlossenen Winkels.

$a^2 = b^2 + c^2 - 2bc \cdot \cos\alpha$ $\qquad$ $b^2 = a^2 + c^2 - 2ac \cdot \cos\beta$ $\qquad$ $c^2 = a^2 + b^2 - 2ab \cdot \cos\gamma$

Mittels des Kosinussatzes können wir nun auch das zweite der o. g. Probleme lösen, für das der Sinussatz versagte. Kennt man nämlich die drei Seiten a, b und c eines Dreiecks, so gilt für dessen Winkel:

$$\cos\alpha = \frac{b^2 + c^2 - a^2}{2bc} \qquad \cos\beta = \frac{a^2 + c^2 - b^2}{2ac} \qquad \cos\gamma = \frac{a^2 + b^2 - c^2}{2ab}$$

A 23

Beispiel A 23:
In einem Dreieck ABC sei a = 3,5 cm, b = 5,2 cm und $\gamma = 50°$. Es sind c, $\alpha$ und $\beta$ zu berechnen (vgl. Fig. A 47).

1. $c^2 = a^2 + b^2 - 2ab \cdot \cos\gamma$, also
   $c^2 = (3{,}5\text{ cm})^2 + (5{,}2\text{ cm})^2 - 2 \cdot 3{,}5\text{ cm} \cdot 5{,}2\text{ cm} \cdot \cos 50° \approx 15{,}9\text{ cm}^2$ und damit
   $c \approx 4\text{ cm}.$
2. $\cos\alpha = \frac{b^2 + c^2 - a^2}{2bc}$, also
   $\cos\alpha \approx \frac{(5{,}2\text{ cm})^2 + (4\text{ cm})^2 - (3{,}5\text{ cm})^2}{2 \cdot 5{,}2\text{ cm} \cdot 4\text{ cm}} \approx 0{,}74;$
   $\alpha \approx 42°.$
3. $\beta = 180° - (\alpha + \gamma)$, also $\beta \approx 180° - 92° = 88°.$

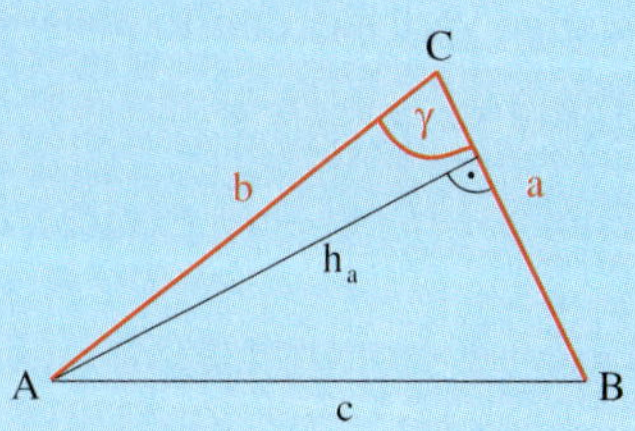

Fig. A 47

*Bemerkung:*
Die Berechnung der Größe eines Dreieckswinkels nach dem Kosinussatz ist stets eindeutig, da die Vorzeichen der Kosinuswerte für spitze und stumpfe Winkel unterschiedlich sind.

Neben der Bestimmung von Seiten und Winkeln eines Dreiecks ist oftmals die Berechnung des Flächeninhalts von Interesse. Für den Flächeninhalt A eines Dreiecks mit der Grundlinie g und der Höhe $h_g$ gilt bekanntlich die Formel $A = \frac{1}{2} g \cdot h_g$, also z. B. $A = \frac{1}{2} a \cdot h_a$. Ersetzen wir in dieser Formel $h_a$ durch $b \cdot \sin\gamma$ (s. Fig. A 47), so ergibt sich $A = \frac{1}{2} ab \cdot \sin\gamma$.

Allgemein gilt:

A 4

Satz A 4:
Der Flächeninhalt eines Dreiecks ist gleich dem halben Produkt aus den Längen zweier Seiten und dem Sinuswert des eingeschlossenen Winkels.

$A = \frac{1}{2} ab \cdot \sin\gamma$ $\qquad$ $A = \frac{1}{2} bc \cdot \sin\alpha$ $\qquad$ $A = \frac{1}{2} ca \cdot \sin\beta$

# A 4 Exponential- und Logarithmusfunktionen

## A 4.1 Exponentialfunktionen

Im Abschnitt A 2 wurden quadratische Funktionen betrachtet, insbesondere der Spezialfall $f(x) = x^2$. Diese Funktion ordnet den Argumenten x deren Quadrate $x^2$ zu.

| x | 0 | 1 | 3 | 10 | −1 | … |
|---|---|---|---|---|---|---|
| $x^2$ | 0 | 1 | 9 | 100 | 1 | … |

Die Argumente sind hier also Basis in der Potenz $x^2$, der Exponent ist bei der quadratischen Funktion die 2.
Vertauschen wir in der Potenz formal x und 2 miteinander, so entsteht der Term $2^x$, welcher folgende Zuordnung bewirkt:

| x | 0 | 1 | 3 | 10 | −1 | … |
|---|---|---|---|---|---|---|
| $2^x$ | 1 | 2 | 8 | 1024 | $\frac{1}{2}$ | … |

Bei dieser Zuordnung f: $x \to 2^x$ handelt es sich um eine Funktion mit der Gleichung $f(x) = 2^x$. Das ist ein Beispiel für eine Exponentialfunktion, die allgemein dadurch gekennzeichnet ist, dass die unabhängige Variable x im Exponenten des Funktionsterms auftritt.

A 11

Definition A 11:
Funktionen mit einer Gleichung der Form
$f(x) = c \cdot a^x$ $\quad (c, a \in \mathbb{R}, c \neq 0, a > 0 \text{ und } a \neq 1)$
heißen **Exponentialfunktionen**. Ihr Definitionsbereich ist die Menge der reellen Zahlen.

a) Wir betrachten in einem ersten Schritt Exponentialfunktionen mit der Gleichung $f(x) = a^x$ $(a > 0, a \neq 1)$. Der konstante Faktor c ist hier also gleich 1. Um einen Überblick über einige elementare Eigenschaften dieser Funktionen zu erhalten, zeichnen wir unter Verwendung von Wertetabellen (Werte z.T. gerundet) die Graphen der Exponentialfunktionen

$f(x) = 2^x$, $\quad g(x) = 3^x$, $\quad h(x) = 0{,}5^x$ $\quad$ und $\quad k(x) = 10^x$ (Fig. A 48).

| x | −3 | −2 | −1 | 0 | 1 | 2 | 3 |
|---|---|---|---|---|---|---|---|
| $2^x$ | 0,125 | 0,25 | 0,5 | 1 | 2 | 4 | 8 |
| $3^x$ | 0,037 | 0,1 | 0,3 | 1 | 3 | 9 | 27 |
| $0{,}5^x$ | 8 | 4 | 2 | 1 | 0,5 | 0,25 | 0,125 |
| $10^x$ | 0,001 | 0,01 | 0,1 | 1 | 10 | 100 | 1000 |

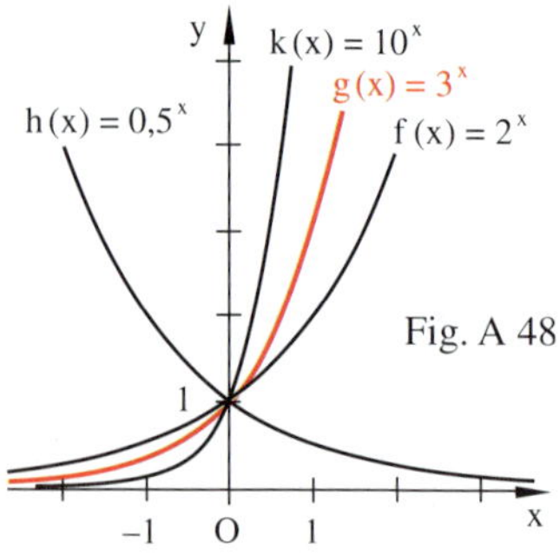

Fig. A 48

Die Graphen der Exponentialfunktionen f, g, h und k verlaufen oberhalb der x-Achse im II. und I. Quadranten. Sie nähern sich „asymptotisch“ (s. S. 119) der x-Achse. Generell gilt:

– Der Wertebereich aller Exponentialfunktionen $f(x) = a^x$ $(x \in \mathbb{R}, a > 0, a \neq 1)$ ist die Menge $\mathbb{R}_+$ der positiven reellen Zahlen. Exponentialfunktionen besitzen demnach keine Nullstellen.

- Ein charakteristischer Punkt ihrer Graphen ist der Schnittpunkt mit der y-Achse. Wegen $a^0 = 1$ (für $a \neq 0$) verlaufen alle diese Graphen durch den Punkt (0; 1). Die x-Achse ist Asymptote.
- Jede Exponentialfunktion $f(x) = a^x$ ist eineindeutig, d. h., für $x_1 \neq x_2$ gilt stets auch $f(x_1) \neq f(x_2)$.
- Für $a > 1$ ist die Funktion $f(x) = a^x$ streng monoton wachsend, für $0 < a < 1$ streng monoton fallend.

b) Nun sollen auch für die Fälle $c \neq 1$ und $c > 0$ einige Beispiele betrachtet werden, um entsprechende Eigenschaften abheben zu können.

Wir zeichnen dazu unter Verwendung von Wertetabellen (Werte z.T. gerundet) die Graphen der Funktionen

$f(x) = 3 \cdot 0{,}2^x$, $g(x) = 0{,}5 \cdot 2^x$ und $h(x) = 2 \cdot 1{,}5^x$ (Fig. A 49).

| x | −3 | −2 | −1 | 0 | 1 | 2 | 3 |
|---|---|---|---|---|---|---|---|
| $3 \cdot 0{,}2^x$ | 375 | 75 | 15 | 3 | 0,6 | 0,12 | 0,024 |
| $0{,}5 \cdot 2^x$ | 0,0625 | 0,125 | 0,25 | 0,5 | 1 | 2 | 4 |
| $2 \cdot 1{,}5^x$ | 2,96 | 4,4 | 6,6 | 10 | 15 | 22,5 | 33,75 |

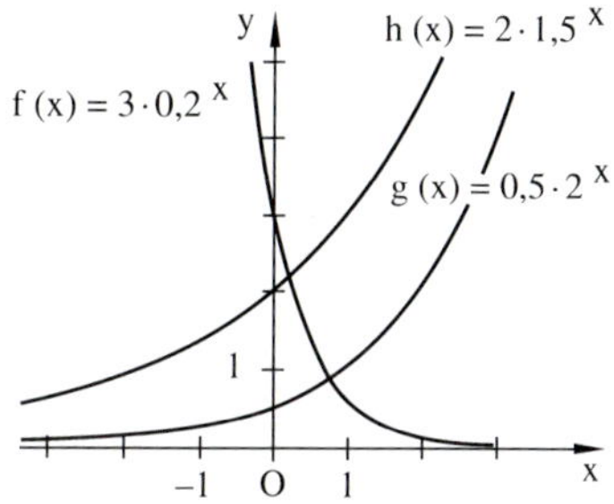

Fig. A 49

Die Exponentialfunktionen $f(x) = c \cdot a^x$ besitzen dieselben Eigenschaften wie die Funktionen $f(x) = a^x$ mit Ausnahme des Schnittpunktes ihrer Graphen mit der y-Achse, der für $f(x) = c \cdot a^x$ der Punkt (0; c) ist. Der Graph der Funktion $g(x) = 0{,}5 \cdot 2^x$ ergibt sich aus dem Graphen der Funktion $f(x) = 2^x$ durch Stauchung in Richtung der y-Achse auf das „0,5fache" – der Graph von $f(x) = c \cdot a^x$ aus dem von $f(x) = a^x$ entsprechend durch Streckung oder Stauchung in Richtung der y-Achse mit dem Faktor c.

Insbesondere Wachstums- oder Abnahmeprozesse lassen sich mit Hilfe von Exponentialfunktionen beschreiben, z. B. der Bevölkerungszuwachs in einer Region, das Wachstum von Bakterienkulturen, der Kapitalzuwachs bei langjähriger Verzinsung, radioaktiver Zerfall bestimmter Elemente u. Ä.

Dabei ist die Exponentialfunktion $f(x) = e^x$ von besonderer Bedeutung, d. h., die Exponentialfunktion, in der die EULERsche Zahl ($e = 2{,}718 \ldots$) als Basis auftritt (s. „Formeln und Tabellen", S. 11, 41).

**A 24**

Beispiel A 24:
Zur Förderung von Gärungsprozessen (z. B. bei der Weinherstellung) werden Hefen eingesetzt. Die Hefezellen entwickeln sich in Nährlösungen. In einen Behälter werden 1,5 g Hefe gegeben. Man weiß aus Versuchen, dass sich die Anzahl der Hefezellen stündlich verdreifacht. Es ist

- die Hefemasse zu ermitteln, die sich nach 1, 2, 3, 4, 5 Stunden gebildet hat;
- eine Gleichung aufzustellen, durch welche der zugehörige funktionale Zusammenhang beschrieben wird, und dieser funktionale Zusammenhang grafisch darzustellen.

Die Hefemasse nach Ende der genannten Zeiten beträgt:

| Zeit (in h) | 0 | 1 | 2 | 3 | 4 | 5 |
|---|---|---|---|---|---|---|
| Masse (in g) | 1,5 | 4,5 | 13,5 | 40,5 | 121,5 | 364,5 |

Da sich die Masse stündlich verdreifacht, gilt:

$f(1) = f(0) \cdot 3$; $f(2) = f(1) \cdot 3 = f(0) \cdot 3 \cdot 3 = f(0) \cdot 3^2$;
$f(3) = f(2) \cdot 3 = f(0) \cdot 3^2 \cdot 3 = f(0) \cdot 3^3$ usw.,

Also ist $f(t) = f(0) \cdot 3^t$ und wegen $f(0) = 1{,}5$ erhalten wir schließlich $f(t) = 1{,}5 \cdot 3^t$.

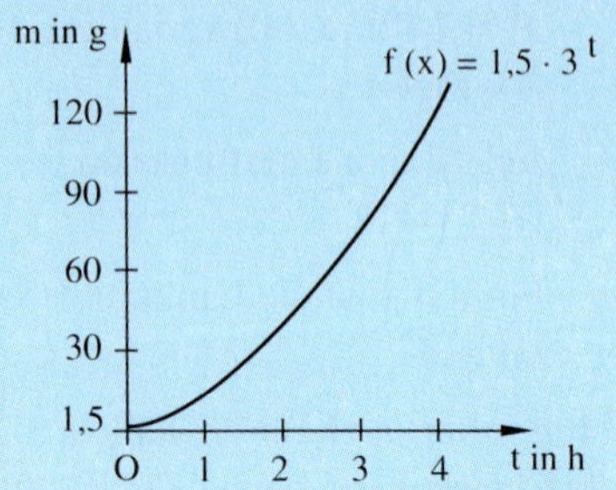

Fig. A 50

Ist von einem Prozess bekannt, dass er exponentiell abläuft, so kann aus einer Messreihe auf die Gleichung der zugehörigen Funktion geschlossen werden.

A 25

Beispiel A 25:
In einem Labor wurde eine Bakterienkultur beobachtet. Sie entwickelte sich unter gleichbleibenden Bedingungen in der in der Tabelle angegebenen Weise:

| Zeit (in d) | 0 | 0,5 | 1 | 1,5 | 2 | 2,5 | 3 |
|---|---|---|---|---|---|---|---|
| Anzahl (in 100) | 2,0 | 2,4 | 3,0 | 3,7 | 4,5 | 5,5 | 6,8 |

Da exponentielle Prozesse durch einen Wachstumsfaktor a bestimmt sind, bilden wir folgende Quotienten:

$\frac{f(1)}{f(0)} = \frac{3{,}0}{2{,}0} = 1{,}5$ $\qquad$ $\frac{f(2)}{f(1)} = \frac{4{,}5}{3{,}0} = 1{,}5$

Der gleichbleibende Faktor beträgt also in diesem Beispiel $a = 1{,}5$. Der Anfangswert $f(0) = 2{,}0$ liefert uns wegen $2{,}0 = c \cdot 1{,}5^0$ für c den Wert 2,0. Die Gleichung für die den genannten Prozess beschreibende Exponentialfunktion lautet demnach
$f(t) = 2{,}0 \cdot 1{,}5^t$.

## A 4.2 Logarithmusfunktionen

Will man in der Potenz $a^c = b$ die Basis a bestimmen, so muss man *radizieren:* $a = \sqrt[c]{b}$ $(a, b > 0)$. Sind dagegen die Zahlen a und b bekannt und der Exponent c soll bestimmt werden, so ist *Logarithmieren* erforderlich. Es gilt: $c = \log_a b$.

A 12

Definition A 12:
Funktionen mit einer Gleichung der Form
$f(x) = \log_a x$ $\qquad$ $(a \in \mathbb{R}, a > 0 \text{ und } a \neq 1)$
heißen **Logarithmusfunktionen**.
Ihr Definitionsbereich ist die Menge $\mathbb{R}_+$ der positiven reellen Zahlen.

Um wichtige Eigenschaften der Logarithmusfunktionen finden zu können, sollen wiederum die Graphen einiger Logarithmusfunktionen gezeichnet werden:

$f(x) = \log_2 x$ $\qquad$ $g(x) = \log_e x = \ln x$ $\qquad$ $h(x) = \log_{10} x = \lg x$ $\qquad$ (Fig. A 51)

Wertetabelle:

| x | 0,5 | 1 | 2 | 3 | 4 | 6 | 8 |
|---|---|---|---|---|---|---|---|
| $\log_2 x$ | −1 | 0 | 1 | 1,58 | 2 | 2,58 | 3 |
| ln x | −0,69 | 0 | 0,69 | 1,10 | 1,39 | 1,79 | 2,08 |
| lg x | −0,30 | 0 | 0,30 | 0,48 | 0,60 | 0,78 | 0,90 |

(s. „Formeln und Tabellen“, S. 46)

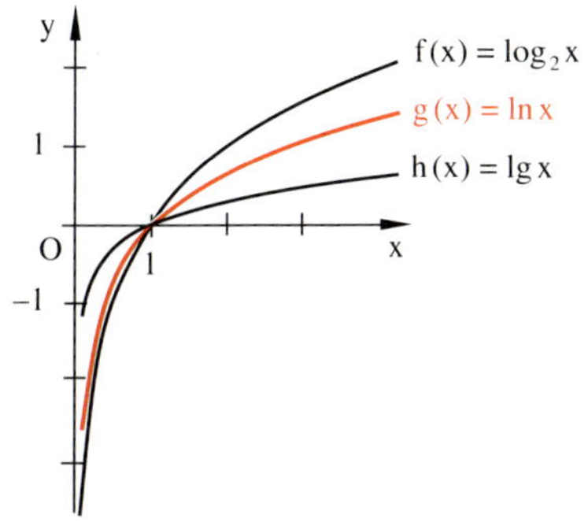


Fig. A 51

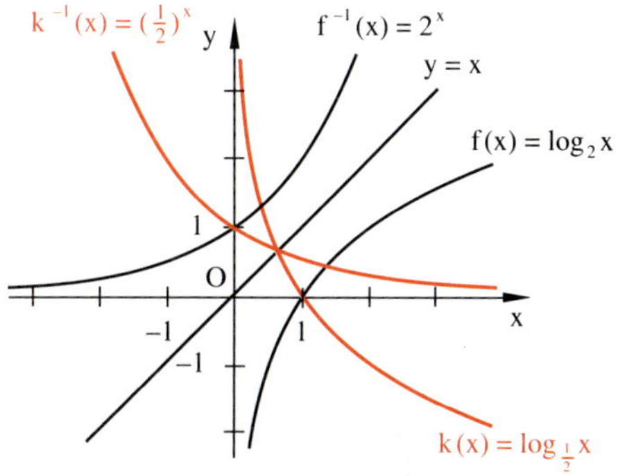


Fig. A 52

Einfacher erhält man die Graphen der Logarithmusfunktionen durch Spiegelung der Graphen der zugehörigen Exponentialfunktionen an der Geraden y = x (s. hierzu Abschnitt A 5, S. 38). Wir zeichnen auf diese Weise die Graphen der Funktionen mit der Gleichung $k(x) = \log_{\frac{1}{2}} x$ bzw. $f(x) = \log_2 x$ (Fig. A 52).

Die Graphen der Logarithmusfunktionen f, g, h und k verlaufen rechts von der y-Achse im I. und IV. Quadranten. Sie nähern sich asymptotisch der y-Achse.
Generell gilt:

- Der Wertebereich aller Logarithmusfunktionen mit der Gleichung $f(x) = \log_a x$ ($x \in \mathbb{R}_+$; $a > 0$, $a \neq 1$) ist die Menge der reellen Zahlen.
- Wegen $\log_a 1 = 0$ besitzen alle diese Funktionen die Nullstelle $x_0 = 1$ (und nur diese). Ihre Graphen verlaufen demzufolge durch den Punkt (1; 0). Die y-Achse ist Asymptote (s. S. 119).
- Für $a > 1$ sind die Logarithmusfunktionen streng monoton wachsend, für $0 < a < 1$ streng monoton fallend.
- Jede Logarithmusfunktion $f(x) = \log_a x$ ist eineindeutig, d. h., für $x_1 \neq x_2$ gilt stets auch $f(x_1) \neq (x_2)$.

Logarithmusfunktionen finden ebenso wie Exponentialfunktionen in den Naturwissenschaften, der Technik und der Wirtschaft Anwendung. Von besonderer Bedeutung sind dabei die Funktionen mit den Gleichungen $y = \ln x$ und $y = \lg x$, d. h. die Logarithmusfunktionen zur Basis e bzw. 10.

# A 5 Verknüpfen, Verketten und Umkehren von Funktionen

In den vorangegangenen Abschnitten haben wir bereits einen beträchtlichen „Vorrat" an Funktionen kennen gelernt. Die Menge der Funktionen kann man jedoch beliebig vergrößern, da sich aus bekannten Funktionen auf unterschiedliche Art und Weise weitere Funktionen bilden lassen.

Gegeben seien die Funktionen f und g mit $f(x) = 3x + 2$ bzw. $g(x) = -2x - 3$. Diese Funktionen kann man beispielsweise dadurch miteinander *verknüpfen*, indem man *ihre Funktionsterme addiert*. Man erhält auf diese Weise die Funktion $s(x) = x - 1$ (Fig. A 53).

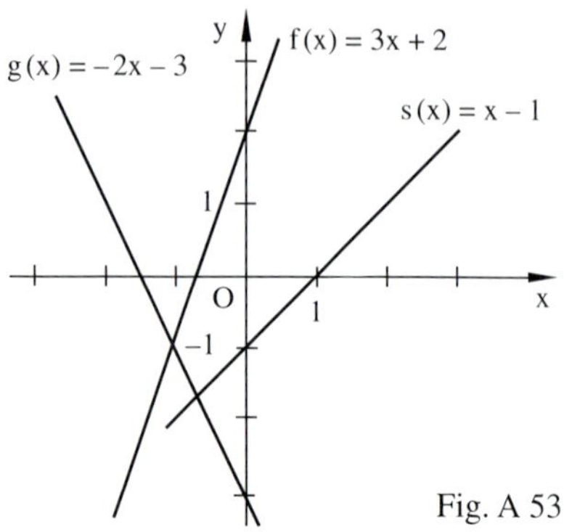

Fig. A 53

A 13

Definition A 13:
Sind zwei Funktionen f und g mit den Gleichungen $y = f(x)$ bzw. $y = g(x)$ auf den Definitionsmengen $D_f$ bzw. $D_g$ erklärt, so heißt die **Verknüpfung**

| | | | | |
|---|---|---|---|---|
| $s = f + g$ | mit | $s(x) = f(x) + g(x)$ | $D_s = D_f \cap D_g$ | **Summe**, |
| $d = f - g$ | mit | $d(x) = f(x) - g(x)$ | $D_d = D_f \cap D_g$ | **Differenz**, |
| $p = f \cdot g$ | mit | $p(x) = f(x) \cdot g(x)$ | $D_p = D_f \cap D_g$ | **Produkt** und |
| $q = \frac{f}{g}$ | mit | $q(x) = \frac{f(x)}{g(x)}$, | $D_q = D_f \cap D_g \setminus \{x \mid g(x) = 0\}$ | **Quotient** |

der Funktionen f und g.

Wichtig ist, dass bei der Quotientenbildung die Nullstellen der Nennerfunktion nicht zum Definitionsbereich von $q(x)$ gehören.

A 26

Beispiel A 26:
Wir betrachten die Funktionen $f(x) = x^2$ und $g(x) = x - 1$. Beide sind über der Menge der reellen Zahlen definiert: $D_f = D_g = \mathbb{R}$.
Das Produkt $f \cdot g$ ergibt $p(x) = x^2 \cdot (x - 1),\ x \in \mathbb{R}$.
Als Quotient $\frac{f}{g}$ erhält man $q(x) = \frac{x^2}{x - 1},\ x \in \mathbb{R} \setminus \{1\}$ (Fig. A 54).

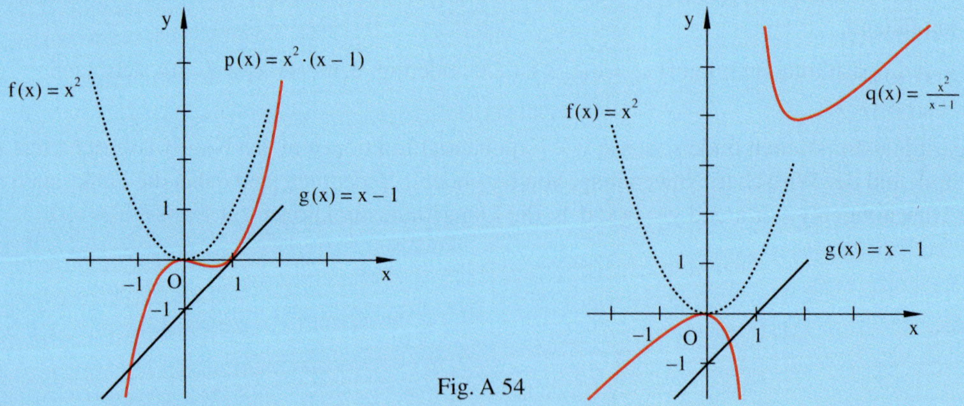

Fig. A 54

Man erkennt: Die Verknüpfungen ergeben Funktionen mit neuen Eigenschaften.

*Anmerkung*: Um möglichst schnell einen Überblick über den Verlauf des Graphen einer Funktion zu bekommen, ist es zweckmäßig

a) eventuelle **Nullstellen** der Funktion zu bestimmen,

b) sich zu überlegen, in welchen **Intervallen** die Funktionswerte positiv bzw. negativ sind,

c) einzelne **Funktionswerte zu berechnen** (Taschenrechner!).

In unserem Beispiel $q(x) = \frac{x^2}{x-1}$ gehört die reelle Zahl x = 1 nicht zum Definitionsbereich von q.

Man sagt: „Die Funktion ist an der Stelle x = 1 *nicht definiert*" bzw. , „die Funktion besitzt an der Stelle x = 1 eine **Definitionslücke"**. Die Untersuchung von Funktionen an derartigen Stellen erfolgt im Abschnitt D 5.1 .
Eine weitere Möglichkeit, aus gegebenen Funktionen neue Funktionen zu bilden, stellt das *Nacheinanderausführen* zweier Zuordnungsvorschriften dar.
Betrachtet werden dazu die Funktionen $f(x) = x^2$ und $g(x) = 2x$. Wir wenden in einem ersten Schritt auf einen Wert x aus dem Definitionsbereich von g die Zuordnungsvorschrift der Funktion g an und erhalten so den Funktionswert g(x). Anschließend wird in einem zweiten Schritt auf den Wert g(x) die Zuordnungsvorschrift der Funktion f angewendet. Also:

*Erster Schritt*
Zuordnungsvorschrift g („Verdopple!"): Anwendung von g auf x ergibt $g(x) = 2x$.

*Zweiter Schritt*
Zuordnungsvorschrift f („Quadriere!"): Anwendung von f auf $g(x) = 2x$ ergibt $f(2x) = 4x^2$.

Entstanden ist also die neue Funktion v mit $v(x) = 4x^2$.

Definition A 14: A 14
Die Funktion v mit $v(x) = f(g(x))$ heißt **Verkettung** von f und g. Man schreibt $v = f \circ g$. Die Funktion f nennt man **äußere Funktion**, die Funktion g **innere Funktion** der verketteten Funktion v. Die Verkettung v ist definiert für alle x, für welche die Funktionswerte von g (also g(x)) zum Definitionsbereich von f gehören.

Eine Verkettung der äußeren Funktion f mit der inneren Funktion g zur Funktion $v = f \circ g$ bedeutet demnach, dass man Funktionswerte g(x) der inneren Funktion g zu Argumenten der äußeren Funktion f macht. Der Wertebereich der inneren Funktion g muss daher ganz oder teilweise zum Definitionsbereich der äußeren Funktion f gehören. Für den Definitionsbereich der durch Verkettung von f und g entstandenen Funktion $v = f \circ g$ (gesprochen *„f nach g"*)
gilt also:

$$D_v = \{x \mid x \in D_g \text{ und } g(x) \in D_f\}$$

*Wir beachten:* Eine Verkettung von Funktionen ist nur dann möglich, wenn die Schnittmenge aus dem Definitionsbereich der äußeren Funktion und dem Wertebereich der inneren Funktion nicht leer ist.

Beispiel A 27: A 27
Wir wollen die Verkettung der Funktion f mit $f(x) = \sqrt{x}$ $(x \geq 0)$ und g mit $g(x) = x^2 - 1$ $(x \in \mathbb{R})$ bilden.

a) $v_1 = f \circ g$ (f nach g).
Da die Funktionswerte von g für $-1 < x < 1$ negativ sind, f aber nur für positive reelle Zahlen definiert ist, muss man zunächst den Definitionsbereich von g so einschränken, dass $g(x) \geq 0$ gilt. Nur dann ist die Verkettung $f \circ g$ möglich. Es muss also gelten:

$x^2 - 1 \geq 0$ bzw. $x^2 \geq 1$ und
damit $|x| \geq 1$, d. h. $x \leq -1$ oder $x \geq 1$

Mit der äußeren Funktion $f(x) = \sqrt{x}$ $(x \geq 0)$ und der inneren Funktion $g(x) = x^2 - 1$ $(x \leq -1$ oder $x \geq 1)$ ergibt sich die Verkettung $v_1 = f \circ g$ als

$v_1(x) = f(g(x)) = \sqrt{g(x)} = \sqrt{x^2 - 1}$.

Der Definitionsbereich von $v_1$ ist $D_{v_1} = \{x \mid x \leq -1 \text{ oder } x \geq 1\}$ und der Wertebereich $W_{v_1} = \{y \mid y \geq 0\}$ (Fig. A 55).

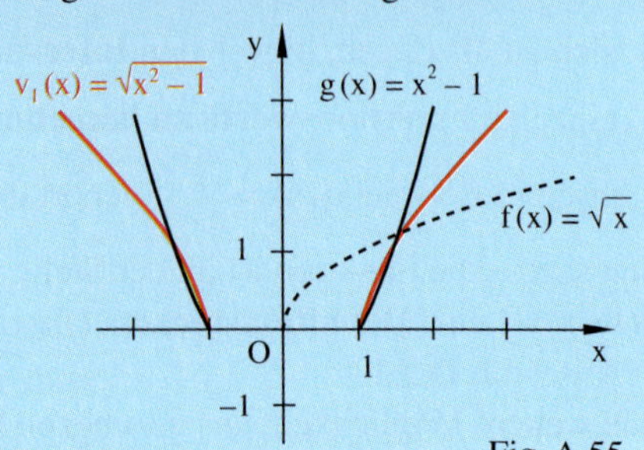

Fig. A 55

Aus den Funktionen f und g lässt sich aber auch die Verkettung $g \circ f$ bilden:

b) $v_2 = g \circ f$ (g nach f)
Mit der äußeren Funktion $g(x) = x^2 - 1$ und der inneren Funktion $f(x) = \sqrt{x}$ $(x \geq 0)$ ergibt sich die Verkettung $v_2 = g \circ f$ als
$v_2(x) = (\sqrt{x})^2 - 1 = x - 1$.
Der Definitionsbereich von $v_2$ ist $D_{v_2} = \{x \mid x \geq 0\}$ und der Wertebereich $W_{v_2} = \{y \mid y \geq -1\}$ (Fig. A 56).

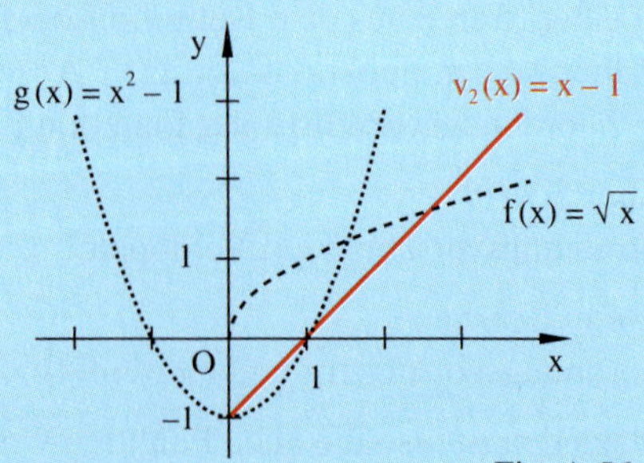

Fig. A 56

A 28

Beispiel A 28:
Gegeben ist die Verkettung v mit $v(x) = \sin\frac{1}{x}$.

Innere und äußere Funktion sowie Definitions- und Wertebereich von v sind zu bestimmen.

Die innere Funktion ist $g(x) = \frac{1}{x}$ mit $D_g = \mathbb{R}\setminus\{0\}$ und $W_g = \mathbb{R}\setminus\{0\}$.

Die äußere Funktion ist $f(x) = \sin x$ mit $D_f = \mathbb{R}$ und $W_f = [-1; 1]$.
Der Definitionsbereich von $v(x) = f \circ g$ ist also $D_v = \mathbb{R}\setminus\{0\}$ und der Wertebereich $W_v = [-1; 1]$.

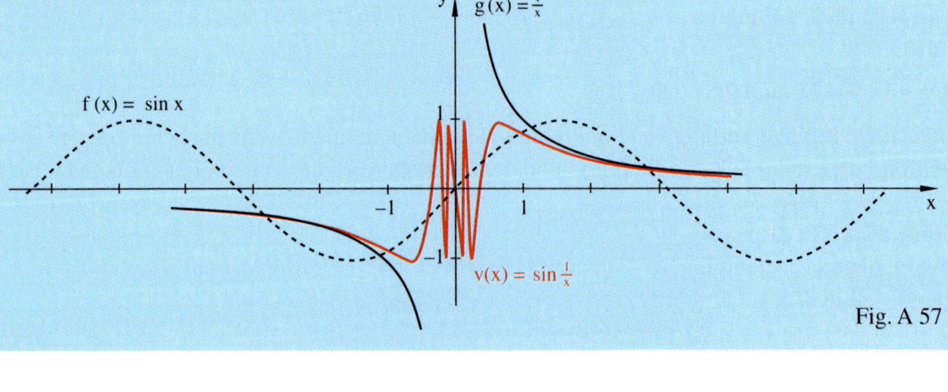

Fig. A 57

Neben dem Verknüpfen und Verketten von Funktionen besteht eine dritte Möglichkeit für das Gewinnen neuer Funktionen aus gegebenen schließlich darin, die gegebene Zuordnungsvorschrift **umzukehren**.
Gegeben sei eine Funktion f mit $f(x) = 2x - 1$. Die nachfolgende Wertetabelle veranschaulicht die Eindeutigkeit der Zuordnung.

| $x(\in D_f)$ | −2 | −1 | 0 | 1 | 2 | 3 | 4 | … |
|---|---|---|---|---|---|---|---|---|
| $y(\in W_f)$ | −5 | −3 | −1 | 1 | 3 | 5 | 7 | … |

Bei diesem Beispiel ist umgekehrt aber auch jedem $y \in W_f$ eindeutig ein $x \in D_f$ zugeordnet:
Diese letztgenannte eindeutige Zuordnung bezeichnet man, falls sie existiert, als *Umkehrfunktion* zu der Ausgangszuordnung.

A 15

Definition A 15:
Eine Funktion $y = f(x)$ heißt umkehrbar, wenn die durch sie vermittelte Zuordnung f **umkehrbar** eindeutig ist. Die **Umkehrfunktion** (auch *inverse Funktion* von f genannt) wird mit $f^{-1}$ bezeichnet. Es ist stets $D_{f^{-1}} = W_f$ und $W_{f^{-1}} = D_f$.

Die Funktionsgleichung der Umkehrfunktion gewinnt man, indem man die Gleichung $y = f(x)$ nach x (falls dies möglich ist) auflöst und die Bezeichnungen y und x gegeneinander vertauscht, damit die Umkehrfunktion in dem für die Ausgangsfunktion üblichen x-y-Koordinatensystem dargestellt werden kann.
Wir kehren zu unserem Beispiel zurück und ermitteln die Gleichung der Umkehrfunktion:

f: $\quad y = 2x - 1$, also $x = \frac{1}{2}y + \frac{1}{2}$ und nach Vertauschen

$f^{-1}$: $y = \frac{1}{2}x + \frac{1}{2}$.

$y = f^{-1}(x) = \frac{1}{2}x + \frac{1}{2}$ ist die Gleichung der Umkehrfunktion zur Funktion $f(x) = 2x - 1$ (Fig. A 58).

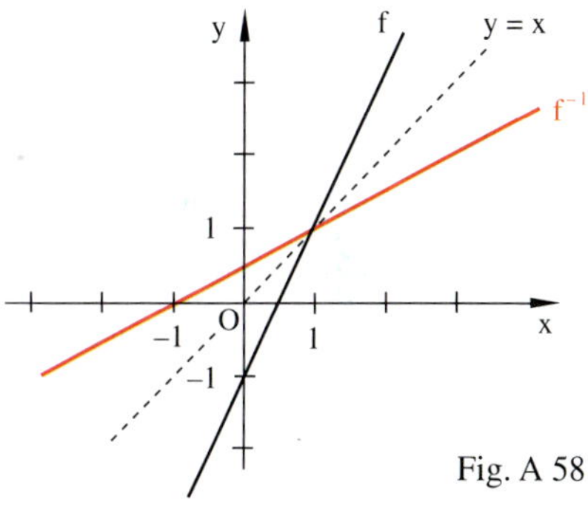

Fig. A 58

Zeichnet man den Graphen der Funktion f und den Graphen ihrer Umkehrfunktion $f^{-1}$ in ein und dasselbe rechtwinklige Koordinatensystem, so stellt man fest:
Der Graph der Umkehrfunktion $f^{-1}$ ist das Spiegelbild des Graphen von f an der Winkelhalbierenden des I. und III. Quadranten. Auf grafischem Wege kann man also die Umkehrfunktion $f^{-1}$ ermitteln, indem man den Graphen der Ausgangsfunktion f an der Geraden $y = x$ spiegelt.

A 29

Beispiel A 29:
Es soll die Umkehrung der Funktion f mit $f(x) = x^2$ ermittelt werden.
Schon ein Blick auf die Wertetabelle zeigt, dass es sich bei der Funktion $f(x) = x^2$ nicht um eine umkehrbar eindeutige (eineindeutige) Zuordnung handelt: Jedem y-Wert sind zwei x-Werte zugeordnet.

| x | −3 | −2 | −1 | 0 | 1 | 2 | 3 |
|---|---|---|---|---|---|---|---|
| y | 9 | 4 | 1 | 0 | 1 | 4 | 9 |

Zerlegt man jedoch f in

$f_1$: $y = x^2$ $\quad D_{f_1} = \{x \mid x \in \text{ und } x \leq 0\}$, $\quad W_{f_1} = \{y \mid y \in \mathbb{R} \text{ und } y \geq 0\}$ und

$f_2$: $y = x^2$ $\quad D_{f_2} = \{x \mid x \in \mathbb{R} \text{ und } x \geq 0\}, W_{f_2} = \{y \mid y \in \mathbb{R} \text{ und } y \geq 0\}$,

dann existieren deren Umkehrungen.

Aus $y = x^2$ folgt $|x| = \sqrt{y}$, d. h. für

$x \leq 0$: $-x = \sqrt{y}$, also $x = -\sqrt{y}$, und für

$x \geq 0$: $x = \sqrt{y}$.

Vertauschen von x und y liefert die Gleichungen der Umkehrfunktionen

$f_1^{-1}$: $y = -\sqrt{x}$, also $y \leq 0$;

$f_2^{-1}$: $y = \sqrt{x}$, also $y \geq 0$.

Fig. A 59 zeigt die Graphen aller vier Funktionen.

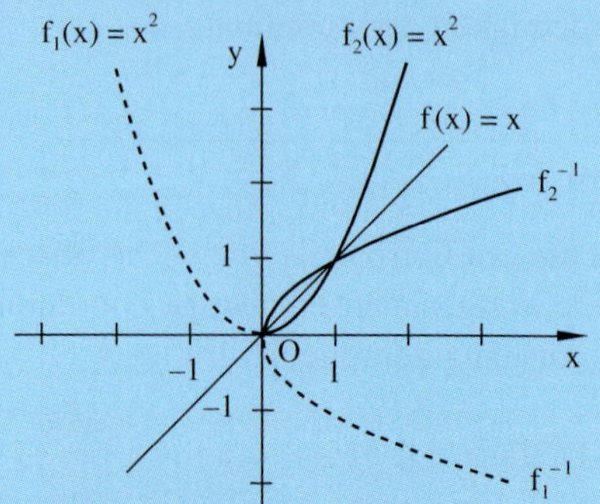

Fig. A 59

Die betrachteten Beispiele führen zu der Vermutung, dass das Monotonieverhalten und die Umkehrbarkeit einer Funktion im Zusammenhang stehen. Wir werden beweisen:

A 5

Satz A 5:
Jede in ihrem Definitionsbereich streng monotone Funktion f besitzt eine Umkehrfunktion.

*Beweis:*
Wir haben zu zeigen, dass die Zuordnung f *umkehrbar* eindeutig ist (s. Definition A 15).
Da f eine in $D_f$ streng monotone Funktion ist, gilt für alle $x_1, x_2 \in D_f$ mit $x_1 \neq x_2$ auch stets $f(x_1) \neq f(x_2)$, d. h., es muss nach Definition A 3 dann entweder $f(x_1) > f(x_2)$ oder $f(x_1) < f(x_2)$ sein.
Das heißt aber:

- Zu jedem beliebigen x gibt es einen eindeutig bestimmten Wert f(x) und
- umgekehrt gibt es zu jedem beliebigen f(x) ein eindeutig bestimmtes x.

Mit anderen Worten: f ist eine *umkehrbar* eindeutige Zuordnung und damit *umkehrbar*.

# A 6 Übersicht über Funktionsarten und Verfahren zur Nullstellenbestimmung

## A 6.1 Funktionsarten

Durch das Verknüpfen, Verketten und Umkehren von Funktionen lässt sich die Menge der reellen Funktionen beliebig erweitern (s. Abschnitt A 5), so dass es zweckmäßig ist, sie unter bestimmten Gesichtspunkten einzuteilen.
Je nachdem, ob bei der Verknüpfung der Funktionsvariablen nur *rationale* Rechenoperationen (gemeint sind die Grundrechenarten) oder darüber hinaus noch weitere Rechenoperationen vorkommen, unterscheidet man **rationale Funktionen** und **nichtrationale Funktionen.** Die rationalen Funktionen werden noch einmal unterteilt in **ganzrationale Funktionen** und **gebrochenrationale Funktionen**.

Als ganzrationale Funktion n-ten Grades bezeichnet man eine Funktion f, die durch eine Gleichung der Form $f(x) = a_n x^n + a_{n-1} x^{n-1} + a_{n-2} x^{n-2} + \ldots + a_1 x + a_0$ dargestellt werden kann. Die Koeffizienten $a_n, a_{n-1}, a_{n-2}, \ldots, a_1, a_0$ sind reelle Zahlen mit $a_n \neq 0$ und $n \in \mathbb{N}$. Der Definitionsbereich ganzrationaler Funktionen ist $\mathbb{R}$, falls nicht ausdrücklich eine Einschränkung vorgenommen worden ist. Die ganzrationale Funktion ersten Grades (n = 1) mit der Gleichung $f(x) = a_1 x + a_0$ ist die bereits bekannte lineare Funktion. Als quadratische Funktion hatten wir die ganzrationale Funktion zweiten Grades (n = 2) kennen gelernt (s. Abschnitt A 2).

Lässt sich eine Funktion als Quotient zweier ganzrationaler Funktionen darstellen, so wird sie als gebrochenrationale Funktion bezeichnet. Die Gleichung einer gebrochenrationalen Funktion f hat demzufolge die Form $f(x) = \frac{u(x)}{v(x)} = \frac{a_n x^n + a_{n-1} x^{n-1} + \ldots + a_1 x^1 + a_0}{b_k x^k + b_{k-1} x^{k-1} + \ldots + b_1 x^1 + b_0}$ und ist nur für solche reellen Zahlen x definiert, für die $v(x) \neq 0$ ist.

| ganzrationale Funktionen | gebrochenrationale Funktionen | nichtrationale Funktionen |
|---|---|---|
| $f(x) = 3x - 4$ | $f(x) = \frac{1}{x-1}$ | $f(x) = 2^x$ |
| $f(x) = 4x^2 + x - \frac{3}{2}$ | $f(x) = \frac{x-1}{x^2+1}$ | $f(x) = \log_{10} x$ |
| $f(x) = x^3 - 6x^2 + 12x - 9$ | $f(x) = \frac{x^5 - 9x^3}{x^3 - 7x - 6}$ | $f(x) = \sqrt{x+1} - \sqrt{2x}$ |
| $f(x) = x^4 - 3x^2 - 4$ | | $f(x) = (\ln(x))^2 - 0{,}0001$ |
| | | $f(x) = e^{0,5x} - 4\cos x$ |

Die reellen Funktionen lassen sich also folgendermaßen einteilen:

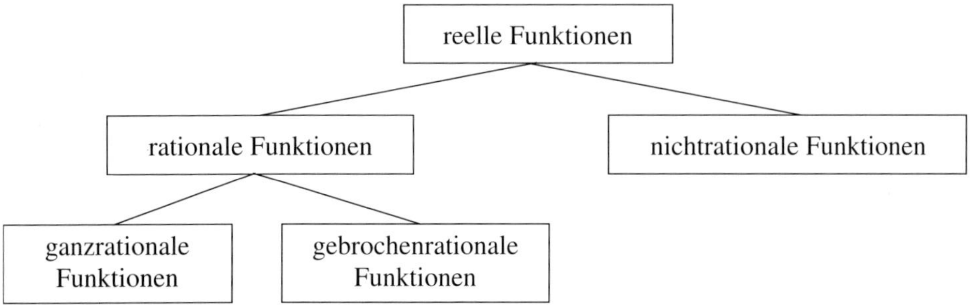


Fig. A 60

## A 6.2 Verfahren zur Nullstellenbestimmung reeller Funktionen

Die Definition der Nullstelle einer Funktion (Definition A 2) gibt uns ein Mittel in die Hand, für eine gegebene Zahl $x_0$ und eine gegebene Funktion f zu *prüfen*, ob diese Zahl Nullstelle der Funktion ist. Dazu wird die Zahl als Argument in die Funktionsgleichung eingesetzt und der Funktionswert berechnet. Ist dieser gleich null, gilt also $f(x_0) = 0$, so ist die Zahl $x_0$ eine Nullstelle der Funktion f. Das *Lösen* der Gleichung $f(x) = 0$ und damit das *Finden* von Nullstellen ist häufig nicht trivial. Ein *allgemein gültiger, sicherer und einfacher Weg* zum Finden einer Nullstelle für eine *beliebige* Funktion f kann sogar *überhaupt nicht* angegeben werden. Deshalb sollen nachfolgend anhand der Beispiele aus obiger Tabelle der Funktionsarten einige typische Wege aufgezeigt werden, die bei der Suche nach Nullstellen gegebener Funktionen behilflich sein können.

a) Nullstellenbestimmung für ganzrationale Funktionen
Zwei Aspekte sprechen für die Bedeutung der Nullstellenbestimmung gerade dieser Funktionsart: Einmal gibt es hierfür ein brauchbares theoretisches Instrumentarium zur Nullstellenbestimmung und zum anderen lassen sich die meisten nichtrationalen Funktionen „hinreichend gut" durch ganzrationale Funktionen beschreiben. Kann man also Nullstellen dieser ganzrationalen („Ersatz"-) Funktionen ermitteln, so kennt man zumindest eine Näherung für eine Nullstelle der entsprechenden nichtrationalen Funktion. Darüber hinaus wird die Nullstellenbestimmung gebrochenrationaler Funktionen auf die ganzrationaler Funktionen zurückgeführt.
Die Nullstellenbestimmung für ganzrationale Funktionen 1. und 2. Grades wurde im Abschnitt A 2 behandelt. Die Lösung der Bestimmungsgleichung $f(x) = 0$ folgt Regeln des Gleichungsumformens bzw. der Lösungsformel. Wir sprechen deshalb auch von einem **formelmäßigen Vorgehen**.

A 30

Beispiel A 30:
Um Nullstellen der Funktion $f(x) = 4x^2 + x - \frac{3}{2}$ zu bestimmen, muss die Gleichung $0 = 4 \cdot x^2 + x - \frac{3}{2} = 4 \cdot (x^2 + \frac{1}{4}x - \frac{3}{8})$ gelöst werden:
Da das Produkt auf der rechten Seite nur dann gleich 0 werden kann, wenn der Faktor $(x^2 + \frac{1}{4}x - \frac{3}{8})$ gleich 0 ist, gilt $0 = x^2 + \frac{1}{4}x - \frac{3}{8}$. Hierbei handelt es sich um die **Normalform einer quadratischen Gleichung**, da der Koeffizient der höchsten Potenz von x gleich 1 ist. Diese Gleichung besitzt die Lösungen $x_1 = \frac{1}{2}$ und $x_2 = -\frac{3}{4}$; $x_1$ und $x_2$ sind also die Nullstellen der untersuchten Funktion.

Allgemein gilt: Die Nullstellen einer quadratischen Funktion $f(x) = ax^2 + bx + c$ stimmen wegen $ax^2 + bx + c = a(x^2 + \frac{b}{a}x + \frac{c}{a})$ mit den Nullstellen der Funktion $q(x) = x^2 + \frac{b}{a}x + \frac{c}{a}$ überein. Wir brauchen also nur die Gleichung $x^2 + \frac{b}{a}x + \frac{c}{a} = 0$ zu lösen, um die Nullstellen von f zu erhalten.
Sind $x_1$ und $x_2$ Nullstellen von f, so gilt $f(x) = a \cdot (x - x_1) \cdot (x - x_2)$, für obiges Beispiel also $f(x) = 4 \cdot (x - \frac{1}{2}) \cdot (x + \frac{3}{4})$. Terme der Form $(x - k)$ werden **Linearfaktoren** genannt. Den Übergang von beispielsweise $f(x) = 4x^2 + x - \frac{3}{2}$ zu $f(x) = 4 \cdot (x - \frac{1}{2}) \cdot (x + \frac{3}{4})$ bezeichnet man demzufolge als Linearfaktorzerlegung der Ausgangsfunktion. Liegt umgekehrt eine ganzrationale Funktion in Linearfaktoren zerlegt vor, z. B. $f(x) = a \cdot (x - k_1) \cdot (x - k_2)$ mit $a \neq 0$, so lassen sich die Nullstellen der Funktion direkt ablesen: Der Funktionswert wird nämlich genau dann 0, wenn (mindestens) einer der Faktoren den Wert 0 annimmt. Aus $x - k_1 = 0$ folgt also $x_1 = k_1$ für die erste Nullstelle, während sich aus $x - k_2 = 0$ die zweite Nullstelle $x_2 = k_2$ ergibt.
Von der in Linearfaktoren zerlegten Funktion gelangt man durch Ausmultiplizieren der Faktoren zur normalen Form – zum Polynom – zurück:

$$f(x) = a \cdot (x - x_1) \cdot (x - x_2) = a \cdot (x^2 + (-x_1 - x_2) \cdot x + x_1 \cdot x_2) = a \cdot (x^2 + p \cdot x + q)$$

Die daraus folgende Erkenntnis $-x_1 - x_2 = p$ und $x_1 \cdot x_2 = q$, die zur Probe für die Nullstellen verwendet wird, bezeichnet man auch als **VIETAschen Wurzelsatz**.
Besitzt die quadratische Gleichung nur eine (Doppel-)Lösung $x_1 = x_2$, gilt also $(\frac{p}{2})^2 - q = 0$, so liefert die Linearfaktorzerlegung $f(x) = a \cdot (x^2 + p \cdot x + q) = a \cdot (x - x_0)^2$ mit $x_0 = -\frac{p}{2}$. Hier existiert also *nur ein* Linearfaktor, allerdings in zweiter Potenz. Man sagt auch, die *Funktion f besitzt eine Nullstelle mit der Vielfachheit 2* (doppelte Nullstelle). Gilt $(\frac{p}{2})^2 - q < 0$, so lässt sich die quadratische Funktion $f(x) = a \cdot (x^2 + p \cdot x + q)$ *nicht* in Linearfaktoren zerlegen.

Die für quadratische Funktionen dargestellten Überlegungen lassen sich auf ganzrationale Funktionen n-ten Grades erweitern, was hier nicht bewiesen werden kann (s. auch Satz E 20):

A 6

Satz A 6:
Ganzrationale Funktionen $f(x) = a_n x^n + a_{n-1} x^{n-1} + a_{n-2} x^{n-2} + \ldots + a_1 x + a_0$ mit $n \in \mathbb{N}$, $a_0, a_1, \ldots, a_n \in \mathbb{R}$ und $a_n \neq 0$ haben höchstens n reelle Nullstellen.
Ist $x_0$ eine reelle Nullstelle von f, so gilt

$$f(x) = a_n x^n + a_{n-1} x^{n-1} + a_{n-2} x^{n-2} + \ldots + a_1 x + a_0 = (x - x_0) \cdot f_R(x),$$

wobei $f_R$ eine ganzrationale Funktion vom Grade (n – 1) ist.

Natürlich gilt Satz A 6 auch für die Funktion $f_R$, so dass im Falle der Existenz von n Nullstellen folgende Faktorzerlegung entstehen würde (vgl. Beispiel A 30):

$$f(x) = a_n x^n + a_{n-1} x^{n-1} + a_{n-2} x^{n-2} + \ldots + a_1 x + a_0 = a_n \cdot (x - x_1) \cdot (x - x_2) \cdot \ldots \cdot (x - x_n)$$

Die hier dargestellten Erkenntnisse zur Linearfaktorzerlegung können bei der Nullstellenbestimmung von ganzrationalen Funktionen höheren Grades oft behilflich sein.

A 31

Beispiel A 31:
Es sind die Nullstellen der Funktion f mit $f(x) = x^3 - 6x^2 + 12x - 9$ zu bestimmen.
Die zu lösende Gleichung $x^3 - 6x^2 + 12x - 9 = 0$ besitzt den Grad 3. Eine Lösungsformel für Gleichungen 3. sowie 4. Grades existiert zwar, kann aber hier nicht behandelt werden. Wenn es jedoch gelingt, eine Nullstelle zu ermitteln – sei es durch Probieren oder durch eine grafische Darstellung[1] – so ist es möglich, nach Satz A 6 die Restfunktion $f_R$ zu bestimmen, die dann eine Funktion 2. Grades ist und somit nach Lösungsformel bearbeitet werden könnte.

Da die Gleichung $x^3 - 6x^2 + 12x - 9 = 0$ in Normalform vorliegt (Koeffizient der höchsten Potenz ist 1) und nur ganzzahlige Koeffizienten besitzt, sollte beim Lösen durch Probieren mit den Teilern des Absolutgliedes begonnen werden. Man ermittelt auf diese Weise $x_0 = 3$ als eine Nullstelle von f. Nach Satz A 6 gilt deshalb: $x^3 - 6x^2 + 12x - 9 = (x - 3) \cdot f_R$.
$f_R$ kann ermittelt werden, wenn man das Polynom $x^3 - 6x^2 + 12x - 9$ durch das Polynom $f_D = x - 3$ dividiert. Diese „**Polynomdivision**" wird in Analogie zum schriftlichen Dividieren bei ganzen Zahlen durchgeführt. Dabei wird vorausgesetzt, dass sowohl Dividend als auch Divisor nach fallenden Potenzen der Variablen – in unserem Falle x – geordnet sind.
Die Division erfolgt nach folgendem Algorithmus (vgl. Beispiel S. 46):

1. Der erste Summand des Dividenden wird durch den ersten Summanden des Divisors dividiert.
2. Das dabei entstehende Ergebnis wird zum bestehenden Ergebnis (beim ersten Durchlauf der Schrittfolge ist das 0) addiert.
3. Der soeben zum Ergebnis addierte Summand wird mit dem Divisor multipliziert, das Produkt vom aktuellen Dividenden subtrahiert.
4. Ist die jetzt erhaltene Differenz vom Grade größer oder gleich dem Grad des Divisors, so ist die Differenz der neue Dividend und man setzt beim ersten Schritt fort.

[1] Die dabei erforderlichen Funktionswertberechnungen lassen sich mit Hilfe des HORNER-Schemas (s. S. 48) leicht ausführen.

5. Ist die im 3. Schritt erhaltene Differenz vom Grade kleiner als der Grad des Divisors, so ist die Aufgabe beendet. Ist die Differenz gleich null, so ist der Dividend durch den Divisor teilbar, das Ergebnis ist der Quotient. Anderenfalls ist die Differenz der Rest bei der Division.

$$
\begin{array}{l}
(x^3 - 6x^2 + 12x - 9) : (x - 3) = \mathbf{x^2 - 3x + 3} \\
\underline{-(x^3 - 3x^2 \qquad\qquad\quad)} \\
\quad -3x^2 + 12x - 9 \\
\quad \underline{-(-3x^2 + 9x \qquad)} \\
\qquad\qquad 3x - 9 \\
\qquad\quad \underline{-(3x - 9)} \\
\qquad\qquad\quad \mathbf{0}
\end{array}
$$

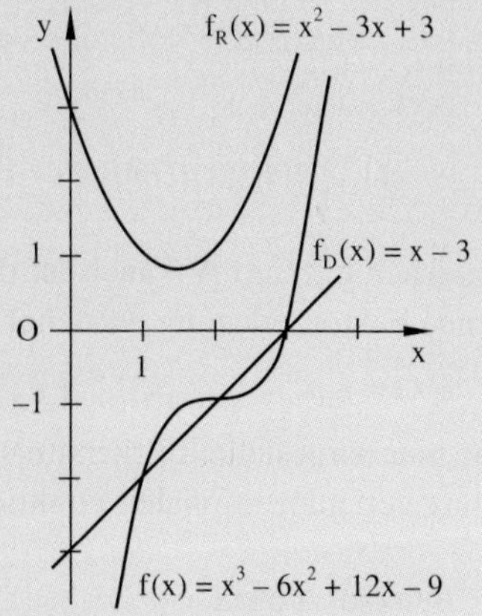


Fig. A 61

Damit gilt:
$f(x) = x^3 - 6x^2 + 12x - 9 = (x - 3) \cdot (x^2 - 3x + 3)$
Weitere Nullstellen der Funktion f können also nur durch den Faktor $x^2 - 3x + 3$ zustande kommen. Da aber $x^2 - 3x + 3 = 0$ keine Lösungen besitzt, ist $x_1 = 3$ die einzige Nullstelle der Funktion f (vgl. Fig. A 61).

A 32 Beispiel A 32:
Die Nullstellen der ganzrationalen Funktion 4. Grades $f(x) = x^4 - 3x^2 - 4$ lassen sich durch Linearfaktorzerlegung finden. Da im Funktionsterm nur gerade Potenzen der unabhängigen Variablen x auftreten, kann in folgender Weise vorgegangen werden: Man ersetzt $x^2$ durch t und erhält nach dieser **Substitution** als Gleichung zur Nullstellenbestimmung $0 = t^2 - 3t - 4$, welche die Lösungen $t_1 = 4$ und $t_2 = -1$ besitzt. Wegen $t = x^2$ ergibt sich $x^2 = 4$ und $x^2 = -1$. Die zweite Gleichung scheidet zur Nullstellenbestimmung aus, da im Bereich der reellen Zahlen ein Quadrat nie negativ werden kann. Aus $x^2 = 4$ ergeben sich die beiden einzigen Nullstellen $x_1 = -2$ und $x_2 = 2$ (s. auch Fig. A 62).

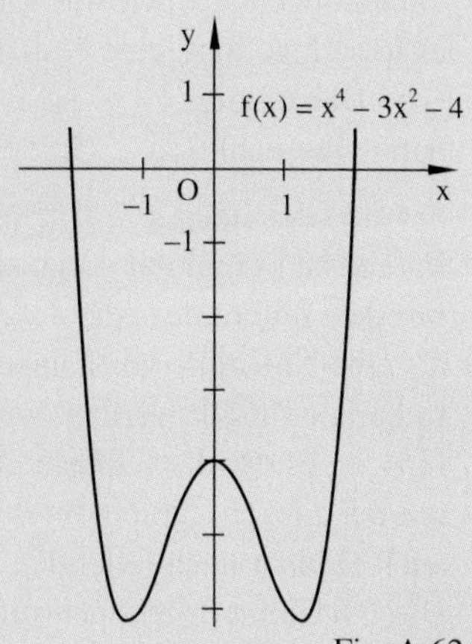


Fig. A 62

b) Nullstellenbestimmung für gebrochenrationale Funktionen
Die Nullstellenbestimmung bei **gebrochenrationalen Funktionen** wird auf die Nullstellenbestimmung ganzrationaler Funktionen zurückgeführt.

$f(x) = \frac{u(x)}{v(x)}$ lässt sich in zwei Faktoren zerlegen: $f(x) = u(x) \cdot \frac{1}{v(x)}$

Der zweite Faktor kann nie 0 werden, da der Zähler den konstanten Wert 1 besitzt. Demzufolge ist das Produkt nur dann gleich 0, wenn der Faktor u(x), also die Zählerfunktion, den Wert 0 annimmt. *Nullstellen einer gebrochenrationalen Funktion* sind also alle *Nullstellen der Zählerfunktion*, die *nicht* auch Nullstellen der Nennerfunktion sind.

Beispiel A 33: A 33

Die Funktion $f(x) = \frac{x^5 - 9x^3}{x^3 - 7x - 6} = \frac{x^3 \cdot (x-3) \cdot (x+3)}{(x-3) \cdot (x+1) \cdot (x+2)}$

besitzt die Nullstellen $x_1 = 0$ und $x_2 = -3$. Die Zahl 3 ist zwar Nullstelle der Zählerfunktion, da sie aber auch Nullstelle der Nennerfunktion ist, gehört sie nicht zum Definitionsbereich der betrachteten gebrochenrationalen Funktion.

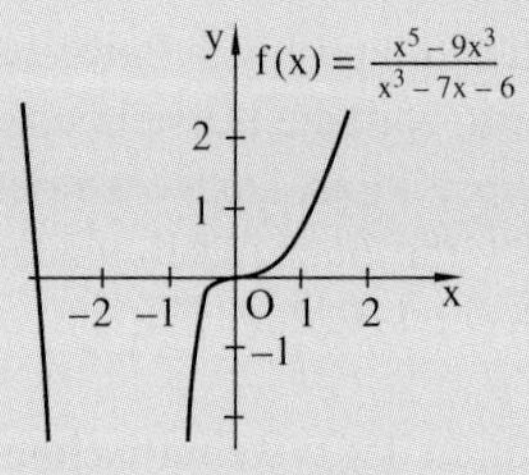

Fig. A 61

c) Nullstellenbestimmung für nichtrationale Funktionen
Bei der Nullstellenbestimmung für **nichtrationale Funktionen** ist ein *formelmäßiges Vorgehen* nur in bestimmten Fällen möglich. Beispiele wurden etwa für Wurzelgleichungen im Abschnitt A 2 genannt. Bei anderen nichtrationalen Funktionen kann man sich durch inhaltliche Überlegungen zu den Eigenschaften der jeweiligen Funktion bzw. durch grafische Darstellungen oder systematische Suche helfen.

Beispiel A 34: A 34
Um die Nullstellen der Funktion $f(x) = (\ln x)^2 - 0{,}0001$ zu bestimmen, muss man die Gleichung $(\ln x)^2 - 0{,}0001 = 0$ bzw. $10^{-4} = (\ln x)^2$ lösen.
Durch Radizieren erhält man daraus $10^{-2} = |\ln x|$, also $\ln x_1 = 10^{-2}$ bzw. $\ln x_2 = -10^{-2}$, woraus sich durch „Entlogarithmieren" zur Basis e die Lösungen $x_1 \approx 1{,}010$ und $x_2 \approx 0{,}990$ ergeben.

Beispiel A 35: A 35
Die bisher dargestellten Vorgehensweisen zur Nullstellenbestimmung versagen für Funktionen wie etwa $f(x) = e^{0,5x} - 4\cos x$. In solchen Fällen helfen z. B. **grafische Darstellungen** oder eine systematische Suche, bei der laufend Funktionswerte der Funktion zu berechnen sind. Nullstellen einer Funktion finden sich in der grafischen Darstellung als *Schnitt- oder Berührungspunkte des Funktionsgraphen mit der Abszissenachse*. Die Nullstelle ist der Abszissenwert des Schnitt- bzw. Berührungspunktes.
Um Nullstellen der betrachteten Funktion grafisch zu ermitteln, stellen wir die Funktion zuerst in einem größeren Intervall grafisch dar (Fig. A 64). Im positiven Bereich gibt es nur eine Nullstelle, die nun bestimmt werden soll.

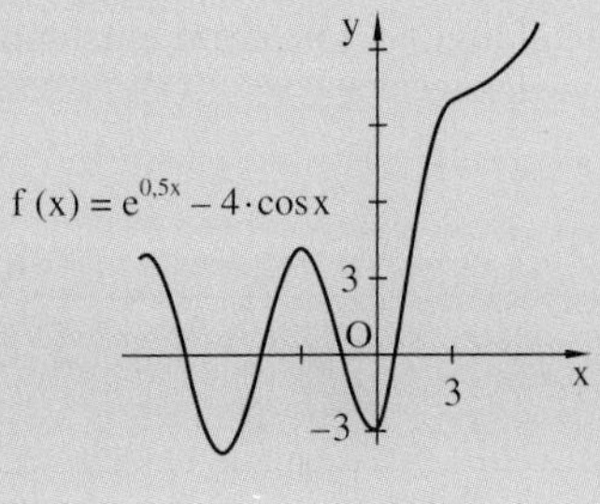

Fig. A 64

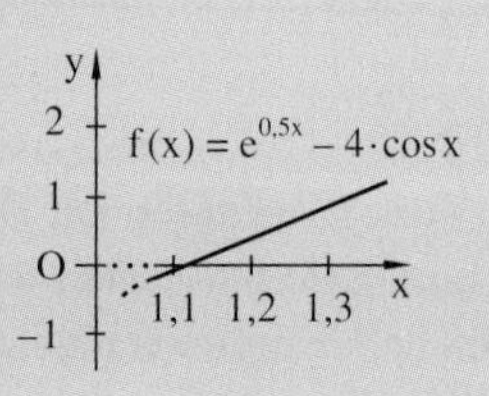

Fig. A 65

Aus Fig. A 64 kann man (bei Wahl eines geeigneten Maßstabes) abschätzen, dass die Nullstelle im positiven Bereich zwischen 1 und 2 liegt. Um die Genauigkeit der Angabe zu verbessern, wird die Darstellung in diesem Intervall wiederholt (Fig. A 65). Als Näherung liest man $x_0 \approx 1{,}11$ ab. Dem entspricht der Wert $f(x_0) = -0{,}0367$. Durch Wahl kleinerer Intervalle lässt sich die Genauigkeit weiter erhöhen. Mittels Rechentechnik wurde als Näherung erhalten $x_0 \approx 1{,}11822461578309$ mit $f(x_0) = -6{,}6613 \cdot 10^{-16}$.

Verfahren der **systematischen Suche** gehen davon aus, dass ein Intervall [a; b] bekannt ist, in dem sich eine Nullstelle befindet. Das Verfahren führt dann zu einer guten Näherung, wenn f(a) und f(b) verschiedene Vorzeichen haben oder einer der beiden Funktionswerte selbst null ist (womit die Aufgabe bereits erledigt wäre). Es sollte also gelten: $f(a) \cdot f(b) \leq 0$. In einem solchen Fall wird dann dieses Intervall in n gleiche Teilintervalle zerlegt. Für alle Intervallendpunkte berechnet man den Funktionswert. Ist ein Wert gleich 0, so ist eine Nullstelle gefunden. Ansonsten wird das erste Intervall ausgewählt, in dem sich das Vorzeichen ändert. Dieses übernimmt die Rolle des eingangs genannten Intervalls [a; b]. Die genannten Schritte werden so lange wiederholt, bis eine Nullstelle direkt gefunden oder eine vorgegebene Genauigkeit, d. h. Intervallbreite, erreicht wurde. Üblich sind Teilungen in 2 (daher wird dieses Näherungsverfahren **Halbierungs-** oder **Bisektionsmethode** genannt) oder in 10 Teilintervalle.

Bei der systematischen Suche nach Nullstellen von Funktionen, aber auch in vielen anderen Zusammenhängen müssen sehr häufig Funktionswerte berechnet werden. Für ganzrationale Funktionen $f(x) = a_n x^n + a_{n-1} x^{n-1} + a_{n-2} x^{n-2} + \ldots + a_1 x + a_0$ lässt sich die Berechnung von Funktionswerten durch die Verwendung des sog. HORNER-Schemas (u. U. kombiniert mit Taschenrechnernutzung) erleichtern. Das Schema beruht auf einer Schreibweise für den Funktionsterm f, den man durch schrittweises Ausklammern des Faktors x in folgender Weise erhält:

$$
\begin{aligned}
f(x) &= a_n x^n + a_{n-1} x^{n-1} + a_{n-2} x^{n-2} + \ldots + a_2 x^2 + a_1 x + a_0 \\
&= (a_n x^{n-1} + a_{n-1} x^{n-2} + a_{n-2} x^{n-3} + a_2 x + a_1)x + a_0 \\
&= ((a_n x^{n-2} + a_{n-1} x^{n-3} + \ldots + a_2)x + a_1)x + a_0 \quad \text{usw. bis}
\end{aligned}
$$

$$f(x) = ((\ldots((a_n x + a_{n-1})x + a_{n-2})x + \ldots + a_2)x + a_1)x + a_0$$

Mit dem so erhaltenen Term wird der Funktionswert f(x) folgendermaßen berechnet:

1. Man multipliziert den höchsten Koeffizienten $a_n$ mit x, addiert zu dem Produkt den nächsten Koeffizienten $a_{n-1}$ und erhält die Summe $b_{n-1}$.
2. Man multipliziert $b_{n-1}$ mit x, addiert zu dem Produkt den nächsten Koeffizienten $a_{n-2}$ und erhält die Summe $b_{n-2}$.

Dies wird fortgesetzt, bis man beim letzten Koeffizienten $a_0$ angelangt ist. Die dann entstandene Summe ist gleich f(x).

A 36 Beispiel A 36:

Wir wenden dieses Verfahren zur Berechnung des Wertes f(3) für die Funktion $f(x) = x^3 + 2x^2 - 4x + 1$ an und nutzen dabei zugleich eine zweckmäßige Anordnung der Koeffizienten (s. „Formeln und Tabellen“, S. 37)

| | | | |
|---|---|---|---|
| $(a_3 =)\ 1$ | $(a_2 =)\ 2$ | $(a_1 =)\ -4$ | $(a_0 =)\ 1$ |
| $\cdot 3 \nearrow$ | 3 ↓ $\cdot 3 \nearrow$ | 15 ↓ $\cdot 3 \nearrow$ | 33 ↓ |
| $(a_3 =)\ 1$ | $(b_2 =)\ 5$ | $(b_1 =)\ 11$ | $(b_0 =)\ f(3) = 34$ |

# B Zahlenfolgen

## *Erweiterung I: Das Beweisverfahren der vollständigen Induktion*

In der Mathematik begegnen uns oft Aussagen, die für alle natürlichen Zahlen gelten. Wie man die Wahrheit derartiger Aussagen überprüfen kann, soll Gegenstand der nachfolgenden Betrachtungen sein.

Das Hauptproblem besteht hierbei in Folgendem: Da es unendlich viele natürliche Zahlen gibt, ist es unmöglich, die Gültigkeit der betreffenden Aussage für jede einzelne natürliche Zahl zu überprüfen. Begnügt man sich aber damit, den Nachweis für ein gewisses Anfangsstück der Folge der natürlichen Zahlen zu erbringen und daraus *induktiv*[1] auf die Allgemeingültigkeit zu schließen, sind schnell Trugschlüsse möglich. Betrachten wir dazu zwei Beispiele:

Beispiel B 1:[2] **B 1**
Setzt man in den Term $n^2 + n + 41$ für n nacheinander die natürlichen Zahlen 0, 1, 2, 3, …, 39 ein, so erhält man 41, 43, 47, 53, …, 1601 – also stets Primzahlen. Schließt man induktiv, so würde man zu der Aussage

*„Für alle natürlichen Zahlen n ist $n^2 + n + 41$ eine Primzahl“*

gelangen. Aufgrund der Überprüfung ist diese Aussage offensichtlich für die Zahlen von 0 bis 39 wahr. Dies trifft jedoch nicht für alle natürlichen Zahlen zu, denn schon für n = 40 erhält man 1600 + 40 + 41 = 1681 – und 1681 ist durch 41 teilbar. Ein Gegenbeispiel reicht aber aus, um die „Falschheit“ einer Allaussage zu beweisen bzw. um ihre Gültigkeit zu widerlegen.

Man darf also nie von einigen wahren Einzelaussagen, die nicht die Gesamtheit aller möglichen Fälle erfassen, auf ein allgemein gültiges Gesetz schließen. Damit soll freilich keinesfalls ausgedrückt werden, dass die Induktion in der Mathematik generell unzulässig oder wertlos sei. Zum Finden von Vermutungen und Lösungsideen ist diese Methode durchaus geeignet.

Bevor wir uns einem weiteren Beispiel zuwenden, sei im Zusammenhang mit Aussagen, die für natürliche Zahlen gültig sind, eine Kurzschreibweise eingeführt: *A(n)* soll kennzeichnen, dass eine Aussage A über eine natürliche Zahl n getroffen wird. Wenn also beispielsweise A(n) bedeutet *„Für $n \in \mathbb{N}$ ist $n^2 + n + 11$ eine Primzahl“*, dann symbolisiert

A(0) die Aussage *„11 ist eine Primzahl“*,
A(5) die Aussage *„41 ist eine Primzahl“*,
A(11) die Aussage *„143 ist eine Primzahl“*.

A(0) und A(5) sind wahre Aussagen, A(11) hingegen ist falsch. Damit ist A(n) nicht für alle natürlichen Zahlen eine wahre Aussage.

[1] inducere (lat.) – hinführen
[2] Dieses Beispiel geht auf LEONHARD EULER zurück.

B 2

Beispiel B 2:
Es sollen die Summen aufeinander folgender ungerader Zahlen ermittelt werden. Diesen Sachverhalt kann man geometrisch veranschaulichen:

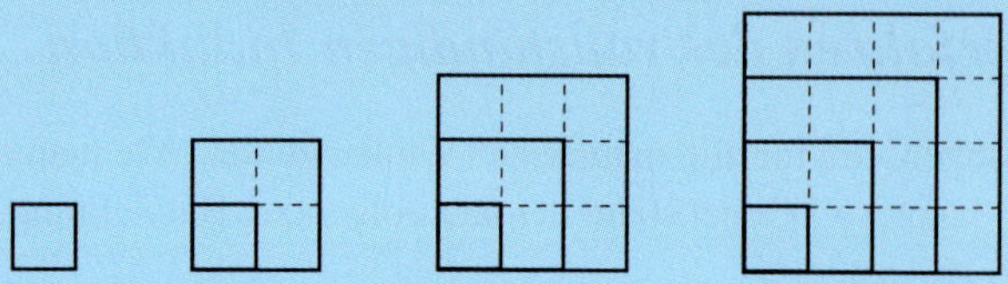

Fig. B 1

| | | | |
|---|---|---|---|
| $1$ | $1 + 3$ | $1 + 3 + 5$ | $1 + 3 + 5 + 7$ |
| $= 1^2$ | $= 2^2$ | $= 3^2$ | $= 4^2$ |

Unter Verwendung der oben eingeführten Symbolik kommt man zu folgender Tabelle:

$A(1)$: $s_1 = 1 \quad = 1 \quad = 1^2$
$A(2)$: $s_2 = 1 + 3 \quad = 4 \quad = 2^2$
$A(3)$: $s_3 = 1 + 3 + 5 \quad = 9 \quad = 3^2$
$A(4)$: $s_4 = 1 + 3 + 5 + 7 \quad = 16 \quad = 4^2$
$A(5)$: $s_5 = 1 + 3 + 5 + 7 + 9 \quad = 25 \quad = 5^2$
$\vdots$

Man kann vermuten, dass sich diese Aufstellung beliebig weit fortsetzen lässt, dass also gilt:

$A(n)$: $s_n = 1 + 3 + 5 + \ldots + (2n - 1) = n^2 \quad (n \in \mathbb{N}, n > 0)$

Diese Aussage ist aber bislang nur für die natürlichen Zahlen von 1 bis 5 bewiesen. Ob sie allgemeingültig ist, bleibt wegen des induktiven Schlusses zunächst noch ungewiss. Auch die Tatsache, dass es uns nicht gelungen ist, ein Gegenbeispiel zu finden, darf nicht zur voreiligen Behauptung der Allgemeingültigkeit verleiten. Die Wahrheit der Aussage *„Die Summe $s_n = 1 + 3 + 5 + \ldots + (2n - 1)$ der ersten n ungeraden natürlichen Zahlen beträgt $n^2$"* ist zwar nicht widerlegt, aber eben auch nicht bewiesen.

Ein Beweis der Allgemeingültigkeit könnte gelingen, wenn es möglich wäre, die Induktion gleichsam „zu vervollständigen", also sie auf alle natürlichen Zahlen auszudehnen.

Unter Umständen lässt sich hierzu die Nachfolgereigenschaft der natürlichen Zahlen nutzen. Wenn eine Aussage A für eine *bestimmte* natürliche Zahl $n_0$ (in unserem Beispiel etwa für $n_0 = 1$) gilt und es außerdem zu zeigen gelingt, dass aus der *angenommenen* Gültigkeit für *eine* beliebige *natürliche Zahl* k stets die Gültigkeit für die *folgende Zahl k + 1* folgt, so erreichen wir *jede* natürliche Zahl.

Dieser „Schluss von k auf k + 1" verlangt also den Nachweis der Richtigkeit folgender Implikation:

> *Wenn für eine beliebige natürliche Zahl k die Aussage A(k) gilt, dann gilt diese Aussage auch für den Nachfolger (k + 1)* – kurz: $A(k) \Rightarrow A(k + 1)$.

Man beachte: Mit dem Beweis der Implikation $A(k) \Rightarrow A(k + 1)$ ist in keiner Weise etwas über die Wahrheit von $A(k)$ bzw. $A(k + 1)$ ausgesagt.

Auf unser Beispiel bezogen bedeutet das:

1. Es wird angenommen, dass $A(k)$ gilt, d.h.

   **A(k):** $s_k = 1 + 3 + 5 + \ldots + (2k - 1) = k^2$.

2. Es wird gezeigt, dass unter dieser Voraussetzung auch $A(k + 1)$ gilt, d. h.

   **A(k + 1):** $s_{k+1} = 1 + 3 + 5 + \ldots + (2k - 1) + (2k + 1) = (k + 1)^2$.

*Beweis:*

Wir setzen voraus: **A(k):** $s_k = 1 + 3 + 5 + \ldots + (2k - 1) = k^2$

Man gelangt von $s_k$ zu $s_{k+1}$, indem man zu $s_k$ die (k + 1)-te ungerade natürliche Zahl addiert, also:

$$s_{k+1} = s_k + \mathbf{(2k + 1)} = 1 + 3 + 5 + \ldots + (2k - 1) + \mathbf{(2k + 1)}$$

Unter Verwendung der Voraussetzung ergibt sich daraus

$$s_{k+1} = s_k + \mathbf{(2k + 1)} = k^2 + \mathbf{(2k + 1)}$$

und nach der binomischen Formel damit

$$s_{k+1} = (k + 1)^2.$$

Wir erhalten also auf diesem Weg denselben Ausdruck für $s_{k+1}$, als hätten wir in A(k) die Variable k durch (k + 1) ersetzt. Somit ist die Implikation $A(k) \Rightarrow A(k + 1)$ bewiesen, d. h.: Wenn die Aussage A für irgendeine natürliche Zahl wahr ist, so gilt sie auch für die nächstfolgende.

Dies allein reicht nicht aus, um die Wahrheit von A(k) für jede natürliche Zahl n als gesichert anzusehen, denn wir brauchen noch den „Anfangspunkt" unserer Schlusskette. Dazu greifen wir auf die konkreten Fälle zurück, mit denen wir das Beispiel B 2 begannen: Da wir dort zeigten, dass z. B. A(5) eine wahre Aussage ist, folgt daraus wegen der eben bewiesenen Gültigkeit der Implikation, dass dann auch A(6) wahr ist, woraus die Gültigkeit von A(7) folgt usw.

Offensichtlich erreicht man durch die lückenlose Fortsetzung dieser Schlussreihe, die man auch *Nachfolgervererbung* nennt, jede beliebige natürliche Zahl.

Wir haben damit ein Beispiel für ein Beweisverfahren kennen gelernt, das in der mathematischen Literatur als **Verfahren der vollständigen Induktion** oder als **„Schluss von n auf (n + 1)"** bezeichnet wird und vielfach dann anwendbar ist, wenn die Wahrheit einer Aussage *für alle natürlichen Zahlen* nachgewiesen werden soll. Der Name *vollständige Induktion* ist nicht ganz zutreffend, denn wie jedem mathematischen Beweisverfahren liegen auch dem hier betrachteten deduktive[1)] Schlüsse zugrunde. Das Beweisverfahren der vollständigen Induktion beruht auf dem folgenden *Satz der vollständigen Induktion:*

Satz B 1: **B 1**

Die Aussage *Für alle natürlichen Zahlen $n \geq n_0$ gilt $A(n)$* ist wahr, wenn

1. A(n) für $n = n_0$ wahr ist;
2. aus der Gültigkeit von A(k) stets die Gültigkeit von A(k + 1) folgt ($k \in \mathbb{N}$, $k \geq n_0$).

Auf den Beweis dieses fundamentalen Satzes verzichten wir. Zur besseren Verständlichkeit sei aber noch einmal hervorgehoben, was im speziellen Fall des Beispiels B 1 bereits praktiziert wurde: Will man die Gültigkeit einer Aussage A(n) für *alle* $n \in \mathbb{N}$ nachweisen, so müssen also zwei Beweise geführt werden:

1. Es ist zu beweisen, dass die Aussage A(n) für eine bestimmte, möglichst kleine natürliche Zahl $n_0$ (meist 0 oder 1) gilt. Man sagt zu diesem Schritt auch *Induktionsanfang* oder *Induktionsverankerung*. Hier wird aber die *Existenz* einer natürlichen Zahl nachgewiesen, für die A(n) wahr ist.

2. Es ist zu beweisen, dass die Annahme, A(n) gelte für eine natürliche Zahl k, stets die Gültigkeit der Aussage für den Nachfolger (k + 1) von k nach sich zieht. Man nennt diesen Schritt *Induktionsschluss* oder spricht vom Nachweis der *Nachfolgervererbung*.

1) deductio (lat.) – Ableitung

Aufgrund des ersten Teilbeweises gilt z. B. A(1). Daraus folgt wegen des zweiten Teilbeweises die Gültigkeit von A(2), daraus wiederum die Gültigkeit von A(3) usw. Durch Fortsetzung dieser vollständigen Schlussreihe wird jede natürliche Zahl erreicht und somit ist A(n) für alle natürlichen Zahlen ab n = 1 gültig.

Beweisschema der vollständigen Induktion in Kurzform:

$$\Big[\underbrace{\textit{Es gilt } A(n_0)}_{\substack{\text{Induktionsanfang}\\ \text{(Existenzbeweis)}}} \text{ und } \underbrace{\textit{Für ein beliebiges } k \geq n_0 \textit{ gilt } (A(k) \Rightarrow A(k+1))}_{\substack{\text{Induktionsschluss}\\ \text{(Beweis einer Implikation)}}}\Big] \Rightarrow A(n) \textit{ gilt für alle } n \geq n_0$$

Beweis durch vollständige Induktion

B 3

Beispiel B 3:

Für alle natürlichen Zahlen n > 0 gilt $s_n = 1 + 2 + 3 + \ldots + n = \frac{n(n+1)}{2}$.

*Voraussetzung:* $n \in \mathbb{N}$

*Behauptung:* Für alle n > 0 gilt: $s_n = \frac{n(n+1)}{2}$

*Beweis:*

*I. Induktionsanfang:*

**A(1):** n = 1: $s_1 = 1$ Nach Formel gerechnet: $s_1 = \frac{1(1+1)}{2} = 1$

Also: Die Formel ist für n = 1 richtig.

*II. Induktionsschluss:*

Induktionsvoraussetzung:

**A(k):** Es wird angenommen, dass die Behauptung für n = k wahr ist.

Es gelte also:

$$s_k = 1 + 2 + 3 + \ldots + k = \frac{k(k+1)}{2}$$

Induktionsbehauptung:

**A(k + 1):** Es wird behauptet, dass die Formel auch für den Nachfolger von k, also für n = k + 1 gilt:

$$s_{k+1} = 1 + 2 + 3 + \ldots + k + (k+1) = \frac{(k+1)(k+2)}{2}$$

Induktionsbeweis[1]:

**A(k) ⇒ A(k + 1):** Wir zeigen, dass aus der Gültigkeit von A(k) stets die von A(k + 1) folgt.

1. Wegen der Induktionsvoraussetzung gilt

$$1 + 2 + 3 + \ldots + k = \frac{k(k+1)}{2}.$$

2. Wir gewinnen aus der Summe $s_k$ die Summe $s_{k+1}$, indem wir (k + 1) addieren:

$$1 + 2 + 3 + \ldots + k + \mathbf{(k+1)} = \frac{k(k+1)}{2} + \mathbf{(k+1)} \text{ (wg. der Induktionsvoraussetzung)}$$

$$= \frac{k(k+1)}{2} + \frac{2(k+1)}{2} = \frac{k(k+1) + 2(k+1)}{2}$$

$$= \frac{(k+1)(k+2)}{2} \quad \text{(durch Ausklammern von } (k+1))$$

[1] „Induktionsbeweis" soll bedeuten: „Beweis der Induktionsbehauptung unter Verwendung der Induktionsvoraussetzung".

Damit haben wir die in der Induktionsbehauptung aufgestellte Formel erhalten.
Wegen der unter I. und II. geführten Beweise gilt die Formel für alle natürlichen Zahlen $n > 0$ (und trivialerweise auch für 0).

**B 4**

Beispiel B 4:
Für alle natürlichen Zahlen n gilt: $7^n - 1$ ist durch 6 teilbar, also $6 \mid (7^n - 1)$.

*Beweis:* [1]

*I. Induktionsanfang:*

**A(0):** $n = 0$: $7^0 - 1 = 1 - 1 = 0$

Da 0 durch 6 teilbar ist, gilt obige Aussage für $n = 0$.

*II. Induktionsschluss:*

Induktionsvoraussetzung:

**A(k):** Es wird angenommen, dass $6 \mid (7^k - 1)$ für $n = k$ wahr ist.

Induktionsbehauptung:

Es wird behauptet, dass die Teilbarkeitsaussage auch für den Nachfolger von k, also für $(k + 1)$ wahr ist:

**A(k + 1):** $6 \mid (7^{k+1} - 1)$

Induktionsbeweis:

**A(k) ⇒ A(k + 1):** Wir zeigen, dass aus der Gültigkeit von A(k) stets die von A(k + 1) folgt:

1. $7^{k+1} - 1 = 7 \cdot 7^k - 1$ (Potenzgesetz)
2. $7^{k+1} - 1 = 6 \cdot 7^k + 1 \cdot 7^k - 1$
3. Da $6 \mid (6 \cdot 7^k)$ und $6 \mid (7^k - 1)$ (lt. Voraussetzung) gilt, folgt
4. $6 \mid [(6 \cdot 7^k) + (1 \cdot 7^k - 1)]$, denn: Ist jeder Summand einer Summe durch eine Zahl n teilbar, so teilt n auch die Summe.
   Wenn also $6 \mid (7^k - 1)$ gilt, dann gilt auch $6 \mid (7^{k+1} - 1)$.

Wegen der unter I. und II. geführten Beweise ist die Ausgangsaussage für alle natürlichen Zahlen wahr.

**B 5**

Beispiel B 5:
Die Innenwinkelsumme w in einem konvexen n-Eck ($n > 2$, $n \in \mathbb{N}$) beträgt $(n - 2) \cdot 180°$.

*Beweis:*

*I. Induktionsanfang:*

**A(3):** Die Innenwinkelsumme in einem Dreieck beträgt $w_3 = (3 - 2) \cdot 180° = 180°$.
Diese Aussage ist wahr, wie wir aus der Behandlung der Dreieckslehre bereits wissen.

*II. Induktionsschluss:*

Induktionsvoraussetzung:

**A(k):** Es wird angenommen, dass die Behauptung für $n = k$ wahr ist.
Es gelte also:
Die Innenwinkelsumme im k-Eck beträgt $w_k = (k - 2) \cdot 180°$.

[1] Auf die explizite Angabe von Voraussetzung und Behauptung wird hier und im Folgenden aus Platzgründen verzichtet.

Induktionsbehauptung:

**A(k + 1):** Wir behaupten, dass die Formel auch für das (k + 1)-Eck gilt, also die Aussage

*„Die Innenwinkelsumme im (k + 1)-Eck beträgt*
$w_{k+1} = [(k+1)-2]\cdot 180° = (k-1)\cdot 180°$“

wahr ist.

Induktionsbeweis:

**A(k) ⇒ A(k + 1):** Wir zeigen, dass aus der Gültigkeit von A(k) die von A(k + 1) folgt:

1. Nach Induktionsvoraussetzung gilt: Die Innenwinkelsumme im k-Eck (k > 2) beträgt $w_k = (k-2)\cdot 180°$.
2. Ein (k + 1)-Eck kann man sich aus einem k-Eck durch „Aufbrechen“ einer Seite des k-Ecks entstanden denken.
Dadurch vergrößert sich die Innenwinkelsumme $w_k$ um $(\alpha + \beta + \gamma) = 180°$, also
$w_{k+1} = (k-2)\cdot 180° + 180° = (k-1)\cdot 180°$.
Somit haben wir den in der Induktionsbehauptung aufgestellten Ausdruck erhalten.

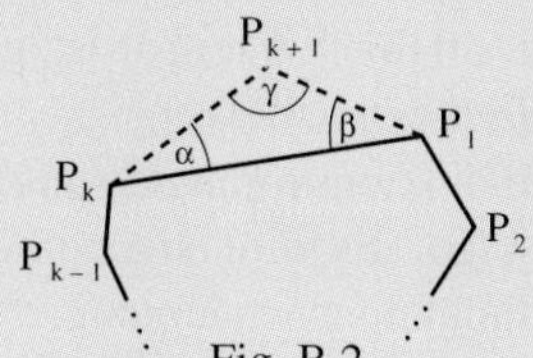

Fig. B 2

Wegen der unter I. und II. geführten Beweise gilt die Formel für alle natürlichen Zahlen n > 2.

# B 1 Der Begriff *Zahlenfolge*

Nachfolgende Aufgaben enthalten Beispiele für spezielle Funktionen:

B 6 Beispiel B 6:

In Phanstadt beträgt der Grundpreis für eine Taxi-Fahrt 1,20 DM. Pro gefahrenen Kilometer werden dann 0,80 DM berechnet. Für den Gesamtpreis F(n) bei n km Fahrtstrecke ($1 \le n < 7$) gilt also:

| n | 1 | 2 | 3 | 4 | 5 | 6 |
|---|---|---|---|---|---|---|
| F(n) | 2 | 2,80 | 3,60 | 4,40 | 5,20 | 6 |

B 7 Beispiel B 7:

Man notiere zu jeder natürlichen Zahl n mit $0 < n < 7$ die Anzahl T(n) ihrer Teiler.

| n | 1 | 2 | 3 | 4 | 5 | 6 |
|---|---|---|---|---|---|---|
| T(n) | 1 | 2 | 2 | 3 | 2 | 4 |

B 8 Beispiel B 8:

Welche Höhe hat ein zu Jahresbeginn eingezahltes Bankguthaben G(n) von 200 DM bei 5% Jahreszinsen nach Ablauf von n Jahren (n = 1, 2, … 5) erreicht, wenn die Zinsen jeweils am Ende des Jahres dem Guthaben zugeschlagen werden?

| n | 1 | 2 | 3 | 4 | 5 |
|---|---|---|---|---|---|
| G(n) | 210 | 220,50 | 231,53 | 243,10 | 255,26 |

B 9

Beispiel B 9:
Die ganze Zahl (–4) werde fortlaufend halbiert. Man ermittle die sich ergebenden Werte H(n) nach n Halbierungen ($n \in \mathbb{N}^*$).

| n | 1 | 2 | 3 | 4 | 5 | 6 | 7 | … |
|---|---|---|---|---|---|---|---|---|
| H(n) | $-2$ | $-1$ | $-\frac{1}{2}$ | $-\frac{1}{4}$ | $-\frac{1}{8}$ | $-\frac{1}{16}$ | $-\frac{1}{32}$ | … |

Ein Vergleich ergibt: Alle Beispiele enthalten geordnete Wertepaare, die dadurch gekennzeichnet sind, dass an erster Stelle stets eine natürliche Zahl steht. Eine Besonderheit dieser Zuordnung ist also die Art des Definitionsbereiches (in der Regel $\mathbb{N}^*$). Wir nennen Funktionen dieser Form **Zahlenfolgen** – und weil diese Zahlenfolgen an zweiter Stelle der Wertepaare reelle Zahlen haben, heißen sie **reelle Zahlenfolgen**.

Mit $n \in \mathbb{N}^*$ und $a_n \in \mathbb{R}$ kann man Zahlenfolgen durch eine Wertetabelle wie folgt allgemein beschreiben:

| n | 1 | 2 | 3 | 4 | 5 | 6 | … |
|---|---|---|---|---|---|---|---|
| $a_n$ | $a_1$ | $a_2$ | $a_3$ | $a_4$ | $a_5$ | $a_6$ | … |

B 1

Definition B1:
Eine Funktion mit einer Menge $D \subseteq \mathbb{N}^*$ von natürlichen Zahlen als Definitionsbereich und einer Menge $W \subseteq \mathbb{R}$ reeller Zahlen als Wertebereich heißt **reelle Zahlenfolge**.

Man schreibt für die Zahlenfolge $a_1; a_2; a_3; \ldots$ kurz $(a_n)$. Dabei bedeutet

– n die *Platznummer* (Index),
– $a_i$ das *i-te Glied* der Zahlenfolge.

Das allgemeine Glied $a_n$ der Zahlenfolge $(a_n)$ gibt zugleich eine Bildungsvorschrift für diese Zahlenfolge an.

B 10

Beispiel B 10:
Durch das allgemeine Glied $a_n = \frac{n-1}{n+1}$ ist die Zahlenfolge $(a_n) = (\frac{n-1}{n+1}) = (1; 0); (2; \frac{1}{3}); (3; \frac{2}{4}); (4; \frac{3}{5}); (5; \frac{4}{6}); (6; \frac{5}{7}); \ldots$ festgelegt.

In der Regel verwendet man eine verkürzte Notierung und schreibt: $(\frac{n-1}{n+1}) = 0; \frac{1}{3}; \frac{2}{4}; \frac{3}{5}; \frac{4}{6}; \frac{5}{7}; \ldots$
Dabei werden also nur die Elemente des Wertebereichs aufgeführt – die dazugehörigen Elemente des Definitionsbereiches ergeben sich aus der Position. Beispielsweise ist demnach mit $\frac{3}{5}$, das an der 4. Position steht, das Zahlenpaar $(4; \frac{3}{5})$ oder $a_4 = \frac{3}{5}$ gemeint.

Die im Beispiel B 10 angegebene Schreibweise $(a_n) = a_1; a_2; a_3; \ldots$ wird nachfolgend bevorzugt benutzt.

Sind alle Glieder einer Zahlenfolge untereinander gleich, so handelt es sich um eine **konstante Zahlenfolge**.

B 11

Beispiel B 11: $(a_n) = (\frac{2}{1^n}) = 2; 2; 2; 2; \ldots$

In Abhängigkeit davon, ob der Definitionsbereich endlich viele oder unendlich viele natürliche Zahlen enthält, sprechen wir von einer **endlichen Zahlenfolge** (s. Beispiele B 6 bis B 8) oder einer **unendlichen Zahlenfolge** (s. Beispiele B 9 und B 10).
Besonders interessant und mathematisch wichtig ist es, die Art und Weise des Aufbaus von Zahlenfolgen zu kennen. Die Zahlenfolgen der Beispiele B 6 bis B 9 wurden durch eine Wortvorschrift, die der Beispiele B 10 und B 11 durch das allgemeine Glied angegeben. Zahlenfolgen, die durch eine Bildungsvorschrift in Form eines Terms angegeben werden können, gewähren oft einen tieferen Einblick in den inneren Aufbau. Man sollte daher beim Diskutieren von Zahlenfolgen bestrebt sein, eine derartige Bildungsvorschrift zu finden.
Bei der Angabe von Zuordnungsvorschriften durch einen Term unterscheiden wir im Wesentlichen zwei Möglichkeiten, nämlich

die **explizite**[1] **Bildungsvorschrift** und die **rekursive**[2] **Bildungsvorschrift.**

Die *explizite Bildungsvorschrift* ist dadurch gekennzeichnet, dass das allgemeine Glied $a_n$ allein von n abhängig, dagegen unabhängig von der Angabe anderer Glieder der Zahlenfolge ist. Jedes Glied $a_n$ lässt sich also bei Kenntnis der Platznummer aus dieser Bildungsvorschrift bestimmen.
Die *rekursive Bildungsvorschrift* gibt an, wie man ein beliebiges Glied $a_{k+1}$ aus seinem Vorgänger $a_k$ $(k > 1)$ erhält und wie das Anfangsglied $a_1$ lautet. Rekursive Bildungsvorschriften von Zahlenfolgen können sich auch auf zwei oder mehr Vorgänger beziehen.
Die nachfolgende Übersicht verdeutlicht die unterschiedlichen Bildungsvorschriften für Zahlenfolgen, wobei schon behandelte Beispiele genutzt werden.

| Beispiel | explizite Bildungsvorschrift $(n \in \mathbb{N}^*)$ | rekursive Bildungsvorschrift $(n \in \mathbb{N}^*, n > 1)$ |
|---|---|---|
| B 6 | $a_n = 1{,}20 + 0{,}80\,n$ | $a_n = a_{n-1} + 0{,}80;\ a_1 = 2$ |
| B 8 | $a_n = 200\,(1 + \frac{5}{100})^n$ | $a_n = a_{n-1} + 0{,}05 \cdot a_{n-1};\ a_1 = 210$ |
| B 9 | $a_n = (-4) \cdot \frac{1}{2^n} = -\frac{4}{2^n}$ | $a_n = \frac{a_{n-1}}{2};\ a_1 = -2$ |

Beispiel B 7 zeigt, dass es Zahlenfolgen gibt, für die das Finden einer Bildungsvorschrift Probleme schaffen kann.
Da Zahlenfolgen spezielle Funktionen sind, kann man sie im rechtwinkligen Koordinatensystem darstellen. Solche grafischen Darstellungen von Zahlenfolgen gewähren oft Einblicke in deren Eigenschaften und Besonderheiten (s. Fig. B 3a zu Beispiel B 7 und Fig. B 3b zu Beispiel B 9).

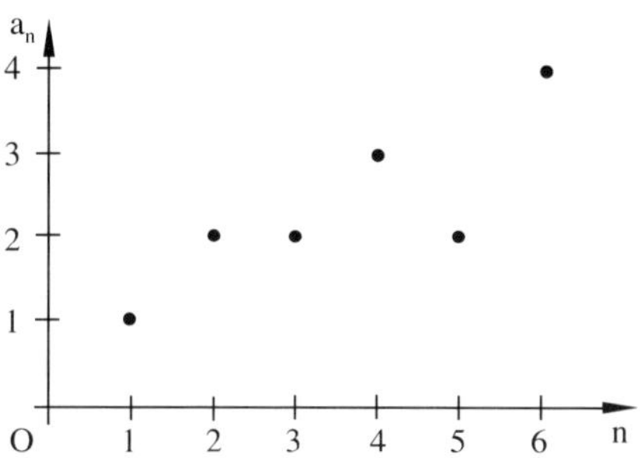


Fig. B 3a

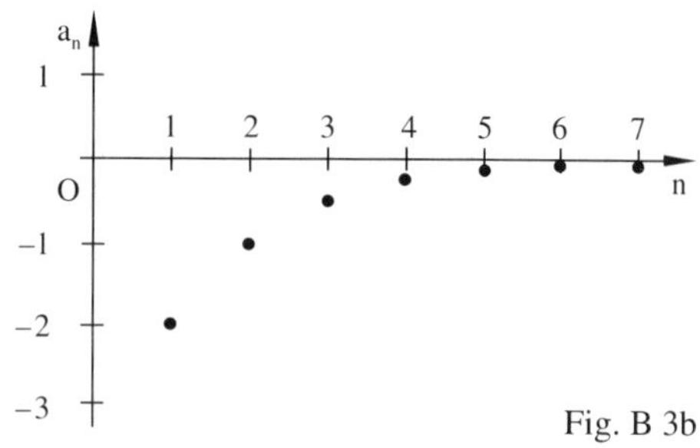


Fig. B 3b

[1] explicare (lat.) – erklären, entwickeln
[2] recurrere (lat.) – zurücklaufen

Beim Auswerten der grafischen Darstellungen stellt man fest, dass die Werte der Folgenglieder im Beispiel B 9 ständig wachsen, während die Folge im Beispiel B 7 in dieser Hinsicht keine Regelmäßigkeiten aufweist. Dies führt uns zu einem weiteren Merkmal von Zahlenfolgen.

## B 2 Monotone Zahlenfolgen

B 2

Definition B 2:

Eine Zahlenfolge $(a_n)$ heißt genau dann

| monoton wachsend, | monoton fallend, |
|---|---|
| wenn für alle natürlichen Zahlen $n \geq 1$ gilt: | |
| $a_{n+1} \geq a_n$ | $a_{n+1} \leq a_n$ |

B 3

Definition B 3:

Eine Zahlenfolge $(a_n)$ heißt genau dann

| streng monoton wachsend, | streng monoton fallend, |
|---|---|
| wenn für alle natürlichen Zahlen $n \geq 1$ gilt: | |
| $a_{n+1} > a_n$ | $a_{n+1} < a_n$ |

Um eine Zahlenfolge $(a_n)$ auf Monotonie untersuchen zu können, ist es zweckmäßig, die Ungleichungen der Definition wie folgt durch Differenzbildung umzuformen:

Gilt für alle $n \geq 1$ die Ungleichung $a_{n+1} - a_n \geq 0$, so ist $(a_n)$ monoton wachsend.
Gilt für alle $n \geq 1$ die Ungleichung $a_{n+1} - a_n > 0$, so ist $(a_n)$ streng monoton wachsend.
Gilt für alle $n \geq 1$ die Ungleichung $a_{n+1} - a_n \leq 0$, so ist $(a_n)$ monoton fallend.
Gilt für alle $n \geq 1$ die Ungleichung $a_{n+1} - a_n < 0$, so ist $(a_n)$ streng monoton fallend.

B 12

Beispiel B 12:
Wir untersuchen die uns aus dem Beispiel B 9 bekannte Zahlenfolge $(-\frac{4}{2^n})$.
Aufgrund der grafischen Darstellung in Fig. B 3b vermuten wir, dass diese Zahlenfolge streng monoton wachsend ist. Um das zu bestätigen, muss gezeigt werden, dass für alle $n \geq 1$ die Ungleichung $a_{n+1} - a_n > 0$ gilt:

$$a_{n+1} - a_n = -\frac{4}{2^{n+1}} - (-\frac{4}{2^n}) = -\frac{4}{2^{n+1}} + \frac{4}{2^n}$$

Wir erweitern $\frac{4}{2^n}$ mit 2 und erhalten gleichnamige Brüche, die dann addiert werden:

$$a_{n+1} - a_n = -\frac{4}{2^{n+1}} + \frac{8}{2 \cdot 2^n} = -\frac{4}{2^{n+1}} + \frac{8}{2^{n+1}} = \frac{4}{2^{n+1}}$$

Da der Nenner dieses Bruchs für alle $n \geq 1$ niemals negativ werden kann, gilt stets $\frac{4}{2^{n+1}} > 0$.
Damit ist bewiesen, dass die Zahlenfolge $(-\frac{4}{2^n})$ streng monoton wachsend ist.

B 13

Beispiel B 13:
Wir untersuchen das Monotonieverhalten der Zahlenfolge $\left(\frac{1}{(2n-19)^2}\right)$ schrittweise.

1. Zunächst bestimmen wir die ersten fünf Glieder der Zahlenfolge:
$\left(\frac{1}{(2n-19)^2}\right) = \frac{1}{289}; \frac{1}{225}; \frac{1}{169}; \frac{1}{121}; \frac{1}{81}; \ldots$
2. Aus diesen Anfangsgliedern lässt sich vermuten, dass die Zahlenfolge streng monoton wachsend ist.
3. Sollte das der Fall sein, dann ist zu beweisen, dass für alle $n \geq 1$ die Ungleichung $a_{n+1} - a_n > 0$ gilt.
$a_{n+1} - a_n = \frac{1}{(2(n+1)-19)^2} - \frac{1}{(2n-19)^2} = \frac{1}{(2n-17)^2} - \frac{1}{(2n-19)^2}$
Die Brüche werden gleichnamig gemacht und die Subtraktion wird durchgeführt.
$a_{n+1} - a_n = \frac{(2n-19)^2 - (2n-17)^2}{(2n-17)^2 \cdot (2n-19)^2} = \frac{4n^2 - 76n + 361 - 4n^2 + 68n - 289}{(2n-17)^2 \cdot (2n-19)^2} = \frac{-8n+72}{(2n-17)^2 \cdot (2n-19)^2}$
4. Wir schätzen diesen Bruch ab: Der Nenner ist als Produkt zweier Quadrate für alle $n \geq 1$ positiv, der Zähler wird allerdings für $n > 9$ negativ. Also:
Für $n \leq 9$ gilt $a_{n+1} - a_n \geq 0$,
für $n > 9$ gilt $a_{n+1} - a_n < 0$.
5. Das heißt: Die Folge $\left(\frac{1}{(2n-19)^2}\right)$ ist **nicht monoton**. Vom 1. bis zum 9. Glied ist sie wachsend, vom 10. Glied an streng monoton fallend. Unsere Vermutung wurde nicht bestätigt. Es zeigt sich wiederum (vgl. etwa Beispiel B 1), dass ein allein aus einem Anfangsstück einer Folge induktiv gewonnener Schluss fehlerhaft sein kann.

B 14

Beispiel B 14:
Wir untersuchen das Monotonieverhalten der Zahlenfolge $\left((-1)^n \cdot \frac{2}{n}\right)$ schrittweise.

1. Wir ermitteln die ersten Glieder:
$\left((-1)^n \cdot \frac{2}{n}\right) = -2; 1; -\frac{2}{3}; \frac{2}{4}; -\frac{2}{5}; \frac{2}{6}; \ldots$
2. Es ist festzustellen, dass $a_1 < a_2$, aber $a_2 > a_3$ gilt. Schon beim Analysieren der ersten Glieder ist erkennbar, dass $\left((-1)^n \cdot \frac{2}{n}\right)$ **nicht monoton** ist, da monotones Wachsen ($a_1 < a_2 < a_3 < \ldots$) und monotones Fallen ($a_1 > a_2 > a_3 > \ldots$) allein schon durch die Tatsache ausgeschlossen ist, dass die Glieder abwechselnd positiv und negativ sind. Folgen dieser Art heißen **alternierende Zahlenfolgen.**

# B 3 Arithmetische Zahlenfolgen

Es gibt Zahlenfolgen, die bezüglich ihrer Nachbarglieder eine Besonderheit aufweisen. Betrachten wir etwa folgende Beispiele:

a) 1; 2; 3; 4; 5; …
b) 5; 7; 9; 11; 13; …
c) –1; –3; –5; –7; –9; …
e) 7,2; 14,3; 21,4; 28,5; 35,6; …

Es lässt sich feststellen: Die Differenz d je zweier Nachbarglieder $d = a_{n+1} - a_n$ in jeder dieser Zahlenfolgen ist gleich groß. So gilt für a) $d = 1$, b) $d = 2$, c) $d = -2$ und e) $d = 7{,}1$.

Definition B 4: **B 4**
Eine Zahlenfolge $(a_n)$ heißt **arithmetische Zahlenfolge,** wenn für jede natürliche Zahl $n \geq 1$ die Differenz zweier aufeinander folgender Glieder stets gleich derselben reellen Zahl d ist:

$$a_{n+1} - a_n = d \quad (n \in \mathbb{N}^*)$$

Wir erhalten also jedes Glied einer arithmetischen Zahlenfolge aus dem vorhergehenden durch Addition von d: $a_{n+1} = a_n + d$. Es handelt sich demnach um eine rekursive Darstellung (vorausgesetzt, dass zudem noch $a_1$ bekannt ist).

Jede arithmetische Zahlenfolge ist durch ihren Anfangswert $a_1$ und die Differenz d eindeutig bestimmt. Bei allgemeiner Darstellung erhält man:

$$\begin{aligned}(a_n) &= a_1;\ a_2;\ a_3;\ a_4;\ a_5;\ \ldots;\ a_k;\ \ldots\\ &= a_1;\ a_1 + d;\ a_2 + d;\ a_3 + d;\ a_4 + d;\ \ldots;\ a_{k-1} + d;\ \ldots\\ &= a_1;\ a_1 + d;\ a_1 + 2d;\ a_1 + 3d;\ a_1 + 4d;\ \ldots;\ a_1 + (k-1)\,d;\ \ldots\end{aligned}$$

Daraus erkennt man:

$$\begin{aligned}a_2 &= a_1 + d,\\ a_3 &= a_2 + d = a_1 + 2d,\\ a_4 &= a_3 + d = a_1 + 3d,\\ a_5 &= a_4 + d = a_1 + 4d \text{ usw.}\end{aligned}$$

Mit Hilfe des Verfahrens der vollständigen Induktion lässt sich die nachfolgende Verallgemeinerung beweisen:

Satz B 2: **B 2**
Ist $(a_n)$ eine arithmetische Zahlenfolge, so gilt für alle natürlichen Zahlen $n \geq 1$: $a_n = a_1 + (n-1)\,d$.

Wir haben somit zur Beschreibung der arithmetischen Zahlenfolge neben der rekursiven Bildungsvorschrift

$a_n = a_{n-1} + d$ auch die explizite Bildungsvorschrift $a_n = a_1 + (n-1)\,d$ gewonnen.

Als Folgerung aus der rekursiven Bildungsvorschrift stellen wir fest:

Eine arithmetische Zahlenfolge mit

- $d > 0$ ist eine streng monoton wachsende Folge,
- $d < 0$ ist eine streng monoton fallende Folge.

Für den Spezialfall $d = 0$ ergibt sich die konstante Folge $a_1;\ a_1;\ a_1;\ a_1;\ \ldots$

Oft ist es notwendig, die Summe der ersten n Glieder einer arithmetischen Zahlenfolge zu kennen. Wir betrachten zunächst eine konkrete arithmetische Zahlenfolge.

Gegeben sei die Zahlenfolge $(2n + 3) = 5;\ 7;\ 9;\ 11;\ 13;\ \ldots$ (s. Beispiel b)).

Um eine Vermutung für eine Summenformel zu finden, wollen wir zunächst *Summen* bilden, die jeweils durch Addition einer bestimmten Anzahl von Gliedern der Zahlenfolge (beginnend immer mit $a_1$) entstehen:

$$\begin{array}{llll} s_1 = 5 & = 5 \quad \text{oder} & s_1 = 5 & = 5 \\ s_2 = 5 + 7 & = 12 & s_2 = 5 + (5 + 1 \cdot 2) & = 12 \\ s_3 = 5 + 7 + 9 & = 21 & s_3 = 5 + (5 + 1 \cdot 2) + (5 + 2 \cdot 2) & = 21 \\ \vdots & & \vdots & \\ s_n = 5 + 7 + 9 + \ldots + (2n + 3) = & & s_n = 5 + (5 + 1 \cdot 2) + (5 + 2 \cdot 2) + \ldots + [5 + (n - 1) 2] & = \end{array}$$

Derartige Summen nennt man Partialsummen der Zahlenfolge (2n + 3).
Allgemein: Ist $(a_n) = a_1; a_2; a_3; a_4; \ldots$ eine Zahlenfolge, so heißt $s_n = a_1 + a_2 + a_3 + \ldots + a_n$ die **n-te Partialsumme** von $(a_n)$ und eine Folge der Art $(s_n) = s_1; s_2; s_3; \ldots; s_n$ dann **Teilsummenfolge** oder **Partialsummenfolge von $(a_n)$.**

Verkürzt schreibt man $a_1 + a_2 + a_3 + \ldots + a_n = \sum\limits_{k=1}^{n} a_k$ (gelesen: *„Summe aller $a_k$ von k = 1 bis n“*).

Das Zeichen $\Sigma$ ist der griechische Buchstabe Sigma. Es entspricht dem s in der lateinischen Schrift und wurde schon von LEONHARD EULER als bequeme Schreibweise von Summen eingeführt. Unterhalb und oberhalb des Summenzeichens $\Sigma$ wird angegeben, welche Zahlen der Index k durchlaufen soll.

$\sum\limits_{k=m}^{n} a_k$ bedeutet also $a_m + a_{m+1} + a_{m+2} + \ldots + a_n$, wobei $m, n \in \mathbb{Z}$ und $m \leq n$ gelten soll.

*Bemerkungen:*

1. Die Wahl des Buchstabens für den Laufindex spielt keine Rolle. Es gilt beispielsweise:
$$\sum_{k=1}^{n} a_k = \sum_{m=1}^{n} a_m = \sum_{p=1}^{n} a_p$$
2. Mitunter ist es zweckmäßig, den Laufindex zu verändern. So kann man zum Beispiel anstatt
$s_n = a_1 + a_2 + a_3 + \ldots + a_n = \sum\limits_{k=1}^{n} a_k$ auch $\sum\limits_{k=-3}^{n-4} a_{k+4}$ oder $\sum\limits_{k=3}^{n+2} a_{k-2}$ usw. schreiben.
3. Ist c konstant, so gilt $\sum\limits_{k=1}^{n} c = n \cdot c$ und $\sum\limits_{k=1}^{n} c \cdot a_k = c \sum\limits_{k=1}^{n} a_k$.
4. $\sum\limits_{k=1}^{n} (a_k \pm b_k) = \sum\limits_{k=1}^{n} a_k \pm \sum\limits_{k=1}^{n} b_k$

B 15

Beispiel B 15:
Durch einfaches Einsetzen erhält man:

a) $\sum\limits_{i=1}^{4} (2i - 1) = 1 + 3 + 5 + 7 = 16$

b) $\sum\limits_{m=3}^{6} (4m + 1) = 13 + 17 + 21 + 25 = 76$

c) $\sum\limits_{n=0}^{4} (-1)^n \cdot 3^n = 1 + (-3) + 9 + (-27) + 81 = 61$

B 16

Beispiel B 16:
Unterschiedliche Schreibweisen der gleichen Summe:

a) $$\sum_{n=0}^{5} \frac{n(n+1)}{2} = 0 + 1 + 3 + 6 + 10 + 15 = 35 = \sum_{n=1}^{6} \frac{(n-1)n}{2} = \sum_{n=3}^{8} \frac{(n-3)(n-2)}{2}$$

b) $$\sum_{k=1}^{3} 2 \cdot \frac{1}{k} = 2 + 1 + \frac{2}{3} = 2 \sum_{k=1}^{3} \frac{1}{k} = 2\left(1 + \frac{1}{2} + \frac{1}{3}\right) = \frac{11}{3}$$

c) $$\sum_{a=1}^{3} (2a + a^2) = 3 + 8 + 15 = \sum_{a=1}^{3} 2a + \sum_{a=1}^{3} a^2 = (2 + 4 + 6) + (1 + 4 + 9) = 26$$

Bildet man nun die auf S. 60 für einen Spezialfall betrachteten Partialsummen für eine allgemeine arithmetische Folge $(a_n)$ mit $a_n = a_1 + (n-1)d$, so ergibt sich:

$$\begin{aligned}
s_1 &= a_1 && = a_1 \\
s_2 &= a_1 + a_2 && = a_1 + (a_1 + d) \\
s_3 &= a_1 + a_2 + a_3 && = a_1 + (a_1 + d) + (a_1 + 2d) \\
&\vdots \\
s_n &= a_1 + a_2 + a_3 + \ldots + a_n && = a_1 + (a_1 + d) + (a_1 + 2d) + (a_1 + 3d) + \ldots + (a_1 + (n-1)d)
\end{aligned}$$

Um eine Formel für diese n-te Partialsumme einer arithmetischen Zahlenfolge zu gewinnen, benutzen wir die „Strategie“, die der deutsche Mathematiker CARL FRIEDRICH GAUSS bereits als neunjähriger Schüler fand: Sein Lehrer stellte ihm die Aufgabe, die Summe der natürlichen Zahlen von 1 bis 100 zu berechnen. Der Überlieferung nach löste er die Aufgabe in wenigen Augenblicken wie folgt:

$$1 + 2 + 3 + \ldots + 98 + 99 + 100 = (1 + 100) + (2 + 99) + (3 + 98) + \ldots + (50 + 51) = 50 \cdot 101 = 5050$$

Wir verwenden diese Idee in folgender Weise:

$$\begin{aligned}
s_n &= a_1 + (a_1 + d) + \ldots + (a_1 + (n-2)d) + (a_1 + (n-1)d) \\
+\ s_n &= (a_1 + (n-1)d) + (a_1 + (n-2)d) + \ldots + (a_1 + d) + a_1 \\
\hline
2 \cdot s_n &= (2a_1 + (n-1)d) + (2a_1 + (n-1)d) + \ldots + (2a_1 + (n-1)d) + (2a_1 + (n-1)d) \\
2 \cdot s_n &= n(2a_1 + (n-1)d) \\
2 \cdot s_n &= 2na_1 + n(n-1)d \\
s_n &= na_1 + \frac{n(n-1)d}{2}
\end{aligned}$$

Auch diese Formel lässt sich noch anders ausdrücken. Wir klammern $\frac{n}{2}$ aus und ersetzen $(a_1 + (n-1)d)$ durch $a_n$:

$$s_n = na_1 + \frac{n(n-1)d}{2} = \frac{n}{2}(2a_1 + (n-1)d) = \frac{n}{2}(a_1 + a_1 + (n-1)d) = \frac{n}{2}(a_1 + a_n)$$

B 3

Satz B 3:
Ist $(a_n) = a_1; a_2; a_3; a_4; \ldots$ eine arithmetische Zahlenfolge mit der Differenz d, so gilt für deren n-te Partialsumme $s_n = \sum_{k=1}^{n} (a_1 + (k-1)d) = n \cdot a_1 + \frac{n(n-1)d}{2}$.

Mit Hilfe des Verfahrens der vollständigen Induktion kann dieser Satz bewiesen werden.

Bezüglich des Eingangsbeispiels (S. 59 f.) ergibt sich damit:

$$s_n = n \cdot 5 + \frac{n(n-1)\cdot 2}{2} = n^2 + 4n$$

B 17

Beispiel B 17:
Man ermittle für eine arithmetische Zahlenfolge mit $a_1 = 4$ und $d = 3$
a) die Bildungsvorschrift,
b) die ersten 5 Glieder und
c) die Partialsumme $s_{20}$.

*Lösung:*

a) Mit $a_1 = 4$ und $d = 3$ lautet nach Satz B 2 die Bildungsvorschrift der arithmetischen Zahlenfolge $a_n = 4 + (n-1)\cdot 3 = 3n + 1$.

b) Mittels $a_n = 3n + 1$ bestimmt man die ersten 5 Glieder der Folge: 4, 7, 10, 13 und 16.

c) Wir benutzen Satz B 3 und erhalten durch Einsetzen

$$s_{20} = \sum_{k=1}^{20} (3k+1) = 20 \cdot 4 + \frac{20 \cdot 19 \cdot 3}{2} = 80 + 570 = 650.$$

B 18

Beispiel B 18:
Man berechne für eine arithmetische Zahlenfolge mit $a_1 = 2$, $d = 3$ und $a_n = 44$
a) n,
b) die Bildungsvorschrift,
c) die ersten 5 Glieder und
d) die 10te Partialsumme $s_{10}$.

*Lösung:*

a) Wir benutzen die explizite Bildungsvorschrift $a_n = a_1 + (n-1)\,d$ (Satz B 2) und setzen ein: $44 = 2 + (n-1)\cdot 3$, also $44 = 2 + 3n - 3 = 3n - 1$. Daraus folgt: $45 = 3n$ und damit $n = 15$.

b), c)
Wegen $a_1 = 2$ und $d = 3$ heißt die Bildungsvorschrift $a_n = 3n - 1$; die ersten 5 Glieder sind 2, 5, 8, 11, 14.

d) Unter Verwendung von Satz B 3 ergibt sich:

$$s_{10} = \sum_{k=1}^{10} (3k-1) = 10 \cdot 2 + \frac{10 \cdot 9 \cdot 3}{2} = 20 + 135 = 155$$

# B 4 Geometrische Zahlenfolgen

Auch die nachstehenden Zahlenfolgen enthalten Besonderheiten, die den Aufbau dieser Folgen charakterisieren:

a) 2; 4; 8; 16; 32; …
b) 6; 18; 54; 162; 486; …
c) 400; 80; 16; 3,2; 0,64; …
d) 4; –12; 36; –108; 324; …

Es lässt sich feststellen: Bei allen diesen Folgen ist jeweils der Quotient q zweier Nachbarglieder $a_{n+1}$ und $a_n$, also $q = \frac{a_{n+1}}{a_n}$, gleich groß. So beträgt dieser Quotient bei a) $q = 2$, b) $q = 3$, c) $q = \frac{1}{5}$ und d) $q = -3$.

B 5

Definition B 5:
Eine Zahlenfolge $(a_n)$ heißt **geometrische Zahlenfolge,** wenn für jede natürliche Zahl $n \geq 1$ der Quotient zweier aufeinander folgender Glieder stets gleich derselben reellen Zahl q ist:

$$\frac{a_{n+1}}{a_n} = q \quad (n \in \mathbb{N}^*, a_n \neq 0)$$

Wir erhalten also jedes Glied einer geometrischen Zahlenfolge aus dem vorhergehenden durch Multiplikation mit q: $a_{n+1} = q \cdot a_n$. Es liegt demnach eine rekursive Darstellung vor (vorausgesetzt, dass zudem noch $a_1$ bekannt ist).
Jede geometrische Zahlenfolge ist durch ihren Anfangswert $a_1$ und den Quotienten q eindeutig bestimmt.
So handelt es sich bei dem einleitenden Beispiel

a) wegen $a_1 = 2$ und $q = 2$ um die Zahlenfolge $(2 \cdot 2^{n-1})$,
b) wegen $a_1 = 6$ und $q = 3$ um die Zahlenfolge $(6 \cdot 3^{n-1})$,
c) wegen $a_1 = 400$ und $q = \frac{1}{5}$ um die Zahlenfolge $(400 \cdot (\frac{1}{5})^{n-1})$,
d) wegen $a_1 = 4$ und $q = -3$ um die Zahlenfolge $(4 \cdot (-3)^{n-1})$.

Bei allgemeiner Darstellung erhält man:

$$\begin{aligned}(a_n) &= a_1;\ a_2;\ a_3;\ a_4;\ \ldots;\ a_k;\ \ldots\\ &= a_1;\ a_1 \cdot q;\ a_2 \cdot q;\ a_3 \cdot q;\ \ldots;\ a_{k-1} \cdot q;\ \ldots\\ &= a_1;\ a_1 \cdot q;\ a_1 \cdot q^2;\ a_1 \cdot q^3;\ \ldots;\ a_1 \cdot q^{k-1};\ \ldots\end{aligned}$$

Daraus erkennt man:

$$\begin{aligned}a_2 &= a_1 \cdot q\\ a_3 &= a_2 \cdot q = a_1 \cdot q^2\\ a_4 &= a_3 \cdot q = a_1 \cdot q^3\\ a_5 &= a_4 \cdot q = a_1 \cdot q^4 \text{ usw.}\end{aligned}$$

Mit Hilfe des Verfahrens der vollständigen Induktion lässt sich der folgende Satz beweisen:

B 4

Satz B 4:
Ist $(a_n)$ eine geometrische Zahlenfolge, so gilt für alle natürlichen Zahlen $n \geq 1$: $a_n = a_1 \cdot q^{n-1}$.

Eine geometrische Zahlenfolge kann nach Definition B 5 und Satz B 4 also durch die rekursive Bildungsvorschrift $a_{n+1} = a_n \cdot q$ wie auch durch die explizite Bildungsvorschrift $a_n = a_1 \cdot q^{n-1}$ beschrieben werden.

Wir stellen fest: Eine geometrische Zahlenfolge mit $a_1 > 0$ und

- $q > 1$ ist eine streng monoton wachsende Folge,
- $0 < q < 1$ ist eine streng monoton fallende Folge,
- $q < 0$ ist eine alternierende Folge.

Für den Spezialfall q = 1 ergibt sich die konstante Folge $a_1$; $a_1$; $a_1$; $a_1$; …
Um eine Formel für die n-te Partialsumme einer geometrischen Zahlenfolge zu gewinnen, untersuchen wir zunächst ein konkretes Beispiel.

Gegeben sei die Folge $(6 \cdot 3^{n-1}) = 6; 18; 54; 162; \ldots$

Dann ist

$$\begin{array}{llll} s_1 = 6 & = 6 & \text{oder} \quad s_1 = 6 & = 6 \\ s_2 = 6 + 18 & = 24 & s_2 = 6 + 6 \cdot 3 & = 24 \\ s_3 = 6 + 18 + 54 & = 78 & s_3 = 6 + 6 \cdot 3 + 6 \cdot 3^2 & = 78 \\ s_4 = 6 + 18 + 54 + 162 & = 240 & s_4 = 6 + 6 \cdot 3 + 6 \cdot 3^2 + 6 \cdot 3^3 & = 240 \\ \vdots & & \vdots & \\ s_n = 6 + 18 + 54 + \ldots + (6 \cdot 3^{n-1}) & = & s_n = 6 + 6 \cdot 3 + 6 \cdot 3^2 + \ldots + 6 \cdot 3^{n-1} & = \end{array}$$

Bildet man diese Partialsummen nun für die allgemeine geometrische Zahlenfolge $(a_n)$ mit $a_n = a_1 \cdot q^{n-1}$, so ergibt sich:

$$\begin{array}{ll} s_1 = a_1 & = a_1 \\ s_2 = a_1 + a_2 & = a_1 + a_1 q^2 \\ s_3 = a_1 + a_2 + a_3 & = a_1 + a_1 q + a_1 q^2 \\ s_4 = a_1 + a_2 + a_3 + a_4 & = a_1 + a_1 q + a_1 q^2 + a_1 q^3 \\ \vdots & \\ s_n = a_1 + a_2 + a_3 + \ldots + a_n & = a_1 + a_1 q + a_1 q^2 + a_1 q^3 + a_1 q^4 + \ldots + a_1 q^{n-2} + a_1 q^{n-1} \end{array}$$

Wir multiplizieren diese n-te Partialsumme mit q und subtrahieren das Produkt $q \cdot s_n$ von $s_n$. Also:

$$\begin{array}{ll} s_n & = a_1 + a_1 q + a_1 q^2 + a_1 q^3 + a_1 q^4 + \ldots + a_1 q^{n-2} + a_1 q^{n-1} \\ q \cdot s_n & = \phantom{a_1 +{}} a_1 q + a_1 q^2 + a_1 q^3 + a_1 q^4 + \ldots + a_1 q^{n-2} + a_1 q^{n-1} + a_1 q^n \\ \hline s_n - q \cdot s_n & = a_1 - a_1 q^n \\ s_n(1 - q) & = a_1(1 - q^n) \end{array}$$

Bei Division beider Seiten der Gleichung durch $(1 - q)$ (mit $q \neq 1$) folgt daraus

$$s_n = a_1 \cdot \frac{1 - q^n}{1 - q} \qquad \text{bzw. bei Erweiterung mit } (-1)$$

$$s_n = a_1 \cdot \frac{q^n - 1}{q - 1}.$$

Es ergibt sich folgender Satz, der auch mit Hilfe vollständiger Induktion bewiesen werden kann:

**B 5**

Satz B 5:
Ist $(a_n) = a_1; a_2; a_3; a_4; \ldots$ eine geometrische Zahlenfolge mit dem Quotienten q, so gilt für deren n-te Partialsumme

$$s_n = \sum_{k=1}^{n} a_1 q^{k-1} = a_1 \cdot \frac{q^n - 1}{q - 1} \qquad (q \neq 1).$$

B 19

Beispiel B 19:
Man ermittle für die geometrische Zahlenfolge $(a_n)$ mit $a_1 = -2{,}5$ und $q = -2$
a) die Bildungsvorschrift,
b) das Glied $a_{10}$ und
c) die Partialsumme $s_{10}$.

*Lösung:*
a) Wegen $a_1 = -2{,}5$ und $q = -2$ gilt lt. Satz B 4: $a_n = (-2{,}5)\cdot(-2)^{n-1}$
b) Für n = 10 folgt dann: $a_{10} = (-2{,}5)\cdot(-2)^9 = 1280$
c) Nach Satz B 5 ergibt sich für die Partialsumme $s_{10}$:

$$s_{10} = \sum_{k=1}^{10}(-2{,}5\cdot(-2)^{k-1}) = (-2{,}5)\cdot\frac{(-2)^{10}-1}{-2-1} = \frac{(-2{,}5)\cdot 1023}{-3} = 852{,}5$$

# B 5 Beschränkte Zahlenfolgen

Wir haben Zahlenfolgen kennen gelernt, deren Glieder mit wachsendem Index beliebig große positive (oder beliebig kleine negative) Zahlenwerte annehmen und dabei jede noch so große (bzw. kleine) Zahl übertreffen. Es gibt aber auch Zahlenfolgen, die durch eine Zahl „beschränkt" sind – wie etwa die Folge in Beispiel B 9, deren Glieder offenbar niemals den Wert 0 überschreiten können.

B 6

Definition B 6:

Eine Zahlenfolge $(a_n)$ heißt genau dann

| | |
|---|---|
| **nach oben beschränkt,** | **nach unten beschränkt,** |

wenn es eine Zahl $s \in \mathbb{R}$ gibt, so dass für alle Folgenglieder $a_n$ gilt:

| | |
|---|---|
| $a_n \leq s$ | $a_n \geq s$ |

Man nennt die reelle Zahl s dann

| | |
|---|---|
| eine **obere Schranke** | eine **untere Schranke** |

der Zahlenfolge $(a_n)$.

(Einfach von einer „Schranke" spricht man, wenn $|a_n| \leq s$, also wenn alle $a_n$ in dem Intervall $[-s; s]$ liegen.)

B 7

Definition B 7:
Eine Zahlenfolge $(a_n)$ heißt genau dann **beschränkt**, wenn sie nach oben *und* nach unten beschränkt ist.

Mit anderen Worten: Man nennt eine Zahlenfolge beschränkt, wenn die Werte aller Folgenglieder nicht „unterhalb" einer bestimmten Zahl $s_1$ und auch nicht „oberhalb" einer bestimmten Zahl $s_2$ liegen.

Wir stellen die Anfangsglieder einiger Zahlenfolgen grafisch dar und untersuchen diese Folgen auf Beschränktheit.

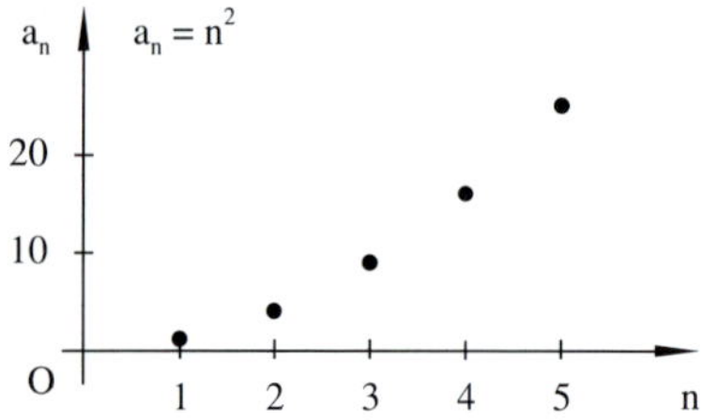


Fig. B 4a

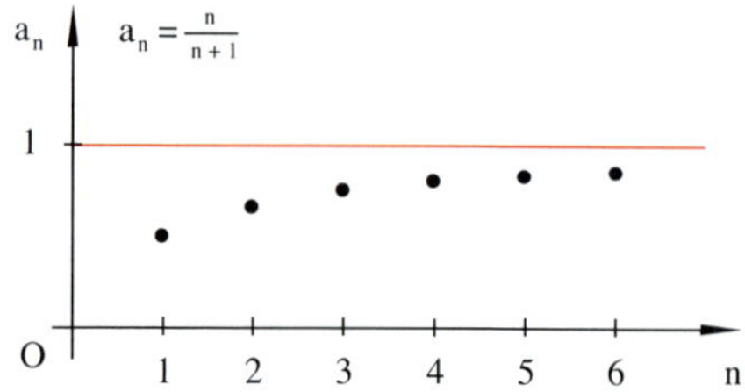


Fig. B 4b

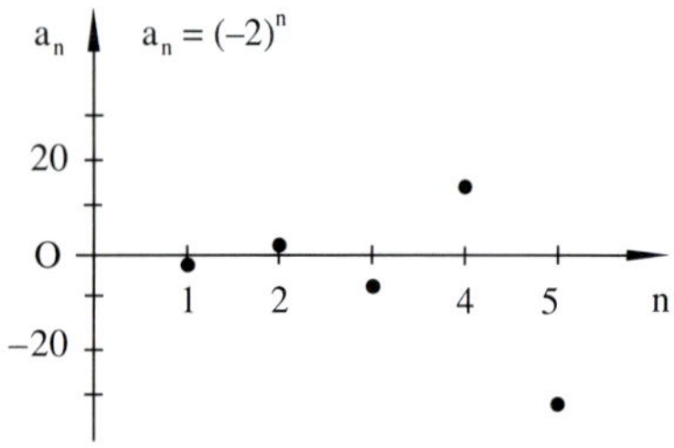


Fig. B 4c

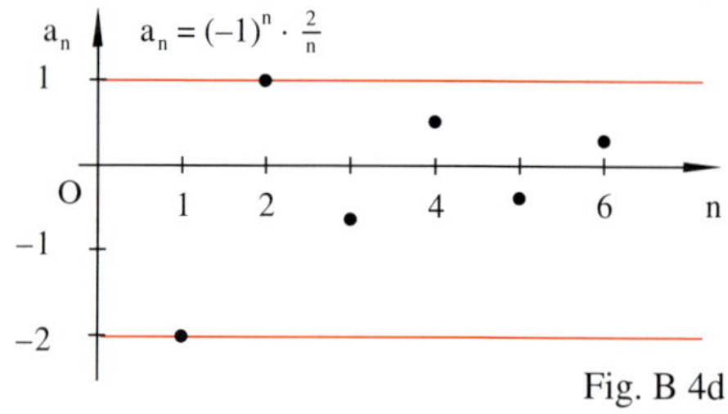


Fig. B 4d

Aus den Darstellungen kann man folgende Ergebnisse entnehmen:

| Zahlenfolge $(a_n)$ mit | eine obere Schranke | eine untere Schranke | $(a_n)$ ist beschränkt |
|---|---|---|---|
| $a_n = n^2$ | – | 0 | nein |
| $a_n = \frac{n}{n+1}$ | 1 | 0 | ja |
| $a_n = (-2)^n$ | – | – | nein |
| $a_n = (-1)^n \cdot \frac{2}{n}$ | 1 | –2 | ja |

Um zu zeigen, dass eine Zahlenfolge nach oben (bzw. nach unten) beschränkt ist, genügt es nicht, den Graphen auszuwerten. Es ist vielmehr zu *beweisen*, dass tatsächlich eine reelle Zahl s existiert, die der Forderung in Definition B 6 genügt.

**B 20**

Beispiel B 20:
Am Beispiel der Zahlenfolge $\left(\frac{n}{n+1}\right)$ soll gezeigt werden, dass 1 eine obere Schranke dieser Folge ist.

Man muss also beweisen, dass für alle natürlichen Zahlen $n \geq 1$ die Ungleichung $\frac{n}{n+1} \leq 1$ bzw. $0 \leq 1 - \frac{n}{n+1}$ gilt (Definition B 6). Wir formen die Ungleichung um:

Wegen $1 - \frac{n}{n+1} = \frac{n+1}{n+1} - \frac{n}{n+1} = \frac{1}{n+1}$ erhalten wir $0 \leq \frac{1}{n+1}$.

Da diese Ungleichung von allen $n \geq 1$ erfüllt wird, gilt stets $\frac{n}{n+1} \leq 1$. Also ist 1 eine obere Schranke von $\left(\frac{n}{n+1}\right)$.

An dem betrachteten Beispiel ist leicht zu erkennen, dass 1 nicht die einzige obere Schranke der Folge darstellt. Vielmehr ist beispielsweise auch 2 eine obere Schranke, denn bei Gültigkeit von $\frac{n}{n+1} \leq 1$ gilt ebenso $\frac{n}{n+1} < 2$.

Offenbar gilt: Hat eine Zahlenfolge $(a_n)$ eine obere (untere) Schranke, so existieren unendlich viele weitere obere (untere) Schranken. Daraus ergibt sich unmittelbar die Frage, ob es eine kleinste obere bzw. eine größte untere Schranke gibt. Wir legen zunächst einmal fest:

B 8

Definition B 8:

Ist $(a_n)$ eine

| nach oben beschränkte | nach unten beschränkte |
|---|---|

Zahlenfolge, so heißt die

| kleinste obere Schranke die **obere Grenze** | größte untere Schranke die **untere Grenze** |
|---|---|

dieser Zahlenfolge.

B 6

Satz B 6:
Jede nach oben beschränkte Zahlenfolge hat eine obere Grenze.
Jede nach unten beschränkte Zahlenfolge hat eine untere Grenze.

Auf den Beweis dieses Satzes verzichten wir hier.

B 21

Beispiel 21:
Wir beziehen uns auf das Beispiel B 20 und untersuchen, ob die dort betrachtete Zahlenfolge $(\frac{n}{n+1})$ noch kleinere obere Schranken als 1 besitzt, d. h., ob 1 obere Grenze dieser Zahlenfolge ist oder nicht.

1. Angenommen, auch 0,9 sei obere Schranke von $(\frac{n}{n+1})$.
   Dann müsste für alle natürlichen Zahlen $n \geq 1$ die Ungleichung $0 \leq 0{,}9 - \frac{n}{n+1}$ wahr sein.
   Wir formen den Term $0{,}9 - \frac{n}{n+1}$ um und schätzen ab:
   $$0{,}9 - \frac{n}{n+1} = \frac{0{,}9\,(n+1)}{n+1} - \frac{n}{n+1} = \frac{0{,}9n + 0{,}9 - n}{n+1} = \frac{-0{,}1n + 0{,}9}{n+1}$$
   Schon für $n = 10$ erhalten wir $\frac{-0{,}1}{11} < 0$. Das bedeutet, dass 0,9 keine obere Schranke sein kann.
2. Angenommen, 0,99 sei obere Schranke.
   Dann müsste für alle natürlichen Zahlen $n \geq 1$ die Ungleichung $0 \leq 0{,}99 - \frac{n}{n+1}$ gelten.
   Durch Umformung erhalten wir daraus den Term $\frac{-0{,}01n + 0{,}99}{n+1}$, der schon für $n = 100$ den Wert $\frac{-0{,}01}{101} < 0$ annimmt. Also kann auch 0,99 keine obere Schranke sein.
3. Setzt man die Überlegungen beispielsweise unter der Annahme fort, dass 0,999 obere Schranke sei, würde man ab $n = 1000$ zu einem analogen Widerspruch gelangen.
4. Allgemein ist festzustellen: Reelle Zahlen $s < 1$ können nicht obere Schranke der Zahlenfolge $(\frac{n}{n+1})$ sein. Sie führen ab einem bestimmten n zur Ungleichung $s - \frac{n}{n+1} < 0$, also zum Widerspruch zu der in Definition B 6 für eine obere Schranke genannten Bedingung.
   Das hängt offensichtlich damit zusammen, dass die Zahlenfolge $(\frac{n}{n+1})$ bei wachsendem n der Zahl 1 **„beliebig nahe“** kommt.

Die Zahl 1 ist also die kleinste obere Schranke oder die obere Grenze der Zahlenfolge $(\frac{n}{n+1})$, aber selbst nicht Glied dieser Zahlenfolge.

# B 6 Konvergente Zahlenfolgen

Wie im Beispiel B 21 erkennbar war, gibt es Zahlenfolgen, deren Glieder mit wachsendem Index n einer Zahl beliebig nahe kommen.
Um dieses Problem genauer untersuchen zu können, betrachten wir zunächst einmal die nachfolgenden Zahlenfolgen und deren grafische Darstellungen für die ersten 10 Glieder. Zur besseren Übersicht werden außerdem noch die Glieder $a_{99}$ und $a_{100}$, $a_{999}$ und $a_{1000}$, $a_{9999}$ und $a_{10000}$ berechnet.

B 22 Beispiel B 22:

$$\left(\frac{1}{n}\right) = 1; \frac{1}{2}; \frac{1}{3}; \frac{1}{4}; \frac{1}{5}; \frac{1}{6}; \frac{1}{7}; \frac{1}{8}; \frac{1}{9}; \frac{1}{10}; \ldots$$

$a_{99} = \frac{1}{99}$ $\quad$ $a_{100} = \frac{1}{100}$

$a_{999} = \frac{1}{999}$ $\quad$ $a_{1000} = \frac{1}{1000}$

$a_{9999} = \frac{1}{9999}$ $\quad$ $a_{10000} = \frac{1}{10000}$

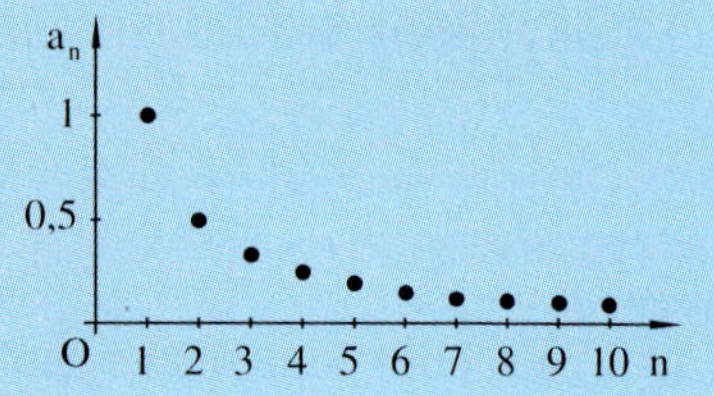


Fig. B 5a

B 23 Beispiel B 23:

$$\left(\frac{n-1}{n}\right) = 0; \frac{1}{2}; \frac{2}{3}; \frac{3}{4}; \frac{4}{5}; \frac{5}{6}; \frac{6}{7}; \frac{7}{8}; \frac{8}{9}; \frac{9}{10}; \ldots$$

$a_{99} = \frac{98}{99} \approx 0{,}989899$ $\quad$ $a_{100} = \frac{99}{100} = 0{,}99$

$a_{999} = \frac{998}{999} \approx 0{,}998999$ $\quad$ $a_{1000} = \frac{999}{1000} = 0{,}999$

$a_{9999} = \frac{9998}{9999} \approx 0{,}999900$ $\quad$ $a_{10000} = \frac{9999}{10000} = 0{,}9999$

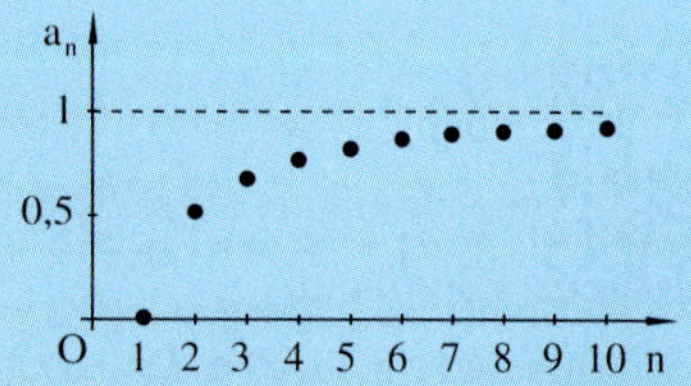


Fig. B 5b

B 24 Beispiel B 24:

$$\left(2 + \frac{(-1)^n}{n}\right) = 1; \frac{5}{2}; \frac{5}{3}; \frac{9}{4}; \frac{9}{5}; \frac{13}{6}; \frac{13}{7}; \frac{17}{8}; \frac{17}{9}; \frac{21}{10}; \ldots$$

$a_{99} = \frac{197}{99} \approx 1{,}989899$ $\quad$ $a_{100} = \frac{201}{100} = 2{,}01$

$a_{999} = \frac{1997}{999} \approx 1{,}998999$ $\quad$ $a_{1000} = \frac{2001}{1000} = 2{,}001$

$a_{9999} = \frac{19997}{9999} \approx 1{,}999900$ $\quad$ $a_{10000} = \frac{20001}{10000} = 2{,}0001$

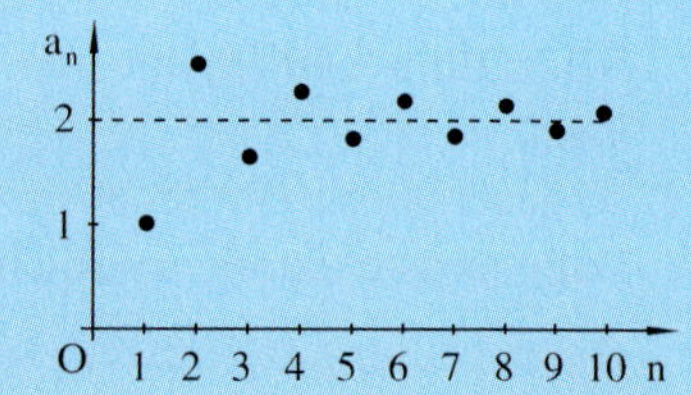


Fig. B 5c

Aus der grafischen Darstellung und den zusätzlich berechneten Werten kann man entnehmen, dass die Glieder $a_n$ der drei Zahlenfolgen die Eigenschaft haben, sich bei wachsendem Index n einer bestimmten Zahl zu nähern. Der Abstand zwischen $a_n$ und dieser Zahl wird immer geringer – er wird **beliebig klein,** wenn man n **genügend groß** wählt. Aus der Anschauung ist weiterhin zu entnehmen:

Beispiel B 22: Die Glieder von $\left(\frac{1}{n}\right)$ nähern sich der Zahl 0 „von oben“.

Beispiel B 23: Die Glieder von $\left(\frac{n-1}{n}\right)$ nähern sich der Zahl 1 „von unten“.

Beispiel B 24: Die Glieder von $\left(2 + \frac{(-1)^n}{n}\right)$ nähern sich der Zahl 2 „von beiden Seiten“.

Spätestens an dieser Stelle ergibt sich die Notwendigkeit, das bisher aus der Anschauung verwendete *Annähern* der Glieder einer Zahlenfolge an eine Zahl präziser zu fassen. Aus diesem Grunde führen wir einen neuen Begriff ein, und zwar den Begriff *ε-Umgebung*[1)] einer Zahl.

B 9

Definition B 9:
Ist g eine beliebige reelle Zahl und ε eine beliebige (kleine) positive reelle Zahl, so nennt man das offene Intervall $U_\varepsilon(g) = ]g - \varepsilon; g + \varepsilon[$ die **ε-Umgebung** der Zahl g.

Wir gewinnen mehr Klarheit über den Begriff ε-*Umgebung* $U_\varepsilon(g)$ durch folgende Figuren:

a) Auf der Zahlengeraden:

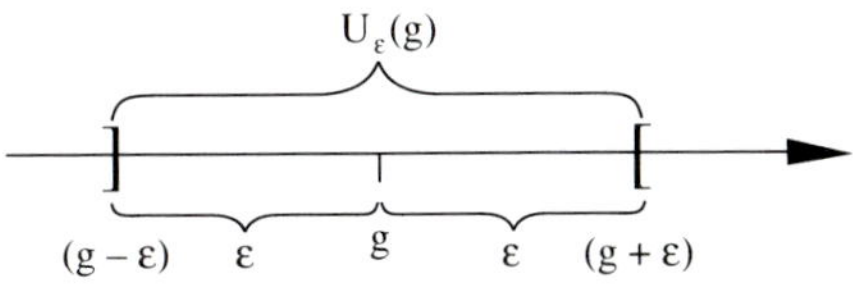


Fig. B 6a

b) Im rechtwinkligen Koordinatensystem:

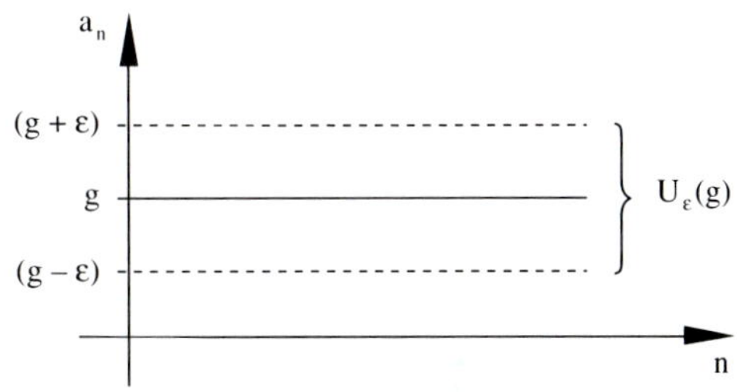


Fig. B 6b

B 25

Beispiel B 25:
Wir untersuchen die im Beispiel B 24 gegebene Zahlenfolge $(2 + \frac{(-1)^n}{n})$.

Ist g = 2 und $\varepsilon = \frac{1}{4}$, so bedeutet die ε-Umgebung $U_{\frac{1}{4}}(2)$ das offene Intervall $]2 - \frac{1}{4}; 2 + \frac{1}{4}[$.

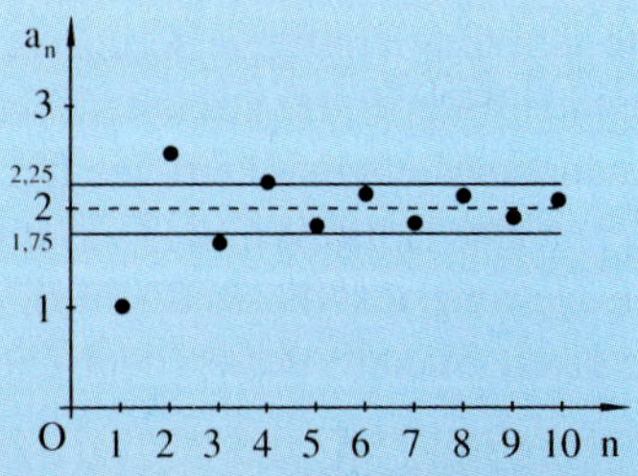


Fig. B 7

Es können folgende Feststellungen getroffen werden:

1. Die Glieder der Zahlenfolge $(2 + \frac{(-1)^n}{n})$ nähern sich von beiden Seiten der Zahl 2.
2. Die Glieder von $a_1$ bis $a_4$ liegen *außerhalb* der ε-Umgebung von 2. Ab $a_5$ liegen *alle* Glieder der Zahlenfolge *innerhalb* der ε-Umgebung. Da es sich um eine unendliche Zahlenfolge handelt, bedeutet dies, dass *endlich viele Zahlenfolgenglieder außerhalb und unendlich viele* innerhalb der ε-Umgebung liegen.
3. Auch wenn ε beliebig klein gewählt würde, bliebe die Eigenschaft erhalten, dass immer **fast alle**[2)] Glieder in der ε-Umgebung liegen und nur endlich viele außerhalb.

Um ermitteln zu können, welche $a_n$ sich in einer ε-Umgebung $U_\varepsilon(g)$ befinden, bedarf es weiterer Betrachtungen. Wir versuchen das nach Definition B 9 durch eine Fallunterscheidung zu erfassen und veranschaulichen zugleich dieses Problem auf der Zahlengeraden.

1) ε – griech. Kleinbuchstabe Epsilon

2) Die Formulierung „fast alle Elemente" (einer unendlichen Menge) bedeutet: „Alle Elemente bis auf endlich viele (Ausnahmen)".

1. Fall: $g < a_n < g + \varepsilon$

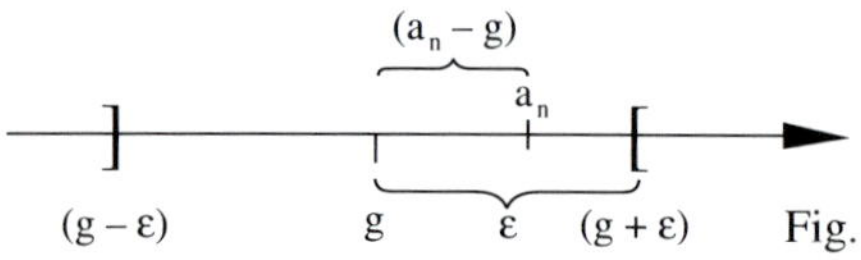


Fig. B 8a

Offensichtlich gilt für alle $a_n$ die Ungleichung $a_n - g < \varepsilon$.

2. Fall: $g - \varepsilon < a_n < g$

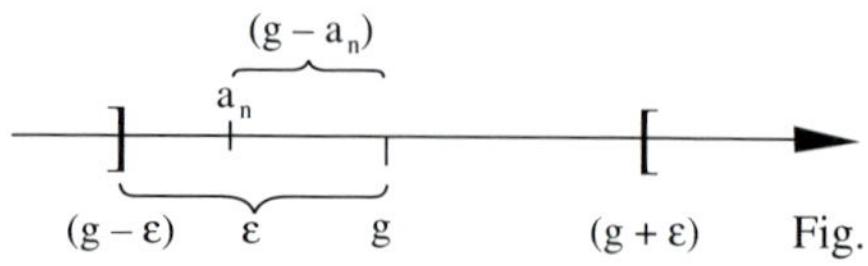


Fig. B 8b

Für alle $a_n$ gilt die Ungleichung $g - a_n < \varepsilon$.

Beide Fälle lassen sich mit *einer* Betragsungleichung erfassen: Es liegen alle die Glieder $a_n$ einer Zahlenfolge in $U_\varepsilon(g)$, für die $|a_n - g| < \varepsilon$ gilt.
Dies führt uns zu folgender Definition:

**B 10**

Definition B 10:
Eine Zahl g heißt genau dann **Grenzwert** einer Zahlenfolge $(a_n)$, wenn in jeder ε-Umgebung von g fast alle Glieder der Zahlenfolge liegen, d. h., wenn für unendlich viele $a_n$ die Ungleichung $|a_n - g| < \varepsilon$ gilt und für höchstens endlich viele $a_n$ nicht.
Mit anderen Worten: Hat eine Zahlenfolge $(a_n)$ den Grenzwert g, so ist von einem bestimmten Glied $a_n$ der Folge an der Abstand aller Folgenglieder von g kleiner als ε.
Man schreibt „$\lim\limits_{n \to \infty} a_n = g$" und liest *Limes*[1] *von $a_n$ für n gegen unendlich gleich g.*

Schon der griechische Mathematiker und Physiker ARCHIMEDES (etwa 287 bis 212 v. u. Z.) beschäftigte sich mit derartigen „Grenzwertproblemen". Heute ist der Grenzwertbegriff zu einem fundamentalen Begriff der gesamten Analysis geworden. Die Entstehung der Analysis verdanken wir bedeutenden Mathematikern wie ISAAC NEWTON (englischer Mathematiker und Physiker, 1643 bis 1727), GOTTFRIED WILHELM LEIBNIZ (deutscher Mathematiker und Philosoph, 1646 bis 1716 – siehe Einleitungstext dieses Buches), AUGUSTIN CAUCHY (französischer Mathematiker, 1789 bis 1857) und KARL WEIERSTRASS (deutscher Mathematiker, 1815 bis 1897).

**B 11**

Definition B 11:
Eine Zahlenfolge, die einen Grenzwert besitzt, heißt **konvergent.** Zahlenfolgen ohne Grenzwert nennt man **divergent.**

**B 26**

Beispiel B 26:
Die Zahlenfolge $\left(\frac{n+3}{2n}\right)$ ist auf Konvergenz zu untersuchen. Wir ermitteln zunächst einige Glieder der Zahlenfolge, um ggf. eine Vermutung bezüglich des Grenzwerts zu finden:

$$\left(\frac{n+3}{2n}\right) = \frac{4}{2}; \frac{5}{4}; \frac{6}{6}; \frac{7}{8}; \frac{8}{10}; \ldots; \frac{103}{200}; \ldots; \frac{1003}{2000}; \ldots$$

Der Grenzwert könnte $\frac{1}{2}$ sein. Um die Konvergenz zu zeigen, muss nach Definition B 10 bewiesen werden, dass für fast alle n die Ungleichung $\left|\frac{n+3}{2n} - \frac{1}{2}\right| < \varepsilon$ gilt. Wir gehen wie folgt vor:

[1] limes (lat.) – Grenze

1. Die Ungleichung wird vereinfacht:

   $\left|\frac{n+3}{2n} - \frac{1}{2}\right| = \left|\frac{n+3}{2n} - \frac{3}{2n}\right| = \left|\frac{3}{2n}\right| = \frac{3}{2n}$, denn $n \geq 1$.

   Die Ungleichungen $\left|\frac{n+3}{2n} - \frac{1}{2}\right| < \varepsilon$ und $\frac{3}{2n} < \varepsilon$ sind also gleichwertig.

2. Wir formen weiter um und schätzen ab:

   $\frac{3}{2n} < \varepsilon \Rightarrow 3 < \varepsilon \cdot 2n$, also $n > \frac{3}{2\varepsilon}$.

   Wählt man also beispielsweise $\varepsilon = \frac{1}{10}$, so ist $n > 15$. Das bedeutet: 15 Glieder der Zahlenfolge $(\frac{n+3}{2n})$ liegen außerhalb $U_{\frac{1}{10}}(\frac{1}{2})$, alle anderen aber innerhalb. Mit anderen Worten: Nur die ersten 15 Glieder haben von $\frac{1}{2}$ einen Abstand, der größer (oder höchstens gleich) $\frac{1}{10}$ ist; alle folgenden Glieder liegen näher an $\frac{1}{2}$.

   Ist $\varepsilon = \frac{1}{100}$, so erhält man $n > 150$. Das heißt: 150 Glieder der Folge liegen außerhalb $U_{\frac{1}{100}}(\frac{1}{2})$, aber fast alle innerhalb dieser ε-Umgebung.

3. Die entscheidende Frage ist also, ob es zu *jedem* $\varepsilon > 0$ eine natürliche Zahl n gibt, die größer als $\frac{3}{2\varepsilon}$ ist. Offensichtlich ist das stets der Fall: Auch wenn ε beliebig klein gewählt wird und demzufolge für $\frac{3}{2\varepsilon}$ ein sehr großer Wert entsteht, erhält man wegen der Unendlichkeit der Folge der natürlichen Zahlen doch stets eine Zahl n, so dass ab dem Glied $a_{n+1}$ alle weiteren Folgenglieder näher als ε an $g = \frac{1}{2}$ liegen.

Damit wurde gezeigt, dass die Zahlenfolge $(\frac{n+3}{2n})$ konvergent ist und den Grenzwert $\frac{1}{2}$ besitzt.

Definition B 12: **B 12**
Eine Zahlenfolge, die den Grenzwert $g = 0$ besitzt, heißt **Nullfolge.**

Nullfolgen sind also Zahlenfolgen, die gegen null konvergieren. Einige Beispiele seien erwähnt:

$(\frac{1}{n})$; $(\frac{3}{n^2})$; $(\frac{5}{\sqrt{n}})$; $(\frac{1}{3})^n$; $(-\frac{2}{n})$; $(\frac{2}{n})$; $(\frac{2}{n} \cdot (-1)^n)$; usw.

Satz B 7: **B 7**
Eine Zahlenfolge $(a_n)$ hat genau dann den **Grenzwert** g, wenn die Zahlenfolge $(a_n - g)$ eine Nullfolge ist.

$$\lim_{n \to \infty} a_n = g \quad \Leftrightarrow \quad \lim_{n \to \infty} (a_n - g) = 0$$

*Beweis:*
Es ist eine Äquivalenzaussage zu beweisen – der Beweis muss also „in beiden Richtungen" geführt werden.

I. Beweisen wir zunächst $\lim_{n \to \infty} a_n = g \Rightarrow \lim_{n \to \infty} (a_n - g) = 0$.

   1. Da $(a_n)$ konvergent ist, also ein Grenzwert g existiert, gilt nach Definition B 10 für fast alle $a_n$ die Ungleichung $|a_n - g| < \varepsilon$.

2. Offensichtlich gilt dann auch für fast alle $a_n$ die Ungleichung $|(a_n - g) - 0| < \varepsilon$, denn die Betragsungleichungen $|a_n - g| < \varepsilon$ und $|a_n - g - 0| < \varepsilon$ sind identisch.
3. Daraus folgt aber nach Definition B 10, dass die Zahlenfolge $(a_n - g)$ den Grenzwert 0 hat. Die Zahlenfolge $(a_n - g)$ ist also Nullfolge.

II. Wegen der Identität der beiden Betragsungleichungen in 2. kann der Beweisgang auch in „umgekehrter Richtung" erfolgen. Es gilt $\lim\limits_{n \to \infty} a_n = g \Leftarrow \lim\limits_{n \to \infty} (a_n - g) = 0$ und zusammen mit I. die behauptete Äquivalenz.

B 27

Beispiel B 27:

Wir greifen das Beispiel B 26 noch einmal auf und zeigen jetzt mit Hilfe von Satz B 7, dass die Zahlenfolge $(\frac{n+3}{2n})$ gegen $\frac{1}{2}$ konvergiert.

Dazu müssen wir nachweisen, dass die Zahlenfolge $(\frac{n+3}{2n} - \frac{1}{2})$ eine Nullfolge ist.

Dies trifft zu, denn es gilt:

$$\lim_{n \to \infty} \left(\frac{n+3}{2n} - \frac{1}{2}\right) = \lim_{n \to \infty} \frac{n+3-n}{2n} = \lim_{n \to \infty} \frac{3}{2n} = 0$$

Den Zusammenhang zwischen monotonen, beschränkten und konvergenten Zahlenfolgen kennzeichnet folgender Satz, der hier ohne Beweis mitgeteilt sei:

B 8

Satz B 8:

Jede monotone und beschränkte Zahlenfolge $(a_n)$ ist konvergent.

Über das Konvergenzverhalten von zusammengesetzten Zahlenfolgen lassen sich folgende Aussagen treffen:

B 9

Satz B 9:

Die Zahlenfolge $(a_n)$ konvergiere gegen $g_1$, die Zahlenfolge $(b_n)$ gegen $g_2$ (d. h. $\lim\limits_{n \to \infty} a_n = g_1$, $\lim\limits_{n \to \infty} b_n = g_2$).

Dann gilt:

$$\lim_{n \to \infty} (a_n + b_n) = \lim_{n \to \infty} a_n + \lim_{n \to \infty} b_n = g_1 + g_2$$

$$\lim_{n \to \infty} (a_n - b_n) = \lim_{n \to \infty} a_n - \lim_{n \to \infty} b_n = g_1 - g_2$$

$$\lim_{n \to \infty} (a_n \cdot b_n) = \lim_{n \to \infty} a_n \cdot \lim_{n \to \infty} b_n = g_1 \cdot g_2$$

$$\lim_{n \to \infty} \frac{a_n}{b_n} = \frac{\lim\limits_{n \to \infty} a_n}{\lim\limits_{n \to \infty} b_n} = \frac{g_1}{g_2} \quad \text{(sofern } b_n \neq 0 \text{ und } g_2 \neq 0\text{)}$$

Auf die Beweise dieser Sätze wird verzichtet.

*Bemerkungen:*

- Die Grenzwertsätze sind nur anwendbar, wenn die einzelnen Grenzwerte existieren.
- Die Umkehrungen dieser Sätze sind nicht allgemeingültig. So kann zum Beispiel eine Zahlenfolge $(\frac{a_n}{b_n})$ konvergieren, ohne dass beide Folgen konvergieren (wie Beispiel B 29 zeigen wird).

B 28

Beispiel B 28:

Gegeben seien die Zahlenfolgen $(2 + \frac{1}{n})$ und $(3 - \frac{5}{n})$. Zu untersuchen ist, ob die Zahlenfolge $((2 + \frac{1}{n}) \cdot (3 - \frac{5}{n}))$ konvergiert.

1. Wir untersuchen, ob die Grenzwerte der Zahlenfolgen $(2 + \frac{1}{n})$ und $(3 - \frac{5}{n})$ existieren:
   - $\lim\limits_{n \to \infty} (2 + \frac{1}{n}) = \lim\limits_{n \to \infty} 2 + \lim\limits_{n \to \infty} \frac{1}{n} = 2 + 0 = 2$. Der Grenzwert existiert, da der Grenzwertsatz für Summenfolgen angewendet werden kann.
   - $\lim\limits_{n \to \infty} (3 - \frac{5}{n}) = \lim\limits_{n \to \infty} 3 - \lim\limits_{n \to \infty} \frac{5}{n} = 3 - 0 = 3$. Der Grenzwert existiert, da der Grenzwertsatz für Differenzenfolgen angewendet werden kann.
2. Da die Grenzwerte der beiden Zahlenfolgen $(2 + \frac{1}{n})$ und $(3 - \frac{5}{n})$ existieren, kann auf die Folge $((2 + \frac{1}{n}) \cdot (3 - \frac{5}{n}))$ der Grenzwertsatz für Produktfolgen angewendet werden.
   - $\lim\limits_{n \to \infty} [(2 + \frac{1}{n}) \cdot (3 - \frac{5}{n})] = \lim\limits_{n \to \infty} (2 + \frac{1}{n}) \cdot \lim\limits_{n \to \infty} (3 - \frac{5}{n}) = 2 \cdot 3 = 6$

   Die Zahlenfolge $((2 + \frac{1}{n}) \cdot (3 - \frac{5}{n}))$ ist also konvergent und besitzt den Grenzwert 6.

B 29

Beispiel B 29:

Es ist der Grenzwert der Zahlenfolge $(\frac{4n^2 + 5n + 7}{5n^2 - n + 3})$ zu ermitteln.

Die Folgen $(4\,n^2 + 5\,n + 7)$ und $(5\,n^2 - n + 3)$ divergieren – sie wachsen monoton, ohne beschränkt zu sein. Die Einzelgrenzwerte $\lim\limits_{n \to \infty} (4\,n^2 + 5\,n + 7)$ und $\lim\limits_{n \to \infty} (5n^2 - n + 3)$ existieren also nicht. Daher ist die Anwendung des Grenzwertsatzes für Quotientenfolgen auf die Folge $(\frac{4n^2 + 5n + 7}{5n^2 - n + 3})$ in der vorliegenden Form nicht möglich. In einem solchen Fall kann man vorerst keine Konvergenzaussage treffen. Es darf allerdings auch nicht voreilig geschlussfolgert werden, dass dann die Zahlenfolge $(\frac{4n^2 + 5n + 7}{5n^2 - n + 3})$ divergent sei.

Sinnvoll ist, zu versuchen, den Term $\frac{4n^2 + 5n + 7}{5n^2 - n + 3}$ so umzuformen, dass im Nenner nur noch konstante Folgen oder Nullfolgen auftreten. Das gelingt meist, indem man im Zähler und Nenner die höchste im Nenner auftretende Potenz von n ausklammert und dann kürzt. Für jede natürliche Zahl $n > 0$ gilt so im vorliegenden Fall:

$$\frac{4n^2 + 5n + 7}{5n^2 - n + 3} = \frac{n^2\left(4 + \frac{5}{n} + \frac{7}{n^2}\right)}{n^2\left(5 - \frac{1}{n} + \frac{3}{n^2}\right)} = \frac{4 + \frac{5}{n} + \frac{7}{n^2}}{5 - \frac{1}{n} + \frac{3}{n^2}}$$

Auf diesen umgeformten Quotienten sind die Grenzwertsätze anwendbar. Es gilt:

$$\lim_{n \to \infty} \frac{4n^2 + 5n + 7}{5n^2 - n + 3} = \lim_{n \to \infty} \frac{4 + \frac{5}{n} + \frac{7}{n^2}}{5 - \frac{1}{n} + \frac{3}{n^2}} = \frac{\lim\limits_{n \to \infty} 4 + \lim\limits_{n \to \infty} \frac{5}{n} + \lim\limits_{n \to \infty} \frac{7}{n^2}}{\lim\limits_{n \to \infty} 5 - \lim\limits_{n \to \infty} \frac{1}{n} + \lim\limits_{n \to \infty} \frac{3}{n^2}} = \frac{4 + 0 + 0}{5 - 0 + 0} = \frac{4}{5}$$

Damit haben wir nachgewiesen, dass die Zahlenfolge $(\frac{4n^2 + 5n + 7}{5n^2 - n + 3})$ konvergent ist und den Grenzwert $\frac{4}{5}$ besitzt.

# C Grenzwert und Stetigkeit von Funktionen

Stetigkeit ist ein fundamentaler Begriff der Analysis. Eine ungefähre Vorstellung von Stetigkeit hat eigentlich jeder Mensch, unabhängig von seiner mathematischen Grundbildung, z. B. im Sinne des gleichmäßigen, ununterbrochenen Verlaufs eines Prozesses.
Analog dazu sind Vorstellungen vom Begriff **„stetige Funktion"** gemeinhin darauf gerichtet, dass der Graph einer solchen Funktion keine „Sprünge" macht, dass er keine Lücken aufweist, dass er sich gewissermaßen „in einem Zuge" (ohne den Stift abzusetzen) zeichnen lässt. Diese anschaulichen Vorstellungen allein reichen aber für die Zwecke der Mathematik nicht aus. Wir wollen deshalb im Folgenden den Begriff *„Stetigkeit einer Funktion"* exakt definieren und uns dabei der Konvergenz von Zahlenfolgen bedienen. Damit kommt der Begriff *„Grenzwert einer Funktion"* ins Spiel und wird ebenso zu klären sein.

## C 1 Grenzwert von Funktionen

Die Begriffe *Grenzwert* und *Stetigkeit* charakterisieren die Werte $f(x)$ einer Funktion f für den Fall, dass deren Argumente x ein bestimmtes Verhalten zeigen. Genauer formuliert geht es um die folgenden zwei Fälle: Zum einen sei f eine Funktion, die zwar in einer gewissen Umgebung von $x_0$, aber nicht an dieser Stelle selbst definiert ist. Man möchte nun wissen, wie sich die Funktionswerte von f bei Annäherung an die Stelle $x_0$ verhalten. Zum anderen ist von Interesse, welches Verhalten die Funktionswerte zeigen, wenn die Argumente beliebig wachsen $(x \to +\infty)$ bzw. beliebig klein werden $(x \to -\infty)$.

Betrachten wir als Beispiel die Funktion f mit $f(x) = \frac{x+1}{x-2}$ und $D_f = \mathbb{R}\setminus\{2\}$.
Diese Funktion hat an der Stelle $x_0 = 2$ eine Definitionslücke, d. h., in unmittelbarer Umgebung von $x_0 = 2$ ist f definiert, an der Stelle $x_0 = 2$ selbst jedoch nicht: Wählt man für x Werte, die sich der Definitionslücke $x_0 = 2$ immer mehr von links nähern (1,9; 1,99; 1,999; …), so werden die zugehörigen Funktionswerte $f(x)$ immer kleiner (–29; –299; –2999; …) und streben für x gegen 2 offensichtlich gegen $-\infty$. Nähert man sich der Definitionslücke von rechts (2,1; 2,01; 2,001; …), so wachsen die zugehörigen Funktionswerte $f(x)$ immer mehr (31; 301; 3001; …) und streben für x gegen 2 offensichtlich gegen $+\infty$. Wenn umgekehrt x beliebig große oder beliebig kleine Werte annimmt, also gegen $+\infty$ bzw. $-\infty$ geht, so scheinen sich die Funktionswerte $f(x)$ immer mehr dem Wert 1 zu nähern (Fig. C 1).

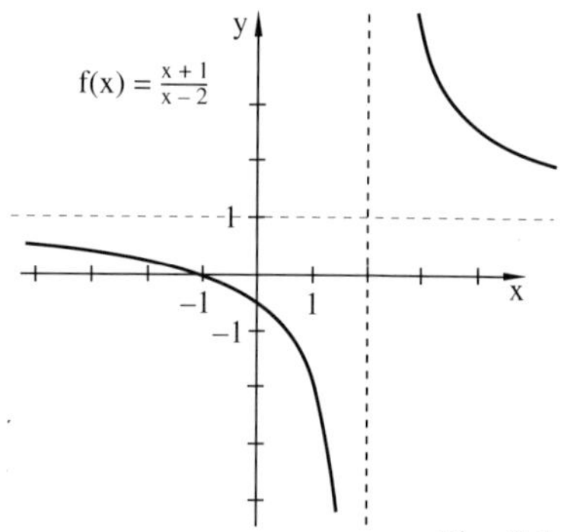

Fig. C 1

Ziel ist es nun, das Verhalten der Funktion f an der Stelle $x_0 = 2$ und für unbegrenzt wachsende bzw. fallende x genauer zu untersuchen.

Unter Ausnutzung der Kenntnisse über Zahlenfolgen bietet sich hierfür folgendes Vorgehen an:

Man betrachtet eine Folge $(x_n)$ von Zahlen aus dem Definitionsbereich von f mit dem Grenzwert $x_0$. Zu jeder Zahl $x_n$ einer solchen Folge gibt es genau eine Zahl $y_n$ aus dem Wertebereich von f. Demnach ist jeder Folge $(x_n)$ von Argumenten $(x_n \in D_f,\ x_n \neq x_0)$ eine Folge $(y_n) = (f(x_n))$ von Funktionswerten zugeordnet. Durchläuft also x die Folge $(x_n)$, so durchläuft f(x) die Folge $(f(x_n))$. Mit Hilfe solcher Folgen $(f(x_n))$ lässt sich nun das Verhalten der Funktion f in einer Umgebung von $x_0$ untersuchen und näher bestimmen.

Gegeben sei die Funktion f mit der Gleichung $f(x) = \frac{x^2-1}{x-1}$. f ist an der Stelle $x_0 = 1$ nicht definiert. Um das Verhalten der Funktion bei Annäherung an die Stelle $x_0 = 1$ zu ermitteln, betrachten wir die Folgen $(x_n) = (1 - \frac{1}{n})$ und $(x'_n) = (1 + \frac{1}{n})$.

Die Glieder dieser Folgen nähern sich mit wachsendem $n \in \mathbb{N}$ von links an $x_0 = 1$ und von rechts ebenfalls an $x_0 = 1$, denn es gilt (vgl. Abschnitt B 6) $\lim\limits_{n\to\infty} (1 - \frac{1}{n}) = 1$ bzw. $\lim\limits_{n\to\infty} (1 + \frac{1}{n}) = 1$.

Für die Folgen $(f(x_n))$ der zugehörigen Funktionswerte ergibt sich dann:

$$f(x_n) = \frac{x_n^2-1}{x_n-1} = \frac{\left(1-\frac{1}{n}\right)^2-1}{1-\frac{1}{n}-1} = \frac{1-\frac{2}{n}+\frac{1}{n^2}-1}{-\frac{1}{n}} = \frac{-\frac{2}{n}+\frac{1}{n^2}}{-\frac{1}{n}} = 2-\frac{1}{n}$$

$$f(x'_n) = \frac{(x'_n)^2-1}{x'_n-1} = \frac{\left(1+\frac{1}{n}\right)^2-1}{1+\frac{1}{n}-1} = \frac{1+\frac{2}{n}+\frac{1}{n^2}-1}{\frac{1}{n}} = \frac{\frac{2}{n}+\frac{1}{n^2}}{\frac{1}{n}} = 2+\frac{1}{n}$$

Beide Folgen von Funktionswerten sind konvergent, denn

$$\lim_{n\to\infty} f(x_n) = \lim_{n\to\infty} (2 - \tfrac{1}{n}) = 2 \quad \text{bzw.} \quad \lim_{n\to\infty} f(x'_n) = \lim_{n\to\infty} (2 + \tfrac{1}{n}) = 2.$$

Die Grenzwerte stimmen also überein. Ist das aber auch so, wenn man eine ganz beliebige gegen 1 konvergierende Folge $(x_n)$ von Zahlen aus dem Definitionsbereich wählt? Die durch eine solche Folge $(x_n)$ eindeutig bestimmte Folge der Funktionswerte wäre dann die Folge $(f(x_n))$ mit

$$f(x_n) = \frac{x_n^2-1}{x_n-1} = \frac{(x_n+1)(x_n-1)}{(x_n-1)}.$$

Wegen $x_n \neq 1$ kann man mit $(x_n - 1)$ kürzen und erhält $f(x_n) = x_n + 1$. Da $\lim\limits_{n\to\infty} x_n = 1$, folgt

$$\lim_{n\to\infty} f(x_n) = \lim_{n\to\infty} (x_n + 1) = \lim_{n\to\infty} x_n + \lim_{n\to\infty} 1 = 1 + 1 = 2.$$

Das heißt: Wenn wir mit $x_n$ nahe genug an 1 herankommen, nähern sich die zugehörigen $f(x_n)$ beliebig dicht der 2 an. Präziser formuliert: Für jede gegen 1 konvergierende Folge $(x_n)$, deren Glieder dem Definitionsbereich von f angehören, konvergiert die Folge der zugehörigen Funktionswerte $(f(x_n))$ gegen 2.

Diese Übereinstimmung ist Anlass zu folgender Begriffsbildung.

C 1

Definition C 1:
Es sei f eine in einer Umgebung von $x_0$ (eventuell mit Ausnahme von $x_0$ selbst) definierte Funktion. Die Zahl g heißt **Grenzwert der Funktion f an der Stelle $x_0$**, wenn für jede Folge

$(x_n)$ mit $x_n \in D_f$ und $x_n \neq x_0$, die den Grenzwert $x_0$ hat, die Folge der zugehörigen Funktionswerte $(f(x_n))$ gegen den Wert g konvergiert.

Man schreibt $\lim\limits_{x \to x_0} f(x) = g$, wobei wegen $\lim\limits_{n \to \infty} x_n = x_0$ die Formulierung $\lim\limits_{n \to \infty} f(x_n) = g$ dasselbe aussagt.

Hat die Funktion f(x) an der Stelle $x_0$ den Grenzwert g (oder: Ist f an der Stelle $x_0$ konvergent zum Grenzwert g …), so bedeutet das anschaulich, dass der Graph von f sowohl von links als auch von rechts in den Punkt $(x_0; g)$ „einmündet“, ganz unabhängig davon, ob f an der Stelle $x_0$ definiert ist oder nicht. Der Wert g kann dabei auch der uneigentliche Grenzwert $+\infty$ oder $-\infty$ sein.

C 1

Beispiel C 1:

Gegeben sei die Funktion $f(x) = \frac{x^2 - 4x + 4}{x - 2}$ mit $x \neq 2$. Bestimmt werden soll der Grenzwert von f an der Stelle $x_0 = 2$, falls er existiert.

Wir betrachten eine beliebige Folge $(x_n)$ mit $x_n \neq 2$, die gegen 2 konvergiert. Dann gilt für die Folge der zugehörigen Funktionswerte

$$f(x_n) = \frac{x_n^2 - 4x_n + 4}{x_n - 2} = \frac{(x_n - 2)^2}{x_n - 2}.$$

Wegen $x_n \neq 2$ kann man kürzen und erhält $f(x_n) = x_n - 2$. Damit ist

$$\lim_{n \to \infty} f(x_n) = \lim_{n \to \infty} (x_n - 2) = \lim_{n \to \infty} (x_n) - \lim_{n \to \infty} 2 = 2 - 2 = 0.$$

Also: Die Stelle $x_0 = 2$ gehört zwar nicht zum Definitionsbereich der Funktion f, doch der Grenzwert $\lim\limits_{x \to 2} f(x)$ existiert und ist gleich 0.

C 2

Beispiel C 2:

Gesucht ist der Grenzwert von $f(x) = \frac{2x}{x^2 - 1}$, $x \neq 1$ an der Stelle $x_0 = 1$.

Als eine Folge, die gegen 1 konvergiert, wählen wir $(x_n) = (1 + \frac{1}{n})$. Für die Folge der zugehörigen Funktionswerte gilt dann

$$f(x_n) = \frac{2x_n}{x_n^2 - 1} = \frac{2\left(1 + \frac{1}{n}\right)}{\left(1 + \frac{1}{n}\right)^2 - 1} = \frac{\frac{2n + 2}{n}}{1 + \frac{2}{n} + \frac{1}{n^2} - 1} = \frac{2n + 2}{n\left(\frac{2}{n} + \frac{1}{n^2}\right)} = \frac{2n + 2}{2 + \frac{1}{n}}.$$

Damit ist aber $\lim\limits_{n \to \infty} f(x_n) = \lim\limits_{n \to \infty} \frac{2n + 2}{2 + \frac{1}{n}} = \infty$ und es liegt die Vermutung nahe, dass die Funktion f an der Stelle $x_0 = 1$ den uneigentlichen Grenzwert $+\infty$ besitzt. Um Sicherheit zu erlangen, wäre nach Definition C 1 der Nachweis für jede beliebige Folge zu erbringen, die gegen 1 konvergiert. Darauf sei hier verzichtet.

C 3

Beispiel C 3:

Die Funktion $f(x) = 2^{\frac{1}{x - 1}}$ ist an der Stelle $x_0 = 1$ nicht definiert. Es sei zu untersuchen, ob f(x) an der Stelle $x_0 = 1$ einen Grenzwert besitzt.

a) Wir wählen die spezielle Folge $(x_n) = (1 - \frac{1}{n})$ $(x_n \neq 1$ für alle n), die für $n \to \infty$ gegen 1 konvergiert. Für die Folge der zugehörigen Funktionswerte gilt dann

$$f(x_n) = 2^{\frac{1}{x_n - 1}} = 2^{\frac{1}{1 - \frac{1}{n} - 1}} = 2^{\frac{1}{-\frac{1}{n}}} = 2^{-n} = \frac{1}{2^n}$$

und damit $\lim\limits_{n \to \infty} f(x_n) = \lim\limits_{n \to \infty} \frac{1}{2^n} = 0.$

b) Wählt man die Folge $(x'_n) = (1 + \frac{1}{n})$ ($x_n \neq 1$ für alle n), die ebenfalls gegen 1 konvergiert, so erhält man für die Folge der zugehörigen Funktionswerte

$$f(x'_n) = 2^{\frac{1}{x'_n - 1}} = 2^{\frac{1}{1 + \frac{1}{n} - 1}} = 2^{\frac{1}{\frac{1}{n}}} = 2^n$$

und in diesem Falle damit $\lim\limits_{n \to \infty} f(x'_n) = \lim\limits_{n \to \infty} 2^n = +\infty.$

Das heißt: Die beiden Folgen von Funktionswerten haben unterschiedliche Grenzwerte – folglich existiert der Grenzwert von f(x) an der Stelle $x_0 = 1$ *nicht*.

Beispiel C 4: C4

Zu untersuchen ist das Verhalten der Funktion f mit $f(x) = \begin{cases} x^2; & x \leq 0 \\ 1 + x; & x > 0 \end{cases}$ an der Stelle $x_0 = 0$.

a) Wir wählen eine beliebige Folge $(x_n)$ mit $x_n < 0$ und $\lim\limits_{n \to \infty} x_n = 0$. Dann ergibt sich $\lim\limits_{n \to \infty} f(x_n) = \lim\limits_{n \to \infty} x_n^2 = 0.$

b) Für beliebige Folgen $(x_n)$ mit $x_n > 0$ und $\lim\limits_{n \to \infty} x_n = 0$ erhalten wir $\lim\limits_{n \to \infty} f(x_n) = \lim\limits_{n \to \infty} (1 + x_n) = 1.$

Aus den Ergebnissen von a) und b) ergibt sich: Die Funktion f besitzt an der Stelle $x_0 = 0$ keinen Grenzwert.

Damit muss festgestellt werden: Aus der Existenz (Berechenbarkeit) des Funktionswertes $f(x_0)$ darf man nicht folgern, dass auch der Grenzwert $\lim\limits_{x \to x_0} f(x)$ existiert und mit $f(x_0)$ übereinstimmt.

Aus den Sätzen über konvergente Zahlenfolgen (s. Satz B 7–9) ergeben sich folgende Sätze C 1 und C 2 über Grenzwerte von Funktionen, auf deren Beweis hier allerdings verzichtet werden soll.

Satz C 1: C1

Existiert der Grenzwert einer Funktion, so ist er auch eindeutig bestimmt.

Satz C 2: **Grenzwertsätze für Funktionen** C2

Besitzen die Funktionen f(x) und g(x) an der Stelle $x_0$ einen Grenzwert, so gilt

$$\lim_{x \to x_0} (f(x) + g(x)) = \lim_{x \to x_0} f(x) + \lim_{x \to x_0} g(x),$$

$$\lim_{x \to x_0} (f(x) - g(x)) = \lim_{x \to x_0} f(x) - \lim_{x \to x_0} g(x),$$

$$\lim_{x \to x_0} (f(x) \cdot g(x)) = \lim_{x \to x_0} f(x) \cdot \lim_{x \to x_0} g(x),$$

$$\lim_{x \to x_0} \frac{f(x)}{g(x)} = \frac{\lim\limits_{x \to x_0} f(x)}{\lim\limits_{x \to x_0} g(x)} \quad \text{mit} \quad \lim_{x \to x_0} g(x) \neq 0 \text{ und } g(x) \neq 0.$$

C 5

Beispiel C 5:

Bestimmt werden soll der Grenzwert der Funktion $f(x) = \frac{2x^2 - 2x - 12}{x - 3}$, $x \neq 3$, an der Stelle $x_0 = 3$.

Die Anwendung des Grenzwertsatzes für den Quotienten und anschließend für die Differenz von Funktionen ergibt

$$\lim_{x \to 3} f(x) = \frac{\lim\limits_{x \to 3} (2x^2 - 2x - 12)}{\lim\limits_{x \to 3} (x - 3)} = \frac{\lim\limits_{x \to 3} 2x^2 - \lim\limits_{x \to 3} 2x - \lim\limits_{x \to 3} 12}{\lim\limits_{x \to 3} x - \lim\limits_{x \to 3} 3} = \frac{18 - 6 - 12}{3 - 3} = \frac{0}{0}.$$

Dieses Vorgehen erbringt offensichtlich keine Lösung des Problems, da die Anwendung der Grenzwertsätze auf den unbestimmten Ausdruck[1] $\frac{0}{0}$ führt. Helfen kann man sich gegebenenfalls, indem man die Zähler- oder/und die Nennerfunktion in ein Produkt zerlegt und anschließend kürzt.

Für unser Beispiel ergibt sich so wegen $2x^2 - 2x - 12 = (2x + 4)(x - 3)$

$$f(x) = \frac{(2x + 4)\,(x - 3)}{(x - 3)}, \quad x \neq 3.$$

Wegen $x \neq 3$ kann man kürzen und erhält $f(x) = 2x + 4$. Damit gilt:

$$\lim_{x \to 3} f(x) = \lim_{x \to 3} (2x + 4) = \lim_{x \to 3} 2x + \lim_{x \to 3} 4 = 6 + 4 = 10$$

Die Funktion $f(x) = \frac{2x^2 - 2x - 12}{x - 3}$ hat demzufolge an der Stelle $x_0 = 3$ den Grenzwert 10.

Bislang haben wir nur Grenzwerte an einer festen Stelle $x_0$ und unter der Voraussetzung betrachtet, dass die Funktionen in einer gewissen Umgebung von $x_0$ definiert waren, eventuell mit Ausnahme der Stelle $x_0$ selbst. Viele Funktionen haben aber als Definitionsbereich die Menge der reellen Zahlen $\mathbb{R}$ bzw. halboffene Intervalle $]-\infty; a]$ oder $[a; +\infty[$. Ihre Definitionsbereiche sind also nach oben bzw. nach unten nicht beschränkt. Die sich daraus ergebende Frage hatten wir bereits eingangs des Kapitels C aufgeworfen:

Wie verhalten sich die Zahlen $f(x)$, wenn x unbeschränkt wächst oder fällt, also x gegen $+\infty$ $(x \to +\infty)$ bzw. x gegen $-\infty$ $(x \to -\infty)$ strebt?

Bei Zahlenfolgen war gerade der erste Fall eine typische Fragestellung. Wir hatten im Kapitel B spezielle Folgen betrachtet wie

– $(a_n) = (\frac{1}{n})$ mit $\lim\limits_{n \to \infty} \frac{1}{n} = 0$ (Nullfolge),

[1] Ausdrücke wie $\frac{0}{0}$; $\frac{\infty}{\infty}$; $0 \cdot \infty$ nennt man *unbestimmte Ausdrücke.*

– $(a_n) = \left(\frac{n-1}{n}\right)$ mit $\lim\limits_{n \to \infty} \frac{n-1}{n} = \lim\limits_{n \to \infty} \frac{1-\frac{1}{n}}{1} = 1$ (Folge mit dem Grenzwert 1),

– $(a_n) = (n)$ mit $\lim\limits_{n \to \infty} n = +\infty$.

Im letzten Fall hatten wir $(a_n)$ *divergent* genannt (s. Definition B 11). Man sagt dazu auch, dass $(a_n)$ den *uneigentlichen Grenzwert* $+\infty$ habe. $\lim\limits_{n \to \infty} n = +\infty$ bedeutet dann, dass es zu jeder beliebigen reellen Zahl $K > 0$ eine natürliche Zahl n gibt, so dass $n > K$ gilt.

Betrachten wir unter diesen Gesichtspunkten die Funktion f mit $f(x) = \frac{1}{x}$, $D_f = ]0; +\infty[$.

Für jede Folge $(x_n)$ mit $\lim\limits_{n \to \infty} x_n = +\infty$ gilt analog zu oben, dass es zu jeder beliebigen Zahl $m > 0$ eine Zahl n mit $x_n > m$ gibt, was gleichbedeutend ist mit $\frac{1}{x_n} < \frac{1}{m}$. Daraus folgt für die Funktionswerte

$$f(x_n) = \frac{1}{x_n} < \frac{1}{m} < \varepsilon \ (> 0),$$

denn $\frac{1}{m}$ ist bei geeigneter Wahl von m kleiner als jede noch so kleine positive Zahl ε.

$(f(x_n))$ ist demzufolge eine Nullfolge und es gilt $\lim\limits_{n \to \infty} \frac{1}{x_n} = 0$.

Auf dieser Grundlage lässt sich die Definition C 1 wie folgt ergänzen:

C 2

Definition C 2:
Es sei f eine nach oben bzw. nach unten unbeschränkte Funktion. Eine Zahl g heißt **Grenzwert von f für unbeschränkt wachsendes oder fallendes x ($x \to +\infty$ bzw. $x \to -\infty$),** wenn für jede Folge $(x_n)$ mit dem Grenzwert $+\infty$ bzw. $-\infty$ die Folge der zugehörigen Funktionswerte $(f(x_n))$ gegen den Wert g konvergiert.

Man schreibt: $\lim\limits_{x \to +\infty} f(x) = g$ bzw. $\lim\limits_{x \to -\infty} f(x) = g$.

Auch zur Berechnung solcher Grenzwerte gelten die Grenzwertsätze (Satz C 2) mit den dort genannten Voraussetzungen.

C 6

Beispiel C 6:
Zu untersuchen ist die Funktion f: $f(x) = \frac{x^2-1}{x^2+1}$, $x \in \mathbb{R}$ für $x \to \pm\infty$.

Aus $f(x) = \frac{x^2-1}{x^2+1}$

folgt durch entsprechende Umformungen

$$f(x) = \frac{x^2\left(1-\frac{1}{x^2}\right)}{x^2\left(1+\frac{1}{x^2}\right)} = \frac{1-\frac{1}{x^2}}{1+\frac{1}{x^2}} \text{ und damit}$$

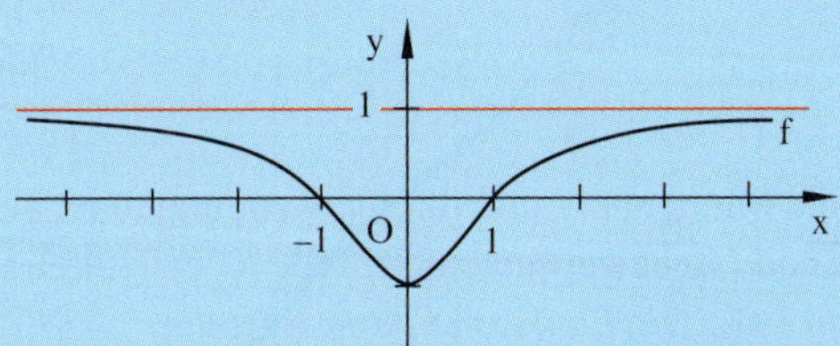

Fig. C 2

$$\lim_{x \to +\infty} f(x) = \lim_{x \to +\infty} \frac{1-\frac{1}{x^2}}{1+\frac{1}{x^2}} = 1, \qquad \lim_{x \to -\infty} f(x) = \lim_{x \to -\infty} \frac{1-\frac{1}{x^2}}{1+\frac{1}{x^2}} = 1 \text{ (s. Fig. C 2).}$$

# C 2 Stetigkeit von Funktionen

Systematisiert man die Überlegungen zu Grenzwerten von Funktionen, so werden folgende Fälle deutlich:

a) f besitzt an der Stelle $x_0$ einen Grenzwert; Grenzwert für $x \to x_0$ und Funktionswert $f(x_0)$ stimmen überein.
Dies träfe zum Beispiel für die Funktion $f(x) = x^2$ an der Stelle $x_0 = 2$ zu, da $\lim\limits_{x \to 2} x^2 = f(2) = 4$ gilt (Fig. C 3).

b) f besitzt an der Stelle $x_0$ einen Grenzwert; Grenzwert für $x \to x_0$ und Funktionswert $f(x_0)$ stimmen nicht überein.
Ein solcher Fall läge beispielsweise vor, wenn f durch

$f(x) = \begin{cases} x^2; & x \neq 2 \\ 3; & x = 2 \end{cases}$ definiert ist, da $\lim\limits_{x \to 2} x^2 = 4 \neq f(2) = 3$ (Fig. C 4).

c) f besitzt an der Stelle $x_0$ einen Grenzwert, ist aber selbst in $x_0$ nicht definiert.
Ein Beispiel dafür wäre die Funktion $f(x) = \frac{x^2 - 1}{x - 1}$, $x \neq 1$ (Fig. C 5), für die im Abschnitt C 1 (S. 75) der Grenzwert $\lim\limits_{x \to 1} f(x) = 2$ ermittelt wurde.

d) f hat an der Stelle $x_0$ keinen Grenzwert, es existiert jedoch der Funktionswert an der Stelle $x_0$.

So hat z. B. die Funktion f mit $f(x) = \begin{cases} \frac{1}{2}x + 1; & x < 3 \\ \frac{1}{2}x + 2; & x \geq 3 \end{cases}$ an der Stelle $x_0 = 3$ den Wert $f(3) = \frac{7}{2}$, aber

$\lim\limits_{x \to 3} f(x)$ existiert nicht (Fig. C 6).

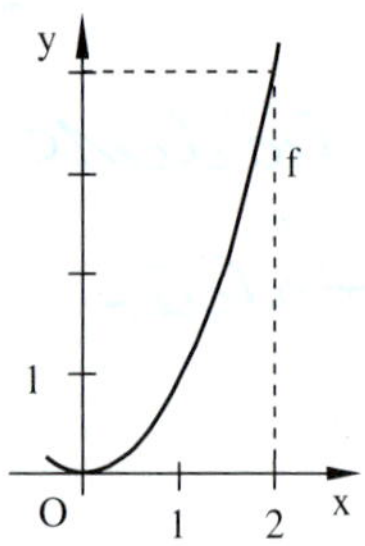

Fig. C 3

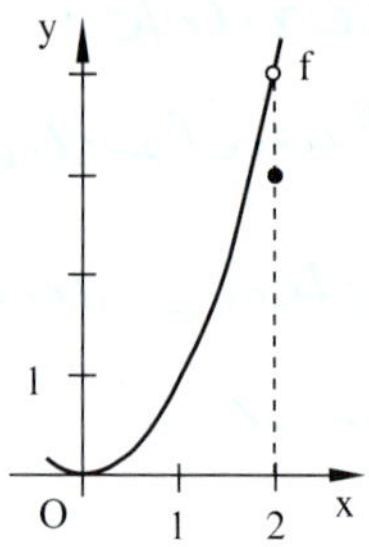

Fig. C 4

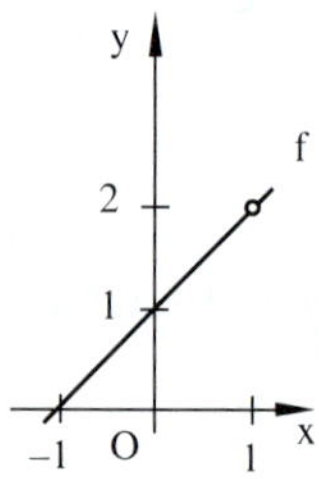

Fig. C 5

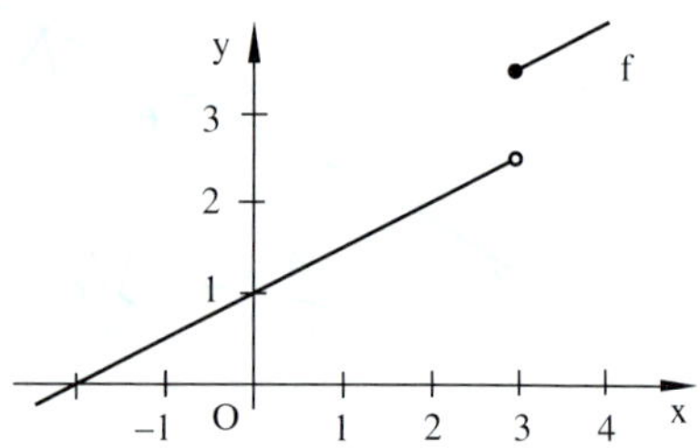

Fig. C 6

Für die Mathematik und ihre Anwendungen ist insbesondere der Fall von Bedeutung, wo Funktionswert und Grenzwert an einer Stelle $x_0$ existieren und übereinstimmen (Fall a)). Man sagt in solch einem Fall: *Die Funktion f ist in $x_0$ stetig.*

C 3 Definition C 3:
Die Funktion f heißt **an der Stelle $x_0 \in D_f$ stetig,** wenn der Grenzwert von f an der Stelle $x_0$ existiert und mit dem Funktionswert an der Stelle $x_0$ übereinstimmt.
Die Funktion f heißt **stetig,** wenn sie an *jeder* Stelle ihres Definitionsbereiches stetig ist.

Anmerkung: Stimmen Grenzwert und Funktionswert einer Funktion f an einer Stelle $x_0$ nicht überein, so ist f an der Stelle $x_0$ *unstetig*.

Beispiel C 7: C7

Gegeben sei die konstante Funktion $f(x) = c$ für alle $x \in \mathbb{R}$ (Fig. C 7)

Diese Funktion ist trivialerweise stetig, denn für jedes beliebige $x_0$ gilt $\lim\limits_{x \to x_0} f(x) = c = f(x_0)$.

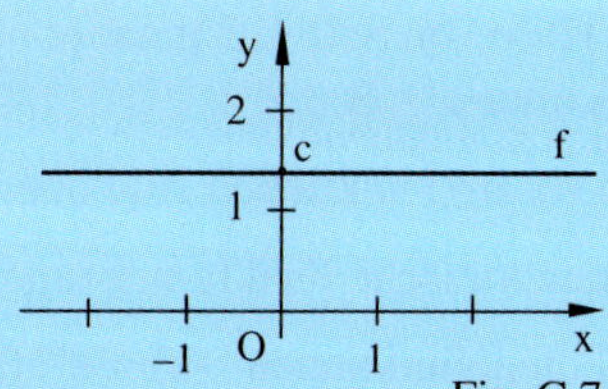


Fig. C 7

Beispiel C 8: C8

Wir betrachten die Funktion f mit $f(x) = \frac{x-1}{x^2}$; $x \in \mathbb{R}$, $x \neq 0$.

Da die Stelle $x_0 = 0$ nicht zum Definitionsbereich der Funktion f gehört, braucht dort auch keine Untersuchung von f auf Stetigkeit zu erfolgen.
Wir prüfen, ob f an der Stelle $x_1 = 3$ stetig ist.
Zur Beantwortung dieser Frage geht man zweckmäßigerweise von der Untersuchung an Stellen $x = 3 + h$ aus, denn dann ist $x \to 3$ gleichbedeutend mit $h \to 0$. Es ergibt sich somit

$$f(3+h) = \frac{3+h-1}{(3+h)^2} = \frac{2+h}{9+6h+h^2} \text{ und damit } \lim_{h \to 0} \frac{2+h}{9+6h+h^2} = \frac{2}{9} = f(3).$$

Nach Definition C 3 ist die betrachtete Funktion also an der Stelle $x_1 = 3$ stetig.

Beispiel C 9: C9

Sei f gegeben durch $f(x) = \begin{cases} \frac{x^2-1}{x-1}; & x \neq 1 \\ 2 \; ; & x = 1. \end{cases}$

Untersucht werden soll die Stetigkeit von f an der Stelle $x_0 = 1$.

Wir wissen aus Abschnitt C 1 (S. 75) bereits, dass $\lim\limits_{x \to 1} \frac{x^2-1}{x-1} = 2$. Aufgrund der gegebenen Zuordnungsvorschrift gilt auch $f(1) = 2$, d. h., die Funktion f ist in $x_0 = 1$ stetig.

Ausgehend von den Grenzwertsätzen für Funktionen (Satz C 2) können entsprechende Sätze über stetige Funktionen formuliert werden.

Satz C 3: C3

Besitzen die Funktionen f und g einen gemeinsamen Definitionsbereich D und sind in $x_0 \in D$ stetig, so sind auch die Funktionen

$$c \cdot f \;\; (c \in \mathbb{R}), \qquad f+g, \qquad f-g \qquad \text{und} \qquad f \cdot g$$

in $x_0$ stetig. Ist ferner $f(x_0) \neq 0$, so sind außerdem die Funktionen

$$h = \frac{1}{f} \quad \text{und} \quad k = \frac{g}{f} \text{ mit } \quad D_h = D_k = D \setminus \{x \mid f(x) = 0\}$$

in $x_0$ stetig.

Auf den Beweis verzichten wir hier. Er könnte auf der Grundlage der vorausgesetzten Stetigkeit der Funktionen f und g sowie durch Anwendung der bekannten Grenzwertsätze über Zahlenfolgen geführt werden.
Mit Hilfe von Satz C 3 gelangt man zu Aussagen über die Stetigkeit der bekannten elementaren Funktionen, z. B. :

- Lineare Funktionen sind überall stetig;
- quadratische Funktionen sind überall stetig;
- Potenzfunktionen $f(x) = x^n$ $(x \in \mathbb{R}, n \in \mathbb{N}^*)$ sind überall stetig;
- alle Funktionen, die aus den obigen Grundfunktionen mit Hilfe der Grundrechenoperationen gebildet werden können, sind in ihrem jeweiligen Definitionsbereich stetig.

Also ist z. B. $f(x) = x^3 - x + 3$ für $x \in \mathbb{R}$ und $g(x) = \frac{x^5 + 3x^2 - 6x + 5}{(x+1)(x-2)}$ für $x \in \mathbb{R}\backslash\{-1; 2\}$ stetig.

# C 3 Sätze über stetige Funktionen

Auf abgeschlossenen Intervallen stetige Funktionen haben besondere Eigenschaften, die für zahlreiche Anwendungen bedeutungsvoll sind.[1)]
Betrachten wir dazu folgendes Problem:
Gegeben sei die Funktion f mit $f(x) = x^3 - x + 1$. Untersucht werden soll, ob f im Intervall $[-2; 0]$ eine Nullstelle besitzt.
Wir ermitteln zunächst die Funktionswerte an den Intervallenden.
Es ist $f(-2) = -5$ und $f(0) = +1$. Zum Graphen der Funktion gehören demnach die Punkte $P_1(-2; -5)$ und $P_2(0; 1)$, wobei $P_1$ unterhalb der x-Achse und $P_2$ oberhalb der x-Achse liegt. Da aber f eine über dem Intervall $[-2; 0]$ definierte, stetige Funktion ist, muss der Graph von f in diesem Intervall mindestens einmal die x-Achse schneiden (Fig. C 8).

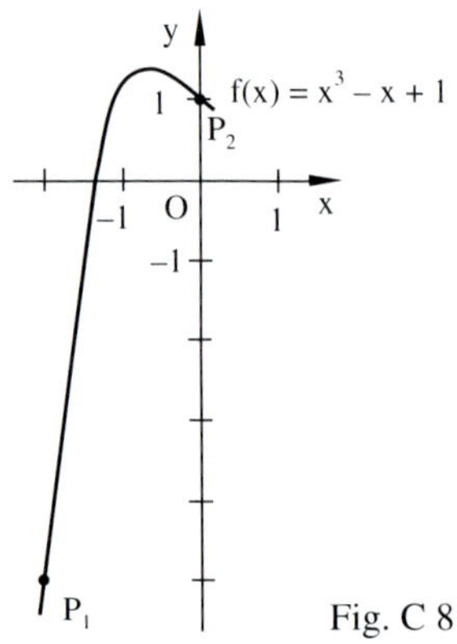

Fig. C 8

Diese anschaulich gewonnene Erkenntnis gilt tatsächlich für alle stetigen Funktionen.

C 4

**Satz C 4: Nullstellensatz von Bolzano**
Ist f eine in einem abgeschlossenen Intervall $[a; b]$ stetige Funktion und gilt $f(a) \cdot f(b) < 0$ (haben also $f(a)$ und $f(b)$ unterschiedliche Vorzeichen), so gibt es wenigstens eine Stelle $x_0 \in \,]a; b[$ mit $f(x_0) = 0$.

Mit anderen Worten ausgedrückt heißt das: Im Inneren des angegebenen Intervalls befindet sich wenigstens eine Nullstelle von f. Der Graph der Funktion schneidet/berührt dort mindestens einmal die x-Achse. Dieser Satz kann deshalb beispielsweise genutzt werden, um Aussagen über mögliche Lösungen von Gleichungen zu erhalten.

[1)] Ist f eine auf einem Intervall $[a; b]$ stetige Funktion, dann gilt $\lim\limits_{x \to a} f(x) = f(a)$ bzw. $\lim\limits_{x \to b} f(x) = f(b)$ nur für solche Folgen $(x_n)$, die ganz in $[a; b]$ verlaufen und gegen a bzw. b konvergieren. Das heißt also: Man nähert sich dem Intervallende a nur von rechts und dem Intervallende b nur von links.

Eine Verallgemeinerung von Satz C 4 enthält der nachfolgende „*Zwischenwertsatz*“ für stetige Funktionen.

Satz C 5: **Satz über die Annahme der Zwischenwerte** C 5
Wenn f eine über dem abgeschlossenen Intervall [a; b] stetige Funktion mit $f(a) \neq f(b)$ ist, dann nimmt f jeden Wert Z, der *zwischen* den Funktionswerten f(a) und f(b) in den Endpunkten des Intervalls liegt, mindestens einmal an.

Das heißt also: Es kommt gar nicht darauf an, dass – wie in Satz C 4 gefordert – f(a) und f(b) unterschiedliche Vorzeichen haben, es reicht bereits, wenn $f(a) \neq f(b)$ ist.

Der Zwischenwertsatz ist die Grundlage für die näherungsweise Nullstellenbestimmung mit Hilfe der Halbierungsmethode (vgl. A 6, S. 48).

Eine besonders wichtige Eigenschaft stetiger Funktionen enthält der nachfolgende Satz.

Satz C 6: **Satz vom Maximum und Minimum** (Satz von WEIERSTRASS) C 6
Wenn f eine in einem abgeschlossenen Intervall [a; b] stetige Funktion ist, dann hat f in [a;b] ein Maximum und ein Minimum.

Dabei bedeutet

*Maximum* – die *größte Zahl* unter den Funktionswerten von f in einem Intervall I;
*Minimum* – die *kleinste Zahl* unter den Funktionswerten von f in einem Intervall I.

Die Figuren C 9a und C 9b veranschaulichen den Inhalt von Satz C 6.

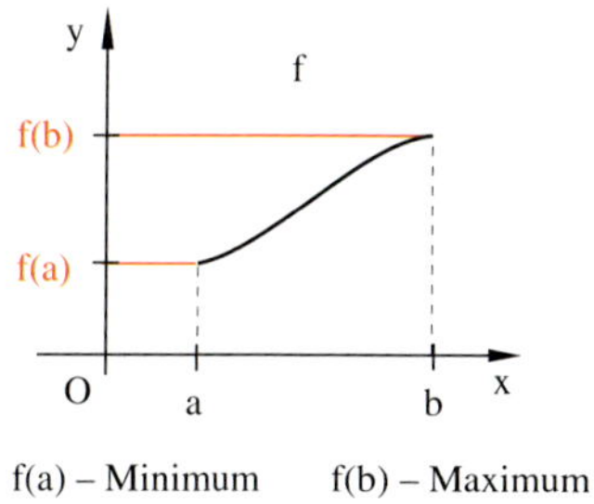


Fig. C 9a

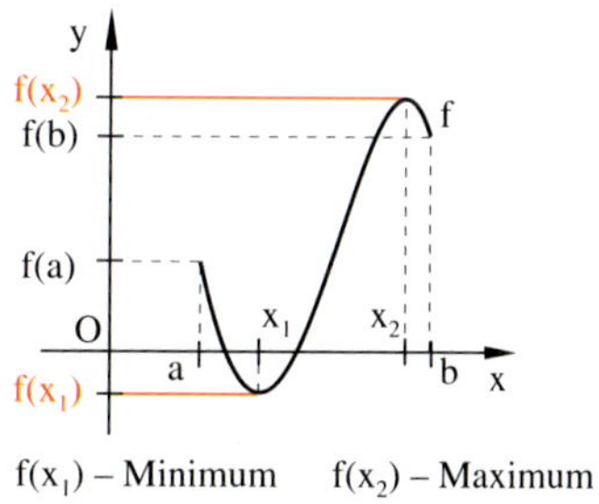


Fig. C 9b

Ebenfalls ohne Beweis soll ein Satz über eine weitere Eigenschaft stetiger Funktionen hinzugefügt werden.

Satz C 7: C 7
Ist f eine über $D_f$ stetige und umkehrbare Funktion, dann ist auch die Umkehrfunktion $f^{-1}$ über $W_f$ stetig.

C 10

Beispiel C 10:

Wir betrachten die Funktion f mit $f(x) = x^2$ und $D_f = [0; \infty[$, $W_f = [0; \infty[$.

Die Funktion f ist stetig und (da f streng monoton steigend ist) auch umkehrbar. Daraus folgt:

Auch die Umkehrfunktion $f^{-1}(x) = \sqrt{x}$ ist über $[0; \infty[$ stetig.

Die nachfolgenden Fig. C 10a–c zeigen die Verläufe der Graphen von Funktionen f (vgl. Abschnitt C 1, S. 75, und Beispiel C 9, S. 81), g (vgl. Beispiel A 6, S. 10) bzw. h, die typische Unstetigkeitsstellen besitzen.

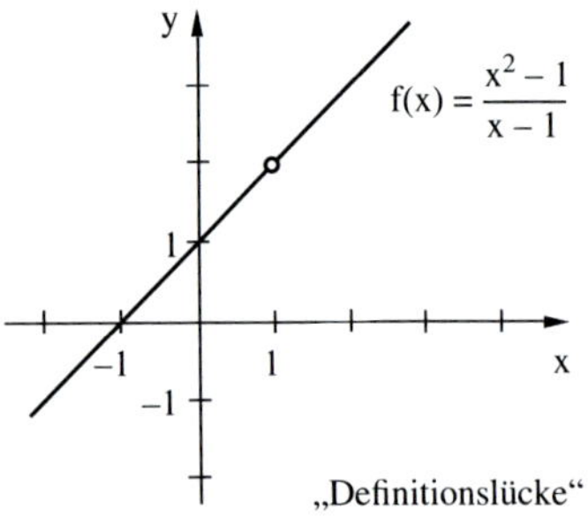


Fig. C 10a

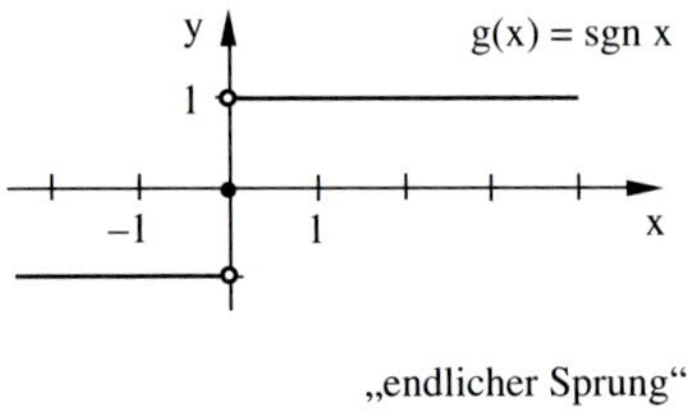


Fig. C 10b

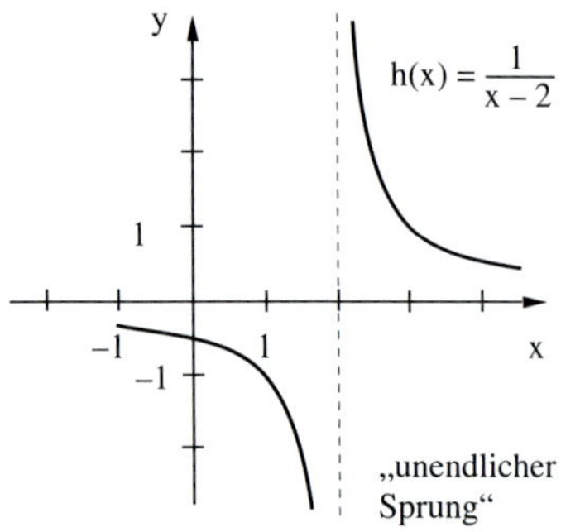


Fig. C 10c

# D Differentialrechnung

Viele Zusammenhänge in Natur, Technik und Gesellschaft lassen sich durch **Funktionen** beschreiben und durch deren Graphen veranschaulichen. Aus dem Verlauf der Kurven kann man oftmals weitere Erkenntnisse über Merkmale des entsprechenden realen Vorgangs gewinnen. Bestimmte Beziehungen zwischen Weg und Zeit bei gleichförmigen oder gleichmäßig beschleunigten Bewegungen sind beispielsweise aus den folgenden Darstellungen der entsprechenden physikalischen Gesetze erkennbar:

Weg-Zeit-Gesetz der gleichförmigen Bewegung

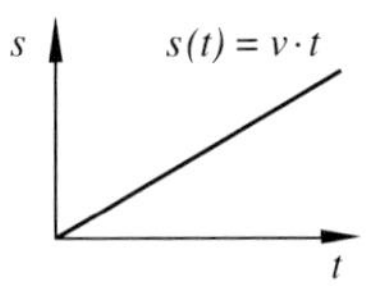


Weg-Zeit-Gesetz der gleichmäßig beschleunigten Bewegung

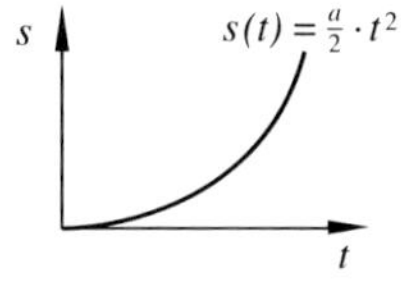


Fig. D 1

Den Physiker oder Techniker interessieren aber oftmals detailliertere Angaben über solche Bewegungsabläufe. Er möchte zum Beispiel nicht nur wissen, in welcher Entfernung von der Erde sich eine Raumsonde zu einer bestimmten Zeit befindet, sondern auch,

- wie groß deren Geschwindigkeit in jedem Moment ist, ob sie sich vergrößert, verkleinert oder konstant bleibt,
- welche Krümmung die Bahnkurve besitzt,
- wie sich die Bahn der Sonde zu der anderer natürlicher oder auch künstlicher Weltraumobjekte verhält

und vieles andere mehr. Die elementaren mathematischen Methoden sind für die Beantwortung dieser Fragen oftmals zu ungenau, teilweise auch unbrauchbar oder viel zu zeitraubend. Funktionale Änderungen der angedeuteten Art lassen sich erst mit Mitteln der **Analysis**[1)], insbesondere eines ihrer Teilgebiete, der Differentialrechnung, zahlenmäßig erfassen.
Die **Differentialrechnung** und die **Integralrechnung** sind die zwei Hauptbestandteile der Infinitesimalrechnung[2)]. Dabei scheint das Problem *„Berechnung der Flächeninhalte von krummlinig begrenzten Figuren"*, aus dem die Integralrechnung historisch entstanden ist, zunächst nicht viel mit dem Anliegen der Differentialrechnung zu tun zu haben. Es wird sich jedoch zeigen, dass eine effektive Lösung dieses Problems Mittel der Differentialrechnung erfordert.
Differential- und Integralrechnung bilden eine Einheit. Beide stellen wichtige Grundlagen für Untersuchungen in anderen Teilgebieten der Mathematik dar und werden darüber hinaus zur exakten Formulierung und Lösung vielfältiger wissenschaftlicher und praktischer Probleme benötigt. Typische Denk- und Arbeitsweisen der Analysis bestehen in der Untersuchung von *Grenzprozessen* wie beispielsweise des Verhaltens von Funktionen bei *beliebiger Annäherung* an bestimmte Stellen (etwa an 0, an Polstellen oder Definitionslücken) oder bei *unbegrenztem Wachsen* ihrer Argumente.

1) análysis (gr.) – Lösung
2) infinitus (lat.) – unendlich

# D 1 Grundbegriffe

Die Differentialrechnung wurde nach Vorarbeiten, die bis in die Mathematik der Antike zurückreichen, in der zweiten Hälfte des 17. Jahrhunderts von dem englischen Physiker und Mathematiker ISAAC NEWTON (1643–1727) und dem deutschen Mathematiker und Philosophen GOTTFRIED WILHELM LEIBNIZ (1646–1716) entwickelt. Beide arbeiteten unabhängig voneinander und gingen von unterschiedlichen Problemstellungen aus: Während für LEIBNIZ philosophische und mathematische Fragen im Zentrum standen (s. Einleitungstext), waren es für NEWTON physikalisch-mechanische Bewegungsprobleme.

In der historischen Entwicklung der Differentialrechnung spielte das sog. *Tangentenproblem* eine große Rolle. Was hat es damit auf sich? Der Begriff *„Tangente"* ist aus der Kreislehre bekannt. Als *Tangente an einen Kreis* wird diejenige Gerade bezeichnet, die mit dem Kreis genau einen Punkt gemeinsam hat. Diese Erklärung könnte auch noch auf die Ellipse sinngemäß übertragen werden, aber wäre zum Beispiel schon nicht mehr für die Parabel $f(x) = x^2$ im Punkt (0; 0) ausreichend. Dort sind im oben genannten Sinn zwei Geraden möglich (Fig. D 2), die x- und die y-Achse. Noch komplizierter wird der Sachverhalt für irgendeinen beliebigen Funktionsgraphen. Existiert dort in einem vorgegebenen Punkt die Tangente an den Graphen? Wie kann man ihre Steigung bzw. ihre Gleichung ermitteln?

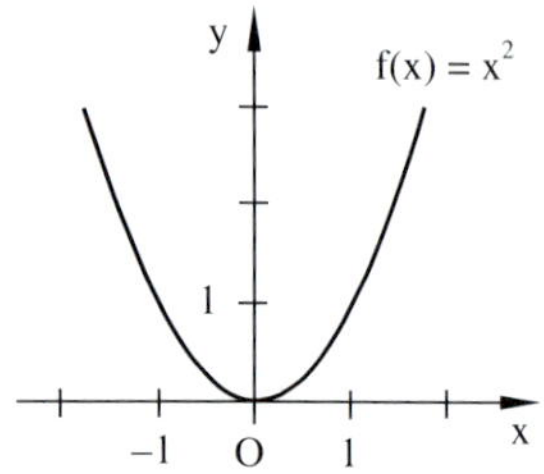


Fig. D 2

## D 1.1 Der Begriff *Ableitung einer Funktion*

Zu einer Lösung des Tangentenproblems führt uns folgende Überlegung: An den in Fig. D 3 dargestellten Graphen der Funktion f soll im Punkt $P_0$ die Tangente gelegt werden. Wir wissen: Eine Gerade ist durch zwei Punkte oder durch einen Punkt und den Anstieg der Geraden bestimmt. Von der Tangente ist aber bislang nur der Punkt $P_0$ bekannt. Deshalb wählen wir einen beliebigen zweiten Punkt P auf dem Graphen der Funktion. Damit ist die Sekante $P_0P$ festgelegt.

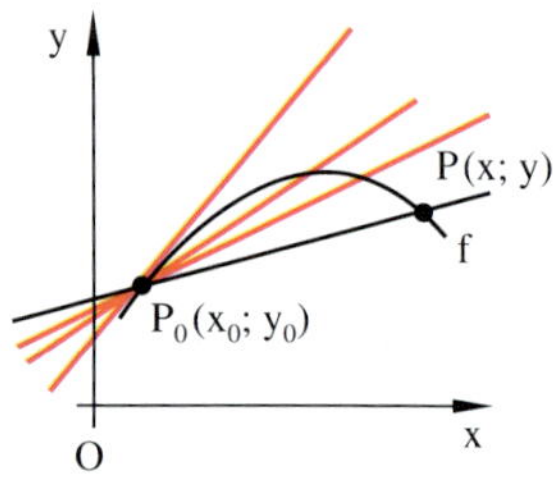


Fig. D 3

Bewegt sich der Punkt P auf dem Graphen gegen den festen Punkt $P_0$, so führt die Sekante $P_0P$ eine Drehung um $P_0$ aus. Je näher dabei P dem Punkt $P_0$ kommt, desto mehr nähert sich die Sekante einer Grenzlage, in der sie zur **Tangente** des Graphen von f in $P_0$ wird. Den *Anstieg der Tangente in $P_0$* bezeichnet man auch als *Anstieg der Funktion in $P_0$*. Diese Erklärung der Tangente erfasst selbst Sonderfälle, wie sie bisher nicht vorstellbar waren – zum Beispiel den Fall, dass die Tangente den Graphen der Funktion durchsetzt (Fig. D 4).

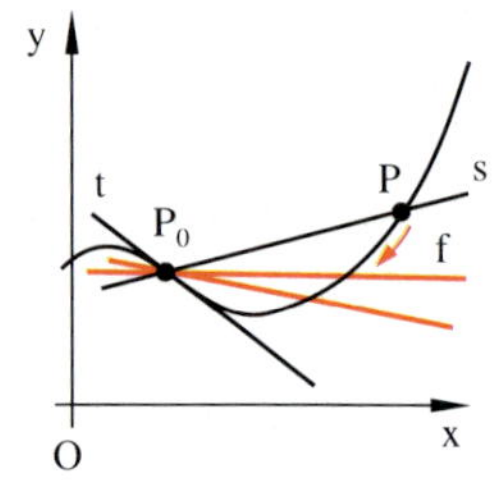


Fig. D 4

Auf Grundlage dieser Erklärung des Tangentenbegriffs kann das Tangentenproblem rechnerisch gefasst werden. Dazu betrachten wir eine auf dem Intervall I definierte Funktion f und eine Stelle $x_0$ im Inneren des Intervalls. Ist x eine weitere beliebige Stelle in I mit $x \neq x_0$, d. h., $x = x_0 + h,\ h > 0$, so lässt sich die Gleichung der Sekante durch $P_0$ und P (Fig. D 5) z. B. mittels der Koordinaten von $P_0$

und der Steigung m der Geraden bestimmen (s. auch Satz F 3 / Punktrichtungsgleichung). Dabei gilt für die Steigung m der Sekante offenbar:

$$m = \tan\alpha = \frac{f(x_0+h) - f(x_0)}{h} \qquad \text{bzw.} \qquad m = \frac{f(x) - f(x_0)}{x - x_0}$$

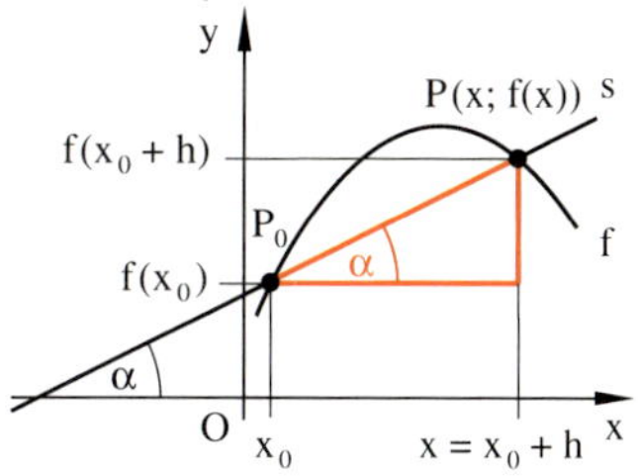


Fig. D 5

Führt man nun einen „Grenzübergang“ durch, indem h immer kleiner wird (Man sagt auch: *h durchläuft die Glieder einer Nullfolge.)*, so ist zu erkennen, dass sich auch der Anstieg der Sekante ändert, dass m also eine Funktion von h ist, die in einer Umgebung von 0 definiert ist. Diese Funktion bezeichnen wir mit d(h):

$$d(h) = \frac{f(x_0+h) - f(x_0)}{h}, \; h \neq 0$$

Wir werden später sagen: Das Bild der Funktion $y = f(x)$ hat im Punkt $P_0$ eine Tangente, wenn d(h) an der Stelle 0 einen Grenzwert hat. Die Gleichung der Tangente ergibt sich dann aus

$$\frac{y - y_0}{x - x_0} = m = \lim_{h \to 0} d(h).$$

D 1

Beispiel D 1:
Es sei $f(x) = 2x^2$.[1] Dann ist

$$d(h) = \frac{f(x_0+h) - f(x_0)}{h}$$

$$= \frac{2(x_0+h)^2 - 2x_0^2}{h} = \frac{2x_0^2 + 4x_0 \cdot h + 2h^2 - 2x_0^2}{h} = \frac{4x_0 \cdot h + 2h^2}{h} = \frac{h(4x_0 + 2h)}{h} = 4x_0 + 2h$$

und $\lim\limits_{h \to 0} d(h) = 4x_0$.

Die Gleichung der Tangente in $x_0$ lautet wegen $\frac{y - y_0}{x - x_0} = m = \lim\limits_{h \to 0} d(h)$ somit

$\frac{y - y_0}{x - x_0} = 4x_0$ bzw. $y - y_0 = 4x_0(x - x_0) = 4x_0 \cdot x - 4x_0^2$, also

$y = 4x_0 \cdot x + y_0 - 4x_0^2$.

Damit hat sich in der Tat eine Geradengleichung in der Form $y = mx + n$ (mit $m = 4x_0$ und $n = y_0 - 4x_0^2 = -2x_0^2$) ergeben.
Jetzt lässt sich auch die eingangs (S. 86) aufgeworfene Frage beantworten, welche Gerade eine Tangente an den Graphen von $f(x) = x^2$ an der Stelle $x_0 = 0$ ist.
Es gilt nämlich:

$$d(h) = \frac{(0+h)^2 - 0}{h} = \frac{h^2 - 0}{h} = h, \text{ also } \lim_{h \to 0} d(h) = 0$$

Das heißt : Der Anstieg der Tangente im Punkt (0; 0) an den Graphen der Funktion $f(x) = x^2$ hat den Wert 0 und die x-Achse ist demzufolge die gesuchte Tangente.

[1] Erfolgt kein gesonderter Hinweis auf den Definitionsbereich der betrachteten Funktionen, so sei $D_f = \mathbb{R}$.

Ausgehend von obigen Beispielen führen wir folgende Begriffe ein:

D 1 Definition D 1:
Es sei $y = f(x)$ eine auf $D_f$ definierte stetige Funktion[1] und $x_0, x_0 + h \in D_f$.[2] Die Funktion

$$d(h) = \frac{f(x_0 + h) - f(x_0)}{h} \quad (\text{mit } h \neq 0) \quad \text{bzw.} \quad d(x) = \frac{f(x) - f(x_0)}{x - x_0} \quad (\text{mit } x \neq x_0)$$

heißt **Differenzenquotient** von $f(x)$ an der Stelle $x_0$.

D 2 Definition D 2:
Es sei $y = f(x)$ eine auf $D_f$ definierte stetige Funktion und $x_0, x_0 + h \in D_f$. Wir nennen $y = f(x)$ an der Stelle $x_0$ **differenzierbar**, wenn der Grenzwert des Differenzenquotienten

$$\lim_{h \to 0} \frac{f(x_0 + h) - f(x_0)}{h} \quad \text{bzw.} \quad \lim_{x \to x_0} \frac{f(x) - f(x_0)}{x - x_0}$$

in $\mathbb{R}$ existiert. Dieser Grenzwert heißt **Ableitung** oder Differentialquotient der Funktion f mit $y = f(x)$ an der Stelle $x_0$.

Man schreibt: $\lim_{h \to 0} \frac{f(x_0 + h) - f(x_0)}{h} = f'(x_0)$ – gesprochen *„f Strich von $x_0$“*.

Andere Schreib- und entsprechende Sprechweisen für die Ableitung einer Funktion f an der Stelle $x_0$ sind:

$f'(x_0) = \left.\frac{df(x)}{dx}\right|_{x_0}$ *„df(x) nach dx an der Stelle $x_0$“*,

$= \left.\frac{dy}{dx}\right|_{x_0}$ *„dy nach dx an der Stelle $x_0$“*,

$= y'\big|_{x_0}$ *„y Strich an der Stelle $x_0$“*.

Bemerkungen zur Definition D 2:

- Eine wichtige Voraussetzung für die Differenzierbarkeit einer Funktion f an der Stelle $x_0$ besteht darin, dass f an der Stelle $x_0$ und in einer Umgebung von $x_0$ definiert ist. Das heißt also z. B. für $f(x) = \frac{1}{x}$, dass diese Funktion an der Stelle $x_0 = 0$ *nicht differenzierbar* ist, weil f nur für alle $x \neq 0$ definiert ist.

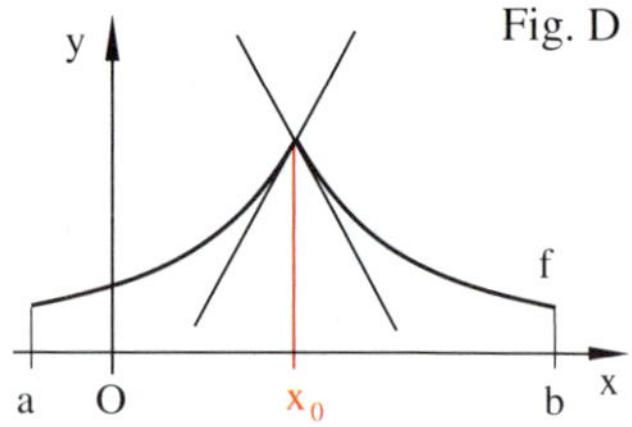


Fig. D 6

- Die in der Definition D 2 formulierte Voraussetzung, dass es sich bei f um eine stetige Funktion handelt, bedeutet aber nicht, dass jede stetige Funktion differenzierbar ist. Anschaulich wird das in der Fig. D 6 deutlich:

  Die hier dargestellte Funktion ist im Intervall [a; b] zwar überall stetig, aber an der Stelle $x_0$ weist sie einen „Knick“ auf und hat an dieser Stelle zwei Tangenten mit verschiedenen Anstiegen.[3] Die dargestellte Funktion ist an der Stelle $x_0$ nicht differenzierbar (vgl. Abschnitt D 1.3).

[1] Bezüglich der Sprech- und Schreibweise sei hier noch einmal ausdrücklich auf die in Abschnitt A 1.2 getroffene Vereinbarung verwiesen.

[2] Die Schreibweise „$x_0, x_0 + h \in D_f$“ soll bedeuten, dass $x_0$ *und* $x_0 + h$ zu $D_f$ gehören.

[3] Auf eine tiefer gehende Begründung soll hier verzichtet werden.

- In der Regel betrachtet man als Definitionsbereiche $D_f$ offene oder abgeschlossene Intervalle.
- Da der Differenzenquotient $\frac{f(x) - f(x_0)}{x - x_0}$ geometrisch die Steigung der Sekante durch die Punkte $P_0(x_0; f(x_0))$ und $P(x; f(x))$ bedeutet, gibt die Ableitung $f'(x_0)$ von f an der Stelle $x_0$ also die Steigung der Tangente an den Graphen der Funktion im Punkt $P_0(x_0; f(x_0))$ an und beschreibt so den lokalen Verlauf des Graphen der Funktion $y = f(x)$ an der Stelle $x_0$ (s. D 5.1).
- Der Differenzenquotient liegt vielen naturwissenschaftlichen Fragestellungen zugrunde. Ist zum Beispiel die betrachtete Funktion das Weg–Zeit–Gesetz der Kinematik $s = s(t)$, so stellt der Quotient aus dem zurückgelegten Weg $\Delta s$ und der Zeitspanne $\Delta t$ (Fig. D 7), also $\frac{\Delta s}{\Delta t} = \frac{s_2 - s_1}{t_2 - t_1}$,
die *mittlere Geschwindigkeit* im Zeitintervall $[t_1; t_2]$ dar. Meist interessiert aber nicht die mittlere Geschwindigkeit, sondern die *Augenblicksgeschwindigkeit* des Körpers zu einem Zeitpunkt $t_1$.

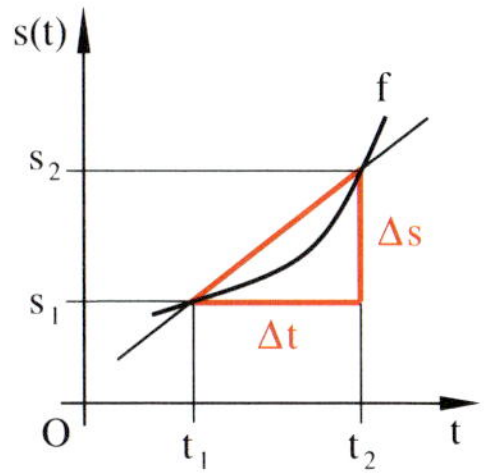

Fig. D 7

Man wird umso genauer Auskunft über die Geschwindigkeit in einem Augenblick erhalten, je kürzer die Zeitspanne $\Delta t = t_2 - t_1$ gewählt wird. Beim Grenzübergang $t_2 \to t_1$ kommt es zur Bildung des Differentialquotienten $\left.\frac{ds}{dt}\right|_{t_1}$, d. h., man erhält die Augenblicksgeschwindigkeit als Ableitung des Weges nach der Zeit. Die grafische Darstellung macht deutlich, dass beim Problem der Augenblicksgeschwindigkeit der gleiche mathematische Sachverhalt vorliegt wie beim Anstieg des Graphen einer Funktion in einem Punkt. Ganz analog ist die Sachlage zum Beispiel im Falle der *Beschleunigung* oder der *Stromstärke in einem bestimmten Moment.* Allen solchen Problemen, ob mathematischen oder außermathematischen, ist stets gemeinsam, dass eine stetige Funktion vorliegt und zwei Fragen zu beantworten sind:

a) Existiert der Grenzwert des Differenzenquotienten?

b) Welche Zahl ist Grenzwert?

**D 2**

Beispiel D 2:
Für die Funktion $f(x) = 0{,}5x^2$ ist die Ableitung an der Stelle $x_0 = 1$ zu bestimmen.
Der Differenzenquotient von f an der Stelle $x_0 = 1$ ist

$$d(h) = \frac{f(x_0 + h) - f(x_0)}{h} = \frac{0,5\,(1 + h)^2 - 0,5 \cdot 1^2}{h} \quad (\text{mit } h \neq 0)$$

$$= \frac{0,5 + 0,5 \cdot 2 \cdot h + 0,5h^2 - 0,5}{h} = \frac{h + 0,5h^2}{h} = 1 + 0{,}5h.$$

Damit erhält man

$$f'(1) = \lim_{h \to 0} (1 + 0{,}5h) = 1.$$

Das heißt: Die Tangente an den Graphen von $f(x) = 0{,}5x^2$ in $P(1; 0{,}5)$ hat den Anstieg 1 und wegen $m = \tan\alpha = 1$ den Anstiegswinkel $\alpha = 45°$ (Fig. D 8).

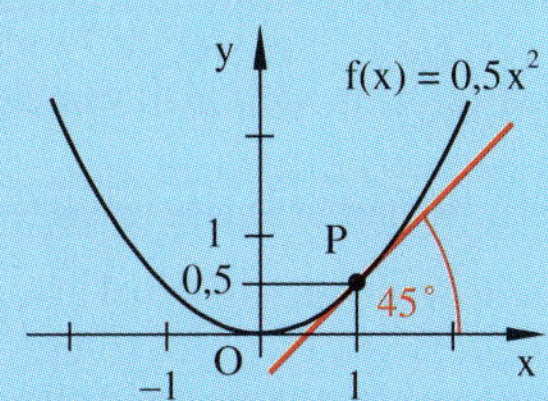

Fig. D 8

D 3

Beispiel D 3:
Es ist die Ableitung der Funktion $f(x) = x^2 + x + 1$ an der Stelle $x_0 = 4$ zu bilden.

Der Differenzenquotient ist $d(h) = \frac{[(4+h)^2 + (4+h) + 1] - [4^2 + 4 + 1]}{h}$ (mit $h \neq 0$)

$$= \frac{4^2 + 8h + h^2 + 4 + h + 1 - 4^2 - 4 - 1}{h} = \frac{h^2 + 9h}{h} = 9 + h$$

und damit gilt $f'(4) = \lim\limits_{h \to 0} (9 + h) = 9$.

Wenden wir die in Definition D 2 enthaltene zweite Methode zur Bildung der Ableitung auf obige Funktion an, so ergibt sich:

$$d(x) = \frac{f(x) - f(x_0)}{x - x_0} = \frac{(x^2 + x + 1) - 21}{x - 4} = \frac{(x+5) \cdot (x-4)}{x - 4} = x + 5 \text{ (für } x \neq 4)$$

Damit ist $f'(4) = \lim\limits_{x \to 4} (x + 5) = 9$ – wir erhalten denselben Wert wie auf dem ersten Weg.

D 4

Beispiel D 4:
Die Funktion $f(x) = 3x - 1$, ist auf Differenzierbarkeit an einer beliebigen Stelle $x_0$ zu untersuchen. Es gilt

$$d(h) = \frac{[3(x_0 + h) - 1] - (3x_0 - 1)}{h} \quad (\text{mit } h \neq 0)$$

$$= \frac{3x_0 + 3h - 1 - 3x_0 + 1}{h} = \frac{3h}{h} = 3 \text{ und damit}$$

$$f'(x_0) = \lim_{h \to 0} 3 = 3.$$

Das heißt: Der Grenzwert des Differenzenquotienten existiert und er ist gleich 3 für jedes beliebige $x_0 \in \mathbb{R}$.

D 5

Beispiel D 5:
Wir untersuchen die Betragsfunktion $f(x) = |x|$ auf Differenzierbarkeit an der Stelle $x_0 = 0$.

Der Differenzenquotient dieser Funktion ist $d(h) = \frac{|0 + h| - |0|}{h} = \frac{|h|}{h}$ (für $h \neq 0$).

Das heißt, für $h > 0$ ist $d(h) = 1$ und für $h < 0$ ist $d(h) = -1$. Fig. D 9 zeigt den Graphen der Differenzenquotientenfunktion.

Nähert man sich also der Stelle 0 von links, dann gilt $\lim\limits_{h \to 0} d(h) = -1$, und bei Annäherung von rechts ist $\lim\limits_{h \to 0} d(h) = 1$. Da die beiden Grenzwerte nicht übereinstimmen, existiert der Grenzwert $\lim\limits_{h \to 0} d(h)$ nicht. Das heißt: $f(x) = |x|$ ist an der Stelle $x_0 = 0$ nicht differenzierbar.

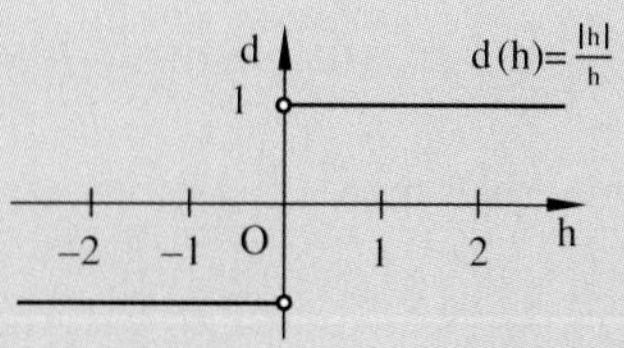


Fig. D 9

D 6

Beispiel D 6:
Es ist die Ableitung der Funktion $f(x) = \frac{1}{x}$ $(x \neq 0)$ an einer beliebigen Stelle $x_0$ $(x_0 \neq 0)$ zu bestimmen.
Wir bilden zunächst wieder den Differenzenquotienten:

$$d(h) = \frac{f(x_0+h) - f(x_0)}{h} = \frac{\frac{1}{x_0+h} - \frac{1}{x_0}}{h} = \frac{\frac{x_0 - (x_0+h)}{x_0(x_0+h)}}{h} = \frac{\frac{-h}{x_0(x_0+h)}}{h} = \frac{-1}{x_0(x_0+h)} \quad (\text{für } h \neq 0)$$

Als Grenzwert für $h \to 0$ ergibt sich dann $\lim\limits_{h \to 0} d(h) = \lim\limits_{h \to 0} \frac{-1}{x_0(x_0+h)} = -\frac{1}{x_0^2}$.

Das bedeutet: Die Funktion $f(x) = \frac{1}{x}$ $(x \neq 0)$ ist an jeder Stelle $x_0$ ihres Definitionsbereichs differenzierbar und besitzt dort die Ableitung $f'(x_0) = -\frac{1}{x_0^2}$, $x_0 \neq 0$.

## D 1.2 Differenzierbarkeit einer Funktion; Ableitungsfunktion

Ordnet man allen Stellen $x_0$, an denen eine Funktion f differenzierbar ist, ihre Ableitung $f'(x_0)$ zu, so stellt diese Zuordnung selbst wieder eine Funktion dar. Sie wird mit $f'$ bezeichnet und heißt **Ableitungsfunktion** der Funktion f. Es gilt: $f': x \to f'(x)$ mit $D_{f'} = D_f$, wenn f überall in $D_f$ differenzierbar ist, ansonsten ist $D_{f'} \subseteq D_f$. Im Unterschied zu $f'(x)$ ist die Ableitung $f'(x_0)$ an einer beliebigen Stelle $x_0$ eine Zahl.
Fig. D 10 a, b zeigt die Graphen der in den Beispielen D 4 und D 6 betrachteten Funktionen und die ihrer Ableitungsfunktionen.

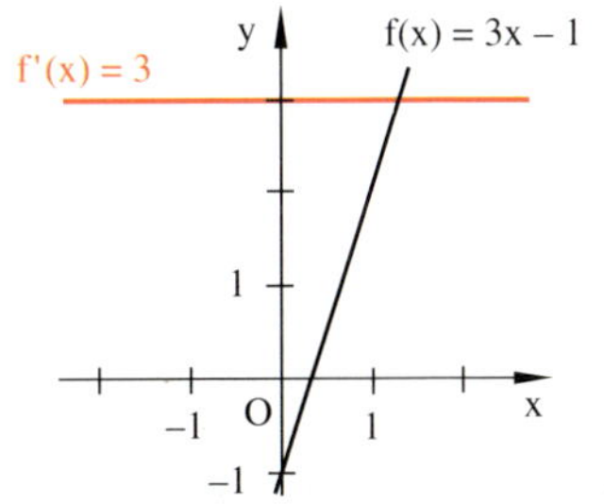


Fig. D 10a

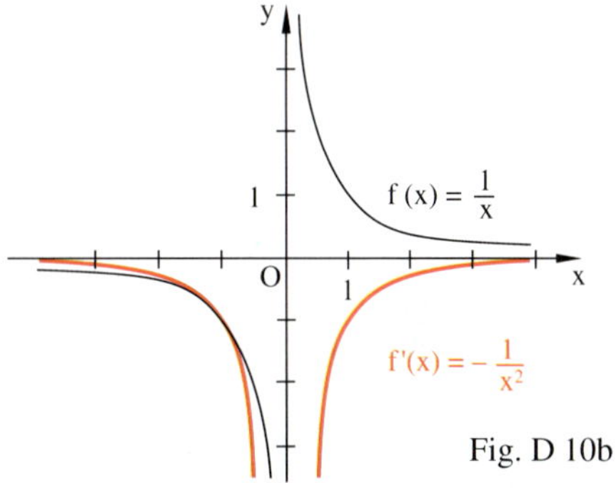


Fig. D 10b

D 7

Beispiel D 7:
Gegeben sei die Funktion $f(x) = x^2$. Man ermittle die Ableitungsfunktion $f'(x)$.
Wir bilden zunächst den Differenzenquotienten von f für beliebige $x_0 \in \mathbb{R}$

$$d(h) = \frac{(x_0+h)^2 - x_0^2}{h} = \frac{x_0^2 + 2x_0 \cdot h + h^2 - x_0^2}{h}$$

$$= \frac{2x_0 \cdot h + h^2}{h} = 2x_0 + h \quad (h \neq 0)$$

und dafür den Grenzwert $f'(x_0) = \lim\limits_{h \to 0} 2x_0 + h = 2x_0$.

Da diese Überlegungen für jedes beliebige $x_0$ gelten, folgt für die Ableitungsfunktion $f'$: $f'(x) = 2x$.
Fig. D 11 zeigt die Graphen beider Funktionen.

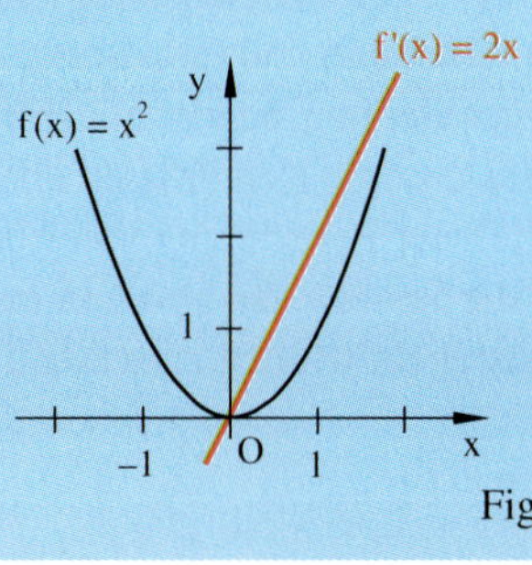


Fig. D 11

### D 1.3 Zusammenhang zwischen Differenzierbarkeit und Stetigkeit

In einer Bemerkung zur Definition D 2 (S. 88) hatten wir mit Bezug auf Fig. D 6 veranschaulicht, dass eine in [a; b] überall stetige Funktion f durchaus nicht an jeder Stelle $x_0$ dieses Intervalls auch differenzierbar zu sein braucht. Das Beispiel D 5 bestätigte rechnerisch diesen Sachverhalt. Die Funktion $f(x) = |x|$ ist an der Stelle $x_0 = 0$ nicht differenzierbar, obwohl sie dort stetig ist. Für jede beliebige Folge $(x_n)$, die gegen 0 konvergiert, konvergiert nämlich die Folge der zugehörigen Funktionswerte $(f(x_n)) = (|x_n|)$ ebenfalls gegen 0 und stimmt mit $f(0) = 0$ überein (Fig. D 12): $\lim\limits_{x \to 0} f(x) = f(0) = 0$.

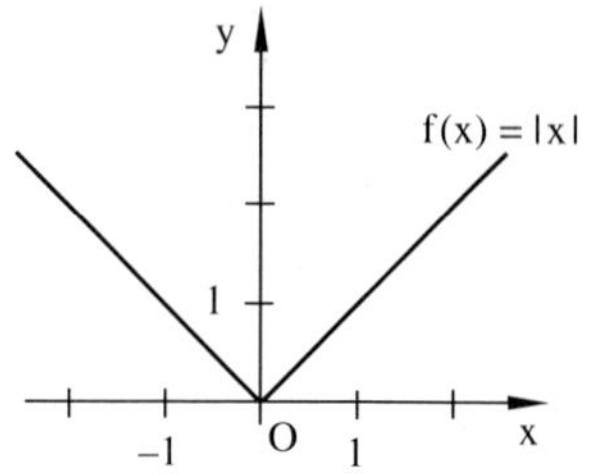


Fig. D 12

Das ist aber nach Definition C 3 ein Kriterium für Stetigkeit.

Umgekehrt gilt jedoch (was hier ohne Beweis mitgeteilt sei): Wenn eine Funktion f an der Stelle $x_0$ differenzierbar ist, so ist f an dieser Stelle auch stetig. In Kurzfassung lässt sich also sagen:

$$\text{f ist an der Stelle } x_0 \in D_f \text{ stetig} \quad \overset{\not\longrightarrow}{\longleftarrow} \quad \text{f ist an der Stelle } x_0 \in D_f \text{ differenzierbar}$$

(wenn man den Pfeil als Kennzeichnung einer „zwingenden" Folge interpretiert).

Man drückt diesen Zusammenhang auch so aus: Stetigkeit ist *eine notwendige*, aber *nicht hinreichende* Bedingung für Differenzierbarkeit. Umgekehrt ist Differenzierbarkeit *keine notwendige* Bedingung für die Stetigkeit (denn eine nicht differenzierbare Funktion kann trotzdem stetig sein), wohl aber *hinreichend*, denn aus der Differenzierbarkeit folgt unbedingt die Stetigkeit einer Funktion.
„Differenzierbar" ist also eine *stärkere* Eigenschaft als „stetig". Dieser Sachverhalt lässt sich für die Untersuchung lokaler Eigenschaften von Funktionen ausnutzen: Gilt die Feststellung, dass eine Funktion an einer Stelle $x_0$ bzw. über ihrem gesamten Definitionsbereich differenzierbar ist, so ist sie dort auch stetig.

## D 2 Regeln zur Ableitung von Funktionen

Die einführenden Beispiele haben gezeigt, dass es mit Hilfe der Differentialrechnung möglich ist, lokale Eigenschaften von Funktionen zu ermitteln.
Neben Steigung des Graphen einer Funktion an einer Stelle $x_0$, Differenzierbarkeit und Stetigkeit werden wir noch eine Reihe weiterer Möglichkeiten zur Untersuchung von Funktionen kennen lernen (Abschnitt D 5). Dabei muss man sehr häufig Ableitungen gegebener Funktionen bilden. Die im Abschnitt D 1 betrachteten Beispiele und Aufgaben zeigten nun aber, dass der Aufwand zur Berechnung der Ableitung von Funktionen über den Grenzwert des Differenzenquotienten ziemlich hoch ist. Da der Ableitungsbegriff mit Hilfe des Grenzwertbegriffs definiert wurde, liegt es nahe zu fragen, ob sich aus unseren Kenntnissen über das Rechnen mit Grenzwerten (Grenzwertsätze) Folgerungen hinsichtlich der Berechnung von Ableitungen zusammengesetzter Funktionen ergeben – zum Beispiel für die Summe, das Produkt und den Quotienten differenzierbarer Funktionen. Solche Differentiationsregeln würden zu wesentlichen Vereinfachungen führen.

## D 2.1 Konstantenregel, Faktorregel und Potenzregel

Wir betrachten die konstante Funktion $f(x) = c$ für alle $x \in \mathbb{R}$. Fig. D 13 zeigt den Graphen dieser Funktion. Man erkennt: Der Graph weist überall die Steigung 0 auf – er verläuft parallel zur x-Achse. Demzufolge ist die Ableitungsfunktion 0.
Zum Nachweis dieser Vermutung bilden wir den Differenzenquotienten für eine beliebige Stelle $x_0 \in D_f$:

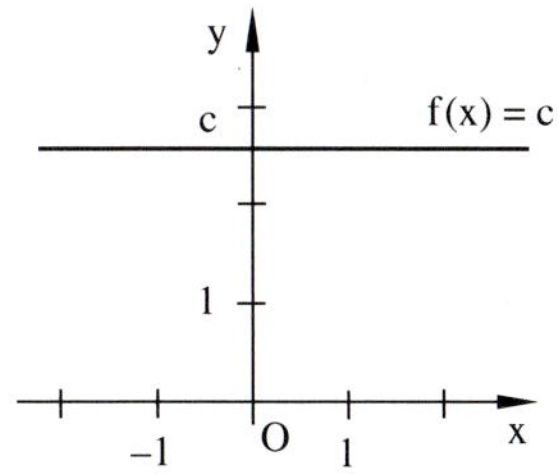


Fig. D 13

$$d(h) = \frac{f(x_0 + h) - f(x_0)}{h} = \frac{c - c}{h} = \frac{0}{h} = 0 \quad (\text{für } h \neq 0),$$

also auch $f'(x_0) = \lim\limits_{h \to 0} 0 = 0$.

Damit gilt der Satz:

Satz D 1: **Konstantenregel**
Eine konstante Funktion $f(x) = c$ ($c \in \mathbb{R}$, aber fest) besitzt für alle $x \in \mathbb{R}$ die Ableitung $f'(x) = 0$. **D 1**

Für den Fall, dass eine differenzierbare Funktion mit einem konstanten Faktor multipliziert wird, kann man eine entsprechende Regel herleiten:
Es sei g eine über ihrem Definitionsbereich differenzierbare Funktion. Multipliziert man diese Funktion mit einem konstanten Faktor k, $k \in \mathbb{R}$, so erhält man die Funktion $f(x) = k \cdot g(x)$.
Für deren Differenzenquotienten folgt

$$d(h) = \frac{k \cdot g(x_0 + h) - k \cdot g(x_0)}{h} = k \cdot \frac{g(x_0 + h) - g(x_0)}{h} \quad \text{mit } h \neq 0,\ x_0 \in D_g$$

und damit für die Ableitung $\lim\limits_{h \to 0} d(h) = \lim\limits_{h \to 0} k \cdot \frac{g(x_0 + h) - g(x_0)}{h}$.

Da der Grenzwert eines Produktes gleich dem Produkt der Grenzwerte seiner Faktoren ist, folgt

$$f'(x_0) = \lim_{h \to 0} k \cdot \lim_{h \to 0} \frac{g(x_0 + h) - g(x_0)}{h} = k \cdot g'(x_0)$$ und wegen der beliebigen Wahl von $x_0$

$$f'(x) = k \cdot g'(x).$$

Satz D 2: **Faktorregel**
Ist g eine differenzierbare Funktion, so ist auch die Funktion f mit $f(x) = k \cdot g(x)$ ($k \in \mathbb{R}$) differenzierbar und es gilt $f'(x) = k \cdot g'(x)$. **D 2**

Kurz: Ein konstanter Faktor bleibt beim Differenzieren erhalten.
Im Vorgriff auf die Differentiation einiger elementarer Funktionen (Abschnitt D 3) wollen wir bereits an dieser Stelle eine Regel zur Ableitung der Potenzfunktion $f(x) = x^n$, $n \in \mathbb{N}$, $n \geq 1$, entwickeln.
Durch Aufstellen des Differenzenquotienten und anschließender Grenzwertbildung erhält man folgende Ergebnisse:

$$\begin{array}{lll} f(x) = x^1 & f'(x) = 1 & = 1 \cdot x^{1-1} \\ f(x) = x^2 & f'(x) = 2 \cdot x & = 2 \cdot x^{2-1} \\ f(x) = x^3 & f'(x) = 3 \cdot x^2 & = 3 \cdot x^{3-1} \\ f(x) = x^4 & f'(x) = 4 \cdot x^3 & = 4 \cdot x^{4-1} \end{array}$$

Für den Fall $f(x) = x^3$ soll dies im Einzelnen gezeigt werden.

Differenzenquotient:

$$d(h) = \frac{(x_0+h)^3 - x_0^3}{h} = \frac{x_0^3 + 3x_0^2 \cdot h + 3x_0h^2 + h^3 - x_0^3}{h} = \frac{3x_0^2 \cdot h + 3x_0 \cdot h^2 + h^3}{h} = 3x_0^2 + 3x_0 \cdot h + h^2.$$

Grenzwertbestimmung:

$$\lim_{h \to 0} d(h) = \lim_{h \to 0} 3x_0^2 + 3x_0 \cdot h + h^2 = 3x_0^2.$$

Da dies für jedes beliebige $x_0 \in D_f$ zutrifft, gilt für die Ableitungsfunktion $f'(x) = 3x^2$.
Damit liegt die Vermutung nahe, dass allgemein gilt:

D 3

Satz D 3: **Potenzregel**
Die Funktion $f(x) = x^n$, $n \in \mathbb{N}$, $n \geq 1$, ist differenzierbar und es gilt $f'(x) = n \cdot x^{n-1}$.

*Beweis:*
Schreiben wir den Differenzenquotienten in der Form $d(x) = \frac{f(x) - f(x_0)}{x - x_0}$, so ergibt sich für $f(x) = x^n$

$$d(x) = \frac{x^n - x_0^n}{x - x_0}, \; x \neq x_0.$$

Wegen $x \neq x_0$ ist die Polynomdivision ausführbar und ergibt:

$$(x^n - x_0^n) : (x - x_0) = x^{n-1} + x_0 \cdot x^{n-2} + x_0^2 \cdot x^{n-3} + \ldots + x_0^{n-2} \cdot x + x_0^{n-1}$$

Daraus erhalten wir die Ableitung, indem wir den Grenzwert für $x \to x_0$ bilden:

$$\begin{aligned} f'(x) = \lim_{x \to x_0} d(x) &= \lim_{x \to x_0} (x^{n-1} + x_0 \cdot x^{n-2} + x_0^2 \cdot x^{n-3} + \ldots + x_0^{n-2} \cdot x + x_0^{n-1}) \\ &= x_0^{n-1} + x_0 \cdot x_0^{n-2} + x_0^2 \cdot x_0^{n-3} + \ldots + x_0^{n-2} \cdot x_0 + x_0^{n-1} \\ &= x_0^{n-1} + x_0^{n-1} + x_0^{n-1} + \ldots x_0^{n-1} + x_0^{n-1} = n \cdot x_0^{n-1} \end{aligned}$$

Damit ist eine Regel zur Ableitung der Potenzfunktionen $f(x) = x^n$ mit $n \in \mathbb{N}$ $(n \geq 1)$ gefunden. Wie in D 3.1 noch gezeigt wird, gilt die gewonnene Formel sogar für jeden reellen Exponenten.

D 8

Beispiel D 8:

a) Für die Ableitung von $f(x) = x^6$ ergibt sich nach der Potenzregel:
$f'(x) = 6 \cdot x^{6-1} = 6 \cdot x^5$

b) Als Ableitung von $f(x) = 8 \cdot x^5$ erhalten wir nach der Faktor- und der Potenzregel:
$f'(x) = 8 \cdot (5 \cdot x^4) = 40 \cdot x^4$

c) Es ist der Anstieg des Graphen der Funktion $f(x) = x^3$ an der Stelle $x_0 = 2$ zu bestimmen.
Die Ableitung von $f(x) = x^3$ ist $f'(x) = 3x^2$ (Potenzregel). Für $x_0 = 2$ erhält man
$f'(2) = 3 \cdot 2^2 = 12$.
Der Anstieg des Graphen der Funktion $f(x) = x^3$ im Punkt $P_0(2; 8)$ ist $m = \tan\alpha = 12$.

## D 2.2 Summen-, Produkt- und Quotientenregel

Es ist die Ableitung der Funktion $f(x) = x^3 + x^2$ zu bestimmen.
Wir folgen der Definition D 2 und bilden den Differenzenquotienten:

$$d(h) = \frac{(x_0+h)^3 + (x_0+h)^2 - (x_0^3 + x_0^2)}{h} = \frac{x_0^3 + 3x_0^2 \cdot h + 3x_0h^2 + h^3 + x_0^2 + 2x_0h + h^2 - x_0^3 - x_0^2}{h}$$

$$= \frac{3x_0^2 \cdot h + 3x_0h^2 + h^3 + 2x_0h + h^2}{h} = 3x_0^2 + 3x_0 \cdot h + h^2 + 2x_0 + h, \qquad h \neq 0$$

Als Grenzwert ergibt sich:

$$\lim_{h \to 0} d(h) = \lim_{h \to 0} (3x_0^2 + 3x_0 \cdot h + h^2 + 2x_0 + h) = 3x_0^2 + 2x_0$$

Die Ableitungsfunktion ist demnach $f'(x) = 3x^2 + 2x$.

Betrachtet man Aufgabe und Ergebnis, so ist festzustellen: Hätte man in $f(x) = x^3 + x^2$ jeden Summanden nach der Potenzregel abgeleitet, so wäre man zum gleichen Resultat gelangt. Allgemein gilt:

D 4

> Satz D 4: **Summenregel**
> Sind zwei Funktionen u und v in $x_0$ differenzierbar, so ist an dieser Stelle auch die Summenfunktion s mit $s(x) = u(x) + v(x)$ differenzierbar. Es gilt:
> $s'(x_0) = u'(x_0) + v'(x_0)$.

Da diese Aussage für ein beliebiges $x_0$ aus dem Bereich gilt, in dem sowohl u als auch v differenzierbar sind, können wir vereinfacht schreiben: $s = u + v \Rightarrow s' = u' + v'$. Kurz: Eine Summenfunktion kann summandenweise differenziert werden.

*Beweis:*

Es seien u und v zwei in $x_0$ differenzierbare Funktionen und es sei s die Summe der Funktionen u und v mit $s(x) = u(x) + v(x)$ für alle $x \in \mathbb{R}$. Wir berechnen den Differenzenquotienten von s an der Stelle $x_0$:

$$d(x) = \frac{s(x) - s(x_0)}{x - x_0} = \frac{[\,u(x) + v(x)\,] - [\,u(x_0) + v(x_0)\,]}{x - x_0}$$

$$= \frac{u(x) - u(x_0) + v(x) - v(x_0)}{x - x_0} = \frac{u(x) - u(x_0)}{x - x_0} + \frac{v(x) - v(x_0)}{x - x_0} \qquad (\text{jeweils } x \neq x_0)$$

Mit Hilfe der bekannten Grenzwertsätze ergibt sich

$$\lim_{x \to x_0} d(x) = \lim_{x \to x_0} \frac{u(x) - u(x_0)}{x - x_0} + \lim_{x \to x_0} \frac{v(x) - v(x_0)}{x - x_0}$$

und damit $s'(x_0) = u'(x_0) + v'(x_0)$, was zu beweisen war.

Diese Regel gilt für endlich viele Summanden, also auch für mehr als zwei Summanden (s. Aufgabe *DA 36*).

Aus Potenz- und Summenregel ergibt sich eine wichtige Schlussfolgerung:

Jede ganzrationale Funktion $f(x) = a_nx^n + a_{n-1}x^{n-1} + \ldots + a_1x + a_0$ ist differenzierbar und besitzt die Ableitungsfunktion $f'(x) = n \cdot a_nx^{n-1} + (n-1)a_{n-1}x^{n-2} + \ldots + a_1$.

Die Ableitungsfunktion f′ ist also wieder eine ganzrationale Funktion mit einem gegenüber f um 1 niedrigeren Grad.

Differentiationsregeln für das Produkt und den Quotienten zweier Funktionen seien hier ohne Beweis angegeben:

D 5

> Satz D 5: **Produktregel**
> Sind zwei Funktionen u und v in $x_0$ differenzierbar, so ist auch die Funktion p mit $p(x) = u(x) \cdot v(x)$ an dieser Stelle differenzierbar. Es gilt:
> $p'(x_0) = u'(x_0) \cdot v(x_0) + v'(x_0) \cdot u(x_0)$

Da diese Aussage für ein beliebiges $x_0$ aus dem Bereich gilt, in dem sowohl u als auch v differenzierbar sind, können wir wieder vereinfacht schreiben: $p = u \cdot v \Rightarrow p' = u' \cdot v + v' \cdot u$. Die Produktregel lässt sich ähnlich wie die Summenregel auf endlich viele Faktoren erweitern (s. Aufgabe *DA 42*).

D 6

Satz D 6: **Quotientenregel**
Sind zwei Funktionen u und v in $x_0$ differenzierbar und ist $v(x_0) \neq 0$, dann ist auch die Funktion q mit $q(x) = \frac{u(x)}{v(x)}$ an der Stelle $x_0$ differenzierbar. Es gilt:

$$q'(x_0) = \frac{u'(x_0) \cdot v(x_0) - v'(x_0) \cdot u(x_0)}{(v(x_0))^2}$$

In Kurzform: $q = \frac{u}{v} \Rightarrow q' = \frac{u'v - v'u}{v^2}$

Bei der Anwendung der Quotientenregel muss man beachten, dass $f(x) = \frac{u(x)}{v(x)}$ nur dort differenzierbar ist, wo $v(x) \neq 0$ gilt.

D 9

Beispiel D 9:

a) Gegeben ist die Funktion $f(x) = 8x^3 + 50x^2$.
Setzt man $u(x) = 8x^3$ und $v(x) = 50x^2$, so ergibt sich $u'(x) = 24x^2$; $v'(x) = 100x$ und damit nach der Summenregel $f'(x) = 24x^2 + 100x$.

b) An welchen Stellen verläuft die Tangente an den Graphen der Funktion
$f(x) = 0{,}2x^3 - 0{,}3x^2 - 3{,}6x + 1$
parallel zur x-Achse?
Wir ermitteln die Stellen, an denen der Anstieg der Tangente $m = \tan\alpha = 0$ ist.
Wegen $f'(x_0) = \tan\alpha$ und $f'(x) = 0{,}6x^2 - 0{,}6x - 3{,}6$ müssen wir dazu die Gleichung
$0 = 0{,}6x_0^2 - 0{,}6x_0 - 3{,}6$ bzw. $0 = x_0^2 - x_0 - 6$
lösen.
Wir erhalten
$x_{0_{1/2}} = \frac{1}{2} \pm \sqrt{\frac{1}{4} + \frac{24}{4}} = \frac{1}{2} \pm \frac{5}{2}$, also $x_{0_1} = 3$ und $x_{0_2} = -2$.

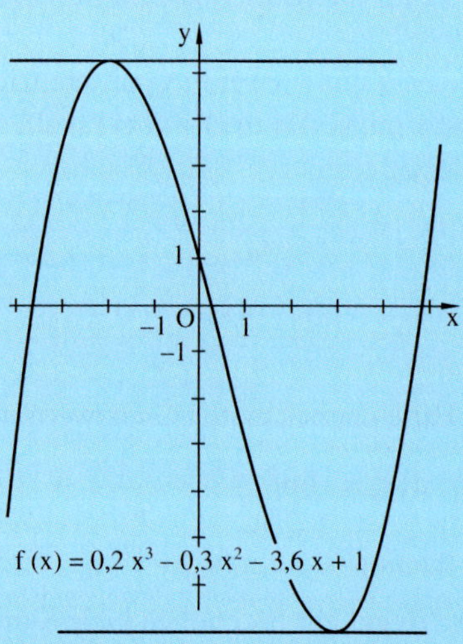

Fig. D 14

Die Tangenten an den Graphen der Funktion verlaufen an den Stellen $x_{0_1} = 3$ und $x_{0_2} = -2$ parallel zur x-Achse (Fig. D 14).

Als Folgerung aus Faktor- und Summenregel haben wir bereits jede ganzrationale Funktion als differenzierbar für alle $x \in \mathbb{R}$ erkannt. Da sich jede rationale Funktion (s. Abschnitt A 6) mittels Addition, Subtraktion, Multiplikation und Division aus Potenzfunktionen mit natürlichen Exponenten und konstanten Funktionen zusammensetzen lässt, folgt aus den nunmehr vorliegenden Differentiationsregeln sogar:
Jede rationale Funktion ist an jeder Stelle ihres Definitionsbereiches differenzierbar und die Ableitung ist wieder eine rationale Funktion.
Entsprechend den Aussagen in D 1.3 ist dann natürlich auch jede rationale Funktion in ihrem gesamten Definitionsbereich stetig.

D 10

Beispiel D 10:

a) Zu ermitteln ist die Ableitung der Funktion $f(x) = x^3 \cdot (x^2 - x + 10)$.

Wir wenden die Produktregel an (es wäre hier natürlich auch möglich, das Produkt auszumultiplizieren und dann die Summenregel zu nutzen):

$u(x) = x^3$, also $u'(x) = 3x^2$

$v(x) = x^2 - x + 10$, also $v'(x) = 2x - 1$

Wir setzen in die Formel $f'(x) = u'(x) \cdot v(x) + v'(x) \cdot u(x)$ ein und erhalten:

$$f'(x) = 3x^2 \cdot (x^2 - x + 10) + (2x - 1) \cdot x^3$$
$$= 3x^4 - 3x^3 + 30x^2 + 2x^4 - x^3 = 5x^4 - 4x^3 + 30x^2$$

b) Gesucht ist die Ableitung der Funktion $f(x) = \dfrac{x^2 - 1}{x^2 - 2x - 3}$, $(x \neq -1, x \neq 3)$

Wir wenden die Quotientenregel an und setzen dafür

$u(x) = x^2 - 1$, also $u'(x) = 2x$

$v(x) = x^2 - 2x - 3$, also $v'(x) = 2x - 2$.

Für $f'(x) = \dfrac{u'(x) \cdot v(x) - v'(x) \cdot u(x)}{(v(x))^2}$ ergibt sich damit:

$$f'(x) = \frac{2x(x^2 - 2x - 3) - (2x - 2) \cdot (x^2 - 1)}{(x^2 - 2x - 3)^2}$$
$$= \frac{2x^3 - 4x^2 - 6x - (2x^3 - 2x - 2x^2 + 2)}{(x^2 - 2x - 3)^2} = \frac{-2x^2 - 4x - 2}{(x^2 - 2x - 3)^2}$$

An den Stellen $x_1 = -1$ und $x_2 = 3$ ist die Funktion f wegen $v(-1) = 0$ und $v(3) = 0$ nicht differenzierbar.

## D 2.3 Kettenregel

Mit den bislang betrachteten Ableitungsregeln lassen sich einige bekannte Funktionen noch nicht differenzieren. So gelingt die Ableitung von $f(x) = (2x)^2$ nicht durch bloße Anwendung der Potenzregel. Es ist entweder zunächst das Quadrat zu bilden oder nach der Produktregel zu verfahren. Bei Funktionen wie $f(x) = (x^4 - x^3 + 2x^2 - 1)^{25}$ entsteht allerdings durch Ausmultiplizieren und Anwenden der Summenregel ein sehr großer Rechenaufwand. Für die Funktion $f(x) = \sqrt{x^2 - 1}$ ließe sich mit den bisherigen Mitteln überhaupt keine Ableitung finden.[1)]

Die drei genannten Beispiele weisen jedoch eine Gemeinsamkeit auf: Es handelt sich um Funktionen, die durch Verkettung entstanden sind (s. Abschnitt A 5). Die Funktion $f(x) = (x^4 - x^3 + 2x^2 - 1)^{25}$ ist so die Verkettung f mit $f(x) = v(u(x))$ aus der inneren Funktion u mit $u(x) = x^4 - x^3 + 2x^2 - 1$ und der äußeren Funktion v mit $v(z) = z^{25}$, kurz: $f = v \circ u$ (gesprochen: *v nach u*). Da solche Funktionen häufig auftreten, ist es zweckmäßig, für sie eine entsprechende Differentiationsregel bereitzustellen.

1) Das liegt natürlich auch daran, dass die Potenzregel noch auf natürliche Exponenten eingeschränkt ist. Doch selbst mit der in D 3.1 vorgenommenen Erweiterung auf beliebige reelle Exponenten kommt man an dieser Stelle nicht weiter.

Wir betrachten dazu die Funktion f mit der Gleichung $f(x) = (x^2 - 1)^2$. Die innere Funktion von f ist u mit $u(x) = x^2 - 1$, die äußere Funktion ist v mit $v(z) = z^2$. Ihre Ableitungen sind $u'(x) = 2x$ und $v'(z) = 2 \cdot z = 2(x^2 - 1)$.

Ermittelt man nun die Ableitung von $f(x) = (x^2 - 1)^2$ nach der Produktregel, so ergibt sich

$$f'(x) = 2x \cdot (x^2 - 1) + (x^2 - 1) \cdot 2x = 2(x^2 - 1) \cdot 2x.$$

Vergleicht man dieses Ergebnis mit den Ableitungen der Funktionen v und u, so liegt die Vermutung nahe, dass man zur Ableitung der Verkettung gelangt, indem man die Ableitung der äußeren Funktion mit der Ableitung der inneren Funktion multipliziert. In der Tat gilt folgender Satz, den wir hier ohne Beweis mitteilen:

D 7

Satz D 7: **Kettenregel**
Es sei die Funktion u (Definitionsbereich $D_u$) an der Stelle $x_0$ und die Funktion v (Definitionsbereich $D_v$ mit $W_u \subseteq D_v$) an der Stelle $u(x_0)$ differenzierbar. Dann ist auch die Funktion $f = v \circ u$ in $x_0$ differenzierbar und es gilt $f'(x_0) = v'(u(x_0)) \cdot u'(x_0)$.

Die *Kettenregel* besagt also: Die Ableitung einer verketteten (mittelbaren) Funktion ist gleich dem Produkt der Ableitungen von äußerer und innerer Funktion.
Für die Anwendung der Kettenregel ist eine auf der Schreibweise $\frac{dy}{dx}$ anstelle von $f'(x)$ beruhende Notation sehr einprägsam:
Ist $y = f(x) = v(z)$ und $z = u(x)$, dann gilt

$$\frac{dy}{dx} = \frac{dy}{dz} \cdot \frac{dz}{dx},$$

wobei $\frac{dz}{dx} = u'(x)$ die Ableitung der inneren Funktion und $\frac{dy}{dz} = v'(z)$ die Ableitung der äußeren Funktion ist.

D 11

Beispiel D 11:
Wir greifen noch einmal die eingangs genannte Funktion $y = f(x) = (x^4 - x^3 + 2x^2 - 1)^{25}$ auf und bilden die Ableitung nach der Kettenregel.
Hier ist $z = u(x) = x^4 - x^3 + 2x^2 - 1$, $v(z) = z^{25}$ und demzufolge
$u'(x) = \frac{dz}{dx} = 4x^3 - 3x^2 + 4x$ sowie $v'(z) = \frac{dy}{dz} = 25 \cdot z^{24}$.

$$\begin{aligned} \text{Dann gilt } f'(x) &= \frac{dy}{dx} = \frac{dy}{dz} \cdot \frac{dz}{dx} \\ &= 25 \cdot z^{24} \cdot (4x^3 - 3x^2 + 4x) \\ &= 25(x^4 - x^3 + 2x^2 - 1)^{24} \cdot (4x^3 - 3x^2 + 4x). \end{aligned}$$

# D 3 Ableitungen elementarer Funktionen

## D 3.1 Ableitung von Potenzfunktionen

Die Ableitung von Potenzfunktionen mit natürlichen Exponenten $n \geq 1$ war Inhalt von Satz D 3 (Abschnitt D 2.1). Es soll nun die Ableitung von Potenzfunktionen mit negativen ganzzahligen Exponenten gefunden werden.

Wir betrachten also Funktionen

$f(x) = x^g \quad$ mit $g < 0$, $g \in \mathbb{Z}$, $x \neq 0$.

Wegen $g < 0$ lässt sich der Funktionsterm $x^g$ nach den Potenzgesetzen in $\frac{1}{x^{-g}} = \frac{1}{x^n}$, mit $n = -g$, $n \in \mathbb{N}^*$ umformen. Wenden wir auf $f(x) = \frac{1}{x^n}$ die Quotientenregel (Satz D 6) an, so ergibt sich

$$f'(x) = \frac{0 \cdot x^n - n \cdot x^{n-1} \cdot 1}{(x^n)^2} = \frac{-n \cdot x^{n-1}}{x^{2n}} = -n \cdot x^{n-1} \cdot x^{-2n} = -n \cdot x^{-n-1}$$

bzw. (in der Form der Ausgangsfunktion geschrieben) $f'(x) = g \cdot x^{g-1}$.

Das heißt:

**D 8**

Satz D 8:
Die Funktion $f(x) = x^g$ ist für jedes $g \in \mathbb{Z}$ sowie alle $x \in D_f$ differenzierbar und besitzt die Ableitung $f'(x) = g \cdot x^{g-1}$.

Die Potenzregel lässt sich darüber hinaus für $x > 0$ auch auf rationale Exponenten bzw. sogar auf beliebige reelle Exponenten r erweitern.
Auf den Beweis dieser Aussage verzichten wir.

**D 12**

Beispiel D 12:

Es ist die Ableitung der Funktion $f(x) = \frac{2}{3 \cdot x^2}$, $x \neq 0$ zu ermitteln.

Anwendung der Potenzregel auf $f(x) = \frac{2}{3} \cdot x^{-2}$ ergibt:

$$f'(x) = \frac{2}{3} \cdot (-2) \cdot x^{-2-1} = -\frac{4}{3} \cdot x^{-3} = \frac{-4}{3 \cdot x^3}$$

**D 13**

Beispiel D 13:
Wir bestimmen die Ableitung der Funktion $f(x) = \sqrt{x}$, $x \geq 0$.

Nach der Potenzregel folgt aus $f(x) = x^{\frac{1}{2}}$

$$f'(x) = \frac{1}{2} x^{\frac{1}{2} - 1} = \frac{1}{2} x^{-\frac{1}{2}} = \frac{1}{2 \cdot \sqrt{x}}.$$

**D 14**

Beispiel D 14:
Es ist die Ableitung der Funktion $f(x) = \sqrt{x^2 + 5}$ zu bestimmen.
f ist eine Verkettung der Funktionen u und v mit $z = u(x) = x^2 + 5$ und $v(z) = \sqrt{z}$.
Zur Ableitung von u und v wenden wir Potenz- und Summenregel an und erhalten

$u'(x) = 2x$ bzw. $v'(z) = \frac{1}{2\sqrt{z}}$.

Die Ableitung von f ergibt sich nun nach der Kettenregel (Satz D 7):

$$f'(x) = v'(z) \cdot u'(x) = \frac{1}{2\sqrt{z}} \cdot 2x = \frac{x}{\sqrt{x^2 - 5}}$$

## D 3.2 Ableitung von Exponential- und Logarithmusfunktionen

Exponential- und Logarithmusfunktionen wurden in Kapitel A (Abschnitt A 4) diskutiert. Eine besondere Stellung nehmen die Exponentialfunktion $f(x) = e^x$ und die natürliche Logarithmusfunktion $f(x) = \ln x$ ein. Die *EULERsche Zahl* $e = 2{,}718281828459\ldots$ tritt bei beiden Funktionen als Basis auf. Man erhält diese Zahl als Grenzwert. Es gilt:

$$\lim_{h \to 0} (1 + h)^{\frac{1}{h}} = e \qquad \text{bzw.} \qquad \lim_{n \to \infty} (1 + \tfrac{1}{n})^n = e.$$

Um die *Ableitung der Exponentialfunktion* $f(x) = a^x$ $(a > 0, x \in \mathbb{R})$ zu gewinnen, gehen wir wieder vom Differenzenquotienten von f an einer beliebigen Stelle $x_0$ aus:

$$d(x) = \frac{f(x) - f(x_0)}{x - x_0} = \frac{a^x - a^{x_0}}{x - x_0} \qquad x \neq x_0.$$

Damit ist $f'(x_0) = \lim\limits_{x \to x_0} \dfrac{a^x - a^{x_0}}{x - x_0}$, woraus sich durch Ausklammern des konstanten Faktors $a^{x_0}$ ergibt:

$$f'(x_0) = a^{x_0} \lim_{x \to x_0} \frac{a^{x - x_0} - 1}{x - x_0}.$$

Wir setzen in diesen Ausdruck nun der Übersichtlichkeit halber $a^{x - x_0} - 1 = k$ und formen in $a^{x - x_0} = 1 + k$ um. Logarithmiert man beide Seiten dieser Gleichung zur Basis a, so ergibt sich

$$x - x_0 = \log_a (1 + k).$$

Für den Grenzübergang bedeutet diese Ersetzung, dass $k \to 0$, wenn $x \to x_0$. Insgesamt können wir für $f'(x_0)$ schreiben:

$$f'(x_0) = a^{x_0} \lim_{k \to 0} \frac{k}{\log_a (1 + k)}$$

Durch weitere Umformungen und Anwendung der Logarithmengesetze sowie der Grenzwertsätze folgt:

$$f'(x_0) = a^{x_0} \lim_{k \to 0} \frac{1}{\frac{1}{k}(\log_a (1 + k))} = a^{x_0} \lim_{k \to 0} \frac{1}{\log_a (1 + k)^{\frac{1}{k}}} = a^{x_0} \frac{1}{\log_a (\lim\limits_{k \to 0} (1 + k)^{\frac{1}{k}})}$$

Der Grenzwert $\lim\limits_{k \to 0} (1 + k)^{\frac{1}{k}}$ ist nach der Eingangsbemerkung zu diesem Abschnitt die EULERsche Zahl e. Das heißt also:

$$f'(x_0) = a^{x_0} \frac{1}{\log_a e}$$

Nach Definition des Logarithmus gilt:

$$\log_a e = c \Leftrightarrow a^c = e$$

Logarithmiert man beide Seiten der rechten Gleichung zur Basis e, so ergibt sich $c \cdot \ln a = \ln e$, woraus wegen $\ln e = 1$ folgt $c \cdot \ln a = 1$ bzw. $c = \frac{1}{\ln a}$. Also gilt $\log_a e = \frac{1}{\ln a}$ und damit:

$$f'(x_0) = a^{x_0} \cdot \frac{1}{\frac{1}{\ln a}} = a^{x_0} \cdot \ln a$$

Da diese Beziehung für jedes $x_0 \in \mathbb{R}$ und $a > 0$ gilt, folgt:

D 9

Satz D 9:
Die **Exponentialfunktion $f(x) = a^x$** $(a > 0)$ ist an jeder Stelle ihres Definitionsbereiches differenzierbar. Für ihre Ableitung gilt $f'(x) = a^x \cdot \ln a$.
Ist insbesondere $a = e$, so stimmt die Funktion $f(x) = e^x$ mit ihrer Ableitungsfunktion $f'(x) = e^x$ überein: $(e^x)' = e^x$.

D 15

Beispiel D 15:
Es ist die Ableitung der Funktion $f(x) = 3^x \cdot x^4$ zu bestimmen.
Wir wenden die Produktregel an mit
$u(x) = 3^x$, also $u'(x) = 3^x \cdot \ln 3$, und $v(x) = x^4$, also $v'(x) = 4 \cdot x^3$.
Damit ergibt sich für $f(x) = u(x) \cdot v(x)$ wegen $f'(x) = u'(x) \cdot v(x) + u(x) \cdot v'(x)$
$f'(x) = 3^x \cdot \ln 3 \cdot x^4 + 3^x \cdot 4 \cdot x^3 = 3^x \cdot x^3(x \cdot \ln 3 + 4)$.

Zur Bildung der *Ableitung der Logarithmusfunktion* $f(x) = \log_a x$ gehen wir wieder vom Differenzenquotienten aus:

$$d(h) = \frac{\log_a(x_0 + h) - \log_a x_0}{h}$$

Wegen $\log_a(x_0 + h) - \log_a x_0 = \log_a \frac{x_0 + h}{x_0}$ kann man auch schreiben

$$d(h) = \frac{1}{h} \cdot \log_a\left(1 + \frac{h}{x_0}\right) = \frac{1}{x_0} \cdot \frac{x_0}{h} \cdot \log_a\left(1 + \frac{h}{x_0}\right),$$

woraus nach den Logarithmengesetzen dann $d(h) = \frac{1}{x_0} \cdot \log_a \left(1 + \frac{h}{x_0}\right)^{\frac{x_0}{h}}$ folgt.

Setzt man $\frac{x_0}{h} = n$, so erhält man für den Numerus des Logarithmus die Form $(1 + \frac{1}{n})^n$.

Für $h \to 0$ strebt dann $\frac{x_0}{h} = n$ gegen $\infty$. Also ist

$$f'(x_0) = \lim_{n \to \infty} \frac{1}{x_0} \cdot \log_a\left(1 + \frac{1}{n}\right)^n = \frac{1}{x_0} \cdot \log_a \cdot \lim_{n \to \infty}\left(1 + \frac{1}{n}\right)^n.$$

Da $\lim\limits_{n \to \infty}(1 + \frac{1}{n})^n$ die EULERsche Zahl e ergibt, folgt $f'(x_0) = \frac{1}{x_0} \cdot \log_a e$ bzw.

(wegen $\log_a e = \frac{1}{\ln a}$, s. S. 100)

$$f'(x_0) = \frac{1}{x_0} \cdot \frac{1}{\ln a}.$$

Weil dies wiederum für jedes $x_0$ des Definitionsbereiches von f gilt, lässt sich feststellen:

D 10

Satz D 10:
Die **Logarithmusfunktion $f(x) = \log_a x$** $(a > 0, a \neq 1)$ ist an jeder Stelle ihres Definitionsbereiches differenzierbar. Für ihre Ableitung gilt $f'(x) = \frac{1}{x \cdot \ln a}$. Ist insbesondere $a = e$, so ergibt sich für die Funktion $f(x) = \log_e x = \ln x$ die Ableitung $f'(x) = \frac{1}{x}$.

Die Einfachheit dieser Regel und das bemerkenswerte Resultat, dass die Ableitung von $f(x) = e^x$ gleich der Funktion selbst ist, tragen zu der besonderen Bedeutung der Zahl e bei.

D 16

Beispiel D 16:

a) Gesucht ist die Ableitung der Funktion $f(x) = \log_{10} \sqrt{x^5}$, $x > 0$.

Aus der gegebenen Funktionsgleichung erhält man $f(x) = \log_{10} x^{\frac{5}{2}}$ und daraus durch Anwenden der Logarithmengesetze $f(x) = \frac{5}{2} \cdot \log_{10} x$. Die Ableitungsregel für die Logarithmusfunktion liefert schließlich

$$f'(x) = \frac{5}{2} \cdot \frac{1}{x \cdot \ln 10} \approx 1{,}09 \cdot \frac{1}{x}.$$

b) Es ist die Ableitung der Funktion $f(x) = \frac{\ln x}{x}$ $(x > 0)$ zu bestimmen.

Wir wenden die Quotientenregel und die Regel zur Ableitung der natürlichen Logarithmusfunktion an:

$$f'(x) = \frac{\frac{1}{x} \cdot x - \ln x}{x^2} = \frac{1 - \ln x}{x^2}.$$

c) Für die Ableitung der Funktion $f(x) = x^4 \cdot \log_5 x^2$, $x \in \mathbb{R}\setminus\{0\}$, nutzen wir die Produktregel sowie Satz D 10.

Mit $u(x) = x^4$ und $v(x) = \log_5 x^2$ ist $u'(x) = 4x^3$ und $v'(x) = \frac{2}{x \ln 5}$.

Damit gilt:

$$f'(x) = 4x^3 \cdot \log_5 x^2 + x^4 \cdot \frac{2}{x \cdot \ln 5}$$

$$\approx 4x^3 \cdot \log_5 x^2 + 1{,}24 \cdot x^3 = x^3 \cdot (4 \cdot \log_5 x^2 + 1{,}24)$$

## D 3.3 Ableitung trigonometrischer Funktionen

Um die *Ableitung der Sinusfunktion* $f(x) = \sin x$ $(x \in \mathbb{R})$ zu erhalten, stellen wir wieder den Differenzenquotienten an einer beliebigen Stelle $x_0$ auf:

$$d(h) = \frac{f(x_0 + h) - f(x_0)}{h} = \frac{\sin(x_0 + h) - \sin x_0}{h}$$

Wegen $\sin(\alpha + \beta) = \sin\alpha \cdot \cos\beta + \cos\alpha \cdot \sin\beta$ (Abschnitt A 3, Additionstheoreme, s. auch „Formeln und Tabellen", S. 35) ist $\sin(x_0 + h) = \sin x_0 \cdot \cos h + \cos x_0 \cdot \sin h$ und damit

$$d(h) = \frac{\sin x_0 \cdot \cos h + \cos x_0 \cdot \sin h - \sin x_0}{h} = \frac{\sin x_0 \cdot \cos h - \sin x_0}{h} + \frac{\cos x_0 \cdot \sin h}{h}$$

$$= \sin x_0 \cdot \frac{\cos h - 1}{h} + \cos x_0 \cdot \frac{\sin h}{h}.$$

Wir bilden den Grenzwert des Differenzenquotienten für $h \to 0$ und erhalten nach den Grenzwertsätzen:

$$f'(x_0) = \lim_{h \to 0} d(h) = \lim_{h \to 0} \left(\sin x_0 \cdot \frac{\cos h - 1}{h} + \cos x_0 \cdot \frac{\sin h}{h}\right)$$

$$= \sin x_0 \cdot \lim_{h \to 0} \frac{\cos h - 1}{h} + \cos x_0 \cdot \lim_{h \to 0} \frac{\sin h}{h} \qquad (*)$$

Das heißt also: Der Grenzwert des Differenzenquotienten für $h \to 0$ existiert, wenn die Grenzwerte

$$\lim_{h \to 0} \frac{\cos h - 1}{h} \text{ und } \lim_{h \to 0} \frac{\sin h}{h}$$

existieren.

Die Ermittlung dieser beiden Grenzwerte erfordert gesonderte Überlegungen, die hier eingefügt seien.

*Bestimmung des Grenzwertes* $\lim\limits_{h \to 0} \frac{\sin h}{h}$

Bildet man den Funktionswert der Funktion $f(x) = \frac{\sin x}{x}$ an der Stelle $x_0 = 0$, so erhält man den unbestimmten Ausdruck $\frac{0}{0}$. Die Funktion ist also an der Stelle $x_0 = 0$ nicht definiert.

$f(x) = \frac{\sin x}{x}$ ist eine gerade Funktion, denn es gilt $f(-x) = \frac{\sin(-x)}{-x} = \frac{-\sin x}{-x} = \frac{\sin x}{x} = f(x)$. Diese Eigenschaft macht es möglich, sich bei der Untersuchung des Grenzwertes auf die Annäherung von rechts an die Stelle $x_0 = 0$ zu beschränken.

Aus Fig. D 15 ist zu entnehmen, dass der Flächeninhalt des Kreisausschnitts OBD zwischen den Flächeninhalten der Dreiecke OAD und OBC liegt. Im Einzelnen gilt:

Flächeninhalt des Dreiecks OAD: $\frac{1}{2} \cdot \sin x \cdot \cos x$

Flächeninhalt des Kreisausschnitts OBD: $\frac{1}{2} \cdot x \cdot 1$

Flächeninhalt des Dreiecks OBC: $\frac{1}{2} \cdot \tan x \cdot 1$

(jeweils mit $0 < x < \frac{\pi}{2}$)

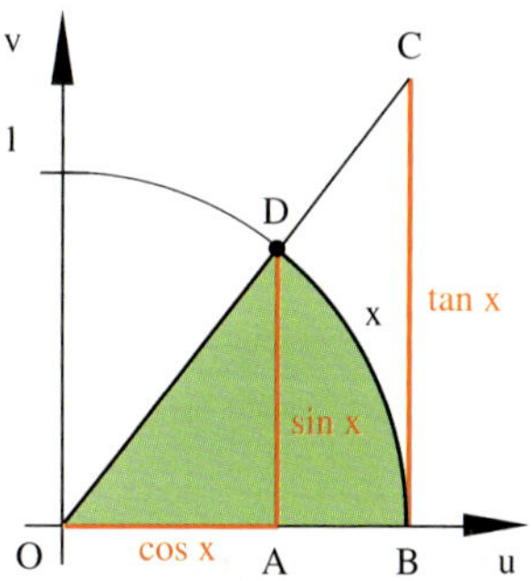


Fig. D 15

Das führt auf die Ungleichung

$$\frac{1}{2} \cdot \sin x \cdot \cos x < \frac{1}{2} \cdot x \cdot 1 < \frac{1}{2} \cdot \tan x \cdot 1.$$

Dividiert man für $x > 0$ durch $\frac{\sin x}{2}$ und bildet den reziproken Wert aller Glieder, so erhält man: $\frac{1}{\cos x} > \frac{\sin x}{x} > \cos x$.

Führen wir den Grenzübergang $x \to 0$ aus, so ist

$\lim\limits_{x \to 0} \frac{\sin x}{x}$ zwischen $\lim\limits_{x \to 0} \frac{1}{\cos x} = 1$ und $\lim\limits_{x \to 0} \cos x = 1$ eingeschlossen. Also gilt

$$\lim_{x \to 0} \frac{\sin x}{x} = 1.$$

Das heißt: Die Funktion $f(x) = \frac{\sin x}{x}$ strebt gegen 1, wenn x beliebig nahe an 0 herankommt (wobei stets $x \neq 0$ und $\frac{\sin x}{x} \neq \frac{0}{0}$ bleiben). Damit gilt auch $\lim\limits_{h \to 0} \frac{\sin h}{h} = 1$.

*Bestimmung des Grenzwertes* $\lim\limits_{h \to 0} \frac{\cos h - 1}{h}$

Um $\lim\limits_{h \to 0} \frac{\cos h - 1}{h}$ ermitteln zu können, führen wir folgende Umformungen durch:

$$\frac{\cos h - 1}{h} = \frac{(\cos h - 1)\cdot(\cos h + 1)\cdot h}{h\cdot(\cos h + 1)\cdot h} = \frac{(\cos^2 h - 1)\cdot h}{h^2\cdot(\cos h + 1)}$$

Wegen $\sin^2 x + \cos^2 x = 1$ („Formeln und Tabellen", S. 35) gilt $\cos^2 x - 1 = -\sin^2 x$. Damit ist

$$\frac{\cos h - 1}{h} = \frac{-\sin^2 h}{h^2}\cdot\frac{h}{\cos h + 1} = -\left(\frac{\sin h}{h}\cdot\frac{\sin h}{h}\right)\cdot\frac{h}{\cos h + 1}.$$

Für $h \to 0$ erhalten wir dann:

$$\lim_{h\to 0}\frac{\cos h - 1}{h} = -(\lim_{h\to 0}\frac{\sin h}{h}\cdot\lim_{h\to 0}\frac{\sin h}{h})\cdot\lim_{h\to 0}\frac{h}{\cos h + 1}$$

$$= -(1\cdot 1)\cdot\frac{\lim\limits_{h\to 0} h}{\lim\limits_{h\to 0}\cos h + \lim\limits_{h\to 0} 1} = -1\cdot\frac{0}{1+1} = 0$$

Setzen wir die oben ermittelten Grenzwerte $\lim\limits_{h\to 0}\frac{\sin h}{h} = 1$ und $\lim\limits_{h\to 0}\frac{\cos h - 1}{h} = 0$ in Gleichung (∗) ein, so ergibt sich: Der Grenzwert des Differenzenquotienten von $f(x) = \sin x$ an einer beliebigen Stelle $x_0$ existiert und es ist $f'(x_0) = \cos x_0$.

Also gilt:

**D 11**

> Satz D 11:
> Die **Sinusfunktion f(x) = sin x** ist im gesamten Definitionsbereich differenzierbar und besitzt die Ableitungsfunktion $f'(x) = \cos x$.

Um die *Ableitung der Kosinusfunktion* $f(x) = \cos x$ zu gewinnen, gehen wir von der Beziehung $\cos x = \sin(\frac{\pi}{2} - x)$ aus (Abschnitt A 3, s. auch „Formeln und Tabellen", S. 35), d. h., wir betrachten anstelle von $f(x) = \cos x$ die Funktion $f(x) = \sin(\frac{\pi}{2} - x)$.

Jetzt können wir die Kettenregel anwenden. Wir setzen

$$v(z) = \sin z \quad \text{mit} \quad z = u(x) = \frac{\pi}{2} - x.$$

Daraus folgt $v'(z) = \cos z$ bzw. $u'(x) = -1$ und damit

$$f'(x) = \cos z\cdot(-1) = -\cos(\frac{\pi}{2} - x) = -\sin x.$$

Es gilt also:

**D 12**

> Satz D 12:
> Die **Kosinusfunktion f(x) = cos x** ist im gesamten Definitionsbereich differenzierbar und besitzt die Ableitungsfunktion $f'(x) = -\sin x$.

Um die *Ableitung der Tangensfunktion* zu erhalten, greifen wir auf die Definitionsgleichung $f(x) = \tan x = \frac{\sin x}{\cos x}$ $(x \neq \frac{\pi}{2} + k\cdot\pi; k \in \mathbb{Z})$ zurück und wenden auf den Quotienten die Quotientenregel (Satz D 6) an.

Es gilt dann

$$f'(x) = \frac{\cos x \cdot \cos x - \sin x \cdot (-\sin x)}{\cos^2 x} = \frac{\cos^2 x + \sin^2 x}{\cos^2 x}, \quad \text{also } f'(x) = (\tan x)' = \frac{1}{\cos^2 x}.$$

D 17

Beispiel D 17:
Zu den nachfolgenden beiden Funktionen ist jeweils die Ableitung zu bestimmen.
a) $f(x) = x^2 \cdot \cos x$
$f'(x) = 2x \cdot \cos x - x^2 \cdot \sin x$ (Produktregel).
b) $g(x) = \sin 2x$
Wir bilden die Ableitung nach der Kettenregel:
$v(z) = \sin z \qquad v'(z) = \cos z$
$z = u(x) = 2x \qquad u'(x) = 2$
und damit $g'(x) = 2 \cdot \cos z = 2 \cdot \cos 2x$.

D 18

Beispiel D 18:
Welchen Anstieg hat die Tangente an die Sinuskurve an der Stelle $x_0 = \frac{\pi}{2}$?
Die Ableitung von $f(x) = \sin x$ ist $f'(x) = \cos x$. Da für den Anstieg der Tangente $m = \tan \alpha = f'(x_0)$ gilt, ist der gesuchte Anstieg $m = \tan\alpha = f'(\frac{\pi}{2}) = \cos\frac{\pi}{2} = 0$.
Das heißt: Die Tangente an die Sinuskurve an der Stelle $x_0 = \frac{\pi}{2}$ ist eine Parallele zur x-Achse – wovon man sich anhand des Graphen der Funktion schnell überzeugen kann.

## D 3.4 Ableitungen höherer Ordnung

Ist die Ableitungsfunktion $f'$ mit $y' = f'(x)$ einer Funktion f wiederum differenzierbar, so sagt man, dass die Funktion f (an einer Stelle $x_0$ oder im gesamten Definitionsbereich) *zweimal differenzierbar* ist. Man nennt deshalb $f'$ mit $y' = f'(x)$ auch die *1. Ableitung* der Funktion f. Die *2. Ableitung* wird $y'' = f''(x)$ (lies: *y zwei Strich gleich f zwei Strich von x*) oder $\frac{d^2y}{dx^2}$ (lies: *d zwei y nach dx Quadrat*) geschrieben. Mit $y''' = f'''(x)$ wird die *3. Ableitung* bezeichnet.

Von der *4. Ableitung* an schreibt man $y^{(4)} = f^{(4)}(x)$, $y^{(5)} = f^{(5)}(x)$, …, $y^{(n)} = f^{(n)}(x)$.
Die 1. Ableitung nennt man, wie wir es bisher auch getan haben, schlechthin *Ableitung* (der jeweiligen Funktion). Die 2. Ableitung und alle weiteren Ableitungen einer Funktion werden als **höhere Ableitungen** bezeichnet.

D 19

Beispiel D 19:
Es sei $f(x) = x^4 - 5x^3 + 2x^2 - \sqrt{3}\,x + 0{,}3$.
Gesucht ist die 5. Ableitung der Funktion. Wir gehen schrittweise vor:
$y' = f'(x) = 4x^3 - 15x^2 + 4x - \sqrt{3}$
$y'' = f''(x) = 12x^2 - 30x + 4$
$y''' = f'''(x) = 24x - 30$
$y^{(4)} = f^{(4)} = 24$
$y^{(5)} = f^{(5)}(x) = 0$

# D 4 Sätze über differenzierbare Funktionen

Die Kenntnis der Ableitung $f'$ einer Funktion f ermöglicht oft Schlussfolgerungen über das Verhalten der Funktion f selbst. Um diese Untersuchungen in Abschnitt D 5 durchführen zu können, stellen wir nachfolgend zwei Sätze bereit, die für die Anwendung der Differentialrechnung insgesamt große Bedeutung besitzen.

D 13

Satz D 13: **Satz von ROLLE**
Ist eine Funktion f
a) im abgeschlossenen Intervall [a; b] stetig,
b) im offenen Intervall ]a; b[ differenzierbar und gilt
c) $f(a) = f(b)$,
dann existiert mindestens eine Stelle c zwischen a und b (also $c \in ]a; b[$), so dass $f'(c) = 0$ ist.

Auf den Beweis dieser Aussage, die von dem französischen Mathematiker M. ROLLE (1652–1719) formuliert wurde, soll verzichtet werden. Geometrisch besagt der Satz von ROLLE Folgendes (Fig. D 16): Wenn die Randpunkte A, B des abgeschlossenen Intervalls [a; b] gleiche y-Werte besitzen, dann gibt es zwischen A und B mindestens einen Punkt C des Graphen der Funktion f, in dem die Tangente parallel zur x-Achse verläuft.

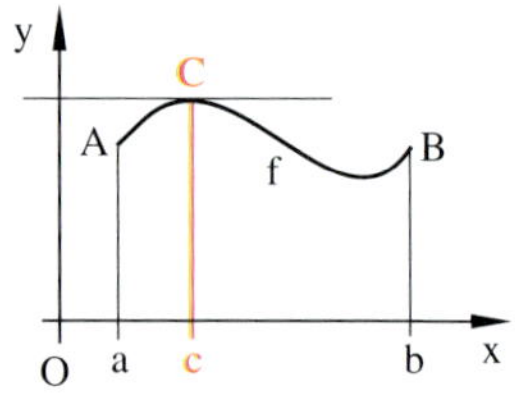

Fig. D 16

Eine Erweiterung des Satzes von ROLLE stellt der folgende Satz dar.

D 14

Satz D 14: **Mittelwertsatz der Differentialrechnung**
Ist eine Funktion f
a) im abgeschlossenen Intervall [a; b] stetig und
b) im offenen Intervall ]a; b[ differenzierbar,
dann existiert mindestens eine Stelle c zwischen a und b, so dass

$$\frac{f(b) - f(a)}{b - a} = f'(c), \qquad c \in ]a; b[.$$

Der Mittelwertsatz besagt also (s. Fig. D 17), dass es unter den angegebenen Voraussetzungen zwischen den beiden Intervallenden a und b mindestens eine solche Stelle c geben muss, dass die Tangente im Punkt $C(c; f(c))$ parallel zur Sekante durch die Punkte A und B verläuft.

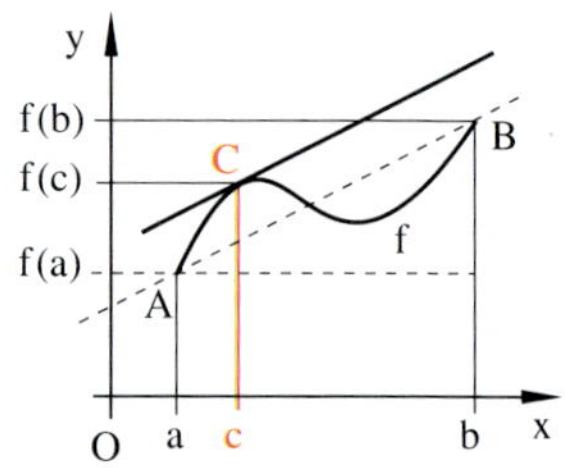

Fig. D 17

Auf den Beweis wollen wir wiederum verzichten, jedoch zwei Bemerkungen anfügen.

- Für den Fall $f(a) = f(b)$ folgt der Satz von ROLLE aus dem Mittelwertsatz. Der Satz von ROLLE ist also ein Spezialfall des Mittelwertsatzes.
- Der Mittelwertsatz und der Satz von ROLLE stellen jeweils *nur* fest, dass wenigstens eine solche Stelle c mit der angeführten Eigenschaft *existiert*. Aber bereits die Kenntnis der Existenz einer solchen Stelle allein leistet nützliche Dienste, wie wir im Weiteren sehen werden.

D 20

Beispiel D 20:
Wir betrachten die Funktion $f(x) = \sqrt{x}$ auf dem abgeschlossenen Intervall [0; 4] (Fig. D 18).
Die Funktion $y = \sqrt{x}$ erfüllt die Voraussetzungen des Mittelwertsatzes – sie ist in [0; 4] stetig und in ]0; 4[ differenzierbar. Bestimmt werden soll nun eine Stelle c zwischen 0 und 4, so dass die Tangente in (c; f(c)) an den Graphen von f parallel zur Sekante durch (0; 0) und (4; 2) verläuft.

Dazu ermitteln wir zunächst den Anstieg der Sekante:

$$m_s = \frac{f(4) - f(0)}{4 - 0} = \frac{2 - 0}{4} = \frac{1}{2}$$

Der Anstieg der Tangente an einer bestimmten Stelle $x_0 = c$ ist durch die 1. Ableitung der Funktion an dieser Stelle gegeben und dieser Anstieg soll gleich dem der o. g. Sekante sein. Wegen $f'(x_0) = \frac{1}{2 \cdot \sqrt{x_0}}$ muss also gelten $f'(c) = \frac{1}{2 \cdot \sqrt{c}} = \frac{1}{2}$.

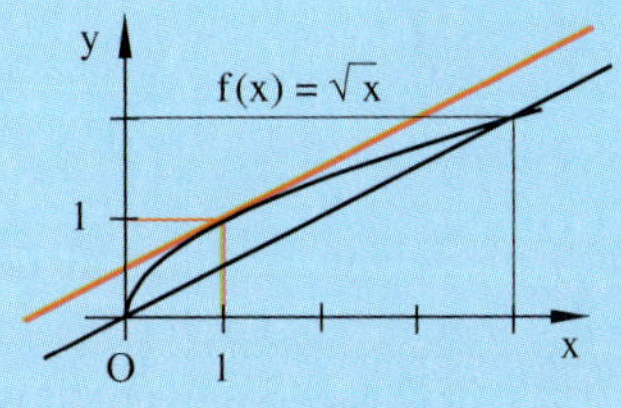

Fig. D 18

Daraus folgt $\sqrt{c} = 1$ und damit $c = 1$.

Das heißt: Im Punkt (1; 1) des Graphen der Funktion $f(x) = \sqrt{x}$ ist die Tangente parallel zur Sekante durch die Punkte (0; 0) und (4; 2).

# D 5 Anwendungen der Differentialrechnung

## D 5.1 Untersuchung von Funktionen

### D 5.1.1 Monotonieverhalten

Anknüpfend an die Ausführungen der Kapitel A und C beschäftigen wir uns nachfolgend mit Kurvenuntersuchungen unter Verwendung der Differentialrechnung.
Dazu sei zunächst überlegt, ob es Zusammenhänge zwischen dem Graphen einer Funktion und dem Graphen der 1. Ableitung dieser Funktion gibt.

Betrachten wir zum Beispiel

- die Graphen der Funktionen $f_1(x) = (x - 1)^2 + 2$ und $f_2(x) = -(x - 1)^2 - 2$ sowie
- die Graphen ihrer Ableitungen $f_1'(x) = 2x - 2$ bzw. $f_2'(x) = -2x + 2$

unter dem Aspekt des Monotonieverhaltens, so sind Zusammenhänge erkennbar (Fig. D 19)[1)].

[1)] Wir bezeichnen hier und nachfolgend der Übersichtlichkeit halber die Ordinatenachse stets nur mit y, auch wenn in dem Koordinatensystem teilweise Funktionen $y = f(x)$, $y' = f'(x)$ usw. gemeinsam dargestellt sind.

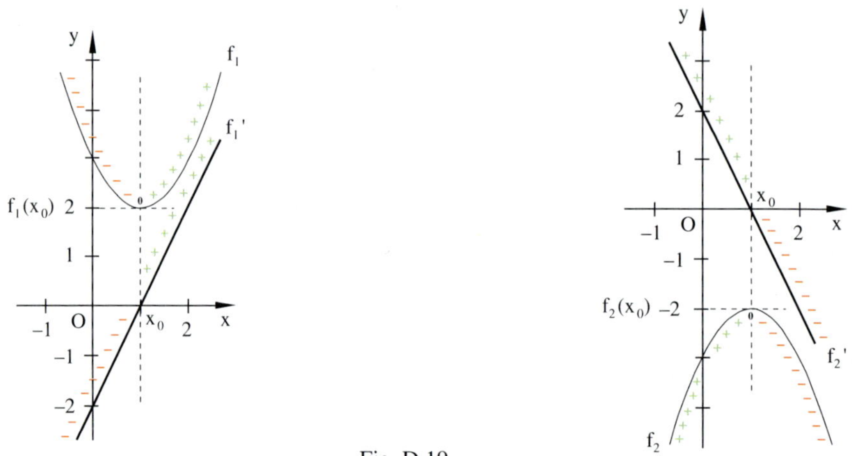


Fig. D 19

Beide Beispiele zeigen: Im Intervall des monotonen Wachsens einer Funktion $f(x)$ ist der Anstieg der Tangenten – angegeben durch $f'(x)$ – positiv. Für alle x aus dem Intervall, wo $f(x)$ monoton fallend ist, gilt $f'(x) < 0$. Dieser Sachverhalt wird durch den Graphen der jeweiligen Ableitung bestätigt. Besondere Bedeutung besitzt der Übergangspunkt $(x_0; f(x_0))$, da hier die Tangente an den Graphen von f parallel zur x-Achse liegt, ihr Anstieg $f'(x_0)$ also 0 ist. Wir kommen zu folgender Vermutung, deren Allgemeingültigkeit zu beweisen ist (s. auch „Formeln und Tabellen“, S. 43):

**D 15**

Satz D 15:
Eine im offenen Intervall I differenzierbare Funktion f ist in diesem Intervall genau dann

| monoton wachsend, | monoton fallend, |
|---|---|

wenn für alle $x \in I$ gilt

| $f'(x) \geq 0$. | $f'(x) \leq 0$. |
|---|---|

Wir führen den Beweis dieses Satzes wegen der *„genau dann, wenn“*-Aussage (also einer Äquivalenzaussage) „in beiden Richtungen“, beschränken uns aber auf den Fall des monotonen Wachsens.

*Voraussetzung*:
f ist eine im offenen Intervall I differenzierbare Funktion und für alle $x \in I$ gilt $f'(x) \geq 0$.

*Behauptung*:
f ist im Intervall I monoton wachsend (also: Für beliebige $x_1, x_2 \in I$ mit $x_1 < x_2$ gilt $f(x_1) \leq f(x_2)$).

*Beweis*:

- $x_1, x_2 \in I$ mit $x_2 > x_1$ seien beliebige Zahlen aus I. Dann gibt es zwischen ihnen nach Satz D 13 ein $x_0$ mit $f'(x_0) = \dfrac{f(x_2) - f(x_1)}{x_2 - x_1}$.

*Voraussetzung:*
f ist im Intervall differenzierbar und monoton wachsend (also: Für beliebige $x_1, x_2 \in I$ mit $x_1 < x_2$ gilt $f(x_1) \leq f(x_2)$).

*Behauptung:*
Für alle $x \in I$ gilt $f'(x) \geq 0$.

*Beweis:*

- $x_1, x_2 \in I$ mit $x_1 < x_2$ seien beliebige Zahlen aus I. Dann gilt nach Voraussetzung $f(x_1) \leq f(x_2)$.

- Wegen $x_2 - x_1 > 0$ und $f'(x_0) \geq 0$ gilt $f'(x_0) \cdot (x_2 - x_1) = f(x_2) - f(x_1) \geq 0$, d. h., es ist $f(x_2) \geq f(x_1)$ für beliebige $x_1, x_2 \in I$.

- Wegen $x_2 - x_1 > 0$ und $f(x_2) - (f(x_1) \geq 0$ ist der Quotient $\frac{f(x_2) - f(x_1)}{x_2 - x_1} \geq 0$ und folglich auch sein Grenzwert für $x_2 \to x_1$. Da aber $x_1, x_2$ beliebige Zahlen aus I waren, gilt für alle $x \in I$ die Beziehung $f'(x) \geq 0$.

Damit ist der Beweis für Satz D 15 erbracht.
Für monoton fallende Funktionen wäre der Beweis der entsprechenden Beziehung analog zu führen.

*Bemerkungen:*

- Satz D 15 gibt eine Bedingung für die Monotonie einer Funktion an, die notwendig und hinreichend ist.
- Wenn man im Teil I (linke Spalte) des Beweises $f'(x) > 0$ voraussetzt, so folgt stets $f(x_2) > f(x_1)$. Der Beweis gilt also auch für strenge Monotonie. Der Teil II (rechte Spalte) ist hingegen für strenge Monotonie nicht allgemein gültig. Wenn eine Funktion f(x) streng monoton wachsend ist, dann müsste stets $f'(x) > 0$ gelten. Ein Gegenbeispiel dazu stellt aber z. B. die Funktion $f(x) = \frac{1}{3}x^3$ dar, die zwar streng monoton wachsend ist, für die aber $f'(0) = 0$ gilt (Fig. D 20).

  Satz D 15 ist für strenge Monotonie folglich nur hinreichend.

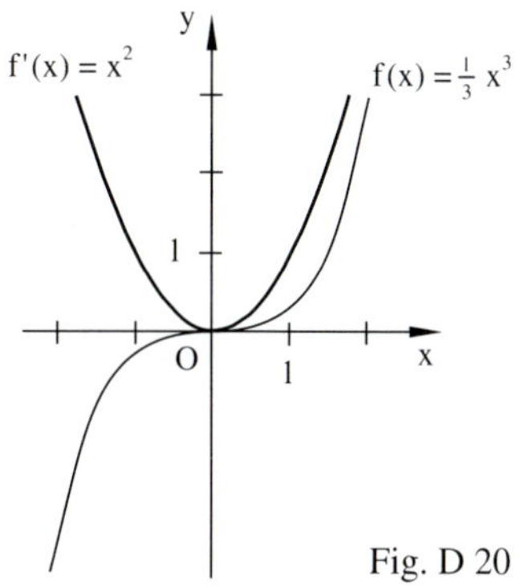


Fig. D 20

D 21

Beispiel D 21:
Man diskutiere nach Satz D 15 das Monotonieverhalten der Funktion

$$f(x) = \frac{1}{3}x^3 - \frac{1}{2}x^2 - 2x + 1$$

a) durch Zeichnen des Graphen der Ableitungsfunktion,
b) durch Berechnung der Monotonieintervalle.

Zu a): $f(x) = \frac{1}{3}x^3 - \frac{1}{2}x^2 - 2x + 1$

$f'(x) = x^2 - x - 2$

| Monotonieintervall | f(x) | f′(x) |
|---|---|---|
| $x < -1$ | wächst | $> 0$ |
| $-1 < x < 2$ | fällt | $< 0$ |
| $x > 2$ | wächst | $> 0$ |

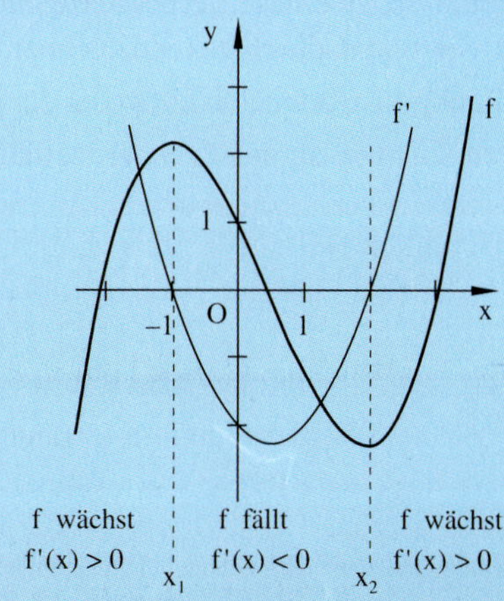


Fig. D 21

Zu b):

- Bestimmen der Nullstellen von $f'(x)$:
  Die quadratische Gleichung $x^2 - x - 2 = 0$ hat die Lösungen $x_1 = -1$ und $x_2 = 2$.
  Also gilt: $(x + 1)\cdot(x - 2) = 0$ (Zerlegung in Linearfaktoren).
- Ermitteln aller x mit $f'(x) > 0$:
  Das Produkt $(x + 1)\cdot(x - 2)$ ist positiv, wenn beide Faktoren positiv oder beide Faktoren negativ sind.
  *Fall 1*:
  Aus $x + 1 > 0$ und $x - 2 > 0$ folgt, dass alle $x > 2$ die Ungleichung $(x + 1)\cdot(x - 2) > 0$ erfüllen.
  *Fall 2*:
  Aus $x + 1 < 0$ und $x - 2 < 0$ folgt, dass alle $x < -1$ die Ungleichung $(x + 1)\cdot(x - 2) > 0$ erfüllen.
  Daraus folgt: f ist in den Intervallen $]-\infty; -1[$ und $]2; \infty[$ streng monoton wachsend.
- Ermitteln aller x mit $f'(x) < 0$:
  Das Produkt ist negativ, wenn genau ein Faktor von $(x + 1)\cdot(x - 2)$ positiv und der andere Faktor negativ ist.
  *Fall 1:*
  Die Bedingung $x + 1 < 0$ und $x - 2 > 0$ wird von keinem $x \in \mathbb{R}$ erfüllt.
  *Fall 2*:
  Aus $x + 1 > 0$ und $x - 2 < 0$ folgt, dass alle x mit $-1 < x < 2$ die Ungleichung $(x + 1)\cdot(x - 2) < 0$ erfüllen.
  Daraus ergibt sich: f ist im Intervall $]-1; 2[$ streng monoton fallend.

## D 5.1.2 Extremstellen

Bei der Betrachtung des Graphen von $f(x) = \frac{1}{3}x^3 - \frac{1}{2}x^2 - 2x + 1$ in Fig. D 21 fallen die Punkte an den Stellen $x_{0_1} = -1$ und $x_{0_2} = 2$ besonders auf, da dort der Graph den tiefsten Punkt eines „Tals" bzw. die Spitze eines „Berges" erreicht. Solche Stellen nennt man auch **Extremstellen der Funktion**. Sie sind dadurch gekennzeichnet, dass der Funktionswert $f(x_0)$ im Vergleich zu den benachbarten Funktionswerten dort entweder der größte oder aber der kleinste ist. Man fasst diesen anschaulich klaren Sachverhalt in folgender Definition zusammen:

D 3

Definition D 3:

Ist eine Funktion in einem offenen Intervall I definiert und $x_0$ ein innerer Punkt von I, dann heißt $f(x_0)$ ein

**lokales Maximum** | **lokales Minimum**

der Funktion f, wenn es ein $\varepsilon > 0$ gibt, so dass für jedes $x \in I$ gilt:

$x_0 - \varepsilon < x < x_0 + \varepsilon \Rightarrow f(x) < f(x_0)$ | $x_0 - \varepsilon < x < x_0 + \varepsilon \Rightarrow f(x) > f(x_0)$ [1)]

$x_0$ nennt man **lokale Extremstelle** (Maximum- bzw. Minimumstelle) von f, den Punkt $(x_0; f(x_0))$ **lokaler Extrempunkt** (Maximum- bzw. Minimumpunkt) des Graphen von f.

[1)] Anders formuliert: $f(x) < f(x_0)$ bzw. $f(x) > f(x_0)$ muss für jedes $x \in U_\varepsilon(x_0)$ gelten (s. S. 69).

In Fig. D 22a ist $T(x_0; f_1(x_0))$ ein lokaler Minimumpunkt und $f_1(x_0)$ ein lokales Minimum, in Fig. D 22b ist $H(x_0; f_2(x_0))$ ein lokaler Maximumpunkt, $f_2(x_0)$ ein lokales Maximum.

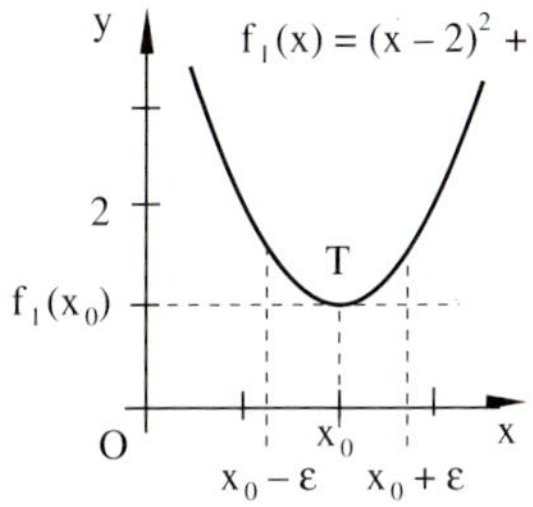


Fig. D 22a

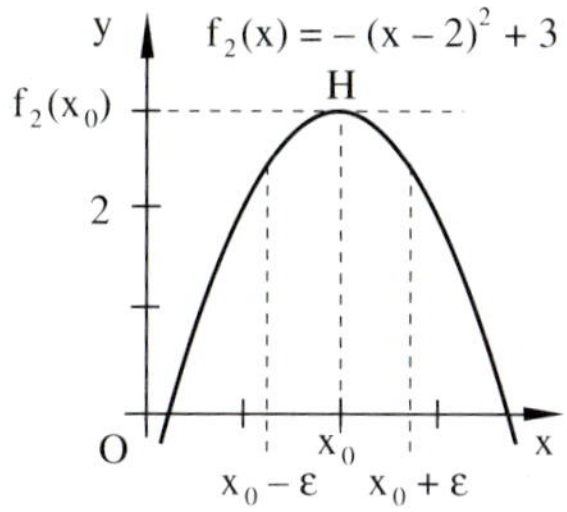


Fig. D 22b

Während man sich bei einer **lokalen Extremstelle** immer auf eine hinreichend kleine Umgebung der betreffenden Stelle bezieht, wird diese Einschränkung bei einer **globalen Extremstelle** nicht vorgenommen. Bei der in Fig. D 23 dargestellten Funktion f ist beispielsweise im Intervall [a; b] der Wert f (b) *das* globale Maximum von f, aber kein lokales; dagegen sind $f(x_1)$ und $f(x_3)$ lokale Maxima, aber keine globalen; $f(x_2)$ ist *das* globale Minimum und *ein* lokales Minimum, $f(x_4)$ schließlich ist ein lokales Minimum, aber kein globales.

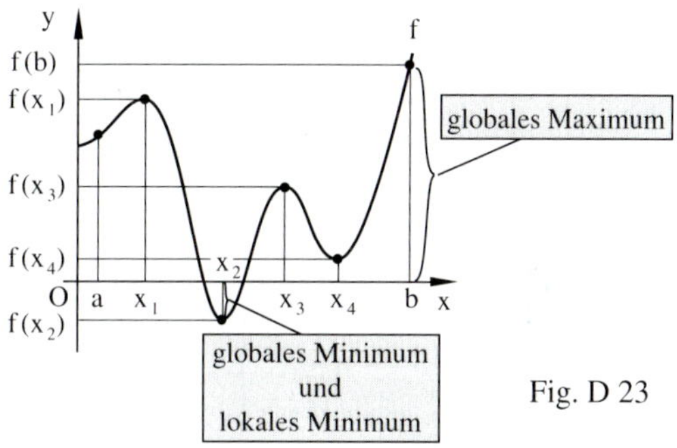


Fig. D 23

Die in Fig. D 24 dargestellte Funktion f hat im Intervall [a; b] zwar ein globales, aber kein lokales Maximum, denn die Funktion f ist in der ε-Umgebung von $x_0$ konstant. Es gibt also Werte f(x) in dieser Umgebung, für die $f(x) = f(x_0)$ gilt.

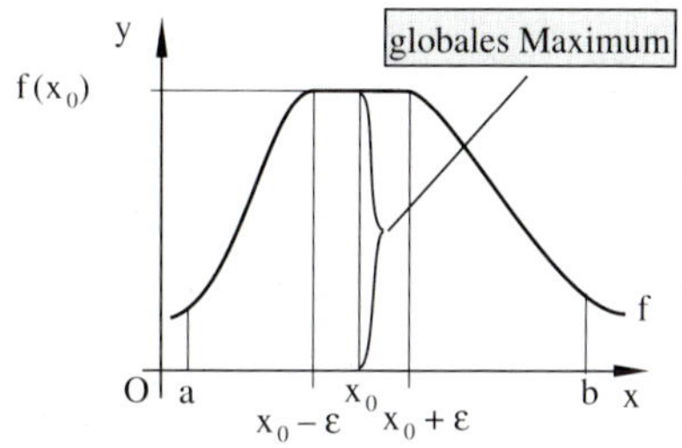


Fig. D 24

Das Ermitteln von Extrempunkten einer Funktion f mit Hilfe der Definition D 3 ist umständlich. Dies führt zu der Frage, ob man ähnlich wie bei der Formulierung des Monotonieverhaltens im Satz D 15 mit Hilfe der Ableitung solche Extremstellen einfacher ermitteln kann.

Tatsächlich lässt sich aus den Graphen in Fig. D 19 und Fig. D 22 entnehmen, dass an den lokalen Extremstellen der Graph der Funktion jeweils eine Tangente besitzt, die parallel zur x-Achse verläuft, dass dort also $f'(x_0) = 0$ gilt (vorausgesetzt natürlich, die Funktion ist an der Stelle $x_0$ differenzierbar).

Satz D 16: **D 16**
Ist die Funktion f in ihrem Definitionsbereich $D_f$ differenzierbar[1)] und $x_0 \in D_f$ eine lokale Extremstelle von f, so gilt $f'(x_0) = 0$.

[1)] Aus Vereinfachungsgründen setzen wir damit mehr voraus als für das Beweisen des Satzes D 16 (und der folgenden) notwendig ist. Tatsächlich werden im Lehrbuch nur solche Funktionen behandelt, die im Definitionsbereich differenzierbar sind.

Wir führen den *Beweis* für den Fall des Vorliegens eines lokalen Maximums (s. Fig. D 25).

*Voraussetzung:* a) f hat in $x_o$ ein lokales Maximum;
b) f ist in $D_f$ differenzierbar; $x_o \in D_f$.

*Behauptung*: $f'(x_o) = 0$.

*Beweis:*

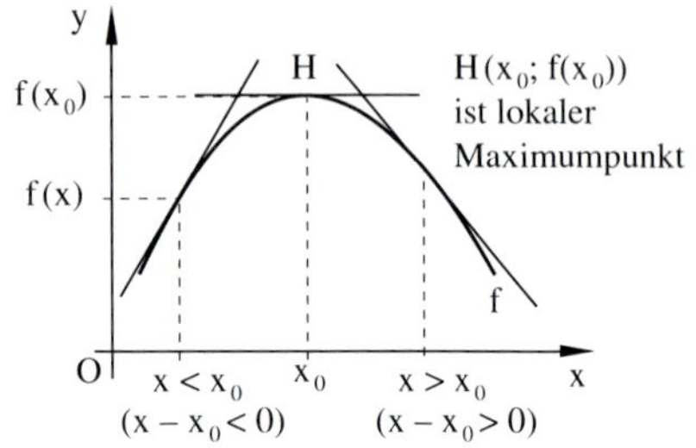


Fig. D 25

- Aus a) folgt, dass in einer ε-Umgebung von $x_0$ für alle x die Ungleichung $f(x) < f(x_0)$ gilt, also $f(x) - f(x_0) < 0$. Ist außerdem $x < x_0$, also $x - x_0 < 0$, so gilt $\frac{f(x) - f(x_0)}{x - x_0} > 0$.
- Da wegen b) der Grenzwert des Differenzenquotienten existiert, gilt bei Annäherung der Argumente an $x_0$ von links $f'_{li}(x_0) = \lim\limits_{x \to x_0} \frac{f(x) - f(x_0)}{x - x_0} \geq 0$ (∗), weil jede Folge von positiven Gliedern nur einen positiven Grenzwert oder den Grenzwert 0 haben kann.
- Ist nun $x > x_0$, so folgt $x - x_0 > 0$. Das bedeutet $\frac{f(x) - f(x_0)}{x - x_0} < 0$.
- Für den Fall der Annäherung der Argumente von rechts an $x_0$ gilt

  $f'_{re}(x_0) = \lim\limits_{x \to x_0} \frac{f(x) - f(x_0)}{x - x_0} \leq 0$ (∗∗), weil jede Folge von negativen Gliedern nur einen negativen Grenzwert oder den Grenzwert 0 haben kann.
- Da nach (b) der Grenzwert des Differenzquotienten existiert und eindeutig bestimmt ist, folgt wegen (∗) und (∗∗) $f'_{li}(x_0) = f'_{re}(x_0) = f'(x_0) = 0$, was zu beweisen war.

*Bemerkung:*
Wie die bereits bei Satz D 15 als Gegenbeispiel verwendete Funktion $f(x) = \frac{1}{3}x^3$ zeigt, ist $f'(x_0) = 0$ zwar eine *notwendige, aber keine hinreichende* Bedingung für die Existenz eines Extremwertes von f an der Stelle $x_0$.

**D 22**

Beispiel D 22:

Man untersuche die Funktion $f(x) = \frac{1}{6}x^3 - \frac{1}{2}x^2 - \frac{3}{2}x + \frac{17}{6}$ auf mögliche lokale Extremstellen.

- Wir bilden die erste Ableitung $f'(x) = \frac{1}{2}x^2 - x - \frac{3}{2}$ und ermitteln die Werte von x, für die $f'(x)$ gleich 0 ist. Also: $\frac{1}{2}x^2 - x - \frac{3}{2} = 0$ bzw. $x^2 - 2x - 3 = 0$ und damit $x_1 = 3, x_2 = -1$ und $f(3) = -\frac{5}{3}$, $f(-1) = \frac{11}{3}$.
- Die Punkte $P_1(3; -\frac{5}{3})$ und $P_2(-1; \frac{11}{3})$ *können* Extrempunkte sein. Da Satz D 16 aber nur eine notwendige Bedingung für das Vorliegen von Extremstellen angibt, sind weitere Erörterungen erforderlich, um Sicherheit zu erlangen. Im vorliegenden Fall zeigt der Graph von f, dass $P_1$ und $P_2$ tatsächlich Extrempunkte sind (s. Fig. D 26). Es soll aber eine Möglichkeit gefunden werden, dieses Problem auch auf rechnerischem Wege zu lösen.

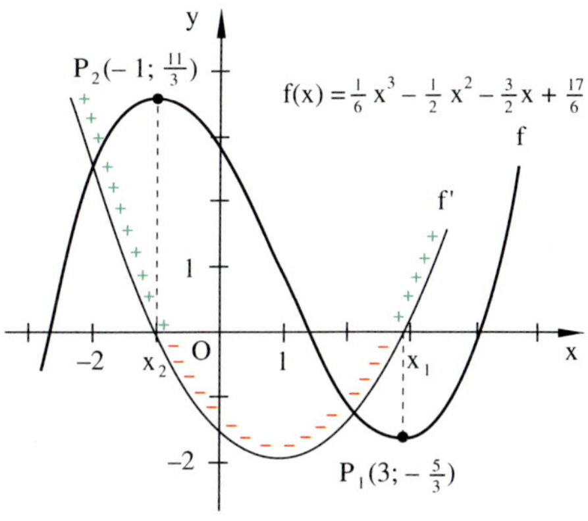


Fig. D 26

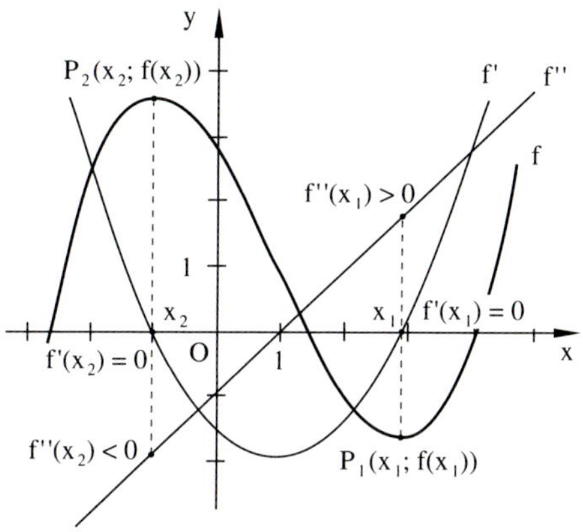


Fig. D 27

Anhand von Fig. D 26 lassen sich zunächst einmal folgende Zusammenhänge zwischen f und f′ feststellen: Wechselt bei wachsendem x das Vorzeichen der Funktionswerte f′(x) von „+" nach „–", so hat f an dieser Stelle ein lokales Maximum (in unserem Beispiel $P_2$); wechselt hingegen das Vorzeichen von „–" nach „+", so besitzt f an dieser Stelle ein lokales Minimum (in unserem Beispiel $P_1$). Das ist zwar ein nützliches Kriterium, doch recht umständlich zu handhaben. Wir zeichnen deshalb auch noch f″ in das Koordinatensystem ein und untersuchen Beziehungen zwischen f, f′ und f″ an den Extremstellen (Fig. D 27). Es lässt sich folgende Vermutung formulieren, die allerdings eines Beweises bedarf:

**D 17**

Satz D 17:

Die Funktion f sei in $D_f$ zweimal differenzierbar. Gilt für $x_0 \in D_f$

| | |
|---|---|
| $f'(x_0) = 0$ und $f''(x_0) < 0$, | $f'(x_0) = 0$ und $f''(x_0) > 0$, |
| so hat die Funktion f an der Stelle $x_0$ ein | |
| lokales Maximum. | lokales Minimum. |

(s. auch „Formeln und Tabellen", S. 44)

Wir beweisen die Aussage für den Fall des lokalen Maximums. Der Beweis für das Vorliegen des lokalen Minimums kann analog geführt werden.

*Voraussetzung*:

a) f ist in $D_f$ zweimal differenzierbar und $x_0 \in D_f$.
b) $f'(x_0) = 0$
c) $f''(x_0) < 0$

*Behauptung*:

f hat an der Stelle $x_0$ ein lokales Maximum.

*Beweis* (vgl. Fig. D 28):

- Da wegen a) und c) $f''(x_0)$ existiert sowie $f''(x_0) < 0$ gilt, gibt es immer eine ε-Umgebung von $x_0$ (kurz: $U_\varepsilon(x_0)$), in der f″ nur negative Werte annimmt. Das bedeutet nach Satz D 15, dass in $U_\varepsilon(x_0)$ die Funktion f′ monoton fällt.

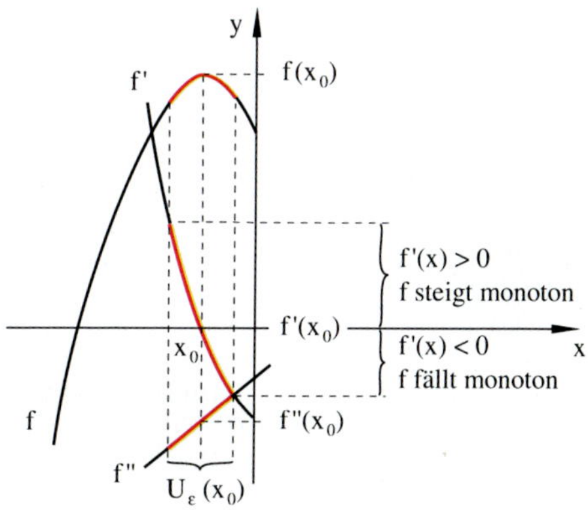


Fig. D 28

- Nun gilt nach b) aber auch $f'(x_0) = 0$ und das bedeutet: Für alle $x \in U_\varepsilon(x_0)$, die kleiner als $x_0$ sind, steigt f monoton, und für alle $x \in U_\varepsilon(x_0)$, die größer als $x_0$ sind, fällt f monoton (Satz D 15). Daraus folgt:
- Für alle $x \in U_\varepsilon(x_0)$ gilt $f(x) < f(x_0)$. Nach Definition D 3 hat f an der Stelle $x_0$ also ein lokales Maximum.

*Bemerkung:*
Die im Satz D 17 genannten Bedingungen sind für das Vorliegen eines lokalen Extremums hinreichend. Treffen also die Bedingungen zu, dann liegt ein lokales Extremum vor. Notwendig sind sie nicht, wie man an folgendem Beispiel zeigen kann:

**D 23**

Beispiel D 23:
Man ermittle lokale Extrema der Funktion $f(x) = \frac{1}{4}x^4$.
Aus der Fig. D 29 kann man entnehmen, dass der Punkt P(0; 0) einen lokalen Minimumpunkt von f darstellt, obwohl $f''(0) = 0$ gilt.

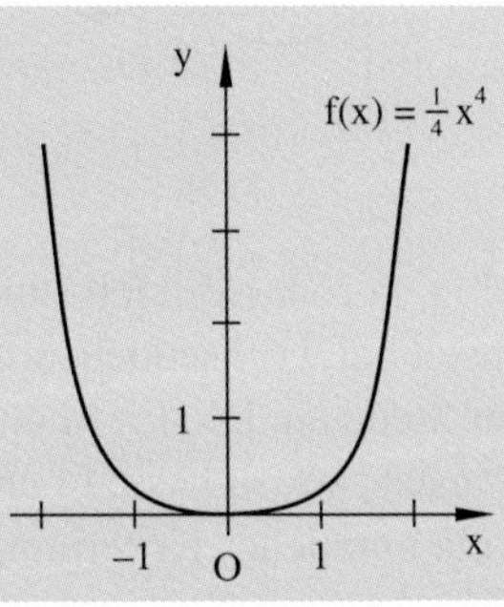

Fig. D 29

**D 24**

Beispiel D 24:
Man untersuche die Funktion $f(x) = \frac{1}{3}x^3 + \frac{1}{2}x^2 - 2x$ auf lokale Extremstellen und ermittle die Extrempunkte ihres Graphen.

1) Wir bilden die Ableitungen (f ist zweimal differenzierbar):
   $f'(x) = x^2 + x - 2$ $\qquad$ $f''(x) = 2x + 1$
2) Wir ermitteln die Stellen, für die $f'(x) = 0$ als *notwendige* Bedingung für die Existenz einer Extremstelle der Funktion f erfüllt ist (Satz D 16): Die sich so ergebende quadratische Gleichung $x^2 + x - 2 = 0$ hat die Lösungen $x_1 = 1$ und $x_2 = -2$. An diesen Stellen *kann* also eine Extremstelle vorliegen.
3) Wir überprüfen, ob die ermittelten Stellen tatsächlich Extremstellen sind, ob dort also die *hinreichende* Bedingung für die Existenz einer Extremstelle erfüllt ist (Satz D 17). Unter Verwendung von $f''(x) = 2x + 1$ erhalten wir
   $f''(1) = 3 > 0$, d. h.: $\quad x_1 = 1$ ist eine Minimumstelle von f;
   $f''(-2) = -3 < 0$, d. h.: $\quad x_2 = -2$ ist eine Maximumstelle von f.
4) Wir ermitteln die Funktionswerte der Extremstellen:
   $f(1) = -\frac{7}{6}$, $f(-2) = \frac{10}{3}$
   Demnach gilt:
   $P_1(1; -\frac{7}{6})$ ist ein Minimumpunkt des Graphen von f,
   kurz: Min $(1; -\frac{7}{6})$.
   $P_2(-2; \frac{10}{3})$ ist ein Maximumpunkt des Graphen von f,
   kurz: Max $(-2; \frac{10}{3})$.

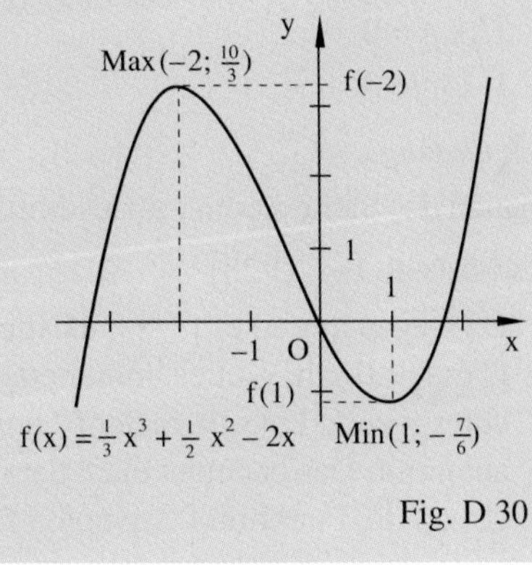

Fig. D 30

### D 5.1.3 Wendestellen

Beim Untersuchen von Funktionen mit Hilfe des Funktionsgraphen ist auch das Krümmungsverhalten von Bedeutung.

Definition D 4: **D 4**

Ist f eine im Intervall I differenzierbare Funktion und ist $f'$ in I

| | |
|---|---|
| streng monoton wachsend, | streng monoton fallend, |

dann bezeichnet man den Graphen von f in I als

| | |
|---|---|
| (von unten) **konvex,** | (von unten) **konkav.** |

Man sagt auch: Der Graph besitzt im Intervall I einen Konvex- bzw. einen Konkavbogen. Betrachtet man den Verlauf des in Fig. D 30 dargestellten Graphen f in Richtung wachsender x-Werte, so stellt man fest: Der Graph geht an der Stelle $x_0$ ohne „Knick" von einem Konkav- zu einem Konvexbogen über. Einen solchen Übergangspunkt $P_0(x_0; f(x_0))$ – manchmal auch mit $W(x_w; f(x_w))$ bezeichnet – nennt man **Wendepunkt** des Graphen von f, seine Abszisse $x_0$ **Wendestelle** von f. Unter einem Wendepunkt versteht man also den Punkt eines Graphen, in dem ein Konvexbogen mit einem Konkavbogen ohne Knick zusammenstößt. Wie man der Fig. D 31 entnehmen kann, lässt sich der Begriff *Wendepunkt* auch analytisch unter Verwendung der Ableitungen von f charakterisieren. Wir stellen nämlich fest, dass die lokale Extremstelle von $f'$ zugleich Wendestelle von f ist.

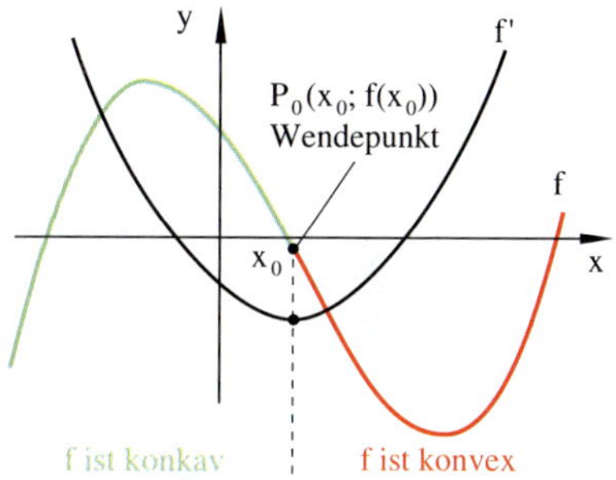


Fig. D 31

Definition D 5: **D 5**

Ist die Funkton f in $D_f$ differenzierbar und besitzt $f'$ an der Stelle $x_w \in D_f$ ein lokales Extremum, so nennt man $x_w$ **Wendestelle** von f und $W(x_w; f(x_w))$ **Wendepunkt** des Graphen von f.

Fig. D 32 mit dem Graphen von $f(x) = x^4 - 2x^2 - 6$ verdeutlicht noch einmal den Inhalt der Definition D 5. Kurz gefasst kann man nämlich sagen:

- In Intervallen (I) des streng monotonen Wachsens von $f'$ besitzt f einen konvexen Bogen, im Intervall (II) des streng monotonen Fallens von $f'$ einen konkaven Bogen.
- Die Extremstellen $x_1$ und $x_2$ von $f'$ sind zugleich Wendestellen von f. Anders formuliert: Ist $(x_k; f'(x_k))$ Extrempunkt von $f'$, so ist $(x_k; f(x_k))$ Wendepunkt von f – in Fig. D 32 sind also die Punkte $P_1(x_1; f(x_1))$ und $P_2(x_2; f(x_2))$ Wendepunkte des Graphen[1)] von f.

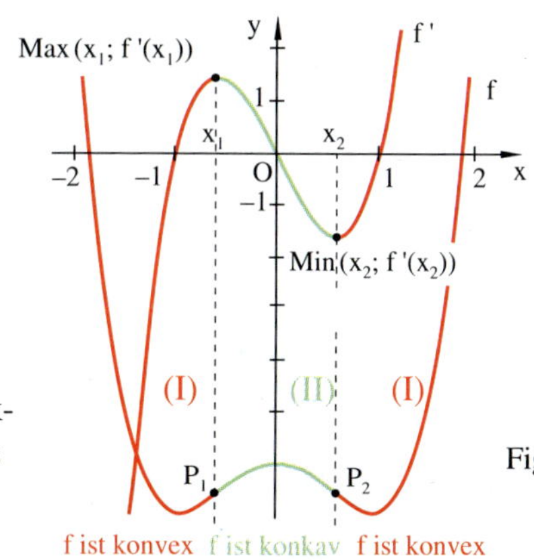


Fig. D 32

[1)] Zur Vereinfachung spricht man häufig auch kurz von „*Extrem- und Wendepunkten der Funktion f*", obwohl jeweils der Graph von f gemeint ist.

Die Definition D 4 gestattet die bereits bewiesenen Sätze über Extremstellen (Satz D 16 und D 17) nun auch für die Bestimmung oder die Identifikation von Wendestellen zu verwenden. Es ist lediglich notwendig, die Ordnung der jeweils genannten Ableitung um 1 zu erhöhen. Auf die Beweise der beiden nachfolgenden Sätze kann deshalb verzichtet werden.

**D 18**

Satz D 18:
Ist die Funktion f in ihrem Definitionsbereich $D_f$ zweimal differenzierbar und $x_o \in D_f$ eine Wendestelle von f, so gilt $f''(x_0) = 0$.

Dieser Satz stellt wiederum nur eine notwendige Bedingung für den Nachweis einer Wendestelle dar. Hinreichend ist hingegen der folgende Satz, der unter Anwendung von Satz D 17 formuliert wird.

**D 19**

Satz D 19:
Die Funktion f sei in $D_f$ dreimal differenzierbar. Gilt für $x_0 \in D_f$
$f''(x_0) = 0$ und $f'''(x_0) \neq 0$, so hat die Funktion f an der Stelle $x_0$ eine Wendestelle
(s. auch „Formeln und Tabellen", S. 44).

**D 25**

Beispiel D 25:
Man untersuche die Funktion $f(x) = x^4 - 2x^2 - 6$ auf Wendepunkte.

1) Wir bilden die Ableitungen (f ist dreimal differenzierbar).
$f'(x) = 4x^3 - 4x$; $f''(x) = 12x^2 - 4$; $f'''(x) = 24x$.
2) Wir ermitteln die Stellen, für die $f''(x) = 0$ als *notwendige* Bedingung für die Existenz einer Wendestelle der Funktion f erfüllt ist (Satz D 18): Die sich so ergebende quadratische Gleichung $12x^2 - 4 = 0$ hat die Lösungen $x_{1/2} = \pm\sqrt{\frac{1}{3}} = \pm\frac{1}{3}\sqrt{3}$. An diesen Stellen *können* demnach Wendestellen vorliegen.
3) Wir überprüfen, ob die ermittelten Stellen tatsächlich Wendestellen sind, ob dort also die *hinreichende* Bedingung für die Existenz einer Wendestelle erfüllt ist (Satz D 19). Unter Verwendung von $f'''(x) = 24x$ erhalten wir
$f'''(\frac{1}{3}\sqrt{3}) = 8\sqrt{3} \neq 0$, $f'''(-\frac{1}{3}\sqrt{3}) = -8\sqrt{3} \neq 0$,
d. h.: $x_1 = \frac{1}{3}\sqrt{3}$ und $x_2 = -\frac{1}{3}\sqrt{3}$ sind Wendestellen von f.

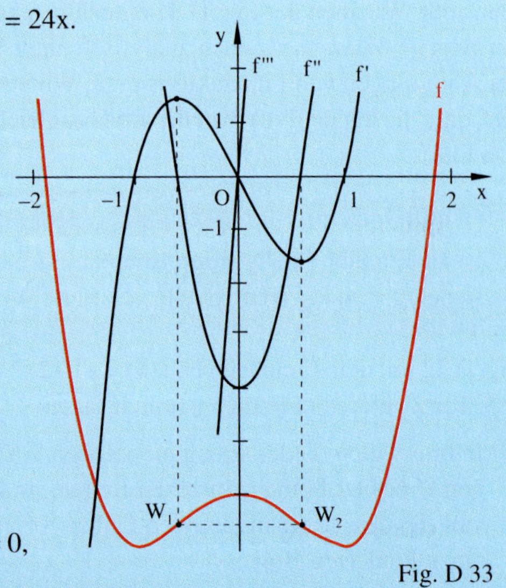

Fig. D 33

4) Wir ermitteln die Funktionswerte der Wendestellen: $f(\frac{1}{3}\sqrt{3}) = -\frac{59}{9}$; $f(-\frac{1}{3}\sqrt{3}) = -\frac{59}{9}$

Demnach gilt:

$W_1(\frac{1}{3}\sqrt{3}; -\frac{59}{9})$ und $W_2(-\frac{1}{3}\sqrt{3}; -\frac{59}{9})$ sind Wendepunkte (des Graphen) von f.

Fig. D 33 zeigt uns den Graphen von f sowie der ersten drei Ableitungen. Wir finden unsere rechnerisch ermittelten Werte bestätigt.

D 26

Beispiel D 26:
Die Funktion $f(x) = x^4 - 6x^3 + 12x^2 - 8x + 1$ ist auf Wendepunkte zu untersuchen. Falls Wendepunkte existieren, sind auch die Gleichungen der Tangenten in den Wendepunkten zu ermitteln. Diese **Wendetangenten** durchsetzen (schneiden) die Kurve im Wendepunkt und trennen somit die Kurventeile mit unterschiedlichem Krümmungssinn.
Wir gehen analog zu Beispiel D 24 vor und verzichten deshalb auf eine ausführliche Kennzeichnung der Schritte 1 bis 3:

1) $f'(x) = 4x^3 - 18x^2 + 24x - 8$; $f''(x) = 12x^2 - 36x + 24$; $f'''(x) = 24x - 36$.
2) $12x^2 - 36x + 24 = 0$, also $x^2 - 3x + 2 = 0 \Rightarrow x_1 = 2, x_2 = 1$.
3) $f'''(2) = 12 \neq 0$, $f'''(1) = -12 \neq 0 \Rightarrow W_1(2; 1)$ und $W_2(1; 0)$ sind Wendepunkte.
4) Wir ermitteln nun den Anstieg der Wendetangenten $t_1$ und $t_2$ an den Wendestellen $x_w$.
Wegen $m = f'(x_w)$ gilt
$m_1 = f'(2) = 32 - 72 + 48 - 8 = 0 \quad \Rightarrow t_1$ hat den Anstieg 0,
$m_2 = f'(1) = 4 - 18 + 24 - 8 = 2 \quad \Rightarrow t_2$ hat den Anstieg 2.
5) Mit Hilfe der Punktrichtungsgleichung der Geraden (s. Satz F 3) erhalten wir die Tangentengleichungen:

$t_1$: $0 = \frac{y-1}{x-2}$, also $g(x) = 1$

$t_2$: $2 = \frac{y-0}{x-1}$, also $h(x) = 2x - 2$

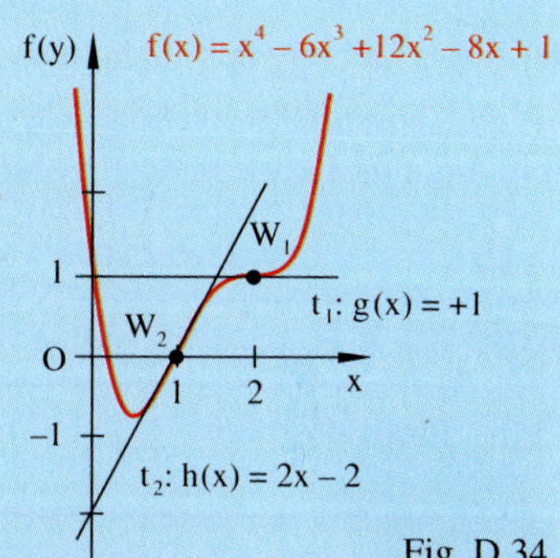


Fig. D 34

*Bemerkung:* Wendepunkte, die eine Tangente mit dem Anstieg 0 (also eine horizontale Tangente) besitzen, heißen auch Terrassen- oder **Sattelpunkt**. $W_1$ ist also auch Sattelpunkt, $t_1$ ist eine horizontale Tangente.
Die folgende Tabelle gibt noch einmal eine Übersicht über Eigenschaften von Funktionen, die mit Hilfe der Gleichungen von Funktionen und ihrer Ableitungen ermittelt bzw. identifiziert werden können.

| Eigenschaft der Funktion | Notwendige Bedingung | Hinreichende Bedingung |
|---|---|---|
| f ist monoton steigend für alle x mit | $f'(x) \geq 0$ | $f'(x) \geq 0$ |
| f ist monoton fallend für alle x mit | $f'(x) \leq 0$ | $f'(x) \leq 0$ |
| f hat ein lokales Maximum an der Stelle $x_0$ | $f'(x_0) = 0$ | $f'(x_0) = 0$ und $f''(x_0) < 0$ |
| f hat ein lokales Minimum an der Stelle $x_0$ | $f'(x_0) = 0$ | $f'(x_0) = 0$ und $f''(x_0) > 0$ |
| f hat einen Wendepunkt an der Stelle $x_0$ | $f''(x_0) = 0$ | $f''(x_0) = 0$ und $f'''(x_0) \neq 0$ |

### D 5.1.4 Verhalten im Unendlichen

Zur Untersuchung des Graphen einer Funktion (oder zu einer *„Kurvendiskussion"*) gehört auch das Ermitteln des **Verhaltens der Kurve im Unendlichen**. Eine solche Untersuchung ist nur dann notwendig, wenn der Definitionsbereich $D_f$ wenigstens nach einer Seite unbeschränkt ist (Kapitel C).

Bei ganzrationalen Funktionen $f(x) = a_n x^n + a_{n-1} x^{n-1} + a_{n-2} x^{n-2} + \ldots + a_2 x^2 + a_1 x + a_0$ ($n \in \mathbb{N}$, $a_n \neq 0$) erfordert eine solche Untersuchung eine Grenzwertbetrachtung, und zwar das Bestimmen von $\lim\limits_{x \to \pm\infty} f(x)$.

Es gilt nach Ausklammern von $x^n$

$$\lim_{x \to \pm\infty} x^n(a_n + \frac{a_{n-1}}{x} + \frac{a_{n-2}}{x^2} + \ldots + \frac{a_2}{x^{n-2}} + \frac{a_1}{x^{n-1}} + \frac{a_0}{x^n} = a_n \cdot \lim_{n \to \pm\infty} x^n,$$

denn mit Ausnahme des ersten Gliedes besitzen alle anderen Summanden in der Klammer den Grenzwert 0. Der Grenzwert $\lim\limits_{x \to \pm\infty} x^n$ spielt also unter Berücksichtigung des Vorzeichens von $a_n$ bei der Untersuchung des Verhaltens einer ganzrationalen Funktion im Unendlichen die entscheidende Rolle. Die folgende Tabelle gibt einen systematischen Überblick über dieses Verhalten in Abhängigkeit von n und $a_n$:

| $n \in \mathbb{N}$ | gerade | gerade | ungerade | ungerade |
|---|---|---|---|---|
| $a_n \in \mathbb{R}$ | $a_n > 0$ | $a_n < 0$ | $a_n > 0$ | $a_n < 0$ |
| $\lim\limits_{x \to -\infty} f(x)$ | $+\infty$ | $-\infty$ | $-\infty$ | $+\infty$ |
| $\lim\limits_{x \to +\infty} f(x)$ | $+\infty$ | $-\infty$ | $+\infty$ | $-\infty$ |
| Beispiel | $f(x) = \frac{1}{2}x^2 - 2$ | $g(x) = -x^4 + 4x^2 - 2$ | $h(x) = \frac{1}{2}x^3 - 1$ | $k(x) = -x^3 + 4x$ |
| | 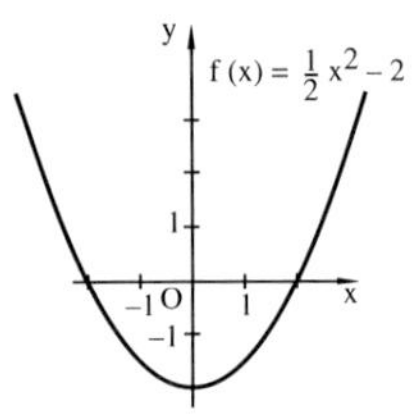  | 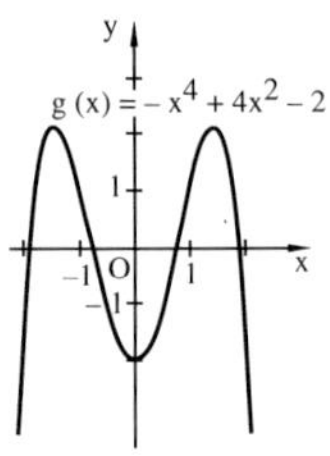  | 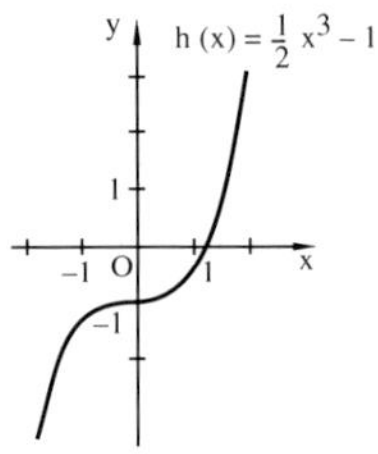  | 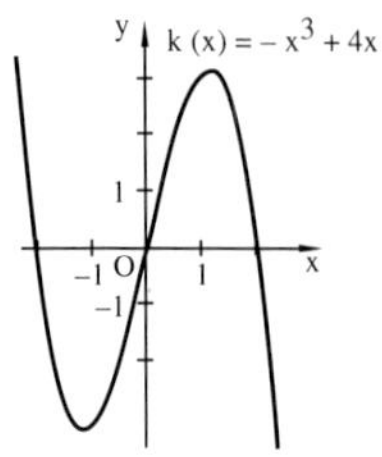  |
| Beschränktheit | nach unten | nach oben | unbeschränkt | unbeschränkt |

Ist f eine echt gebrochenrationale Funktion, besitzt sie also eine Gleichung der Form

$$f(x) = \frac{u(x)}{v(x)} = \frac{a_n x^n + a_{n-1} x^{n-1} + \ldots + a_2 x^2 + a_1 x + a_0}{b_m x^m + b_{m-1} x^{m-1} + \ldots + b_2 x^2 + b_1 x + b_0}$$

mit $n < m$, $b_m \neq 0$, so formt man durch Ausklammern von $x^n$ und anschließendes Kürzen um in

$$f(x) = \frac{u(x)}{v(x)} = \frac{x^n\left(a_n + \frac{a_{n-1}}{x} + \frac{a_{n-2}}{x^2} + \ldots + \frac{a_1}{x^{n-1}} + \frac{a_0}{x^n}\right)}{x^n\left(\frac{b_m x^m}{x^n} + \frac{b_{m-1} x^{m-1}}{x^n} + \ldots + \frac{b_1 x}{x^n} + \frac{b_0}{x^n}\right)} = \frac{a_n + \frac{a_{n-1}}{x} + \ldots + \frac{a_1}{x^{n-1}} + \frac{a_0}{x^n}}{b_m x^{m-n} + b_{m-1} x^{m-n-1} + \ldots + \frac{b_1}{x^{n-1}} + \frac{b_0}{x^n}}.$$

Dann ist $\lim\limits_{x \to \pm\infty} f(x) = \lim\limits_{x \to +\infty} \frac{a_n}{b_m x^{m-n} + \ldots} = \lim\limits_{x \to -\infty} \frac{a_n}{b_m x^{m-n} + \ldots} = 0$, das heißt**:** Der Graph der Funktion nähert sich der Geraden $y = 0$ (also der x-Achse) sowohl für $x \to +\infty$ als auch für $x \to -\infty$. Eine solche Gerade bezeichnet man auch als Grenzkurve oder **Asymptote**.[1)]

Für $n = m$ ist $\lim\limits_{x \to \pm\infty} f(x) = \frac{a_n}{b_m}$, also eine Konstante ($b_m \neq 0$). In diesem Fall stellt die Gerade mit der Gleichung $y = \frac{a_n}{b_m}$ eine Asymptote des Graphen von f dar.

Ist $n > m$, handelt es sich bei f also um eine unecht gebrochenrationale Funktion, so kann die zugehörige Funktionsgleichung durch Ausführen der Division in einen ganzrationalen Anteil g(x) und in einen echt gebrochenrationalen Anteil e(x) zerlegt werden. In diesem Fall gilt also $f(x) = g(x) + e(x)$, wobei, wie zuvor diskutiert, $\lim\limits_{x \to \pm\infty} e(x) = 0$ ist und $y = g(x)$ die Grenzkurve darstellt. Ist die Grenzkurve eine Gerade, so heißt sie auch hier Asymptote. Im folgenden Beispiel werden die drei möglichen Fälle noch einmal zusammengestellt und an konkreten Funktionen veranschaulicht.

D 27

Beispiel D 27:

**Fall 1: n < m**

f(x) ist echt gebrochenrational, z. B. $f(x) = \frac{x}{x^2 + 1}$. Dann gilt – wie oben für den allgemeinen Fall gefunden –

$$\lim_{x \to \pm\infty} \frac{x}{x^2 + 1} = \lim_{x \to \pm\infty} \frac{x}{x\left(x + \frac{1}{x}\right)} = \lim_{x \to \pm\infty} \frac{1}{x + \frac{1}{x}} = 0.$$

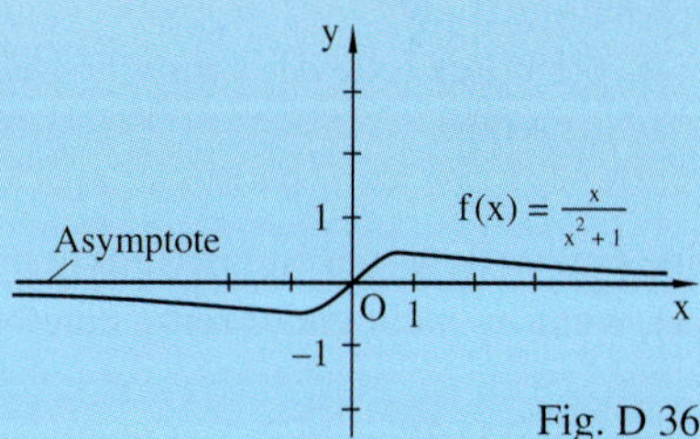


Fig. D 36

Also ist $y = 0$ die Gleichung der Asymptote (vgl. Fig. D 36).

**Fall 2: n = m**

h(x) ist unecht gebrochenrational, z. B. $h(x) = \frac{2x^2 + 4}{x^2 + 1}$.

Dann gilt:

$$\lim_{x \to \pm\infty} \frac{2x^2 + 4}{x^2 + 1} = \lim_{x \to \pm\infty} \frac{x^2\left(2 + \frac{4}{x^2}\right)}{x^2\left(1 + \frac{1}{x^2}\right)} = \lim_{x \to \pm\infty} \frac{2 + \frac{4}{x^2}}{1 + \frac{1}{x^2}} = 2.$$

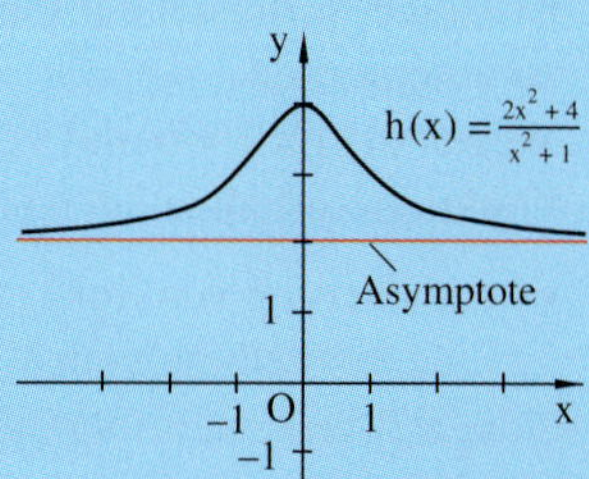


Fig. D 37

Die Gerade mit der Gleichung $y = 2$ (also eine Parallele zur x-Achse im Abstand 2) ist Asymptote des Graphen von g (vgl. Fig. D 37).

**Fall 3: n > m**

k(x) ist unecht gebrochenrational, z. B. $k(x) = \frac{x^3 + 1}{x^2 + 1}$. Dann gilt

$$\lim_{x \to \pm\infty} \frac{x^3 + 1}{x^2 + 1} = \lim_{x \to \pm\infty} \frac{x^2\left(x + \frac{1}{x^2}\right)}{x^2\left(1 + \frac{1}{x^2}\right)} = \lim_{x \to \pm\infty} \frac{x + \frac{1}{x^2}}{1 + \frac{1}{x^2}} = \pm\infty.$$

1) asymptotein (gr.) – nicht zusammenfallen

Die Division $(x^3 + 1) : (x^2 + 1)$ liefert $x + \frac{1-x}{x^2+1}$, also ist die Gerade mit der Gleichung $y = x$ Asymptote des Graphen von k (vgl. Fig. D 38).

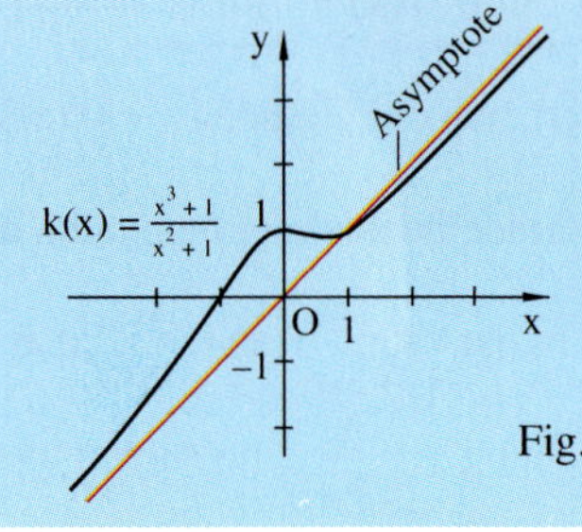


Fig. D 38

D 5.1.5 Definitionslücken

Zu jeder vollständigen Funktionsuntersuchung bzw. Kurvendiskussion gehört auch die Untersuchung der Kurve in einer hinreichend kleinen Umgebung von eventuell vorhandenen *Definitionslücken*. Im Unterschied zu ganzrationalen Funktionen, die keine Definitionslücken besitzen, sind gebrochenrationale Funktionen $f(x) = \frac{u(x)}{v(x)}$ an *den* Stellen nicht definiert, wo $v(x)$ den Wert 0 annimmt.

D 6

Definition D 6:
$x_0$ heißt **Polstelle** der gebrochenrationalen Funktion $f(x) = \frac{u(x)}{v(x)}$, wenn $v(x_0) = 0$ und $u(x_0) \neq 0$ ist.

Eine Nullstelle $x_0$ der Nennerfunktion $v(x)$ ist also genau dann eine Polstelle (ein Pol) der Funktion $f(x)$, wenn $x_0$ nicht gleichzeitig eine Nullstelle der Zählerfunktion $z(x)$ darstellt.

D 28

Beispiel D 28:
Es ist das Verhalten der Funktion f mit $f(x) = \frac{u(x)}{v(x)} = \frac{1}{x-2}$ in der Umgebung von Polstellen zu untersuchen.
Wegen $u(x) = 1 \neq 0$ und $v(2) = 0$ hat f an der Stelle $x_p = 2$ einen Pol. Wir untersuchen das Funktionsverhalten bei Annäherung an $x_p$ von links und von rechts.

- Annäherung von links ($x < 2$)
  Eine Vorstellung vom Verhalten der Funktionswerte bei der Annäherung von links an $x_p = 2$ vermittelt folgende Wertetabelle:

| x | 1,9 | 1,99 | 1,999 | 1,9999 | … → 2 |
|---|---|---|---|---|---|
| $f(x) = \frac{1}{x-2}$ | $\frac{1}{-0{,}1} = -10$ | $\frac{1}{-0{,}01} = -100$ | $\frac{1}{-0{,}001} = -1000$ | $\frac{1}{-0{,}0001} = -10000$ | … → −∞ |

Man kann feststellen: Die Annäherung von x an die Polstelle 2 von links bewirkt, dass f(x) unbeschränkt fällt (Fig. 39a). Wir schreiben dafür in Kurzform[1] $\lim\limits_{\substack{x \to 2 \\ x < 2}} \frac{1}{x-2} = -\infty$.

[1] Mitunter verwendet man auch die Schreibweise $\lim\limits_{x \to +0} f(x)$ und $\lim\limits_{x \to -0} f(x)$ bei Annäherung von rechts bzw. von links an 0 sowie $\lim\limits_{x \to a+0} f(x)$ und $\lim\limits_{x \to a-0} f(x)$ bei Annäherung von rechts bzw. von links an a.

- Annäherung von rechts (x > 2)

| x | 2,1 | 2,01 | 2,001 | … → 2 |
|---|---|---|---|---|
| $f(x) = \frac{1}{x-2}$ | $\frac{1}{0,1} = 10$ | $\frac{1}{0,01} = 100$ | $\frac{1}{0,001} = 1000$ | … → +∞ |

Bei Annäherung an 2 von rechts wächst f(x) also unbeschränkt (Fig. 39b).

Kurzschreibweise: $\lim\limits_{\substack{x \to 2 \\ x > 2}} \frac{1}{x-2} = +\infty$

Es lässt sich feststellen, dass sich der Graph von f in unmittelbarer Umgebung von 2 an die Gerade x = 2 „schmiegt". Die Gerade x = 2 ist also eine Asymptote. Man nennt sie auch **Polasymptote**.

- Das Verhalten von Funktionen f(x) im Unendlichen wurde bereits im Abschnitt D 5.1.4 und speziell im Beispiel D 27 untersucht. So ist wegen $\lim\limits_{x \to \pm\infty} \frac{1}{x-2} = 0$ die Gerade mit der Gleichung y = 0 Asymptote von f(x). Damit kann nun der gesamte Graph von f gezeichnet werden (Fig. D 39c).

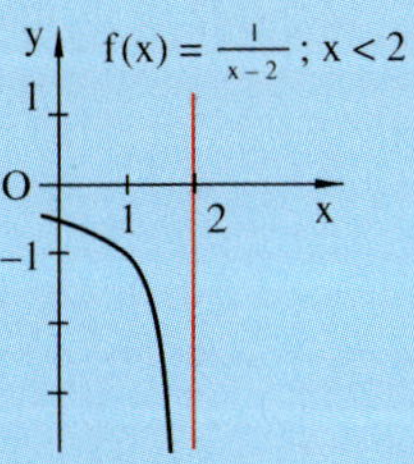

Fig. D 39a

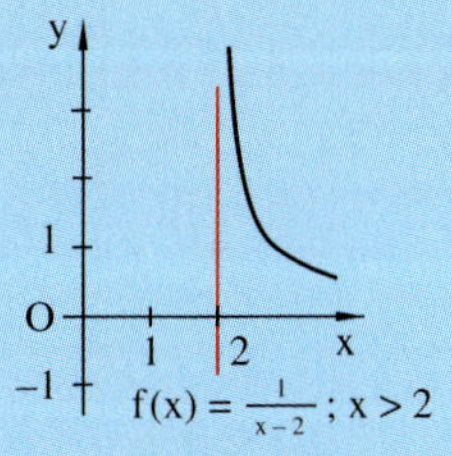

Fig. D 39b

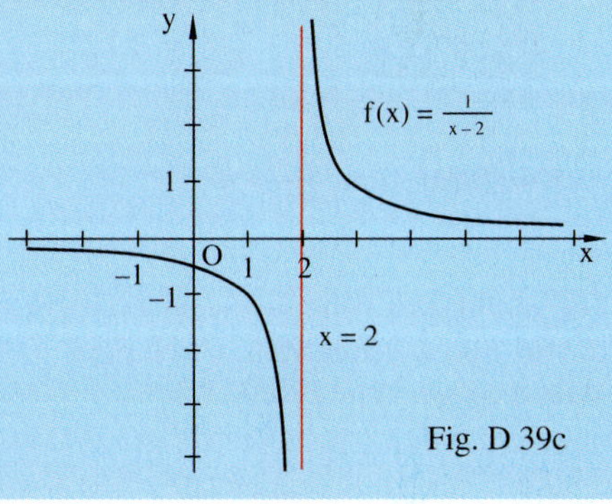

Fig. D 39c

Zusammenfassend lässt sich feststellen:

Hat eine gebrochenrationale Funktion $f(x) = \frac{u(x)}{v(x)}$ an der Stelle $x_0$ einen Pol (gilt also $v(x_0) = 0$ und $u(x_0) \neq 0$), so ist die Gerade $x = x_0$ Polasymptote des Graphen der Funktion f(x). Außerdem gibt es noch folgende drei typische Annäherungsverhalten an Polstellen (Fig. D 40a – c):

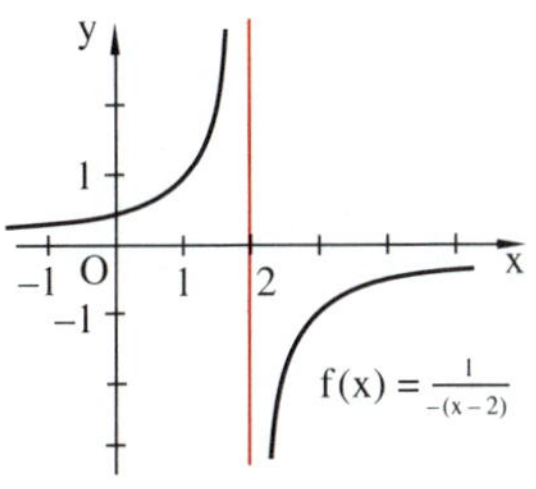

Fig. D 40a

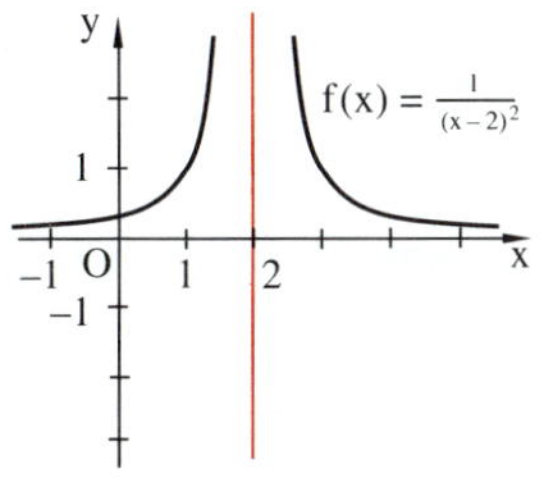

Fig. D 40b

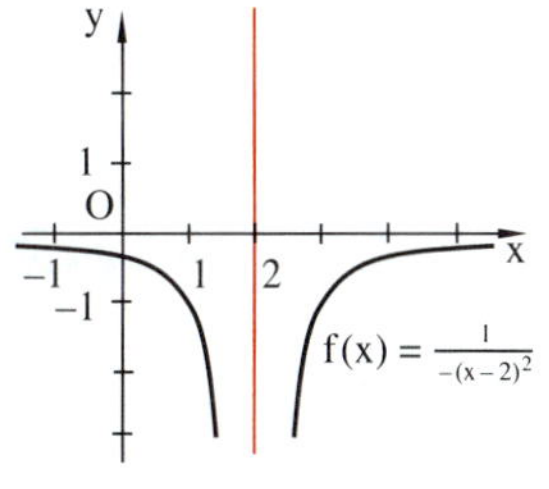

Fig. D 40c

Eine andere Situation liegt vor, wenn $x_0$ sowohl Nullstelle von u(x) als auch von v(x) ist.

D 29

Beispiel D 29:

Man untersuche die Definitionslücken der Funktion $f(x) = \frac{u(x)}{v(x)} = \frac{x^2-1}{x-1}$ (vgl. auch die Überlegungen zu dieser Funktion im Abschnitt C 1, S. 75).

Für $x_0 = 1$ gilt $u(x_0) = v(x_0) = 0$. Also ist $x_0 = 1$ keine Polstelle. Wir diskutieren die Funktion in der Umgebung von $x_0 = 1$.

- Annäherung von links (x < 1)

| x | 0,9 | 0,99 | 0,999 | $\ldots \to 1$ |
|---|---|---|---|---|
| $f(x) = \frac{x^2-1}{x-1}$ | $\frac{-0{,}19}{-0{,}1} = 1{,}9$ | $\frac{-0{,}0199}{-0{,}01} = 1{,}99$ | $\frac{-0{,}001999}{-0{,}001} = 1{,}999$ | $\ldots \to 2$ |

Kurzform: $\lim\limits_{\substack{x \to 1 \\ x < 1}} \frac{x^2-1}{x-1} = 2$

- Annäherung von rechts (x > 1)

| x | 1,1 | 1,01 | 1,001 | $\ldots \to 1$ |
|---|---|---|---|---|
| $f(x) = \frac{x^2-1}{x-1}$ | $\frac{0{,}21}{0{,}1} = 2{,}1$ | $\frac{0{,}0201}{0{,}01} = 2{,}01$ | $\frac{0{,}002001}{0{,}001} = 2{,}001$ | $\ldots \to 2$ |

Kurzform: $\lim\limits_{\substack{x \to 1 \\ x > 1}} \frac{x^2-1}{x-1} = 2$

f(x) strebt dem Wert 2 zu – unabhängig davon, von welcher Seite x sich dem Wert 1 nähert (Fig. D 41).

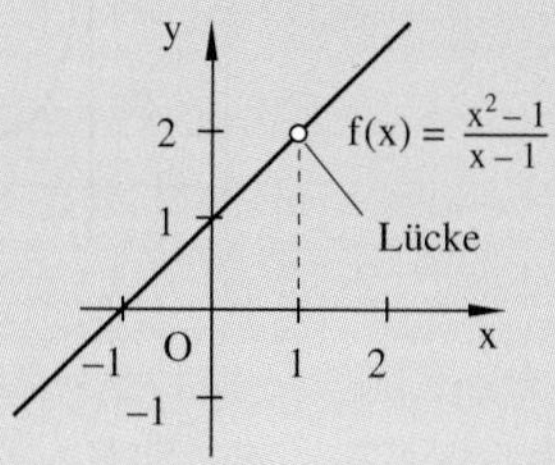


Fig. D 41

D 30

Beispiel D 30:

Man untersuche die Definitionslücken der Funktion $f(x) = \frac{u(x)}{v(x)} = \frac{x}{|x|}$.

Für $x_0 = 0$ gilt $u(x_0) = v(x_0) = 0$. $x_0 = 0$ ist also die zu untersuchende Definitionslücke.

- Annäherung von links (x < 0): $\lim\limits_{\substack{x \to 0 \\ x < 0}} \frac{x}{|x|} = -1$

- Annäherung von rechts (x > 0): $\lim\limits_{\substack{x \to 0 \\ x > 0}} \frac{x}{|x|} = 1$

An der Stelle $x_0 = 0$ befindet sich eine Sprungstelle (Fig. D 42).

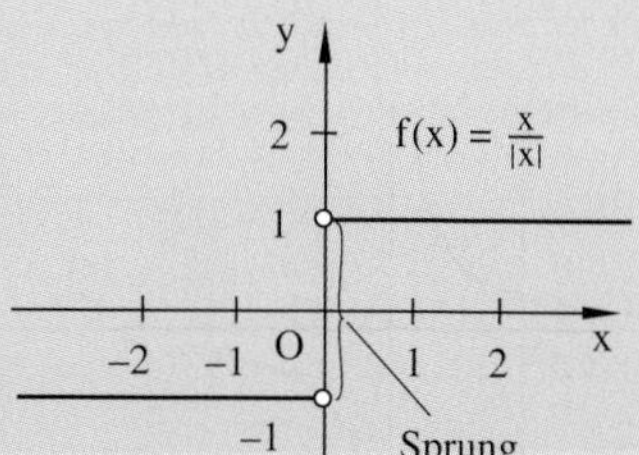


Fig. D 42

D 5.1.6 Kurvendiskussion an Beispielen

Unter einer Kurvendiskussion wollen wir das Ermitteln der charakteristischen Stellen (bzw. der entsprechenden Punkte) und das Auffinden der typischen Eigenschaften einer durch eine Gleichung gegebenen Funktion verstehen, woran sich meist die Darstellung des Graphen der Funktion mit Hilfe der gefundenen Merkmale anschließt. In der Regel sollte die Diskussion einer Funktion bzw. ihres Graphen (oder ihrer Kurve) in folgender Weise vorgenommen werden:

1. Bestimmen des (größtmöglichen) Definitionsbereiches,
2. Untersuchen auf Symmetrieeigenschaften,
3. Untersuchen des Verhaltens im Unendlichen (Ermitteln der Asymptoten),
4. Untersuchen der Unstetigkeitsstellen (Ermitteln der Polstellen),
5. Bestimmen der Nullstellen,
6. Ermitteln der Schnittpunkte mit der y-Achse,
7. Berechnen der lokalen Extrempunkte,
8. Ermitteln der Wendepunkte,
9. Ermitteln der Wendetangente,
10. Zeichnen des Graphen.

Nachfolgend werden einige Funktionen diskutiert. Ein lückenloses Abarbeiten aller 10 Kriterien ist nicht immer notwendig.

***Vollständige Diskussion einer ganzrationalen Funktion***

| Allgemeiner Fall: | Spezielles Beispiel: |
|---|---|
| $f(x) = a_n x^n + a_{n-1} x^{n-1} + \ldots + a_1 x + a_0$<br>Ableitungen:<br>$f'(x) = n \cdot a_n x^{n-1} + (n-1) a_{n-1} x^{n-2} + \ldots + a_1$<br>usw. | $f(x) = x^4 - 2x^2 + 1$<br>Ableitungen:<br>$f'(x) = 4x^3 - 4x$<br>$f''(x) = 12x^2 - 4$<br>$f'''(x) = 24x$ |
| **1. Definitionsbereich:**<br>$D_f = \mathbb{R}$ | $D_f = \mathbb{R}$ |
| **2. Symmetrieeigenschaften:**<br>Gilt $f(x) = f(-x)$ für alle $x \in D_f$, so ist $f(x)$ achsensymmetrisch zur y-Achse.<br>Gilt $f(-x) = -f(x)$ für alle $x \in D_f$, so ist $f(x)$ punktsymmetrisch zu P(0; 0). | $f(-x) = (-x)^4 + 2(-x)^2 + 1$<br>$= x^4 + 2x^2 + 1 = f(x)$<br>$f(x)$ ist eine gerade Funktion. Der Graph von $f(x)$ ist symmetrisch zur y-Achse. |
| **3. Verhalten im Unendlichen:**<br>Wir untersuchen $\lim\limits_{x \to \pm\infty} f(x)$. | $\lim\limits_{x \to \pm\infty} (x^4 - 2x^2 + 1) = +\infty$. |
| **4. Unstetigkeitsstellen:**<br>Ganzrationale Funktionen sind über $\mathbb{R}$ stetig. | $f(x) = x^4 - 2x^2 + 1$ ist stetig über den gesamten Definitionsbereich $\mathbb{R}$. |

| | |
|---|---|
| **5. Nullstellen:**<br>Wir ermitteln die Lösungen der Gleichung $f(x) = 0$. | $x^4 - 2x^2 + 1 = 0$<br>Substitution $u = x^2$ liefert<br>$u^2 - 2u + 1 = 0$ mit der Lösung $u_{1/2} = 1$.<br>Also: $x^2 = 1$ und damit $x_1 = 1$, $x_2 = -1$.<br>$f(x)$ hat die Nullstellen $x_1 = 1$, $x_2 = -1$. Die Schnittpunkte mit der x-Achse sind $P_1(1; 0)$ und $P_2(-1; 0)$. |
| **6. Schnittpunkte mit der y-Achse:**<br>Wir bestimmen $y_s = f(0)$. Dann ist $(0; y_s)$ der Schnittpunkt mit der y-Achse. | $f(0) = 0^4 - 2 \cdot 0^2 + 1 = 1$<br>Schnittpunkt mit der y-Achse: $P_3(0; 1)$. |
| **7. Lokale Extremstellen:**<br>a) Es ist die Gleichung $f'(x) = 0$ zu lösen.<br>b) Ist $x_e$ Lösung, dann berechnet man $f''(x_e)$.<br>c) Entscheidung:<br>$f''(x_e) < 0$: $x_e$ ist Maximumstelle.<br>$f''(x_e) > 0$: $x_e$ ist Minimumstelle.<br>$f''(x_e) = 0$: Entscheidung über Monotonie von $f(x)$. | a) $4x^3 - 4x = 0$, also $x \cdot (4x^2 - 4) = 0$<br>und damit $x_4 = 0$ sowie wegen $4x^2 - 4 = 0$<br>$x^2 = 1$, also $x_5 = 1$, $x_6 = -1$.<br>b), c)<br>$f''(0) = -4 < 0$<br>$\Rightarrow x_4 = 0$ ist Maximumstelle.<br>$f''(1) = 8 > 0$<br>$\Rightarrow x_5 = 1$ ist Minimumstelle.<br>$f''(-1) = 8 > 0$<br>$\Rightarrow x_6 = -1$ ist Minimumstelle.<br>$P_3(0; 1) = P_4(0; 1)$ ist Maximumpunkt.<br>Da $P_5$ und $P_1$ bzw. $P_6$ und $P_2$ übereinstimmen, liegen die Minimumpunkte $P_5(1; 0)$ und $P_6(-1; 0)$ auf der x-Achse. |
| **8. Wendepunkte:**<br>a) Es ist die Gleichung $f''(x) = 0$ zu lösen.<br>b) Ist $x_w$ Lösung, dann Berechnung von $f'''(x_w)$.<br>c) Entscheidung:<br>$f'''(x_w) \neq 0$: $x_w$ ist Wendestelle.<br>$f'''(x_w) = 0$: Entscheidung über Krümmungsverhalten von $f(x)$. | a) $12x^2 - 4 = 0$, also $x^2 - \frac{1}{3} = 0$ und damit<br>$x_7 = \sqrt{\frac{1}{3}} = \frac{1}{3}\sqrt{3}$, $x_8 = -\sqrt{\frac{1}{3}} = -\frac{1}{3}\sqrt{3}$.<br>b), c)<br>$f'''(\frac{1}{3}\sqrt{3}) = 8\sqrt{3} \neq 0$<br>$\Rightarrow x_7 = \frac{1}{3}\sqrt{3}$ ist Wendestelle.<br>$f'''(-\frac{1}{3}\sqrt{3}) = -8\sqrt{3} \neq 0$<br>$\Rightarrow x_8 = -\frac{1}{3}\sqrt{3}$ ist Wendestelle.<br>$P_7(\frac{1}{3}\sqrt{3}; \frac{4}{9})$ und $P_8(-\frac{1}{3}\sqrt{3}; \frac{4}{9})$<br>sind Wendepunkte. |

**9. Wendetangenten:**

a) Anstieg der Wendetangente: $m = f'(x_w)$

a) $m_7 = f'(\frac{1}{3}\sqrt{3}) = 4\cdot(\frac{1}{3}\sqrt{3})^3 - 4\cdot(\frac{1}{3}\sqrt{3})$

$= -\frac{8}{9}\sqrt{3}$

$m_8 = f'(-\frac{1}{3}\sqrt{3}) = 4\cdot(-\frac{1}{3}\sqrt{3})^3 - 4\cdot(-\frac{1}{3}\sqrt{3})$

$= \frac{8}{9}\sqrt{3}$

b) Gleichung der Wendetangente:

$$m = \frac{y - y_w}{x + x_w}$$

b) $t_7$: $-\frac{8}{9}\sqrt{3} = \dfrac{y - \frac{4}{9}}{x - \frac{1}{3}\sqrt{3}}$; $t_8$: $\frac{8}{9}\sqrt{3} = \dfrac{y - \frac{4}{9}}{x + \frac{1}{3}\sqrt{3}}$

$y = -\frac{8}{9}\sqrt{3}\,x + \frac{4}{3}$ und $y = \frac{8}{9}\sqrt{3}\,x + \frac{4}{3}$

sind die Gleichungen der Wendetangenten.

**10. Graph:**

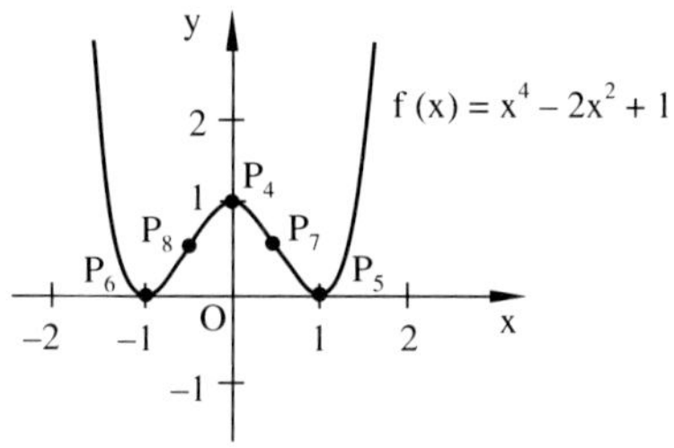


Fig. D 43

***Vollständige Diskussion einer gebrochenrationalen Funktion***

Allgemeiner Fall:

$$f(x) = \frac{u(x)}{v(x)} =$$

$$= \frac{a_n x^n + a_{n-1} x^{n-1} + \ldots + a_1 x + a_0}{b_m x^m + b_{m-1} x^{m-1} + \ldots + b_1 x + b_0}$$

Ableitungen nach Quotientenregel (Satz D 6)

Spezielles Beispiel:

$$f(x) = \frac{2x - 1}{x^2}$$

Ableitungen: $f'(x) = \frac{2 - 2x}{x^3}$,

$f''(x) = \frac{4x - 6}{x^4}$,

$f'''(x) = \frac{24 - 12x}{x^5}$

**1. Definitionsbereich:**

$D_f = \mathbb{R} \backslash \{x \mid v(x) = 0\}$

$D_f = \mathbb{R} \backslash \{0\}$

**2. Symmetrieeigenschaften:**

Gilt $f(x) = f(-x)$ für alle $x \in D_f$, so ist $f(x)$ achsensymmetrisch zur y-Achse.
Gilt $f(-x) = -f(x)$ für alle $x \in D_f$, so ist $f(x)$ punktsymmetrisch zu P(0; 0).

Gegenbeispiel:

$f(1) = 1$
$f(-1) = -3$
$-f(1) = -1$

Es gilt weder $f(1) = f(-1)$ noch $f(-1) = -f(1)$. Es liegt keine Symmetrie vor.

**3. Verhalten im Unendlichen:**

Zu untersuchen ist $\lim\limits_{x \to \pm\infty} f(x)$.

Für $n < m$ ist $y = 0$ die Gleichung der Asymptote.

Für $n = m$ ist $y = \frac{a_n}{b_n}$ die Gleichung der Asymptote.

Für $n > m$ ist $f(x) = g(x) + e(x)$ und $g(x)$ ist Grenzfunktion.

$$\lim_{x \to \pm\infty} \frac{2x-1}{x^2} = \lim_{x \to \pm\infty} \frac{2 - \frac{1}{x}}{x} = 0$$

Da $n < m$, ist $y = 0$ Asymptote.

**4. Unstetigkeitsstellen:**

$f(x)$ ist an der Stelle $x_0$ unstetig, wenn $v(x_0) = 0$ und $u(x_0) \neq 0$.

Nur für $x_1 = 0$ ist $v(x_1) = 0$ und $u(x_1) \neq 0$.

$$\lim_{\substack{x \to 0 \\ x > 0}} \frac{2x-1}{x^2} = -\infty, \text{ denn}$$

| $x$ | 0,1 | 0,01 | ... |
|---|---|---|---|
| $\frac{2x-1}{x^2}$ | $\frac{0,2-1}{0,01} = -80$ | $\frac{0,02-1}{0,0001} = -9800$ | ... |

$$\lim_{\substack{x \to 0 \\ x < 0}} \frac{2x-1}{x^2} = -\infty, \text{ denn}$$

| $x$ | −0,1 | −0,01 | ... |
|---|---|---|---|
| $\frac{2x-1}{x^2}$ | $\frac{-0,2-1}{0,01} = -120$ | $\frac{-0,02-1}{0,0001} = -10200$ | ... |

$x_1 = 0$ ist Polstelle.

**5. Nullstellen:**

Lösungen $x_i$ der Gleichung $u(x) = 0$, wenn $v(x_i) \neq 0$.

$\frac{2x-1}{x^2} = 0$, also $2x - 1 = 0$ und $x_2 = \frac{1}{2}$

$x_2$ ist Nullstelle, weil $v(\frac{1}{2}) = \frac{1}{4} \neq 0$.

$P_2(\frac{1}{2}; 0)$ ist Schnittpunkt mit der x-Achse.

**6. Schnittpunkte mit der y-Achse:**

$y_s = f(0)$

Schnittpunkt mit der y-Achse: $(0; y_s)$

$x = 0$ gehört nicht zum Definitionsbereich von $f(x)$. Das bedeutet: Der Graph von $f(x)$ hat keinen Schnittpunkt mit der y-Achse.

**7. Lokale Extremstellen:**

a) Lösen der Gleichung $f'(x) = 0$.

b) Ist $x_e$ Lösung, dann berechnet man $f''(x_e)$.

a) $\frac{2-2x}{x^3} = 0$, also $2x = 2$ und $x_3 = 1$.

b) $f''(1) = -2$

c) Entscheidung:
$f''(x_e) < 0$: $x_e$ ist Maximumstelle.
$f''(x_e) > 0$: $x_e$ ist Minimumstelle.
$f''(x_e) = 0$: Entscheidung über Monotonieverhalten von $f(x)$.

c)
$f''(1) = -2 < 0.$
$\Rightarrow x_3 = 1$ ist Maximumstelle und $P_3(1;\ 1)$ Maximumpunkt.

---

**8. Wendepunkte:**

a) Lösen der Gleichung $f''(x) = 0$.

b) Ist $x_w$ Lösung, dann Berechnung von $f'''(x_w)$.

c) Entscheidung:
$f'''(x_w) \neq 0$: $x_w$ ist Wendestelle.
$f'''(x_w) = 0$: Entscheidung über das Krümmungsverhalten von $f(x)$.

a) $\frac{4x-6}{x^4} = 0$, also $4x = 6$ und $x_4 = \frac{3}{2}$.

b) $f'''(\frac{3}{2}) = \frac{(24-18)}{3^5} \cdot 2^5 = \frac{6 \cdot 2^5}{3^5}$

c) $f'''(\frac{3}{2}) \neq 0$

$\Rightarrow x_4 = \frac{3}{2}$ ist Wendestelle

und $P_4(\frac{3}{2};\ \frac{8}{9})$ ist Wendepunkt.

---

**9. Wendetangenten:**

a) Anstieg: $m = f'(x_w)$

b) Gleichung: $m = \frac{y - y_w}{x - x_w}$

a) $m = f'(\frac{3}{2}) = \frac{2 - \frac{6}{2}}{\frac{27}{8}} = \frac{-1}{\frac{27}{8}} = -\frac{8}{27}$

b) $-\frac{8}{27} = \frac{y - \frac{8}{9}}{x - \frac{3}{2}}$, also $-\frac{8}{27}x + \frac{4}{9} = y - \frac{8}{9}$.

$y = -\frac{8}{27}x + \frac{4}{3}$ ist die Gleichung der Wendetangente.

---

**10. Graph:**

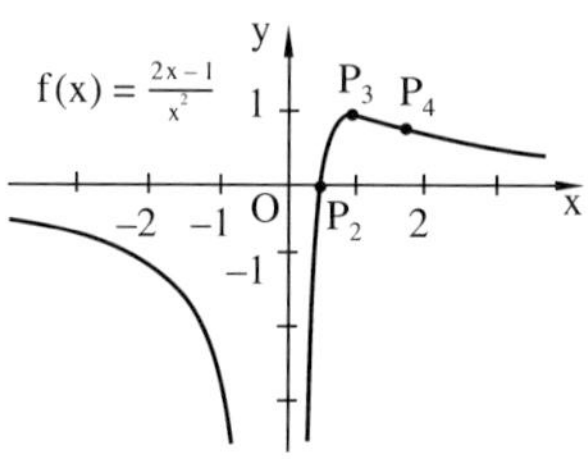


Fig. D 44

## *Diskussion einer nichtrationalen Funktion*

Bemerkung: Wir verzichten auf die Angabe des allgemeinen Falles.

$f(x) = \frac{x-1}{e^x}$

Ableitungen: $f'(x) = \frac{2-x}{e^x}$, $f''(x) = \frac{x-3}{e^x}$, $f'''(x) = \frac{4-x}{e^x}$

---

**1. Definitionsbereich:**
Wegen $e^x \neq 0$ für alle $x \in \mathbb{R}$ gilt: $D_f = \mathbb{R}$

**2. Symmetrieeigenschaften:**

Gegenbeispiel: $f(2) = \frac{1}{e^2}$, $f(-2) = -3e^2$, $-f(2) = -\frac{1}{e^2}$

Es gilt weder $f(2) = f(-2)$ noch $f(-2) = -f(2)$. Es liegt keine Symmetrie vor.

**3. Verhalten im Unendlichen:**

$\lim\limits_{x \to \infty} \frac{x-1}{e^x} = 0$, denn $e^x$ wächst schneller als x. $\lim\limits_{x \to -\infty} \frac{x-1}{e^x} = -\infty$, denn für negative x ist $x - 1 < 0$, jedoch $e^x > 0$.

**4. Unstetigkeitsstellen:**

Wegen $e^x \neq 0$ gibt es keine Unstetigkeitsstellen.

**5. Nullstellen:**

Da $e^x \neq 0$ für alle $x \in \mathbb{R}$ und $x - 1 = 0$ für $x_1 = 1$, ist $x_1$ eine Nullstelle von f und $P_1(1; 0)$ der Schnittpunkt mit der x-Achse.

**6. Schnittpunkte mit der y-Achse:**

$f(0) = \frac{-1}{e^0} = -1$; $P_2(0; -1)$ ist Schnittpunkt mit der y-Achse.

**7. Lokale Extremstellen:**

a) $\frac{2-x}{e^x} = 0$, also $x_3 = 2$.

b) $f''(2) = \frac{2-3}{e^2} = \frac{-1}{e^2}$

c) $f''(2) = \frac{-1}{e^2} < 0 \Rightarrow x_3 = 2$ ist Maximumstelle und $P_3(2; \frac{1}{e^2} \approx 0{,}14)$ Maximumpunkt.

**8. Wendepunkte:**

a) $\frac{x-3}{e^x} = 0$, also $x_4 = 3$.

b) $f'''(3) = \frac{4-3}{e^3} = \frac{1}{e^3} \neq 0 \Rightarrow x_4 = 3$ ist Wendestelle und $P_4(3; \frac{2}{e^3} \approx 0{,}1)$ Wendepunkt.

**9. Wendetangenten:**

a) $f'(3) = \frac{2-3}{e^3} = \frac{-1}{e^3} \approx -0{,}05$

b) $-0{,}05 = \frac{y - 0{,}1}{x - 3} \Rightarrow -0{,}05x + 0{,}15 = y - 0{,}1$

$y = -0{,}05x + 0{,}25$ ist die Gleichung der Wendetangente.

**10. Graph:**

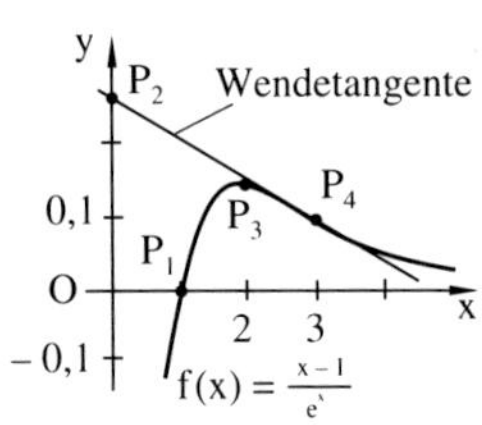


Fig. D 45

D 5.1.7 Ermittlung von Funktionsgleichungen

Bisher wurden Funktionen mittels jeweils gegebener Funktionsgleichungen auf ihre Eigenschaften untersucht. Nun soll das umgekehrte und für praktische Anwendungen sehr bedeutungsvolle Problem gelöst werden: Es ist der Funktionsterm einer ganzrationalen Funktion f zu bestimmen, wenn charakteristische Eigenschaften von f bekannt sind. Bevor wir uns einer solchen Aufgabe zuwenden, seien in einer Übersicht noch einmal die bislang gewonnenen Erkenntnisse über bestimmte Punkte einer Funktion und deren Verwendbarkeit zum Aufstellen einer Gleichung zusammengestellt. Damit wird auch die Lösungsstrategie für das oben genannte Problem klar, die auf das Lösen von Gleichungssystemen hinausläuft.

| Gegebene Punkte einer ganzrationalen Funktion $y = f(x)$ | Umsetzung in eine Gleichung |
|---|---|
| 1) $x_0$ ist Nullstelle. | $f(x_0) = 0$ |
| 2) $E(x_1; y_1)$ ist Extrempunkt. | $f(x_1) = y_1$<br>$f'(x_1) = 0$ |
| 3) $P(x_2; y_2)$ ist beliebiger Punkt der Funktion; m sei Anstieg der Tangente in diesem Punkt an f. | $f(x_2) = y_2$<br>$f'(x_2) = m$ |
| 4) $W(x_3; y_3)$ ist Wendepunkt; m sei Anstieg der Wendetangente. | $f(x_3) = y_3$<br>$f'(x_3) = m$<br>$f''(x_3) = 0$ |
| 5) $S(x_4; y_4)$ ist Sattelpunkt. | $f(x_4) = y_4$<br>$f'(x_4) = 0$<br>$f''(x_4) = 0$ |

**D 31**

Beispiel D 31:
Gesucht ist eine ganzrationale Funktion $y = f(x)$ dritten Grades, die im Punkt P(1; 0) ein lokales Maximum besitzt. Außerdem möge f an der Stelle $x = 2$ eine Wendestelle haben. Die Wendetangente an dieser Stelle habe den Anstieg $m = -3$.

**1) Allgemeine Gleichungen:**
Eine ganzrationale Funktion 3. Grades sowie ihre 1. und 2. Ableitung haben folgende allgemeinen Gleichungen:
$f(x) = ax^3 + bx^2 + cx + d;\quad f'(x) = 3ax^2 + 2bx + c;\quad f''(x) = 6ax + 2b$

**2) Umsetzung der gegebenen Eigenschaften von f in Gleichungen:**

a) Wegen Max(1; 0) ist $f(1) = 0 \Rightarrow$ (I) $a + b + c + d = 0$
und $f'(1) = 0 \Rightarrow$ (II) $3a + 2b + c = 0$

b) Wegen W (2; $y_w$) ist $f''(2) = 0 \Rightarrow$ (III) $12a + 2b = 0$

c) Wegen $m = -3$ ist $f'(2) = -3 \Rightarrow$ (IV) $12a + 4b + c = -3$

**3) Lösung des Gleichungssystems:**
Zum Beispiel: (IV) – (II): (V) $9a + 2b = -3$
(III) $12a + 2b = 0$
Daraus folgt $a = 1$ und durch sukzessives Einsetzen $b = -6$, $c = 9$ und $d = -4$.

**4) Angabe des gesuchten Funktionsterms:**
$f(x) = x^3 - 6x^2 + 9x - 4$ besitzt die geforderten Eigenschaften (da auch $f''(1) = -6 < 0$ ist).

## D 5.2 Extremwertprobleme

Eines der vielen wichtigen Anwendungsgebiete der Differentialrechnung ist das Lösen von Extremwertaufgaben. Es geht dabei – vereinfacht ausgedrückt – um das Ermitteln *derjenigen* Lösung aus der Menge *aller* Lösungen für ein bestimmtes (praktisches) Problem, die unter Berücksichtigung vorgegebener Bedingungen die *optimale Variante* darstellt.

Die hierfür genutzte Strategie lässt sich folgendermaßen kennzeichnen: Um die Hilfsmittel der Extremwertberechnung anwenden zu können, beschreibt man zunächst die den jeweiligen Sachverhalt kennzeichnenden Zusammenhänge mittels einer Funktion (*Zielfunktion*), in der als *abhängige* Variable gerade *diejenige Größe* auftritt, welche einen *Extremwer*t annehmen soll. Enthält diese Zielfunktion *mehrere unabhängige* Variable, dann versucht man, deren Anzahl durch Verwendung weiterer sich aus der Aufgabe ergebenden Bedingungen (Nebenbedingungen) bis auf *eine Variable* zu reduzieren und bestimmt ein für die Lösung sinnvolles abgeschlossenes Intervall (meist der Definitionsbereich). Die Lösung des Ausgangsproblems wird dann durch das *globale Extremum* der Zielfunktion im genannten Intervall angegeben. Dieses erhält man durch Ermittlung des lokalen Extremums im Vergleich mit den Funktionswerten der Randpunkte des Intervalls.

Das anschließende Beispiel verdeutlicht eine zweckmäßige Schrittfolge für die Umsetzung der oben skizzierten Lösungsstrategie.

D 32

Beispiel D 32:
Ein Zaun von 40 m Länge soll dazu verwendet werden, eine rechteckige Fläche mit größtmöglichem Inhalt einzuschließen. Man ermittle die Länge a, die Breite b und den maximalen Flächeninhalt dieses Rechtecks.

**1) Analyse der Aufgabe:**
Gegeben: Umfang des Rechtecks u = 40 m
Gesucht: a und b (für den Fall maximalen Flächeninhalts des Rechtecks) sowie $A_{max}$

**2) Aufstellen der Funktion mit Extremalbedingung (Zielfunktion):**
Für den Flächeninhalt A eines Rechtecks mit den Seitenlängen a und b gilt $A = a \cdot b$.
Also ist die Zielfunktion
$A(a, b) = a \cdot b$,
d. h., A ist von zwei Variablen abhängig.
Wir möchten eine Zielfunktion erhalten, die nur eine unabhängige Variable besitzt. Dazu versuchen wir, eine der beiden Variablen a, b anhand von Nebenbedingungen durch die andere auszudrücken.

**3) Angabe von Nebenbedingungen:**
Für den Umfang des Rechtecks gilt $2a + 2b = 40$ bzw. $a + b = 20$.[1)]
Daraus folgt $a = 20 - b$. Für die Variable a kann also auch der Term $20 - b$ verwendet werden.

**4) Einsetzen der Nebenbedingungen in die Zielfunktion:**
Aus $A(a, b) = a \cdot b$ und $a = 20 - b$ folgt
$A(b) = (20 - b) \cdot b = 20b - b^2$.
Die Zielfunktion A (b) ist nunmehr nur noch von der Variablen b abhängig.

[1)] Wir vereinbaren, dass wir hier und im Folgenden nur mit den Zahlenwerten der Größen arbeiten.

**5) Festlegen des Definitionsbereiches der Zielfunktion:**
Aus der Funktion $A(b) = 20b - b^2$ und dem Sachverhalt der Aufgabe ergibt sich $b \in [0; 20]$ (wobei die beiden Randwerte natürlich für das *praktische* Problem ausscheiden). A(b) ist in diesem Intervall differenzierbar.

**6) Ableitungen der Zielfunktion:**
$A'(b) = 20 - 2b$; $A''(b) = -2$

**7) Bestimmen der lokalen Extrema:**
Aus $A'(b) = 20 - 2b = 0$ (notwendige Bedingung) folgt $b = 10$. Wegen $A''(10) = -2 < 0$ ist 10 eine lokale Maximumstelle.

**8) Untersuchung der Randfälle:**
Die Funktionswerte an den Randstellen 0 und 20 sind darauf zu untersuchen, ob sie $A(10) = 20 \cdot 10 - 10^2 = 100$ übersteigen. Wegen $A(0) = 0$ und $A(20) = 0$ ist dies offensichtlich nicht der Fall. Folglich ist die lokale Maximumstelle $b = 10$ auch die globale – für $b = 10$ wird also A maximal. (Bei dieser Aufgabe hätte man natürlich auch durch die Stetigkeit der Zielfunktion im Definitionsbereich und die Existenz nur eines Extremums sofort überblicken können, dass das lokale Maximum auch das globale sein muss.)

**9) Interpretation der errechneten Werte:**
Aus $b = 10$ folgt wegen $2a + 2b = 40$, dass a ebenfalls gleich 10 sein muss. Der größte Flächeninhalt ($100\ m^2$) wird also erreicht, wenn das Rechteck ein Quadrat mit der Seitenlänge 10 m ist.

Beispiel D 33: **D 33**
Es sollen zylinderförmige Blechdosen mit einem Volumen von $500\ cm^3$ hergestellt werden. Wie groß müssen Radius r und Höhe h gewählt werden, damit der Blechverbrauch möglichst klein ist? (Die Blechstärke bleibt unberücksichtigt.)

**1) Analyse der Aufgabe:**
Gegeben: Volumen des Zylinders $V = 500\ cm^3$
Gesucht: r, h (für den Fall minimaler Oberfläche O) sowie $O_{min}$

**2) Aufstellen der Funktion mit Extremalbedingung (Zielfunktion):**
Für den Oberflächeninhalt eines Zylinders mit dem Radius r und der Höhe h gilt $O = 2r^2\pi + 2r\pi h$. Also ist die Zielfunktion $O(r, h) = 2r^2\pi + 2r\pi h$, d. h., O ist von zwei Variablen abhängig. Es muss versucht werden, eine der beiden Variablen anhand von Nebenbedingungen durch eine andere auszudrücken.

**3) Angabe von Nebenbedingungen:**
Für das Zylindervolumen gilt die Formel $V = r^2\pi h$. Da im vorliegenden Fall $r^2\pi h = 500$ gelten soll, folgt: $h = \frac{500}{r^2 \cdot \pi}$.

**4) Einsetzen der Nebenbedingungen in die Zielfunktion:**
Aus $O(r, h) = 2r^2\pi + 2r\pi h$ und $h = \frac{500}{r^2 \cdot \pi}$ folgt

$$O(r) = 2r^2\pi + 2r\pi \frac{500}{r^2 \cdot \pi} = 2r^2\pi + 1000r^{-1}.$$

**5) Festlegen des Definitionsbereiches:**
Bei dieser Aufgabe ist es sinnvoll, das Definitionsintervall mit $r \in [1; 20]$ festzulegen. $O(r)$ ist in diesem Intervall auch differenzierbar.

**6) Ableitungen der Zielfunktion:**
$O'(r) = 4\pi r - 1000r^{-2}$; $O''(r) = 4\pi + 2000r^{-3}$

**7) Bestimmen des lokalen Extremums:**
Wegen der notwendigen Bedingung $O'(r) = 0$ muss gelten: $4\pi r - 1000r^{-2} = 4\pi r - \frac{1000}{r^2} = 0$.
Daraus folgt
$4\pi r^3 = 1000$, also $r^3 = \frac{1000}{4\pi}$ und damit $r = \sqrt[3]{\frac{1000}{4\pi}} = \sqrt[3]{\frac{250}{\pi}} \approx 4{,}3$.
Wegen $O''(4{,}3) = 4\pi + 2000r^{-3} > 0$ (was man ohne Ausrechnen sofort erkennt) ist $r \approx 4{,}3$ eine lokale Minimumstelle von $O(r)$.

**8) Untersuchung der Randfälle:**
Da $O(4{,}3) = 2 \cdot 4{,}3^2 \cdot \pi + \frac{1000}{4{,}3} \approx 349$ ist, sind die Funktionswerte der Randstellen $O(1)$ und $O(20)$ darauf zu untersuchen, ob sie $O(4{,}3)$ unterschreiten. Das ist weder bei $O(1) = 2\pi + 1000 \approx 1006$ noch bei $O(20) = 800\pi + 50 \approx 2563$ der Fall. Für $r \approx 4{,}3$ ist also $O \approx 349$ minimal.

**9) Interpretation der errechneten Werte:**
Aus $r \approx 4{,}3$ erhält man $h \approx 8{,}6$. Wenn das Volumen eines Zylinders 500 cm$^3$ betragen und dabei der Oberflächeninhalt des Zylinders möglichst klein sein soll, dann muss der Radius rund 4,3 cm und die Höhe rund 8,6 cm betragen. Höhe und Durchmesser müssen in diesem Falle demnach gleich groß sein (rund 8,6 cm).

## D 5.3 Näherungsverfahren zum Lösen von Gleichungen

Im Abschnitt A 6 wurden verschiedene Verfahren der Nullstellenbestimmung für Funktionen $y = f(x)$ behandelt. Als Näherungsverfahren für das Ermitteln von Lösungen der Gleichung $f(x) = 0$ lernten wir dabei die grafische Darstellung sowie die systematische Suche (vgl. S. 47 f.) kennen. Insbesondere die systematische Suche ist für das Arbeiten nach einem **Algorithmus** bestens geeignet.

Die Hauptidee der systematischen Suche bestand darin, ein Intervall $[a; b]$ zu finden, bei dem sich $f(a)$ und $f(b)$ im Vorzeichen unterscheiden. Falls f eine stetige Funktion ist, muss dann nach Satz C 4 (Nullstellensatz von BOLZANO) zwischen a und b eine Nullstelle der Funktion liegen. Die Intervallgrenzen a und b oder z. B. der aus beiden berechnete Mittelwert sind **Näherungen** für die gesuchte Nullstelle. Die **Genauigkeit der Näherung** hängt direkt von der Breite des Intervalls $[a; b]$ ab und lässt sich dadurch verbessern, dass das Intervall $[a; b]$ enger um die gesuchte Nullstelle geschnürt wird. Das Verfahren kann Nullstellen nicht finden, in denen die Abszissenachse nur berührt, nicht aber geschnitten wird. Liegen zwei Nullstellen sehr eng beieinander, so muss ein Intervallende zwischen diesen beiden Nullstellen liegen, damit das Verfahren ein Ergebnis liefert. Die Anfangsnäherung muss also sehr genau sein. Diese Probleme treten deshalb auf, weil im Verfahren der systematischen Suche lediglich Informationen über die Funktions*werte* an den Intervallenden verwendet werden.

Nun soll ein Verfahren vorgestellt werden, das durch Einbeziehung von Informationen über den Funktions*verlauf* die Grenzen der systematischen Suche überwindet. Dieses Verfahren wird nach dem englischen Mathematiker, Physiker und Astronomen ISAAC NEWTON (1643–1727) das **NEWTON-Verfahren** genannt.

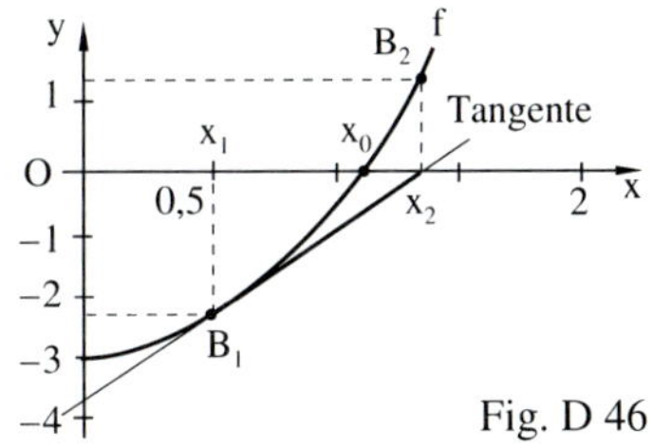

Fig. D 46

Beim NEWTON-Verfahren wird als Information über den Funktionsverlauf die erste Ableitung der Funktion verwendet. Fig. D 46 zeigt den Graphen einer Funktion f, deren Nullstelle zu bestimmen sei (wobei Bezug auf Beispiel A 35, S. 47 genommen wird).
Um mit dem NEWTON-Verfahren eine Nullstelle einer Funktion zu ermitteln, benötigt man eine **Anfangsnäherung $x_1$**. Im Punkt $B_1(x_1; f(x_1))$ wird dazu die Tangente t an den Graphen gelegt. Sie hat den Anstieg $f'(x_1)$ und die Gleichung $f(x) - f(x_1) = f'(x_1)(x - x_1)$ (vgl. Abschnitt F 4).
Die Tangente wird nun als Ersatz für den Funktionsgraphen benutzt. Wir berechnen die Nullstelle der Tangente und bezeichnen sie mit $x_2$. Aus $0 - f(x_1) = f'(x_1)(x_2 - x_1)$ folgt nach Umformen

$$x_2 = x_1 - \frac{f(x_1)}{f'(x_1)}.$$

Unter geeigneten Bedingungen (die in Fig. D 46 erfüllt sind) liegt $x_2$ näher bei der zu ermittelnden Nullstelle als $x_1$, ist also eine genauere Näherung. Um nun die Genauigkeit der Näherung weiter zu verbessern, liegt es nahe, $x_2$ als neuen Startwert zu verwenden, an $B_2$ eine Tangente anzulegen und als weitere Näherung $x_3 = x_2 - \frac{f(x_2)}{f'(x_2)}$ zu berechnen. Dieses Vorgehen kann beliebig oft wiederholt werden. Wir halten somit fest:

**NEWTON-Verfahren zur näherungsweisen Nullstellenbestimmung einer Funktion f:**

1. Man legt eine geeignete Startnäherung $x_1$ für eine Nullstelle fest.
2. Man ermittelt $x_{i+1} = x_i - \frac{f(x_i)}{f'(x_i)}$ mit $i \in \mathbb{N}, i > 0$. (∗)

Das NEWTON-Verfahren ist eine *rekursive Bildungsvorschrift* der Folge $(x_i)$. Es wird auch als ein **iteratives Verfahren**[1] bezeichnet, da es auf der wiederholten Anwendung der Gleichung (∗) beruht.
Da die rechte Seite von (∗) lediglich von $x_i$ bestimmt wird, kann (∗) auch allgemein durch $x_{i+1} = \varphi(x_i)$ gekennzeichnet werden.
Wenn für eine stetige Funktion f, deren Ableitung ebenfalls stetig ist, die Folge der berechneten $x_i$ durch geeignete Wahl des Startwertes $x_1$ schrittweise genauere Näherungen für $x_0$ liefert, so gilt unter Anwendung von Grenzwertsätzen und unter der Bedingung $f'(x_0) \neq 0$

$$\lim_{i \to \infty} x_{i+1} = \lim_{i \to \infty} x_i - \lim_{i \to \infty} \frac{f(x_i)}{f'(x_i)}; \quad \text{also} \quad x_0 = x_0 - \frac{f(x_0)}{f'(x_0)} \quad \text{und damit} \quad 0 = f(x_0).$$

Damit ist belegt, dass eine durch das NEWTON-Verfahren beschriebene Folge $(x_i)$ für den Fall ihrer Konvergenz tatsächlich gegen eine Nullstelle der Funktion f konvergiert.

Beispiel D 34: D 34
Für die Funktion $f(x) = x^3 - 6x^2 + 12x - 9$ (vgl. Beispiel A 31, S. 45) und die Startwerte $x_1 = 4$ und $x_1 = 0$ sollen nach dem NEWTON-Verfahren Nullstellen ermittelt werden.
Der Rekursionsschritt (∗) nach Einsetzen der konkreten Funktion lautet

$$x_{i+1} = x_i - \frac{x_i^3 - 6x_i^2 + 12x_i - 9}{3x_i^2 - 12x_i + 12}.$$

[1] iterare (lat) – wiederholen

| Iteration | Kontrolle |
|---|---|
| *1.Start:* $x_1 = 4$ | $f(x_1) = 7$ |
| $x_2 = \varphi(x_1) =$ **3,4**166667 | $f(x_2) = 1{,}8431713$ |
| $x_3 = \varphi(x_2) =$ **3,1**105344 | $f(x_3) = 0{,}3696073$ |
| $x_4 = \varphi(x_3) =$ **3,0**106367 | $f(x_4) = 0{,}0322509$ |
| $x_5 = \varphi(x_4) =$ **3,000**1116 | $f(x_5) = 0{,}0003347$ |
| $x_6 = \varphi(x_5) =$ **3,0000000** | $f(x_6) = 0{,}0000000$ |
| $x_7 = \varphi(x_6) =$ **3,0000000** | $f(x_7) = 0{,}0000000$ |

| Iteration | Kontrolle |
|---|---|
| *2. Start:* $x_1 = 0$ | $f(x_1) = -9$ |
| $x_2 = \varphi(x_1) = 0{,}7500000$ | $f(x_2) = -2{,}9531250$ |
| $x_3 = \varphi(x_2) = 1{,}3800000$ | $f(x_3) = -1{,}2383280$ |
| $x_4 = \varphi(x_3) = 2{,}4538189$ | $f(x_4) = -0{,}9065352$ |
| $x_5 = \varphi(x_4) = 3{,}9210490$ | $f(x_5) = 6{,}0894952$ |
| $x_6 = \varphi(x_5) = 3{,}3710230$ | $f(x_6) = 1{,}5771178$ |
| $x_7 = \varphi(x_6) =$ **3,**0913482 | $f(x_7) = 0{,}2998404$ |
| $x_8 = \varphi(x_7) =$ **3,00**74327 | $f(x_8) = 0{,}0224643$ |
| $x_9 = \varphi(x_8) =$ **3,0000**547 | $f(x_9) = 0{,}0001641$ |
| $x_{10} = \varphi(x_9) =$ **3,0000000** | $f(x_{10}) = 0{,}0000000$ |
| $x_{11} = \varphi(x_{10}) =$ **3,0000000** | $f(x_{11}) = 0{,}0000000$ |

Die ersten Schritte des NEWTON-Verfahrens sind in den Fig. D 47 und D 48 dargestellt.

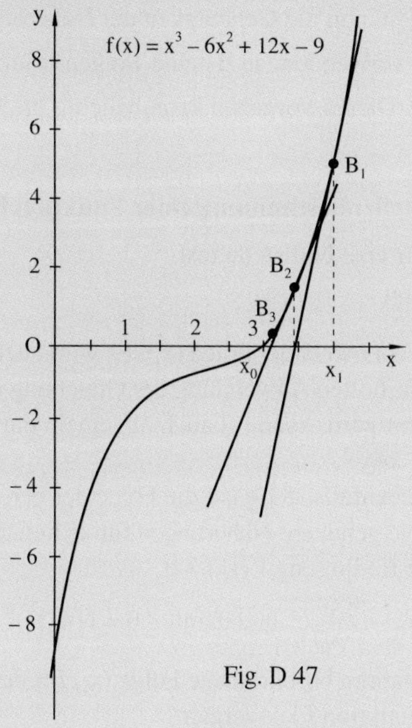

Fig. D 47

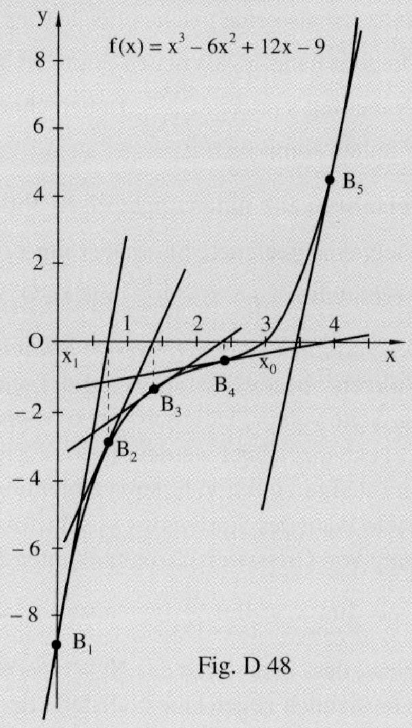

Fig. D 48

Mit dem Startwert $x_1 = 4$ „greift" das NEWTON-Verfahren gut und erreicht, wie aus dem Beispiel D 34 zu ersehen ist, die Nullstelle $x_0 = 3$. Diese wird auch unter Verwendung des Startwertes $x_1 = 0$ erreicht, allerdings sind für die gleiche Genauigkeit mehr Iterationen erforderlich. Das unterstreicht die *Bedeutung der Wahl der Startnäherung.*

Eine Verallgemeinerung des NEWTON-Verfahrens ist das *allgemeine Iterationsverfahren*. Es wurde bereits darauf hingewiesen, dass der Iterationsschritt des NEWTON-Verfahrens $x_{i+1} = x_i - \frac{f(x_i)}{f'(x_i)}$ verallgemeinert werden kann zu $x_{i+1} = \varphi(x_i)$. Diese Gleichung stellt bereits die Iterationsvorschrift des allgemeinen Iterationsverfahrens dar. Daher kann das Verfahren sogleich angegeben werden:

**Allgemeines Iterationsverfahren zur Nullstellenbestimmung einer Funktion f:**

1. Man legt eine geeignete Startnäherung $x_1$ für eine Nullstelle fest.
2. Man ermittelt $x_{i+1} = \varphi(x_i)$ mit $i \in \mathbb{N}$, $i > 0$.

Zwei Fragen sind jedoch zu klären, um das allgemeine Iterationsverfahren verstehen und anwenden zu können:

– Wie erhält man die als $\varphi$ bezeichnete Funktion aus der gegebenen Funktion f?
– Unter welchen Bedingungen konvergiert das allgemeine Iterationsverfahren?

Zur Klärung der ersten Frage setzen wir die Konvergenz des Verfahrens für eine zu betrachtende Funktion f und die Stetigkeit der Funktion $\varphi$ voraus. Dann gilt:

$$\lim_{i \to \infty} x_i = \lim_{i \to \infty} x_{i+1} = x_0 \quad \text{und} \quad \lim_{i \to \infty} \varphi(x_i) = \varphi(x_0), \quad \text{also} \quad x_0 = \varphi(x_0).$$

Die Gleichung $x_0 = \varphi(x_0)$ kann nun ihrerseits aber auch als *Bestimmungsgleichung für die Koordinaten des Schnittpunktes S zweier Graphen* mit den Gleichungen $y = x$ und $y = \varphi(x)$ verstanden werden. Die Gleichung $x = \varphi(x)$ erhält man aus der Gleichung $f(x) = 0$, indem man diese auf irgendeine Art nach x umstellt.

Der Fig. D 49 liegt beispielsweise die Nullstellenbestimmung der Funktion $f(x) = \sqrt{2x+3} - x$ zugrunde. Wegen $x = \sqrt{2x+3}$ gilt hier $\varphi(x) = \sqrt{2x+3}$.
Frage 1 ist damit beantwortet.

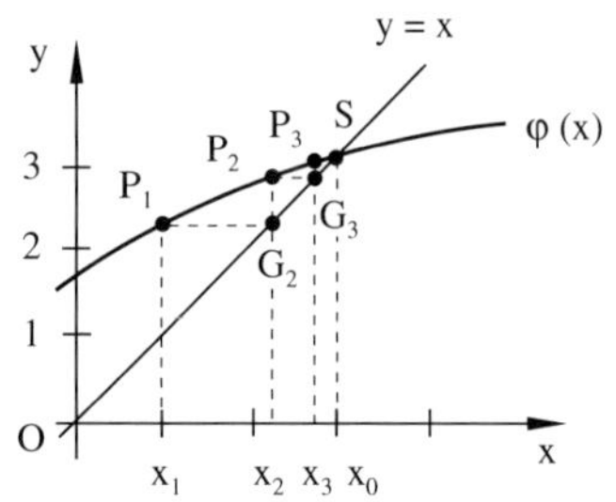


Fig. D 49

Fig. D 49 zeigt zugleich die grafische Deutung des allgemeinen Iterationsverfahrens. Der x-Wert $x_0$ des Schnittpunktes S der beiden Graphen soll näherungsweise ermittelt werden. Dazu liegt eine Anfangsnäherung $x_1$ vor. Für diesen Wert wird der Funktionswert der Iterationsfunktion, also $\varphi(x_1)$, berechnet. Auf dem Graphen von $\varphi$ entspricht das dem Punkt $P_1$. Auf der Geraden $y = x$ sucht man nun den Punkt mit dem gleichen y-Wert wie $P_1$ – dieser heiße $G_2$. Der Punkt $G_2$ habe den x-Wert $x_2$. Da für $G_2$ als Punkt der Geraden $y = x$ der x- und der y-Wert jedes Punktes übereinstimmen, gilt $x_2 = \varphi(x_1)$. Nach dem allgemeinen Iterationsverfahren ist $x_2$ also die nächste Näherung für $x_0$.
Für $x_2$ wird erneut $\varphi(x_2)$ berechnet, man erhält $P_2$. Parallel zur Abszissenachse geht man dann zur Geraden $y = x$, erhält $G_3$ sowie die nächste Näherung $x_3$ usw. Wird das Verfahren fortgesetzt, so wandern die Punkte $P_i$ auf dem Graphen von $y = \varphi(x)$ auf den Schnittpunkt S zu, ebenso nähern sich die $x_i$ immer mehr dem $x_0$.
Augenscheinlich konvergiert das Verfahren für das dargestellte Beispiel. Die Konvergenz ist ebenfalls gesichert, wenn als Startwert ein Wert rechts von $x = 3$ gewählt wird. Die Ursache für die Konvergenz ist darin zu suchen, dass $y = \varphi(x)$ flacher als $y = x$ verläuft, dass also die Strecken $\overline{G_iP_i}$ jeweils kürzer als die Strecken $\overline{P_{i-1}G_i}$, $i > 1$, sind. Die erste Strecke entspricht dem $\Delta x$, die zweite dem $\Delta y$ beim Übergang von $P_{i-1}$ zu $P_i$ auf dem Graphen von $y = \varphi(x)$. Da $\frac{\Delta y}{\Delta x}$ eine Näherung für die erste Ableitung von $y = \varphi(x)$ darstellt, ist der Grund der Konvergenz in der Tatsache zu suchen, dass zumindest in einer Umgebung des gesuchten Wertes $x_0$ die Ableitung der Iterationsfunktion $\varphi$ kleiner als 1 (der Ableitung von $y = x$) ist. Eine analoge Überlegung kann auch für den Fall geführt werden, dass die Funktion in einer Umgebung von $x_0$ fällt. Ohne Beweis sei folgendes **hinreichende Kriterium für die Konvergenz des allgemeinen Iterationsverfahrens** mitgeteilt:

- Wenn die Gleichung $x = \varphi(x)$ in einem Intervall [a; b] eine Lösung besitzt, $\varphi$ in [a; b] differenzierbar ist und eine reelle Zahl k existiert mit $|\varphi'(x)| < k < 1$ für alle $x \in [a; b]$, dann konvergiert die Folge $(x_i)$ mit $x_{i+1} = \varphi(x_i)$, $i \in \mathbb{N}$, $i > 0$, für alle Startwerte $x_1$ aus [a; b].

Bei den zu untersuchenden Beispielen wird deshalb für jeden Näherungswert $x_i$ die Ableitung $\varphi'(x_i)$ mit berechnet, um die Chancen für eine Konvergenz abzuschätzen.[1)]

D 35

Beispiel D 35:
Für die Funktion $f(x) = x^3 - 6x^2 + 12x - 9$ (vgl. Beispiel D 34, S. 133) ist mittels des allgemeinen Iterationsverfahrens eine Nullstelle zu bestimmen.
Die Gleichung $0 = x^3 - 6x^2 + 12x - 9$ muss zuerst in die Form $x = \varphi(x)$ gebracht werden. Dazu gibt es verschiedene Wege, von denen hier zwei angedeutet seien. Man kann umformen in

$$x = -\frac{x^3}{12} + \frac{x^2}{2} + \frac{3}{4} \qquad \text{oder} \qquad x = 6 - \frac{12}{x} + \frac{9}{x^2}.$$

Dann ergibt sich:

| i | $x_i$ | $f(x_i)$ | $\varphi'(x_i)$ |
|---|---|---|---|
| 1 | 4,00 | 7,00 | 0,000 |
| 2 | 3,42 | 1,84 | 0,498 |
| 3 | 3,26 | 1,02 | 0,601 |
| 4 | 3,18 | 0,64 | 0,653 |
| 5 | 3,13 | 0,43 | 0,683 |
| 6 | 3,09 | 0,29 | 0,703 |
| 7 | 3,07 | 0,21 | 0,716 |
| 8 | 3,05 | 0,15 | 0,725 |
| 9 | 3,04 | 0,11 | 0,732 |
| 10 | 3,03 | 0,08 | 0,737 |
| 11 | 3,02 | 0,06 | 0,740 |
| 12 | 3,01 | 0,04 | 0,743 |
| 13 | 3,01 | 0,03 | 0,745 |
| 14 | 3,01 | 0,02 | 0,746 |
| 15 | 3,01 | 0,02 | 0,747 |
| 16 | 3,00 | 0,01 | 0,748 |
| 17 | 3,00 | 0,01 | 0,748 |
| 18 | 3,00 | 0,01 | 0,749 |
| 19 | 3,00 | 0,01 | 0,749 |
| 20 | 3,00 | 0,00 | 0,749 |

| i | $x_i$ | $f(x_i)$ | $\varphi'(x_i)$ |
|---|---|---|---|
| 1 | 4,00 | 7,00 | 0,469 |
| 2 | 3,56 | 2,81 | 0,547 |
| 3 | 3,34 | 1,41 | 0,592 |
| 4 | 3,21 | 0,79 | 0,619 |
| 5 | 3,14 | 0,47 | 0,636 |
| 6 | 3,09 | 0,29 | 0,647 |
| 7 | 3,06 | 0,19 | 0,654 |
| 8 | 3,04 | 0,12 | 0,658 |
| 9 | 3,03 | 0,08 | 0,661 |
| 10 | 3,02 | 0,05 | 0,663 |
| 11 | 3,01 | 0,03 | 0,664 |
| 12 | 3,01 | 0,02 | 0,665 |
| 13 | 3,01 | 0,02 | 0,666 |
| 14 | 3,00 | 0,01 | 0,666 |
| 15 | 3,00 | 0,01 | 0,666 |
| 16 | 3,00 | 0,00 | 0,666 |

Für beide Ansätze für $x = \varphi(x)$ konvergiert das allgemeine Iterationsverfahren. Dabei konvergiert das Verfahren mit dem Ansatz $x = 6 - \frac{12}{x} + \frac{9}{x^2}$ etwas schneller. Hier sind die Ableitungen auch betragsmäßig kleiner.

[1)] Es sei darauf hingewiesen, dass das allgemeine Iterationsverfahren auch konvergieren kann, wenn für ein $x_i$ die Ableitung $\varphi'(x_i)$ betragsmäßig größer 1 ist. Das Kriterium ist *hinreichend, aber nicht notwendig.*

# E Integralrechnung

## E 1 Das unbestimmte Integral

### E 1.1 Der Begriff *Stammfunktion*

Im Abschnitt *Differentialrechnung* bestand eine wichtige Aufgabe darin, zu einer gegebenen Funktion f die Ableitungsfunktion f′ zu ermitteln. Es soll nun in diesem Kapitel überlegt werden, ob die umgekehrte Aufgabenstellung „*Zu einer gegebenen Funktion f ist eine Funktion F zu bestimmen, deren Ableitung gleich f ist*“ gelöst werden kann.

E 1

Beispiel E 1:
Gegeben ist die Funktion f mit $f(x) = 2x$. Es ist eine Funktion F zu ermitteln, für die $F' = f$ gilt. Wir suchen in der Vielzahl von Funktionen, die wir in der Differentialrechnung abgeleitet haben, nach einer Funktion, deren Ableitung 2x ist. Die Funktion F mit $F(x) = x^2$ hat diese Eigenschaft, denn $F'(x) = 2x = f(x)$.

E 1

Definition E 1:
Besitzen die Funktionen f und F einen gemeinsamen Definitionsbereich $D_f$ und es gilt $F' = f$ für alle $x \in D_f$, so heißt F **Stammfunktion von f (in $D_f$)**.

Der Vorgang des Aufsuchens einer Stammfunktion zu einer gegebenen Funktion wird als *Integration*[1] bezeichnet.
Also:

| Gegeben | | Gesucht |
|---|---|---|
| 1. Funktion f | Differenzieren → | Ableitungsfunktion f′ |
| 2. Funktion f | Integrieren → | Stammfunktion F mit $F' = f$ |

Eine Stammfunktion F zu einer Funktion f können wir oft aus unseren Erfahrungen beim Differenzieren gewinnen, wenn wir in der gegebenen Funktion f die Ableitung einer uns bekannten Funktion F erkennen. Wir kontrollieren das Ergebnis, indem wir F differenzieren und mit f vergleichen.

E 2

Beispiel E 2:
Es sind zu den gegebenen Funktionen f Stammfunktionen F zu bestimmen.

a) $f(x) = 6x$
Eine Stammfunktion von f ist $F(x) = 3x^2$, denn $F'(x) = 3 \cdot 2x = f(x)$ und $D_f = D_F$.[2]

b) $f(x) = x^2$
Eine Stammfunktion von f ist $F(x) = \frac{1}{3}x^3$, denn $F'(x) = 3 \cdot \frac{1}{3}x^2 = x^2 = f(x)$ und $D_f = D_F$.

c) $f(x) = 7$
Eine Stammfunktion von f ist $F(x) = 7x$, denn $F'(x) = 7 = f(x)$ und $D_f = D_F$.

[1] integratio (lat.) – Wiederherstellen eines Ganzen; integrare (lat.) – wiederherstellen

[2] Auf die Übereinstimmung der beiden Definitionsbereiche wird nachfolgend nur noch in Ausnahmefällen speziell hingewiesen.

Der Vorgang *Ermitteln einer Stammfunktion F zu einer Funktion f* ist die Umkehrung des Vorgangs *Bilden der Ableitung einer Funktion F.* Solche Zusammenhänge *Operation – Umkehroperation* sind uns im Mathematikunterricht schon häufig begegnet, z. B. *Addition – Subtraktion, Multiplikation – Division, Potenzieren – Radizieren.*

Beim Bilden der Umkehroperation ist stets die Frage nach der Eindeutigkeit interessant. In unserem Falle die Frage also: Lassen sich für die Funktion $f(x) = 6x$ aus Beispiel E 2 noch weitere Stammfunktionen angeben?[1)] Diese Frage muss bejaht werden. Beispielsweise sind auch $F(x) = 3x^2 + 2$ oder $F(x) = 3x^2 - 4$ Stammfunktionen für $f(x) = 6x$, da die konstanten Summanden beim Differenzieren wegfallen.

Also: Wenn es zu einer Funktion f eine Stammfunktion F gibt, so existieren unendlich viele weitere Stammfunktionen, die sich nur um eine additive Konstante unterscheiden.

E 1

Satz E 1:
Es sei $F_1$ eine Stammfunktion von f in D. $F_2$ ist genau dann eine Stammfunktion von f, wenn es eine Zahl C ($C \in \mathbb{R}$) gibt, so dass $F_2(x) = F_1(x) + C$ für alle $x \in D$ gilt.

*Beweis:*

Weil es sich bei dem vorliegenden Satz um eine Äquivalenzaussage handelt, müssen wir den Beweis „in beiden Richtungen“ führen.

a) Es sei $F_2(x) = F_1(x) + C$ (für alle $x \in D$). Dann ist $F_2$ differenzierbar und es gilt $F_2'(x) = F_1'(x)$ für alle $x \in D$.[2)] Da nach Voraussetzung $F_1'(x) = f(x)$, folgt $F_2'(x) = f(x)$, d. h., $F_2$ ist ebenfalls eine Stammfunktion von f.

b) Es sei $F_2$ Stammfunktion von f. Dann gilt $F_2'(x) = f(x)$. Da nach Voraussetzung auch $F_1'(x) = f(x)$ ist, folgt $F_2'(x) = F_1'(x)$ bzw. $F_2'(x) - F_1'(x) = 0$.
Das heißt: Die Differenzenfunktion $F_2(x) - F_1(x)$ hat die Ableitung 0. Sie muss daher eine konstante Funktion sein:
$F_2(x) - F_1(x) = C$ bzw. $F_2(x) = F_1(x) + C$

E 3

Beispiel E 3:
Zu der Funktion $f(x) = 2x$ sind drei Stammfunktionen anzugeben und grafisch darzustellen. Was kann über die Graphen ausgesagt werden?
Stammfunktionen sind z. B. die Funktionen

$F_1(x) = x^2$, denn $F_1'(x) = 2x$,
$F_2(x) = x^2 + 2$, denn $F_2'(x) = 2x$,
$F_3(x) = x^2 - 1$, denn $F_3'(x) = 2x$.

Es entsteht eine Schar von Kurven (Parabeln), die auseinander durch Verschiebung in Richtung der Ordinatenachse um C hervorgehen.

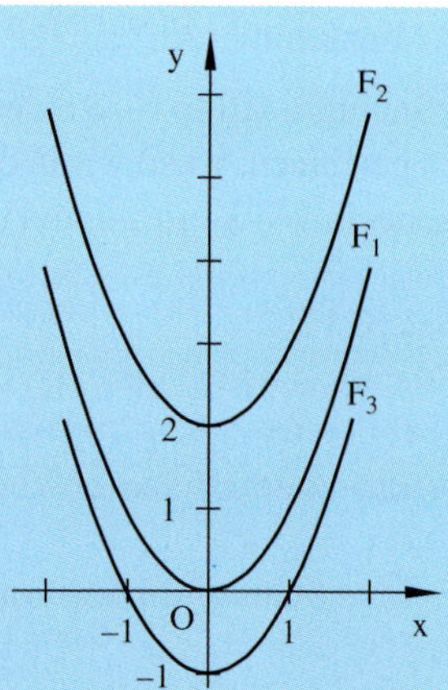


Fig. E 1

[1)] Zur Sprechweise vgl. die Vereinbarung auf S. 9.
[2)] Diese Voraussetzung sei auch für alle weiteren Aussagen erfüllt; es wird darauf nicht mehr gesondert hingewiesen.

## E 1.2 Der Begriff *unbestimmtes Integral*

Wir haben festgestellt, dass eine gegebene Funktion f eine ganze Schar von Stammfunktionen besitzt. Für die Menge aller Stammfunktionen einer gegebenen Funktion f wird ein neuer Begriff eingeführt.

E 2

Definition E 2:
Die Menge aller Stammfunktionen einer Funktion f heißt **unbestimmtes Integral** von f.
Man schreibt

$\int f(x)\,dx = \{F(x) \mid F'(x) = f(x)\}.$

Will man die Mengenschreibweise vermeiden, kann man auch nur mit einem Repräsentanten arbeiten:

$\int f(x)\,dx = F(x) + C \qquad (F'(x) = f(x),\ C \in \mathbb{R}).$

Dabei bezeichnet man

f(x) als *Integrandenfunktion* – kurz: *Integrand,*

x als *Integrationsvariable,*

C als *Integrationskonstante,*

dx als *Differential*

des unbestimmten Integrals $\int f(x)\,dx$ – gelesen: *Integral über f von xdx*.

Das neu eingeführte Zeichen $\int$ wird als *Integralzeichen* bezeichnet. Es kann nie allein mit einer Funktion stehen. Zu jedem Integralzeichen gehört immer auch die Angabe eines Differentials, das festlegt, „nach welcher Variablen integriert" werden soll.
Das *Integralzeichen* $\int$ wurde 1675 von GOTTFRIED WILHELM LEIBNIZ als Symbol für eine Summe eingeführt. Das *Wort Integral* geht auf die Brüder BERNOULLI zurück.

E 4

Beispiel E 4:
Es sind die nachfolgenden unbestimmten Integrale zu ermitteln.

a) $\int 3x^2\,dx =$

Die Funktion $f(x) = 3x^2$ ist der Integrand, x ist die Integrationsvariable, d. h., es soll nach x integriert werden.
Aus der Differentialrechnung wissen wir, dass die Funktion $F(x) = x^3$ die Ableitung $3x^2$ besitzt. $F(x) = x^3$ ist also eine Stammfunktion von $f(x) = 3x^2$. Somit ergibt sich die Lösung:

$\int 3x^2\,dx = x^3 + C \qquad (C \in \mathbb{R})$

Die Probe erfolgt durch Differentiation der Funktion F(x).

$F(x) = x^3 + C \Rightarrow F'(x) = 3x^2 = f(x)$

b) $\int 5\,dv =$

Der Integrand ist 5, die Integrationsvariable ist v. Wir suchen also nach einer Funktion, deren Ableitung nach v die Zahl 5 ergibt. Die Lösung lautet

$\int 5\,dv = 5v + C \qquad (C \in \mathbb{R}).$

Probe: $F(v) = 5v + C \Rightarrow F'(v) = 5 = f(v)$

c) $\int x\,du =$

Der Integrand ist x, die Integrationsvariable u, d. h., es soll nach u integriert werden. Die Lösung ist daher nicht etwa $F(x) = \frac{1}{2}x^2 + C$, sondern $F(u) = x \cdot u + C \quad (C \in \mathbb{R})$.
x stellt in diesem Fall nur eine konstante Zahl wie im Beispiel b) die 5 dar. Also:

$$\int x\,du = x \cdot u + C \qquad (C \in \mathbb{R})$$

Probe: $F(u) = x \cdot u + C \Rightarrow F'(u) = x = f(u)$

d) $\int ax\,dx =$ $\qquad \int ax\,da =$ $\qquad \int ax\,dv =$

In diesem Beispiel soll der Integrand ax nach verschiedenen Variablen integriert werden. Die Variablen, die nicht im Differential auftreten, sind als Konstanten anzusehen. Also:

$$\int ax\,dx = \frac{a}{2}x^2 + C \qquad \int ax\,da = \frac{x}{2}a^2 + C \qquad \int ax\,dv = ax \cdot v + C \qquad (C \in \mathbb{R})$$

Spezialfall: $\int dx = x + C$

Wir wollen uns merken:

1. Zu jedem unbestimmten Integral gehört eine Integrationsvariable, die angibt, „wonach" zu integrieren ist.
2. Die Lösung eines unbestimmten Integrals kann durch Differentiation überprüft werden (Probe).

## E 1.3 Regeln für das Ermitteln von unbestimmten Integralen

Um Regeln zum Ermitteln von unbestimmten Integralen *(Integrationsregeln)* zu finden, können wir auf die Differentiationsregeln (Regeln zum Bestimmen der Ableitungsfunktion) zurückgreifen.

E 5

Beispiel E 5:
Zu den folgenden Integrandenfunktionen f(x) sind die unbestimmten Integrale zu ermitteln.

| Integrand f(x) | Integral $\int f(x)\,dx$ | Integrand f(x) | Integral $\int f(x)\,dx$ |
|---|---|---|---|
| $x$ | $\frac{1}{2}x^2 + C$ [1] | $x^n \quad (x \neq -1)$ | $\frac{1}{n+1}x^{n+1} + C$ |
| $x^2$ | $\frac{1}{3}x^3 + C$ | $\frac{1}{x^2} \quad (x \neq 0)$ | $-\frac{1}{x} + C$ |

Also: Da sich beim Differenzieren einer Potenz deren Exponent (Grad) um 1 erniedrigt, muss beim Integrieren der Exponent (Grad) um 1 erhöht werden. Ein Ausgleich des auftretenden Faktors beim Differenzieren wird durch Verwendung seines Reziproken als Faktor beim Integrieren erreicht. Hieraus lässt sich die folgende Regel gewinnen:

E 2

Satz E 2: **Potenzregel**

$\int x^n dx = \frac{1}{n+1}x^{n+1} + C$ mit $n \in G$, $n \neq -1$ (und zusätzlich $x \neq 0$, falls $n < -1$), $C \in \mathbb{R}$.

[1] Da die Integrationskonstante eine beliebig reelle Zahl ist, können wir für sie in jedem Fall C schreiben.

Der Fall $n = -1$ muss gesondert untersucht werden, da wir keine Potenzfunktion kennen, deren Ableitung $\frac{1}{x} = x^{-1}$ ist. Außerdem wäre der Term $\frac{1}{n+1}$ für $n = -1$ nicht erklärt.

Diese Regel kann auch auf Potenzen mit reellen Exponenten erweitert werden.

**E 3**

Satz E 3:
Für die Potenzfunktion $f(x) = x^q$ mit $q \in \mathbb{R}$, $q \neq -1$ und $x > 0$ gilt

$$\int x^q dx = \frac{1}{q+1} x^{q+1} + C \qquad (C \in \mathbb{R}).$$

Um weitere Regeln finden zu können, sollen die folgenden Beispiele unter Nutzung der Kenntnisse aus der Differentialrechnung betrachtet werden.

**E 6**

Beispiel E 6:

a) $\int x^3 dx = \frac{1}{4} x^4 + C \qquad \int 2x^3 dx = \frac{2}{4} x^4 + C \qquad \int a \cdot x^3 dx = \frac{a}{4} x^4 + C \qquad (a, C \in \mathbb{R})$

Eine Stammfunktion zur Funktion $f(x) = a \cdot x^3$ erhält man durch Multiplikation der Stammfunktion von $f(x) = x^3$ mit a. Entsprechendes gilt für die zugehörigen unbestimmten Integrale (wenn man berücksichtigt, dass $a \cdot C$ wieder eine reelle Zahl ist).

b) $\int (2x^2 + 3x - 4) dx =$

Da Summen gliedweise differenziert werden, gehen wir beim Integrieren ebenfalls summandenweise vor.

$$\int (2x^2 + 3x - 4) dx = \frac{2}{3} x^3 + \frac{3}{2} x^2 - 4x + C \qquad (C \in \mathbb{R})$$

Die Probe durch Differentiation bestätigt das Ergebnis.

Obige Beispiele lassen den folgenden Satz vermuten:

**E 4**

Satz E 4:
Es seien f und g stetige Funktionen. Dann gilt:

1. $\int k \cdot f(x) dx = k \cdot \int f(x) dx \qquad (k \in \mathbb{R})$

   Konstante Faktoren bleiben beim Integrieren erhalten. **Faktorregel**

2. $\int [f(x) \pm g(x)] dx = \int f(x) dx \pm \int g(x) dx$

   Summen und Differenzen können gliedweise integriert werden. **Summenregel**

*Beweis:*

Zu 1.:

Diese Regel ist eine Äquivalenzaussage. Der Beweis muss deshalb in „beiden Richtungen“ geführt werden.

F sei eine Stammfunktion von f, d. h., $F' = f$ bzw. $\int f(x) dx = F(x) + C$.

a) Es gilt für $k \in \mathbb{R}$

   $\int k \cdot f(x) dx = k \cdot F(x) + C$, denn (nach den entsprechenden Regeln der Differentialrechnung) ist $[k \cdot F(x) + C]' = k \cdot F'(x) = k \cdot f(x)$.

Da F eine Stammfunktion von f ist, also abgesehen von einer additiven Konstanten $k \cdot F(x) = \int k \cdot f(x)\,dx$ gilt, folgt

$\int k \cdot f(x)\,dx = k \cdot \int f(x)\,dx.$

b) Es gilt für $k \in \mathbb{R}$

$k \cdot \int f(x)\,dx = k \cdot [F(x) + C] = k \cdot F(x) + k \cdot C.$

Wegen $C \in \mathbb{R}$ und $k \in \mathbb{R}$ ist auch $k \cdot C = C^* \in \mathbb{R}$ und

$k \cdot F(x) + C^* = \int k \cdot f(x)\,dx$, denn

$[k \cdot F(x) + C^*]' = k \cdot F'(x) = k \cdot f(x).$

Zu 2.:

Der Beweis kann unter Verwendung der Summenregel der Differentialrechnung geführt werden. Diese beiden Regeln lassen sich auch zu einer Regel zusammenfassen:

$$\int [k_1 f_1(x) + k_2 f_2(x) + \ldots + k_n f_n(x)]\,dx = k_1 \int f_1(x)\,dx + k_2 \int f_2(x)\,dx + \ldots + k_n \int f_n(x)\,dx$$

E 7

Beispiel E 7:

Wir wenden obige Regeln auf das unbestimmte Integral

$\int (3x^4 + \frac{1}{2}x^2 - 6x + 9)\,dx$ an.

Der Integrand besteht aus einer Summe von Funktionen, die nach der *Summenregel* gliedweise integriert werden kann, wobei die konstanten Faktoren in jedem Summanden vor das Integral gesetzt werden sollten (*Faktorregel*).

Man erhält:

$\int (3x^4 + \frac{1}{2}x^2 - 6x + 9)\,dx = 3\int x^4 dx + \frac{1}{2}\int x^2 dx - 6\int x\,dx + 9\int dx$

Wir wenden die *Potenzregel* an und vereinfachen:

$= 3 \cdot \frac{1}{5}x^5 + \frac{1}{2} \cdot \frac{1}{3}x^3 - 6 \cdot \frac{1}{2}x^2 + 9x + C = \frac{3}{5}x^5 + \frac{1}{6}x^3 - 3x^2 + 9x + C$

Die Integrationkonstante C ist als Summe der Integrationskonstanten der einzelnen Integrale aufzufassen. Wir schreiben bei Summen eine gemeinsame Integrationskonstante.

Probe durch Differentiation:

$[\frac{3}{5}x^5 + \frac{1}{6}x^3 - 3x^2 + 9x + C]' = 3x^4 + \frac{1}{2}x^2 - 6x + 9$

## E 1.4 Beispiele für das Ermitteln unbestimmter Integrale

In der folgenden Übersicht sind einige aus den Integrationsregeln oder aus Differentiationsformeln gewonnene Integrale zusammengestellt, die eine Grundlage für das Integrieren komplizierterer Funktionen bilden (vgl. „Formeln und Tabellen“, S. 45).

| | | | |
|---|---|---|---|
| $\int dx = x + C$ | | $\int x\,dx = \frac{1}{2}x^2 + C$ | |
| $\int \sqrt{x}\,dx = \frac{2}{3}\sqrt{x^3} + C$ | $x \geq 0$ | $\int \frac{1}{x^2}\,dx = -\frac{1}{x} + C$ | $x \neq 0$ |
| $\int x^n dx = \frac{1}{(n+1)}x^{n+1} + C$ | $n \in \mathbb{R}, n \neq -1, x > 0$ | $\int \frac{1}{\sqrt{x}}\,dx = 2\sqrt{x} + C$ | $x > 0$ |

Mit Hilfe dieser Integrale sowie der Faktor- und der Summenregel sind wir in der Lage, unbestimmte Integrale ganzrationaler Funktionen, einfacher gebrochenrationaler Funktionen und einfacher Wurzelfunktionen zu ermitteln.

E 8

Beispiel E 8:

a) $\int(3x^7 + \frac{1}{2}x - \frac{2}{x^2} + 4\sqrt{x})dx = 3\int x^7 dx + \frac{1}{2}\int x dx - 2\int x^{-2}dx + 4\int x^{\frac{1}{2}} dx$

$= 3 \cdot \frac{1}{8}x^8 + \frac{1}{2} \cdot \frac{1}{2}x^2 - 2(-\frac{1}{x}) + 4 \cdot \frac{2}{3}x^{\frac{3}{2}} + C$

$= \frac{3}{8}x^8 + \frac{1}{4}x^2 + \frac{2}{x} + \frac{8}{3}\sqrt{x^3} + C$

(Auf die Angabe der Probe durch Differentiation sei hier und nachfolgend verzichtet.) Dieses Beispiel zeigt: Es ist günstig, vor Beginn der Rechnung Faktoren vor das Integralzeichen zu ziehen sowie ggf. Wurzelausdrücke und Brüche mit Variablen in Potenzschreibweise darzustellen.

b) $\int(t^2 - 3)^2 dt =$

In diesem Beispiel muss der Integrand erst in eine Summe umgeformt werden.

$= \int(t^4 - 6t^2 + 9)dt = \int t^4 dt - 6\int t^2 dt + 9\int dt = \frac{1}{5}t^5 - 2t^3 + 9t + C$

c) $\int \frac{(3x - 4)}{5x^3} dx =$

In der vorliegenden Form des Integranden können wir unsere bekannten Regeln nicht anwenden. Dividieren wir aber die Zählerfunktion gliedweise durch den Nenner, erreichen wir eine bekannte Form:

$= \int(\frac{3x}{5x^3} - \frac{4}{5x^3})dx = \frac{3}{5}\int \frac{1}{x^2} dx - \frac{4}{5}\int \frac{1}{x^3} dx$

$= \frac{3}{5}\int x^{-2}dx - \frac{4}{5}\int x^{-3}dx = -\frac{3}{5}x^{-1} + \frac{2}{5}x^{-2} + C = -\frac{3}{5x} + \frac{2}{5x^2} + C$

d) $\int a\, x^2 da =$

Im Integranden dieses Integrals treten die zwei Variablen a und x auf. Nach welcher Variablen integriert werden soll, entnehmen wir dem Differential – hier *da*. x ist demzufolge als Konstante anzusehen (vgl. Beispiel E 4).

$= x^2\int a da = \frac{1}{2}x^2a^2 + C$

Diese Beispiele machen deutlich, dass es beim Ermitteln unbestimmter Integrale oft darauf ankommt, den Integranden systematisch so umzuformen, dass Ausdrücke entstehen, die mit Hilfe der bisher kennen gelernten grundlegenden Integrale und Integrationsregeln integriert werden können. Es wird sich allerdings bald zeigen, dass dieses Vorgehen nur bei wenigen Integralen zum Ziel führt. Wir werden deshalb in diesem Kapitel noch weitere „Grundintegrale“ und weitere Integrationsmethoden kennen lernen.

# E 2 Das bestimmte Integral

## E 2.1 Der Flächeninhalt unter der Normalparabel

Im Planimetrieunterricht der Sekundarstufe I wurde der Flächeninhalt verschiedener ebener Figuren bestimmt, z. B. der Flächeninhalt von Rechtecken, Parallelogrammen, Trapezen, Dreiecken, Vielecken und Kreisen.
Während sich die Berechnung des Flächeninhalts von geradlinig begrenzten Figuren relativ einfach gestaltete, war die Berechnung der Kreisfläche etwas schwieriger, doch es konnte ebenfalls eine Formel gefunden werden. Der Kreis blieb die einzige krummlinig begrenzte Figur, deren Flächeninhalt wir berechnen können.
Wir wollen im Folgenden nun versuchen, den Flächeninhalt weiterer krummlinig begrenzter Figuren zu ermitteln. Das Ziel sei, den Inhalt der Fläche zu berechnen, den der Graph der Funktion $f(x) = x^2$, die x-Achse und die Geraden $x = a$ und $x = b$ begrenzen, d.h. den Inhalt der Fläche unter der Normalparabel im Intervall [a; b] (Fig. E 2).

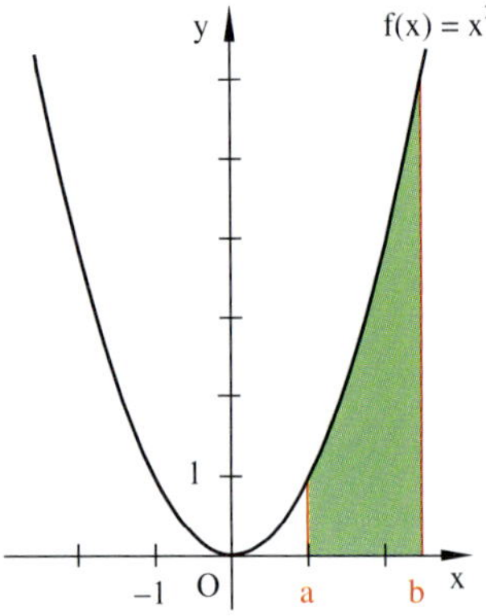

Fig. E 2

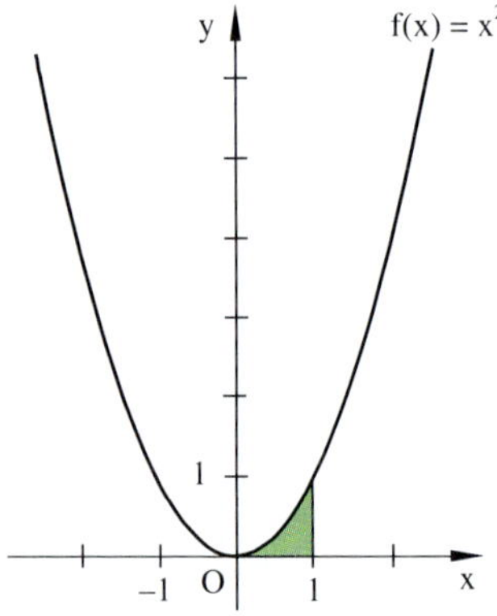

Fig. E 3

Wir betrachten zunächst die in Fig. E 3 markierte Fläche. Es handelt sich dabei um die Fläche unter der Normalparabel im Intervall [0; 1].
Die Bemühungen, den Flächeninhalt krummlinig begrenzter Figuren zu ermitteln, reichen mathematikgeschichtlich sehr weit zurück. Zum einen geschah das aus praktischen Erwägungen, zum anderen reizte jedoch die Kompliziertheit dieses Problems die Mathematiker. Die ersten größeren Erfolge gehen auf den griechischen Gelehrten HIPPOKRATES zurück. Er berechnete etwa 450 v. u. Z. verschiedene möndchenartig geformte Flächenstücke (*Die Möndchen des HIPPOKRATES*) exakt. Um 260 v. u. Z. gelang dem griechischen Gelehrten ARCHIMEDES die Parabelsegmentberechnung. Er entwickelte die sogenannte *Exhaustionsmethode*, d.h., er „schöpfte" die unbekannte Fläche durch eine Folge berechenbarer Flächen aus. Auf diese Weise konnte auch die Kreisfläche bestimmt werden.
Um unser Problem *Inhalt der Fläche unter der Normalparabel* lösen zu können, wollen wir uns dieses Vorgehen zu Hilfe nehmen: Wir versuchen, die zu berechnende Fläche durch Figuren mit leicht berechenbaren Inhalten auszufüllen. Dazu verwenden wir Rechtecke. Das „Ausfüllen" soll wie bei der Kreisberechnung durch „Einbeschreiben" oder „Umbeschreiben" der zu berechnenden Fläche geschehen.

| einbeschriebene Teilflächen | umbeschriebene Teilflächen | Teilung | Anzahl der Teilintervalle | Länge der Teilintervalle |
|---|---|---|---|---|
| 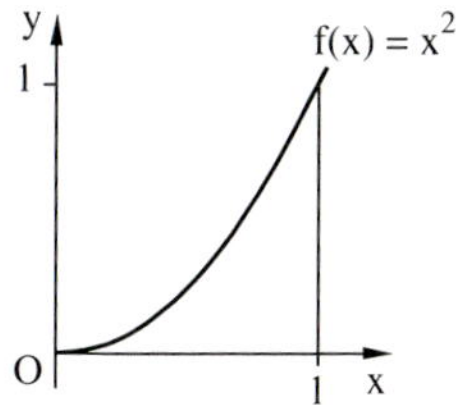 | 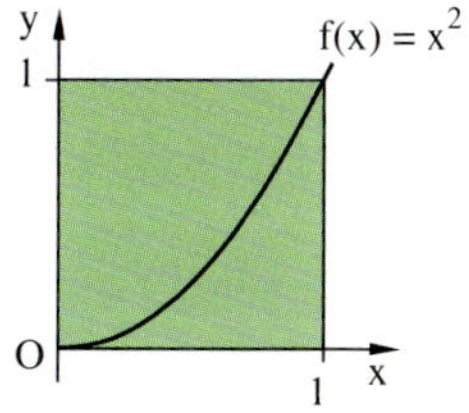 | 0 | 1 | 1 |
| 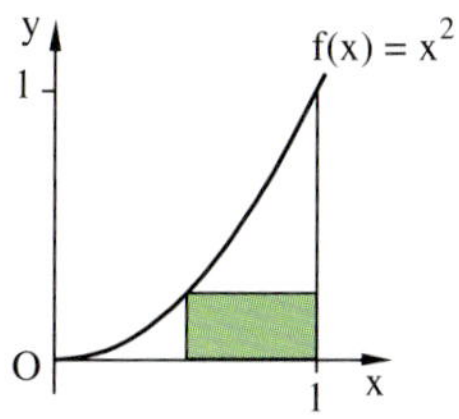 | 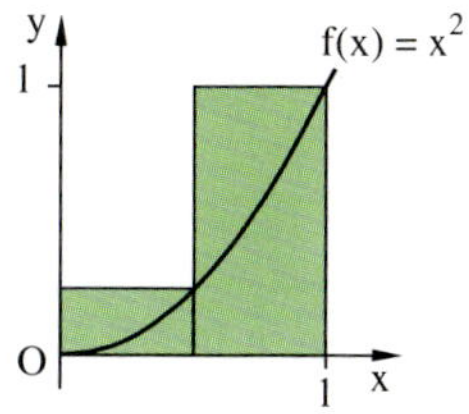 | 1 | 2 | $\frac{1}{2}$ |
| 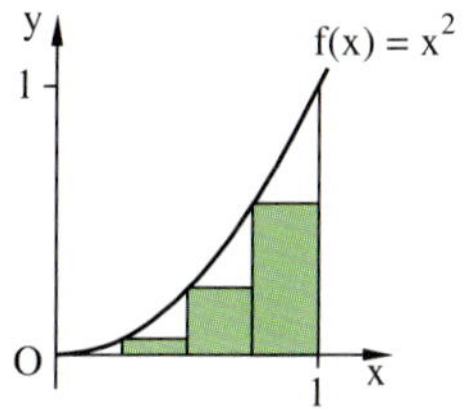 | 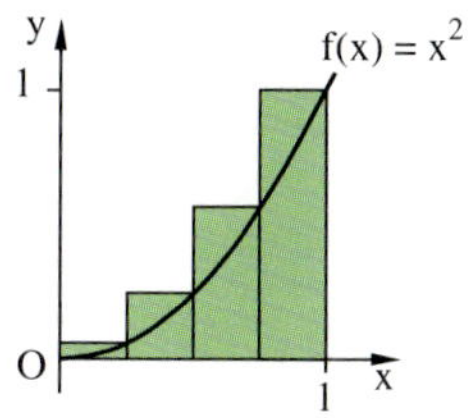 | 2 | 4 | $\frac{1}{4}$ |
| 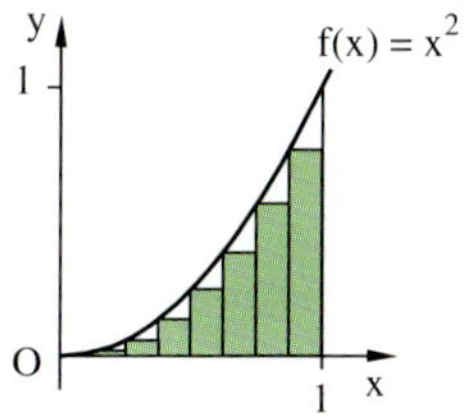 | 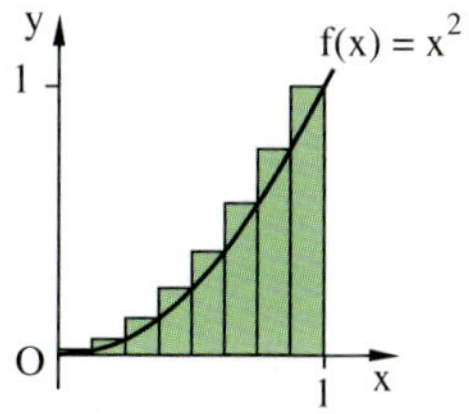 | 3 | 8 | $\frac{1}{8}$ |

Fig. E 4

Dabei ist der Flächeninhalt der durch Einbeschreiben entstehenden Treppenfigur stets kleiner, der Flächeninhalt der durch Umbeschreiben entstehenden Treppenfigur stets größer als der gesuchte Flächeninhalt. Je größer jedoch die Anzahl der verwendeten Rechtecke wird, d. h., je kleiner die verwendete Rechteckbreite gewählt wird, umso besser nähern wir uns dem eigentlichen Wert an.

Ermitteln wir die jeweiligen Flächeninhalte für f mit $f(x) = x^2$:

| Teilung | Einbeschriebene Treppenfigur (Untere Rechtecksumme) | Umbeschriebene Treppenfigur (Obere Rechtecksumme) |
|---|---|---|
| 0 | $s_0 = 1 \cdot f(0) = 1 \cdot 0 = 0$ | $S_0 = 1 \cdot f(1) = 1 \cdot 1 = 1$ |
| 1 | $s_1 = \frac{1}{2} \cdot f(0) + \frac{1}{2} \cdot f(\frac{1}{2}) = \frac{1}{2} \cdot [f(0) + f(\frac{1}{2})]$ | $S_1 = \frac{1}{2} \cdot f(\frac{1}{2}) + \frac{1}{2} \cdot f(1) = \frac{1}{2} \cdot [f(\frac{1}{2}) + f(1)]$ |
| | $= \frac{1}{2} \cdot [0 + \frac{1}{4}] = \frac{1}{8} = 0{,}125$ | $= \frac{1}{2} \cdot [\frac{1}{4} + 1] = \frac{5}{8} = 0{,}625$ |

| | | |
|---|---|---|
| 2 | $s_2 = \frac{1}{4} \cdot f(0) + \frac{1}{4} \cdot f(\frac{1}{4}) + \frac{1}{4} f(\frac{2}{4}) + \frac{1}{4} \cdot f(\frac{3}{4})$<br>$= \frac{1}{4} \cdot [f(0) + f(\frac{1}{4}) + f(\frac{2}{4}) + f(\frac{3}{4})]$<br>$= \frac{1}{4} \cdot [0 + \frac{1}{16} + \frac{4}{16} + \frac{9}{16}]$<br>$= \frac{14}{64} \approx 0{,}219$ | $S_2 = \frac{1}{4} \cdot f(\frac{1}{4}) + \frac{1}{4} \cdot f(\frac{2}{4}) + \frac{1}{4} \cdot f(\frac{3}{4}) + \frac{1}{4} \cdot f(\frac{4}{4})$<br>$= \frac{1}{4} \cdot [f(\frac{1}{4}) + f(\frac{2}{4}) + f(\frac{3}{4}) + f(\frac{4}{4})]$<br>$= \frac{1}{4} \cdot [\frac{1}{16} + \frac{4}{16} + \frac{9}{16} + \frac{16}{16}]$<br>$= \frac{30}{64} \approx 0{,}469$ |
| 3 | $s_3 = \frac{1}{8} \cdot f(0) + \frac{1}{8} \cdot f(\frac{1}{8}) + \ldots + \frac{1}{8} \cdot f(\frac{7}{8})$<br>$= \frac{1}{8} \cdot [f(0) + f(\frac{1}{8}) + f(\frac{2}{8}) + \ldots + f(\frac{7}{8})]$<br>$= \frac{1}{8} \cdot [0 + \frac{1}{64} + \frac{4}{64} + \ldots + \frac{49}{64}]$<br>$= \frac{140}{512} \approx 0{,}273$ | $S_3 = \frac{1}{8} \cdot f(\frac{1}{8}) + \frac{1}{8} \cdot f(\frac{2}{8}) + \frac{1}{8} \cdot f(\frac{3}{8}) + \ldots + \frac{1}{8} \cdot f(\frac{8}{8})$<br>$= \frac{1}{8} \cdot [f(\frac{1}{8}) + f(\frac{2}{8}) + f(\frac{3}{8}) + \ldots + f(\frac{8}{8})]$<br>$= \frac{1}{8} \cdot [\frac{1}{64} + \frac{4}{64} + \frac{9}{64} + \ldots + \frac{64}{64}]$<br>$= \frac{204}{512} \approx 0{,}398$ |

Bei fortgesetzter Halbierung der Teilintervalle entstehen die beiden Zahlenfolgen

$$(s_n) = \frac{1}{2^n} \cdot \sum_{i=1}^{2^n} \left(\frac{i-1}{2^n}\right)^2 \qquad \text{und} \qquad (S_n) = \frac{1}{2^n} \cdot \sum_{i=1}^{2^n} \left(\frac{i}{2^n}\right)^2 .$$

Fassen wir das bisher Erreichte zusammen:

1. Der gesuchte Flächeninhalt liegt zwischen $0{,}273 < A < 0{,}398$[1].
2. Mit wachsendem $n$ nähern sich die Glieder der beiden Zahlenfolgen dem gesuchten Flächeninhalt A immer mehr an. Damit liegt nahe:
3. Der gesuchte Flächeninhalt kann vielleicht als gemeinsamer Grenzwert der beiden Zahlenfolgen bestimmt werden.

Wir berechnen die beiden Grenzwerte. Dazu formen wir die Summenformeln zunächst um und setzen der Übersichtlichkeit halber $2^n = k$. Es ergibt sich:

$$s_n = \frac{1}{k} \sum_{i=1}^{k} \left(\frac{i-1}{k}\right)^2 = \frac{1}{k} \sum_{i=1}^{k} \frac{(i-1)^2}{k^2} = \frac{1}{k^3} \sum_{i=1}^{k} (i-1)^2$$

$$S_n = \frac{1}{k} \sum_{i=1}^{k} \left(\frac{i}{k}\right)^2 = \frac{1}{k} \sum_{i=1}^{k} \frac{i^2}{k^2} = \frac{1}{k^3} \sum_{i=1}^{k} i^2$$

Aus dem Kapitel B *Zahlenfolgen* kennen wir die Summenformel für Quadratzahlen, die in beiden Gleichungen im Summenzeichen auftreten, nämlich $\sum_{i=1}^{n} i^2 = \frac{n \cdot (n+1) \cdot (2n+1)}{6}$ (s. auch „Formeln und Tabellen", S. 41).

Wir setzen ein und formen weiter um:

$$s_n = \frac{1}{k^3} \cdot \frac{(k-1)\,k\,(2k-1)}{6} = \frac{1}{k^3} \cdot \frac{2k^3 - 3k^2 + k}{6} = \frac{1}{3} - \frac{1}{2k} + \frac{1}{6k^2}$$

$$S_n = \frac{1}{k^3} \cdot \frac{k\,(k+1) \cdot (2k+1)}{6} = \frac{1}{k^3} \cdot \frac{2k^3 + 3k^2 + k}{6} = \frac{1}{3} + \frac{1}{2k} + \frac{1}{6k^2}$$

[1] Bei Inhaltsberechnungen wird hier und im Folgenden immer nur die Maßzahl angegeben.

Wir ersetzen wieder $2^n$ für k:

$$s_n = \frac{1}{3} - \frac{1}{2 \cdot 2^n} + \frac{1}{6 \cdot 2^{2n}} \qquad S_n = \frac{1}{3} + \frac{1}{2 \cdot 2^n} + \frac{1}{6 \cdot 2^{2n}}$$

Dann ist

$$\lim_{n \to \infty} s_n = \frac{1}{3} \qquad \lim_{n \to \infty} S_n = \frac{1}{3}$$

$$\lim_{n \to \infty} s_n = \lim_{n \to \infty} S_n = \frac{1}{3}.$$

Mit diesem gemeinsamen Grenzwert $\frac{1}{3}$ der Folgen $(s_n)$ und $(S_n)$ haben wir einen Wert für den Inhalt der Fläche unter der Normalparabel im Intervall [0; 1] ermittelt: $A = \frac{1}{3}$.

ARCHIMEDES kam vor mehr als 2000 Jahren auch zu diesem Ergebnis, verwendete jedoch eine andere Einteilung des Intervalls. Er teilte das Intervall [0; 1] in n gleiche Teile, verwendete für die Berechnung also Rechtecke der Breite $\frac{1}{n}$. Dadurch ergaben sich für die untere und die obere Rechtecksumme einfachere Ausdrücke:

$$(s_n) = \frac{1}{n} \sum_{i=1}^{n} \left(\frac{i-1}{n}\right)^2 \qquad (S_n) = \frac{1}{n} \sum_{i=1}^{n} \left(\frac{i}{n}\right)^2$$

Durch Anwendung der bereits damals bekannten Formel für die Summe der ersten k Quadratzahlen erhielt ARCHIMEDES bei der Grenzwertbestimmung wie oben den gemeinsamen Grenzwert $\frac{1}{3}$. Ihm war damit die exakte Berechnung des Flächeninhalts eines Parabelsegments gelungen.

Wir wollen nun überlegen, ob sich auf diese Weise auch der Flächeninhalt unter der Normalparabel im Intervall [0; b] mit $b > 0$ bestimmen lässt (Fig. E 5).

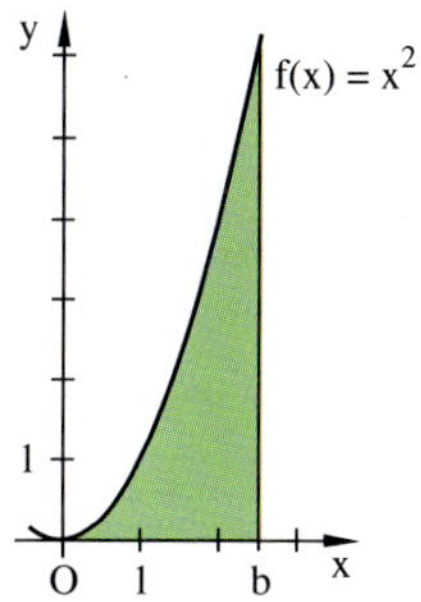


Fig. E 5

1. Wir teilen das Intervall [0; b] wie ARCHIMEDES in n gleich lange Teilintervalle. Jedes Teilintervall hat die Länge $\frac{b}{n}$. (Fig. E 6, dort ist n = 7.)

2. Für jeden Teilpunkt $x_i$ im Intervall bestimmen wir den zugehörigen Funktionswert.

$$f(x_0) = f(0) = 0^2$$
$$f(x_1) = f(1 \cdot \tfrac{b}{n}) = (1 \cdot \tfrac{b}{n})^2$$
$$f(x_2) = f(2 \cdot \tfrac{b}{n}) = (2 \cdot \tfrac{b}{n})^2$$
$$\vdots$$
$$f(x_n) = f(n \cdot \tfrac{b}{n}) = (n \cdot \tfrac{b}{n})^2$$

3. Wir berechnen die untere und die obere Rechtecksumme.

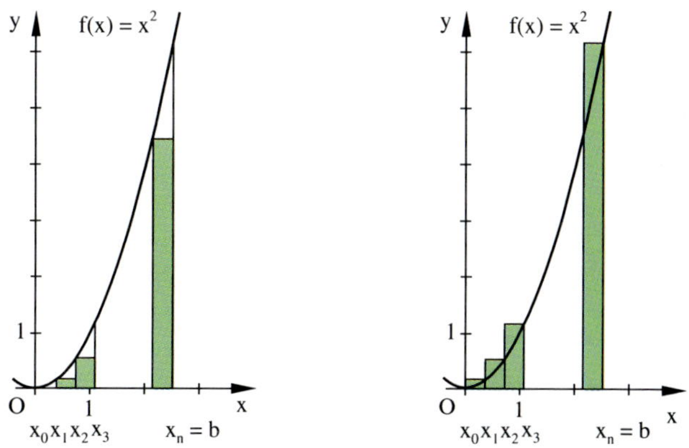


Fig. E 6

Breite der Rechtecke: $\frac{b}{n}$

Länge der Rechtecke: der jeweils kleinste bzw. größte Funktionswert im jeweiligen Intervall.

$$s_n = \frac{b}{n}[f(0) + f(1 \cdot \frac{b}{n}) + \ldots + f((n-1) \cdot \frac{b}{n})] \qquad S_n = \frac{b}{n}[f(1 \cdot \frac{b}{n}) + f(2 \cdot \frac{b}{n}) + \ldots + f(n \cdot \frac{b}{n})]$$

$$s_n = \frac{b}{n}\sum_{i=1}^{n}\left[\frac{(i-1)\cdot b}{n}\right]^2 \qquad S_n = \frac{b}{n}\sum_{i=1}^{n}\left[\frac{i \cdot b}{n}\right]^2$$

$$= \frac{b^3}{n^3}\sum_{i=1}^{n}(i-1)^2 \qquad = \frac{b^3}{n^3}\sum_{i=1}^{n}i^2$$

4. Diese beiden Ausdrücke unterscheiden sich von den auf S. 146f. betrachteten nur durch den Faktor $b^3$. Berechnen wir auch hier jeweils den Grenzwert für $n \to \infty$, so ergibt sich

$$\lim_{n \to \infty} s_n = \frac{b^3}{3} \qquad \lim_{n \to \infty} S_n = \frac{b^3}{3}.$$

Für den Flächeninhalt A der Fläche unter der Normalparabel im Intervall [0; b] erhält man somit

$$A = \frac{b^3}{3}.$$

Wir stellen fest: Anstelle der fortgesetzten Halbierungen kann eine Teilung in n gleiche Intervalle vorgenommen werden. Es ist sogar möglich, ein Teilverfahren zu wählen, wo die Rechtecke in der jeweiligen Treppenfigur unterschiedlich breit sind – es muss nur darauf geachtet werden, dass bei fortgesetzter Teilung die Breite aller Rechtecke gegen null strebt.

Wir wollen in weiteren Beispielen solche Teilungen verwenden, bei denen die Rechtecke gleich breit sind.

Um das eingangs gestellte Problem vollständig zu lösen, nutzen wir die bisher bereits erzielten Erkenntnisse:

Wir wissen:

1. Für den Flächeninhalt unter der Normalparabel im Intervall [0; a] gilt:

   $$A_1 = \frac{a^3}{3}$$

2. Für den Flächeninhalt unter der Normalparabel im Intervall [0; b] gilt:

   $$A_2 = \frac{b^3}{3}$$

   Als Flächeninhalt unter der Normalparabel über dem Intervall [a; b] mit a < b ergibt sich somit

   $$A = A_2 - A_1 = \frac{b^3}{3} - \frac{a^3}{3}.$$

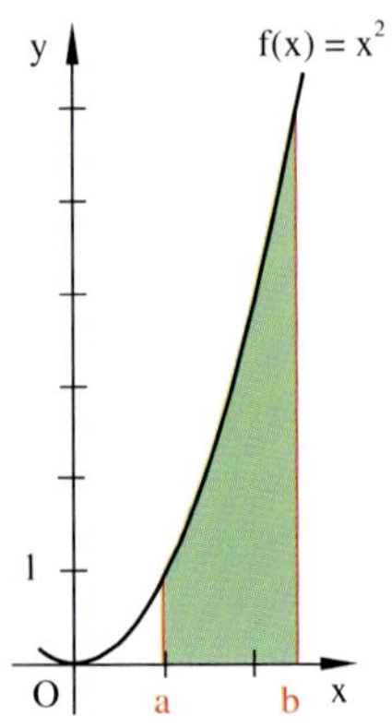


Fig. E 7

## E 2.2 Der Begriff *bestimmtes Integral*

Im Abschnitt E 2.1 wurde ein Weg gefunden, den Inhalt der Fläche unter dem Graphen der Funktion $f(x) = x^2$ über einem vorgegebenen Intervall zu bestimmen. Wir haben dazu die Grenzwerte der unteren und der oberen Rechtecksumme ermittelt. Nun wollen wir der Frage nachgehen, ob sich dieses Vorgehen auch auf andere Funktionen übertragen lässt und verallgemeinert werden kann.
Klären wir zunächst, mit welchen Funktionen man dabei arbeiten kann.
Bei der Berechnung der unteren und der oberen Rechtecksumme wurde in jedem Teilintervall der kleinste bzw. der größte Funktionswert als Länge der Rechtecke verwendet. Es liegt deshalb nahe, auch nachfolgend mit Funktionen zu arbeiten, die in einem Intervall [a; b] definiert sind und in jedem abgeschlossenen Teilintervall von [a; b] einen kleinsten und einen größten Funktionswert besitzen.
Wir wissen, dass jede stetige Funktion diese Bedingung erfüllt (Satz C 6; vgl. Fig. E 8a, b). Auch jede nur monotone Funktion hat in jedem abgeschlossenen Teilintervall ihres Definitionsbereiches einen kleinsten und einen größten Funktionswert (Fig. E 8c). Darüber hinaus gibt es auch Funktionen mit dieser Eigenschaft, die weder stetig noch monoton sind (Fig. E 8d).

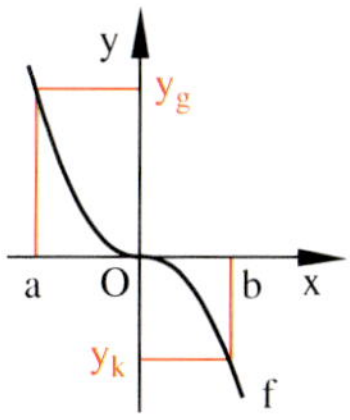


Fig. E 8a

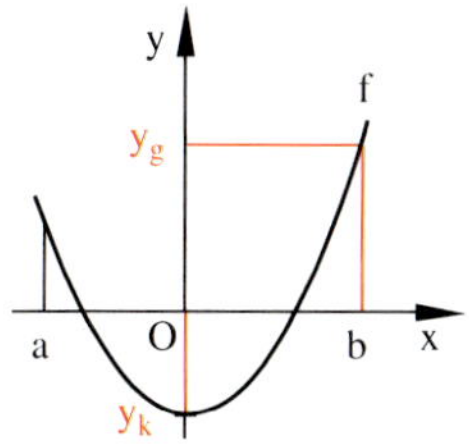


Fig. E 8b

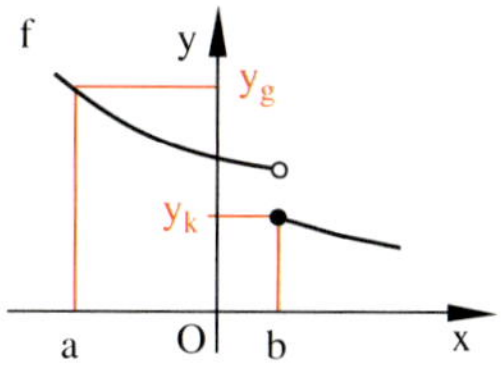


Fig. E 8c

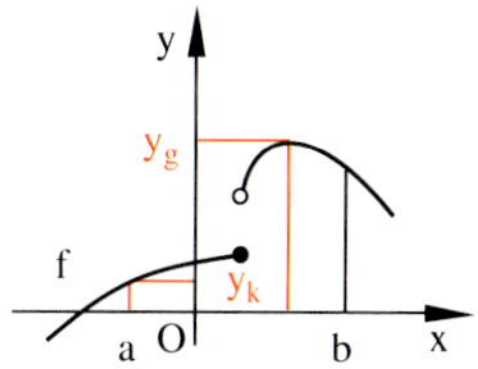


Fig. E 8d

Wir wählen für unsere weiteren Betrachtungen eine in einem abgeschlossenen Intervall [a; b] stetige Funktion f aus. f besitzt dann in jedem abgeschlossenen Teilintervall von [a; b] einen kleinsten und einen größten Funktionswert.

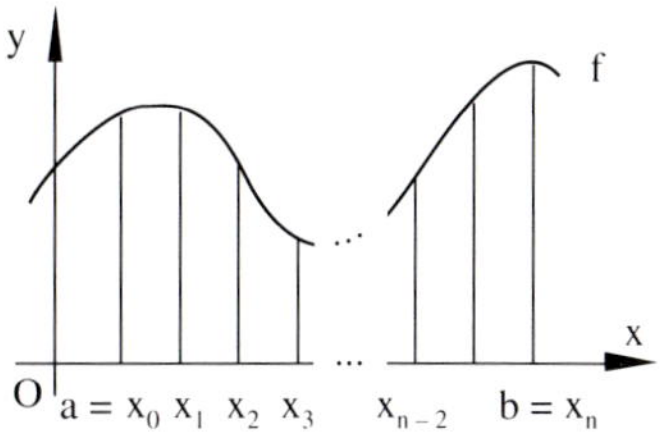


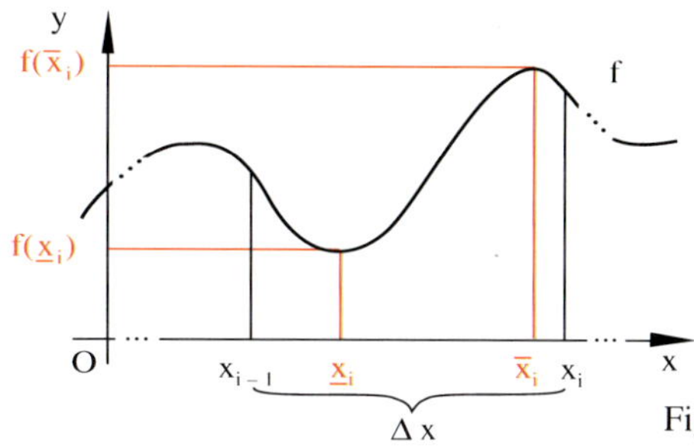


Fig. E 9

1. Wir wählen eine beliebige natürliche Zahl n, $n \geq 1$, und zerlegen das Intervall [a; b] in n gleich lange Teilintervalle. Die Endpunkte der Teilintervalle seien
   $a = x_0; x_1; x_2; \ldots; x_{n-1}; x_n = b$.
   Jedes Teilintervall hat die Länge $\frac{b-a}{n} = \Delta x$.
2. Für jedes Teilintervall bilden wir die Produkte $f(\underline{x}_i)\cdot\Delta x$ und $f(\overline{x}_i)\cdot\Delta x$, wobei $f(\underline{x}_i)$ der kleinste und $f(\overline{x}_i)$ der größte Funktionswert im i-ten Teilintervall ist.
3. Wir bilden die Summen

$$s_n = \sum_{i=1}^{n} f(\underline{x}_i)\cdot\Delta x \quad \text{und} \quad S_n = \sum_{i=1}^{n} f(\overline{x}_i)\cdot\Delta x.$$

Auf diese Weise werden jeder natürlichen Zahl n, $n \geq 1$, die zwei Zahlen $s_n$ und $S_n$ zugeordnet, d. h., wir erhalten zwei Zahlenfolgen $(s_n)$ und $(S_n)$.

Welche Eigenschaften besitzen diese Folgen?

a) Weil im Intervall [a; b] stets $f(\underline{x}) \cdot (b-a) \leq s_n \leq S_n \leq f(\bar{x}) \cdot (b-a)$ gilt, ist $(s_n)$ nach oben beschränkt und $(S_n)$ nach unten beschränkt.

b) Da beim Übergang von der n-ten zur (n + 1)-ten Zerlegung des Intervalls die zugehörige Summe $s_{n+1}$ nicht kleiner sein kann als die Summe $s_n$ bzw. die Summe $S_{n+1}$ nicht größer sein kann als die Summe $S_n$, folgt:
$(s_n)$ ist monoton wachsend $(S_n)$ ist monoton fallend.

Jede monoton wachsende (fallende) und nach oben (unten) beschränkte Folge konvergiert (Satz B 8). Folglich existieren die beiden Grenzwerte $\lim\limits_{n \to \infty} s_n$ und $\lim\limits_{n \to \infty} S_n$.
Dies führt uns zu einem neuen Begriff:

E 3

Definition E 3:
Es sei f eine im Intervall [a; b] definierte Funktion, die in jedem abgeschlossenen Teilintervall von [a; b] einen kleinsten und einen größten Funktionswert besitzt.

Haben die beiden Folgen $(s_n) = \left(\sum\limits_{i=1}^{n} f(\underline{x}_i) \cdot \Delta x\right)$ und $(S_n) = \left(\sum\limits_{i=1}^{n} f(\bar{x}_i) \cdot \Delta x\right)$ einen gemeinsamen Grenzwert, so heißt dieser gemeinsame Grenzwert das **bestimmte Integral** der Funktion f im Intervall [a; b].

In Kurzform: $\lim\limits_{n \to \infty} s_n = \lim\limits_{n \to \infty} S_n = \int\limits_a^b f(x)\,dx$

| | | |
|---|---|---|
| Dabei bezeichnet man | a und b | als *Integrationsgrenzen,* |
| | [a; b] | als *Integrationsintervall.* |
| Wir kennen bereits | f(x) | als *Integrand,* |
| | x | als *Integrationsvariable,* |
| | $\int$ | als *Integralzeichen*[1)] |

und wissen:
Das Integralzeichen kann nie allein mit einer Funktion stehen. Zu jedem Integralzeichen gehört auch die Angabe eines Differentials dx, das die Integrationsvariable festlegt.

Die Schreibweise $\int\limits_a^b f(x)\,dx$ wird gelesen: *Integral über f(x)dx von a bis b.*

Das bestimmte Integral $\int\limits_a^b f(x)\,dx$ ist *eine eindeutig festgelegte Zahl,* die nur von der Funktion f und den Integrationsgrenzen abhängt.
Wir haben zwar bisher fast immer x als Variable verwendet. Ersetzt man aber das x im Integranden und im Differential durch eine andere Variable, so ist das ohne Bedeutung für das bestimmte Integral.

1) Das von GOTTFRIED WILHELM LEIBNIZ eingeführte Integralzeichen $\int$ erinnert an die Summenbildung. Das Zeichen dx hat seinen Ursprung in dem $\Delta x$, der Breite der Teilintervalle. An der Entwicklung des Integralbegriffs hat ebenfalls BERNHARD RIEMANN großen Anteil.

Die durch das bestimmte Integral gegebene Zahl wird dadurch nicht verändert. Es gilt:

$$\int_a^b f(x)\,dx = \int_a^b f(u)\,du = \int_a^b f(t)\,dt$$

E 9

Beispiel E 9:

Das bestimmte Integral $\int_0^3 x^3 dx$ ist zu berechnen.

Die Funktion f mit der Gleichung $f(x) = x^3$ ist stetig und hat damit in jedem abgeschlossenen Teilintervall einen kleinsten und einen größten Funktionswert. Wir wenden die obige Definition des bestimmten Integrals an.

1. Zerlegen des Intervalls
   Das Intervall [0; 3] wird in n gleich lange Teilintervalle zerlegt: $\Delta x = \frac{3}{n}$.
2. Bilden der Summen $s_n$ und $S_n$
   Das i-te Teilintervall ist $[x_{i-1}; x_i]$.

$$x_{i-1} = (i-1)\,\Delta x = (i-1)\frac{3}{n} \qquad f(x_{i-1}) = [(i-1)\frac{3}{n}]^3$$

$$x_i = i \cdot \frac{3}{n} \qquad f(x_i) = [i \cdot \frac{3}{n}]^3$$

$$s_n = \sum_{i=1}^{n} f(\underline{x}_i) \cdot \Delta x \qquad S_n = \sum_{i=1}^{n} f(\overline{x}_i) \cdot \Delta x$$

$$s_n = \sum_{i=1}^{n} (i-1)^3 \cdot \frac{3^3}{n^3} \cdot \frac{3}{n} \qquad S_n = \sum_{i=1}^{n} i^3 \cdot \frac{3^3}{n^3} \cdot \frac{3}{n}$$

$$= \frac{3^4}{n^4} \sum_{i=1}^{n} (i-1)^3 \qquad = \frac{3^4}{n^4} \sum_{i=1}^{n} i^3$$

Für die Summe der ersten k Kubikzahlen gilt (s. „Formeln und Tabellen“, S. 41)

$$\sum_{i=1}^{k} i^3 = \frac{k^2 (k+1)^2}{4}. \text{ Also:}$$

$$s_n = \frac{3^4}{n^4} \cdot \frac{(n-1)^2 n^2}{4} \qquad S_n = \frac{3^4}{n^4} \cdot \frac{n^2 (n+1)^2}{4}$$

$$= \frac{3^4}{4} \cdot \frac{n^2 - 2n + 1}{n^2} = \frac{3^4}{4} \cdot \left(1 - \frac{2}{n} + \frac{1}{n^2}\right) \qquad = \frac{3^4}{4} \cdot \frac{n^2 + 2n + 1}{n^2} = \frac{3^4}{4} \cdot \left(1 + \frac{2}{n} + \frac{1}{n^2}\right)$$

3. Berechnen der Grenzwerte

$$\lim_{n \to \infty} s_n = \frac{3^4}{4} = \frac{81}{4} \qquad \lim_{n \to \infty} S_n = \frac{3^4}{4} = \frac{81}{4}$$

Da $\lim_{n \to \infty} s_n = \lim_{n \to \infty} S_n = \frac{81}{4}$, gilt $\int_0^3 x^3 dx = \frac{81}{4}$.

Das Bilden des Begriffs *bestimmtes Integral* erfolgte in enger Anlehnung an das Zerlegen einer Fläche in untere und obere Rechtecksummen. Deshalb stellt das bestimmte Integral auch eine Möglichkeit dar, die eingangs gestellte Frage nach dem Flächeninhalt bestimmter Punktmengen zu beantworten.

E 4

Definition E 4:
Es sei f eine im Intervall [a; b] definierte Funktion, die in jedem abgeschlossenen Teilintervall von [a; b] einen kleinsten und einen größten Funktionswert besitzt. Ferner sei $f(x) \geq 0$ für alle $x \in [a; b]$.

Dann ist das bestimmte Integral $\int_a^b f(x)dx$ diejenige positive Zahl, die den Inhalt A der Fläche angibt, welche vom Graphen der Funktion f, der x-Achse und den Geraden x = a und x = b begrenzt wird:

$$A = \int_a^b f(x)dx$$

(Funktionen f, bei denen nicht für alle $x \in [a; b]$ der Funktionswert $f(x) \geq 0$ ist, betrachten wir an späterer Stelle.)
Mit dieser Definition haben wir eine *geometrische Deutung des bestimmten Integrals* vorgenommen.

E 10

Beispiel E 10:
Es ist zu untersuchen, ob sich die folgenden bestimmten Integrale als Flächeninhalte deuten lassen.

a) $\int_1^3 (2x + 1)dx$   b) $\int_{-1}^2 (x^2 + 1)dx$   c) $\int_{0,5}^3 (x - 1{,}5)dx$

Wir überlegen, ob die gegebenen bestimmten Integrale den Bedingungen in Definition E 4 entsprechen.

a) Das bestimmte Integral $\int_1^3 (2x + 1)dx$ lässt sich als Inhalt der Fläche deuten, die vom Graphen der Funktion $f(x) = 2x + 1$, der x-Achse und den Geraden x = 1 und x = 3 begrenzt wird. Es handelt sich um nebenstehende Trapezfläche.

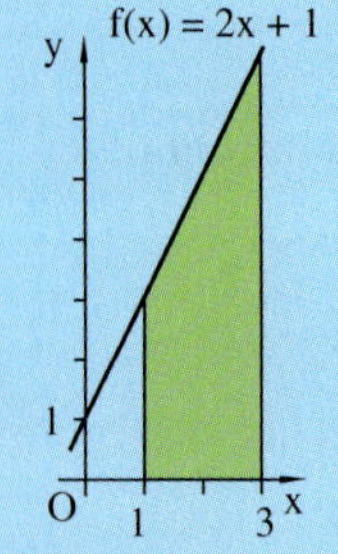

Fig. E 10

b) Das bestimmte Integral $\int_{-1}^2 (x^2 + 1)dx$ ist gleich dem Inhalt der Fläche, die vom Graphen der Funktion $f(x) = x^2 + 1$, der x-Achse und den Geraden x = –1 und x = 2 begrenzt wird.

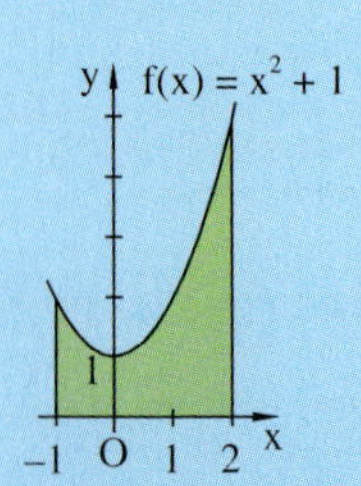

Fig. E 11

c) Das bestimmte Integral $\int_{0,5}^3 (x - 1{,}5)dx$ kann nicht als Flächeninhalt gedeutet werden, da nicht für alle $x \in [0{,}5; 3]$ die Bedingung $f(x) \geq 0$ erfüllt ist.

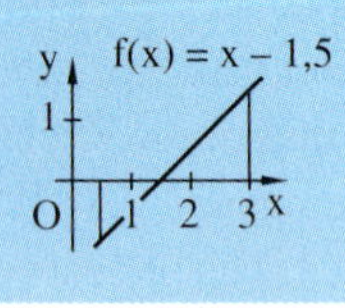

Fig. E 12

Beispiel E 11: E 11
Die Flächeninhalte der markierten Flächen sollen mit Hilfe bestimmter Integrale angegeben werden.

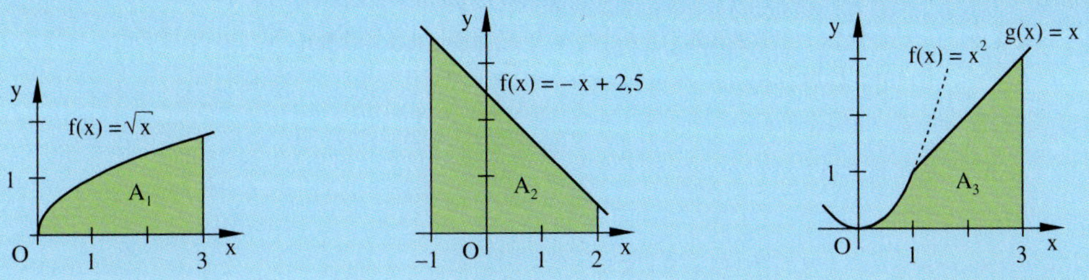


Fig. E 13

Die Funktionen erfüllen die in der Definition geforderten Bedingungen. Wir können deshalb schreiben:

$$A_1 = \int_0^3 \sqrt{x}\,dx \qquad A_2 = \int_{-1}^{2} (-x + 2{,}5)\,dx \qquad A_3 = \int_0^1 x^2 dx + \int_1^3 x\,dx$$

Beispiel E 12: E 12
Gegeben sei die Funktion $f(x) = x$.

a) Es soll die Fläche dargestellt werden, die durch den Graphen der Funktion f, die x-Achse und die Geraden $x = 1$ und $x = 6$ begrenzt wird.
b) Der Inhalt dieser Fläche ist mittels eines bestimmten Integrals zu berechnen.
c) Der Flächeninhalt ist unter Verwendung bekannter Inhaltsformeln zu bestimmen.

Zu a)

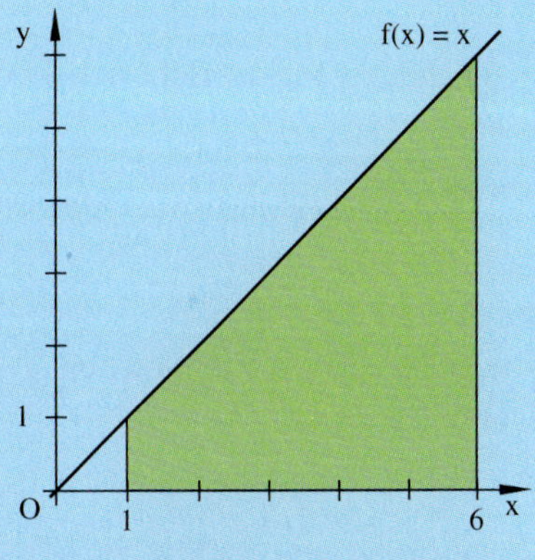


Fig. E 14

Zu b)
Für die Funktion $f(x) = x$ existiert das bestimmte Integral im Intervall [1; 6], da f stetig ist.

Um $\int_1^6 x\,dx$ zu berechnen, wenden wir die Definition E 3 an.

1. Zerlegen des Intervalls [0; 6] in n gleich lange Teilintervalle.
   Die Teilintervalle haben die Länge $\Delta x = \frac{6}{n}$.
2. Bilden der Summen $s_n$ und $S_n$
   Die untere Intervallgrenze des i-ten Teilintervalls ist $\underline{x}_i = (i-1)\cdot\Delta x = (i-1)\cdot\frac{6}{n}$.
   Der zugehörige Funktionswert ist $f(\underline{x}_i) = (i-1)\cdot\frac{6}{n}$.

Also ist:

$$s_n = \sum_{i=1}^{n} f(\underline{x}_i)\cdot\Delta x = \sum_{i=1}^{n}(i-1)\cdot\frac{6}{n}\cdot\frac{6}{n} = \frac{6^2}{n^2}\sum_{i=1}^{n}(i-1)$$

Nach der Formel für die Summe der ersten k natürlichen Zahlen $\sum_{i=1}^{k} i = \frac{k\cdot(k+1)}{2}$
(s. „Formeln und Tabellen", S. 41) folgt:

$$s_n = \frac{6^2}{n^2}\cdot\frac{n^2-n}{2} = \frac{6^2}{2}\left(1-\frac{1}{n}\right)$$

Analog für $S_n$:

$$S_n = \sum_{i=1}^{n} f(\bar{x}_i)\cdot\Delta x = \sum_{i=1}^{n} i\cdot\frac{6}{n}\cdot\frac{6}{n} = \frac{6^2}{n^2}\sum_{i=1}^{n} i$$

$$S_n = \frac{6^2}{n^2}\cdot\frac{n^2+n}{2} = \frac{6^2}{2}\left(1+\frac{1}{n}\right)$$

3. Grenzwerte bestimmen

$$\lim_{n\to\infty} s_n = \frac{6^2}{2} = \frac{36}{2} \qquad \lim_{n\to\infty} S_n = \frac{6^2}{2} = \frac{36}{2}$$

$$\Rightarrow \int_0^6 x\,dx = \frac{36}{2} = 18$$

In gleicher Weise ergibt sich $\int_0^1 x\,dx = \frac{1}{2}$.

Also: Flächeninhalt $A = \int_0^6 x\,dx - \int_0^1 x\,dx = \frac{35}{2}$

Zu c)
Die zu berechnende Figur ist ein Trapez. Die Formel für den Flächeninhalt eines Trapezes lautet

$A = \frac{a+c}{2}\cdot h$ (a und c sind dabei die parallelen Seiten und h die zugehörige Höhe). Also gilt:

$$A = \frac{6+1}{2}\cdot 5 = \frac{35}{2}$$

Nach der Betrachtung dieser Beispiele wollen wir noch einmal auf die Frage zurückkommen, für welche Funktionen das bestimmte Integral überhaupt existiert.
Nach den Forderungen in Definition E 3 muss die gegebene Funktion f in jedem abgeschlossenen Teilintervall des Integrationsintervalls einen kleinsten und einen größten Funktionswert besitzen. Erfüllt eine Funktion diese Bedingung, müssen des Weiteren die Folgen $(s_n)$ und $(S_n)$ gegen ein und denselben Grenzwert konvergieren. Nur dann existiert das bestimmte Integral.
Zwei Eigenschaften, die die Existenz des bestimmten Integrals sichern, sind *Monotonie* und *Stetigkeit* der Integrandenfunktion im jeweiligen Intervall, denn wir wissen bereits, dass für monotone bzw. stetige Funktionen in jedem abgeschlossenen Teilintervall ein kleinster und ein größter Funktionswert existiert. Es lässt sich außerdem jeweils zeigen, dass $\lim_{n\to\infty} s_n = \lim_{n\to\infty} S_n$ gilt, so dass folgende Sätze formuliert werden können:

**Satz E 5:** E 5
Wenn f eine im Intervall [a; b] monotone Funktion ist, so existiert $\int_a^b f(x)\,dx$.

**Satz E 6:** E 6
Wenn f eine im Intervall [a; b] stetige Funktion ist, so existiert $\int_a^b f(x)\,dx$.

Auf die Beweise dieser Sätze soll an dieser Stelle verzichtet werden.
Gibt es zu einer Funktion f das bestimmte Integral über dem Intervall [a; b], so heißt diese Funktion über dem Intervall [a, b] *integrierbar. Monotonie* und *Stetigkeit* sind also *hinreichende Bedingungen für die Integrierbarkeit* einer Funktion. Sie sind aber *nicht notwendig*, denn es gibt auch Funktionen, die zwar integrierbar, aber nicht monoton (Fig. E 15b), nicht stetig (Fig. E 15c) oder weder monoton noch stetig sind (Fig. E 15d ).

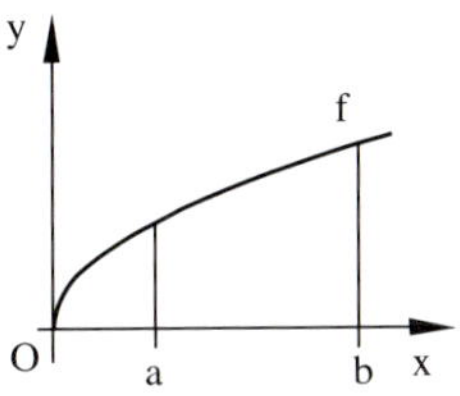


Fig. E 15a

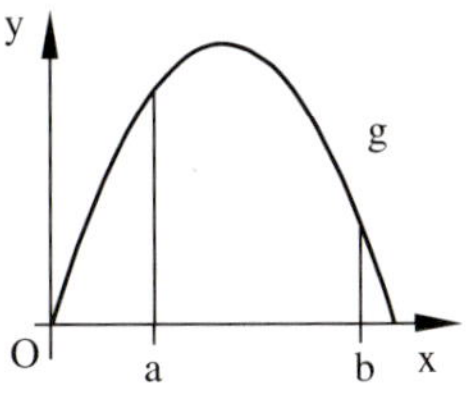


Fig. E 15b

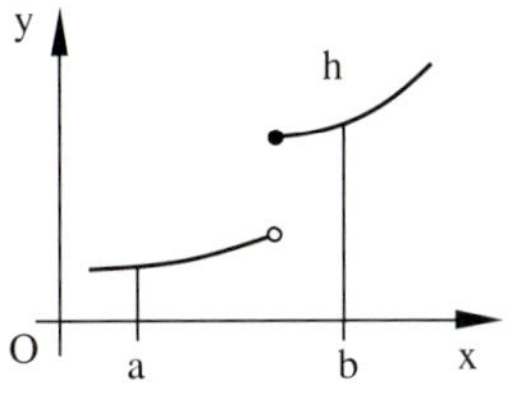


Fig. E 15c

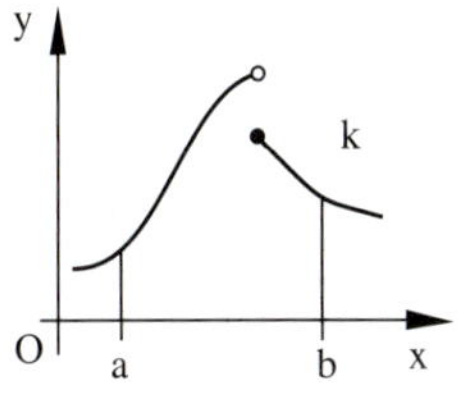


Fig. E 15d

Diese Bedingungen erleichtern die Berechnung des bestimmten Integrals. Liegt eine stetige oder eine monotone Funktion vor, so ist die Existenz des bestimmten Integrals gesichert und es braucht nur der *Grenzwert einer Folge* bestimmt werden.

## E 2.3 Begriffserweiterung und Eigenschaften des bestimmten Integrals

Wir haben bei der Definition des bestimmten Integrals $\int_a^b f(x)\,dx$ vorausgesetzt, dass a < b ist.

Für manche Anwendungen ist aber notwendig, den Begriff des bestimmten Integrals auch zur Verfügung zu haben, wenn die obere Integrationsgrenze kleiner als die untere ist oder wenn beide Integrationsgrenzen übereinstimmen. Man legt fest:

**Definition E 5:** E 5
Existiert für die Funktion f im Intervall [a; b] das bestimmte Integral $\int_a^b f(x)\,dx$, so wird festgelegt: $\int_b^a f(x)\,dx = -\int_a^b f(x)\,dx$

**Definition E 6:** E 6
$\int_a^a f(x)\,dx = 0$

**Beispiel E 13:** E 13
a) $\int_3^0 x^3\,dx = -\int_0^3 x^3\,dx = -\frac{81}{4}$ (s. Beispiel E 9)

b) $\int_5^5 x\,dx = 0$

Aus der Definition des bestimmten Integrals lässt sich eine Eigenschaft folgern, die bei Anwendungen des bestimmten Integrals oft benötigt wird:

E 7

Satz E 7:
Es sei die Funktion f im Intervall [a; b] integrierbar und c eine beliebige Zahl aus dem Intervall [a; b]. Dann gilt:

$$\int_a^b f(x)dx = \int_a^c f(x)dx + \int_c^b f(x)dx$$

Diese Eigenschaft nennt man **Additivität** des bestimmten Integrals.

E 14

Beispiel E 14:

a) $\int_1^3 (5x-1)dx + \int_3^7 (5x-1)dx + \int_7^1 (5x-1)dx = \int_1^7 (5x-1)dx - \int_1^7 (5x-1)dx = 0$

b) $\int_0^{0,5} x^3 dx + \int_{0,5}^2 x^3 dx = \int_0^2 x^3 dx = \frac{2^4}{4} = 4$

Wir wissen aus der geometrischen Deutung des bestimmten Integrals $\int_a^b f(x)dx$ für $f(x) \geq 0$ im Intervall [a; b]: Der Inhalt der vom Graphen der Funktion f, der x-Achse und den Geraden x = a und x = b begrenzten Fläche (der dem bestimmten Integral entspricht) liegt *zwischen den Flächeninhalten zweier Rechtecke*. Die eine Seite der beiden Rechtecke hat jeweils die Länge b – a, die andere Seite ist durch die untere bzw. die obere Schranke der Funktion f im Intervall [a; b] bestimmt. Nun entsteht die Frage, ob unter Beibehaltung der gestellten Bedingungen *ein einziges Rechteck* über dem Intervall [a; b] gefunden werden kann, dessen Flächeninhalt gleich dem Integral $\int_a^b f(x)dx$ ist.

Es sei f eine stetige Funktion mit $f(x) \geq 0$ im Intervall [a; b].

Die markierte Figur hat den Flächeninhalt $\int_a^b f(x)dx$.

Betrachtet man Fig. E 16, so kann man vermuten: Es lässt sich eine Stelle $x_0$ so finden, dass das Rechteck über dem Intervall [a; b] und der Ordinate $f(x_0)$ als zweiter Seite flächengleich mit der markierten Figur ist.

Der Flächeninhalt des Rechtecks ist dann $A = f(x_0) \cdot (b-a)$. Die Zahl $f(x_0)$ heißt *Integralmittelwert*.

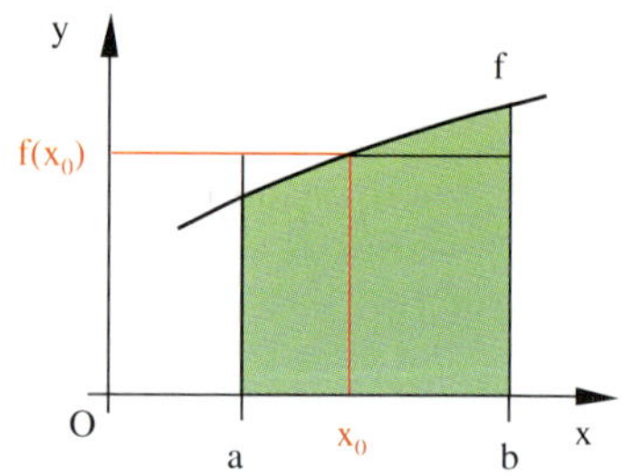


Fig. E 16

Wir formulieren diese Erkenntnis als Satz.

Satz E 8: **Mittelwertsatz der Integralrechnung** E 8

Ist f eine im Intervall [a; b] stetige Funktion, dann gibt es mindestens eine Zahl $x_0$ mit $a < x_0 < b$, für deren Funktionswert $f(x_0)$ gilt

$$\int_a^b f(x)\,dx = f(x_0) \cdot (b - a).$$

Auf den Beweis dieses Satzes wollen wir verzichten.

Beispiel E 15: E 15

Gesucht ist die Zahl $x_0$ aus dem Intervall [a; b], für die

$\int_a^b 2x\,dx = f(x_0) \cdot (b - a)$ ist.

Wir berechnen das bestimmte Integral: $\int_a^b 2x\,dx = b^2 - a^2$

Nach dem Mittelwertsatz der Integralrechnung gilt

$b^2 - a^2 = f(x_0) \cdot (b - a)$.

Wir vereinfachen nach der 2. binomischen Formel

$(b - a) \cdot (b + a) = f(x_0) \cdot (b - a)$, also

$(b + a) = f(x_0)$ (da $b \neq a$).

Wegen $f(x) = 2x$ gilt $f(x_0) = 2x_0$, also $2x_0 = b + a$ und damit

$x_0 = \frac{(b + a)}{2}$.

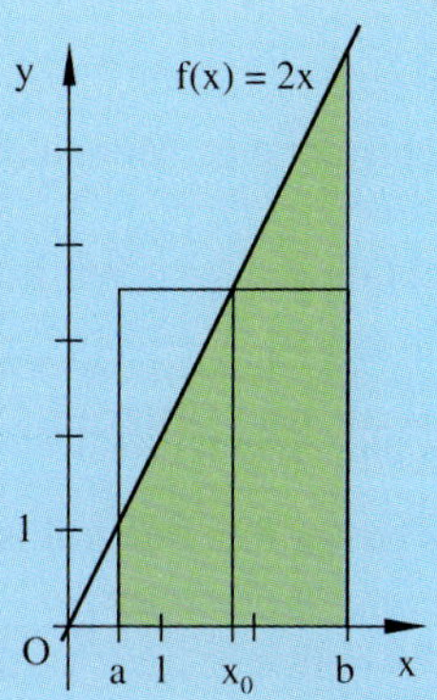


Fig. E 17

Geometrisch gedeutet heißt das:

Da $x_0 = \frac{(a + b)}{2}$ der Mittelwert von a und b ist, stellt $f(x_0)$ die Länge der Mittelparallelen des Trapezes in Fig. E 17 dar.

# E 3 Beziehung zwischen bestimmtem und unbestimmtem Integral

## E 3.1 Das bestimmte Integral als Funktion der oberen Integrationsgrenze

Die Berechnung bestimmter Integrale mit Hilfe der Folgen $(s_n)$ und $(S_n)$ ist sehr aufwendig, wie wir bereits bei den wenigen Beispielen in den Abschnitten E 2.1 und E 2.2 gesehen haben. Wir wollen deshalb in diesem Abschnitt dafür eine wesentlich einfachere und rationellere Möglichkeit kennen lernen.

Wie wir wissen, hängt das bestimmte Integral nur von den Integrationsgrenzen und der Integrandenfunktion ab (s. S. 150). Untersuchungen am bestimmten Integral könnten sich also auf diese Teile konzentrieren. Wir beschränken uns hier auf die Untersuchung des Einflusses von Veränderungen der Integrationsgrenzen.

Im Abschnitt E 2.1 wurde für $\int_0^b x^2 dx$ der Wert bestimmt. Lässt man nun die untere Grenze 0 fest und verändert die obere Grenze b, so erhält man für jede Zahl b (b ≥ 0) eine eindeutig bestimmte Zahl $\int_0^b x^2 dx$. Beispielsweise also:

| b | 0 | 1 | 2 | 4 | 100 | 0,5 |
|---|---|---|---|---|---|---|
| $\int_0^b x^2 dx$ | 0 | $\frac{1}{3}$ | $\frac{8}{3}$ | $\frac{64}{3}$ | $\frac{10^6}{3}$ | $\frac{1}{24}$ |

Es entsteht eine Menge geordneter Paare (b; $\int_0^b x^2 dx$), die wegen der Eindeutigkeit von $\int_0^b x^2 dx$ eine Funktion Φ(b) ist. Wir können also schreiben:

$$\Phi(b) = \int_0^b x^2 dx = \frac{b^3}{3}$$

Das bestimmte Integral ist demnach von der oberen Grenze abhängig – es ist eine *Funktion der oberen Integrationsgrenze.*
Da es üblich ist, das Argument einer Funktion mit x (statt hier mit b) zu bezeichnen, wählen wir für die Integrationsvariable eine andere Bezeichnung, z. B. t (statt x), und erhalten

$$\Phi(x) = \int_0^x t^2 dt = \frac{x^3}{3} \qquad \text{mit } x \geq 0.$$

**E 7**

Definition E 7:
Gegeben sei eine Funktion f. Die Funktion Φ, die jedem x den Wert des Integrals $\int_a^x f(t)\,dt$ zuordnet, heißt Integralfunktion von f mit der unteren Grenze a. Der Definitionsbereich der Integralfunktion ist die Menge aller x, für die das Integral $\int_a^x f(t)\,dt$ existiert.

Wir beachten den Unterschied zwischen den Begriffen *Integralfunktion* und *Integrandenfunktion*:
$\Phi(x) = \int_a^x f(t)\,dt$ ist die Integralfunktion, f(t) die Integrandenfunktion (kurz: der Integrand).

Wir stellen fest:

Bildet man die Ableitung der Integralfunktion, so erhält man den Integranden. Die Integralfunktion Φ ist also eine Stammfunktion des Integranden f.

Dieser Zusammenhang zwischen dem bestimmten Integral und der Stammfunktion gilt für beliebige stetige Funktionen.

Satz E 9: E 9
Für eine im Intervall [a; b] stetige Funktion f ist die Funktion $\Phi$ mit $\Phi(x) = \int_a^x f(t)\,dt$ eine Stammfunktion von f im Intervall [a; b].

Auf den Beweis dieses Satzes wird hier verzichtet.
Da wir wissen, dass die Menge aller Stammfunktionen einer gegebenen Funktion f das unbestimmte Integral dieser Funktion ist, stellt Satz E 9 einen Zusammenhang zwischen dem bestimmten und dem unbestimmten Integral her.

## E 3.2 Hauptsatz der Differential- und Integralrechnung

Nach Satz E 9 ist die Funktion $\Phi$ mit $\Phi(x) = \int_a^x f(t)\,dt$ eine Stammfunktion von f im Intervall [a; b].

F sei eine beliebige Stammfunktion zu f. Dann gilt nach Satz E 1

$$\Phi(x) = F(x) + C \qquad \text{bzw.} \qquad \int_a^x f(t)\,dt = F(x) + C.$$

Für x = a erhält man aus dieser Gleichung

$$\int_a^a f(t)\,dt = 0 = F(a) + C \qquad \text{und somit } C = -F(a).$$

Für x = b folgt $\int_a^b f(t)\,dt = F(b) + C$. Ersetzt man in dieser Gleichung C, dann ergibt sich:

$$\int_a^b f(t)\,dt = F(b) - F(a)$$

Bei Umbenennung der Integrationsvariablen erhalten wir schließlich

$$\int_a^b f(x)\,dx = F(b) - F(a).$$

Mit diesen Überlegungen haben wir den folgenden Satz bewiesen.

Satz E 10: **Hauptsatz der Differential- und Integralrechnung** E 10
Ist f eine im Intervall [a; b] stetige Funktion und F eine zu f gehörende Stammfunktion, so gilt

$$\int_a^b f(x)\,dx = F(b) - F(a).$$

Dieser Satz, der den Zusammenhang zwischen der Differentialrechnung und der Integralrechnung herstellt, wird in manchen Büchern nach den beiden Begründern der Infinitesimalrechnung auch als Formel nach NEWTON – LEIBNIZ bezeichnet. Das bestimmte Integral $\int_a^b f(x)\,dx$ wurde dabei durch die Grenzwerte gewisser Zahlenfolgen definiert, zum unbestimmten Integral (Aufsuchen von Stammfunktionen) gelangten wir über die Umkehrung der Differentiation. Durch obigen Hauptsatz werden also zwei Sachverhalte miteinander verbunden, denen völlig unterschiedliche Probleme zugrunde

liegen. Es ist das Verdienst von ISAAC NEWTON und GOTTFRIED WILHELM LEIBNIZ, diesen Zusammenhang erstmals erkannt und angewendet zu haben.
Die beiden Sätze E 9 und E 10 stehen in unmittelbarem Zusammenhang. Während der Satz E 9 die Existenz einer Stammfunktion F zu einer stetigen Funktion f sichert, ermöglicht der Hauptsatz die Berechnung bestimmter Integrale mit Hilfe der Stammfunktion. Mit ihm haben wir einen Weg gefunden, bestimmte Integrale effektiver zu berechnen.

# E 4 Berechnung bestimmter Integrale

Nach dem Hauptsatz der Differential- und Integralrechnung verläuft die Berechnung des bestimmten Integrals $\int_a^b f(x)\,dx$ in folgenden Schritten:

1. Wir ermitteln das unbestimmte Integral $\int f(x)\,dx$, bestimmen also eine Stammfunktion F zu f;
2. wir setzen die obere und die untere Integrationsgrenze für x in diese Stammfunktion ein, d. h., wir bilden F(b) und F(a);
3. wir berechnen die Differenz F(b) – F(a).

Man schreibt $\int_a^b f(x)\,dx = [F(x)]_a^b = F(b) - F(a).$

E 16

Beispiel E 16:
Das bestimmte Integral $\int_1^5 x^3\,dx$ ist zu berechnen.

1. $\int x^3\,dx = \frac{x^4}{4}$
   (Es könnte auch jede beliebige andere Stammfunktion von $f(x) = x^3$ verwendet werden, z. B. $\frac{x^4}{4} + 5$ oder $\frac{x^4}{4} - 1$. Wir wollen jedoch die „einfachste" nutzen.)
2. $F(b) = F(5) = \frac{5^4}{4} = \frac{625}{4}$;  $F(a) = F(1) = \frac{1^4}{4} = \frac{1}{4}$
3. $F(b) - F(a) = \frac{625}{4} - \frac{1}{4} = 156.$
   Wir schreiben den Lösungsweg kürzer
   $$\int_1^5 x^3\,dx = \left[\frac{x^4}{4}\right]_1^5 = \frac{625}{4} - \frac{1}{4} = 156.$$

Ein Vergleich mit der Berechnung des bestimmten Integrals $\int_0^3 x^3\,dx$ (Beispiel E 9) im Abschnitt E 2.2 macht deutlich, dass die Verwendung des Hauptsatzes eine wesentliche Vereinfachung ermöglicht.

Aus dem Hauptsatz der Differential- und Integralrechnung und den Regeln für unbestimmte Integrale (Satz E 4) lassen sich auch für bestimmte Integrale nachstehende Regeln folgern:

E 11

Satz E 11:
Sind f und g in [a; b] stetige Funktionen, so gilt:

$$\int_a^b k \cdot f(x)\,dx = k \cdot \int_a^b f(x)\,dx \qquad (k \in \mathbb{R})$$ **Faktorregel**

$$\int_a^b [f(x) \pm g(x)]\,dx = \int_a^b f(x)\,dx \pm \int_a^b g(x)\,dx$$ **Summenregel**

Der Beweis zu diesem Satz soll hier nicht ausgeführt werden.

Die folgende Übersicht stellt noch einmal die uns bisher bekannten Definitionen und Sätze zusammen, die wir bei der Berechnung bestimmter Integrale anwenden können:
Es seien f und g in [a; b] stetige Funktionen. Dann gilt:

1. $\int_a^a f(x)\,dx = 0$ — Übereinstimmung der Integrationsgrenzen
2. $\int_b^a f(x)\,dx = -\int_a^b f(x)\,dx$ — Vertauschung der Integrationsgrenzen
3. $\int_a^c f(x)\,dx + \int_c^b f(x)\,dx = \int_a^b f(x)\,dx$ — Intervalladditivität
4. $\int_a^b k \cdot f(x)\,dx = k \cdot \int_a^b f(x)\,dx$ — Faktorregel
5. $\int_a^b [f(x) \pm g(x)]\,dx = \int_a^b f(x)\,dx \pm \int_a^b g(x)\,dx$ — Summenregel

Unter Verwendung dieser Übersicht und der Zusammenstellung einiger Grundintegrale aus Abschnitt E 1.4 können wir weitere bestimmte Integrale berechnen.

E 17

Beispiel E 17:

a) $$\int_1^3 (-x^2 + 4x + \sqrt{x})\,dx = \left[-\frac{x^3}{3} + 2x^2 + \frac{2}{3}\sqrt{x^3}\right]_1^3$$
$$= (-\frac{3^3}{3} + 2 \cdot 3^2 + \frac{2}{3}\sqrt{3^3}) - (-\frac{1^3}{3} + 2 \cdot 1^2 + \frac{2}{3}\sqrt{1^3})$$
$$= -9 + 18 + 3{,}46 - (-\frac{1}{3} + 2 + \frac{2}{3}) \approx 12{,}46 - 2{,}33 = 10{,}13$$

b) $$\int_0^2 (1 - \frac{1}{\sqrt{x}})\,dx = [x - 2\sqrt{x}]_0^2$$
$$= (2 - 2\sqrt{2}) - (0 - 2\sqrt{0}) \approx -0{,}83$$

# E 5 Weitere Integrationsmethoden

Der Hauptsatz der Differential- und Integralrechnung ermöglicht es, bestimmte Integrale mit Hilfe unbestimmter Integrale (Stammfunktionen) zu berechnen. Die uns bisher bekannten Grundintegrale und Regeln für bestimmte Integrale lassen jedoch nur die Berechnung für einige (wenige) Funktionen zu. Wir wollen deshalb in diesem Abschnitt Methoden und Verfahren kennen lernen, die uns die Berechnung weiterer bestimmter Integrale ermöglichen.

## E 5.1 Integration durch lineare Substitution

E 18

Beispiel E 18:

$\int_1^2 \sqrt{2x-1}\,dx =$

Nach der in Abschnitt E 4 angegebenen Schrittfolge ermitteln wir zunächst das unbestimmte Integral $\int \sqrt{2x-1}\,dx$. Der Integrand ist hier eine verkettete Funktion (Definition A 14) $f(x) = v(u(x))$ mit $z = u(x) = 2x - 1$ als innere Funktion und $v(z) = \sqrt{z}$ als äußere Funktion.

Eine Stammfunktion zu $v(z) = \sqrt{z}$ ist $F(z) = \frac{2}{3}\sqrt{z^3}$. Wäre nun aber $F(u(x)) = \frac{2}{3}\sqrt{(2x-1)^3}$ auch eine Stammfunktion von $f(x) = v(u(x))$?

Um diese Frage zu beantworten, differenzieren wir F als verkettete Funktion nach der Kettenregel (s. Satz D 7):

$[\frac{2}{3}(2x-1)^{\frac{3}{2}}]' = \frac{2}{3}\cdot\frac{3}{2}(2x-1)^{\frac{1}{2}}\cdot 2 = 2\cdot\sqrt{2x-1}$

Bis auf den Faktor 2 erhalten wir die gewünschte Integrandenfunktion. Dividiert man durch diesen Faktor, so ergibt sich:

$F(x) = \frac{1}{2}\cdot\frac{2}{3}\sqrt{(2x-1)^3}$ als Stammfunktion, d. h., $\int \sqrt{2x-1}\,dx = \frac{1}{3}\sqrt{(2x-1)^3} + C$

Damit können wir nun auch das angegebene bestimmte Integral berechnen:

$\int_1^2 \sqrt{2x-1}\,dx = [\frac{1}{2}\cdot\frac{2}{3}\sqrt{(2x-1)^3}]_1^2 = \frac{1}{3}\cdot\sqrt{27} - \frac{1}{3} = \sqrt{3} - \frac{1}{3} \approx 1{,}4$

Verallgemeinern wir das oben angewandte Vorgehen (beschränkt auf verkettete Funktionen $v(u(x))$, bei denen die innere Funktion $u$ eine lineare Funktion mit $u(x) = mx + n$ ist), so gelangen wir unter Beachtung der o. g. Regel zur Differentiation verketteter Funktionen (Satz D 7) zu folgendem Satz:

E 12

Satz E 12: **Integration durch lineare Substitution**

Es sei f eine verkettete Funktion mit $f(x) = v(u(x))$ und $z = u(x) = mx + n$ sowie F eine Stammfunktion der äußeren Funktion v. Dann gilt

$\int f(x)dx = \int v(mx+n)dx = \frac{1}{m}F(mx+n) + C.$

Durch Differentiation können wir uns sofort von der Richtigkeit dieses Satzes überzeugen:

Es gilt nämlich:

$$[\frac{1}{m}\cdot F(mx+n)+C]' = \frac{1}{m}\cdot F'(mx+n) = \frac{1}{m}\, v(u(x))\cdot m = f(x)$$

Diese Integrationsregel ist ein Spezialfall der Substitutionsregel, die man für beliebig verkettete Funktionen durch Umkehrung der Kettenregel gewinnen kann. Wir wollen uns allerdings auf diesen Spezialfall beschränken.

E 19

Beispiel E 19:

$$\int_1^2 \sqrt[3]{(4x+2)^5}\,dx = \int_1^2 (4x+2)^{\frac{5}{3}}\,dx = \left[\frac{1}{4}\cdot\frac{3}{8}(4x+2)^{\frac{8}{3}}\right]_1^2 = \frac{3}{32}\sqrt[3]{10^8} - \frac{3}{32}\sqrt[3]{6^8} \approx 43{,}5 - 11{,}1$$

$= 32{,}4$

## E 5.2 Partielle Integration

Während sich die Integration einer Summe von Funktionen relativ einfach gestaltet (siehe Satz E 11), ist die Integration eines Produktes von Funktionen nicht so leicht auszuführen.
Um hierfür ein Verfahren zu finden, greifen wir auf die Produktregel der Differentialrechnung zurück und stellen unsere Überlegungen zunächst wieder für unbestimmte Integrale an.
Für die Ableitung eines Produktes $F(x) = u(x)\cdot v(x)$ von Funktionen $u(x)$ und $v(x)$ gilt bekanntlich (s. Satz D 5) $F'(x) = u(x)\cdot v'(x) + u'(x)\cdot v(x)$. Durch Integration erhält man daraus:

$$\int F'(x)dx = \int u(x)\cdot v'(x)dx + \int u'(x)\cdot v(x)dx$$

Da $\int F'(x)dx = F(x) = u(x)\cdot v(x)$, folgt

$$u(x)\cdot v(x) = \int u(x)\cdot v'(x)dx + \int u'(x)\cdot v(x)dx \quad \text{bzw.} \quad \int u(x)\cdot v'(x)dx = u(x)\cdot v(x) - \int u'(x)\cdot v(x)dx.$$

Somit lässt sich der folgende Satz formulieren:

E 13

Satz E 13: **Partielle Integration**
Sind u und v im Intervall [a; b] differenzierbare Funktionen sowie $u'$ und $v'$ im Intervall [a; b] stetig, so gilt

$$\int u(x)\cdot v'(x)dx = u(x)\cdot v(x) - \int u'(x)\cdot v(x)dx.$$

Die Anwendung dieses Satzes nennt man „partielle Integration", um anzudeuten, dass ein *Rest*integral bleibt. Man integriert nur teilweise – also *partiell*. Dieses Restintegral ist entweder bereits ein uns bekanntes Grundintegral oder wir müssen es weiter bearbeiten.

E 20

Beispiel E 20:

$$\int_0^3 (x^2+3)\cdot 2x^3 dx =$$

Zur Ermittlung des unbestimmten Integrals setzen wir $u(x) = x^2 + 3$ und $v'(x) = 2x^3$. Dann ist $u'(x) = 2x$ und $v(x) = \frac{1}{2}x^4$.
Nach Satz E 13 erhält man nun:

$$\int (x^2+3)\cdot 2x^3 dx = (x^2+3)\cdot\frac{1}{2}x^4 - \int 2x\cdot\frac{1}{2}x^4 dx = \frac{1}{2}x^6 + \frac{3}{2}x^4 - \frac{1}{6}x^6 + C = \frac{1}{3}x^6 + \frac{3}{2}x^4 + C$$

Damit gilt:

$$\int_0^3 (x^2+3)\cdot 2x^3 dx = [\tfrac{1}{3}x^6 + \tfrac{3}{2}x^4]_0^3 = (3^5 + \tfrac{3}{2}\cdot 3^4) - 0 = \tfrac{3}{2}\cdot 3^5 = 364{,}5$$

Während man bei obigem Beispiel die Methode der partiellen Integration noch durch Ausmultiplizieren der Integrandenfunktionen umgehen könnte, gibt es Fälle, wo nur dieses Verfahren zum Ziel führt. Wir kommen an späterer Stelle auf solche Integrale zurück.

# E 6 Anwendungen der Integralrechnung

In diesem Abschnitt wollen wir einige wichtige Anwendungen der Integralrechnung kennen lernen.

## E 6.1 Berechnung von Flächeninhalten

Auf die geometrische Deutung des bestimmten Integrals als Inhalt einer Fläche wurde bereits hingewiesen (s. Definition E 4). Daraus resultiert die erste Anwendung – die Berechnung von Flächeninhalten. Die Vielfalt der möglichen Flächen wollen wir uns systematisch erschließen.

– *Flächen unter Funktionsgraphen, die oberhalb oder unterhalb der x-Achse liegen*

Wir haben bereits festgestellt, dass für eine stetige nichtnegative Funktion f das bestimmte Integral über dem Intervall [a; b] gleich der Maßzahl des Inhalts der Fläche zwischen dem Graphen der Funktion f, der x-Achse sowie den Geraden x = a und x = b (kürzer: zwischen dem Graphen der Funktion f und der x-Achse im Intervall [a; b]) ist:

$$A = \int_a^b f(x)dx.$$

E 21 Beispiel E 21:
Es ist der Inhalt der Fläche zu berechnen, den der Graph der Funktion $f(x) = x^3 + 3x^2 - 2x + 3$, die x-Achse und die Geraden x = –3 und x = 1 einschließen.

$$A = \int_{-3}^{1} (x^3 + 3x^2 - 2x + 3)dx = [\tfrac{x^4}{4} + x^3 - x^2 + 3x]_{-3}^{1}$$

$$= (\tfrac{1}{4} + 1 - 1 + 3) - (\tfrac{81}{4} - 27 - 9 - 9)$$

$$= 3{,}25 - (-24{,}75) = 28$$

Als Maßeinheit führen wir Flächeneinheiten (FE) ein (A steht hier und im Folgenden also immer nur für die Maßzahl des Flächeninhalts.):
Der gesuchte Flächeninhalt beträgt 28 FE.

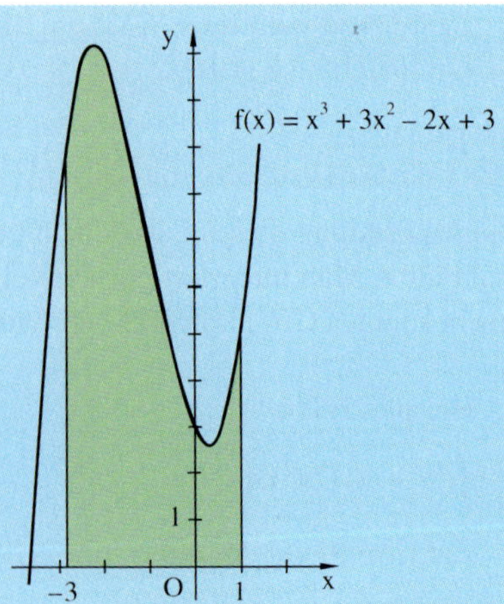


Fig. E 18

Wir wollen nun die Frage klären, wie der Flächeninhalt berechnet werden kann, wenn die Funktion f im Intervall [a; b] nichtpositiv ist, d. h., wenn die zu berechnende Fläche unterhalb der x-Achse liegt.

Also: Es sei f eine stetige nichtpositive Funktion im Intervall [a; b] (s. Fig. E 19).

Der Graph dieser Funktion begrenzt ebenfalls zusammen mit der x-Achse sowie den Geraden x = a und x = b eine Fläche.

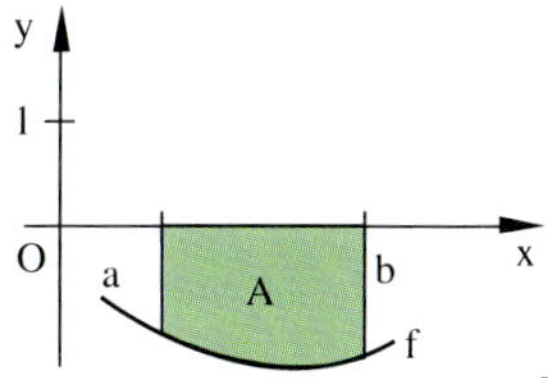


Fig. E 19

Bilden wir die Funktion –f, so ist diese im Intervall [a; b] positiv. Das bestimmte Integral $\int_a^b [-f(x)]\,dx$ stellt dann den Flächeninhalt zwischen dem Graphen der Funktion –f und der x-Achse im Intervall [a; b] dar. Diese Fläche ist flächengleich der in Fig. E 19 dargestellten Fläche – die Flächen liegen symmetrisch zur x-Achse.

Nach der Faktorregel für bestimmte Integrale folgt $\int_a^b [-f(x)]\,dx = -\int_a^b f(x)\,dx$, d. h., das bestimmte Integral von f und das bestimmte Integral von –f unterscheiden sich nur durch das Vorzeichen.

Um aber stets positive Maßzahlen für den Flächeninhalt zu erhalten, schreiben wir

$$A = \left| \int_a^b f(x)\,dx \right|.$$

**E 22**

Beispiel E 22:

a) Es ist der Inhalt der Fläche zwischen dem Graphen der Funktion $f(x) = (x-3)^2 - 4$ und der x-Achse im Intervall [2; 4] zu berechnen (s. Fig. E 20).
Die Fläche liegt unterhalb der x-Achse – wir müssen den Betrag des entsprechenden bestimmten Integrals berechnen.

$$A = \left| \int_2^4 [(x-3)^2 - 4]\,dx \right| = \left| \int_2^4 (x^2 - 6x + 5)\,dx \right|$$

$$= \left| \left[\frac{x^3}{3} - 3x^2 + 5x\right]_2^4 \right|$$

$$= \left| \left(\frac{64}{3} - 48 + 20\right) - \left(\frac{8}{3} - 12 + 10\right) \right| = \left| -\frac{22}{3} \right| \approx 7{,}3$$

Der Flächeninhalt beträgt rund 7,3 FE.

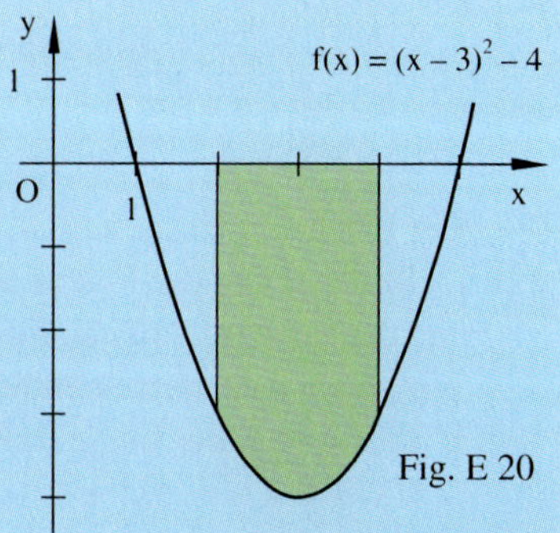


Fig. E 20

b) Es ist der Inhalt der Fläche zwischen dem Graphen der Funktion $f(x) = x^2 + 2x$ und der x-Achse in den Grenzen –1 und 1 zu berechnen (s. Fig. E 21).
Die Funktion f hat im Intervall [–1; 1] eine Nullstelle. Der Graph der Funktion f schneidet in diesem Intervall also die x-Achse – die gesuchte Fläche liegt sowohl unterhalb als auch oberhalb der x-Achse. Aus diesem Grunde wäre es hier falsch, über das gesamte Intervall zu integrieren – man erhielte dann nämlich als Resultat die Summe aus einem „positiven" und einem „negativen" Flächeninhalt. Die beiden Teilflächen müssen in einem solchen Fall einzeln berechnet werden.

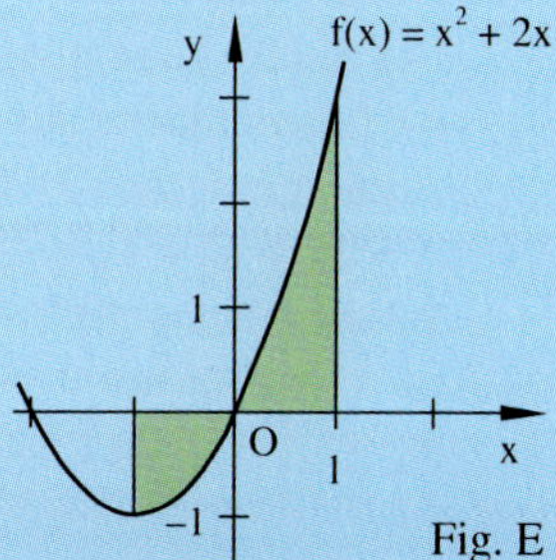


Fig. E 21

$$A = \left| \int_{-1}^{0} (x^2 + 2x)\,dx \right| + \int_{0}^{1} (x^2 + 2x)\,dx = \left| \left[ \frac{x^3}{3} + x^2 \right]_{-1}^{0} \right| + \left[ \frac{x^3}{3} + x^2 \right]_{0}^{1}$$

$$= \left| -\frac{2}{3} \right| + \frac{4}{3} = 2$$

Der Flächeninhalt beträgt 2 FE.

c) Durch den Graphen der Funktion $f(x) = x^2 - 7x + 10$ und die x-Achse wird eine Fläche vollständig begrenzt. Der Inhalt dieser Fläche ist zu berechnen.

1. Um die Integrationsgrenzen zu ermitteln, zwischen denen das bestimmte Integral zu berechnen ist, müssen die Nullstellen der Funktion f bestimmt werden.
$f(x) = 0 = x^2 - 7x + 10$
Mittels der Lösungsformel für quadratische Gleichungen (oder in dem vorliegenden einfachen Fall auch nach dem VIETAschen Wurzelsatz) erhalten wir als Nullstellen
$x_1 = 5$ und $x_2 = 2$.

2. Skizze:

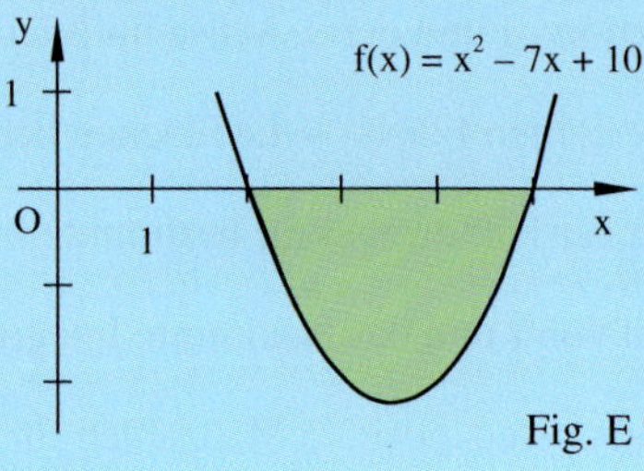


Fig. E 22

3. Flächenberechnung:

$$A = \left| \int_{2}^{5} (x^2 - 7x + 10)\,dx \right| = \left| \left[ \frac{x^3}{3} - \frac{7}{2}x^2 + 10x \right]_{2}^{5} \right|$$

$$= \left| \left( \frac{125}{3} - \frac{175}{2} + 50 \right) - \left( \frac{8}{3} - \frac{28}{2} + 20 \right) \right|$$

$$= |-4{,}5| = 4{,}5$$

Der Flächeninhalt beträgt 4,5 FE.

d) Es ist der Inhalt der Fläche zu bestimmen, die der Graph der Funktion $f(x) = x^4 - 5x^2 + 4$ und die x-Achse vollständig begrenzen.
Wir gehen nach derselben Schrittfolge wie in Aufgabenteil c) vor.

1. Bestimmen der Integrationsgrenzen (Nullstellen):
$f(x) = 0 = x^4 - 5x^2 + 4$
Durch Substitution $x^2 = z$ und Lösen der quadratischen Gleichung erhalten wir
$x_{1/2} = \pm 2$ und $x_{3/4} = \pm 1$.

2. Skizze:

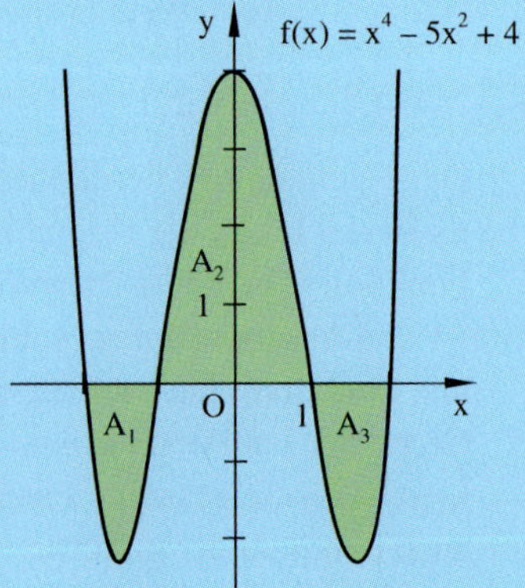


Fig. E 23

3. Flächenberechnung:
Der Skizze kann man entnehmen, dass sich die Gesamtfläche aus drei Teilflächen zusammensetzt:
$A = A_1 + A_2 + A_3$
Wir berechnen die Teilflächen.

$$A_1 = \left| \int_{-2}^{-1} (x^4 - 5x^2 + 4)\,dx \right|$$

$$= \left| \left[ \frac{x^5}{5} - \frac{5}{3}x^3 + 4x \right]_{-2}^{-1} \right| \approx |-1{,}47| = 1{,}47$$

$$A_2 = \int_{-1}^{1} (x^4 - 5x^2 + 4)\,dx = \left[\frac{x^5}{5} - \frac{5}{3}x^3 + 4x\right]_{-1}^{1} \approx 5{,}07$$

$A_3 = A_1 \approx 1{,}47$ (wegen Symmetrie)

$A \approx 1{,}47 + 5{,}07 + 1{,}47 = 8{,}01$

Der Flächeninhalt beträgt rund 8 FE.

Die Beispiele zeigen: Bei der Berechnung des Inhalts von Flächen, die von Graphen stetiger Funktionen und der x-Achse vollständig oder in gegebenen Grenzen eingeschlossen werden, sind zunächst die Nullstellen dieser Funktion zu berechnen, um dann entscheiden zu können, welche Lage die Flächen beziehungsweise die Teilflächen bezüglich der x-Achse haben. Liegen Nullstellen im Intervall, so erfolgt ein Lagewechsel der Flächenstücke hinsichtlich der x-Achse und die Gesamtfläche muss „stückweise“ berechnet werden.

– *Flächen, die zwischen zwei Funktionsgraphen liegen*

E 23

Beispiel E 23:
Die Graphen der Funktionen $f(x) = (x - 4)^2 + 1$ und $g(x) = -x + 7$ schließen ein Flächenstück ein. Der Inhalt dieser Fläche soll ermittelt werden.

1. Skizze (Fig. E 24):

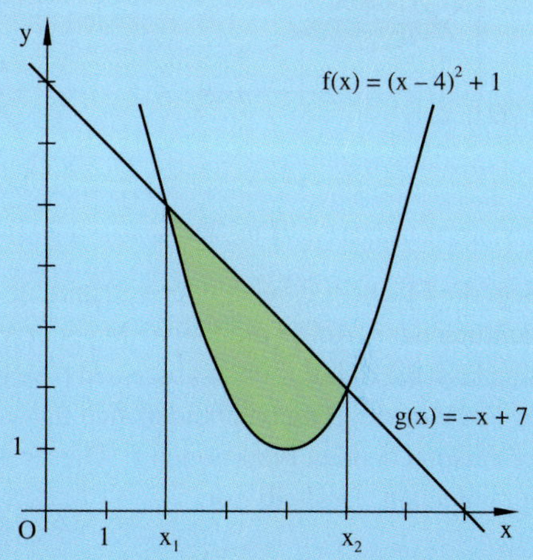

Fig. E 24

2. Bestimmen der Integrationsgrenzen:
   Die Integrationsgrenzen ergeben sich hier aus den Schnittpunkten der Graphen der Funktionen f und g. Die Abszissen der Schnittpunkte sind die Integrationsgrenzen. Wir bestimmen die Abszissen:
   $f(x) = g(x)$, also $(x - 4)^2 + 1 = -x + 7$.
   Daraus folgt:
   $x^2 - 8x + 17 = -x + 7$ bzw. $x^2 - 7x + 10 = 0$.
   Diese Gleichung hat die Lösungen
   $x_1 = 2$ und $x_2 = 5$.
3. Ermitteln des Flächeninhaltes:
   Der Inhalt der Fläche zwischen den Graphen der Funktionen f und g ist die Differenz der Inhalte der Flächen unter den Graphen der Funktion g bzw. f. Also:

$$A = \int_2^5 (-x + 7)\,dx - \int_2^5 ((x - 4)^2 + 1)\,dx = \int_2^5 [(-x + 7) - ((x - 4)^2 + 1)]\,dx \quad \text{(nach Satz E 11)}$$

und damit:

$$A = \int_2^5 (-x^2 + 7x - 10)\,dx = \left[-\frac{x^3}{3} + \frac{7}{2}x^2 - 10x\right]_2^5 = \frac{9}{2}$$

Die Fläche zwischen den beiden Graphen hat einen Inhalt von 4,5 FE.

Diese Vorgehensweise zur Berechnung des Inhaltes der Fläche zwischen zwei Funktionsgraphen soll nun verallgemeinert werden:
Es seien f und g zwei stetige und im Intervall $[x_1; x_2]$ nichtnegative Funktionen mit $f(x) > g(x)$ für alle x zwischen $x_1$ und $x_2$ sowie $f(x_1) \geq g(x_1)$, $f(x_2) \geq g(x_2)$ (s. Fig. E 25a/b).

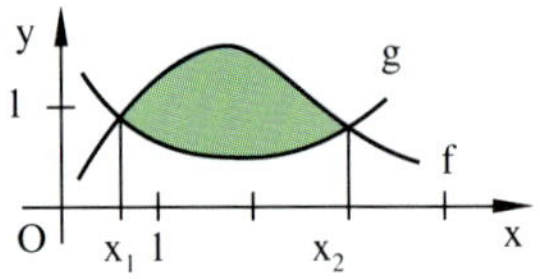


Fig. 25a

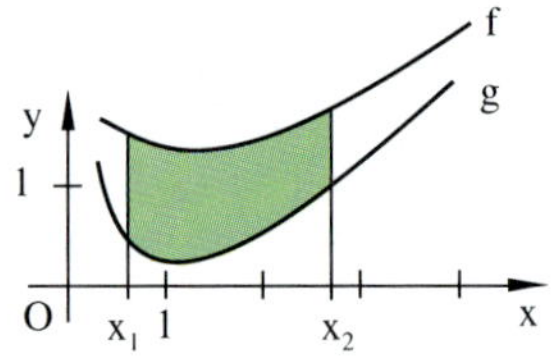


Fig. 25b

Dann gilt für die Inhaltsmaßzahl der von den Graphen beider Funktionen im Intervall $[x_1; x_2]$ eingeschlossenen Fläche

$$A = A_1 - A_2 = \int_{x_1}^{x_2} f(x)\,dx - \int_{x_1}^{x_2} g(x)\,dx = \int_{x_1}^{x_2} [f(x) - g(x)]\,dx.$$

Dieser Weg der Berechnung von Flächenstücken zwischen Funktionsgraphen ist unabhängig von der Lage der Flächenstücke bezüglich der x-Achse, wie sie in den Fig. E 26a – c dargestellt sind.

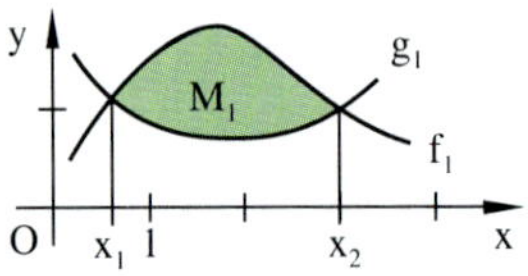


Fig. 26a

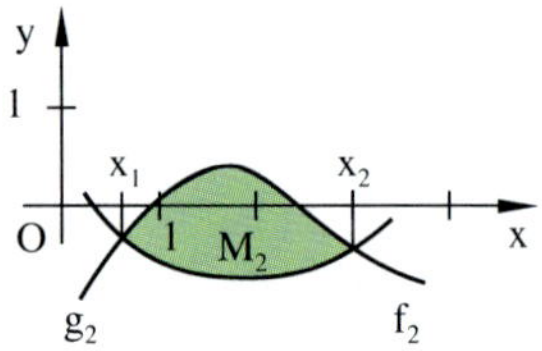


Fig. 26b

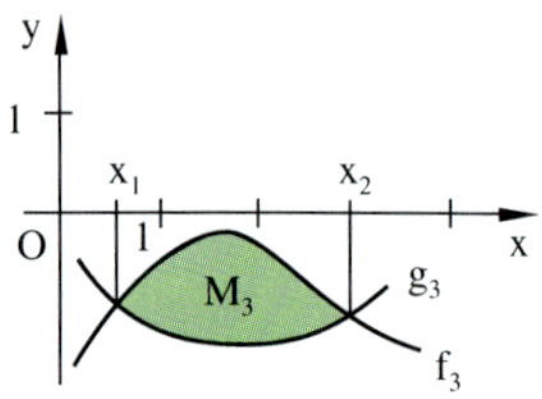


Fig. 26c

Liegt die Fläche teilweise oder vollständig unterhalb der x-Achse, kann durch eine Verschiebung in Richtung der y-Achse die Fläche $M_2$ oder $M_3$ mit $M_1$ zur Deckung gebracht werden. Diese Verschiebung lässt die Schnittpunktsabszissen (Integrationsgrenzen) $x_1$ und $x_2$ unverändert. Die Gleichungen der Funktionen $g_i$ unterscheiden sich untereinander um denselben konstanten Summanden wie die der entsprechenden Funktionen $f_i$. Dieser Summand hebt sich dann bei der Differenzbildung im Integranden auf. Deshalb gilt:

$$\int_{x_1}^{x_2} [f_1(x) - g_1(x)]\,dx = \int_{x_1}^{x_2} [f_2(x) - g_2(x)]\,dx = \int_{x_1}^{x_2} [f_3(x) - g_3(x)]\,dx$$

Auf die o. g. Voraussetzung bezüglich der Größe der Funktionswerte von f und g bzw. der gegenseitigen Lage ihrer Graphen kann man verzichten, wenn mit dem Betrag des Differenzintegrals gearbeitet wird:

$$A = \left| \int_{x_1}^{x_2} [f(x) - g(x)]\,dx \right|$$

E 24

Beispiel E 24:
Es ist der Inhalt der Fläche zwischen den Graphen der nachfolgend angegebenen Funktionen f und g zu berechnen.

a) $f(x) = 0{,}5x^2 - 1$ und $g(x) = -(x-1)^2 + 2$

1. Integrationsgrenzen (Abszissen der Graphenschnittpunkte):
$f(x) = g(x)$, also $0{,}5x^2 - 1 = -(x-1)^2 + 2$

$$\Rightarrow x^2 - \frac{4}{3}x - \frac{4}{3} = 0$$

$$\Rightarrow x_1 = -\frac{2}{3} \text{ und } x_2 = 2$$

2. Skizze:

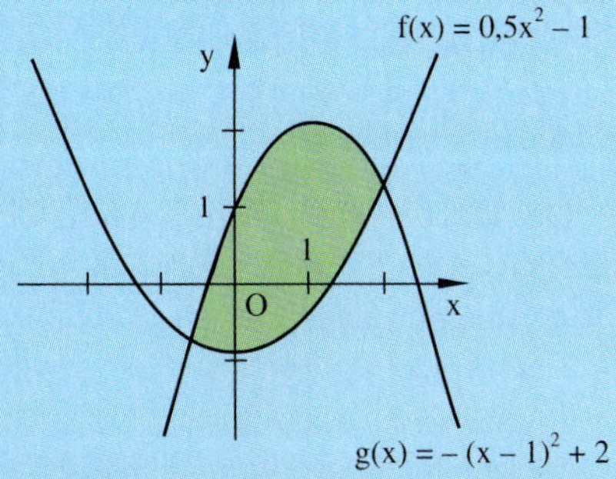


Fig. E 27

3. Flächeninhalt:

$$A = \left| \int_{-\frac{2}{3}}^{2} [f(x) - g(x)]\,dx \right|$$

$$A = \left| \int_{-\frac{2}{3}}^{2} [0{,}5x^2 - 1 - (-(x-1)^2 + 2)]\,dx \right|$$

$$= \left| \int_{-\frac{2}{3}}^{2} \left(\frac{3}{2}x^2 - 2x - 2\right)dx \right| = \left| \left[\frac{1}{2}x^3 - x^2 - 2x\right]_{-\frac{2}{3}}^{2} \right|$$

$$= \left| (4 - 4 - 4) - \left(-\frac{4}{27} - \frac{4}{9} + \frac{4}{3}\right) \right| = \frac{128}{27}$$

Der Flächeninhalt beträgt rund 4,74 FE.

b) $f(x) = \frac{1}{3}x^3 - \frac{4}{3}x$ und $g(x) = \frac{1}{3}x^2 + \frac{2}{3}x$

1. Integrationsgrenzen:
$f(x) = g(x)$, also $\frac{1}{3}x^3 - \frac{4}{3}x = \frac{1}{3}x^2 + \frac{2}{3}x$

$$\Rightarrow x^3 - x^2 - 6x = 0$$

$$\Rightarrow x(x^2 - x - 6) = 0$$

$$\Rightarrow x_1 = 0 \text{ und } x^2 - x - 6 = 0$$

$$\Rightarrow x_2 = -2 \text{ und } x_3 = 3$$

Wir sehen also: Die Graphen der beiden Funktionen schneiden einander in mehreren Punkten. Es entstehen zwischen den Graphen mehrere Teilflächen, die einzeln zu berechnen sind.

2. Skizze:

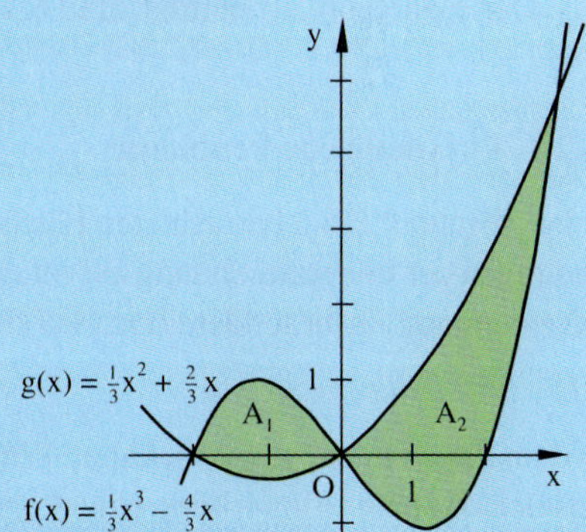


Fig. E 28

3. Flächeninhalt:

$$A = A_1 + A_2, \text{ also } A = \int_{-2}^{0} [f(x) - g(x)]\,dx + \left| \int_{0}^{3} [f(x) - g(x)]\,dx \right|$$

$$A_1 = \int_{-2}^{0} \left(\frac{1}{3}x^3 - \frac{4}{3}x - \frac{1}{3}x^2 - \frac{2}{3}x\right)dx \qquad A_2 = \left| \int_{0}^{3} \left(\frac{1}{3}x^3 - \frac{4}{3}x - \frac{1}{3}x^2 - \frac{2}{3}x\right)dx \right|$$

$$A_1 = \int_{-2}^{0} (\tfrac{1}{3}x^3 - \tfrac{1}{3}x^2 - 2x)\,dx$$
$$= [\tfrac{1}{12}x^4 - \tfrac{1}{9}x^3 - x^2]_{-2}^{0}$$
$$= (0 - (\tfrac{16}{12} + \tfrac{8}{9} - 4)) = \tfrac{16}{9}$$

$$A_2 = |\int_{0}^{3} (\tfrac{1}{3}x^3 - \tfrac{1}{3}x^2 - 2x)\,dx|$$
$$= |[\tfrac{1}{12}x^4 - \tfrac{1}{9}x^3 - x^2]_0^3|$$
$$= |(\tfrac{81}{12} - \tfrac{27}{9} - 9) - 0| = |-\tfrac{21}{4}| = \tfrac{21}{4}$$

$$A = \tfrac{16}{9} + \tfrac{21}{4} = \tfrac{253}{36}$$

Der Flächeninhalt beträgt rund 7 FE.

c) $f(x) = x^2 + 1$ und $g(x) = -x - 2$

1. Integrationsgrenzen:

$f(x) = g(x)$, also $x^2 + 1 = -x - 2$

$\Rightarrow x^2 + x + 3 = 0$

Diese Gleichung hat keine reelle Lösung – die Graphen der beiden Funktionen *schneiden einander nicht*. Zum Berechnen einer Fläche geben wir Integrationsgrenzen vor, z. B. $x_1 = -1$ und $x_2 = 1$.

2. Skizze:

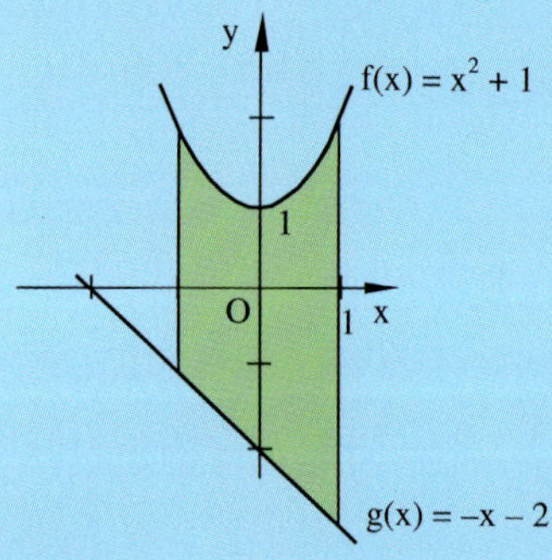


Fig. E 29

3. Flächeninhalt:

$$A = \int_{-1}^{1} [f(x) - g(x)]\,dx = \int_{-1}^{1} (x^2 + 1 + x + 2)\,dx$$

$$A = \int_{-1}^{1} (x^2 + x + 3)\,dx = [\tfrac{x^3}{3} + \tfrac{x^2}{2} + 3x]_{-1}^{1}$$
$$= ((\tfrac{1}{3} + \tfrac{1}{2} + 3) - (-\tfrac{1}{3} + \tfrac{1}{2} - 3)) = \tfrac{20}{3}$$

Der Flächeninhalt beträgt rund 6,7 FE.

## E 6.2 Physikalische Probleme

Die im Abschnitt E 6.1 betrachteten Flächeninhaltsberechnungen können als innermathematische Anwendungen der Integralrechnung aufgefasst werden. Die Integralrechnung findet aber auch in der Physik Anwendung, insbesondere dort, wo sich physikalische Größen als Flächeninhalte deuten lassen.

– *Die physikalische Arbeit*

Aus dem Physikunterricht ist bekannt: Wird ein Körper längs eines Weges $s$ von $s_1$ nach $s_2$ (also um das Wegstück $\Delta s$) unter Einwirkung einer konstanten Kraft $F$ bewegt, so gilt für die verrichtete Arbeit $W$

$W = F \cdot \Delta s$, falls Kraft- und Wegrichtung übereinstimmen (denn Kraft und Weg sind bekanntlich gerichtete Größen) (s. Fig. E 30), und

$W = F \cdot \Delta s \cdot \cos\alpha$, falls die Kraft– und die Wegrichtung den Winkel $\alpha$ einschließen (s. „Formeln und Tabellen“, S. 75).

Betrachten wir die Kraft $F$ als Funktion des Weges $s$, so stellt das Diagramm in Fig. E 31 diesen Zusammenhang dar:

Die Funktion $F(s)$ ist eine konstante Funktion – ihr Graph verläuft demzufolge parallel zur $s$-Achse.

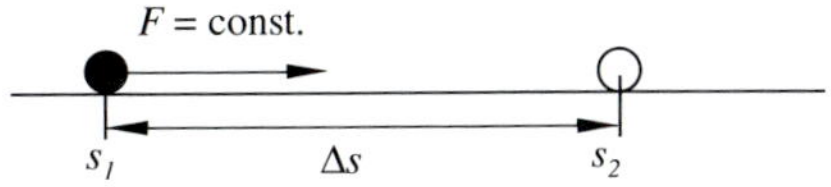


Fig. E 30

Fig. E 31

Die verrichtete Arbeit kann nun als Inhalt der Fläche unter dem Graphen der Funktion $F(s)$ interpretiert werden, d. h., die Maßzahlen von $W$ und vom Flächeninhalt des gekennzeichneten Rechtecks sind gleich.

Bei vielen physikalischen Vorgängen bleibt die Kraft aber nicht konstant, sondern sie verändert sich sprunghaft oder auch kontinuierlich – letzteres z. B. beim Spannen einer Schraubenfeder. Unser Ziel ist es, für diese Fälle ebenfalls eine Formel zur Berechnung der Arbeit zu finden.

Ändert sich die Kraft, die an dem Körper angreift, „sprunghaft", d. h., ist sie stückweise konstant, so entsteht als Graph des funktionalen Zusammenhanges zwischen Kraft und Weg die nebenstehende Treppenkurve (s. Fig. E 32):

In diesem Fall wäre die Arbeit gleich dem Inhalt der Fläche unter der Treppenkurve im Intervall $[s_1; s_2]$ und sie könnte als Summe der Teilflächen (Streifen) berechnet werden.

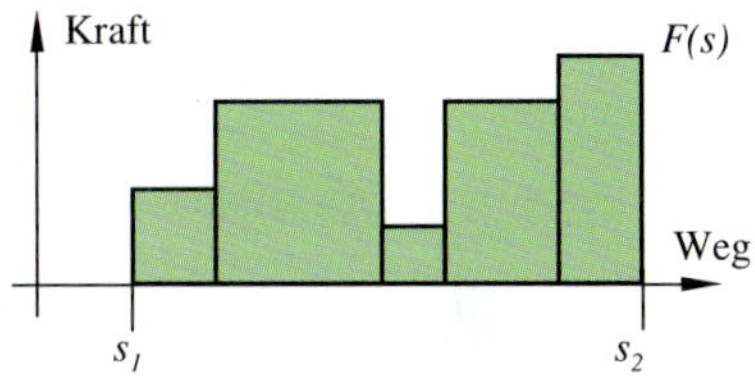


Fig. E 32

Verändert sich die Kraft $F$ längs des Weges $s$ ständig, d. h., ist die Funktion $F(s)$ nicht einmal stückweise konstant, sondern nur stetig, so kann die physikalische Arbeit nicht mehr elementar berechnet werden. Aber auch in diesem Fall wird sie geometrisch als Inhalt der Fläche gedeutet, die der Graph der Funktion $F(s)$ mit der $s$-Achse in den Grenzen $s_1$ und $s_2$ einschließt (s. Fig. E 33).

Mit den Mitteln der Integralrechnung kann diese Fläche berechnet werden. Es gilt:

Wird ein Körper von einer Kraft $F$ längs des Weges $s$ von $s_1$ nach $s_2$ bewegt und stimmen die Kraft- und die Wegrichtung überein, so beträgt die verrichtete physikalische Arbeit

$$W = \int_{s_1}^{s_2} F(s)\,\mathrm{d}s.$$

Das bestimmte Integral gibt dabei nur die Maßzahl der physikalischen Arbeit an – die Einheit ist gesondert zu überlegen.

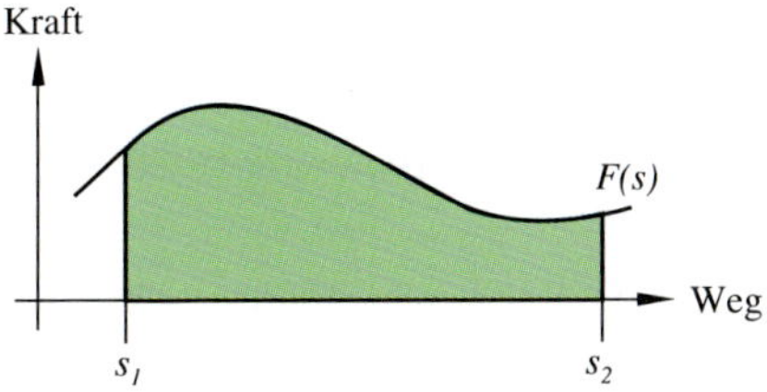


Fig. E 33

E 25

Beispiel E 25:
An einer Schraubenfeder sei ein Körper befestigt. Es ist die Arbeit zu berechnen, die verrichtet werden muss, wenn der Körper von $s_1$ nach $s_2$ bewegt werden soll (s. Fig. E 34).
Die Feder wird bei diesem Vorgang gespannt. Die dazu erforderliche Kraft, die der Zugkraft der Feder entgegenwirkt, ist dem zurückgelegten Weg proportional:
$F(s) = D \cdot s$ HOOKEsches Gesetz (Der Proportionalitätsfaktor $D$ heißt hier Federkonstante.)

Die aufzuwendende Arbeit $W = \int_{s_1}^{s_2} F(s)\,\mathrm{d}s$ beträgt

für den vorliegenden Fall:

$$W = \int_{s_1}^{s_2} D \cdot s\,\mathrm{d}s = \left[\frac{D}{2} s^2\right]_{s_1}^{s_2} = \frac{D}{2}(s_2^2 - s_1^2)$$ [1)]

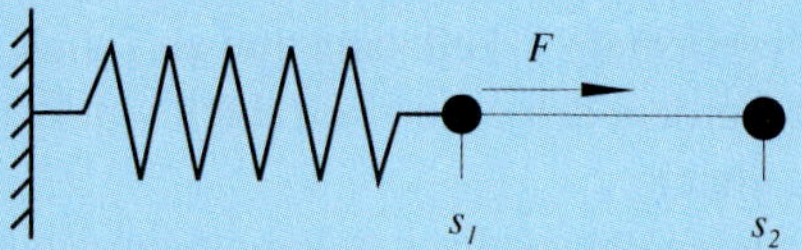


Fig. E 34

Für eine Schraubenfeder mit der Federkonstanten $D = 10\ \mathrm{Nm}^{-1}$ und einer Ausdehnung von 0 auf 20 cm gilt dann

$$W = \frac{10}{2}\mathrm{Nm}^{-1}(0{,}2^2 - 0^2)\ \mathrm{m}^2 = 0{,}2\ \mathrm{Nm}.$$

Mit diesen Kenntnissen kann auch die Formel für die Federspannarbeit gewonnen werden. Es gilt

$$W = \frac{1}{2} D\, s^2.$$

– *Bewegungsabläufe*

Bei jeder Bewegung (im physikalischen Sinn) ist die Geschwindigkeits-Zeit-Funktion $v(t)$ die Ableitung der Weg-Zeit-Funktion $s(t)$ und die Beschleunigungs-Zeit-Funktion $a(t)$ die Ableitung der Geschwindigkeits-Zeit-Funktion $v(t)$ (vgl. Abschnitt D 1.1).
Der Fahrtenschreiber eines LKW zeichnet das Geschwindigkeits-Zeit-Diagramm auf (s. Fig. E 35).

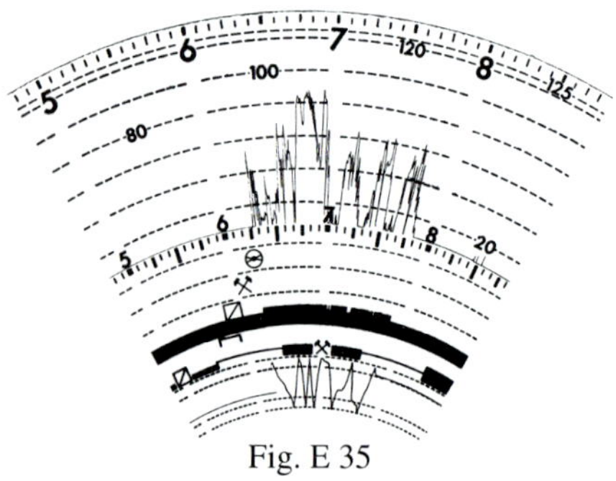

Fig. E 35

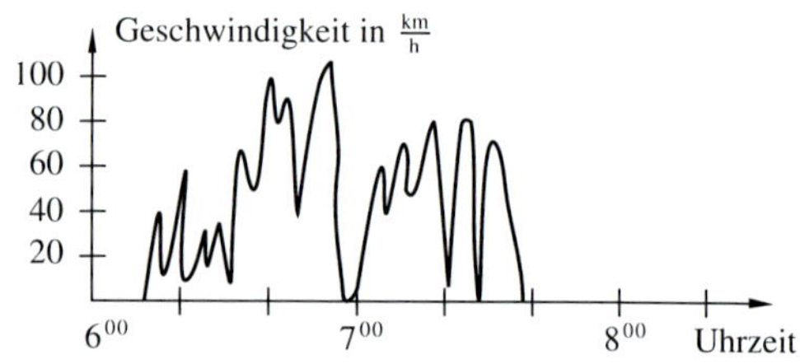


Fig. E 36

Einen Ausschnitt dieses Diagramms stellen wir uns in ein rechtwinkliges Koordinatensystem transformiert vor (s. Fig. E 36).
Es soll nun die Frage erörtert werden, ob sich aus diesem Diagramm eine Angabe über in bestimmten Zeitintervallen zurückgelegte Wege gewinnen lässt. Wir überlegen dazu:
Ist die Geschwindigkeit $v$ konstant, so gilt für den in der Zeit $t$ zurückgelegten Weg $s = v \cdot t$.

[1)] Vereinbart sei, dass beim Auftreten von Größensymbolen innerhalb von Differentiationen oder Integrationen stets nur die jeweiligen Maßzahlen gemeint sind.

Bei geometrischer Interpretation ist die Maßzahl des Weges also gleich dem Inhalt der Fläche unter dem Graphen der konstanten Funktion $v(t)$ im Intervall $[t_1; t_2]$, d. h., gleich der Fläche des Rechtecks mit den Seiten $t_2 - t_1 = \Delta t$ und $v(t_1) = v(t_2)$ (s. Fig. E 37).

Verallgemeinern wir dieses Vorgehen auf eine beliebige (stetige) Geschwindigkeits-Zeit-Funktion $v(t)$, so kann festgelegt werden:

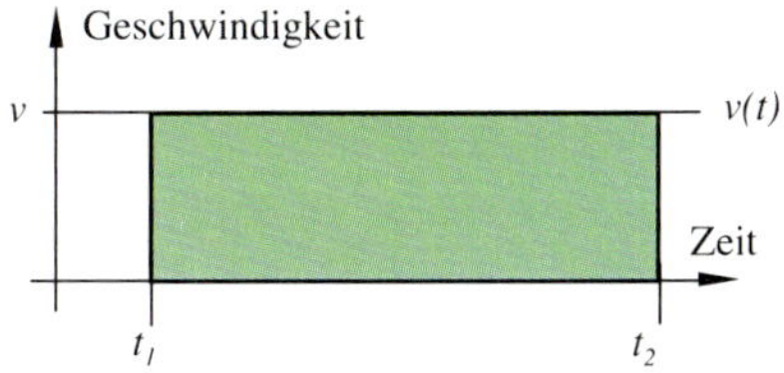

Fig. E 37

$$s = \int_{t_1}^{t_2} v(t)\,\mathrm{d}t$$

Aus dem Fahrtenschreiberdiagramm ließe sich somit durch Bestimmung des Inhalts der Fläche unter dem Graphen der Geschwindigkeits-Zeit-Funktion (z. B. durch Auszählen) der zurückgelegte Weg in einem bestimmten Zeitintervall ermitteln.

Ein analoger Zusammenhang besteht zwischen den Funktionen $a(t)$ und $v(t)$: $v = \int_{t_1}^{t_2} a(t)\,\mathrm{d}t$

**E 26**

Beispiel E 26:

Unter Verwendung der oben genannten Gleichungen für den Weg und die Geschwindigkeit sollen die Formeln für den freien Fall eines Körpers gewonnen werden.

Zum Zeitpunkt $t = 0$ seien die Geschwindigkeit des betrachteten Körpers $v = 0$ und die bislang zurückgelegte Fallstrecke $s = 0$. Beim freien Fall eines Körpers ist die Beschleunigung $g$ konstant – es gilt $a(t) = g$.

Daraus folgt dann für die Geschwindigkeit zum Zeitpunkt $t_0$

$$v = \int_0^{t_0} g\,\mathrm{d}t = [g \cdot t]_0^{t_0} = g \cdot t_0$$

und für den in der Zeit $t_0$ zurückgelegten Fallweg

$$s = \int_0^{t_0} g \cdot t\,\mathrm{d}t = [\tfrac{g}{2} \cdot t^2]_0^{t_0} = \tfrac{g}{2} t_0^2.$$

Da diese Aussage für eine beliebige Zeitdauer $t$ gilt, können wir auch $v = g \cdot t$ und $s = \frac{g}{2} t^2$ schreiben.

Diese Formeln sind uns aus dem Physikunterricht bekannt.

## E 6.3 Volumenberechnung von Rotationskörpern

Im Geometrieunterricht der Sekundarstufe I wurden verschiedene Körper (z. B. Prisma, Zylinder, Pyramide, Pyramidenstumpf, Kegel, Kegelstumpf, Kugel) betrachtet und dabei u. a. auch ihr Volumen, ihr Mantel- oder Oberflächeninhalt berechnet.

Einige dieser Körper kann man sich durch Rotation eines Flächenstückes unter einer Kurve um eine Achse erzeugt denken. Das Kurvenstück erzeugt dabei den Mantel dieses Körpers (s. Fig. E 38a–c). Die jeweilige Kurve bezeichnet man als erzeugende Kurve, die Achse als Rotationsachse.

| Körper | Zylinder | Kegel | Kugel |
|---|---|---|---|
| Skizze | 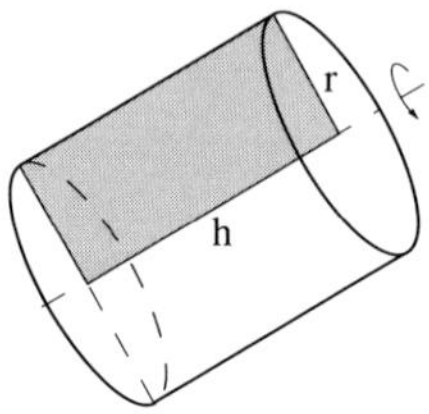  | 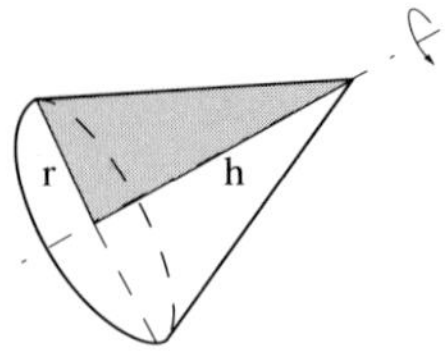  | 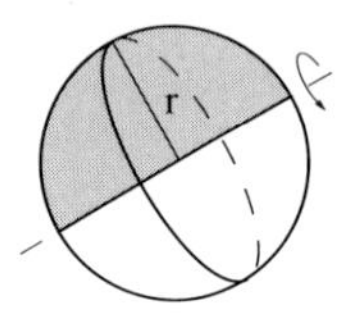  |
| Formel | $V = \pi r^2 h$ | $V = \frac{\pi}{3} r^2 h$ | $V = \frac{4}{3} \pi r^3$ |
| | Fig. E 38a | Fig. E 38b | Fig. E 38c |

Solche Körper werden *Rotationskörper* genannt.
Wir betrachten eine beliebige stetige Funktion f im Intervall [a; b] und lassen die Fläche unter dem zu f gehörenden Graphen um die x-Achse rotieren. Es entsteht ein Rotationskörper (s. Fig. E 39).

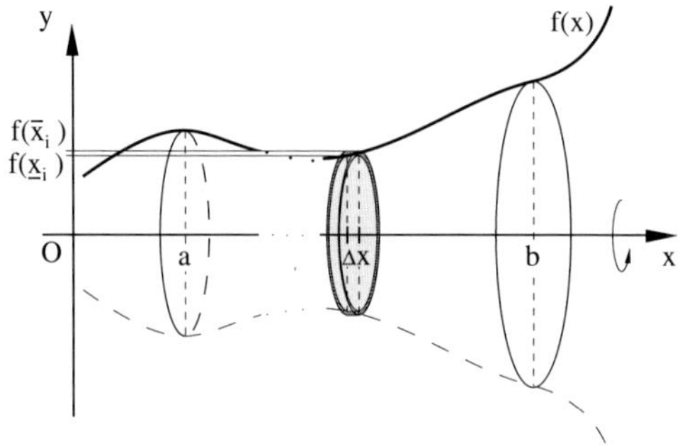


Fig. E 39

Wir wollen nun das Volumen dieses Rotationskörpers berechnen. Die Lösung des Problems liefert uns ebenfalls die Integralrechnung. Dabei kann analog zur Flächeninhaltsberechnung (Abschnitt E 2) vorgegangen werden:
Wir teilen das Intervall [a; b] in n gleich lange Teilintervalle. Jedes Teilintervall hat dann die Länge $\Delta x = \frac{b-a}{n}$. Legt man durch die Intervallendpunkte Schnitte senkrecht zur x-Achse, so wird der Rotationskörper auf diese Weise in „Scheiben" der Höhe Δx zerlegt.
Im k-ten Teilintervall sei $f(\underline{x}_k)$ der kleinste und $f(\bar{x}_k)$ der größte Funktionswert. Jeder der entstandenen „Scheiben" kann dann ein (Kreis-)Zylinder mit der Höhe Δx und dem Grundkreisradius $f(\underline{x}_k)$ (Grundflächeninhalt $\pi[f(\underline{x}_k)]^2$) *ein*beschrieben und ein Zylinder mit der Höhe Δx und dem Grundkreisradius $f(\bar{x}_k)$ (Grundflächeninhalt $\pi[f(\bar{x}_k)]^2$) *um*beschrieben werden. Setzen wir die Zylinder jeweils zusammen, so liegt das Volumen des Rotationskörpers zwischen den Volumina der beiden zusammengesetzten Körper, die sich als Summe der Zylindervolumina ergeben (Untersumme und Obersumme).
Es gilt

$$s_n = \sum_{i=1}^{n} \pi \cdot (f(\underline{x}_i))^2 \cdot \Delta x \quad \text{und} \quad S_n = \sum_{i=1}^{n} \pi \cdot (f(\bar{x}_i))^2 \cdot \Delta x \quad \text{mit} \quad s_n \le V \le S_n.$$

Je feiner man die Zerlegung wählt, je größer also n und je kleiner demzufolge $\Delta x$ wird, desto besser nähern sich die Summe der Volumina der einbeschriebenen Zylinder und die Summe der Volumina der umbeschriebenen Zylinder dem gesuchten Volumen an.
Ähnlich wie im Abschnitt E 2 kann man zeigen: Die oben gekennzeichneten Folgen $(s_n)$ und $(S_n)$ sind monoton und beschränkt und besitzen somit jeweils einen Grenzwert. Die beiden Grenzwerte stimmen überein. Da die Funktion f stetig ist, ist auch die Funktion $g(x) = \pi \cdot (f(x))^2$ stetig und somit integrierbar.
Nach der Definition des bestimmten Integrals (Definition E 3) gilt dann

$$\lim_{n \to \infty} s_n = \lim_{n \to \infty} S_n = \int_a^b \pi \cdot (f(x))^2 dx.$$

Das gesuchte Volumen ist also $V = \pi \cdot \int_a^b (f(x))^2 dx$.

Wir haben damit eine Formel zur Berechnung des *Volumens eines Rotationskörpers* gefunden:

**E 14**

Satz: E 14:
Es sei f eine über dem Intervall [a; b] stetige Funktion. Dann besitzt der Körper, der durch Rotation der Fläche unter dem Graphen der Funktion f über dem Intervall [a; b] um die x-Achse entsteht, das Volumen

$$V = \pi \cdot \int_a^b (f(x))^2 dx = \pi \cdot \int_a^b y^2 dx$$ (vgl. „Formeln und Tabellen", S. 47).

**E 27**

Beispiel E 27:
a) Die Fläche unter dem Graphen der Funktion $f(x) = r$ rotiere im Intervall [0; h] um die x-Achse. Es ist das Volumen des entstehenden Rotationskörpers zu berechnen.
Wegen $f(x) = r$, also $f^2(x) = r^2$ gilt

$$V = \pi \cdot \int_0^h r^2 dx = \pi \cdot [r^2 \cdot x]_0^h.$$

Daraus folgt: $V = \pi \cdot r^2 \cdot h$
Das ist die uns bekannte Formel für das Volumen eines Zylinders, den der Rotationskörper in dieser Aufgabe darstellt.

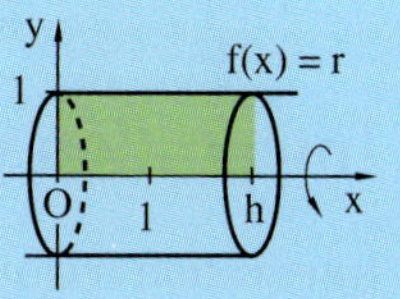

Fig. E 40

b) Die Fläche unter dem Graphen der Funktion $f(x) = \sqrt{x}$ rotiert im Intervall [0; 5] um die x-Achse. Das Volumen des entstehenden Rotationskörpers ist zu berechnen.

$$V = \pi \cdot \int_0^5 (\sqrt{x})^2 dx = \pi \cdot \int_0^5 x\,dx$$

$$= \pi \cdot [\tfrac{x^2}{2}]_0^5 = \pi \cdot \tfrac{25}{2} \approx 39{,}27$$

Wir führen als Einheit VE (Volumeneinheit) ein.
Das Volumen beträgt rund 39,3 VE.

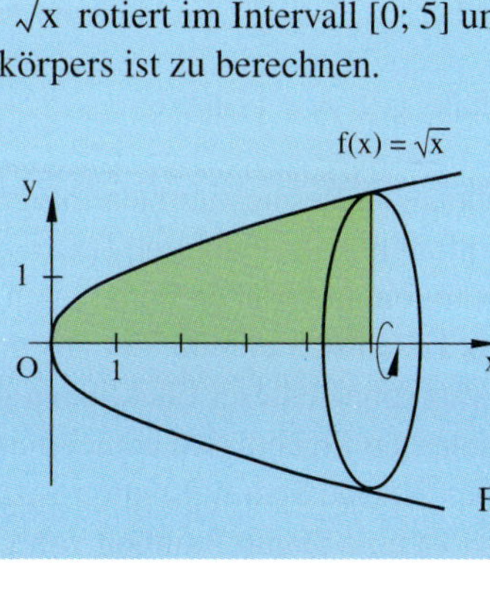

Fig. E 41

c) Erfolgt die Rotation um die y-Achse, so kann durch analoge Überlegungen die folgende Formel für im Intervall [a; b] eineindeutige Funktionen y = f(x) gewonnen werden:

$V = \pi \cdot \int_c^d x^2\,dy$ mit $c = f(a)$ und $d = f(b)$ (vgl. „Formeln und Tabellen", S. 47).

Dabei ist $x = g(y)$ die Umkehrfunktion zu $y = f(x)$. Die Fläche zwischen dem Graphen der Funktion $f(x) = \frac{1}{2}x^2$ und der y-Achse rotiere im Intervall [f(1); f(4)] um die y-Achse. Das Volumen des Rotationskörpers ist zu berechnen (s. Fig. E 42).

Weil $f(x) = \frac{1}{2}x^2$ eine im Intervall [1; 4] eineindeutige Funktion ist, existiert die Umkehrfunktion in diesem Intervall. Sie hat die Gleichung $x = g(y) = \sqrt{2y}$.

Die Integrationsgrenzen für die Berechnung des Rotationskörpers ergeben sich aus

$c = f(1) = \frac{1}{2}$ und $d = f(4) = 8$.

Für das Volumen gilt dann:

$$V = \pi \cdot \int_{\frac{1}{2}}^{8} 2y\,dy = \pi \cdot [y^2]_{\frac{1}{2}}^{8}$$

$$= \pi \cdot (64 - \tfrac{1}{4}) = \pi \cdot \tfrac{255}{4} \approx 200{,}3$$

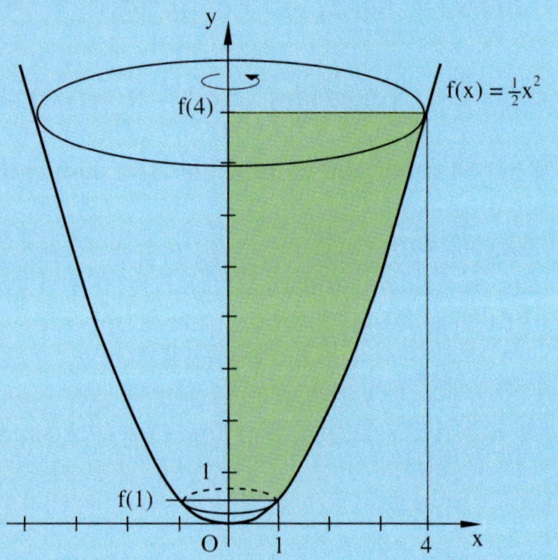

Fig. E 42

Der Rotationskörpers besitzt ein Volumen von rund 200 VE.

# E 7 Integration weiterer Funktionen

## E 7.1 Integration trigonometrischer Funktionen

Der Graph der Funktion $f(x) = \sin x$ schließt im Intervall $[0; \pi]$ mit der x-Achse eine Fläche vollständig ein (Fig. E 43). Es sei die Aufgabe gestellt, den Inhalt dieser Fläche zu berechnen.
Wir wissen bereits, dass für die Maßzahl A des gesuchten

Flächeninhalts gilt: $A = \int_0^{\pi} \sin x\,dx$

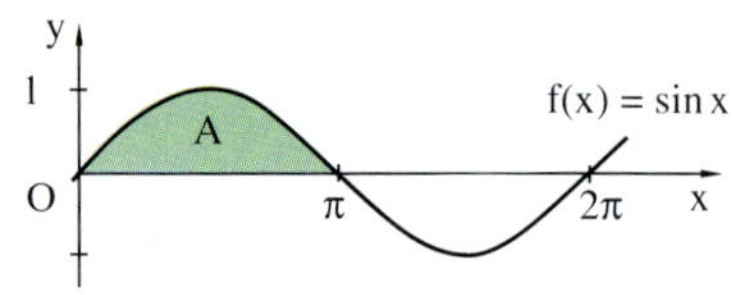

Fig. E 43

Zur Berechnung dieses bestimmten Integrals benötigen wir eine Stammfunktion der Funktion $f(x) = \sin x$. Stammfunktionen zu den trigonometrischen Funktionen $f(x) = \sin x$ und $g(x) = \cos x$ lassen sich unmittelbar aus den Ableitungsfunktionen dieser Funktionen gewinnen (vgl. Abschnitt D 3.3). Den im Satz D 11 und D 12 formulierten Ergebnissen entnehmen wir:
$F(x) = -\cos x$ ist eine Stammfunktion von $f(x) = \sin x$, denn $D_F = D_f$ und $F' = f$, und
$G(x) = \sin x$ ist eine Stammfunktion von $g(x) = \cos x$, denn $D_G = D_g$ und $G' = g$.

E 15

Satz E 15:
Die Sinusfunktion $f(x) = \sin x$ und die Kosinusfunktion $g(x) = \cos x$ sind für alle $x \in \mathbb{R}$ integrierbar. Es gilt:
$\int \sin x\,dx = -\cos x + C$ und $\int \cos x\,dx = \sin x + C$ $(C \in \mathbb{R})$

Damit ergibt sich für die einleitend genannte Fläche:

$$A = \int_0^{\pi} \sin x\,dx = [-\cos x]_0^{\pi} = -\cos\pi - (-\cos 0) = -(-1) + 1 = 2$$

Der Inhalt der Fläche unter dem Graphen der Sinusfunktion $f(x) = \sin x$ im Intervall $[0; \pi]$ beträgt 2 FE.

Mit den in Satz E 15 genannten Grundintegralen sowie unter Anwendung der Kenntnisse über spezielle Integrationsmethoden (Abschnitt E 5) lassen sich Integrale weiterer Funktionen ermitteln.

E 28

Beispiel E 28:

a) $\int \sin(2x + \frac{\pi}{2})dx = -\frac{1}{2}\cos(2x + \frac{\pi}{2}) + C$ nach Satz E 12

b) $\int x \cdot \cos x\,dx =$

Wir führen hier eine partielle Integration (Satz E 13) durch und setzen dafür $v'(x) = \cos x$ und $u(x) = x$. Daraus folgt: $v(x) = \sin x$ und $u'(x) = 1$

Also gilt: $\int x \cdot \cos x\,dx = x \cdot \sin x - \int \sin x\,dx = x \cdot \sin x - (-\cos x) + C = x \cdot \sin x + \cos x + C$

c) Es ist der Inhalt der in Fig. E 44 markierten Fläche zu berechnen.

$$A = \int_{\frac{\pi}{4}}^{\frac{5\pi}{4}} (\sin x - \cos x)dx = [-\cos x - \sin x]_{\frac{\pi}{4}}^{\frac{5\pi}{4}}$$

$\approx 1{,}41 - (-1{,}41) = 2{,}82$

Die Fläche hat einen Inhalt von rund 2,8 FE.

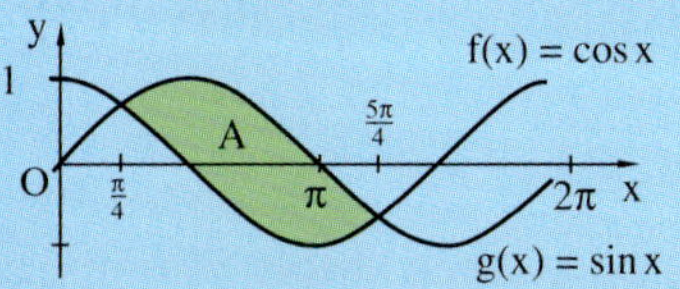

Fig. E 44

d) Die Fläche unter dem Graphen der Funktion $f(x) = \sin x$ rotiert in den Grenzen von 0 bis $\pi$ um die x-Achse. Das Volumen des entstehenden Rotationskörpers (Fig. E 45) sei zu berechnen.

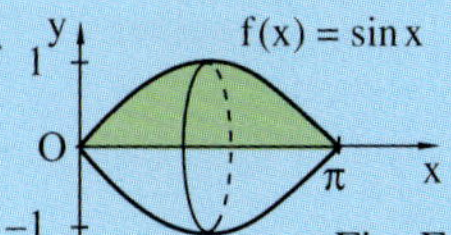

Fig. E 45

$$V = \pi \cdot \int_0^{\pi} (\sin x)^2 dx \text{ (vgl. Abschnitt E 6.3)}$$

Wir bestimmen das Integral $\int \sin^2 x\,dx$ wiederum durch partielle Integration und setzen: $u(x) = \sin x$ und $v'(x) = \sin x$, also $u'(x) = \cos x$ und $v(x) = -\cos x$.

Nach Satz E 13 folgt dann:

$\int \sin^2 x\,dx = -\sin x \cdot \cos x - \int(-\cos x) \cdot \cos x\,dx = -\sin x \cdot \cos x + \int \cos^2 x\,dx$

Wir ersetzen $\cos^2 x$ durch $(1 - \sin^2 x)$ (s. Abschnitt A 3.2; „Formeln und Tabellen“, S. 35):

$\int \sin^2 x\,dx = -\sin x \cdot \cos x + \int dx - \int \sin^2 x\,dx$, also $2 \cdot \int \sin^2 x\,dx = -\sin x \cdot \cos x + x$

und damit schließlich

$\int \sin^2 x\,dx = -\frac{1}{2}\sin x \cdot \cos x + \frac{x}{2} + C.$

Für die Maßzahl V des Volumens des o. g. Rotationskörpers gilt also:

$V = \pi[-\frac{1}{2}\sin x \cdot \cos x + \frac{x}{2}]_0^{\pi} \approx \pi(1{,}57 - 0) = 4{,}93$

Das Volumen des Rotationskörpers beträgt rund 4,9 VE.

## E 7.2 Integration von Exponential- und Logarithmusfunktionen

Für die Differentiation der Exponential- und Logarithmusfunktionen gilt

| Funktion f | Ableitungs-funktion f′ | Funktion f | Ableitungs-funktion f′ |
|---|---|---|---|
| $e^x$ | $e^x$ | $\ln x \;(x > 0)$ | $\frac{1}{x}$ |
| $a^x \;(a > 0, a \neq 1)$ | $a^x \cdot \ln a$ | $\log_a x \;(a > 0, a \neq 1, x > 0)$ | $\frac{1}{x \ln a}$ |

Aus diesen Ableitungsfunktionen ergeben sich unmittelbar folgende Grundintegrale:

$\int e^x dx = e^x + C$ $\qquad$ $\int a^x dx = \frac{1}{\ln a} a^x + C \quad (a > 0, a \neq 1)$

$\int \frac{1}{x} dx = \ln|x| + C \quad (x \neq 0)$ $\qquad$ $\int \frac{1}{x \ln a} dx = \log_a x + C \quad (a > 0, a \neq 1, x > 0)$

Das Integral $\int \frac{1}{x} dx = \ln|x| + C$ schließt die Lücke, die bei der Potenzregel (Satz E 3) für den Exponenten –1 gelassen werden musste.

E 29

Beispiel E 29:
Wir wenden die o. g. Grundintegrale an:

a) $\int_{-1}^{1} e^x dx = [e^x]_{-1}^{1} \approx 2{,}72 - 0{,}37 = 2{,}35$

b) $\int e^{3x} dx = \frac{1}{3} e^{3x} + C$
(Integration durch lineare Substitution, Satz E 12)

c) Der Inhalt der in Fig. E 46 markierten Fläche ist zu berechnen.

$A = \int_{0,5}^{2} (\frac{1}{x} - (-x^2))dx = [\ln x + \frac{x^3}{3}]_{0,5}^{2}$

$\approx 3{,}36 - (-0{,}65) = 4{,}01$

Der Flächeninhalt beträgt rund 4 FE.

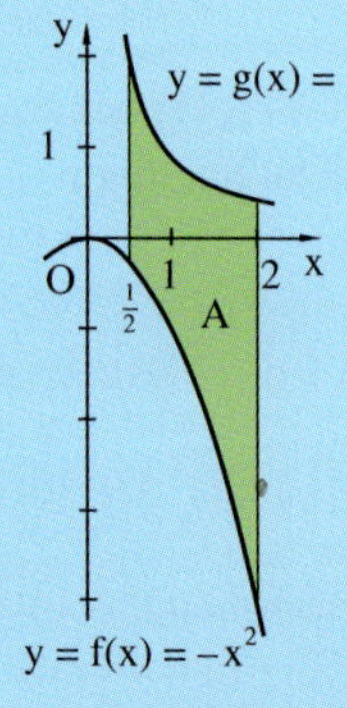

Fig. E 46

d) Die Fläche unter dem Graphen der Funktion $f(x) = e^x$ rotiere im Intervall [0; 1] um die x-Achse (Fig. E 47). Das Volumen des entstehenden Rotationskörpers ist zu berechnen (vgl. Abschnitt E 6.3 und „Formeln und Tabellen“, S. 47).

$V = \pi\int_0^1 (e^x)^2 dx = \pi\int_0^1 e^{2x} dx = \pi[\frac{1}{2} \cdot e^{2x}]_0^1$

$\approx \pi(3{,}69 - 0{,}5) = 10{,}04$

Das Volumen des Rotationskörpers beträgt rund 10 VE.

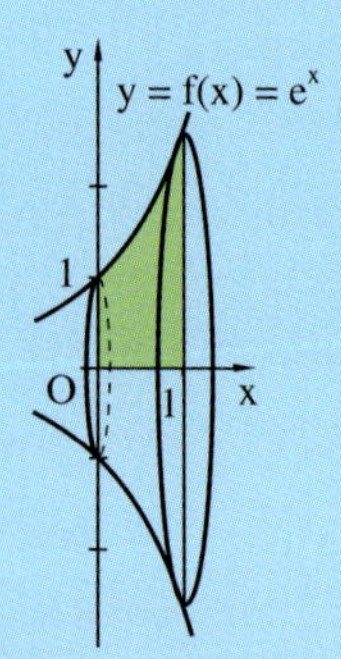

Fig. E 47

# E 8 Einfache Beispiele für numerische Integration

Wenn das bestimmte Integral $\int_a^b f(x)dx$ unter Verwendung des Hauptsatzes der Differential- und Integralrechnung (Satz E 10) berechnet werden soll, so benötigt man bekanntlich eine Stammfunktion F von f. Es gibt nun aber Funktionen, die zwar in einem Intervall stetig und somit integrierbar sind (Satz E 6), für die wir aber keine Stammfunktion angeben können, z. B. $f(x) = \frac{e^x}{x}$, $g(x) = \frac{\sin x}{x}$.
Außerdem existiert eine Vielzahl von Funktionen, bei denen das Ermitteln einer Stammfunktion wohl möglich ist, aber einen erheblichen Arbeitsaufwand erfordert. Schließlich können auch Funktionen durch ihren Graphen oder eine Wertetabelle gegeben sein, ohne dass eine Funktionsgleichung bekannt ist.
Verlangen nun praktische Anwendungen die Berechnung des bestimmten Integrals solcher Funktionen, so werden Integrationsverfahren genutzt, die zumindest einen Näherungswert für das bestimmte Integral liefern. Man spricht von *„numerischer Integration"*. Das fast allen numerischen Integrationsverfahren zugrunde liegende Prinzip besteht darin, die zu integrierende Funktion $y = f(x)$ durch eine Näherungsfunktion $y_N = f_N(x)$ zu ersetzen, die sich von der gegebenen Funktion möglichst wenig unterscheidet.

## E 8.1 Rechteckmethode

Bereits im Abschnitt E 2.1 haben wir bei der Berechnung des Inhaltes der Fläche unter der Normalparabel ein Verfahren verwendet, das uns einen Näherungswert für diesen Flächeninhalt lieferte. Dazu wurde die auftretende Funktion intervallweise durch konstante Funktionen angenähert und dann die zu berechnende Fläche durch die Summe ein- bzw. umbeschriebener Rechtecksflächen näherungsweise ausgedrückt. Es gilt $s_n \leq \int_a^b f(x)dx \leq S_n$.

Betrachten wir eine im Intervall [a; b] stetige Funktion f.

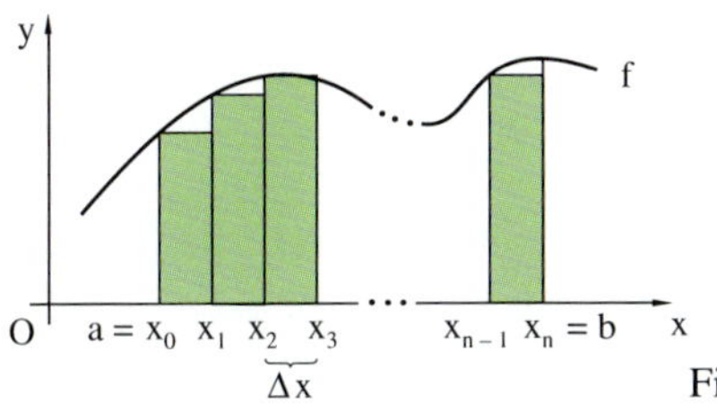


Fig. E 48

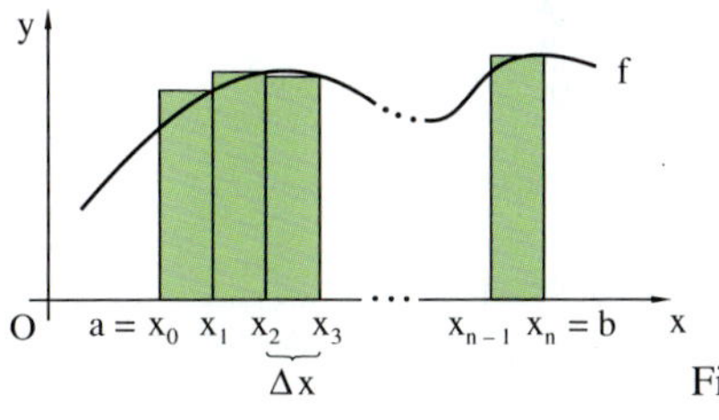


Fig. E 49

Den Inhalt der Fläche unter dem Graphen der Funktion f im Intervall [a; b] nähern wir durch die Summe von Rechtecksflächen an. Dazu wird das Intervall [a; b] in n gleich lange Teilintervalle zerlegt. Jedes Teilintervall und damit jeweils eine Seite aller Rechtecke hat die Länge $\Delta x = \frac{b-a}{n}$. Wählen wir den Funktionswert der zugehörigen linken Grenze der Teilintervalle $f(x_i) = y_i$ als Länge der zweiten Seite der Rechtecke (Fig. E 48), so ergibt sich:

$$\int_a^b f(x)dx \approx \Delta x \cdot y_0 + \Delta x \cdot y_1 + \ldots + \Delta x \cdot y_{n-1} = \sum_{k=0}^{n-1} \Delta x \cdot y_k \qquad (1)$$

Ebenso hätten wir den Funktionswert der rechten Grenze der Teilintervalle zur Berechnung verwenden können (Fig. E 49). Die Näherungsgleichung würde dann lauten:

$$\int_a^b f(x)\,dx \approx \Delta x \cdot y_1 + \Delta x \cdot y_2 + \ldots + \Delta x \cdot y_n = \sum_{k=1}^{n} \Delta x \cdot y_k \qquad (2)$$

Die Näherungsformeln (1) und (2) nennt man **Rechteckformeln**. Die mit diesen Formeln ermittelten Werte werden umso genauer, je mehr Teilintervalle man wählt. Allerdings erhöht sich dadurch auch der Rechenaufwand, der aber durch den Einsatz von Taschenrechnern oder Computern abgefangen werden kann.

Liegt eine im gesamten Intervall monoton wachsende Funktion vor, liefert die Gleichung (1) einen „zu kleinen" Näherungswert, für eine im Integrationsintervall monoton fallende Funktion hingegen einen „zu großen" Wert. Bei der Rechteckformel (2) ist das genau umgekehrt. Für Funktionen, deren Graphen im Integrationsintervall ihren Krümmungscharakter ändern, können sich die entstehenden Fehler teilweise ausgleichen. Eine größere Genauigkeit wird i. Allg. dadurch erreicht, dass man als Länge der zweiten Rechteckseite jeweils die Funktionswerte der Intervallmitten verwendet.

Die Rechteckformeln eignen sich gut für Überschlagsrechnungen.

E 30

Beispiel E 30:

Das Integral $\int_1^2 e^{-x^2}\,dx$ ist mittels der Rechteckformeln für $n = 10$ zu berechnen.

Da das Intervall [1; 2] in 10 Teilintervalle gleicher Breite zerlegt werden soll, ist die Streifenbreite $\Delta x = 0{,}1$. Wir berechnen für jedes Teilintervall die Funktionswerte der jeweils linken bzw. rechten Intervallgrenze.

| x-Werte | y-Werte linke Grenze | y-Werte rechte Grenze |
|---|---|---|
| 1,0 | 0,37 | |
| 1,1 | 0,30 | 0,30 |
| 1,2 | 0,24 | 0,24 |
| 1,3 | 0,18 | 0,18 |
| 1,4 | 0,14 | 0,14 |
| 1,5 | 0,11 | 0,11 |
| 1,6 | 0,08 | 0,08 |
| 1,7 | 0,06 | 0,06 |
| 1,8 | 0,04 | 0,04 |
| 1,9 | 0,03 | 0,03 |
| 2,0 | | 0,02 |
| | Summe 1,55 | Summe 1,20 |

Nach der Rechteckformel (1) ergibt sich

$$\int_1^2 e^{-x^2}\,dx \approx 0{,}1 \cdot 1{,}55 = 0{,}155$$

und nach der Rechteckformel (2)

$$\int_1^2 e^{-x^2}\,dx \approx 0{,}1 \cdot 1{,}20 = 0{,}120.$$

## E 8.2 Trapezmethode

Anstelle der in Abschnitt E 8.1 genutzten Rechtecke können auch andere Figuren zum Annähern des Flächeninhaltes verwendet werden. Wir wollen versuchen die Funktion intervallweise durch lineare Funktionen anzunähern.

Betrachten wir eine im Intervall [a; b] stetige Funktion f (Fig. E 50).

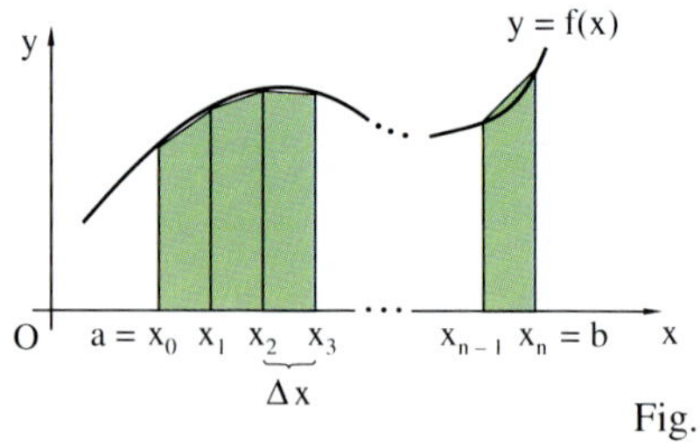


Fig. E 50

Der Inhalt der Fläche unter dem Graphen der Funktion f im Intervall [a; b] soll durch die Summe von Trapezflächen angenähert werden. Dazu teilen wir das Intervall [a; b] in n gleich lange Intervalle der Länge $\Delta x = \frac{b-a}{n}$. $\Delta x$ bildet dabei die Höhe in jedem Trapez. Die Endpunkte der Ordinaten an den Intervallgrenzen werden durch eine Sehne verbunden. Der Flächeninhalt eines Teiltrapezes beträgt dann

$$A_{T_k} = \frac{y_{k-1} + y_k}{2} \cdot \Delta x.$$

Für die gesamte Fläche ergibt sich somit

$$\int_a^b f(x)dx \approx \Delta x \cdot \frac{y_0 + y_1}{2} + \Delta x \cdot \frac{y_1 + y_2}{2} + \ldots + \Delta x \frac{y_{n-1} + y_n}{2} = \sum_{k=0}^{n-1} \Delta x \cdot \frac{y_k + y_{k+1}}{2}, \text{ woraus folgt:}$$

$$\begin{aligned}\int_a^b f(x)dx &\approx \frac{\Delta x}{2}(y_0 + y_1 + y_1 + y_2 + y_2 + \ldots + y_{n-1} + y_n) \\ &\approx \frac{\Delta x}{2}(y_0 + 2y_1 + 2y_2 + \ldots + 2y_{n-1} + y_n) \\ &\approx \Delta x\left(\frac{y_0 + y_n}{2} + y_1 + y_2 + \ldots + y_{n-1}\right)\end{aligned}$$

Diese Näherungsformel wird als **Trapezformel** bezeichnet. Durch ihre Anwendung erreicht man in vielen Fällen eine größere Genauigkeit als bei der Verwendung der Rechteckformeln.

E 31

Beispiel E 31:
Mit der Trapezmethode ist das Integral

$\int_1^2 e^{-x^2} dx$ für $n = 10$ zu berechnen.

Bei einer Teilung in 10 Teilintervalle hat jedes Intervall die Breite $\Delta x = 0{,}1$. Wir übernehmen die Funktionswerte aus Beispiel E 30.

Nach der Trapezformel ergibt sich

$$\int_1^2 e^{-x^2} dx \approx 0{,}1 \cdot \left(\frac{0{,}39}{2} + 1{,}18\right) \approx 0{,}138.$$

| x-Werte | y-Werte | |
|---|---|---|
| 1,0 | $y_o = 0{,}37$ | |
| 1,1 | | $y_1 = 0{,}30$ |
| 1,2 | | $y_2 = 0{,}24$ |
| 1,3 | | $y_3 = 0{,}18$ |
| 1,4 | | $y_4 = 0{,}14$ |
| 1,5 | | $y_5 = 0{,}11$ |
| 1,6 | | $y_6 = 0{,}08$ |
| 1,7 | | $y_7 = 0{,}06$ |
| 1,8 | | $y_8 = 0{,}04$ |
| 1,9 | | $y_9 = 0{,}03$ |
| 2,0 | $y_{10} = 0{,}02$ | |
| | Summe 0,39 | Summe 1,18 |

Vergleichen wir diesen Wert mit den Näherungswerten nach der Rechteckmethode (Beispiel E 30), so stellen wir wegen $s_n \leq \int_a^b f(x)dx \leq S_n$ und $0{,}120 < 0{,}138 < 0{,}155$ fest, dass der mittels der Trapezmethode ermittelte Näherungswert offenbar eine größere Genauigkeit als die nach der Rechteckmethode berechneten besitzt.

Eine noch größere Genauigkeit kann man erreichen, wenn die Punkte des Graphen der zu integrierenden Funktion nicht durch Strecken (Sehnen), sondern durch andere Kurven (z. B. durch Parabelbögen) verbunden werden. Diese schmiegen sich dem Graphen besser an.

Das Integrationsintervall wird ebenfalls in gleich große Teilintervalle zerlegt. In Fig. E 51 ist eines der Teilintervalle dargestellt, wobei zum Vergleich eine Annäherung des Graphen durch eine Sehne und durch einen Parabelbogen angedeutet wird. Die Summe der Teilflächen unter den Parabelbögen dient dann wieder als Näherungswert für die zu berechnende Fläche. Dieses Verfahren führt ebenfalls zu einer Näherungsformel – der sogenannten **Parabelformel** oder **SIMPSONschen Regel**, wenn quadratische Parabeln verwendet werden. Auf die Herleitung soll verzichtet werden.

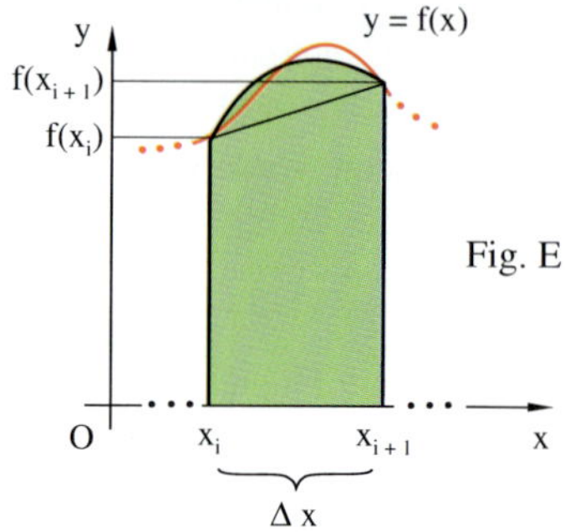

Fig. E 51

Durch die Entwicklung von Computern haben die numerischen Integrationsverfahren eine größere Bedeutung erlangt. Für wichtige Integrale, die sich nicht elementar bestimmen lassen, wurden Tabellen angelegt, die besonders im technischen Bereich Anwendung finden.

# *Erweiterung II: Komplexe Zahlen*

## *1. Lösbare und unlösbare Gleichungen*

Bei der Untersuchung von Eigenschaften von Funktionen entsteht häufig die Frage, wie viele Nullstellen eine ganzrationale Funktion $f(x) = a_n x^n + a_{n-1} x^{n-1} + \ldots + a_1 x + a_0$ mit reellen Koeffizienten und reellem x sowie $a_n \neq 0$, $n \in \mathbb{N}$ besitzt. Aus dem Abschnitt A 6 wissen wir, dass eine ganzrationale Funktion n-ten Grades höchstens n Nullstellen haben kann. Die bekannten Nullstellen ermöglichen eine Linearfaktorzerlegung der Funktion. Dabei kann nun allerdings ein Faktor übrig bleiben, der keine reellen Nullstellen besitzt, weil die Gleichung zur Nullstellenbestimmung im Bereich der reellen Zahlen nicht lösbar ist. Wir wollen uns diesen Sachverhalt an drei quadratischen Funktionen $f_i(x) = x^2 - 2x + q_i$ mit $q_i = -3$; 1 bzw. 5 verdeutlichen:

| Funktionsgleichung | $f_1(x) = x^2 - 2x - 3$ | $f_2(x) = x^2 - 2x + 1$ | $f_3(x) = x^2 - 2x + 5$ |
|---|---|---|---|
| Grafische Darstellung | 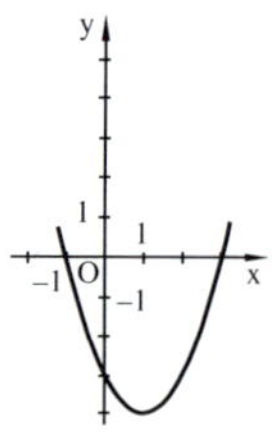 | 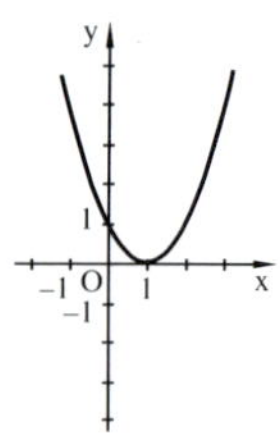 | 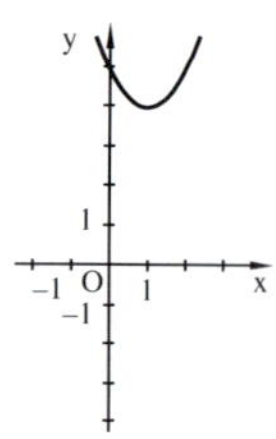 |
| Gleichung zur Nullstellenbestimmung | $0 = x^2 - 2x - 3$ | $0 = x^2 - 2x + 1$ | $0 = x^2 - 2x + 5$ |
| p; q | $p = -2; q = -3$ | $p = -2; q = 1$ | $p = -2; q = 5$ |
| Einsetzen in die Lösungsformel | $x_1 = 1 + \sqrt{4}$; $x_2 = 1 - \sqrt{4}$ | $x_1 = 1 + \sqrt{0}$; $x_2 = 1 - \sqrt{0}$ | $x_1 = 1 + \sqrt{-4}$; $x_2 = 1 - \sqrt{-4}$ |
| reelle Lösungen | $x_1 = 3; x_2 = -1$ | $x_1 = x_2 = 1$ | keine |

| Anzahl reeller Nullstellen/Vielfachheit | 2 einfache reelle Nullstellen | 1 doppelte reelle Nullstelle | keine reelle Nullstelle |
|---|---|---|---|
| Probe nach dem Satz von VIETA<br>$x_1 + x_2 = -p$<br>$x_1 \cdot x_2 = q$ | $(1 + \sqrt{4}) + (1 - \sqrt{4})$<br>$= 2 = -p$<br>$(1 + \sqrt{4}) \cdot (1 - \sqrt{4})$<br>$= 1 - \sqrt{4}^2$<br>$= 1 - 4 = -3 = q$ | $1 + 1 = 2 = -p$<br><br>$1 \cdot 1 = 1 = q$ | |
| Zerlegung in Linearfaktoren | $x^2 - 2x - 3 =$<br>$(x - 3) \cdot (x + 1)$ | $x^2 - 2x + 1$<br>$(x - 1) \cdot (x - 1)$ | $x^2 - 2x + 5$<br>unzerlegbar |

Im Falle $q = 5$ ist die Gleichung zur Bestimmung der Nullstellen nicht lösbar. Es existieren also keine reellen Nullstellen. Der Rechenweg, den wir bei der Probe nach dem Satz von VIETA für die Funktion $f_1$ eingeschlagen haben, lässt jedoch vermuten, dass auch im Falle der Funktion $f_3(x) = x^2 - 2x + 5$ die Probe *formal* stimmen würde, wenn man nur den Umgang mit Wurzeln aus negativen Zahlen zuließe und mit ihnen dann „wie gewohnt" rechnen dürfte:

$$(1 + \sqrt{-4}) + (1 - \sqrt{-4}) = 2 = -p; \qquad (1 + \sqrt{-4}) \cdot (1 - \sqrt{-4}) = 1 - \sqrt{-4}^2 = 1 - (-4) = 5 = q$$

Die Besonderheit obiger Rechnung besteht darin, dass aus eigentlich nicht existierenden mathematischen Ausdrücken wie $\sqrt{-4}$ sinnvolle Ergebnisse errechnet werden können.

Auf ein ähnliches Phänomen stießen im 15./16. Jahrhundert erstmals italienische Mathematiker, als sie sich mit der Lösung von Gleichungen 3. und 4. Grades beschäftigten. Aus dieser Zeit stammt auch der Name „**imaginäre Zahlen**" für Ausdrücke der Form $\sqrt{-d}$, $d \in \mathbb{R}$, $d > 0$, was bedeuten sollte, dass diese Zahlen nur in der Vorstellung existieren.

Setzt man im Vorgriff auf Überlegungen des nächsten Abschnittes jetzt schon einmal die mathematisch gesicherte Existenz der imaginären Zahlen voraus, so könnte die obige Tabelle vollständig ausgefüllt werden. Die Lösungen der Bestimmungsgleichung und damit die Nullstellen der Funktion $f_3(x) = x^2 - 2x + 5$ wären dann $x_1 = 1 + \sqrt{-4}$ und $x_2 = 1 - \sqrt{-4}$. Trennt man den Faktor 4 im Radikanden ab und verwendet die aus dem Bereich der reellen Zahlen bekannten Wurzelgesetze, so ergibt sich

$$x_1 = 1 + 2 \cdot \sqrt{-1} \text{ und } x_2 = 1 - 2 \cdot \sqrt{-1}.$$

Als Linearfaktorzerlegung von $f(x)$ folgt daraus $x^2 - 2x + 5 = (x - (1 + 2 \cdot \sqrt{-1})) \cdot (x - (1 - 2 \cdot \sqrt{-1}))$, was sich durch Ausmultiplizieren bestätigen lässt.

Wie man durch Verallgemeinerung obigen Beispiels erkennen kann, besteht ein Vorzug der Hinzunahme imaginärer Zahlen zu den reellen darin, dass es nun *keine unlösbaren quadratischen Gleichungen* mehr gibt. Damit besitzt jede quadratische Funktion genau zwei Nullstellen (unter Beachtung ihrer Vielfachheit).

Die durch die imaginären Zahlen ergänzten reellen Zahlen werden heute als **komplexe Zahlen** bezeichnet. An der Ausarbeitung ihrer Theorie und an der Anerkennung der „nur in der Vorstellung existierenden" Zahlen als „echte" Zahlen, die erst im 19. Jahrhundert endgültig erreicht werden konnte, waren bedeutende Mathematiker beteiligt. JOHANN BERNOULLI (1667–1748), LEONHARD EULER (1707–1783) und CARL FRIEDRICH GAUSS (1777–1855) sind hier zu nennen. Die erste geschlossene Theorie imaginärer Zahlen stellte der italienische Mathematiker RAFFAEL BOMBELLI (1526–1572) in seinem 1572 erschienenen Buch „Algebra" vor.

*2. Komplexe Zahlen als geordnete Paare reeller Zahlen*

Bei den komplexen Zahlen handelt es sich um einen neuen Zahlenbereich, der durch Erweiterung des Zahlenbereichs der reellen Zahlen entsteht. Folgende Fragen sind dabei durch *sinnvolle* Definitionen bzw. Schlussfolgerungen aus diesen Definitionen zu beantworten:

a) Was sind komplexe Zahlen?

b) Wann sind zwei komplexe Zahlen gleich?

c) Wie wird mit komplexen Zahlen gerechnet?

d) Welche von zwei gegebenen komplexen Zahlen ist die größere?

e) Sind die reellen Zahlen eine Teilmenge der komplexen Zahlen?

E 8

Definition E 8:
Jedes geordnete Paar (a; b) mit $a, b \in \mathbb{R}$ ist eine **komplexe Zahl**.

Zur Angabe einer komplexen Zahl sind also jeweils zwei reelle Zahlen erforderlich, z. B. also (1; 2), (1; –2), (0; 1), (1; 0), ($\sqrt{3{,}2}$ ; 0,5) u. Ä. Zwei reelle Zahlen werden auch zur Angabe der beiden Nullstellen von $f(x) = x^2 - 2x + 5$ im Abschnitt 1 benötigt: $x_1 = \mathbf{1} + \mathbf{2} \cdot \sqrt{-1}$ und $x_2 = \mathbf{1} + (\mathbf{-2}) \cdot \sqrt{-1}$.
Die Menge aller komplexen Zahlen wird mit $\mathbb{C}$ bezeichnet – es gilt also: $\mathbb{C} = \{(a; b) | a, b \in \mathbb{R}\}$

E 9

Definition E 9: **Gleichheit komplexer Zahlen**
(a; b) und (c; d) seien komplexe Zahlen.
Es gilt genau dann (a; b) = (c; d), wenn a = c und b = d.

Zwei komplexe Zahlen werden also nur dann als *gleich* bezeichnet, wenn sie in *beiden* Komponenten übereinstimmen. Paare reeller Zahlen mit einer solchen Eigenschaft werden auch als Koordinaten im kartesischen Koordinatensystem verwendet.
*Bemerkung:* Die Gleichheitsrelation zwischen komplexen Zahlen ist eine andere als die zwischen reellen Zahlen. Wir benutzen trotzdem auch für komplexe Zahlen das Zeichen „=“, da sich der Unterschied auflösen wird, wenn gezeigt ist, dass die reellen Zahlen im Bereich der komplexen Zahlen enthalten sind. Die gleiche Bemerkung gilt auch für die Operationen und ihre Zeichen.

E 10

Definition E 10: **Summe zweier komplexer Zahlen**
(a; b) und (c; d) seien komplexe Zahlen. Dann gilt: (a; b) + (c; d) = (a + c; b + d)

Die Addition komplexer Zahlen ist sehr einfach, da sie – wie bei Vektoren in Komponentenschreibweise (s. Definition G 11) – elementweise erfolgt. Sie ist für beliebige komplexe Zahlen ausführbar.

E 32

Beispiel E 32:
(1; 2) + (1; –2) = (2; 0)

Obige Additionsdefinition wurde im Grunde bereits bei der Probe nach dem Satz von VIETA im Abschnitt 1 angewendet: $(\mathbf{1} + \mathbf{2} \cdot \sqrt{-1}) + (\mathbf{1} + (\mathbf{-2}) \cdot \sqrt{-1}) = \mathbf{2} + \mathbf{0} \cdot \sqrt{-1}$

Satz E 16: E 16
Die Addition komplexer Zahlen ist kommutativ, assoziativ und (eindeutig) umkehrbar.

Auf einen Beweis verzichten wir. Da die Addition komplexer Zahlen elementweise erfolgt, übertragen sich die entsprechenden Gesetzmäßigkeiten für das Rechnen in $\mathbb{R}$.
Aus der Umkehrbarkeit der Addition komplexer Zahlen ergibt sich für die *Subtraktion* folgende Vorschrift:

$$(a;b)-(c;d)=(a-c;b-d) \qquad a,b,c,d\in\mathbb{R}$$

Die Definition der Multiplikation ist besonders wichtig. Sie muss so erfolgen, dass ein Quadrat auch negativ werden kann.

Definition E 11: **Produkt zweier komplexer Zahlen** E 11
(a; b) und (c; d) seien komplexe Zahlen. Dann gilt: $(a;b)\cdot(c;d)=(a\cdot c-b\cdot d;\, a\cdot d+b\cdot c)$

Laut dieser Definition erfolgt die Multiplikation also *nicht* elementweise.
Die Multiplikation ist für beliebige komplexe Zahlen ausführbar.

Beispiel E 33: E 33
a) $(0;1)\cdot(0;1)=(0\cdot 0-1\cdot 1;\,0\cdot 1+1\cdot 0)=(-1;0)$
b) $(1;2)\cdot(1;-2)=(1\cdot 1-2\cdot(-2);\,1\cdot(-2)+2\cdot 1)=(5;0)$
(Vgl. auch wieder die Rechnung bei obiger Probe nach dem Satz des VIETA.)

Satz E 17: E 17
Die Multiplikation komplexer Zahlen ist kommutativ, assoziativ und umkehrbar. Außerdem gilt für die Multiplikation einer Summe mit einer Zahl das Distributivgesetz.

Auf den Beweis des Satzes sei hier verzichtet.
Eine Vorschrift über das *Dividieren komplexer Zahlen* wird im Abschnitt 5 behandelt.

### *3. Algebraische Darstellung komplexer Zahlen*

Komplexe Zahlen lassen sich nicht nur als geordnete Paare reeller Zahlen darstellen. Um eine weitere Darstellungsform zu finden, seien folgende Überlegungen angestellt:

- Alle komplexen Zahlen der Form (a; 0) zeigen ein besonders einfaches Verhalten in Rechnungen, wie sich aus den obigen Definitionen und Sätzen ableiten lässt:

  $(a;0)+(c;0)=(a+c;0)$; $\qquad (a;0)\cdot(c;0)=(a\cdot c;0)$;

  $(a;0)-(c;0)=(a-c;0)$; $\qquad (a;0):(c;0)=(a:c;0)$

  Man erkennt: Alle komplexen Zahlen der Form (a; 0), $a\in\mathbb{R}$ verhalten sich wie reelle Zahlen, weshalb im Weiteren auch statt (a; 0) die reelle Zahl a verwendet werden darf. Zugleich ist damit belegt, dass die **reellen Zahlen eine Teilmenge der komplexen Zahlen** sind. Es gilt also $\mathbb{R}\subset\mathbb{C}$.
- Alle komplexen Zahlen der Form (0; b) können geschrieben werden als $b\cdot(0;1)$, denn $b\cdot(0;1)=(b;0)\cdot(0;1)=(b\cdot 0-0\cdot 1;\,b\cdot 1-0\cdot 0)=(0;b)$.

Die Zahl (0; 1) heißt **imaginäre Einheit** und wird mit dem Symbol **i** bezeichnet. Also gilt **i = (0; 1)**. Als besondere Eigenschaft sei erwähnt, dass entgegen aller Erfahrungen aus dem Bereich der reellen Zahlen gilt: $\mathbf{i^2 = i \cdot i = -1}$ (vgl. Beispiel E 33a).

- Aus obigen Überlegungen ergibt sich die Möglichkeit, eine komplexe Zahl z als eine Summe darzustellen:

  $\mathbf{z = (a; b)} = (a; 0) + (0; b) = (a; 0) + (b; 0)\cdot(0; 1) = a + b\cdot(0; 1) = \mathbf{a + b\cdot i}$

  Diese Summe nennt man auch die *algebraische Darstellung einer komplexen Zahl z.* Dabei wird **a** als der **Realteil**, **b** als der **Imaginärteil** der Zahl z bezeichnet.

Zusammenfassend lässt sich feststellen:

E 18

Satz E 18: **Algebraische Darstellung komplexer Zahlen**
Für jede komplexe Zahl $z = (a; b)$ mit $a, b \in \mathbb{R}$ gilt: $z = (a; b) = a + b\cdot i$ mit $i^2 = -1$

Es gilt also beispielsweise $(1; 2) = 1 + 2\cdot i$ und $(1; -2) = 1 + (-2)\cdot i = 1 - 2\cdot i$.
Das *Rechnen mit komplexen Zahlen in der algebraischen Schreibweise* beruht auf der Anwendung der in den Sätzen E 16 und E 17 erklärten Rechenregeln einschließlich der Aussage $i^2 = -1$. Am Beispiel der Probe nach VIETA und je einem weiteren Fall sei das vorgeführt:

E 34

Beispiel E 34:
a) $(1 + 2\cdot i) + (1 - 2\cdot i) = 1 + 1 + 2\cdot i - 2\cdot i = 2$
b) $(1 + 2\cdot i)\cdot(1 - 2\cdot i) = 1\cdot 1 - 1\cdot 2\cdot i + 2\cdot i\cdot 1 - 2\cdot i\cdot 2\cdot i = 1\cdot 1 - 2\cdot 2\cdot i^2 - 1\cdot 2\cdot i + 2\cdot i\cdot 1$
$= 1 - 4\cdot(-1) = 5$
c) $(-0{,}5 + 1{,}5\cdot i) + (2{,}7 - 0{,}8\cdot i) = -0{,}5 + 2{,}7 + 1{,}5\cdot i - 0{,}8\cdot i = 2{,}2 + 0{,}7\cdot i$
d) $(-0{,}5 + 1{,}5\cdot i)\cdot(2{,}7 - 0{,}8\cdot i) = -0{,}5\cdot 2{,}7 - 1{,}5\cdot 0{,}8\cdot i^2 + (0{,}5\cdot 0{,}8 + 1{,}5\cdot 2{,}7)\cdot i$
$= -0{,}15 + 4{,}45\cdot i$

Von den zu Beginn des zweiten Abschnitts gestellten Fragen bleibt die nach der Ordnung der komplexen Zahlen übrig. Insbesondere müsste geklärt werden, ob die imaginäre Einheit i größer oder kleiner als 0 ist. Von einer Ordnung der komplexen Zahlen würde man – in Analogie zu den Rechenoperationen – Eigenschaften erwarten, wie sie von der Ordnung im Bereich der reellen Zahlen her bekannt sind. Gilt dieses *Permanenzprinzip* auch für die Ordnung, so müsste also entweder $i < 0$ oder $i > 0$ oder gar $i = 0$ gelten. Der Fall $i = 0$ entfällt, denn es gilt $i = (0; 1) \neq (0; 0) = 0$. Außerdem müsste man erwarten, dass beim Multiplizieren beider Seiten einer Ungleichung mit einem positiven Faktor das Relationszeichen erhalten bleibt, sich im Falle eines negativen Faktors jedoch umkehrt (Monotoniegesetz).
Mit Blick auf das Permanenzprinzip wollen wir nun die beiden möglichen Fälle $i > 0$ und $i < 0$ auf ihre Konsequenzen überprüfen. Ist $i > 0$ und wir multiplizieren beide Seiten dieser Ungleichung mit i, so ergibt sich wegen $i\cdot i = i^2 = -1 > 0$ ein Widerspruch, und das Gleiche tritt ein, wenn wir mit der Ungleichung $i < 0$ analog verfahren. Beide Annahmen führen also zu einem Widerspruch.

Die soeben geführten Betrachtungen und die im folgenden Abschnitt zu erläuternde grafische Darstellung komplexer Zahlen belegen anschaulich folgenden Satz:

E 19

Satz E 19:
Im Bereich der komplexen Zahlen gibt es keine Ordnung, für welche die Monotoniegesetze gelten.

*4. Geometrische Veranschaulichung komplexer Zahlen*

Jede komplexe Zahl wird durch *zwei* reelle Zahlen dargestellt. Da jede der beiden reellen Zahlen auf je einer Zahlengeraden geometrisch abbildbar ist, liegt es nahe, komplexe Zahlen in einer Ebene abzubilden, die von zwei zueinander senkrecht stehenden Zahlengeraden aufgespannt wird. Auf der ersten Zahlengeraden (reelle Achse) wird der Realteil, auf der zweiten Zahlengeraden (imaginäre Achse) der Imaginärteil einer komplexen Zahl dargestellt. Eine solche Ebene bezeichnet man als **GAUSSsche Zahlenebene** (Fig. E 52). Jeder komplexen Zahl entspricht genau ein Punkt der Zahlenebene und umgekehrt.

Die Zuordnung *komplexe Zahl ↔ Punkt* korrespondiert am ehesten mit der *Paar-Darstellung* der komplexen Zahl. Zu jedem Punkt verläuft genau ein vom Ursprung der GAUSSschen Zahlenebene ausgehender Pfeil. Deshalb ist auch jeder komplexen Zahl genau ein vom Ursprung der GAUSSschen Zahlenebene ausgehender Pfeil zugeordnet und umgekehrt. Die Zuordnung *komplexe Zahl ↔ Pfeil* entspricht am besten der *algebraischen Darstellungsform* komplexer Zahlen. Beide geometrische Interpretationen sind gleichberechtigt und dürfen auch gleichzeitig benutzt werden.

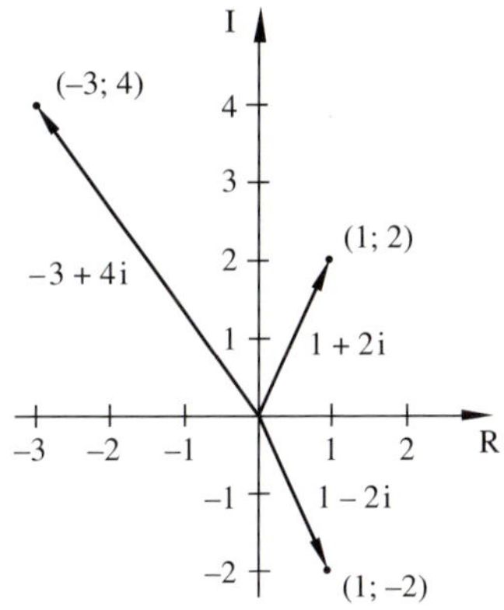

Fig. E 52

Die Abbildungen der Zahlen $1 + 2i$ und $1 - 2i$ liegen symmetrisch zur reellen Achse, da sie sich nur im Vorzeichen ihres Imaginärteils unterscheiden. Solche Zahlen nennt man **konjugiert komplexe Zahlen** (Fig. E 52). Die Länge eines Pfeiles nennt man den **Betrag der komplexen Zahl z = a + b i**. Es gilt:

$$|z| = \sqrt{a^2 + b^2}$$

Die Darstellung komplexer Zahlen als Pfeile erlaubt eine einfache Interpretation der Addition komplexer Zahlen als ein Aneinandersetzen der Pfeile. Der Summe entspricht dann der Pfeil vom Ursprung zum Endpunkt der Konstruktion. Diese Addition ist analog der bekannten Addition von Kräften mittels Kräfteparallelogramm und findet sich in der Mathematik als Addition von Vektoren wieder (vgl. Fig. E 53).

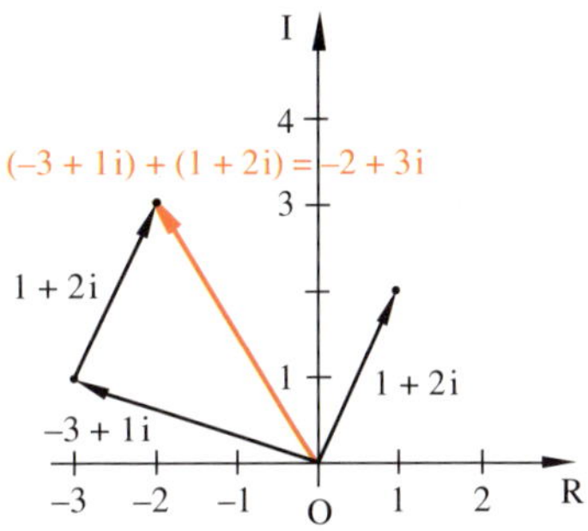

Fig. E 53

*5. Trigonometrische Darstellung komplexer Zahlen*

Aus der Fig. E 54 ergibt sich:

$a = r \cdot \cos\varphi$; $b = r \cdot \sin\varphi$, also $a + b \cdot i = r \cdot (\cos\varphi + i \cdot \sin\varphi)$

mit $r = |a + b \cdot i| = \sqrt{a^2 + b^2}$

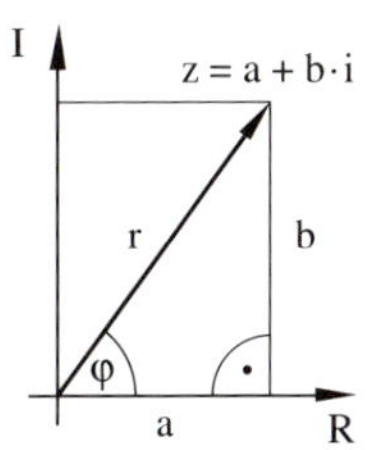

Fig. E 54

Bei der trigonometrischen Darstellung wird eine komplexe Zahl mittels zweier reeller Zahlen dargestellt. Allerdings sind es jetzt nicht die beiden kartesischen Koordinaten des Punktes, sondern die Länge r und der Drehwinkel φ des Pfeiles.

E 35

Beispiel E 35:
Für die komplexen Zahlen $z_1 = 1 + 2i$ und $z_2 = 1 - 2i$ ist die jeweils zugehörige trigonometrische Darstellung zu ermitteln.

$\mathbf{z_1 = 1 + 2i}$

$a = 1;\ b = 2,$ also $r = \sqrt{1^2 + 2^2} = \sqrt{5} \approx 2{,}236;\ \cos\varphi = \frac{1}{\sqrt{5}} \approx 0{,}447$

$\varphi_1 \approx \mathbf{63{,}4°} + k \cdot 360°,\ \ \varphi_2 \approx 296{,}6° + k \cdot 360°$

Wegen $\sin\varphi = \frac{2}{\sqrt{5}} > 0$ scheidet $\varphi_2$ aus. Demnach gilt: $\mathbf{z_1 = 2{,}236 \cdot (\cos 63{,}4° + i \cdot \sin 63{,}4°)}$

$\mathbf{z_2 = 1 - 2i}$

$a = 1;\ b = -2,$ also $r = \sqrt{1^2 + (-2)^2} = \sqrt{5} \approx 2{,}236;\ \cos\varphi = \frac{1}{\sqrt{5}} \approx 0{,}447$

$\varphi_1 \approx 63{,}4° + k \cdot 360°,\ \ \varphi_2 \approx \mathbf{296{,}6°} + k \cdot 360°$

Wegen $\sin\varphi = \frac{-2}{\sqrt{5}} < 0$ scheidet $\varphi_1$ aus. Demnach gilt:

$\mathbf{z_1 = 2{,}236 \cdot (\cos 296{,}6° + i \cdot \sin 296{,}6°)}$

E 36

Beispiel E 36:
Eine komplexe Zahl z mit dem Betrag r = 1 und dem Drehwinkel φ = 90° soll in der algebraischen Darstellung angegeben werden.

$z = 1 \cdot (\cos 90° + i \cdot \sin 90°) = 1 \cdot (0 + i \cdot 1) = i$

Um eine komplexe Zahl in ihre konjugiert komplexe zu wandeln, muss nur das Vorzeichen des Drehwinkels geändert werden, da wegen $\sin(-\varphi) = -\sin\varphi$ sich dadurch das Vorzeichen des Imaginärteils ändert (was ja gerade den Unterschied zwischen einer komplexen Zahl und ihrer konjugiert komplexen ausmacht).

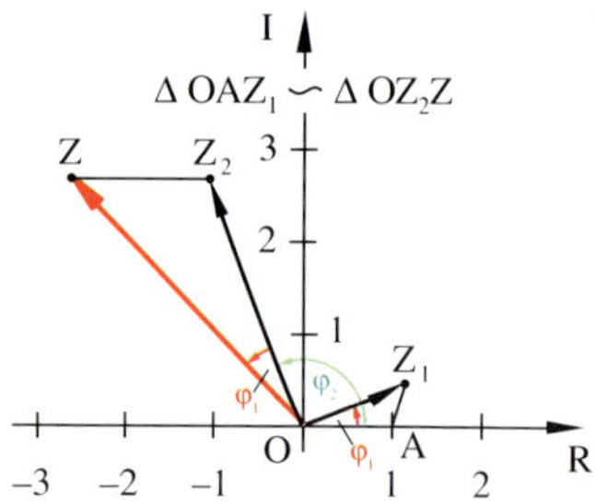


Fig. E 55

Mittels der trigonometrischen Darstellung lassen sich für das Multiplizieren, Dividieren und Potenzieren einfache Rechenvorschriften angeben.

Man erhält so das *Produkt zweier komplexer Zahlen in trigonometrischer Darstellung*, indem man ihre Beträge multipliziert und ihre Winkel addiert (Fig. E 55). Denn sind

$z_1 = r_1 (\cos\varphi_1 + i \cdot \sin\varphi_1)$ und $z_2 = r_2 (\cos\varphi_2 + i \cdot \sin\varphi_2)$ zwei komplexe Zahlen, dann gilt:

$$z_1 \cdot z_2 = r_1(\cos\varphi_1 + i \cdot \sin\varphi_1) \cdot r_2(\cos\varphi_2 + i \cdot \sin\varphi_2)$$

$$= r_1 \cdot r_2(\cos\varphi_1 + i \cdot \sin\varphi_1) \cdot (\cos\varphi_2 + i \cdot \sin\varphi_2)$$

$$= r_1 \cdot r_2\,[\cos\varphi_1 \cdot \cos\varphi_2 - \sin\varphi_1 \cdot \sin\varphi_2 + i \cdot (\cos\varphi_1 \cdot \sin\varphi_2 + \sin\varphi_1 \cdot \cos\varphi_2)]$$

$$z_1 \cdot z_2 = r_1 \cdot r_2\,[\cos(\varphi_1 + \varphi_2) + i \cdot \sin(\varphi_1 + \varphi_2)]$$

(nach Additionstheoremen der Winkelfunktionen (s. „Formeln und Tabellen“, S. 35)

E 37

Beispiel E 37:
$z_1 = \sqrt{5} \cdot (\cos 63{,}4° + i \cdot \sin 63{,}4°)$; $z_2 = \sqrt{5} \cdot (\cos 296{,}6° + i \cdot \sin 296{,}6°)$
$z_1 \cdot z_2 = 5 \cdot (\cos(63{,}4° + 296{,}6°) + i \cdot \sin(63{,}4° + 296{,}6°))$
$= 5 \cdot (\cos 360° + i \cdot \sin 360°) = 5 \cdot (1 + i \cdot 0)$
$\mathbf{z_1 \cdot z_2 = 5}$

Für $z_1 = z_2 = z$ ergibt sich $z^2 = r^2 \cdot [\cos 2\varphi + i \sin 2\varphi]$. Mittels vollständiger Induktion lässt sich beweisen, dass für n Faktoren z gilt

$$z^n = r^n \cdot [\cos(n \cdot \varphi) + i \cdot \sin(n \cdot \varphi)] \quad \text{mit } n \in \mathbb{N}.$$

Diese Regel gilt sogar für beliebige $n \in \mathbb{R}$ und wird als **MOIVREsche Formel** bezeichnet.

E 38

Beispiel E 38:
a) $z_1 = 1(\cos 90° + i \cdot \sin 90°) = i \rightarrow z_1{}^2 = 1^2 (\cos 180° + i \cdot \sin 180°) = -1 + i \cdot 0 = -1$

b) $z_2 = 1(\cos 180° + i \cdot \sin 180°) = -1 \rightarrow z_2^{\frac{1}{2}} = \sqrt{1} \cdot (\cos 90° + i \cdot \sin 90°) = i$

Da aber auch $z_2 = 1(\cos(180° + 360°) + i \cdot \sin(180° + 360°))$ gilt, so gilt außerdem:
$z_2^{\frac{1}{2}} = \sqrt{1} \cdot (\cos 270° + i \cdot \sin 270°) = -i$

Mit Hilfe dieser Regel für die Multiplikation können wir uns nun eine *Regel für die Division* $z = \frac{z_1}{z_2}$ schaffen, wobei wir nach Satz E 17 davon ausgehen, dass die Multiplikation umkehrbar ist.
Wir suchen also eine komplexe Zahl z mit r und $\varphi$, so dass gilt: $z \cdot z_2 = z_1$. Hieraus folgt:

$$r \cdot r_2 [\cos(\varphi + \varphi_2) + i \cdot \sin(\varphi + \varphi_2)] = r_1 (\cos\varphi_1 + i \cdot \sin\varphi_1)$$

Durch Vergleich ergibt sich $r \cdot r_2 = r_1$, also $r = \frac{r_1}{r_2}$, und $\varphi + \varphi_2 = \varphi_1$, also $\varphi = \varphi_1 - \varphi_2$. Also gilt:

$$\frac{z_1}{z_2} = \frac{r_1}{r_2} \cdot [\cos(\varphi_1 - \varphi_2) + i \cdot \sin(\varphi_1 - \varphi_2)]$$

Das Ergebnis kann auch folgendermaßen gedeutet werden:
Um **durch eine** von 0 verschiedene **komplexe Zahl** zu **dividieren**, kann mit ihrer konjugiert komplexen Zahl multipliziert und anschließend das Ergebnis durch das Quadrat ihres Betrages dividiert werden.

### 6. *Fundamentalsatz der Algebra*

Im Abschnitt 1 dieses Kapitels wurde die Frage nach der Anzahl der Nullstellen einer ganzrationalen Funktion f mit $f(x) = a_n x^n + a_{n-1} x^{n-1} + \ldots + a_1 x + a_0$ ($a_i, x \in \mathbb{R}$, $n \in \mathbb{N}$, $a_n \neq 0$) gestellt. Nachdem wir inzwischen die komplexen Zahlen kennen gelernt haben, soll die Frage für $a_i, x \in \mathbb{C}$ abschließend wieder aufgegriffen werden.
Schon nach den ersten Überlegungen im Abschnitt 1 wurde deutlich, dass im Bereich der komplexen Zahlen alle quadratischen Funktionen ($n = 2$) genau zwei Nullstellen besitzen, wenn man deren Vielfachheit berücksichtigt. Es sei nun ein weiteres Beispiel betrachtet:

E 39

Beispiel E 39:
Wie viele Nullstellen besitzt die Funktion $f(x) = x^4 - 1$ im Bereich der reellen bzw. im Bereich der komplexen Zahlen – wie viele Lösungen hat also die Gleichung $x^4 - 1 = 0$ in $\mathbb{R}$ bzw. $\mathbb{C}$?

| $x \in \mathbb{R}$ | $x \in \mathbb{C}$ |
|---|---|
| Mit $t = x^2$ ergibt sich die Gleichung $t^2 - 1 = 0$ und damit $t_1 = 1$ und $t_2 = -1$. Wegen $t = x^2$ entfällt die Lösung $t_2$. Die verbliebene Gleichung $x^2 = t_1 = 1$ liefert die beiden Lösungen $x_1 = 1$ und $x_2 = -1$. | Mit $x = r(\cos\varphi + i \cdot \sin\varphi)$ ergibt sich nach der Regel von MOIVRE:<br>$x^4 = r^4 \cos 4\varphi + i \cdot \sin 4\varphi = 1 = 1(\cos 0° + i \cdot \sin 0°)$<br>Durch Vergleich folgt: $r^4 = 1$, also $r = 1$ und<br>$\cos 4\varphi = 1$ sowie $\sin 4\varphi = 0$. Daraus folgt:<br>$4\varphi = 0° + k \cdot 360°$ und $4\varphi = 0° + k \cdot 180°$, also<br>$\varphi = 0° + k \cdot 90°$ $\varphi = 0° + k \cdot 45°$<br>mit folgenden möglichen Winkeln für beide Fälle:<br>$\varphi_1 = \mathbf{0}° + k \cdot 360°$ $\varphi_1 = \mathbf{0}° + k \cdot 360°$<br>$\varphi_2 = \mathbf{90}° + k \cdot 360°$ $\varphi_2 = 45° + k \cdot 360°$<br>$\varphi_3 = \mathbf{180}° + k \cdot 360°$ $\varphi_3 = \mathbf{90}° + k \cdot 360°$<br>$\varphi_4 = \mathbf{270}° + k \cdot 360°$ $\varphi_4 = 135° + k \cdot 360°$<br>$\varphi_5 = \mathbf{180}° + k \cdot 360°$<br>$\varphi_6 = 225° + k \cdot 360°$<br>$\varphi_7 = \mathbf{270}° + k \cdot 360°$<br>$\varphi_8 = 315° + k \cdot 360°$ |
| Nullstellen sind also:<br>$x_1 = 1$<br>$x_2 = -1$ | Nullstellen sind also:<br>$x_1 = 1(\cos 0° + i \cdot \sin 0°) = 1$<br>$x_2 = 1(\cos 90° + i \cdot \sin 90°) = i$<br>$x_3 = 1(\cos 180° + i \cdot \sin 180°) = -1$<br>$x_4 = 1(\cos 270° + i \cdot \sin 270°) = -i$ |
| Es liegen zwei einfache Nullstellen vor. | Es liegen vier einfache Nullstellen vor. |

Aus Beispiel E 39 ist ersichtlich, dass die Funktion 4. Grades $f(x) = x^4 - 1$ im Bereich der komplexen Zahlen genau vier Nullstellen besitzt. Darin äußert sich eine wichtige Gesetzmäßigkeit, die hier zwar nicht bewiesen, aber wenigstens genannt werden soll:

E 20

Satz E 20: **Fundamentalsatz der Algebra**
Im Bereich $\mathbb{C}$ der komplexen Zahlen besitzt jede Gleichung der Form
$a_n z^n + a_{n-1} z^{n-1} + \ldots + a_1 z + a_0 = 0 \quad (a_i, z \in \mathbb{C}, n \in \mathbb{N}, a_n \neq 0)$
genau $n$ Lösungen, wobei Mehrfachlösungen entsprechend ihrer Vielfachheit gezählt werden.

Aus dem Satz folgt, dass eine ganzrationale Funktion n-ten Grades genau $n$ Nullstellen besitzt. Wie im Bereich der reellen Zahlen ist eine Zerlegung in **Linearfaktoren** möglich (vgl. Satz A 6). Bei einer ganzrationalen Funktion n-ten Grades sind es jedoch im Bereich der komplexen Zahlen **genau n** Linearfaktoren.

E 40

Beispiel E 40:
Die ganzrationale Funktion $f(z) = z^4 - 1$ $(z \in \mathbb{C})$ besitzt genau vier Nullstellen:
$z_1 = 1; z_2 = -1; z_3 = i; z_4 = -i$ (vgl. Tabelle in Beispiel E 39)
Deshalb gilt (wovon man sich durch Ausmultiplizieren auch überzeugen kann):
$z^4 - 1 = (z-1) \cdot (z+1) \cdot (z-i) \cdot (z+i) = (z^2 - 1) \cdot (z^2 - i^2) = (z^2 - 1) \cdot (z^2 + 1) = z^4 - 1$

# ANALYTISCHE GEOMETRIE UND LINEARE ALGEBRA

Zentrales Anliegen der analytischen Geometrie ist es, geometrische Probleme mit rechnerischen Mitteln zu lösen und umgekehrt die sich aus der Behandlung bestimmter Aufgaben mit rechnerischen oder algebraischen Mitteln ergebenden Resultate geometrisch zu interpretieren. Ausgehend von den Erkenntnissen RENÉ DESCARTES' haben Mathematiker und Naturwissenschaftler wie CARL FRIEDRICH GAUSS, WILLIAM ROWAN HAMILTON, HERMANN GRASSMANN und HERMANN WEYL das mathematische Fundament für die Entwicklung der analytischen Geometrie gelegt. Heute finden in allen Naturwissenschaften wie auch in wirtschafts- und geisteswissenschaftlichen Bereichen als Aspekt einer allgemeinen Mathematisierung auch Gegenstände, Denk- und Arbeitsweisen der analytischen Geometrie und der linearen Algebra Anwendung.

# F Koordinatengeometrie der Ebene

## F 1 Kartesisches Koordinatensystem

Mit Hilfe eines Koordinatensystems in der Ebene lässt sich jeder Punkt dieser Ebene umkehrbar eindeutig durch ein geordnetes Zahlenpaar beschreiben. In der Fig. F 1 ist so dem Punkt P das Zahlenpaar (4; 3) umkehrbar eindeutig zugeordnet. Das heißt: Durch das Koordinatensystem wird dem (gegebenen) Punkt P genau das Zahlenpaar (4; 3) zugeordnet – und umgekehrt beschreibt das (gegebene) Zahlenpaar (4; 3) genau den Punkt P.

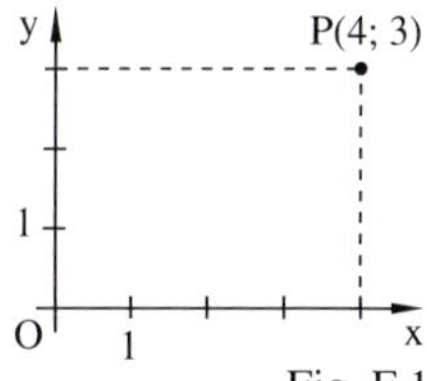

Fig. F 1

F1

Definition F 1:
Ein **kartesisches Koordinatensystem in der Ebene** sind zwei sich schneidende Zahlengeraden, die aufeinander senkrecht stehen und mit dem gemeinsamen Nullpunkt O auch gleich lange Einheitsstrecken haben. Der Punkt O heißt der *Koordinatenursprung.* Die eine Zahlengerade bezeichnet man als *x-Achse* (Abzissenachse) und die andere als *y-Achse* (Ordinatenachse). Dabei ist festgelegt, dass die gerichtete x-Achse entgegen dem Uhrzeigersinn (mathematisch positiver Drehsinn) „auf kürzestem Weg" in die gerichtete y-Achse gedreht werden kann.

Das beschriebene kartesische Koordinatensystem der Ebene teilt die Ebene in 4 Quadranten.

F1

Beispiel F 1:
Fig. F 2 gibt in jedem Quadranten einen Punkt P(x; y) ($x, y \in \mathbb{R}$) mit seinen Koordinaten an. Es gilt für Punkte

| | |
|---|---|
| des ersten Quadranten | $x > 0$ und $y > 0$, |
| des zweiten Quadranten | $x < 0$ und $y > 0$, |
| des dritten Quadranten | $x < 0$ und $y < 0$, |
| des vierten Quadranten | $x > 0$ und $y < 0$. |

Fig. F 2

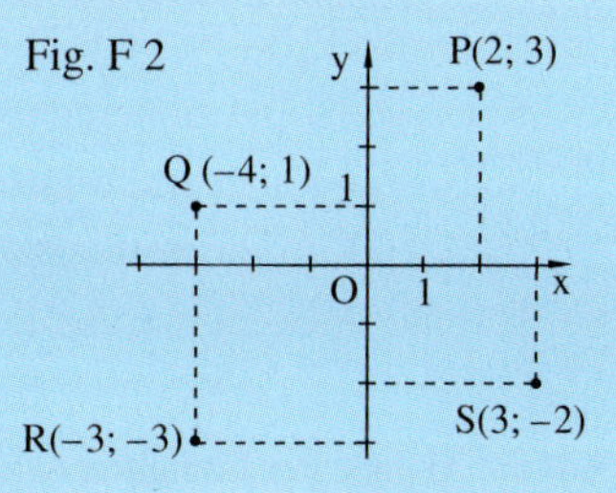

# F 2 Länge einer Strecke

Eine Strecke ist durch ihre Endpunkte bestimmt. Sind die Koordinaten der Endpunkte einer Strecke bezüglich eines kartesischen Koordinatensystems gegeben, also $P_1(x_1; y_1)$ und $P_2(x_2; y_2)$ – s. Fig. F 3 –, so lässt sich die Länge s dieser Strecke aus den Koordinaten von $P_1$ und $P_2$ berechnen.

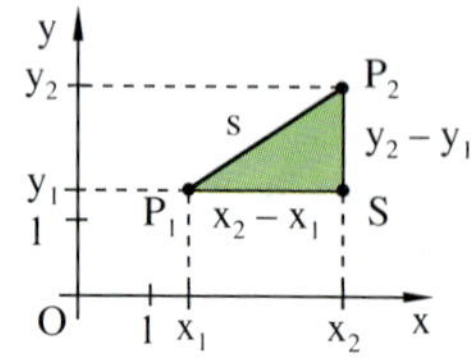


Fig. F 3

Man zeichnet dazu die senkrechten Projektionen von $P_1$ und $P_2$ jeweils auf die x- bzw. y-Achse ein (also die Lote von $P_1$ und $P_2$ auf die Koordinatenachsen). Da als Teilfigur ein rechtwinkliges Dreieck $P_1SP_2$ entsteht, ist der Satz des PYTHAGORAS anwendbar:

F 1

Satz F 1:
Für die **Länge s der Strecke** $\overline{P_1P_2}$ mit den Endpunkten $P_1(x_1; y_1)$ und $P_2(x_2; y_2)$ gilt

$$s = |\overline{P_1P_2}| = \sqrt{(x_2 - x_1)^2 + (y_2 - y_1)^2}$$

(s. „Formeln und Tabellen“, S. 48).

Die im Satz F 1 angegebene Formel gilt für jede beliebige Lage der Punkte $P_1$ und $P_2$. Die dabei zu berechnenden Koordinatendifferenzen können auch kleiner als 0 sein, jedoch ergeben sich durch die Quadratur für die beiden Summanden unter der Wurzel stets nichtnegative Werte.

F 2

Beispiel F 2:

a) Es ist die Länge[1)] der Strecke $\overline{P_1P_2}$ mit $P_1(3; 2)$ und $P_2(7; 5)$ zu berechnen.

$$s = |\overline{P_1P_2}| = \sqrt{(7-3)^2 + (5-2)^2} = \sqrt{4^2 + 3^2} = 5$$

b) Man zeichne in einem kartesischen Koordinatensystem die Punkte $P_1(5; -2)$ und $P_2(-2; 5)$ ein. Es ist der Abstand dieser Punkte zu ermitteln.
Der Abstand von $P_1$ und $P_2$ ist gleich der Länge $s = |\overline{P_1P_2}|$ (s. Fig. F 4).

$$s = \sqrt{(5-(-2))^2 + (-2-5)^2} = \sqrt{7^2 + (-7)^2}$$

$$s = \sqrt{98} \approx 9{,}90$$

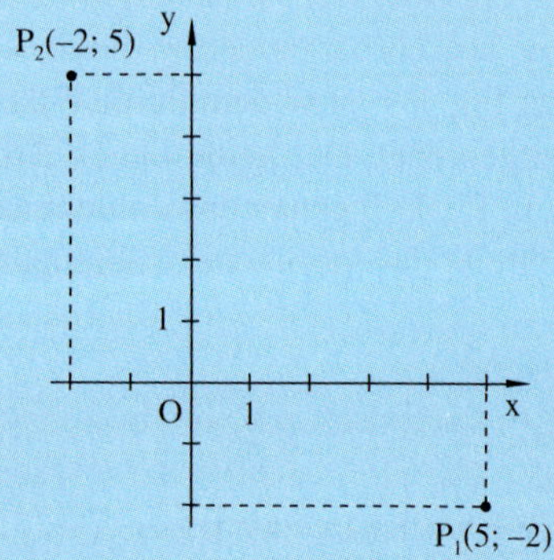


Fig. F 4

c) Man berechne den Abstand von $P_1(5; -2)$ und $P_2(-2; 5)$ jeweils zum Ursprung O.

$$s_1 = |\overline{OP_1}| = \sqrt{5^2 + (-2)^2} = \sqrt{29} \approx 5{,}39$$

$$s_2 = |\overline{OP_2}| = \sqrt{(-2)^2 + 5^2} = \sqrt{29} \approx 5{,}39$$

d) Stimmen $P_1(x_1; y_1)$ und $P_2(x_2; y_2)$ in einer Koordinate überein, so ergibt sich ein einfacher Sonderfall: Die zu berechnende Strecke liegt parallel zu einer der beiden Koordinatenachsen und man erhält ihre Länge sofort als Betrag der Differenz der nicht übereinstimmenden Koordinaten. Also: Für $P_1(5; -3)$ und $P_2(5; -7)$ ist $|\overline{P_1P_2}| = |-7-(-3)| = 4$. Die formale Anwendung der Formel aus Satz F 1 liefert dasselbe Resultat.

1) Auf die Angabe der Einheiten wird in der Regel verzichtet.

# F 3 Mittelpunkt einer Strecke

Die konstruktive Bestimmung des Mittelpunktes einer Strecke wie auch seine geometrische Bedeutung ist uns bei vielen Fragestellungen schon begegnet. In der analytischen Geometrie interessieren die Koordinaten $x_m$ und $y_m$ des Mittelpunktes M von $\overline{P_1P_2}$, wobei die Punkte $P_1(x_1; y_1)$ und $P_2(x_2; y_2)$ gegeben sind.

Um diese Mittelpunktskoordinaten zu berechnen, gehen wir von den senkrechten Projektionen der Punkte $P_1$, M, $P_2$ auf die x- und die y-Achse aus (s. Fig. F 5). Unter Verwendung der Bezeichnungen in Fig. F 5 gilt also $\overline{MQ} \parallel \overline{P_2S}$. Da weiterhin M Mittelpunkt von $\overline{P_1P_2}$ ist, ergibt sich nach der Umkehrung des 1. Strahlensatzes, dass Q auch Mittelpunkt von $\overline{P_1S}$ ist ($\frac{|\overline{P_1M}|}{|\overline{P_1P_2}|} = \frac{|\overline{P_1Q}|}{|\overline{P_1S}|}$). Aus der Parallellage von $\overline{P_1S}$ zur x-Achse folgt Q ($x_m$; $y_1$) und damit $x_m = \frac{x_1 + x_2}{2}$.

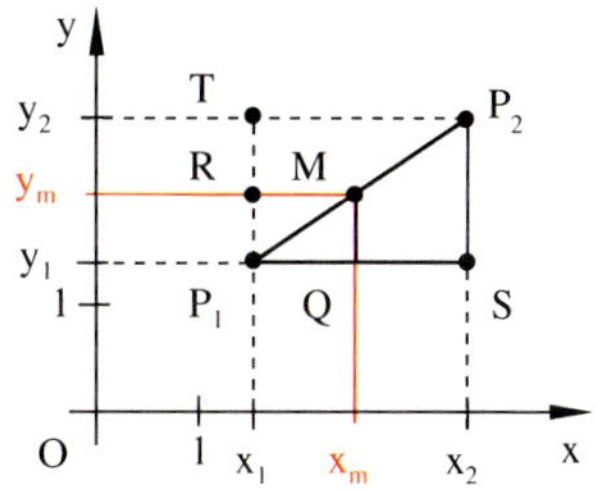


Fig. F 5

Eine völlig gleiche Überlegung führt uns zu $y_m = \frac{y_1 + y_2}{2}$, wobei in beiden Fällen die Herleitung unabhängig von der Lage von $P_1$ und $P_2$ in den Quadranten (und zu den Achsen) ist. Für Parallellagen von $\overline{P_1P_2}$ zu einer Achse liegt das Ergebnis sofort auf der Hand.

F 2

Satz F 2:
Der **Mittelpunkt M** der Strecke $\overline{P_1P_2}$ mit $P_1(x_1; y_1)$ und $P_2(x_2; y_2)$ ist $M\left(\frac{x_1 + x_2}{2}; \frac{y_1 + y_2}{2}\right)$.

F 3

Beispiel F 3:

a) Es sind die Koordinaten des Mittelpunktes der Strecke $\overline{OP_1}$ mit dem Koordinatenursprung O und $P_1(-2; 5)$ als Endpunkten zu berechnen.
Mit Hilfe einer Zeichnung überprüfen wir das Ergebnis (s. Fig. F 6).
Einsetzen in die Formel aus Satz F 2 ergibt:
$M\left(\frac{-2+0}{2}; \frac{5+0}{2}\right)$, also $M\left(-1; \frac{5}{2}\right)$

b) Gegeben sind die Punkte $P_1(1; 1)$ und M(3; 2). Man bestimme die Koordinaten des Punktes $P_2$ so, dass M Mittelpunkt von $\overline{P_1P_2}$ ist.
Aus $x_m = \frac{x_1 + x_2}{2}$ folgt $2x_m = x_1 + x_2$ bzw. $x_2 = 2x_m - x_1$.
Entsprechend gilt $y_2 = 2y_m - x_1$. Also:
$x_2 = 2 \cdot 3 - 1 = 5;\quad y_2 = 2 \cdot 2 - 1 = 3$

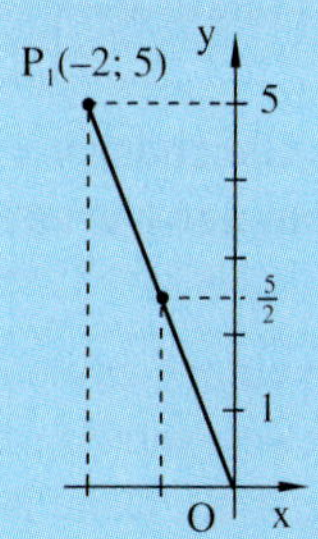


Fig. F 6

# F 4 Geradengleichungen

In einem Koordinatensystem haben wir Geraden schon als Graphen von linearen Funktionen kennen gelernt. Besitzt eine Gerade g den Anstieg m und schneidet die y-Achse im Punkt $S_y(0; n)$ (Fig. F 7), so hat sie die Gleichung

$$y = mx + n,\quad m = \tan\alpha \quad (\alpha \neq 90°, 0° \leq \alpha < 180°).$$

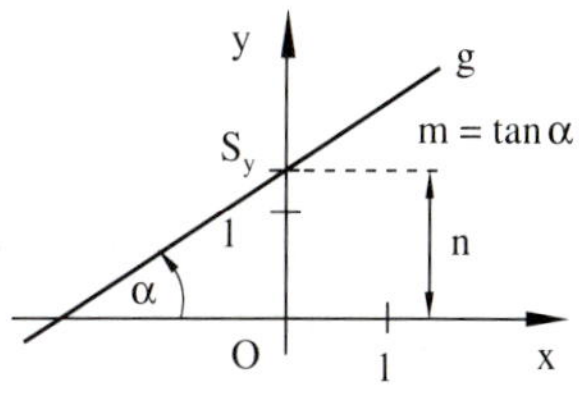


Fig. F 7

Der Anstieg m einer Geraden g gibt ihre Richtung an. Die um den Winkel $\alpha$ (im mathematisch positiven Sinn) um O gedrehte x-Achse liegt wegen $m = \tan\alpha$ parallel zu g.
Wir betrachten nachfolgend mehrere Bestimmungsstücke für eine Gerade und gelangen damit zu verschiedenen Formen von Geradengleichungen.

Eine Gerade g ist sowohl
– durch einen *beliebigen Punkt* der Geraden und ihre *Richtung*
als auch
– durch *zwei auf ihr liegende Punkte*
eindeutig bestimmt.

*Fall 1:*
Für die durch $y = mx + n$ beschriebene Gerade g und den Punkt $P_0(x_0; y_0)$ gilt genau dann $P_0 \in g$, wenn $y_0 = mx_0 + n$.
Anders formuliert: $P_0$ liegt genau dann auf g, wenn $(x_0; y_0)$ die Gleichung $y = mx + n$ erfüllt.
Wir gewinnen daraus für eine Gerade mit dem Anstieg m, die den Punkt $P_0(x_0; y_0)$ enthält, über

$$y_0 = mx_0 + n, \quad \text{also} \quad n = y_0 - mx_0$$

durch Einsetzen in $y = mx + n$ die Gleichung

$$y = mx + (y_0 - mx_0).$$

Daraus ergibt sich:

F 3

Satz F 3:
$$y - y_0 = m(x - x_0)$$
ist die **Punktrichtungsgleichung der Geraden** durch $P_0(x_0; y_0)$ mit dem Anstieg m („s. Formeln und Tabellen“, S. 49).

Die Gleichung $y = mx + n$, die sich im konkreten Fall aus $y - y_0 = m(x_0 - x)$ ergibt, heißt die **explizite Form der Geradengleichung**.

*Fall 2*:
Von einer Geraden g, die nicht parallel zur y-Achse verläuft, seien zwei (verschiedene) Punkte $P_1(x_1; y_1)$ und $P_2(x_2; y_2)$ gegeben (Fig. F 8). Dann läßt sich mit

$$m = \tan\alpha = \frac{y_2 - y_1}{x_2 - x_1} \qquad (*)$$

der Anstieg von g berechnen, wobei $x_1 \neq x_2$ durch die Lage von g und $P_1 \neq P_2$ erfüllt ist.

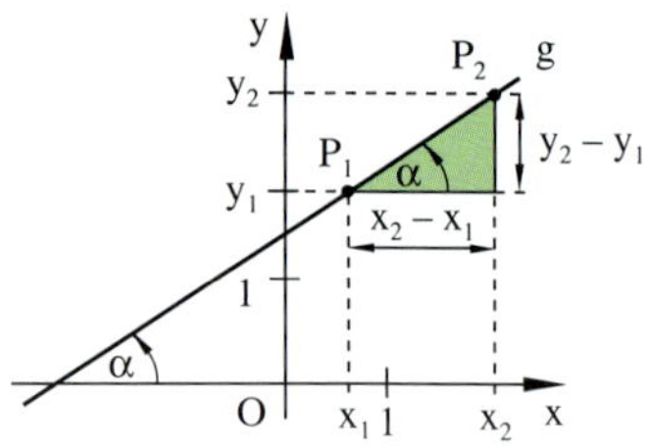

Fig. F 8

Durch Einsetzen von (*) für m in die Punktrichtungsgleichung $y - y_1 = m(x - x_1)$ ergibt sich:

F 4

Satz F 4:
$$y - y_1 = \frac{y_2 - y_1}{x_2 - x_1}(x - x_1) \quad (x_1 \neq x_2)$$
ist die **Zweipunktegleichung der Geraden** durch $P_1(x_1; y_1)$ und $P_2(x_2; y_2)$ (s. „Formeln und Tabellen“, S. 49).

Verläuft die Gerade durch $P_1$ und $P_2$ parallel zur y-Achse (gilt also entgegen der Voraussetzung von Satz F 4 doch $x_1 = x_2$), dann ist $x = x_1$ eine Gleichung der Geraden durch $P_1$ und $P_2$.
Schreibt man die Zweipunktegleichung der Geraden durch die verschiedenen Punkte $P_1(x_1; y_1)$ und $P_2(x_2; y_2)$ in der Form

$$(y - y_1)(x_2 - x_1) = (x - x_1)(y_2 - y_1),$$

so bedarf es keiner Einschränkung hinsichtlich der Lage der Punkte mehr. Auch der Spezialfall der Parallelität der Geraden zur y-Achse (also $x_1 = x_2$) wird von dieser Gleichung mit erfasst.

F 4

Beispiel F 4:
Die Gerade durch die Punkte $P_1(-10; 3)$ und $P_2(-2; -1)$ verläuft weder zur x-Achse noch zur y-Achse parallel (Fig. F 9).
Man ermittle
a) eine Gleichung dieser Geraden,
b) die Koordinaten der Schnittpunkte $S_x$ und $S_y$ der Geraden mit der x- bzw. y-Achse und
c) eine Gleichung der Parallelen zur y-Achse durch $P_1$.

a) Durch Einsetzen der Koordinaten von $P_1$ und $P_2$ in die Zweipunktegleichung erhalten wir eine Gleichung dieser Geraden in expliziter Form:

$$\begin{aligned} (y - y_1)(x_2 - x_1) &= (x - x_1)(y_2 - y_1) \\ (y - 3)(-2 + 10) &= (x + 10)(-1 - 3) \\ (y - 3)\cdot 8 &= (x + 10)\cdot(-4) \\ 8y &= -4x - 16 \\ y &= -\tfrac{1}{2}x - 2 \end{aligned}$$

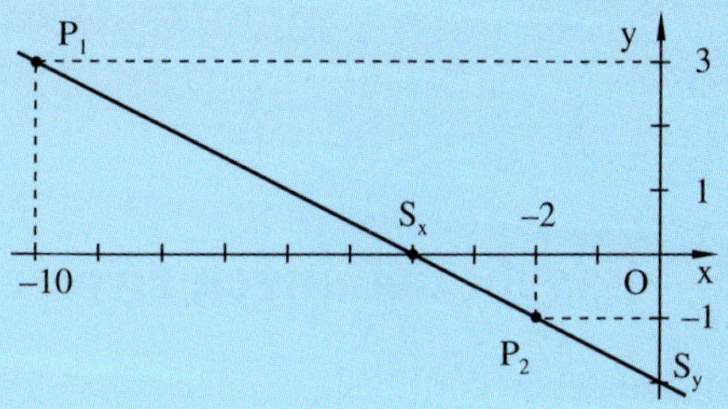

Fig. F 9

b) Aus der letzten Gleichung lesen wir die y-Koordinate von $S_y$ ab und bestimmen damit $S_y(0; -2)$. Mit $y = 0$ ergibt sich $0 = -\frac{1}{2}x - 2$ bzw. $x = -4$, d. h. $S_x(-4; 0)$.
c) Alle Punkte der Parallelen zur y-Achse durch $P_1(-10; 3)$ haben die Abszisse $-10$. Die Gleichung der Parallelen lautet demzufolge $x = -10$. (Dasselbe Resultat ergäbe sich, wenn man die Koordinaten von $P_1$ und die eines anderen Punktes dieser Parallelen zur y-Achse – z. B. $P_3(-10; 5)$ – in die Zweipunktegleichung in der obigen Produktform einsetzen würde.)

F 5

Satz F 5:
Jede Gerade wird durch die **allgemeine Form der Geradengleichung**

$$Ax + By + C = 0 \quad (A, B, C \in \mathbb{R})$$

beschrieben, wobei nicht zugleich $A = 0$ und $B = 0$ sein darf.
(Umgekehrt beschreibt jede dieser Gleichungen unter den angegebenen Bedingungen eine Gerade bezüglich eines Koordinatensystems der Ebene.)
(s. „Formeln und Tabellen“, S. 49)

F 5

Beispiel F 5:
Eine nützliche Ergänzung finden wir durch eine weitere Ausgestaltung des Beispiels F 4.
Aus $y = -\frac{1}{2}x - 2$ erhält man $\frac{1}{2}x + y + 2 = 0$ oder auch $\frac{1}{2}x + y = -2$.
Division durch (–2) überführt die letzte Gleichung in die Form $\frac{x}{-4} + \frac{y}{-2} = 1$,
wofür eine interessante Interpretation möglich ist: In dieser Gleichungsform geben die Nenner bei den Variablen x und y nämlich die jeweiligen *Achsenabschnitte* an. Es ist $S_x(-4; 0)$ und $S_y(0; -2)$.

F 6

Satz F 6:

$\frac{x}{a} + \frac{y}{b} = 1 \quad (a \neq 0, b \neq 0)$

ist die **Achsenabschnittsgleichung einer Geraden** mit den Achsenschnittpunkten $S_x(a; 0)$ und $S_y(0; b)$. a und b geben die Achsenabschnitte dieser Geraden an (Fig. F 10)
(„Formeln und Tabellen", S. 49).

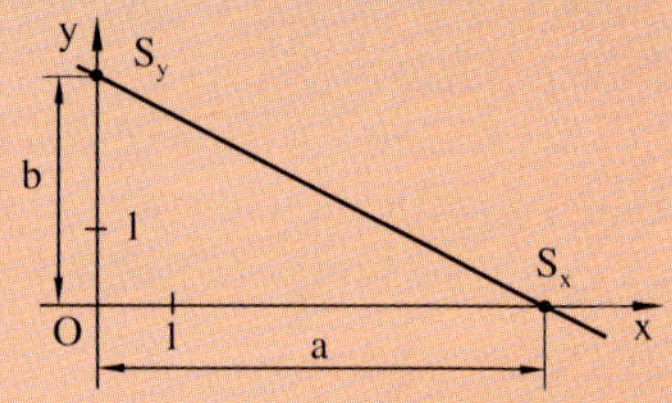

Fig. F 10

# F 5 Lagebeziehungen zweier Geraden

Zwei Geraden in der Ebene können entweder einander in einem Punkt schneiden, echt parallel zueinander sein oder zusammenfallen. Diese Situationen wollen wir nachfolgend in Beispielen betrachten und unter rechnerischem Aspekt analysieren, was naturgemäß zu Aussagen über die beschreibenden Geradengleichungen führt.

Die Form $y = mx + n$ einer Geradengleichung lässt sich über den Anstieg m der Geraden und über den y-Achsenabschnitt n für die Angabe der Lage einer Geraden *geometrisch* leicht *deuten*. Wir schließen dabei nur Geraden aus, die parallel zur y-Achse sind.

Anhand von je zwei konkreten Gleichungen sollen nun die drei Fälle für die Lage zweier Geraden der Ebene

a) schneiden einander,
b) sind (echt) parallel zueinander,
c) fallen zusammen

näher betrachtet werden.

Zu c): Am einfachsten anzugeben ist ein Beispiel für zwei zusammenfallende (identische) Geraden $g_1$ und $g_2$ (Fig. F 11), da dann auch die expliziten Formen der Geradengleichungen $y = mx + n$ identisch sind. Also etwa

$g_1$: $y = 2x + 1$ und $g_2$: $y = 2x + 1$.

*Bemerkung:* Die allgemeine Form einer Geradengleichung ist bis auf einen von Null verschiedenen Faktor eindeutig bestimmt: Beispielsweise wird durch $8x - 4y + 4 = 4(2x - y + 1) = 0$ dieselbe Gerade beschrieben wie durch die allgemeine Form $2x - y + 1 = 0$ obiger Geradengleichung für $g_1$ und $g_2$.

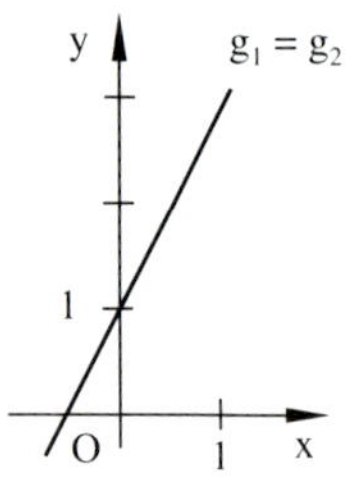

Fig. F 11

Zu b): Parallele Geraden $g_1$ und $g_2$ (Fig. F 12) haben denselben Anstieg. Beispielsweise werden also durch

$g_1$: $y = -3x + 3$ und $g_2$: $y = -3x + 1$

zueinander parallele Geraden beschrieben.

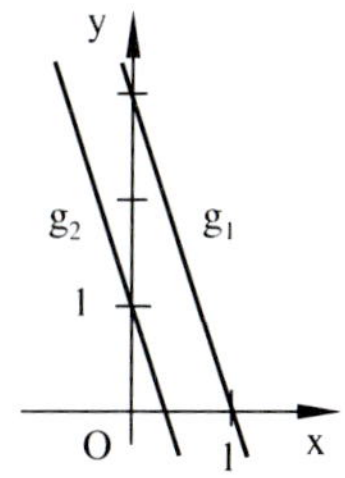

Fig. F 12

Der bereits betrachtete Fall c) ist zudem offenbar ein Sonderfall von b). Es lässt sich also feststellen:

F 7

Satz F 7:
Für Geraden $g_1$ und $g_2$ mit den Gleichungen $y = m_1x + n_1$ und $y = m_2x + n_2$ gilt:

$g_1$ und $g_2$ sind genau dann parallel zueinander ($g_1 \parallel g_2$), wenn $m_1 = m_2$.

Ist außerdem $n_1 = n_2$, so fallen $g_1$ und $g_2$ zusammen (s. „Formeln und Tabellen", S. 49).

Satz F 7 und die Aussage „*$g_1$ und $g_2$ sind genau dann nicht parallel zueinander (d. h., sie schneiden einander), wenn $m_1 \neq m_2$ ist*" sind gleichwertig (äquivalent). Beispielsweise beschreiben also die Gleichungen

$g_1$: $y = 3x - 2$ und $g_2$: $y = -2x + 1$

zwei einander schneidende Geraden (Fig. F 13).

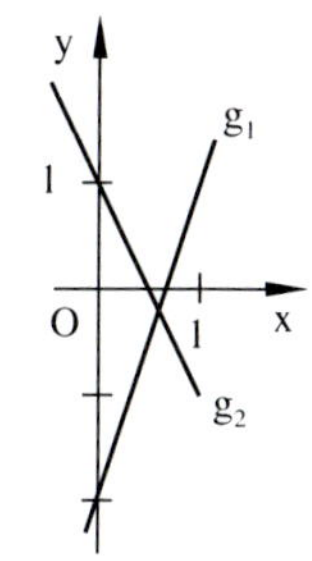

Fig. F 13

Zu a): Die Rechnung zu dem Fall einander schneidender Geraden basiert auf dem folgenden bekannten Sachverhalt: Der Schnittpunkt $S(x_s; y_s)$ zweier Geraden $g_1$ und $g_2$ liegt sowohl auf $g_1$ als auch auf $g_2$, d. h., die Koordinaten $x_s$ und $y_s$ von S müssen die Gleichung von $g_1$ *und* die Gleichung von $g_2$ erfüllen.

F 6

Beispiel F 6:
Zwei Geraden $g_1$ und $g_2$ seien durch Gleichungen

$g_1$: $3x - y - 2 = 0$ und $g_2$: $2x + y - 8 = 0$

gegeben.

Wenn ein Schnittpunkt $S(x_s; y_s)$ von $g_1$ und $g_2$ existiert, so muss sowohl $3x_s - y_s = 2$ als auch $2x_s + y_s = 8$ gelten. Es ist also das Gleichungssystem

(I) $3x_s - y_s = 2$
(II) $2x_s + y_s = 8$

zu lösen[1].

Addieren wir beispielsweise die beiden Gleichungen, so erhalten wir $5x_s = 10$, damit $x_s = 2$ und durch Einsetzen dann $y_s = 4$.
Das Gleichungssystem hat also die Lösungen $x_s = 2$ und $y_s = 4$, d. h. (geometrisch interpretiert), die Geraden $g_1$ und $g_2$ schneiden einander im Punkt S(2; 4).

[1] Zur Vereinfachung verzichten wir nachfolgend bei derartigen Aufgaben i. Allg. auf eine Indizierung.

F 7

Beispiel F 7:
Für je zwei der vier Geraden $g_1$, $g_2$, $g_3$ und $g_4$ mit

$$g_1\colon y = 2x - 1, \quad g_2\colon y = \frac{1}{3}x - 1, \quad g_3\colon 3x + y - 9 = 0, \quad g_4\colon 3x + y + 1 = 0$$

ist unter Verwendung von Satz F 7 die gegenseitige Lage zu untersuchen, gegebenenfalls der Schnittpunkt zu bestimmen und das erhaltene Resultat durch Darstellung der Geraden in einem gemeinsamen Koordinatensystem zu überprüfen.
Wir notieren zunächst die Gleichungen von $g_3$ und $g_4$ in expliziter Form, um die Anstiege $m_1, \ldots, m_4$ besser vergleichen zu können:

$$g_3\colon y = -3x + 9, \quad g_4\colon y = -3x - 1$$

Es kann festgestellt werden:

a) Wegen $m_1 \neq m_2$, $m_1 \neq m_3$, $m_1 \neq m_4$, $m_2 \neq m_3$ und $m_2 \neq m_4$ schneiden die jeweils zugehörigen zwei Geraden einander. Durch Vergleich der absoluten Glieder (den Ordinaten der Schnittpunkte mit der y-Achse) ermittelt man ohne weitere Rechnung als Schnittpunkt von $g_1$, $g_2$ und $g_4$ den Punkt $S_1(0; -1)$. Zur Ermittlung der verbleibenden Schnittpunkte lösen wir die Gleichungssysteme

$$\begin{array}{ll} \text{(I)} & y = 2x - 1 \\ \text{(III)} & y = -3x + 9 \end{array} \qquad \begin{array}{ll} \text{(II)} & y = \frac{1}{3}x - 1 \\ \text{(III)} & y = -3x + 9 \end{array}$$

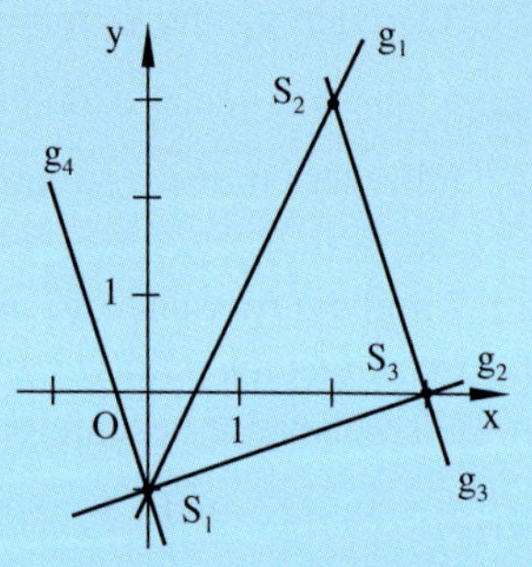


Fig. F 14

und erhalten: $g_1$ und $g_3$ schneiden einander im Punkt $S_2(2; 3)$; $g_2$ und $g_3$ im Punkt $S_3(3; 0)$.

b) Allein die Geraden $g_3$ und $g_4$ sind wegen $m_3 = m_4$ und $n_3 \neq n_4$ ($n_3 = 9$ und $n_4 = -1$) „echt" parallel.

Fig. F 14 bestätigt noch einmal die rechnerisch ermittelten Lagebeziehungen.

# F 6 Schnittwinkel und Orthogonalität zweier Geraden

F 2

Definition F 2:
Schneiden zwei Geraden $g_1$ und $g_2$ einander in einem Punkt S, so entstehen zwei Paare jeweils kongruenter Scheitelwinkel $\psi$ bzw. $\psi'$ (Fig. F 15). Der kleinere der beiden Winkel heißt **Schnittwinkel** von $g_1$ und $g_2$.

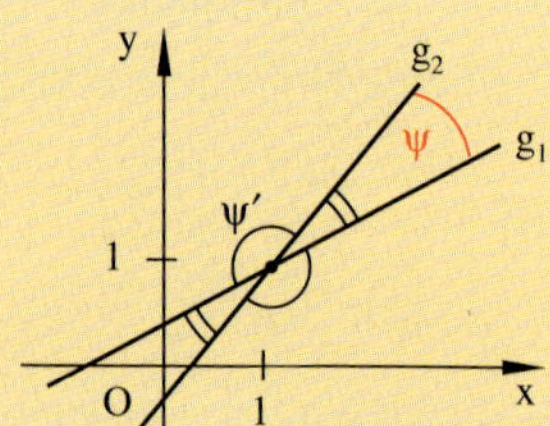


Fig. F 15

Der Schnittwinkel – nachfolgend mit $\psi$ bezeichnet – kann also höchstens 90° betragen, nämlich dann, wenn $g_1 \perp g_2$. Solche Geraden $g_1$ und $g_2$ heißen auch orthogonal. Es ist also stets $\psi \leq 90°$.
Wir betrachten zunächst zwei Geraden $g_1$ und $g_2$, die einander im Punkt S unter einem rechten Winkel schneiden. Liegt dabei eine der Geraden parallel zur y-Achse und dann folglich die zu ihr senkrechte Gerade parallel zur x-Achse (oder umgekehrt), so ist dies auch sofort aus den Gleichungen ablesbar ($g_1\colon x = a$ , $g_2\colon y = b$).

Bei allen anderen Lagen von orthogonalen Geraden $g_1$ und $g_2$ können wir für die Untersuchung somit von Gleichungen der Form

$$g_1\colon y = m_1x + n_1 \quad \text{und} \quad g_2\colon y = m_2x + n_2 \qquad (*)$$

ausgehen, in denen $m_1 \neq 0$ *und* $m_2 \neq 0$ ist.

Die Geraden $g_1$ und $g_2$ schneiden in einem solchen Fall beide die x-Achse, und das in Fig. F 16 eingezeichnete Dreieck ABS zeigt, dass zwischen den Winkeln $\alpha_1$ und $\alpha_2$ und damit wegen $m_1 = \tan\alpha_1$ und $m_2 = \tan\alpha_2$ ($\alpha_1, \alpha_2 \neq 0°$) auch zwischen den Anstiegen $m_1$ und $m_2$ ein Zusammenhang besteht.

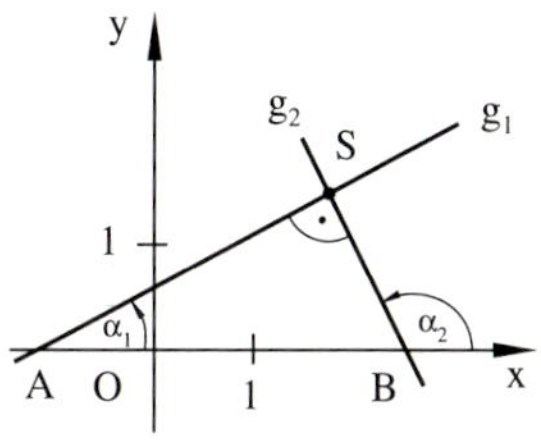

Fig. F 16

Aus dem rechtwinkligen Dreieck ABS ergibt sich

$$\alpha_1 + (180° - \alpha_2) = 90° \quad \text{bzw.} \quad \alpha_1 = \alpha_2 - 90° \quad \text{und damit}$$

$$\tan\alpha_1 = \tan(\alpha_2 - 90°) = -\tan(90° - \alpha_2).$$

Da $-\tan(90° - \alpha_2) = -\dfrac{\sin(90° - \alpha_2)}{\cos(90° - \alpha_2)} = -\dfrac{\cos\alpha_2}{\sin\alpha_2} = -\dfrac{1}{\tan\alpha_2}$

(s. S. 20 und „Formeln und Tabellen“, S. 35),

erhalten wir

$$m_1 = -\frac{1}{m_2} \quad \text{bzw.} \quad m_1 \cdot m_2 = -1 \quad \text{(s. „Formeln und Tabellen“, S. 49).}$$

Aus $g_1 \perp g_2$ mit den Gleichungen (*) folgt also $m_1 \cdot m_2 = -1$.

Da sich die Schlüsse zum eben abgeleiteten Satz einzeln umkehren lassen, folgt auch aus $m_1 \cdot m_2 = -1$ die Beziehung $g_1 \perp g_2$.

**F 8**

Satz F 8:
Für Geraden $g_1$ und $g_2$ mit den Gleichungen $y = m_1x + n_1$ und $y = m_2x + n_2$ $(m_1, m_2 \neq 0)$ gilt $g_1 \perp g_2$ genau dann, wenn $m_1 \cdot m_2 = -1$.

**F 8**

Beispiel F 8:
Gegeben seien Geraden $g_1$, $g_2$, $g_3$ mit den Gleichungen

$$g_1\colon y = 3x - 12, \quad g_2\colon y = -\tfrac{1}{3}x + \tfrac{4}{3}, \quad g_3\colon y = 3x - 2.$$

Aus diesen Gleichungen kann man die Anstiege $m_1$, $m_2$ und $m_3$ unmittelbar entnehmen und auf diese Weise sofort paarweise besondere Lagebeziehungen zwischen den Geraden feststellen.

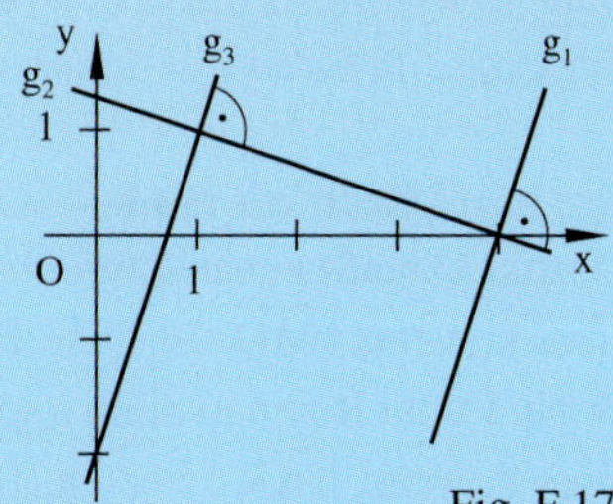

Fig. F 17

a) $g_1$ und $g_2$ sind orthogonal, da $m_1 \cdot m_2 = 3 \cdot (-\frac{1}{3}) = -1$.
b) $g_1$ und $g_3$ sind parallel, da $m_1 = m_2$ gilt.
c) $g_2$ und $g_3$ sind orthogonal. Dies folgt sowohl geometrisch begründet aus den in a) und b) ermittelten Beziehungen als auch analytisch aus $m_2 \cdot m_3 = -1$.

Fig. F 17 veranschaulicht obige Aussagen.

Die Größe des *Schnittwinkels* $\psi$ zweier Geraden $g_1$ und $g_2$ (Definition F 2) können wir mit Hilfe der Anstiege $m_1$ und $m_2$ bzw. der Anstiegswinkel $\alpha_1$ und $\alpha_2$ berechnen. Wie Fig. F 18 zeigt, ist

$$\psi = |\alpha_2 - \alpha_1| \text{ für } |\alpha_2 - \alpha_1| \leq 90° \quad \text{bzw.} \quad \psi = 180° - |\alpha_2 - \alpha_1| \text{ für } |\alpha_2 - \alpha_1| > 90°.$$

Mit Hilfe eines Additionstheorems ($\tan\psi = \tan(\alpha_2 - \alpha_1)$; s. „Formeln und Tabellen“, S. 35) lässt sich eine Formel gewinnen, die die Berechnung der Größe des Schnittswinkels zweier Geraden unmittelbar aus deren Anstiegen gestattet:

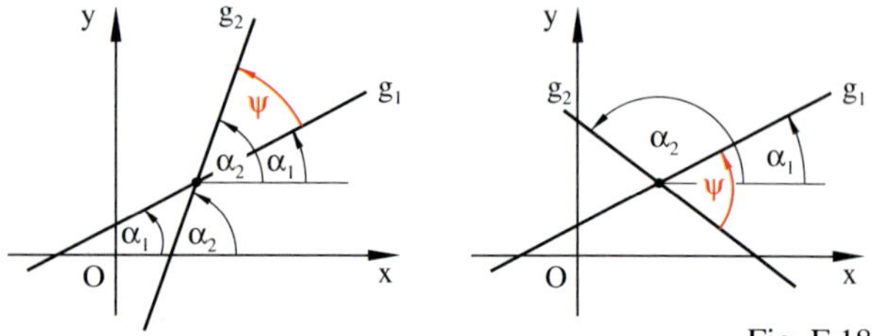


Fig. F 18

F 9

Satz F 9:
Ist $\psi$ der Schnittwinkel der Geraden $g_1$ und $g_2$ mit den Gleichungen $y = m_1x + n_1$ und $y = m_2x + n_2$ $(m_1 \neq m_2,\ m_1 \cdot m_2 \neq -1)$, so gilt

$$\tan\psi = \left|\frac{m_2 - m_1}{1 + m_1 \cdot m_2}\right|$$

(s. „Formeln und Tabellen“, S. 49).

F 9

Beispiel F 9:
Man berechne den Schnittwinkel $\psi$ der Geraden $g_1$ und $g_2$ mit den Gleichungen
$g_1$: $y = 0{,}5x - 11$ und $g_2$: $4y + 3x + 2 = 0$.
Es gilt $m_1 = 0{,}5$ sowie $m_2 = -\frac{3}{4}$ (wegen $g_2$: $y = -\frac{3}{4}x - \frac{1}{2}$). Daraus folgt nach Satz F 9:

$$\tan\psi = \left|\frac{-\frac{3}{4} - 0{,}5}{1 + 0{,}5 \cdot \left(-\frac{3}{4}\right)}\right| = \left|\frac{-\frac{5}{4}}{\frac{5}{8}}\right| = 2, \text{ also } \psi \approx 63{,}4°$$

# F 7 Kreis

## F 7.1 Definition und Kreisgleichung

F 3

Definition F 3:
Die Menge aller Punkte P der Ebene, die von einem gegebenen Punkt M denselben Abstand r haben, heißt **Kreis** mit dem *Mittelpunkt* M und dem *Radius* r.

Kreise bezeichnen wir mit k.
Ein Punkt Q heißt genau dann *innerer Punkt* des Kreises k, wenn $|\overline{MQ}| < r$ ist. Entsprechend heißt ein Punkt R genau dann *äußerer Punkt* des Kreises k, wenn $|\overline{MR}| > r$ ist (Fig. F 19).

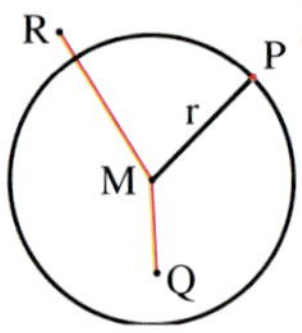


Fig. F 19

Fig. F 20

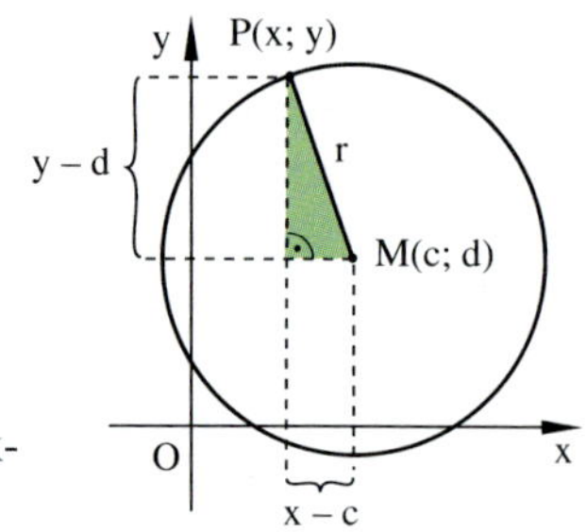


Wir betrachten nun einen Kreis k in einem kartesischen Koordinatensystem (Fig. F 20). Der Kreis habe den Mittelpunkt M(c; d) und den Radius r. Dann gilt nach Satz F 1 für den Abstand eines beliebigen Punktes P(x; y) der Ebene von M(c; d) stets $|\overline{PM}|^2 = (x - c)^2 + (y - d)^2$.
Wählen wir nur solche Punkte P(x; y) aus, die von M denselben Abstand r haben, d. h., für die $|\overline{PM}| = r$ ist, so gilt für alle (und allein für diese) Punkte

$r^2 = (x - c)^2 + (y - d)^2$. Also:

F 10

Satz F 10:
In einem kartesischen Koordinatensystem wird der **Kreis k** mit dem Mittelpunkt M(c; d) und dem Radius r durch die Gleichung $(x-c)^2 + (y-d)^2 = r^2$ beschrieben (s. „Formeln und Tabellen", S. 49).

F 10

Beispiel F 10:
Gegeben seien drei Kreise $k_1$, $k_2$ und $k_3$ durch ihre Mittelpunkte und Radien:

$k_1$: $M_1(0; -3)$, $r_1 = 1$ $k_2$: $M_2(\sqrt{2}; 2)$, $r_2 = \sqrt{3}$ $k_3$: $M_3(0; 0)$, $r_3 = 2$

Dann lauten die zugehörigen Gleichungen:

$k_1$: $x^2 + (y+3)^2 = 1$ $k_2$: $(x-\sqrt{2})^2 + (y-2)^2 = 3$ $k_3$: $x^2 + y^2 = 4$

In Fig. F 21 sind diese drei Kreise in einem Koordinatensystem dargestellt. Nun betrachten wir den Punkt A(0; 1) und untersuchen seine Lage bezüglich der drei gegebenen Kreise. Wir setzen dazu die Koordinaten von A(0; 1) in die „linken" Seiten der zugehörigen Kreisgleichungen ein und vergleichen mit den „rechten" Seiten dieser Gleichungen. Es ergibt sich

für $k_1$: $0^2 + (1+3)^2 = 0 + 16 = 16$; $16 > 1$,

für $k_2$: $(0-\sqrt{2})^2 + (1-2)^2 = 2 + 1 = 3$; $3 = 3$,

für $k_3$: $0^2 + 1^2 = 0 + 1 = 1$; $1 < 4$.

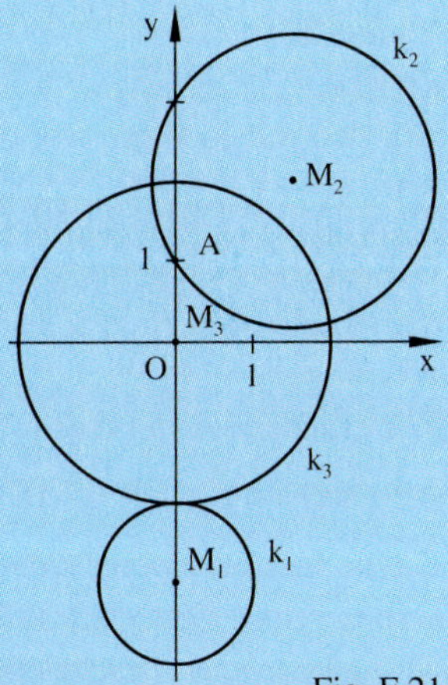

Fig. F 21

Bedenken wir, dass die „linke Seite" der Kreisgleichung (Satz F 10) das Quadrat des Abstandes des Punktes A vom Kreismittelpunkt M und die „rechte Seite" dieser Gleichung das Quadrat des Kreisradius darstellt, so lässt sich folgern:

A ist ein äußerer Punkt von $k_1$, denn sein Abstand von $M_1$ ist größer als $r_1$;
A ist ein Punkt von $k_2$, denn sein Abstand von $M_2$ ist gleich $r_2$;
A ist ein innerer Punkt von $k_3$, denn sein Abstand von $M_3$ ist kleiner als $r_3$.

Wir können also feststellen:

F 11

Satz F 11:
Ein Punkt $P(x_1; y_1)$ gehört genau dann zu dem Kreis k mit der Gleichung $(x-c)^2 + (y-d)^2 = r^2$, wenn die Koordinaten des Punktes P die Kreisgleichung erfüllen, d. h., wenn

$(x_1-c)^2 + (y_1-d)^2 = r^2$ ist.

Gilt dagegen $(x_1-c)^2 + (y_1-d)^2 < r^2$ oder $(x_1-c)^2 + (y_1-d)^2 > r^2$, so liegt $P(x_1; y_1)$ innerhalb bzw. außerhalb des betrachteten Kreises.

Multiplizieren wir die in der allgemeinen Kreisgleichung $(x-c)^2 + (y-d)^2 = r^2$ (Satz F 10) auftretenden Quadrate aus, so ergibt sich

$$x^2 - 2cx + c^2 + y^2 - 2dy + d^2 = r^2 \quad \text{bzw.} \quad x^2 + y^2 - 2cx - 2dy + c^2 + d^2 - r^2 = 0.$$

Damit haben wir eine quadratische Gleichung mit den beiden Variablen x und y erhalten, die ebenfalls einen Kreis beschreibt.

F 11

Beispiel F 11:
Es ist zu untersuchen, ob die drei speziellen quadratischen Gleichungen

a) $x^2 + y^2 - 4x - 2y - 20 = 0$ b) $x^2 + y^2 + 8x + 10y + 41 = 0$ c) $x^2 + y^2 + 6x - 4y + 16 = 0$

Kreise beschreiben.
Um diese Aufgabe lösen zu können, versuchen wir die gegebenen Gleichungen in die Gestalt der allgemeinen Kreisgleichung (Satz F 10) umzuformen.
Zu a):
Aus der gegebenen Gleichung erhalten wir $(x^2 - 4x) + (y^2 - 2y) = 20$.
Die quadratische Ergänzung liefert

$(x^2 - 4x + 4) + (y^2 - 2y + 1) = 20 + 4 + 1$, also $(x - 2)^2 + (y - 1)^2 = 25$.

Das heißt: Die Gleichung in a) beschreibt den Kreis mit dem Mittelpunkt M(2; 1) und dem Radius 5.
Zu b):
Auf demselben Wege wie bei a) ergibt sich aus $(x^2 + 8x) + (y^2 + 10y) = -41$ die Gleichung

$(x^2 + 8x + 16) + (y^2 + 10y + 25) = -41 + 25 + 16$ und damit $(x + 4)^2 + (y + 5)^2 = 0$.

Die gegebene Gleichung beschreibt also einen Kreis mit dem Mittelpunkt M(–4; –5) und dem Radius 0, d. h., durch die gegebene Gleichung wird nur der Punkt M(–4; –5) dargestellt.
Zu c):
Wir erhalten wieder durch Umformungen

$(x^2 + 6x) + (y^2 - 4y) = -16$ und daraus $(x + 3)^2 + (y - 2)^2 = -3$.

Da die Summe zweier Quadrate nie negativ sein kann, gibt es für die gegebene Gleichung keinen Punkt P(x; y), der diese Gleichung erfüllt. Folglich wird durch die gegebene Gleichung kein Kreis beschrieben.

## F 7.2 Kreis und Gerade

Ein Kreis und eine Gerade können *keinen* gemeinsamen Punkt, *genau einen* gemeinsamen Punkt oder *genau zwei* gemeinsame Punkte haben (Fig. F 22).

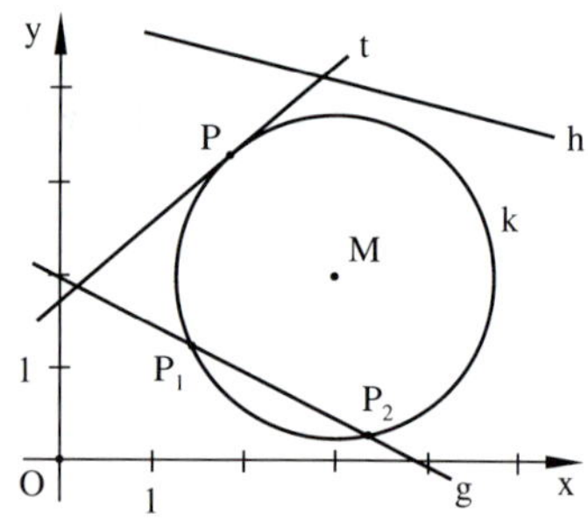


Fig. F 22

F 4

Definition F 4:
Wenn eine Gerade t und ein Kreis k genau einen Punkt P gemeinsam haben, dann heißt die Gerade t die **Tangente an k im Punkt P**.

Die Koordinaten der gemeinsamen Punkte einer Geraden g und eines Kreises k berechnet man, indem man die zugehörigen Gleichungen als ein (hier freilich nicht lineares) Gleichungssystem mit zwei Unbekannten auffasst und dies löst.

F 12

Beispiel F 12:
Es sind die gemeinsamen Punkte
der Geraden g: $y = -\frac{1}{2}x + 1$ und des Kreises k: $(x-3)^2 + (y-2)^2 = 6{,}25$
zu bestimmen.
Wir bezeichnen dazu mit $P(x_s; y_s)$ einen eventuell vorhandenen gemeinsamen Punkt von g und k. Das zugehörige Gleichungssystem lautet dann:

(I) $y_s = -\frac{1}{2}x_s + 1$

(II) $(x_s-3)^2 + (y_s-2)^2 = 6{,}25.$

Setzen wir den Ausdruck für $y_s$ aus (I) in (II) ein, so ergibt sich

$(x_s-3)^2 + (-\frac{1}{2}x_s - 1)^2 = 6{,}25$ bzw. $x_s^2 - 4x_s + 3 = 0.$

Dies ist eine quadratische Gleichung für $x_s$ mit der Diskriminante $D = (\frac{-4}{2})^2 - 3 = 1$. Die vorliegende Gleichung hat demzufolge genau zwei voneinander verschiedene Lösungen, nämlich

$x_{s_1} = 1$ und $x_{s_2} = 3.$

Durch Einsetzen dieser Werte in (I) erhalten wir $y_{s_1} = \frac{1}{2}$ und $y_{s_2} = -\frac{1}{2}$. Eine Probe zeigt, dass die beiden Punkte $P_1(1; \frac{1}{2})$ und $P_2(3; -\frac{1}{2})$ die Schnittpunkte der Geraden g mit dem Kreis k sind.

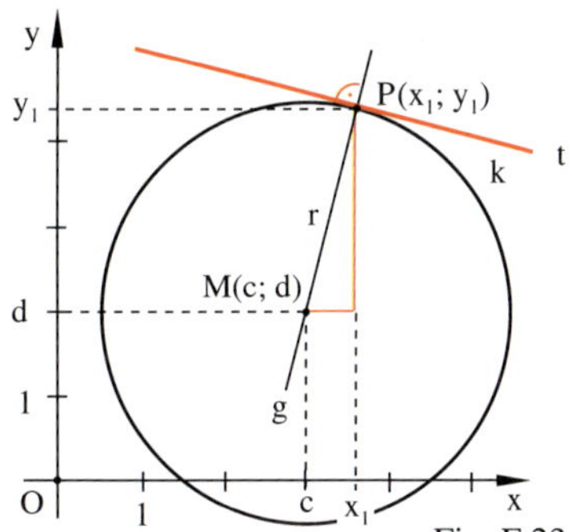

Fig. F 23

Nachfolgend soll nun die Gleichung der Tangente t an einen Kreis k im Punkt P von k bestimmt werden.
Dazu betrachten wir in einem kartesischen Koordinatensystem einen Kreis k mit der Gleichung k: $(x-c)^2 + (y-d)^2 = r^2$ und einen Punkt $P(x_1; y_1)$ von k (Fig. F 23). Die Gerade t sei die Tangente an k in P, steht also senkrecht auf dem Berührungsradius. Deshalb bestimmen wir zuerst den Anstieg $m_g$ der Geraden g durch den Kreismittelpunkt M und durch P und ermitteln dann daraus den Anstieg $m_t$ der Tangente t.

Es ist $m_g = \frac{y_1 - d}{x_1 - c}$ und demzufolge $m_t = -\frac{1}{m_g} = -\frac{x_1 - c}{y_1 - d}$,

wobei wir $x_1 \neq c$ und $y_1 \neq d$ beachten müssen. (Die Fälle, dass $x_1 = c$ bzw. $y_1 = d$ ist, fließen an späterer Stelle in unsere Betrachtungen mit ein.) Da die Tangente t auch durch den Punkt $P(x_1; y_1)$ verläuft, folgt aus der Punktrichtungsform der Geradengleichung (s. Satz F 3) für die Gleichung der Tangente t in P an k

$$y - y_1 = -\frac{x_1 - c}{y_1 - d}(x - x_1).$$

Um einen Zusammenhang mit der Gleichung des gegebenen Kreises deutlicher herzustellen, formen wir $y - y_1 = -\frac{x_1 - c}{y_1 - d}(x - x_1)$ um und erhalten

$$(y - y_1)(y_1 - d) = -(x - x_1)(x_1 - c) \quad \text{oder}$$

$$x(x_1 - c) - x_1(x_1 - c) + y(y_1 - d) - y_1(y_1 - d) = 0. \tag{1}$$

Da der gegebene Punkt $P(x_1; y_1)$ zum Kreis k gehört und deshalb die Koordinaten von P die Kreisgleichung erfüllen müssen, gilt

$$(x_1 - c)^2 + (y_1 - d)^2 = r^2 \quad \text{bzw. (bei teilweisem Ausmultiplizieren der Quadrate)}$$

$$x_1(x_1 - c) - c(x_1 - c) + y_1(y_1 - d) - d(y_1 - d) = r^2. \tag{2}$$

Addiert man die Gleichungen (1) und (2), so ergibt sich

$$y(y_1 - d) + x(x_1 - c) - c(x_1 - c) - d(y_1 - d) = r^2, \text{ d.h. } (x_1 - c)(x - c) + (y_1 - d)(y - d) = r^2.$$

Damit haben wir eine zweite Form der Gleichung für eine Tangente in P an k hergeleitet, die einen guten Zusammenhang zur Gleichung des gegebenen Kreises liefert. Außerdem muss hier nicht mehr $x_1 \neq c$ und $y_1 \neq d$ gefordert werden.

**F 12**

Satz F 12:
Die Tangente t an den Kreis k mit der Gleichung $(x - c)^2 + (y - d)^2 = r^2$ im Punkt $P(x_1; y_1)$ hat die Gleichung $(x_1 - c)(x - c) + (y_1 - d)(y - d) = r^2$ (s. „Formeln und Tabellen", S. 50).

**F 13**

Beispiel F 13:
Gegeben seien der Kreis k mit der Gleichung $(x - 3)^2 + (y - 2)^2 = 6{,}25$ und die Punkte A(5; 3,5), B(3; – 0,5) und C(5,5; 2) von k. Zu bestimmen ist die jeweils zugehörige Tangentengleichung. Nach der Probe, ob A, B, C wirklich Punkte von k sind, erhalten wir:

$t_A$: $(5-3)(x-3)+(3{,}5-2)(y-2) = 6{,}25$ oder $y = -\frac{4}{3}x + \frac{61}{6}$

$t_B$: $(3-3)(x-3)+(-0{,}5-2)(y-2) = 6{,}25$ oder $y = -\frac{1}{2}$ (Parallele zur x-Achse im Abstand $-\frac{1}{2}$)

$t_C$: $(5{,}5-3)(x-3)+(2-2)(y-2) = 6{,}25$ oder $x = \frac{11}{2}$ (Parallele zur y-Achse im Abstand 5,5)

Die Konstruktion der Tangenten an einen gegebenen Kreis k von einem Punkt P außerhalb von k zeigt Fig. F 24. Auf die Bestimmung der Gleichungen gehen wir hier nicht ein.

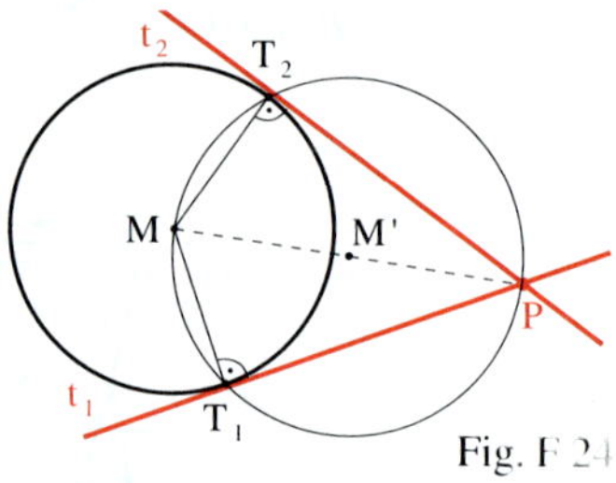

Fig. F 24

## F 7.3 Zwei Kreise

Zwei voneinander verschiedene Kreise können *keinen* gemeinsamen Punkt, *genau einen* gemeinsamen Punkt oder *genau zwei* gemeinsame Punkte haben.
Wie beim Schnitt einer Geraden und eines Kreises erhalten wir auch hier die Koordinaten von solchen gemeinsamen Punkten zweier Kreise durch die Lösung eines Gleichungssystems aus zwei Gleichungen und mit zwei Unbekannten.

**F 14**

Beispiel F 14:
a) Wir betrachten die beiden Kreise $k_1$ und $k_2$ (Fig. F 25) mit den Gleichungen

$k_1$: $x^2 + (y - 3)^2 = 1$ bzw. $k_2$: $x^2 + y^2 = 4$.

Haben diese beiden Kreise einen Punkt $P(x_s; y_s)$ gemeinsam, so müssen die Koordinaten dieses Punktes die beiden Kreisgleichungen erfüllen. Wir erhalten damit ein Gleichungssystem aus zwei Gleichungen und mit zwei Unbekannten:

(I) $x_s^2 + (y_s - 3)^2 = 1$

(II) $x_s^2 + y_s^2 = 4$

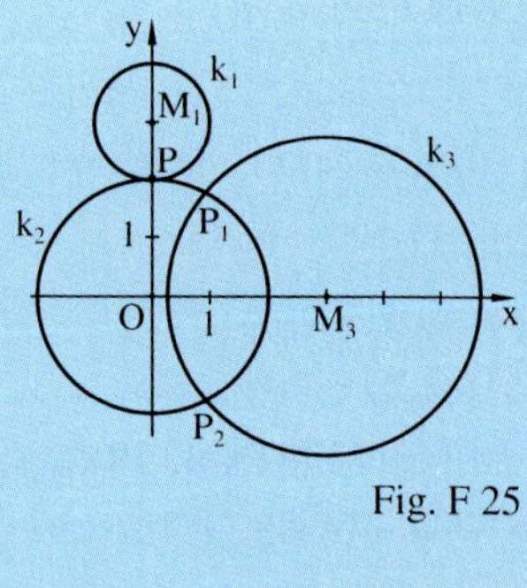

Fig. F 25

Aus (I) folgt $x_s^2 = 1 - (y_s - 3)^2$. Setzt man in (II) ein, so ergibt sich $1 - (y_s - 3)^2 + y_s^2 = 4$, also $1 - y_s^2 + 6y_s - 9 + y_s^2 = 4$ und damit $6y_s = 12$ bzw. $y_s = 2$. Einsetzen von $y_s = 2$ in Gleichung (I) liefert $x_s = 0$.

Das Gleichungssystem hat also genau eine Lösung $x_s = 0$, $y_s = 2$. Folglich haben die beiden gegebenen Kreise $k_1$ und $k_2$ genau einen Punkt P gemeinsam; $k_1$ und $k_2$ berühren einander in P(0; 2).

b) Wir betrachten nun die Kreise $k_2$ und $k_3$ (Fig. F 25) mit den Gleichungen
$k_2$: $x^2 + y^2 = 4$ bzw. $k_3$: $(x - 3)^2 + y^2 = 7$.
Zur Bestimmung der gemeinsamen Punkte lösen wir das Gleichungssystem

$$\begin{aligned} &\text{(I)}\quad x_s^2 + y_s^2 &&= 4 \\ &\text{(II)}\quad (x_s - 3)^2 + y_s &&= 7. \end{aligned}$$

Dazu stellen wir (I) nach $x_s^2$ um und setzen an der entsprechenden Stelle in (II) ein.
Wir erhalten $(x_s - 3)^2 + 4 - x_s^2 = 7$ bzw. $x_s = 1$ und durch Einsetzen in (I) dann
$1^2 - y_s^2 = 4$ oder $y_s^2 = 3$.
Hieraus ergeben sich für $y_s$ zwei Werte $y_{s_1} = +\sqrt{3}$ und $y_{s_2} = -\sqrt{3}$. Da sowohl $P_1(1; \sqrt{3})$ als auch $P_2(1; -\sqrt{3})$ mit ihren Koordinaten beide Kreisgleichungen erfüllen, sind dies die gesuchten gemeinsamen Punkte der beiden Kreise $k_2$ und $k_3$.

c) Untersuchen wir abschließend die beiden Kreise mit den Gleichungen

$k_1$: $x^2 + (y - 3)^2 = 1$ bzw. $k_3$: $(x - 3)^2 + y^2 = 7$.

Auch hier werden die eventuell vorhandenen gemeinsamen Punkte der beiden Kreise $k_1$ und $k_3$ über die Lösung des zugehörigen Gleichungssystems bestimmt:

$$\begin{aligned} &\text{(I)}\quad x_s^2 + (y_s - 3)^2 &&= 1 \\ &\text{(II)}\quad (x_s - 3)^2 + y_s^2 &&= 7 \end{aligned}$$

Für die Lösung verwenden wir in diesem Fall ein allgemein nutzbares Verfahren. Dazu lösen wir zuerst die Klammern in den beiden Gleichungen auf und erhalten:

$$\begin{aligned} &\text{(I)}\quad x_s^2 + y_s^2 - 6y_s + 9 &&= 1 \\ &\text{(II)}\quad x_s^2 + y_s^2 - 6x_s + 9 &&= 7 \end{aligned}$$

Die Subtraktion der zweiten von der ersten Gleichung ergibt

$x_s - y_s = -1$ bzw. $y_s = x_s + 1$.

Setzen wir diesen Ausdruck in (I) ein, so ergibt sich für $x_s$ eine quadratische Gleichung in Normalform $x_s^2 - x_s + \frac{3}{4} = 0$, die die Diskriminante $D = (\frac{1}{2})^2 - \frac{3}{2} < 0$ hat. Folglich besitzt die gegebene Gleichung keine reelle Lösung – die beiden Kreise $k_1$ und $k_3$ haben also keinen gemeinsamen Punkt.

# F 8 Ellipse

## F 8.1 Definition und Eigenschaften

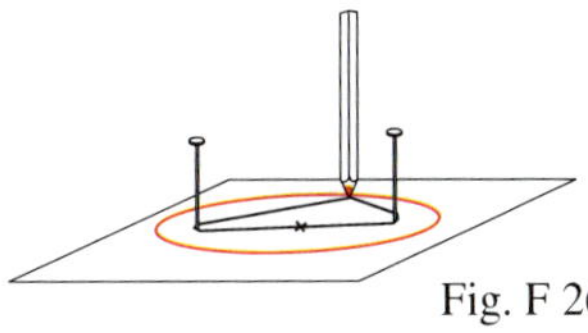

Fig. F 26

Wir haben zwei Nägel in eine mit einem Zeichenblatt bedeckte Holzplatte geschlagen und einen zu einer Schlinge geknoteten Faden lose um die beiden Nägel gelegt (Fig. F 26). Wenn wir nun mit einem

Bleistift diese lose Schlinge spannen und den Stift um die beiden Nägel bewegen, so entsteht auf unserem Zeichenblatt eine ovale Kurve. Diese Kurve heißt Ellipse. Ein solches Vorgehen wird auch z. B. von einem Gärtner benutzt, wenn er ein ellipsenförmiges Beet anlegen soll.
Zum exakten Festlegen des Begriffs Ellipse geben wir nun eine Definition an, die sich am obigen Vorgehen orientiert.

F 5

Definition F 5:
Gegeben seien in der Ebene zwei Punkte $F_1$ und $F_2$. Die Menge aller Punkte P der Ebene, für die die Summe $|\overline{PF_1}| + |\overline{PF_2}|$ ihrer Abstände zu den beiden Punkten $F_1$ und $F_2$ denselben Wert hat, heißt **Ellipse** mit den *Brennpunkten* $F_1$ und $F_2$.

Diese Definition liefert uns auch gleich eine Konstruktionsmöglichkeit für eine Ellipse:
Gegeben seien die beiden Brennpunkte $F_1$ und $F_2$ sowie eine Strecke $\overline{AB}$, deren Länge gleich der Summe $|\overline{PF_1}| + |\overline{PF_2}|$ ist (Fig. F 27). Natürlich ist $|\overline{F_1F_2}| < |\overline{AB}|$. Nun sei T ein beliebiger Punkt von $\overline{AB}$. Wir zeichnen um $F_1$ einen Kreis mit dem Radius $r_1 = |\overline{AT}|$ und um $F_2$ einen Kreis mit dem Radius $r_2 = |\overline{BT}|$. Wenn diese beiden Kreise einander in zwei Punkten $P_1$ und $P_2$ schneiden, dann sind $P_1$ und $P_2$ zwei Ellipsenpunkte. Wiederholen wir dieses Verfahren, indem wir um $F_1$ einen Kreis mit dem Radius $r_2$ und um $F_2$ einen Kreis mit dem Radius $r_1$ zeichnen, so erhalten wir zwei weitere Ellipsenpunkte $P_3$ und $P_4$. Durch die Wahl verschiedener Punkte auf $\overline{AB}$ können wir weitere Ellipsenpunkte konstruieren.
In der einleitenden Betrachtung spielen die beiden Nägel die Rolle der Brennpunkte. Die Länge der Schlinge bestimmt die Summe $|\overline{PF_1}| + |\overline{PF_2}|$. Dabei beachte man, dass der Abstand von $F_1$ und $F_2$ unverändert bleibt.

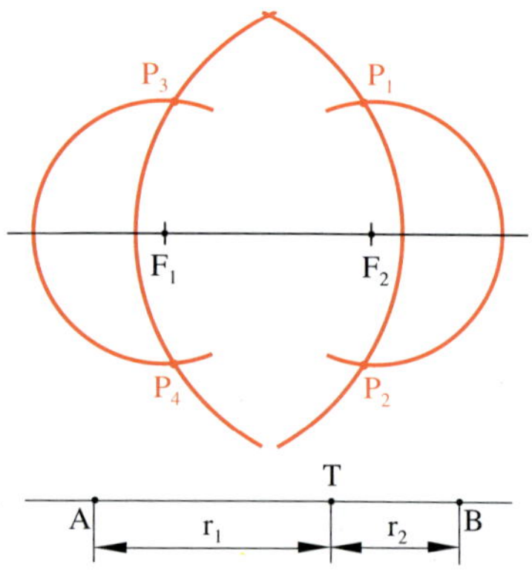

Fig. F 27

Aufgrund der Definition F 5 weist jede Ellipse gewisse Symmetrien auf, die nachfolgend angegeben werden.

F 13

Satz F 13:
Jede Ellipse ist zu der Geraden durch ihre Brennpunkte $F_1$ und $F_2$, zu der Mittelsenkrechten der Strecke $\overline{F_1F_2}$ und damit auch zu deren Schnittpunkt O symmetrisch.

Diese Eigenschaften kann man sich anhand von Fig. F 28 überlegen, wenn man das Dreieck $F_1PF_2$ an den betrachteten Geraden bzw. am Punkt O spiegelt.

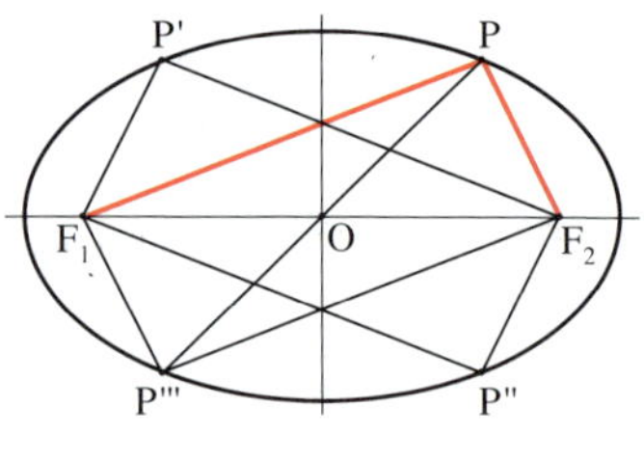

Fig. F 28

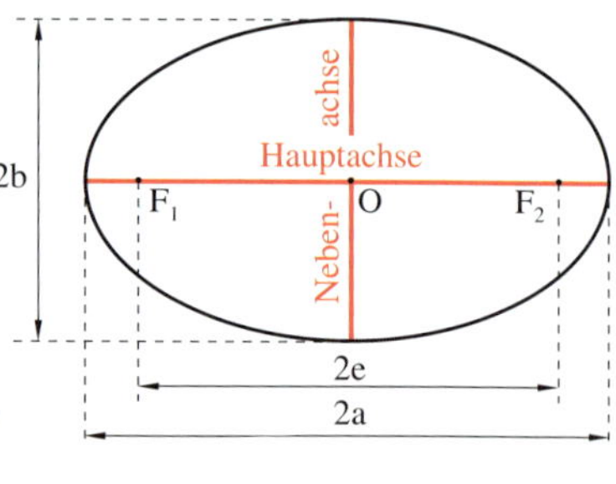

Fig. F 29

Nun führen wir noch einige Bezeichnungen ein. Bezogen auf die in Fig. 29 dargestellte Ellipse nennt man

- den Punkt O auch den *Mittelpunkt der Ellipse*;
- die Schnittpunkte der Ellipse mit den beiden Symmetrieachsen ihre *Scheitel.*
- speziell die Scheitel, die auf der Geraden durch $F_1$ und $F_2$ liegen, *Hauptscheitel,* die anderen beiden *Nebenscheitel* der Ellipse;
- die Strecke zwischen den beiden Hauptscheiteln *Hauptachse* der Ellipse (Länge 2a), entsprechend die Strecke zwischen den Nebenscheiteln ihre *Nebenachse* (Länge 2b);
- die Länge der Strecke $|\overline{OF_1}|$[1] $= |\overline{OF_2}| = \frac{1}{2}|\overline{F_1F_2}|$ *lineare Exzentrizität* der Ellipse (Länge e).

Weil bei einer Ellipse mit den Brennpunkten $F_1$ und $F_2$ für jeden beliebigen Ellipsenpunkt P stets $|\overline{PF_1}| + |\overline{PF_2}| =$ konstant gilt, können wir Zusammenhänge zwischen den Größen a, b, e und der Summe $|\overline{PF_1}| + |\overline{PF_2}|$ einer Ellipse herleiten, indem wir für P jeweils eine spezielle Lage wählen. Legen wir zuerst P in einen Hauptscheitel einer Ellipse, z. B. in $P_1$ (vgl. Fig. F 30). Dann ist

$|\overline{PF_1}| + |\overline{PF_2}| = |\overline{P_1F_1}| + |\overline{P_1F_2}| = |\overline{P_2F_2}| + |\overline{P_1F_2}| = 2a.$

Die Summe $|\overline{PF_1}| + |\overline{PF_2}|$ ist also gleich 2a (Länge der Hauptachse). Legen wir nun P in einen Nebenscheitel, z. B. in $P_3$, so ist auch $|\overline{P_3F_1}| + |\overline{P_3F_2}| = 2a$. Da aber in dieser Lage $|\overline{P_3F_1}| = |\overline{P_3F_2}|$ ist, gilt $|\overline{P_3F_2}| = a$. Im rechtwinkligen Dreieck $P_3OF_2$ erhalten wir dann sofort $e^2 = a^2 - b^2$. Das heißt aber: Eine Ellipse ist schon durch die Vorgabe von zwei der Größen a, b bzw. e eindeutig bestimmt.

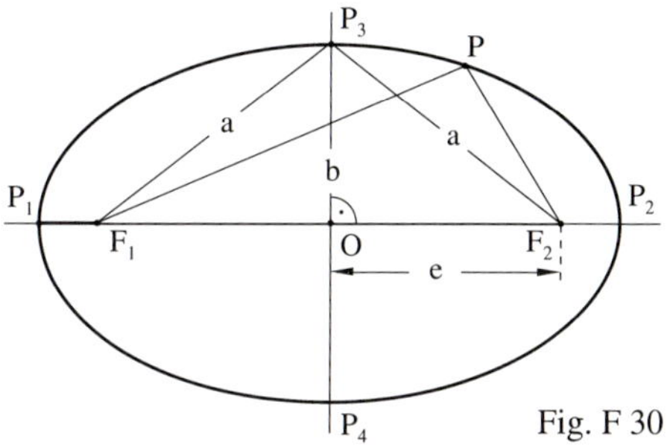


Fig. F 30

F 14

Satz F 14:
Besitzt die Hauptachse einer Ellipse die Länge 2a, ihre Nebenachse die Länge 2b und ist $|\overline{F_1F_2}| = 2e$ der Abstand ihrer beiden Brennpunkte $F_1$ und $F_2$, dann gilt
- für jeden Punkt P der Ellipse $|\overline{PF_1}| + |\overline{PF_2}| = 2a$,
- $e^2 = a^2 - b^2$.

F 15

Beispiel F 15:
Es ist eine Ellipse mit a = 3 cm und b = 2 cm zu konstruieren.
Wir konstruieren zunächst die Brennpunkte der Ellipse. Dazu zeichnen wir eine Strecke $\overline{AB}$ der Länge 2a = 6 cm (Fig. F 31) und tragen auf deren Mittelsenkrechten vom Schnittpunkt aus nach beiden Seiten die Länge b = 2 cm ab. Wir erhalten die Strecke $\overline{CD}$. Um C zeichnen wir einen Kreis mit dem Radius r = a = 3 cm. Dieser Kreis schneidet die Strecke $\overline{AB}$ in den Punkten $F_1$ und $F_2$. Nach Satz F 14 sind diese beiden Punkte die Brennpunkte der gegebenen Ellipse. Nun können wir weitere Ellipsenpunkte bestimmen.

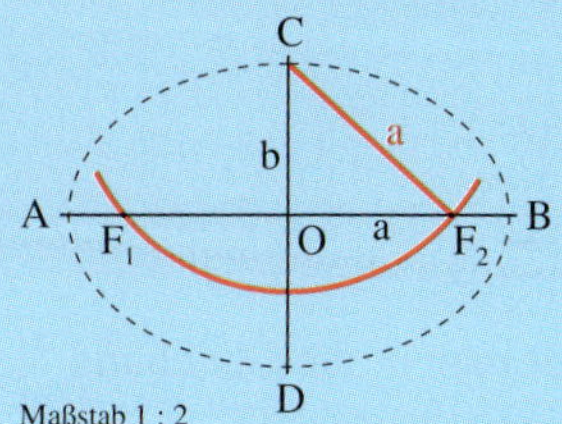


Fig. F 31

[1] Wir verwenden diese Kurzschreibweise für „Strecke $\overline{OF_1}$ mit der Länge $|\overline{OF_1}|$" usw.

## F 8.2 Gleichung einer Ellipse

Es soll nun die analytische Beschreibung einer Ellipse in einem kartesischen Koordinatensystem hergeleitet werden. Die Ellipsenachsen mögen parallel zu den Achsen des Koordinatensystems verlaufen (Fig. F 32).

Wir wählen die prinzipiell gleiche Vorgehensweise wie beim Kreis (Abschnitt F 7.1), beginnen hier aber mit einer Ellipse, deren Mittelpunkt der Ursprung des Koordinatensystems ist.

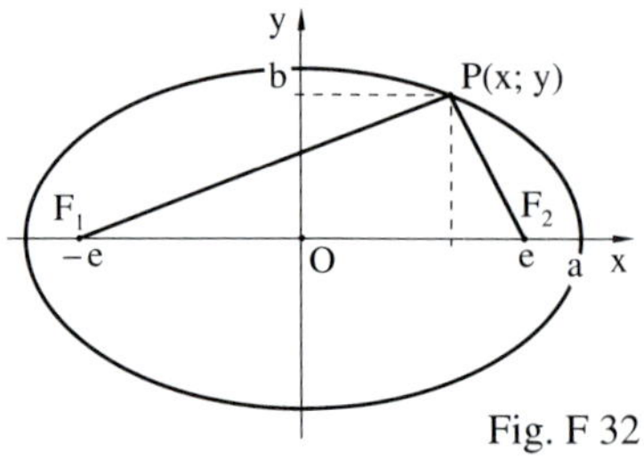


Fig. F 32

Die Hauptachse liege auf der x-Achse und die Nebenachse auf der y-Achse des Koordinatensystems. Dann liegen auch die Brennpunkte dieser Ellipse auf der x-Achse und für ihre Koordinaten gilt $F_1(-e; 0)$ und $F_2(e; 0)$. Außerdem ist $a > b$ und $a > e$. Da nach Satz F 14 für jeden Punkt P(x; y) dieser Ellipse $|\overline{PF_1}| + |\overline{PF_2}| = 2a$ gilt, folgt wegen $|\overline{PF_1}|^2 = (e + x)^2 + y^2$ und $|\overline{PF_2}|^2 = (e - x)^2 + y^2$

$$\sqrt{(e + x)^2 + y^2} + \sqrt{(e - x)^2 + y^2} = 2a.$$

Quadrieren wir diese Gleichung, so ergibt sich

$$(e + x)^2 + y^2 + 2 \cdot \sqrt{(e + x)^2 + y^2} \cdot \sqrt{(e - x)^2 + y^2} + (e - x)^2 + y^2 = 4a^2$$

bzw. nach Zusammenfassen und Umordnen

$$2a^2 - e^2 - x^2 - y^2 = \sqrt{[(e + x)^2 + y^2]\,[(e - x)^2 + y^2]}\,.$$

Erneutes Quadrieren und Zusammenfassen liefert dann

$$(a^2 - e^2)x^2 + a^2y^2 = a^2(a^2 - e^2).$$

Bedenken wir, dass nach Satz F 14 stets $a^2 - e^2 = b^2$ ist, so erhalten wir $b^2x^2 + a^2y^2 = a^2b$ bzw. nach Division durch $a^2b^2$ ($\neq 0$) die Gleichung $\frac{x^2}{a^2} + \frac{y^2}{b^2} = 1$.

Dies ist die Gleichung einer Ellipse, deren Hauptachse auf der x-Achse und deren Nebenachse auf der y-Achse liegt. Setzt man in dieser Gleichung Werte für a und b mit $0 < a < b$ ein, so wird durch diese Gleichung eine Ellipse beschrieben, deren Hauptachse (und damit auch die Brennpunkte) auf der y-Achse und deren Nebenachse auf der x-Achse liegen (s. „Formeln und Tabellen", S. 50).

**F 15**

> Satz F 15:
> Jede Ellipse, deren Achsen auf den Achsen eines Koordinatensystems liegen, kann durch die Gleichung
> $$\frac{x^2}{a^2} + \frac{y^2}{b^2} = 1$$
> beschrieben werden, wobei a und b die Längen der halben Achsen der Ellipse sind.

Setzt man in die Gleichung $\frac{x^2}{a^2} + \frac{y^2}{b^2} = 1$ einer Ellipse, deren Achsen auf den Koordinatenachsen liegen, für a und b jeweils den Wert r ein, so ergibt sich $\frac{x^2}{r^2} + \frac{y^2}{r^2} = 1$ bzw. $x^2 + y^2 = r^2$, also die Gleichung eines Kreises mit dem Radius r und dem Mittelpunkt M(0; 0). Damit wird eine Verwandtschaft zwischen Ellipse und Kreis deutlich: Wir können Kreise auch als spezielle Ellipsen auffassen, bei denen $a = b = r$ ist.

Wir betrachten nun allgemeiner eine Ellipse, deren Achsen parallel zu den Koordinatenachsen liegen (Fig. F 33). Dann erhalten wir diese Ellipse als Verschiebungsbild einer kongruenten Ellipse, deren Achsen auf den Koordinatenachsen liegen. Die zugehörige Verschiebung wird durch die Verschiebung des Punktes O(0; 0) in den Punkt M(c; d) gekennzeichnet. Wenn P′(x; y) ein Punkt der Bildellipse mit dem Mittelpunkt M(c; d) ist, dann stellt P(x – c; y – d) den zugehörigen Originalpunkt bei der gegebenen Verschiebung dar.

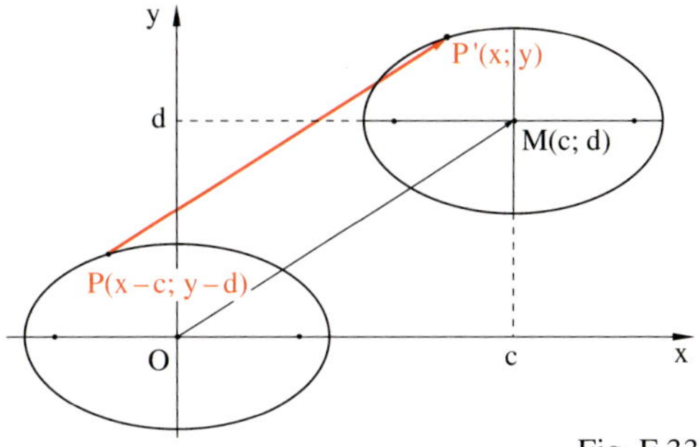

Fig. F 33

Weil P ein Punkt der Ellipse ist, deren Achsen auf den Koordinatenachsen liegen, erfüllen die Koordinaten (x – c) und (y – d) von P die entsprechende Ellipsengleichung aus Satz F 15, d. h., es gilt

$$\frac{(x-c)^2}{a^2} + \frac{(y-d)^2}{b^2} = 1.$$

Da aber x und y die Koordinaten des Punktes P′ sind, beschreibt die Gleichung

$$\frac{(x-c)^2}{a^2} + \frac{(y-d)^2}{b^2} = 1$$

die betrachtete Ellipse mit dem Mittelpunkt M(c; d).

F 16

Satz F 16:
Jede Ellipse, deren Achsen parallel zu den Achsen eines Koordinatensystems liegen, kann durch die Gleichung

$$\frac{(x-c)^2}{a^2} + \frac{(y-d)^2}{b^2} = 1$$

beschrieben werden, wobei M(c; d) der Mittelpunkt der Ellipse ist und a und b die Längen der beiden halben Ellipsenachsen sind (s. „Formeln und Tabellen“, S. 50).

Natürlich erhalten wir auch hier für a = b = r die Gleichung $(x-c)^2 + (y-d)^2 = r^2$ eines Kreises mit dem Radius r und dem Mittelpunkt M(c; d).

F 16

Beispiel F 16:
Gegeben sei eine Ellipse mit dem Mittelpunkt M(3; –2) und den Längen 2a = 8 und 2b = 4 der Ellipsenachsen. Dann ist $\frac{(x-3)^2}{16} + \frac{(y+2)^2}{4} = 1$ eine Gleichung dieser Ellipse. Durch Umformen ergibt sich $(x-3)^2 + 4(y+2)^2 = 16$ bzw. $x^2 + 4y^2 - 6x + 16y + 9 = 0$.
Damit haben wir wie beim Kreis eine quadratische Gleichung mit zwei Variablen erhalten, die auch die gegebene Ellipse beschreibt.

## F 8.3 Tangenten an eine Ellipse

Eine Gerade g und eine Ellipse können *keinen* gemeinsamen Punkt, *genau einen* gemeinsamen Punkt oder *genau zwei* gemeinsame Punkte besitzen. Wie beim Kreis heißt eine Gerade, die mit einer Ellipse genau einen Punkt P gemeinsam hat, *Tangente* an die Ellipse im Punkt P.
Für Ellipsentangenten gilt der folgende Satz, mit dessen Hilfe wir nun in jedem Punkt einer Ellipse die Tangente konstruieren können:

F 17

Satz F 17:
Gegeben seien eine Ellipse mit den Brennpunkten $F_1$ und $F_2$ sowie eine Gerade t, die durch den Ellipsenpunkt P geht. Die Gerade t ist genau dann Tangente an die Ellipse in P, wenn die Senkrechte m auf t in P den Winkel $\sphericalangle F_2PF_1 = \alpha$ halbiert (Fig. F 34).

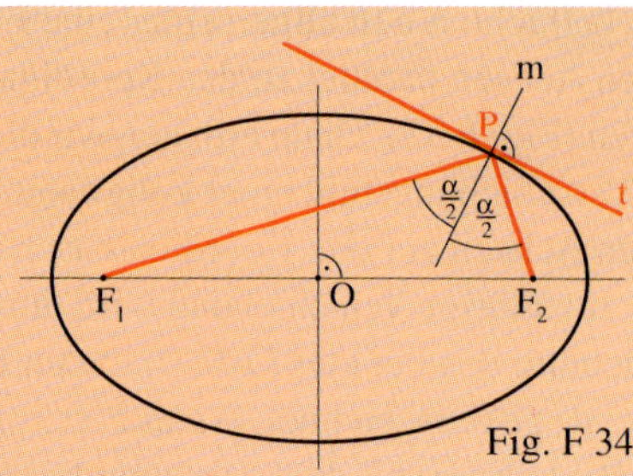

Fig. F 34

F 18

Satz F 18:
Die Tangente in einem Punkt $P(x_1; y_1)$ an eine Ellipse, deren Achsen auf den Koordinatenachsen liegen, hat die Gleichung

$\frac{xx_1}{a^2} + \frac{yy_1}{b^2} = 1$ (s. „Formeln und Tabellen", S. 50).

Auf die Beweise der Sätze F 17 und F 18 wird hier verzichtet.

# F 9 Schnittfiguren eines Kegels

In Definition F 5 lernten wir die Ortsdefinition der Ellipse kennen. Man kann Ellipsen aber auch auf anderem Wege erhalten, nämlich als Schnittfigur eines geraden Kreiskegels mit einer Ebene (Fig. F 35).

Wir stellen dazu einen geraden Kreiskegel auf eine Ebene $\eta$. Der Neigungswinkel der Mantellinien dieses Kegels gegenüber $\eta$ habe die Größe $\alpha$. Nun betrachten wir eine Ebene $\varepsilon$, die den Kegel schneidet und mit $\eta$ einen Neigungswinkel der Größe $\beta$ einschließt. Ist $0° < \beta < \alpha$, so erhalten wir als Schnittfigur eine Ellipse. Daher bezeichnet man Ellipsen auch als *Kegelschnitte.* Natürlich muss gezeigt werden, dass die hier als Schnitt entstandene Kurve auch die Definition F 5 erfüllt. Dieser Nachweis gelingt, indem wir die beiden Kugeln betrachten, die sowohl den Kegel von innen als auch die Schnittebene $\varepsilon$ berühren (Fig. F 36). Diese beiden Kugeln heißen nach dem belgischen Mathematiker PIERRE GERMINAL DANDELIN (1794–1847) *DANDELINsche Kugeln.* Die Berührungspunkte dieser Kugeln mit der Schnittebene sind gerade die Brennpunkte der als Schnittfigur entstandenen Ellipse. Auf einen ausführlichen Nachweis verzichten wir hier allerdings.

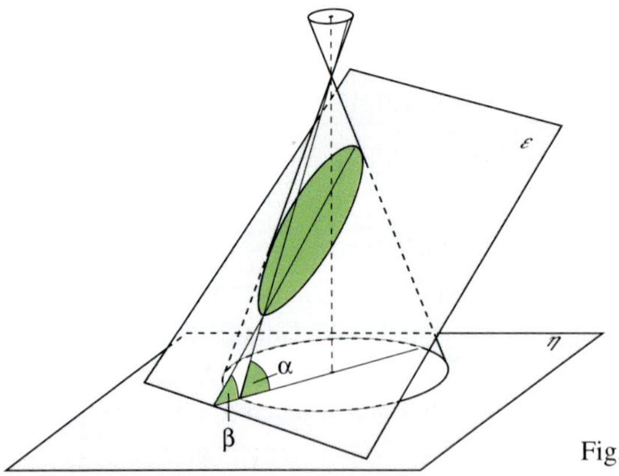

Fig. F 35

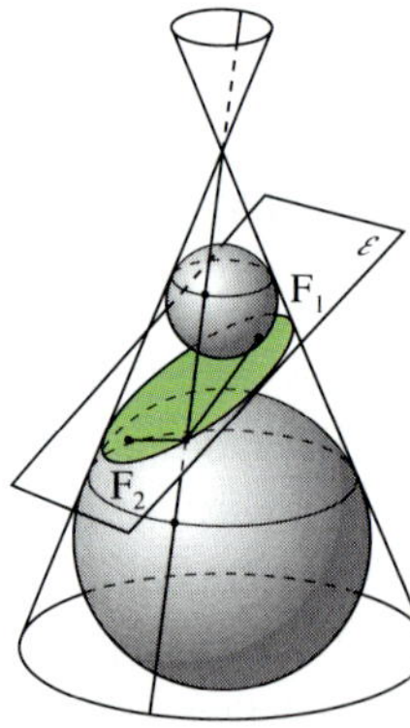

Fig. F 36

Wir betrachten nun zwei Sonderfälle für die Größe des Winkels β:

1. $\beta = 0°$, d. h., die Ebenen ε und η sind parallel. Dann entsteht als Schnittfigur ein Kreis (Fig. F 37). Die beiden DANDELINschen Kugeln berühren die Schnittebene ε in ein und demselben Punkt, dem Mittelpunkt des Kreises.
2. $\beta = \alpha$, d. h., die Ebene ε verläuft parallel zu einer Mantellinie des Kegels. Setzen wir noch voraus, dass ε auch innere Punkte des Kegels enthält, so erhalten wir als Schnittfigur eine *Parabel*, die wir bereits aus früheren Untersuchungen kennen (Fig. F 38) und die im Abschnitt F 11 ausführlicher behandelt wird. In dem Fall $\alpha = \beta$ kann es selbstverständlich nur *eine* DANDELINsche Kugel geben.

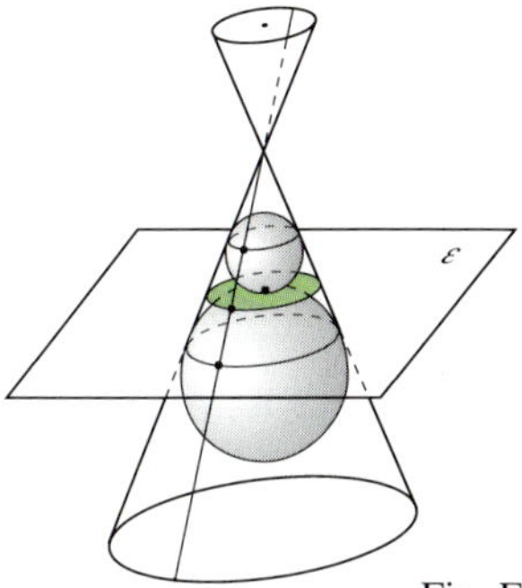

Fig. F 37

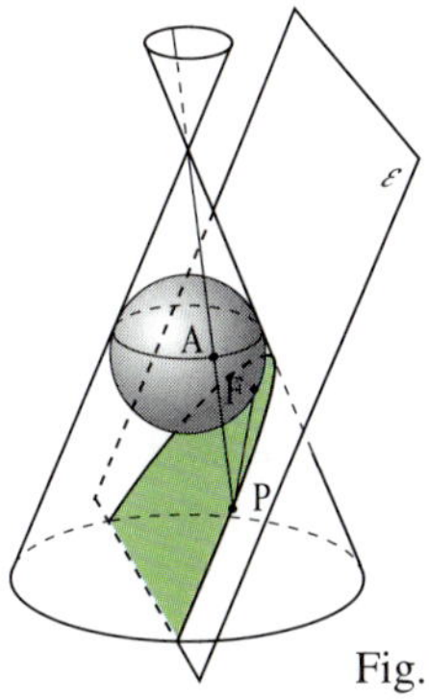

Fig. F 38

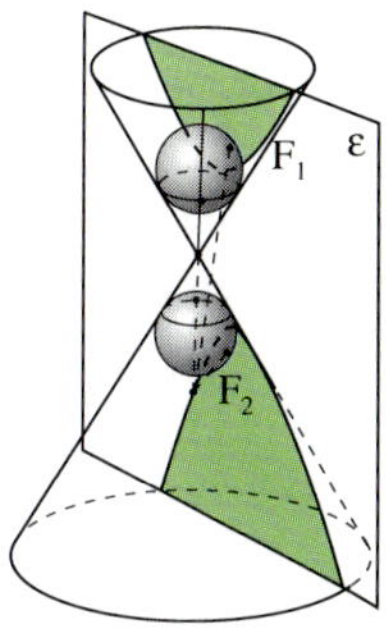

Fig. F 39

Einen weiteren Kegelschnitt erhalten wir schließlich, wenn wir den Fall $\alpha < \beta$ untersuchen (Fig. F 39). Im Unterschied zu den vorhergehenden Fällen schneidet hier die Ebene ε einen Doppelkegel: ε besitzt sowohl mit dem „unteren Teil" als auch mit dem „oberen Teil" dieses Doppelkegels gemeinsame innere Punkte. Der entstandene Kegelschnitt heißt *Hyperbel* und wird im Abschnitt F 10 behandelt.

Wir werden im Folgenden die Hyperbel und die Parabel – wie zuvor in Definition F 5 bereits die Ellipse – mit einer Ortsdefinition erklären. Auf den Nachweis, dass diese Kurven mit denjenigen übereinstimmen, die beim entsprechenden Schnitt eines Kegels entstehen, verzichten wir.

# F 10 Hyperbel

Definition F 6: F 6
Gegeben seien in der Ebene zwei Punkte $F_1$ und $F_2$. Die Menge aller Punkte P der Ebene, für die der Absolutbetrag der Differenz $|\overline{PF_1}| - |\overline{PF_2}|$ ihrer Abstände zu den beiden Punkten $F_1$ und $F_2$ denselben Wert hat, heißt **Hyperbel** mit den *Brennpunkten $F_1$ und $F_2$*.

Analog zur Ellipse erhalten wir aus dieser Definition eine Möglichkeit zur Konstruktion einer Hyperbel:
Gegeben seien die beiden Brennpunkte $F_1$ und $F_2$ sowie eine Strecke $\overline{AB}$, deren Länge dem Absolutbetrag der Differenz $||\overline{PF_1}| - |\overline{PF_2}||$ entspricht (Fig. F 40). Natürlich ist hier $|\overline{AB}| < |\overline{F_1F_2}|$. Nun sei T ein Punkt der Geraden durch A und B, der außerhalb der Strecke $\overline{AB}$ liegt. Wir zeichnen um $F_1$ einen Kreis mit dem Radius $r_1 = |\overline{AT}|$ und um $F_2$ einen Kreis mit dem

Radius $r_2 = |\overline{BT}|$. Wenn diese beiden Kreise einander in zwei Punkten $P_1$ und $P_2$ schneiden, so sind dies zwei Punkte der Hyperbel. Wiederholen wir dieses Verfahren, indem wir um $F_1$ einen Kreis mit dem Radius $r_2$ und um $F_2$ einen Kreis mit dem Radius $r_1$ zeichnen, so erhalten wir zwei weitere Hyperbelpunkte $P_3$ und $P_4$. Durch die Wahl verschiedener Punkte auf der Geraden durch A und B können wir weitere Hyperbelpunkte konstruieren.

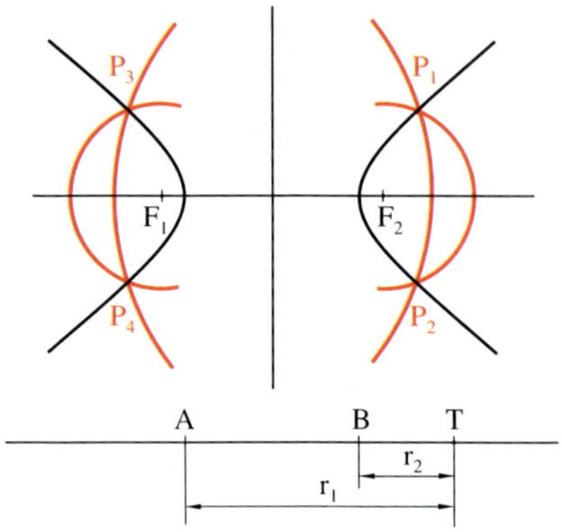

Fig. F 40

Für Hyperbeln gelten dieselben Symmetrieeigenschaften wie für Ellipsen (vgl. Satz F 13):
Jede Hyperbel ist zu der Geraden durch ihre Brennpunkte $F_1$ und $F_2$, zu der Mittelsenkrechten der Strecke $\overline{F_1F_2}$ und damit auch zu deren Schnittpunkt O symmetrisch (Fig. F 41).
Ebenfalls analog zur Ellipse nennt man (bezogen auf die in Fig. F 41 dargestellte Hyperbel)

- den Punkt O auch den *Mittelpunkt der Hyperbel*;
- die Schnittpunkte der Hyperbel mit der Symmetrieachse durch die Punkte $F_1$ und $F_2$ ihre *Scheitel*;
- die Strecke zwischen den beiden Scheiteln *Hauptachse* der Hyperbel (Länge 2a);
- die Länge der Strecke $|\overline{OF_1}| = |\overline{OF_2}| = \frac{1}{2}|\overline{F_1F_2}|$ *lineare Exzentrizität* der Hyperbel (Länge e).

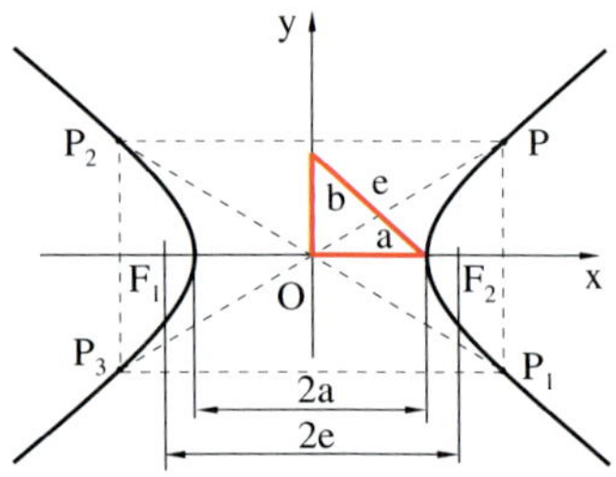

Fig. F 41

Als *Nebenachse* der Hyperbel wird eine Strecke bezeichnet, die symmetrisch zu O auf der Mittelsenkrechten von $\overline{F_1F_2}$ liegt und die Länge 2b mit $b^2 = e^2 - a^2$ hat. Auch wenn die Festlegung einer Nebenachse für eine Hyperbel keine unmittelbare geometrische Bedeutung hat, wird sich dies als sehr nützlich erweisen.

F 17

Beispiel F 17:
Von einer Hyperbel seien die beiden Brennpunkte $F_1$ und $F_2$ mit $|\overline{F_1F_2}| = 8$ cm sowie die konstante Differenz $||\overline{PF_1}| - |\overline{PF_2}|| = 5$ cm gegeben. Es sind die Scheitelpunkte $S_1$ und $S_2$ der Hyperbel zu bestimmen.
Dazu legen wir zwei Punkte $F_1$ und $F_2$ mit dem Abstand 8 cm auf einer Geraden fest (Fig. F 42).

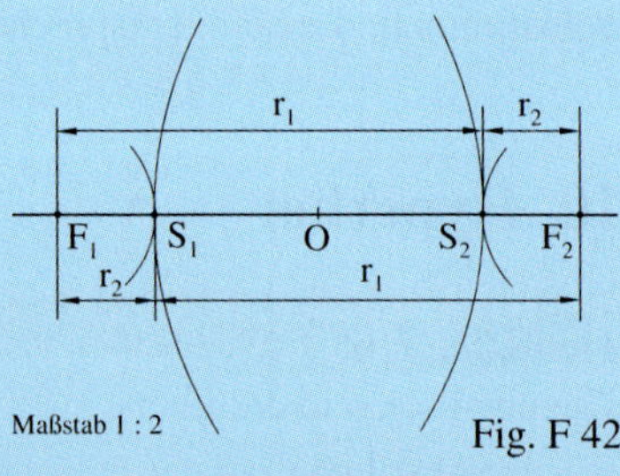

Fig. F 42

$S_1$ und $S_2$ seien die gesuchten Scheitelpunkte. Weil $S_1$ und $S_2$ Hyperbelpunkte auf der Geraden durch $F_1$ und $F_2$ sind, muss es zwei Kreisradien $r_1$ und $r_2$ geben, so dass einerseits der Kreis um $F_1$ mit dem Radius $r_1$ den Kreis um $F_2$ mit dem Radius $r_2$ in $S_2$ berührt und andererseits der Kreis um $F_1$ mit dem Radius $r_2$ den Kreis um $F_2$ mit dem Radius $r_1$ in $S_1$. Der Fig. F 42 entnehmen wir nun, dass
$|\overline{S_1S_2}| = |\overline{F_1S_2}| - |\overline{F_1S_1}| = r_1 - r_2$ ist. Damit ist aber
$|\overline{S_1S_2}| = ||\overline{PF_1}| - |\overline{PF_2}|| = 5$ cm, und die gesuchten Punkte liegen symmetrisch zum Mittelpunkt O der Strecke $\overline{F_1F_2}$ im Abstand von jeweils 2,5 cm.

Auf die Herleitung der analytischen Beschreibung einer Hyperbel soll hier verzichtet werden. Wir geben lediglich das Ergebnis an:

F 19

Satz F 19:
Jede Hyperbel, deren Achsen auf den Achsen eines Koordinatensystems liegen, kann durch die Gleichung

$$\frac{x^2}{a^2} - \frac{y^2}{b^2} = 1$$

beschrieben werden, wobei a und b die Längen der halben Achsen der Hyperbel sind (s. „Formeln und Tabellen", S. 50).

Zu jeder Hyperbel gibt es zwei Geraden mit der Eigenschaft, dass sich die Punkte P(x; y) der Hyperbel für $|x| \to \infty$ diesen Geraden immer mehr annähern (Fig. F 43). Diese Geraden heißen **Asymptoten** der Hyperbel und für sie gilt der folgende Satz:

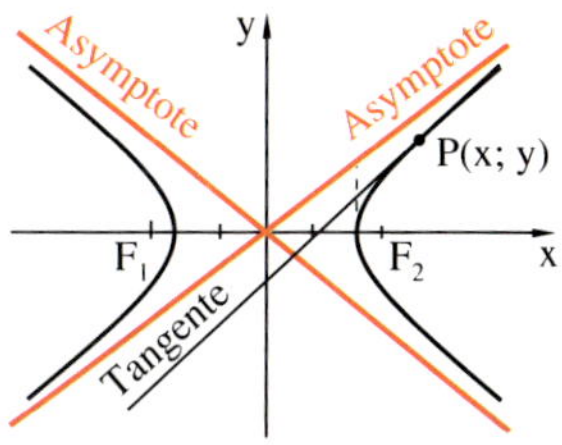

Fig. F 43

F 20

Satz F 20:
Für die Hyperbel mit der Gleichung $\frac{x^2}{a^2} - \frac{y^2}{b^2} = 1$ sind $y = \frac{b}{a}x$ und $y = -\frac{b}{a}x$ die Gleichungen der zugehörigen Asymptoten
(s. „Formeln und Tabellen", S. 50).

Eine Gerade, die mit einer Hyperbel genau einen Punkt gemeinsam hat, heißt **Tangente** an die Hyperbel. Für die analytische Beschreibung einer Hyperbeltangente sei ohne Herleitung in Analogie zu Satz F 18 mitgeteilt:

F 21

Satz F 21:
Ist $P(x_1; y_1)$ ein Punkt der Hyperbel mit der Gleichung $\frac{x^2}{a^2} - \frac{y^2}{b^2} = 1$, so wird die Tangente an die Hyperbel in P durch die Gleichung $\frac{xx_1}{a^2} - \frac{yy_1}{b^2} = 1$ beschrieben
(s. „Formeln und Tabellen", S. 50).

# F 11 Parabel

F 7

Definition F 7:
Gegeben seien in der Ebene ein Punkt F und eine Gerade l, die nicht durch F geht. Die Menge aller Punkte P der Ebene, für die der Abstand zur Geraden l der Entfernung $|\overline{PF}|$ entspricht, heißt **Parabel** mit dem *Brennpunkt* F und der *Leitlinie* l (Fig. F 44).

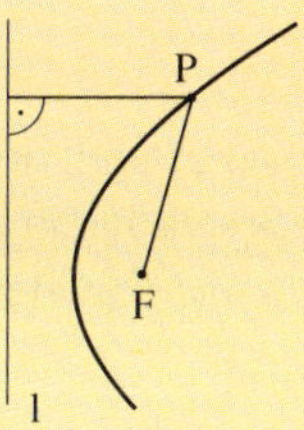

Fig. F 44

Auch hier ergibt sich aus der Definition sofort eine Konstruktionsmöglichkeit für eine Parabel, von welcher der Brennpunkt F und die Leitlinie l gegeben sind (Fig. F 45).

Wir fällen von F das Lot auf l und erhalten den Lotfußpunkt L. O bezeichnet den Mittelpunkt von $\overline{LF}$. Nun zeichnen wir eine Parallele g zu l, die den Strahl schneidet, der in O beginnt und den Punkt F enthält. Diese Parallele habe von l den Abstand r. Der Kreis um F mit dem Radius r schneidet die Parallele g in zwei Parabelpunkten $P_1$ und $P_2$. Wählen wir weitere Parallelen, so erhalten wir auch weitere Parabelpunkte. Es ist klar, dass der Punkt O selbst ein Parabelpunkt ist und zwischen L und O keine Parabelpunkte liegen.

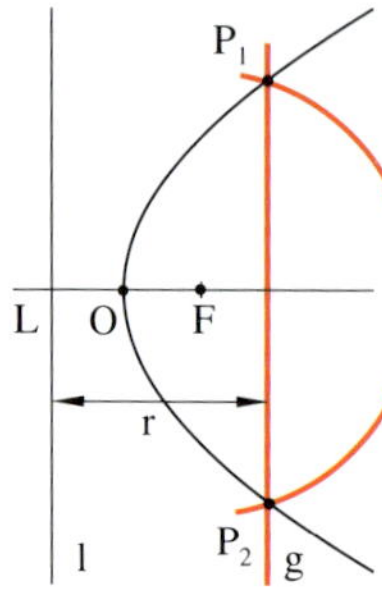

Fig. F 45

Wir führen auch hier noch einige spezielle Bezeichnungen ein:
Der Punkt O heißt der *Scheitel* und die Gerade durch O und F die *Achse* der Parabel. Den Abstand $|\overline{LF}| = p$ bezeichnet man als *Parameter* der Parabel.
Aus der Konstruktion ergibt sich sofort, dass jede Parabel symmetrisch zu ihrer Achse ist.

Um schließlich zur analytischen Beschreibung der Parabel zu kommen, betrachten wir eine spezielle Lage der Parabel im Koordinatensystem: O liege im Ursprung des Koordinatensystems und F auf der positiven x-Achse (Fig. F 46). F hat dann die Koordinaten $F(\frac{p}{2}; 0)$. Ist $P(x; y)$ ein beliebiger Punkt der Parabel, so bezeichnen wir mit U den Lotfußpunkt des Lotes von P auf l und mit V den Lotfußpunkt des Lotes von P auf die x-Achse. Es gilt: $|\overline{PU}| = x + \frac{p}{2}$ und $|\overline{FV}| = |x - \frac{p}{2}|$. Damit folgt wegen $|\overline{UP}| = |\overline{PF}|$ im rechtwinkligen Dreieck FVP die Gleichheit $\sqrt{\left(x - \frac{p}{2}\right)^2 + y^2} = x + \frac{p}{2}$. Durch Quadrieren und Zusammenfassen erhalten wir schließlich $y^2 = 2px$.

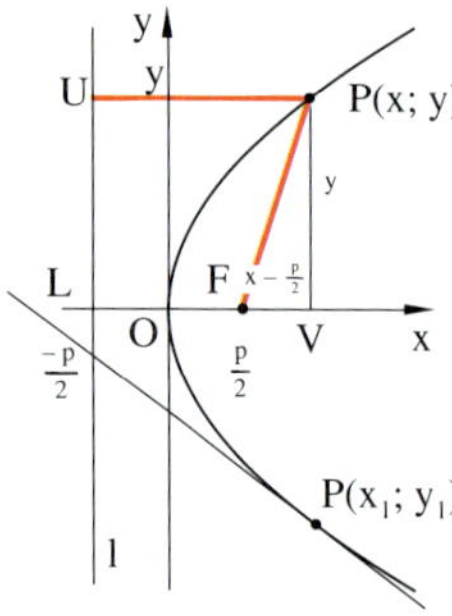

Fig. F 46

**F 22**

Satz F 22:
Ist in einem Koordinatensystem eine Parabel so gegeben, dass der Scheitel im Ursprung liegt und $F(\frac{p}{2}; 0)$ ihr Brennpunkt ist, so kann man diese Parabel durch die Gleichung $y^2 = 2px$ beschreiben
(s. „Formeln und Tabellen“, S. 50).

Für die Gleichung der Tangente in einem Parabelpunkt gilt:

**F 23**

Satz F 23:
Ist $P(x_1; y_1)$ ein Punkt der Parabel mit der Gleichung $y^2 = 2px$, so wird die Tangente an die Parabel in diesem Punkt durch die Gleichung $yy_1 = p(x + x_1)$ beschrieben
(s. „Formeln und Tabellen“, S. 50).

# F 12 Ausblicke auf die räumliche Koordinatengeometrie

Auch für die analytische Geometrie im Raum besitzt ein kartesisches Koordinatensystem große Bedeutung. Gegenüber einem Koordinatensystem in der Ebene kommt hier eine dritte Koordinatenachse hinzu. Einem Punkt werden also durch ein räumliches Koordinatensystem drei Zahlen zugeordnet, und zwar in geordneter Reihenfolge. Es entsteht also ein geordnetes Tripel (x; y; z) reeller Zahlen.

F 8

Definition F 8:
Ein **kartesisches Koordinatensystem im Raum** (Fig. F 47) besteht aus dem Ursprung O und aus der x-, y- und z-Koordinatenachse. Dabei stehen je zwei der Achsen senkrecht aufeinander und die drei Einheitsstrecken sind gleich lang.

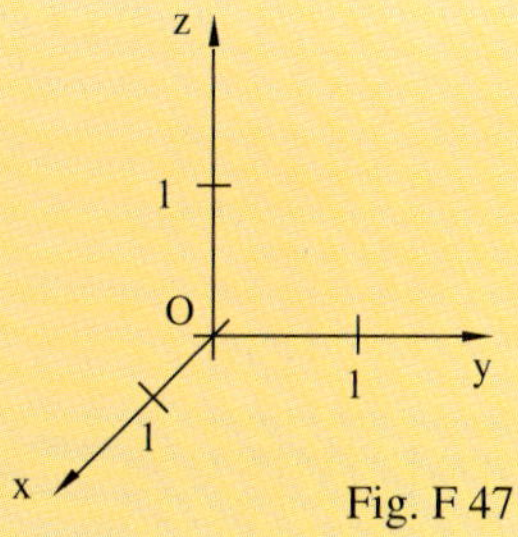

Fig. F 47

In Fig. F 48 ist ein Einheitswürfel mit aufgesetzter Pyramide in einem räumlichen Koordinatensystem dargestellt.

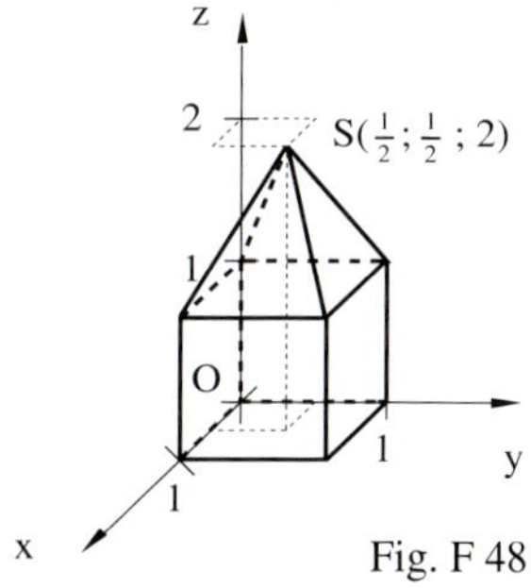

Fig. F 48

Die Berechnung der Länge einer Strecke im Raum und die Bestimmung ihres Mittelpunktes kann in Analogie zum ebenen Fall erfolgen. Man erhält dann:

F 24

Satz F 24:
Für die Länge s der Strecke $\overline{P_1P_2}$ mit $P_1(x_1; y_1; z_1)$ und $P_2(x_2; y_2; z_2)$ als Endpunkten gilt

$$s = |\overline{P_1P_2}| = \sqrt{(x_2 - x_1)^2 + (y_2 - y_1)^2 + (z_2 - z_1)^2}.$$

F 25

Satz F 25:
Der Mittelpunkt M der Strecke $\overline{P_1P_2}$ mit $P_1(x_1; y_1; z_1)$ und $P_2(x_2; y_2; z_2)$ als Endpunkten ist

$$M\left(\frac{x_1 + x_2}{2}; \frac{y_1 + y_2}{2}; \frac{z_1 + z_2}{2}\right).$$

# G Vektorrechnung

## G 1 Vektoren

### G 1.1 Vektoren im Anschauungsraum

In der Physik lernten wir bereits einige wichtige Größen wie Kraft, Geschwindigkeit und Beschleunigung als *vektorielle Größen* kennen. Diese werden im Unterschied etwa zum Begriff Masse nicht allein durch einen Wert, einen *Betrag* beschrieben, sondern für ihre Bestimmung ist außerdem noch die Angabe der *Richtung* ihrer Wirkung (ihrer Wirkungslinie) und des *Richtungssinn*s erforderlich. Diese drei Aspekte von physikalischen vektoriellen Größen führten naturgemäß zur geometrischen Veranschaulichung solcher Größen durch *gerichtete Strecken* (auch *Pfeile* genannt).

G 1

Beispiel G 1: Kraft – eine Grundgröße der Physik
In der Fig. G 1a wird eine Kraft $\vec{F}$, die auf eine Masse wirkt, durch einen Pfeil veranschaulicht. Die Länge des Pfeiles, die Lage auf einer Geraden (Richtung) und der Richtungssinn der Wirkung (Orientierung) beschreiben diese Kraft $\vec{F}$.
In Fig. G 1b ist modellhaft der Sachverhalt dargestellt, dass eine (konstante) Kraft $\vec{F}$ auf eine Masse wirkt, die sich nur auf einer geradlinigen Bahn bewegen kann, wobei die Kraft $\vec{F}$ aber nicht entlang der Bahn wirkt. Man kann sich in einem solchen Fall die Wirkung der Kraft $\vec{F}$ „zerlegt" denken: Ein Teil der Kraft $\vec{F}$ bewirkt eine gleichmäßige Beschleunigung der Masse entlang der Bahn. Der andere Teil der Kraft $\vec{F}$ wirkt – in unserem Fall – auf die obere Wand der Bahn.
In der dritten Situation (Fig. G 1c) wirken auf die Masse zwei gleich große Kräfte $\vec{F_1}$ und $\vec{F_2}$ symmetrisch zur Bahn der Masse. Die in Richtung der Bahn wirkenden Anteile $\vec{F_1}'$ und $\vec{F_2}'$ ergeben zusammen die aus $\vec{F_1}$ und $\vec{F_2}$ resultierende Kraft $\vec{F}$. Die auf die Wände der Bahn wirkenden Kräfte $\vec{F_1}''$ und $\vec{F_2}''$ heben sich hier gegenseitig auf.

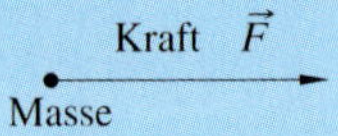


Fig. G 1a

Fig. G 1b

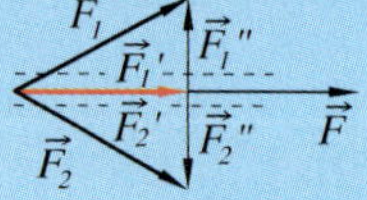


Fig. G 1c

G 2

Beispiel G 2:
Die Oberleitung einer Straßenbahn soll an einer Straßengabelung durch eine Dreipunktaufhängung gehalten werden.
In Fig. G 2 ist dieser Sachverhalt durch die Einordnung der dafür benötigten Punkte P, $P_1$, $P_2$ und $P_3$ in ein geeignet gewähltes Koordinatensystems dargestellt. Für eine vorgegebene Kraft, die in P angreift und in Richtung der negativen z-Achse wirkt, liegt somit ein mathematisches Modell für die Berechnung der auf die Aufhängepunkte $P_1$, $P_2$ und $P_3$ wirkenden Kräfte $\vec{F_1}$, $\vec{F_2}$ und $\vec{F_3}$ vor.

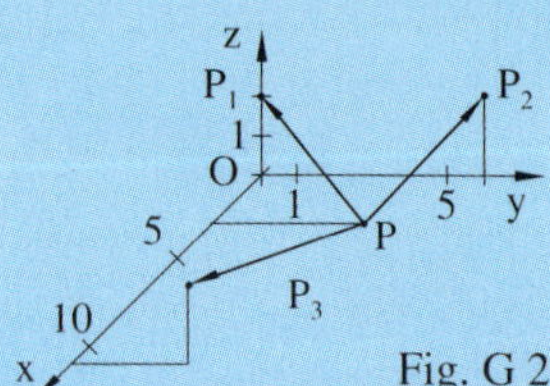


Fig. G 2

Um in der Geometrie mit gerichteten Strecken (Pfeilen) rechnen zu können, ist es nützlich, Verschiebungen der Ebene (oder des Raumes) genauer zu betrachten (vgl. Fig. G 3).

Wir wissen: Alle Verschiebungspfeile ein und derselben Verschiebung sind gleich lang, verlaufen zueinander parallel und zeigen in dieselbe Richtung (sind also gleich orientiert). Jede Verschiebung ist demzufolge bereits durch einen ihrer Verschiebungspfeile eindeutig bestimmt.

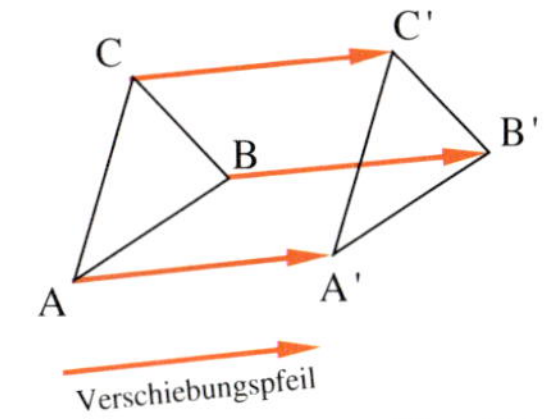


Fig. G 3

Man nennt nun die Menge aller Pfeile einer Verschiebung *Verschiebungsvektor* oder kurz *Vektor.* Damit kann auch eine Verschiebung selbst als Vektor angesehen werden. Dieser durch Pfeile einer Verschiebung der Ebene oder des Raumes zunächst einmal anschaulich erfasste Vektorbegriff prägt die analytische Geometrie und ist nützlich für das Modellieren und Lösen praktischer Probleme, wie etwa das Beispiel G 2 bereits zeigte. Dazu sei noch angemerkt, dass man bei einer Kraft von dem Anfangspunkt (ihrem Angriffspunkt) abstrahiert und wie bei einer Verschiebung die *Menge aller Pfeile, die gleich lang, zueinander parallel und gleich gerichtet* sind, vor Augen hat.

Wir fassen zusammen:

**G 1**

Definition G 1:
Unter einem **Vektor** verstehen wir die Menge aller Pfeile, die gleich lang, zueinander parallel und gleich gerichtet sind.
Ein einzelner *Pfeil* aus dieser Menge heißt *Repräsentant* des Vektors.

Wir treffen Festlegungen für Sprechweisen und Bezeichnungen:
Vektoren bezeichnen wir mit $\vec{a}$, $\vec{b}$, $\vec{c}$, …, $\vec{u}$, $\vec{v}$, $\vec{w}$, …
Pfeile, wie in Fig. G 4, *stellen* Vektoren *dar, repräsentieren* sie.
$\vec{a}$ beschreibt also die Menge aller Pfeile $\overrightarrow{AB}$, $\overrightarrow{CD}$, … bzw. die Verschiebung, die A in B, C in D, … überführt. Da aber bereits *ein* Pfeil, etwa $\overrightarrow{AB}$, die Menge *aller* zu $\overrightarrow{AB}$ gleich langen, parallelen und gleich orientierten Pfeile eindeutig bestimmt, unterscheiden wir nicht zwischen dem Vektor $\vec{a}$ und einem seiner Repräsentanten. Gelegentlich ist es dann auch zweckmäßig, in der Bezeichnung diese Gleichsetzung vorzunehmen:
$\vec{a} = \overrightarrow{AB} = \overrightarrow{CD} = \ldots$

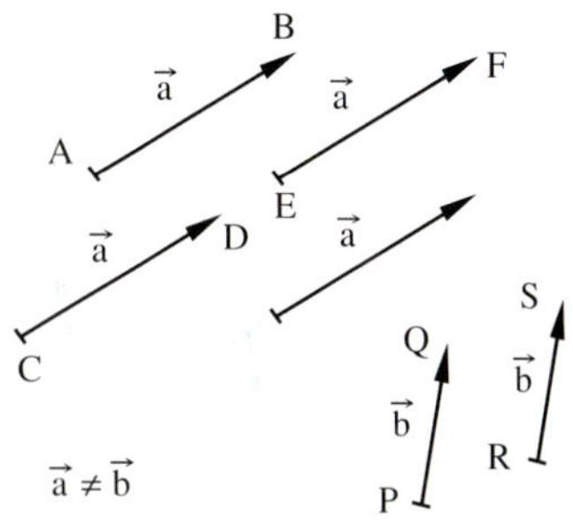


Fig. G 4

## G 1.2 Addition von Vektoren

Um mit Vektoren rechnen zu können, definieren wir die Addition von Vektoren und geben dafür Rechengesetze an.
Das bekannte Kräfteparallelogramm, nach dem aus zwei Kräften $\vec{F_1}$ und $\vec{F_2}$ die resultierende Kraft $\vec{F}$ konstruiert wird, lässt sich als Muster für die Addition von Vektoren allgemein ansehen. Dabei könnte man die Addition zweier Kräfte auch so verstehen, dass diese beiden Kräfte „nacheinander wirken" (vgl. Fig. G 5).
Ausgehend davon, dass Verschiebungen in der Ebene bzw. im Raum Vektoren sind, wollen wir festlegen:

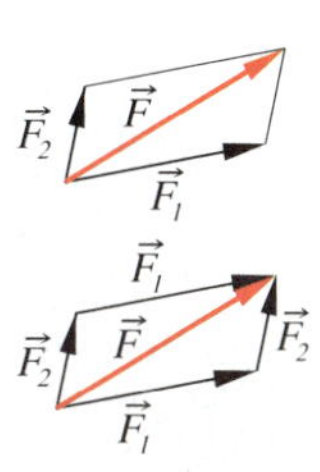

Fig. G 5

G 2

Definition G 2:
Die **Addition zweier Vektoren** bedeutet die Nacheinanderausführung der sie beschreibenden Verschiebungen. Das Resultat ist stets wieder durch *eine* Verschiebung beschreibbar.

In Fig. G 6 ist die Summe der Vektoren $\vec{a}$ und $\vec{b}$ der Vektor $\vec{c}$, also $\vec{a} + \vec{b} = \vec{c}$, wobei mit $\vec{a} = \overrightarrow{AB}$, $\vec{b} = \overrightarrow{CD}$ der Summenvektor $\vec{c} = \overrightarrow{AP}$ mit $\overrightarrow{BP} = \overrightarrow{CD}$ ist.

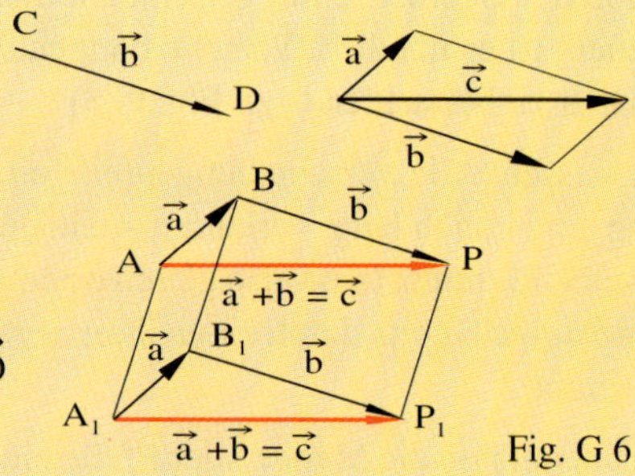

Fig. G 6

Wie Fig. G 6 zeigt, ist die Definition der Addition zweier Vektoren offensichtlich unabhängig von der Wahl der konkreten Pfeile (der Repräsentanten der Vektoren).
Der Summenvektor $\vec{c}$ kann auch als eine gerichtete Diagonale in einem von den Vektoren $\vec{a}$ und $\vec{b}$ aufgespannten Parallelogramm veranschaulicht werden (Standardfigur in Fig. G 6).
*Rechengesetze für die Vektoraddition* lassen sich wegen der beliebigen Wahl der Pfeilrepräsentanten leicht geometrisch begründen. Fig. G 7 und Fig. G 8 zu den folgenden Regeln sind dabei jeweils als Repräsentationen des allgemeinen Falls zu verstehen (vgl. auch „Formeln und Tabellen", S. 51).

G 1

Satz G 1: **Kommutativgesetz der Addition von Vektoren**
Für alle Vektoren $\vec{a}$ und $\vec{b}$ gilt

$\vec{a} + \vec{b} = \vec{b} + \vec{a}$.

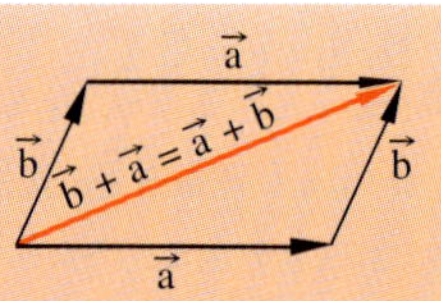
Fig. G 7

G 2

Satz G 2: **Assoziativgesetz der Addition von Vektoren**
Für alle Vektoren $\vec{a}$, $\vec{b}$ und $\vec{c}$ gilt

$(\vec{a} + \vec{b}) + \vec{c} = \vec{a} + (\vec{b} + \vec{c})$.

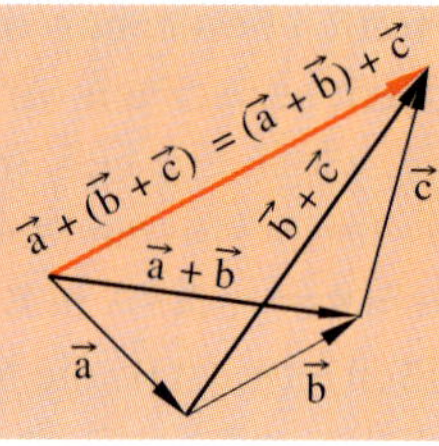
Fig. G 8

Da die Vektoraddition assoziativ ist, wir also beliebig Klammern setzen dürfen, können wir diese auch weglassen: $(\vec{a} + \vec{b}) + \vec{c} = \vec{a} + (\vec{b} + \vec{c}) = \vec{a} + \vec{b} + \vec{c}$
Wie bei der Addition von Zahlen existiert auch für die Vektoraddition ein neutrales Element, der Nullvektor $\vec{o}$. Es gilt $\vec{a} + \vec{o} = \vec{a}$.

G 3

Definition G 3:
Der **Nullvektor** $\vec{o}$ beschreibt die identische Abbildung in der Menge der Verschiebungen.

Man kann sich den Nullvektor auch dadurch erzeugt denken, dass zu einem Vektor $\vec{a}$ der zu ihm *entgegengesetzte Vektor* $-\vec{a}$ addiert wurde (vgl. Fig. G 9): $\vec{a} + (-\vec{a}) = \vec{o}$.

G 4

Definition G 4:
Den zu $\vec{a}$ **entgegengesetzten Vektor** $-\vec{a}$ erhält man, indem man die Orientierung von $\vec{a}$ umkehrt: Wenn $\vec{a} = \overrightarrow{AB}$, dann $-\vec{a} = \overrightarrow{BA} = \overrightarrow{AB'}$, wobei B und B′ symmetrisch zu A liegen.

Nun kann auch die Differenz $\vec{a} - \vec{b}$ von Vektoren $\vec{a}$ und $\vec{b}$ erklärt werden:

G 5

Definition G 5:
Ein Vektor $\vec{b}$ wird von einem Vektor $\vec{a}$ **subtrahiert**, indem man den zu ihm entgegengesetzten Vektor $(-\vec{b})$ zu $\vec{a}$ addiert: $\vec{a} - \vec{b} = \vec{a} + (-\vec{b})$ (Fig. G 10).

In Fig. G 11 werden nochmals die Summe $\vec{a} + \vec{b}$ und die Differenz $\vec{a} - \vec{b}$ der Vektoren $\vec{a}$ und $\vec{b}$ durch Pfeile veranschaulicht.

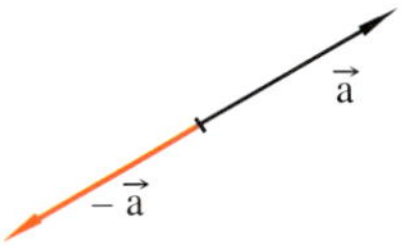

Fig. G 9

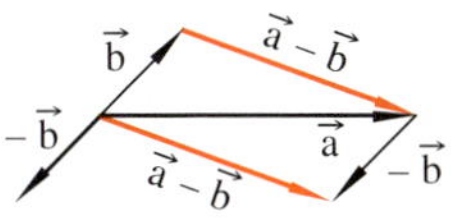

Fig. G 10

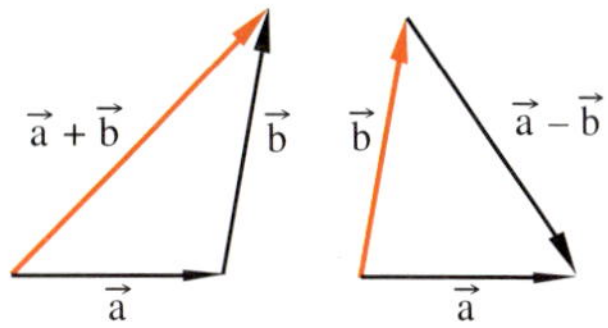

Fig. G 11

## G 1.3 Vervielfachung von Vektoren

Verdopplung einer Geschwindigkeit oder Halbierung einer Kraft sind Beispiele für Vorgänge, die sich durch die Multiplikation eines gegebenen Vektors mit einer reellen Zahl beschreiben lassen. Wie die Fig. G 12 veranschaulicht, ist der Ausgangspunkt hierfür die Addition von Vektoren.

G 6

Definition G 6:
Das **Produkt $r\vec{a}$ eines Vektors $\vec{a}$ mit einer reellen Zahl r** ist ein Vektor mit folgenden (in Bezug auf $\vec{a}$ formulierten) Eigenschaften:

| | $r\vec{a}$ im Vergleich zu $\vec{a}$ |
|---|---|
| $r > 0$ | gleich gerichtet, r-fache Länge |
| $r < 0$ | entgegengesetzt gerichtet, $\lvert r \rvert$-fache Länge |
| $r = 0$ | $0\vec{a} = \vec{o}$ |

(Für r = 1 erhält man $1\vec{a} = \vec{a}$.)

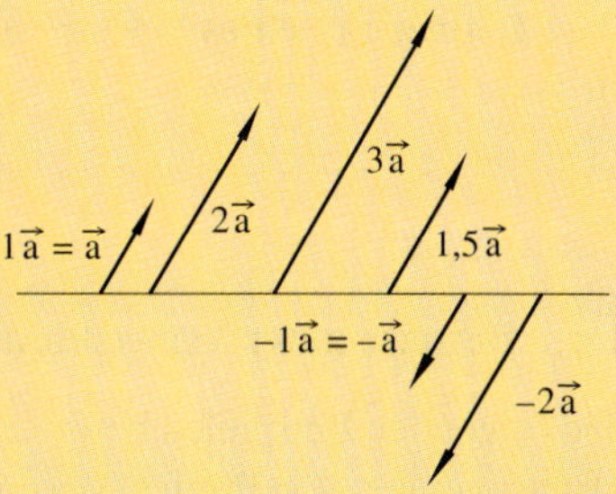

Fig. G 12

G 3

Beispiel G 3:
Betrachtet wird eine zentrische Streckung mit dem Zentrum Z und einem Streckungsfaktor $k \in \mathbb{R}$.
Im Ergebnis der zentrischen Streckung erhalten wir aus dem Vektor $\vec{a}$ (dargestellt durch den Pfeil $\overrightarrow{AB}$) den Vektor $k\vec{a} = \overrightarrow{A'B'}$ (Fig. G 13).

a) $k > 0$ Fig. G 13 b) $k < 0$

G 4

Beispiel G 4:
Fig. G 14 zeigt, wie man mit Hilfe von Strahlensätzen für einen Vektor $\vec{a} \neq \vec{o}$ die Vektoren $s\vec{a}$, $r(s\vec{a})$ und $(rs)\vec{a}$ ($r, s \in \mathbb{R}$, $r > 0$, $s > 0$) konstruieren kann. Hierzu bestimmen wir durch eine Teilfigur unterhalb des Zahlenstrahls konstruktiv das Produkt rs.
Die Fig. G 14 begründet das Rechengesetz $r(s\vec{a}) = (rs)\vec{a}$ für den Fall $r > 0$, $s > 0$ und $\vec{a} \neq \vec{o}$. Mit abgewandelten Figuren kann man sich auch die weiteren im folgenden Satz genannten Gesetze verdeutlichen.

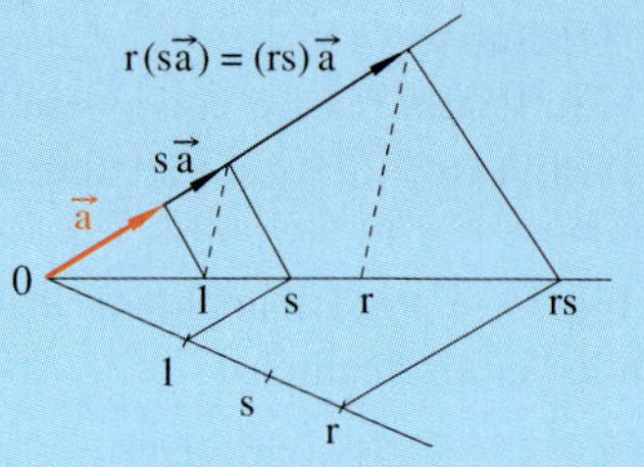

Fig. G 14

G 3

Satz G 3:
Für alle reellen Zahlen r und s sowie für alle Vektoren $\vec{a}$ und $\vec{b}$ gilt:

$r(s\vec{a}) = (rs)\vec{a}$ $\qquad$ $(r + s)\vec{a} = r\vec{a} + s\vec{a}$ $\qquad$ $r(\vec{a} + \vec{b}) = r\vec{a} + r\vec{b}$

(s. „Formeln und Tabellen“, S. 51).

Ergänzende Regeln sind:

* Aus $r\vec{a} = \vec{o}$ folgt $r = 0$ oder $\vec{a} = \vec{o}$ $\qquad$ * $r(-\vec{a}) = (-r)\vec{a} = -(r\vec{a})$

G 7

Definition G 7:
Der **Betrag $|\vec{a}|$ eines Vektors $\vec{a}$** ist gleich der Länge der Strecke $\overline{AB}$ für einen beliebigen Repräsentanten $\overrightarrow{AB}$ von $\vec{a}$. Gilt also $\vec{a} = \overrightarrow{AB}$, so ist $|\vec{a}| = |\overline{AB}|$. Im Fall $|\vec{a}| = 1$ nennt man $\vec{a}$ *Einheitsvektor* (s. „Formeln und Tabellen“, S. 51).

## G 1.4 Beweise unter Verwendung von Vektoren

In den folgenden Beispielen beweisen wir Sätze der ebenen Geometrie *vektoriell*. Neben einer Figur mit Eintragungen von Pfeilen/Vektoren erfassen wir jeweils die *Voraussetzungen* des Satzes mit Hilfe von Vektoren, notieren mit Vektoren die Behauptung und schließen auf dieser Basis den Beweis an.

G 5

Beispiel G 5:
Man beweise: Die Verbindungsstrecke der Mittelpunkte zweier Dreiecksseiten ist zur dritten Seite parallel und halb so lang wie diese.
Voraussetzungen (Fig. G 15):
$\vec{a} + \vec{b} + \vec{c} = \vec{o}$; $\quad \overrightarrow{BB'} = \overrightarrow{B'C} = \frac{1}{2}\vec{a}$; $\quad \overrightarrow{CA'} = \overrightarrow{A'A} = \frac{1}{2}\vec{b}$

Behauptung: $\overrightarrow{A'B'} = \frac{1}{2}\vec{c}$

Beweis: $\overrightarrow{A'B'} = -\frac{1}{2}\vec{b} + (-\frac{1}{2}\vec{a}) = -\frac{1}{2}(\vec{b} + \vec{a}) = -\frac{1}{2}(\vec{a} + \vec{b})$

Mit $\vec{a} + \vec{b} = -\vec{c}$ folgt $\overrightarrow{A'B'} = -\frac{1}{2}(-\vec{c}) = \frac{1}{2}\vec{c}$.

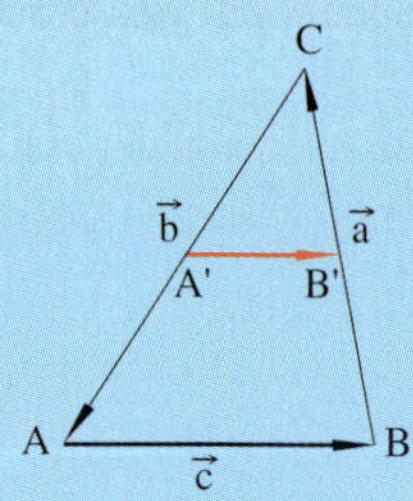

Fig. G 15

Beispiel G 6: G 6

Man beweise: Im Trapez ist die Mittellinie parallel zu den Grundseiten und halb so groß wie deren Summe.

Voraussetzungen (Fig. G 16):

$\vec{a} + \vec{b} - \vec{c} - \vec{d} = \vec{o}$; $\vec{a} = s\vec{c}$ (Parallelität); $\overrightarrow{AE} = \frac{1}{2}\vec{d}$; $\overrightarrow{BF} = \frac{1}{2}\vec{b}$

Behauptung: $\vec{e} = \frac{1}{2}(\vec{a} + \vec{c})$

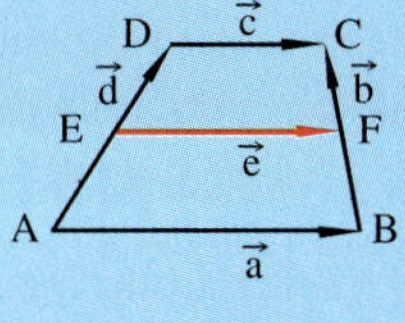


Fig. G 16

Beweis: Die Vierecke ABFE und EFCD sind Teilfiguren des Trapezes.

Es gilt $\vec{a} + \frac{1}{2}\vec{b} - \vec{e} - \frac{1}{2}\vec{d} = \vec{o}$; $\vec{e} + \frac{1}{2}\vec{b} - \vec{c} - \frac{1}{2}\vec{d} = \vec{o}$.

Daraus folgt $\vec{e} = \vec{a} + \frac{1}{2}\vec{b} - \frac{1}{2}\vec{d}$ bzw. $\vec{e} = \vec{c} + \frac{1}{2}\vec{d} - \frac{1}{2}\vec{b}$.

Addiert man die letzten beiden Gleichungen und dividiert die Summe durch 2, so ergibt sich $\vec{e} = \frac{1}{2}(\vec{a} + \vec{c})$.

## G 1.5 Linearkombination von Vektoren und Komponentenzerlegung

Wir greifen noch einmal auf Fig. G 16 im Beispiel G 6 zurück. Hier sind $\vec{a}$ und $\vec{c}$ „parallele Vektoren" – die zugehörigen Pfeile liegen auf parallelen Geraden.

Definition G 8: G 8

Ein Vektor $\vec{a}$ ist genau dann zu einem Vektor $\vec{b}$ **parallel** ($\vec{a} \parallel \vec{b}$), wenn es eine reelle Zahl r mit $\vec{a} = r\vec{b}$ gibt (Fig. G 17).

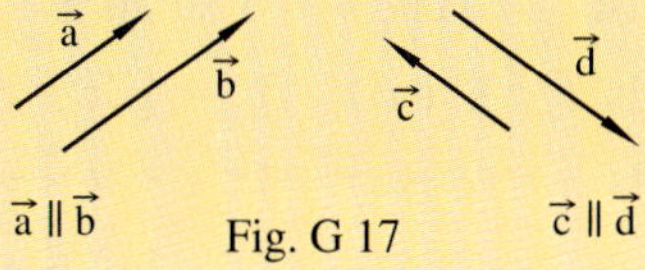


Fig. G 17

Für das Trapez in Fig. G 16 gilt $\vec{a} + \vec{b} - \vec{c} - \vec{d} = \vec{o}$ bzw. $\vec{b} = \vec{c} + \vec{d} - \vec{a}$ (*).

Wegen der Parallelität von $\vec{a}$ und $\vec{c}$ gibt es eine reelle Zahl s mit $\vec{a} = s\vec{c}$.

Setzt man für $\vec{a}$ in Gleichung (*) $s\vec{c}$ ein, so ergibt sich $\vec{b} = \vec{c} + \vec{d} - s\vec{c} = (1 - s)\vec{c} + \vec{d}$ (**).

Man sagt zu (*), dass $\vec{b}$ eine *Linearkombination* der Vektoren $\vec{c}$, $\vec{d}$ und $\vec{a}$ ist. In (**) steht $\vec{b}$ als Linearkombination von $\vec{c}$ und $\vec{d}$. Wir definieren:

Definition G 9: G 9

Der Vektor $\vec{b}$ heißt **Linearkombination der Vektoren** $\vec{a}_1, \vec{a}_2, \ldots, \vec{a}_n$, wenn $\vec{b} = r_1\vec{a}_1 + r_2\vec{a}_2 + \ldots + r_n\vec{a}_n$ für reelle Zahlen $r_1, r_2, \ldots, r_n$ gilt.
$r_1, r_2, \ldots, r_n$ heißen die *Koeffizienten der Linearkombination.*

Fig. G 18 zeigt ein Beispiel für eine Linearkombination von Vektoren.

Es gilt hier: $\vec{b} = 2\vec{a}_1 - 3\vec{a}_2 + 1{,}5\vec{a}_3 + 4{,}5\vec{a}_4$

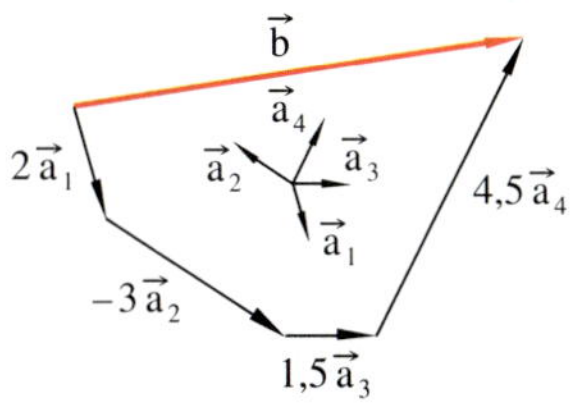


Fig. G 18

G 7

Beispiel G 7:
Gegeben seien in der Ebene zwei vom Nullvektor $\vec{o}$ verschiedene und nicht parallele Vektoren $\vec{a}_1$ und $\vec{a}_2$ (vgl. Fig. G 19). Der in Fig. G 19 durch einen Pfeil angegebene Vektor $\vec{b}$ kann dann nach Einzeichnen von Parallelen in Richtung von $\vec{a}_1$ bzw. $\vec{a}_2$ als Linearkombination von $\vec{a}_1$ und $\vec{a}_2$ geschrieben werden:

$\vec{b} = 0{,}5\vec{a}_1 + 2\vec{a}_2$.

Analog erkennt man:

$\vec{c} = -2{,}5\,\vec{a}_1 + 1{,}5\vec{a}_2$ $\qquad$ $\vec{d} = -2\vec{a}_1 + 3{,}5\vec{a}_2$

Der Vektor $\vec{e}$ ist allein ein Vielfaches des Vektors $\vec{a}_2$: $\vec{e} = -1{,}5\vec{a}_2$

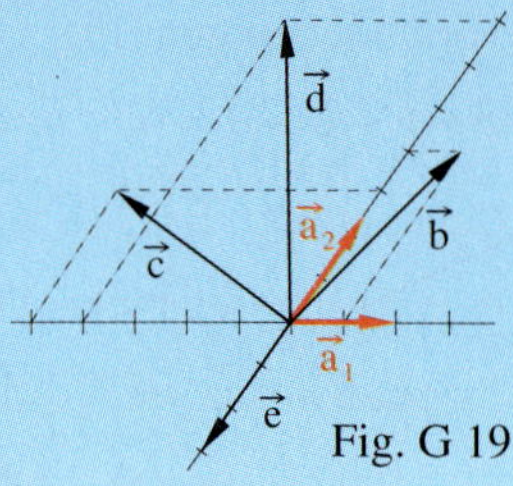

Fig. G 19

Ausgehend von obigen Beispielen stellen wir fest:
- Mittels der nicht parallelen Vektoren $\vec{a}_1$ und $\vec{a}_2$ ($\vec{a}_1, \vec{a}_2 \neq \vec{o}$) können alle Vektoren der Ebene linear kombiniert werden.
- Die Darstellung (Zerlegung) eines Vektors der Ebene als Linearkombination von $\vec{a}_1$ und $\vec{a}_2$ ist eindeutig.

Für einen beliebigen, aus vorgegebenen nicht parallelen Vektoren $\vec{a}_1$ und $\vec{a}_2$ ($\vec{a}_1, \vec{a}_2 \neq \vec{o}$) linear kombinierten Vektor $\vec{b} = r_1\vec{a}_1 + r_2\vec{a}_2$ (vgl. Fig. G 20) können wir folgende Feststellungen treffen:

1. Ist $r_1 \neq 0$ und $r_2 = 0$, so gilt $\vec{b} \parallel \vec{a}_1$ und $\vec{b} \neq \vec{o}$.
2. Ist $r_1 = 0$ und $r_2 \neq 0$, so gilt $\vec{b} \parallel \vec{a}_2$ und $\vec{b} \neq \vec{o}$.
3. Ist $r_1 = 0$ und $r_2 = 0$, so gilt $\vec{b} = \vec{o}$.
4. Ist $r_1 \neq 0$ und $r_2 \neq 0$, so gilt $\vec{b} \neq \vec{o}$.

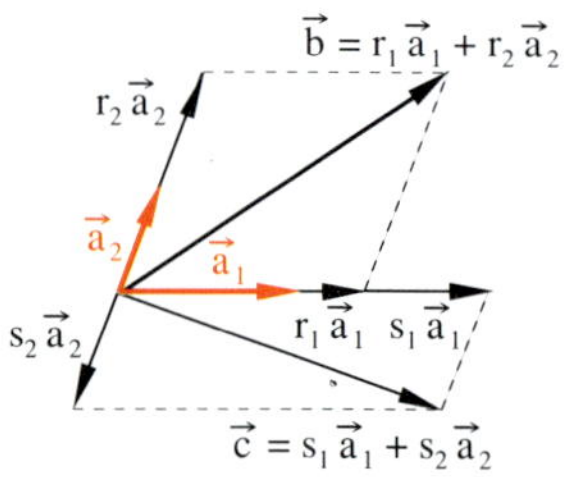

Fig. G 20

Aus der Aufzählung entnehmen wir: Gilt für nicht parallele Vektoren $\vec{a}_1$ und $\vec{a}_2$ ($\vec{a}_1, \vec{a}_2 \neq \vec{o}$) der Ebene $r_1\vec{a}_1 + r_2\vec{a}_2 = \vec{o}$, so folgt daraus $r_1 = r_2 = 0$.
Da in der Ebene jeder Vektor mittels $\vec{a}_1$ und $\vec{a}_2$ linear kombiniert werden kann, gibt es *keine* drei Vektoren, für die aus $r_1\vec{a}_1 + r_2\vec{a}_2 + r_3\vec{a}_3 = \vec{o}$ auf $r_1 = r_2 = r_3 = 0$ geschlossen werden kann: Sind in der Ebene zwei Vektoren von $\vec{o}$ verschieden und nicht parallel, so kann ein dritter stets aus diesen linear kombiniert werden.
Diese Überlegungen führen uns auf den Begriff der linearen Abhängigkeit bzw. linearen Unabhängigkeit von Vektoren.

G 10

Definition G 10:
Vektoren $\vec{a}_1, \vec{a}_2, \ldots, \vec{a}_n$ heißen **linear unabhängig**, wenn aus $r_1\vec{a}_1 + r_2\vec{a}_2 + \ldots + r_n\vec{a}_n = \vec{o}$ stets $r_1 = r_2 = \ldots = r_n = 0$ folgt. Gibt es dagegen reelle Zahlen $r_1, r_2, \ldots, r_n$, die *nicht* alle gleich 0 sind, so dass $r_1\vec{a}_1 + r_2\vec{a}_2 + \ldots + r_n\vec{a}_n = \vec{o}$ gilt, so nennt man die Vektoren $\vec{a}_1, \vec{a}_2, \ldots, \vec{a}_n$ **linear abhängig**.

Aus den obigen Betrachtungen über Vektoren in der Ebene ergibt sich damit:

G 4

Satz G 4:
In der Ebene sind zwei Vektoren $\vec{a}_1$ und $\vec{a}_2$ genau dann linear unabhängig, wenn $\vec{a}_1 \neq \vec{o}$, $\vec{a}_2 \neq \vec{o}$ und $\vec{a}_1 \nparallel \vec{a}_2$ gilt.

Es können in der Ebene maximal jeweils zwei Vektoren linear unabhängig sein – jeder hinzukommende dritte Vektor ließe sich aus diesen beiden linear kombinieren. Wegen der eindeutigen Darstellbarkeit jedes Vektors der Ebene als Linearkombination zweier gegebener linear unabhängiger Vektoren kommt man zu folgender Definition:

Definition G 11: **G 11**
Sind $\vec{a}_1$ und $\vec{a}_2$ linear unabhängige Vektoren der Ebene, so heißt die Menge $\{\vec{a}_1, \vec{a}_2\}$ eine **Basis** für die Vektoren der Ebene. In der Darstellung $\vec{b} = r_1\vec{a}_1 + r_2\vec{a}_2$ eines Vektors $\vec{b}$ bezeichnet man
- $r_1$ und $r_2$ als die **Koordinaten von $\vec{b}$ bezüglich $\{\vec{a}_1, \vec{a}_2\}$** und
- die Vektoren $r_1\vec{a}_1$ und $r_2\vec{a}_2$ als die **Komponenten des Vektors $\vec{b}$ bezüglich $\{\vec{a}_1, \vec{a}_2\}$**.

Sind die Vektoren $\vec{b}$ und $\vec{c}$ bezüglich einer Basis $\{\vec{a}_1, \vec{a}_2\}$ dargestellt (vgl. Fig. G 20), gilt also

$$\vec{b} = r_1\vec{a}_1 + r_2\vec{a}_2; \quad \vec{c} = s_1\vec{a}_1 + s_2\vec{a}_2,$$

so ergeben sich aufgrund der Rechengesetze über Vektoren folgende Regeln:

$$\vec{b} + \vec{c} = (r_1\vec{a}_1 + r_2\vec{a}_2) + (s_1\vec{a}_1 + s_2\vec{a}_2) = (r_1 + s_1)\vec{a}_1 + (r_2 + s_2)\vec{a}_2$$

$$t\vec{b} = t(r_1\vec{a}_1 + r_2\vec{a}_2) = (tr_1)\vec{a}_1 + (tr_2)\vec{a}_2$$

Das heißt: Ermitteln wir die Summe $\vec{b} + \vec{c}$, so addieren sich die Koordinaten bezüglich einer Basis; bilden wir das Produkt $t\vec{b}$ ($t \in \mathbb{R}$), so werden die Koordinaten mit t multipliziert. Im Beispiel G 7 (vgl. Fig. G 19) ergibt $\vec{b} + \vec{c}$ durch Addition der entsprechenden Koordinaten von $\vec{b}$ und $\vec{c}$ gerade den Vektor $\vec{d}$.

## G 1.6 Basen und Koordinatensysteme

Für die Entwicklung der analytischen Geometrie in der Ebene bzw. im Anschauungsraum ist es erforderlich, einen Zusammenhang zwischen Punkten und Vektoren herzustellen.
Ist $\{\vec{a}_1, \vec{a}_2\}$ eine Basis für die Vektoren der Ebene, so ist jeder Vektor $\vec{b} = r_1\vec{a}_1 + r_2\vec{a}_2$ durch seine Koordinaten $r_1$ und $r_2$ beschrieben. Man kann nun durch Auszeichnung eines beliebigen Punktes O, der als *Ursprung* bezeichnet wird, jedem Punkt P der Ebene eindeutig den Vektor $\vec{p} = \overrightarrow{OP}$ und umgekehrt jedem Vektor $\vec{a}$ eindeutig den Punkt A mit $\vec{a} = \overrightarrow{OA}$ zuordnen (Fig. G 21).
Vektoren, die zur Beschreibung von Punkten bezüglich eines Ursprungs O benutzt werden, nennt man Ortsvektoren dieser Punkte bezüglich O, kurz auch *Ortsvektoren*.

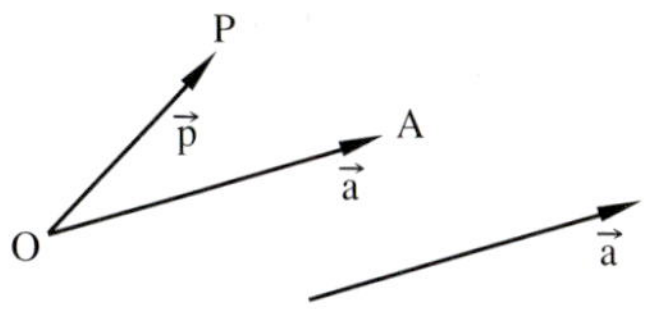

Fig. G 21

Die Verbindung der Begriffe *„Basis für die Vektoren der Ebene (des Raumes)"* und *„Ursprung"* führt uns zu einem allgemeinen (und gegenüber Definition F 1 verallgemeinerten) Begriff des *Koordinatensystems*.

Definition G 12: **G 12**
Ein (allgemeines) **Koordinatensystem** der Ebene besteht aus einem fest gewählten Punkt O als Ursprung und einer Basis $\{\vec{a}_1, \vec{a}_2\}$ für die Vektoren der Ebene. Es wird mit $(O; \vec{a}_1, \vec{a}_2)$ bezeichnet.

Im Raum liegt mit $(O; \vec{a}_1, \vec{a}_2, \vec{a}_3)$ ein Koordinatensystem vor, falls $\{\vec{a}_1, \vec{a}_2, \vec{a}_3\}$ eine Basis für die Vektoren des Raumes bildet, d. h., falls diese drei Vektoren linear unabhängig sind (Fig. G 22).

Zur Erläuterung der Definition stellen wir fest:

Es sei

| | |
|---|---|
| $(O; \vec{a}_1, \vec{a}_2)$ ein Koordinatensystem der Ebene. | $(O; \vec{a}_1, \vec{a}_2, \vec{a}_3)$ ein Koordinatensystem des Raums. |

Dann ist jedem Punkt P umkehrbar eindeutig

| | |
|---|---|
| a) der Ortsvektor $\vec{p} = \overrightarrow{OP}$ und | a) der Ortsvektor $\vec{p} = \overrightarrow{OP}$ und |
| b) ein Zahlenpaar (x; y) mit $\overrightarrow{OP} = \vec{p} = x\vec{a}_1 + y\vec{a}_2$ | b) ein Zahlentripel (x; y; z) mit $\overrightarrow{OP} = \vec{p} = x\vec{a}_1 + y\vec{a}_2 + z\vec{a}_3$ |

zugeordnet.

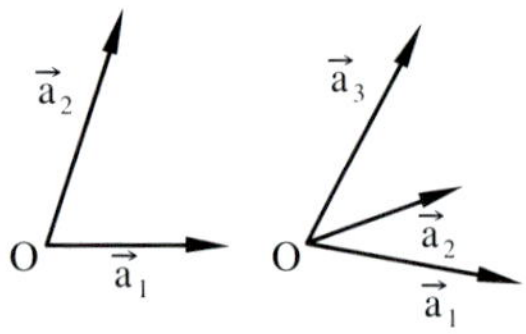


Fig. G 22

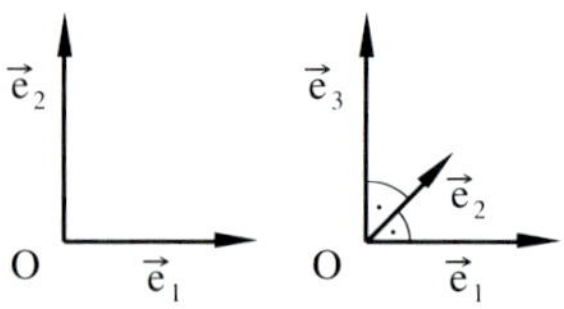


Fig. G 23

G 13

Definition G 13:
Es sei $(O; \vec{a}_1, \vec{a}_2)$ ein Koordinatensystem der Ebene. Ist der den Vektoren $\vec{a}_1 = \overrightarrow{OA_1}$ und $\vec{a}_2 = \overrightarrow{OA_2}$ zugeordnete Winkel $\sphericalangle A_1OA_2$ ein rechter Winkel, so sagt man, $\vec{a}_1$ und $\vec{a}_2$ sind orthogonal $(\vec{a}_1 \perp \vec{a}_2)$.
Sind nun die Basisvektoren eines Koordinatensystems $(O; \vec{a}_1, \vec{a}_2)$ orthogonal und zusätzlich noch wie in Fig. G 23 angeordnete Einheitsvektoren (gilt also $\vec{a}_1 \perp \vec{a}_2$ und $|\vec{a}_1| = |\vec{a}_2| = 1$), so handelt es sich um ein **kartesisches Koordinatensystem** in vektorieller Beschreibung.
Ein kartesisches Koordinatensystem in der Ebene wird mit $(O; \vec{e}_1, \vec{e}_2)$ und im Raum mit $(O; \vec{e}_1, \vec{e}_2, \vec{e}_3)$ bezeichnet (Fig. G 23) (s. „Formeln und Tabellen“, S. 51).

G 8

Beispiel G 8:
Bezeichnet man in Fig. G 19 den gemeinsamen Anfangspunkt aller Vektoren mit O, so ist $(O; \vec{a}_1, \vec{a}_2)$ ein Koordinatensystem der Ebene. Nun kann zum Beispiel der Vektor $\vec{b}$ allein durch seine Koordinaten 0,5 und 2 bezüglich $\{\vec{a}_1, \vec{a}_2\}$ gekennzeichnet werden. Diese Koordinaten stellen ein geordnetes Paar reeller Zahlen dar, so dass wir für $\vec{b}$ bezüglich der Basis $\{\vec{a}_1, \vec{a}_2\}$ auch

$$\vec{b} = (0{,}5; 2) \quad \text{oder} \quad \vec{b} = \begin{pmatrix} 0{,}5 \\ 2 \end{pmatrix}$$

schreiben. Der Vektor $\vec{b}$ ist zuerst als *Zeilenvektor* und an zweiter Stelle als *Spaltenvektor* bezüglich $\{\vec{a}_1, \vec{a}_2\}$ dargestellt.

Notieren wir die in den Fig. G 24a/b eingezeichneten Ortsvektoren bzw. Vektoren bezüglich der kartesischen Koordinatensysteme $(O; \vec{e}_1, \vec{e}_2)$ bzw. $(O; \vec{e}_1, \vec{e}_2, \vec{e}_3)$ als Spaltenvektoren, so ergibt sich

für Fig. G 24a: $\vec{p} = \begin{pmatrix} -3 \\ -1{,}5 \end{pmatrix}$ bzw. $\vec{a} = \begin{pmatrix} 2 \\ -4 \end{pmatrix}$ und für Fig. G 24b: $\vec{p} = \begin{pmatrix} 2 \\ 1{,}5 \\ 2 \end{pmatrix}$ bzw. $\vec{a} = \begin{pmatrix} 1 \\ -1{,}5 \\ 1 \end{pmatrix}$.

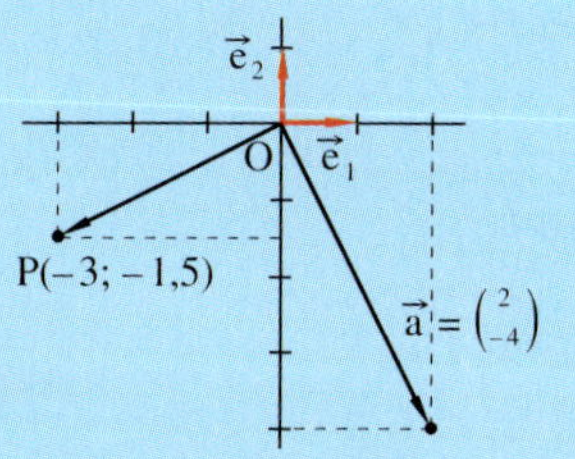


Fig. G 24a

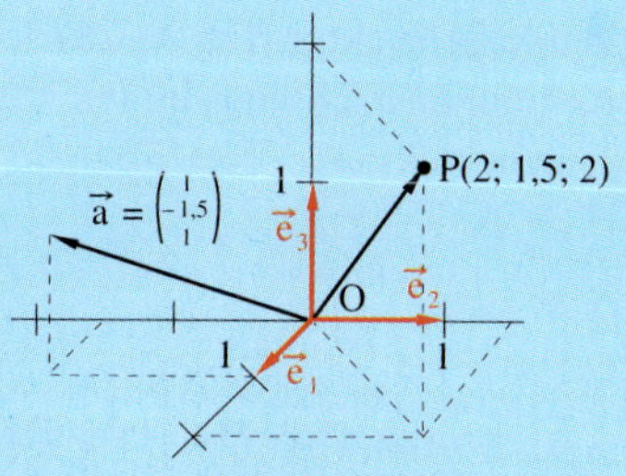


Fig. G 24b

# G 2 Geraden und Ebenen in Vektorform

Wir wollen nun die im Abschnitt G 1 eingeführten Vektoren für die Formulierung von Gleichungen für Geraden in der Ebene und im Raum sowie von Gleichungen für Ebenen im Raum nutzen.

## G 2.1 Geraden in der Ebene und im Raum

G 9

Beispiel G 9:
In einem ebenen Koordinatensystem mit dem Ursprung O seien ein Punkt $P_0(2; 3)$ und ein Vektor $\vec{a} = \begin{pmatrix} 1 \\ -2 \end{pmatrix}$ gegeben. $\vec{p}_0 = \overrightarrow{OP_0} = \begin{pmatrix} 2 \\ 3 \end{pmatrix}$ sei der zu $P_0$ gehörende Ortsvektor (Fig. G 25).

Wir bestimmen die Punkte $X_1$, $X_2$ und $X_3$ mit den Ortsvektoren $\vec{x}_1 = \vec{p}_0 + 2\vec{a}$, $\vec{x}_2 = \vec{p}_0 + 3\vec{a}$ und $\vec{x}_3 = \vec{p}_0 + (-1)\vec{a}$.

Es ergibt sich

$$\vec{x}_1 = \begin{pmatrix} 2 \\ 3 \end{pmatrix} + 2\begin{pmatrix} 1 \\ -2 \end{pmatrix} = \begin{pmatrix} 2 \\ 3 \end{pmatrix} + \begin{pmatrix} 2 \\ -4 \end{pmatrix} = \begin{pmatrix} 4 \\ -1 \end{pmatrix},$$

$$\vec{x}_2 = \begin{pmatrix} 2 \\ 3 \end{pmatrix} + 3\begin{pmatrix} 1 \\ -2 \end{pmatrix} = \begin{pmatrix} 2 \\ 3 \end{pmatrix} + \begin{pmatrix} 3 \\ -6 \end{pmatrix} = \begin{pmatrix} 5 \\ -3 \end{pmatrix},$$

$$\vec{x}_3 = \begin{pmatrix} 2 \\ 3 \end{pmatrix} + (-1)\begin{pmatrix} 1 \\ -2 \end{pmatrix} = \begin{pmatrix} 2 \\ 3 \end{pmatrix} + \begin{pmatrix} -1 \\ 2 \end{pmatrix} = \begin{pmatrix} 1 \\ 5 \end{pmatrix}.$$

Aus Fig. G 25 entnehmen wir, dass die Punkte $X_1$, $X_2$ und $X_3$ auf einer Geraden durch $P_0$ liegen, deren Richtung durch den Vektor $\vec{a}$ angegeben ist.

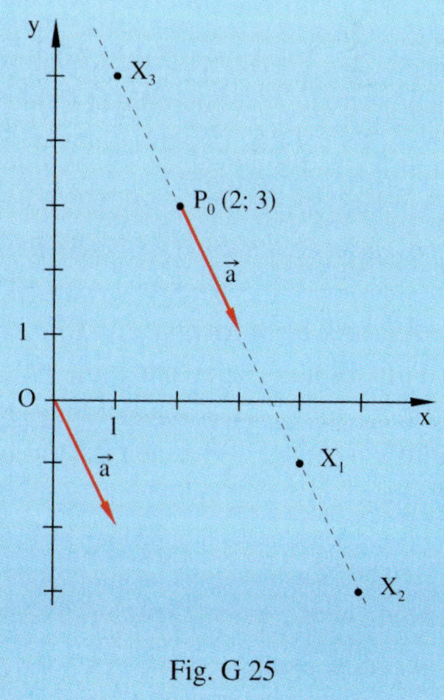


Fig. G 25

G 10

Beispiel G 10:
Im Raum seien ein Koordinatensystem mit dem Ursprung O sowie ein Punkt $P_0(2; 3; 2)$ und ein Vektor $\vec{a} = \begin{pmatrix} 1 \\ -1 \\ 2 \end{pmatrix}$ gegeben. $\vec{p}_0 = \overrightarrow{OP_0} = \begin{pmatrix} 2 \\ 3 \\ 2 \end{pmatrix}$ sei der zu $P_0$ gehörende Ortsvektor (Fig. G 26).

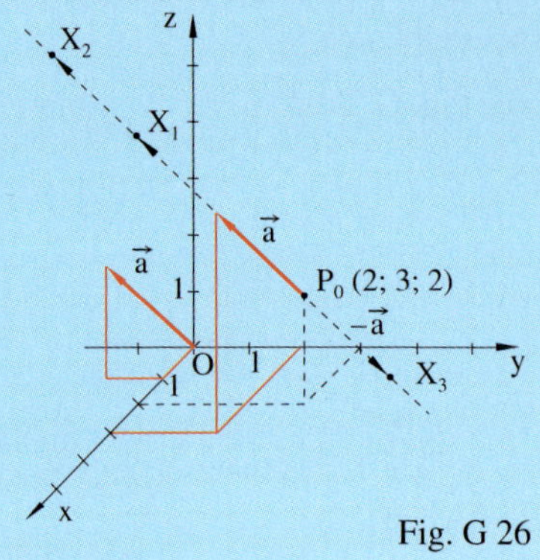

Fig. G 26

Wir bestimmen auch hier die Punkte $X_1$, $X_2$ und $X_3$ mit den Ortsvektoren $\vec{x}_1 = \vec{p}_0 + 2\vec{a}$, $\vec{x}_2 = \vec{p}_0 + 3\vec{a}$ und $\vec{x}_3 = \vec{p}_0 + (-1)\vec{a}$.

Es ergibt sich:

$$\vec{x}_1 = \begin{pmatrix} 2 \\ 3 \\ 2 \end{pmatrix} + 2\begin{pmatrix} 1 \\ -1 \\ 2 \end{pmatrix} = \begin{pmatrix} 2 \\ 3 \\ 2 \end{pmatrix} + \begin{pmatrix} 2 \\ -2 \\ 4 \end{pmatrix} = \begin{pmatrix} 4 \\ 1 \\ 6 \end{pmatrix}$$

$$\vec{x}_2 = \begin{pmatrix} 2 \\ 3 \\ 2 \end{pmatrix} + 3\begin{pmatrix} 1 \\ -1 \\ 2 \end{pmatrix} = \begin{pmatrix} 2 \\ 3 \\ 2 \end{pmatrix} + \begin{pmatrix} 3 \\ -3 \\ 6 \end{pmatrix} = \begin{pmatrix} 5 \\ 0 \\ 8 \end{pmatrix} \quad \vec{x}_3 = \begin{pmatrix} 2 \\ 3 \\ 2 \end{pmatrix} + (-1)\begin{pmatrix} 1 \\ -1 \\ 2 \end{pmatrix} = \begin{pmatrix} 2 \\ 3 \\ 2 \end{pmatrix} + \begin{pmatrix} -1 \\ 1 \\ -2 \end{pmatrix} = \begin{pmatrix} 1 \\ 4 \\ 0 \end{pmatrix}$$

Wir überlegen uns, wie diese Punkte im Raum liegen: Bekanntlich wird durch den Punkt $P_0$ und den Vektor $\vec{a}$ genau eine Gerade bestimmt, die durch $P_0$ geht und deren Richtung durch $\vec{a}$ gegeben ist. Da sich durch Vervielfachen eines Vektors nur sein Betrag verändert, liegen die Punkte $X_1$, $X_2$ und $X_3$ auf dieser Geraden. Ersetzen wir nun den festen Streckungsfaktor von $\vec{a}$ (oben 2, 3 bzw. –1) durch eine variable reelle Zahl t, so erhalten wir $\vec{x} = \vec{p}_0 + t\vec{a}$. Durch diese Gleichung wird sowohl in der Ebene als auch im Raum die Gerade g beschrieben, die durch den Punkt $P_0$ geht und deren Richtung durch den Vektor $\vec{a}$ gegeben ist. Jede reelle Zahl t bestimmt damit genau einen Punkt X der Geraden g mit dem Ortsvektor $\vec{x} = \vec{p}_0 + t\vec{a}$. Umgekehrt gibt es zu jedem Punkt X der Geraden g genau eine reelle Zahl t, so dass $\vec{x} = \vec{p}_0 + t\vec{a}$ der Ortsvektor des Punktes X ist. Es gilt also:

G 5

Satz G 5: **Punkrichtungsgleichung einer Geraden**
Die Gerade g, die durch den Punkt $P_0$ mit dem Ortsvektor $\vec{p}_0 = \overrightarrow{OP_0}$ und den Richtungsvektor $\vec{a}$ ($\vec{a} \neq \vec{o}$) bestimmt ist, kann durch die Gleichung

$\vec{x} = \vec{p}_0 + t\vec{a}$ $(t \in \mathbb{R})$

beschrieben werden (s. „Formeln und Tabellen“, S. 53).

Der Vektor $\vec{a}$ heißt *Richtungsvektor der Geraden g* und die reelle Zahl t *Parameter.*
Die Punktrichtungsgleichung einer Geraden g ist eine *vektorielle Gleichung* bzw. eine *Parametergleichung* von g. Die Punktrichtungsgleichung $y - y_0 = m(x - x_0)$ einer Geraden g, die wir im Abschnitt F 4 (Satz F 3) kennen gelernt haben, stellt demgegenüber eine *parameterfreie Gleichung* von g dar.

G 11

Beispiel G 11:
Eine Gerade g der Ebene sei durch den Punkt $P_0(-1; 3)$ und den Richtungsvektor $\vec{a} = \begin{pmatrix} -1 \\ -2 \end{pmatrix}$ gegeben. Dann ist $\vec{x} = \begin{pmatrix} -1 \\ 3 \end{pmatrix} + t\begin{pmatrix} -1 \\ -2 \end{pmatrix}$ eine Punktrichtungsgleichung dieser Geraden. Wenn es erforderlich ist, diese in Parameterform gegebene Gleichung in eine parameterfreie

Gleichung zu überführen, dann gehen wir folgendermaßen vor: Wir bedenken, dass der zum Ortsvektor $\vec{x}$ gehörende Punkt X von g die Koordinaten X(x; y) hat. Deshalb können wir die Gleichung von g auch in der Form $\begin{pmatrix} x \\ y \end{pmatrix} = \begin{pmatrix} -1 \\ 3 \end{pmatrix} + t\begin{pmatrix} -1 \\ -2 \end{pmatrix}$ bzw. $\begin{pmatrix} x \\ y \end{pmatrix} = \begin{pmatrix} -1 - t \\ 3 - 2t \end{pmatrix}$ schreiben.
Durch Koordinatenvergleich erhalten wir aus der vektoriellen Gleichung das folgende Gleichungssystem aus zwei Gleichungen mit den zwei Unbekannten x, y und dem Parameter t:

(I) $x = -1 - t$
(II) $y = 3 - 2t$

Eliminieren wir t aus beiden Gleichungen (z. B. durch Einsetzen von (I) in der Form $t = -1 - x$ in die Gleichung (II)), so ergibt sich $y = 2x + 5$, also eine parameterfreie Gleichung der betrachteten Geraden g.

Beispiel G 12: G 12
Betrachtet wird eine Gerade h im Raum, die durch den Punkt $P_0(-1; 3; 2)$ und den Richtungsvektor $\vec{a} = \begin{pmatrix} 2 \\ -1 \\ -2 \end{pmatrix}$ gegeben ist. Dann ist $\vec{x} = \begin{pmatrix} -1 \\ 3 \\ 2 \end{pmatrix} + t\begin{pmatrix} 2 \\ -1 \\ -2 \end{pmatrix}$ eine Punktrichtungsgleichung von h. Um zu einer parameterfreien Form der Gleichung zu gelangen, gehen wir analog zu Beispiel G 11 vor. Aus $\begin{pmatrix} x \\ y \\ z \end{pmatrix} = \begin{pmatrix} -1 + 2t \\ 3 - 1t \\ 2 - 2t \end{pmatrix}$ ergibt sich durch Koordinatenvergleich ein Gleichungssystem aus drei Gleichungen mit den drei Unbekannten x, y, z und dem Parameter t:

(I) $x = -1 + 2t$
(II) $y = 3 - 1t$
(III) $z = 2 - 2t$

Eliminieren wir zuerst t aus (I) und (II) (indem wir beispielsweise (II) mit 2 multiplizieren und zu (I) addieren), so ergibt sich:
(I′) $x + 2y = 5$
Analog erhalten wir (z. B. durch Multiplikation von (II) mit 2 und Subtraktion von (III))
(II′) $z - 2y = -4$
und schließlich durch (I′) – (II′)
(III′) $x + 4y - z = 9$.
Ist (III′) nun aber eine parameterfreie Gleichung unserer Geraden h? Aufgrund der äquivalenten Umformungen des Gleichungssystems erfüllen natürlich die Koordinaten jedes Punktes P(x; y; z) von h auch die Gleichung (III′). Aber andererseits erfüllen auch $P_x(9; 0; 0)$, $P_y(0; \frac{9}{4}; 0)$ und $P_z(0; 0; -9)$ die Gleichung (III′) – und dies sind Punkte auf der x-, y- und z-Achse des Koordinatensystems, die nicht auf einer gemeinsamen Geraden und damit auch nicht auf h liegen können. Folglich ist (III′) *keine* parameterfreie Gleichung der gegebenen Geraden h, da (III′) außer durch die Koordinaten der Punkte von h auch noch durch die Koordinaten anderer Punkte, die nicht auf h liegen, erfüllt wird. Wir werden später sehen, dass durch (III′) die Gleichung einer Ebene gegeben ist, die die Gerade h enthält.

Wir wissen: Eine Gerade (in der Ebene ebenso wie im Raum) kann auch durch zwei voneinander verschiedene Punkte eindeutig bestimmt werden. Es seien $P_1$ und $P_2$ zwei Punkte, die auf der Geraden g liegen (Fig. G 27). Wir bezeichnen mit $\vec{p}_1$ und $\vec{p}_2$ die zugehörigen Ortsvektoren und mit $\vec{x}$ den Ortsvektor eines beliebigen Punktes X von g. Betrachten wir nun den Vektor $\vec{a} = \overrightarrow{P_1P_2} = \vec{p}_2 - \vec{p}_1$, der durch die beiden Punkte $P_1$ und $P_2$ charakterisiert wird. Dieser Vektor ist ein Richtungsvektor der Geraden g. Somit können wir unter Verwendung der Punktrichtungsgleichung aus Satz G 5 eine Gleichung dieser Geraden notieren:

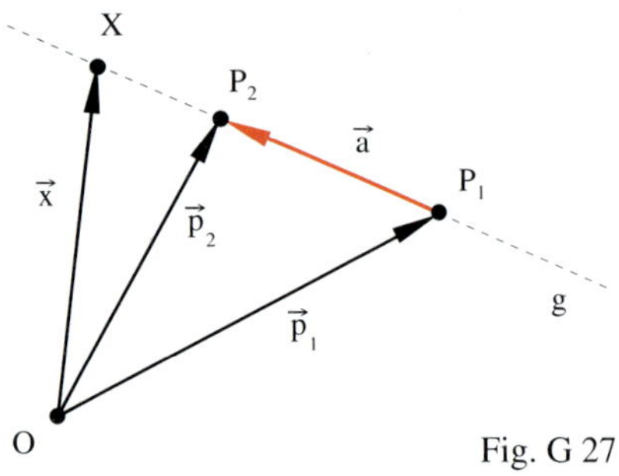

Fig. G 27

$$\vec{x} = \vec{p}_1 + t(\vec{p}_2 - \vec{p}_1),\quad t \in \mathbb{R}$$

Da in dieser Geradengleichung nur die Ortsvektoren der beiden Ausgangspunkte $P_1$ und $P_2$ enthalten sind, nennt man diese Gleichung auch eine *Zweipunktegleichung* der Geraden g.

G 6

Satz G 6: **Zweipunktegleichung der Geraden**

Die Gerade g, die durch die beiden voneinander verschiedenen Punkte $P_1$ und $P_2$ mit den Ortsvektoren $\vec{p}_1$ bzw. $\vec{p}_2$ bestimmt ist, lässt sich durch die Gleichung

$$\vec{x} = \vec{p}_1 + t(\vec{p}_2 - \vec{p}_1) \quad (t \in \mathbb{R})$$

beschreiben (s. „Formeln und Tabellen“, S. 53).

G 13

Beispiel G 13:

Gegeben sei die Gerade g durch die Gleichung $\vec{x} = \begin{pmatrix} 1 \\ 0{,}5 \end{pmatrix} + t\begin{pmatrix} 2 \\ -1 \end{pmatrix}$, $t \in \mathbb{R}$. Wir wollen untersuchen, ob einer der beiden Punkte $P_1(5; -1{,}5)$ und $P_2(2; 1{,}5)$ auf dieser Geraden liegt.

a) Ist $P_1$ ein Punkt der Geraden g, so muss es eine reelle Zahl t geben, für die

$\begin{pmatrix} 5 \\ -1{,}5 \end{pmatrix} = \begin{pmatrix} 1 \\ 0{,}5 \end{pmatrix} + t\begin{pmatrix} 2 \\ -1 \end{pmatrix}$ ist.

Durch Anwendung der Rechenregeln für Vektoren erhalten wir $\begin{pmatrix} 5 \\ -1{,}5 \end{pmatrix} = \begin{pmatrix} 1 + 2t \\ 0{,}5 - 1t \end{pmatrix}$.

Ein Koordinatenvergleich liefert dann das folgende Gleichungssystem mit zwei Gleichungen und der Unbekannten t:

(I) $5 = 1 + 2t$
(II) $-1{,}5 = 0{,}5 - 1t$

Aus (I) ergibt sich sofort $t = 2$. Setzen wir diesen Wert in (II) ein, so erhalten wir eine wahre Aussage. Das heißt: Es gibt eine Zahl $t = 2$, die unsere Ausgangsgleichung für den Punkt $P_1$ erfüllt, also gilt $P_1 \in g$.

b) Ist der Punkt $P_2$ ein Punkt der Geraden g, so muss es eine reelle Zahl t geben, für die $\begin{pmatrix} 2 \\ 1{,}5 \end{pmatrix} = \begin{pmatrix} 1 \\ 0{,}5 \end{pmatrix} + t\begin{pmatrix} 2 \\ -1 \end{pmatrix}$ ist. Analog zu a) erhalten wir damit das Gleichungssystem:

(I) $2 = 1 + 2t$
(II) $1{,}5 = 0{,}5 - 1t$

Aus (I) folgt sofort t = 0,5. Setzen wir aber diesen Wert für t in (II) ein, so ergibt sich eine falsche Aussage, denn t = 0,5 erfüllt die Gleichung (II) nicht. Es gibt demnach keine Zahl t, die die Ausgangsgleichung für den Punkt $P_2$ erfüllt, d. h., $P_2 \notin g$.

## G 2.2 Lagebeziehungen von Geraden

Nachdem wir uns schon im Abschnitt F 5 mit den möglichen Lagebeziehungen von zwei Geraden in der Ebene beschäftigten, untersuchen wir nun diese Problematik mit vektoriellen Hilfsmitteln noch einmal und dehnen die Überlegungen auf den Raum aus (vgl. „Formeln und Tabellen", S. 53). Dazu bedenken wir, dass sowohl in der Ebene als auch im Raum Geraden durch einen Punkt und einen Richtungsvektor eindeutig festgelegt sind. Wir betrachten die Geraden g, m, l und h in Fig. G 28, die durch Kanten des dort abgebildeten Quaders bestimmt werden. Beispielsweise charakterisieren der Punkt B und der Richtungsvektor $\overrightarrow{BF}$ die Gerade h.

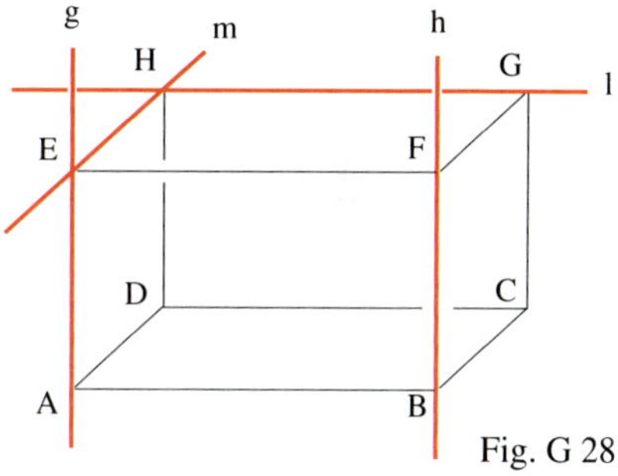

Fig. G 28

Haben zwei Geraden linear abhängige Richtungsvektoren, also solche, die dieselbe Richtung beschreiben, so sind diese beiden Geraden parallel zueinander, d. h., sie fallen zusammen oder sie haben keinen Punkt gemeinsam. In Fig. G 28 sind die Geraden g und h zueinander parallel.

Sind dagegen die Richtungsvektoren von zwei Geraden nicht linear abhängig, beschreiben sie also verschiedene Richtungen, so sind die beiden Geraden nicht parallel. In Fig. G 28 trifft dies z. B. für die Geradenpaare g, m und g, l zu.

Liegen die beiden nicht parallelen Geraden in einer Ebene, wie z. B. die Geraden g und m in Fig. G 28, so schneiden diese beiden Geraden einander in genau einem Punkt.

Liegen die beiden nicht parallelen Geraden nicht in einer gemeinsamen Ebene, so nennen wir sie *windschief*. In Fig. G 28 gibt es z. B. für die Geraden g und l keine gemeinsame Ebene. Daher sind diese beiden Geraden windschief zueinander.

G 14

Beispiel G 14:

Wir untersuchen die Lagebeziehung der beiden Geraden $g_1$ und $g_2$. Die Gerade $g_1$ sei durch den Punkt $P_1(2; -1; 1)$ und den Richtungsvektor $\vec{a} = \begin{pmatrix} -2 \\ 1{,}5 \\ 1 \end{pmatrix}$, die Gerade $g_2$ durch die beiden Punkte $P_2(3; 5; 2)$ und $P_3(8; 8; 1)$ bestimmt (Fig. G 29).

Damit erhalten wir die Gleichungen

$$g_1\colon \vec{x} = \begin{pmatrix} 2 \\ -1 \\ 1 \end{pmatrix} + t \begin{pmatrix} -2 \\ 1{,}5 \\ 1 \end{pmatrix} \text{ und}$$

$$g_2\colon \vec{x} = \begin{pmatrix} 3 \\ 5 \\ 2 \end{pmatrix} + t \left[ \begin{pmatrix} 8 \\ 8 \\ 1 \end{pmatrix} - \begin{pmatrix} 3 \\ 5 \\ 2 \end{pmatrix} \right] = \begin{pmatrix} 3 \\ 5 \\ 2 \end{pmatrix} + t \begin{pmatrix} 5 \\ 3 \\ -1 \end{pmatrix}.$$

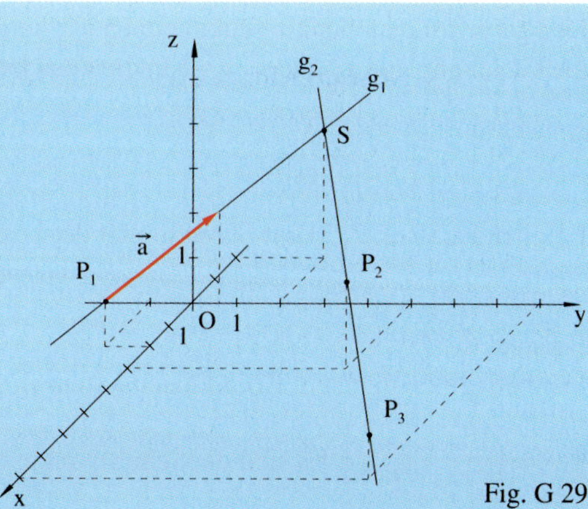

Fig. G 29

Aus den Geradengleichungen ist zu entnehmen, dass $\vec{a}_1 = \begin{pmatrix} -2 \\ 1{,}5 \\ 1 \end{pmatrix}$ bzw. $\vec{a}_2 = \begin{pmatrix} 5 \\ 3 \\ -1 \end{pmatrix}$ Richtungsvektoren dieser Geraden sind.
Zuerst überprüfen wir, ob $\vec{a}_1$ und $\vec{a}_2$ linear abhängig sind. Man erkennt sofort, dass die Gleichung $\vec{a}_1 = r\vec{a}_2$ keine Lösung besitzt (denn beispielsweise ergäbe sich aus $-2 = 5r$ für r der Wert $-\frac{2}{5}$, der aber dann die Gleichung $1{,}5 = 3r$ nicht erfüllt). Daher sind die beiden Geraden nicht parallel zueinander und es kann einen gemeinsamen Punkt S, einen Schnittpunkt der Geraden geben.
Bezeichnen wir mit $\vec{x}_s$ den Ortsvektor des eventuell vorhandenen Schnittpunktes, so muss es in der Gleichung von $g_1$ eine reelle Zahl $t_1$ und in der Gleichung von $g_2$ eine reelle Zahl $t_2$ geben, so dass

$$\vec{x}_s = \begin{pmatrix} 2 \\ -1 \\ 1 \end{pmatrix} + t_1 \begin{pmatrix} -2 \\ 1{,}5 \\ 1 \end{pmatrix} \quad \text{bzw.} \quad \vec{x}_s = \begin{pmatrix} 3 \\ 5 \\ 2 \end{pmatrix} + t_2 \begin{pmatrix} 5 \\ 3 \\ -1 \end{pmatrix}$$

ist. Da die linken Seiten dieser beiden Gleichungen denselben Punkt S mit dem Ortsvektor $\vec{x}_s$ beschreiben, gilt auch

$$\begin{pmatrix} 2 \\ -1 \\ 1 \end{pmatrix} + t_1 \begin{pmatrix} -2 \\ 1{,}5 \\ 1 \end{pmatrix} = \begin{pmatrix} 3 \\ 5 \\ 2 \end{pmatrix} + t_2 \begin{pmatrix} 5 \\ 3 \\ -1 \end{pmatrix}.$$

Durch Koordinatenvergleich erhalten wir daraus das folgende Gleichungssystem für $t_1$ und $t_2$:

(I) $\quad 2 - 2t_1 = 3 + 5t_2$
(II) $\quad -1 + 1{,}5t_1 = 5 + 3t_2$
(III) $\quad 1 + 1t_1 = 2 - 1t_2$

Für die Lösung des Gesamtsystems bestimmen wir aus den Gleichungen (I) und (III) die Werte $t_1 = 2$ und $t_2 = -1$. Diese beiden Werte müssen noch die Gleichung (II) erfüllen, damit $t_1 = 2$ und $t_2 = -1$ Lösungen des ganzen Gleichungssystems sind. In unserem Beispiel erfüllen diese beiden Werte auch diese Gleichung. Damit haben wir eine eindeutig bestimmte Lösung des Gleichungssystems. Es gibt somit einen Punkt, der mit seinem Ortsvektor beide Gleichungen erfüllt, also schneiden die beiden Geraden $g_1$ und $g_2$ einander.
Den gemeinsamen Schnittpunkt können wir nun sehr einfach bestimmen, indem wir $t_1 = 2$ in die Gleichung von $g_1$ oder $t_2 = -1$ in die Gleichung von $g_2$ einsetzen. Für $t_1 = 2$ ergibt sich so

$$\vec{x}_s = \begin{pmatrix} 2 \\ -1 \\ 1 \end{pmatrix} + 2 \begin{pmatrix} -2 \\ 1{,}5 \\ 1 \end{pmatrix} = \begin{pmatrix} -2 \\ 2 \\ 3 \end{pmatrix}.$$

Folglich ist S(−2; 2; 3) der Schnittpunkt der beiden Geraden $g_1$ und $g_2$.

G 15

Beispiel G 15:
Wir betrachten in einem Koordinatensystem (Fig. G 30) die Gerade g mit der Gleichung

$g\colon \vec{x} = \begin{pmatrix} 2 \\ -1 \\ 2 \end{pmatrix} + t \begin{pmatrix} 1 \\ -2 \\ -1 \end{pmatrix}$. Es sind die Schnittpunkte dieser Geraden mit den drei Koordinatenebenen zu bestimmen.

a) Schnittpunkt mit der xy-Ebene
Um den Schnittpunkt der Geraden g mit der xy-Ebene zu bestimmen, bedenken wir, dass für alle Punkte P dieser Ebene die z-Koordinate den Wert 0 hat; alle Punkte dieser Ebene haben also die Koordinaten P(x; y; 0). Wir müssen demzufolge in der Gleichung von g den Parameter t so bestimmen, dass $\begin{pmatrix} x \\ y \\ 0 \end{pmatrix} = \begin{pmatrix} 2 \\ -1 \\ 2 \end{pmatrix} + t\begin{pmatrix} 1 \\ -2 \\ -1 \end{pmatrix}$ ist.

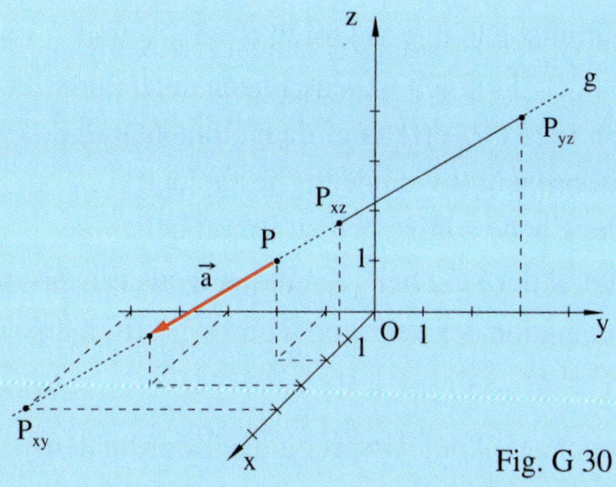


Fig. G 30

Durch Koordinatenvergleich erhalten wir wieder ein Gleichungssystem:

(I) $x = 2 + 1t$
(II) $y = -1 - 2t$
(III) $0 = 2 - 1t$

Aus der Gleichung (III) ergibt sich sofort $t = 2$. Setzen wir nun $t = 2$ in (I) und (II) ein, so erhalten wir $x = 4$ und $y = -5$. Damit ist also $P_{xy}(4; -5; 0)$ der Schnittpunkt von g mit der xy-Ebene des Koordinatensystems.

b) Schnittpunkt mit der yz-Ebene
Der Schnittpunkt der Geraden g mit der yz-Ebene hat – wie alle Punkte P dieser Ebene – die x-Koordinate 0. Folglich müssen wir ein solches t bestimmen, für das

$\begin{pmatrix} 0 \\ y \\ z \end{pmatrix} = \begin{pmatrix} 2 \\ -1 \\ 2 \end{pmatrix} + t\begin{pmatrix} 1 \\ -2 \\ -1 \end{pmatrix}$ ist. Das zugehörige Gleichungssystem lautet:

(I) $0 = 2 + 1t$
(II) $y = -1 - 2t$
(III) $z = 2 - 1t$

Aus (I) erhalten wir $t = -2$, was bei Einsetzen in (II) und (III) $y = 3$ und $z = 4$ ergibt. $P_{yz}(0; 3; 4)$ ist der Schnittpunkt von g mit der yz-Koordinatenebene.

c) Schnittpunkt mit der xz-Ebene
In dieser Ebene besitzen alle Punkte die y-Koordinate 0. Wir erhalten somit

$\begin{pmatrix} x \\ 0 \\ z \end{pmatrix} = \begin{pmatrix} 2 \\ -1 \\ 2 \end{pmatrix} + t\begin{pmatrix} 1 \\ -2 \\ -1 \end{pmatrix}$, woraus $t = -\frac{1}{2}$ und damit $x = 1{,}5$ und $z = 2{,}5$ folgt. Also ist

$P_{yz}(1{,}5; 0; 2{,}5)$ der Schnittpunkt von g mit der yz-Ebene.

## G 2.3 Ebenen im Raum

Wie jede Gerade in der Ebene und im Raum durch die Vorgabe von zwei verschiedenen Punkten eindeutig bestimmt ist, so wird auch jede Ebene ε im Raum durch drei Punkte, die nicht alle auf derselben Geraden liegen, eindeutig festgelegt. In Fig. G 31 sind dies die drei Punkte $P_0$, A und B für die Ebene ε.

Diese drei Punkte bestimmen ihrerseits zwei linear unabhängige Vektoren $\vec{u} = \overrightarrow{P_0A}$ und $\vec{v} = \overrightarrow{P_0B}$. Folglich ist jede Ebene auch durch einen Punkt $P_0$ und zwei linear unabhängige Vektoren $\vec{u}$ und $\vec{v}$ eindeutig festgelegt.
In der Ebene ε lässt sich zu jedem beliebigen Punkt X der Vektor $\overrightarrow{P_0X}$ eindeutig als Linearkombination der Vektoren $\vec{u}$ und $\vec{v}$ bestimmen:

$\overrightarrow{P_0X} = r\vec{u} + s\vec{v}$ $(r, s \in \mathbb{R})$.

Bezeichnet O den Ursprung des Koordinatensystems, so ist

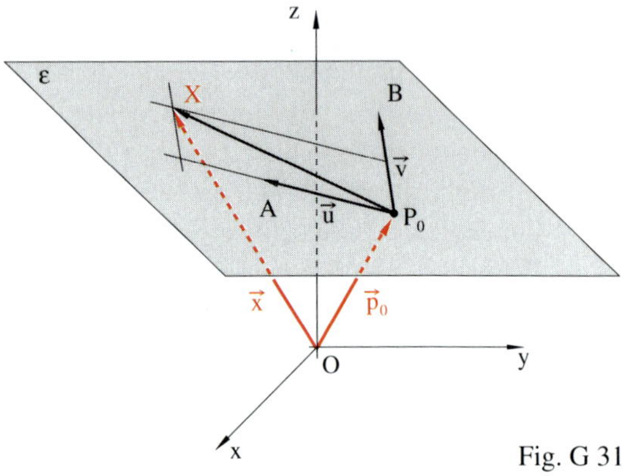

Fig. G 31

$$\vec{x} = \overrightarrow{OX} = \overrightarrow{OP_0} + \overrightarrow{P_0X} = \vec{p}_0 + r\vec{u} + s\vec{v}, \quad \text{also} \quad \vec{x} = \vec{p}_0 + r\vec{u} + s\vec{v} \quad (r, s \in \mathbb{R}).$$

Durchlaufen nun r und s unabhängig voneinander alle reellen Zahlen, so beschreibt die erhaltene Gleichung die Ebene ε.
Wir fassen diese Überlegungen zusammen:

G 7

Satz G 7: **Punktrichtungsgleichung einer Ebene**
Ist $P_0$ ein Punkt des Raumes mit dem zugehörigen Ortsvektor $\vec{p}_0$ und sind $\vec{u}$ und $\vec{v}$ zwei linear unabhängige Vektoren, so wird die dadurch eindeutige bestimmte Ebene ε durch die Gleichung

$$\vec{x} = \vec{p}_0 + r\vec{u} + s\vec{v} \quad (r, s \in \mathbb{R}) \qquad (1)$$

beschrieben (s. „Formeln und Tabellen", S. 53).

$\vec{u}$ und $\vec{v}$ nennt man *Richtungsvektoren* der Ebene.
Bedenken wir, dass in Gleichung (1) die Vektoren $\vec{u}$ und $\vec{v}$ durch drei Punkte A, B, $P_0$ der Ebene ε bestimmt wurden, so können wir (1) auch in der Form $\vec{x} = \vec{p}_0 + r(\vec{a} - \vec{p}_0) + s(\vec{b} - \vec{p}_0)$ angeben. Damit gilt der folgende Satz:

G 8

Satz G 8: **Dreipunktegleichung einer Ebene**
Sind $P_0$, A und B drei Punkte des Raumes, die nicht auf derselben Geraden liegen, und bezeichnen $\vec{p}_0$, $\vec{a}$ und $\vec{b}$ die zugehörigen Ortsvektoren, so wird die dadurch eindeutig bestimmte Ebene ε durch die Gleichung

$$\vec{x} = \vec{p}_0 + r(\vec{a} - \vec{p}_0) + s(\vec{b} - \vec{p}_0) \quad (r, s \in \mathbb{R}) \qquad (2)$$

beschrieben (s. „Formeln und Tabellen", S. 53).

In den Gleichungen (1) und (2) heißen r und s *Parameter*.

G 16

Beispiel G 16:
Wir betrachten die Ebene ε, die durch die drei Einheitspunkte $E_x(1; 0; 0)$, $E_y(0; 1; 0)$ und $E_z(0; 0; 1)$ des Koordinatensystems eindeutig bestimmt ist (Fig. G 32).

Wählen wir z. B. $E_x$ als Ausgangspunkt, so sind

$$\vec{u} = \begin{pmatrix}0\\0\\1\end{pmatrix} - \begin{pmatrix}1\\0\\0\end{pmatrix} = \begin{pmatrix}-1\\0\\1\end{pmatrix} \text{ und } \vec{v} = \begin{pmatrix}0\\1\\0\end{pmatrix} - \begin{pmatrix}1\\0\\0\end{pmatrix} = \begin{pmatrix}-1\\1\\0\end{pmatrix}$$

Richtungsvektoren der Ebene ε. Folglich lässt sich nach Satz G 7 die Ebene ε durch die Gleichung

$$\vec{x} = \begin{pmatrix}1\\0\\0\end{pmatrix} + r\begin{pmatrix}-1\\0\\1\end{pmatrix} + s\begin{pmatrix}-1\\1\\0\end{pmatrix} \quad (r, s \in \mathbb{R}) \text{ beschreiben.}$$

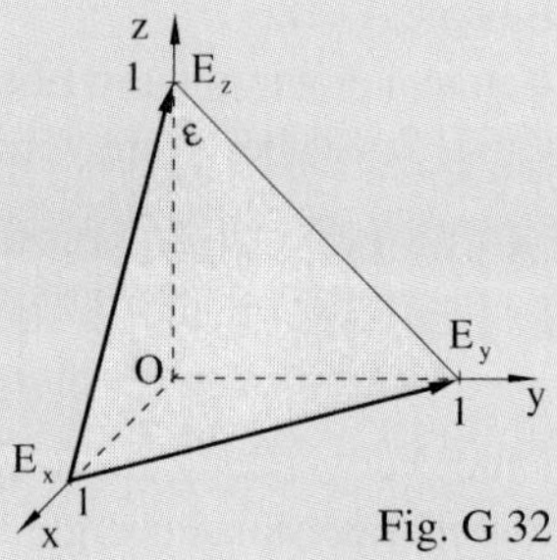

Fig. G 32

G 17

Beispiel G 17:
Stellen wir ein regelmäßiges Tetraeder der Kantenlänge 2 so in ein Koordinatensystem, wie es in Fig. G 33 dargestellt ist, so haben die Ecken die Koordinaten A(0; 0; 0), B(0; 2; 0), C($\sqrt{3}$; 1; 0) und D($\frac{1}{3}\sqrt{3}$; 1; $\frac{2}{3}\sqrt{6}$). Die Ebene durch die Punkte B, C, D kann Satz G 8 zufolge also durch die Gleichung

$$\vec{x} = \begin{pmatrix}\frac{1}{3}\sqrt{3}\\1\\\frac{2}{3}\sqrt{6}\end{pmatrix} + r\begin{pmatrix}\frac{2}{3}\sqrt{3}\\0\\-\frac{2}{3}\sqrt{6}\end{pmatrix} + s\begin{pmatrix}-\frac{1}{3}\sqrt{3}\\1\\-\frac{2}{3}\sqrt{6}\end{pmatrix} \quad (r, s \in \mathbb{R})$$

beschrieben werden.

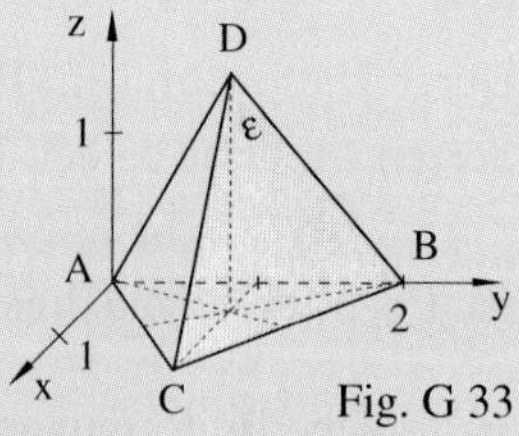

Fig. G 33

Wir bestimmen nun den *Schnittpunkt dieser Ebene mit der z-Achse* des Koordinatensystems. Weil für jeden Punkt P der z-Achse die x- und die y-Koordinate den Wert 0 hat, suchen wir mittels obiger Gleichung von $\vec{x}$ solche reellen Zahlen r und s, für die

$$\begin{pmatrix}0\\0\\z\end{pmatrix} = \begin{pmatrix}\frac{1}{3}\sqrt{3}\\1\\\frac{2}{3}\sqrt{6}\end{pmatrix} + r\begin{pmatrix}\frac{2}{3}\sqrt{3}\\0\\-\frac{2}{3}\sqrt{6}\end{pmatrix} + s\begin{pmatrix}-\frac{1}{3}\sqrt{3}\\1\\-\frac{2}{3}\sqrt{6}\end{pmatrix}$$

ist. Durch Koordinatenvergleich erhalten wir ein Gleichungssystem aus drei Gleichungen und mit den zwei Unbekannten r und s:

(I) $\quad 0 = \frac{1}{3}\sqrt{3} + \frac{2}{3}\sqrt{3}\cdot r - \frac{1}{3}\sqrt{3}\cdot s$

(II) $\quad 0 = 1 + 0\cdot r + 1\cdot s$

(III) $\quad z = \frac{2}{3}\sqrt{6} - \frac{2}{3}\sqrt{6}\cdot r - \frac{2}{3}\sqrt{6}\cdot s$

Aus (II) folgt sofort s = –1. Mit diesem Wert erhalten wir aus (I) r = –1. Setzen wir r = –1 und s = –1 in (III) ein, so ergibt sich

$$z = 3\cdot\frac{2}{3}\sqrt{6} = 2\sqrt{6}.$$

Damit ist $P_z(0; 0; 2\sqrt{6})$ der Schnittpunkt der z-Achse mit der Ebene ε.

G 18

Beispiel G 18:
Betrachten wir nun die Ebene ε, die durch die drei Punkte A(1; 2; 3), B(–1; 1; –1) und C(–1; 2; –3) bestimmt wird. Eine Dreipunktegleichung dieser Ebene ist

$$\begin{pmatrix} x \\ y \\ z \end{pmatrix} = \begin{pmatrix} 1 \\ 2 \\ 3 \end{pmatrix} + r\left[\begin{pmatrix} -1 \\ 1 \\ -1 \end{pmatrix} - \begin{pmatrix} 1 \\ 2 \\ 3 \end{pmatrix}\right] + s\left[\begin{pmatrix} -1 \\ 2 \\ -3 \end{pmatrix} - \begin{pmatrix} 1 \\ 2 \\ 3 \end{pmatrix}\right] \quad (r, s \in \mathbb{R}).$$

Unter Verwendung der Rechenregeln für Vektoren ergibt sich $\begin{pmatrix} x \\ y \\ z \end{pmatrix} = \begin{pmatrix} 1-2r-2s \\ 2-1r+0s \\ 3-4r-6s \end{pmatrix}$ und daraus mittels Koordinatenvergleich das Gleichungssystem:

(I) $x = 1 - 2r - 2s$
(II) $y = 2 - 1r + 0s$
(III) $z = 3 - 4r - 6s$

Durch Umformen von (II) in $r = 2 - y$ und Einsetzen in (I) erhalten wir $s = y - \frac{1}{2}x - \frac{3}{2}$.
Setzen wir diese beiden Terme nun für r und s in die Gleichung (III) ein, so ergibt sich $z = 3x - 2y + 4$ bzw. $3x - 2y - z + 4 = 0$, also eine parameterfreie Gleichung der betrachteten Ebene durch die drei Punkte A, B und C.

Da sich solche Umformungen für die vektorielle Gleichung jeder Ebene durchführen lassen, ist allgemein $ax + by + cz + d = 0$ eine *(parameterfreie) Gleichung einer Ebene im Raum,* analog zur parameterfreien Gleichung einer Geraden in der Ebene.
Ebenfalls analog zu der entsprechenden Gleichung einer Geraden in der Ebene ist $\frac{x}{a} + \frac{y}{b} + \frac{z}{c} = 1$ die **Achsenabschnittsgleichung** einer Ebene, die die Koordinatenachsen in den Punkten $P_x(a; 0; 0)$, $P_y(0; b; 0)$ und $P_z(0; 0; c)$ schneidet. Da $\frac{x}{a} + \frac{y}{b} + \frac{z}{c} = 1$ eine parameterfreie Ebenengleichung ist und $P_x(a; 0; 0)$, $P_y(0; b; 0)$ und $P_z(0; 0; c)$ diese Gleichung erfüllen, lässt sich diese Aussage leicht bestätigen.

## G 2.4 Lagebeziehungen von Gerade und Ebene

Aus der Anschauung entnehmen wir, dass zwischen einer Geraden g und einer Ebene ε die folgenden Lagebeziehungen bestehen können:

a) g und ε haben *keinen Punkt* gemeinsam, g ist *„echt" parallel* zu ε (Fig. G 34a);
b) g und ε haben *genau einen* Punkt gemeinsam, sie *schneiden einander* (Fig. G 34b);
c) g *liegt in* ε, ist also auch parallel zu ε (Fig. G 34c).

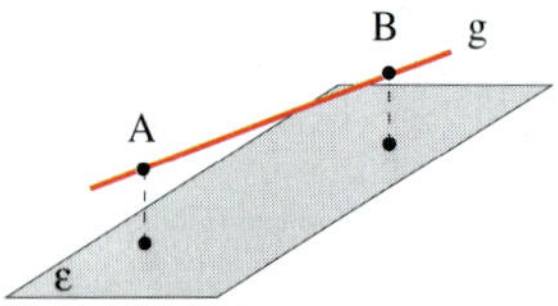

Fig. G 34a

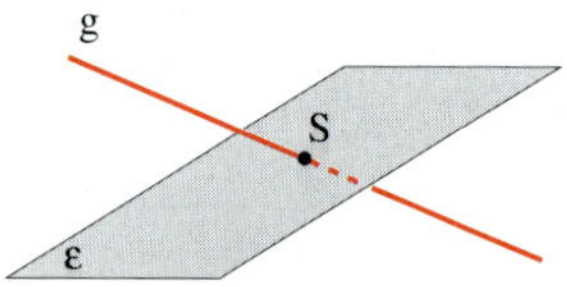

Fig. G 34b

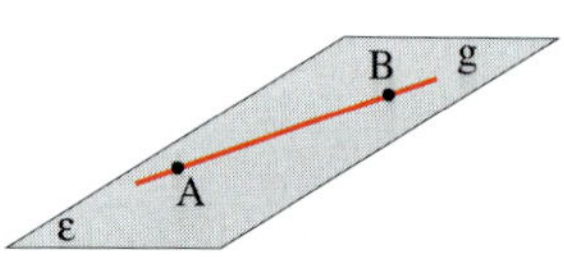

Fig. G 34c

In den Abschnitten G 2.2 und G 2.3 haben wir bereits spezielle Beispiele für die Lagebeziehung einer Geraden und einer Ebene untersucht, indem wir die Schnittpunkte einer Geraden mit Koordinatenebenen bzw. die Schnittpunkte einer Ebene mit Achsen des Koordinatensystems bestimmten. Nun wenden wir uns zwei allgemeineren Beispielen zu.

Beispiel G 19: G 19

Gegeben seien eine Ebene ε und zwei Geraden g und h durch ihre Gleichungen:

$$\varepsilon\colon \vec{x} = \begin{pmatrix}1\\1\\1\end{pmatrix} + r\begin{pmatrix}-0{,}5\\1\\-0{,}5\end{pmatrix} + s\begin{pmatrix}0\\0{,}5\\1{,}5\end{pmatrix} \qquad g\colon \vec{x} = \begin{pmatrix}3\\4\\1\end{pmatrix} + t\begin{pmatrix}1\\1\\-1{,}5\end{pmatrix} \qquad h\colon \vec{x} = \begin{pmatrix}2\\-1\\2\end{pmatrix} + t\left[\begin{pmatrix}1\\2\\4\end{pmatrix} - \begin{pmatrix}2\\-1\\2\end{pmatrix}\right]$$

Wir wollen die Lagebeziehung von g bzw. h bezüglich ε bestimmen.

a) Betrachten wir zuerst g und ε. Wir nehmen an, dass g und ε gemeinsame Punkte haben. Dann muss es in der Gleichung von ε reelle Zahlen $s_1$ und $r_1$ und in der Gleichung von g eine reelle Zahl $t_1$ geben, so dass gilt:

$$\begin{pmatrix}3\\4\\1\end{pmatrix} + t_1\begin{pmatrix}1\\1\\-1{,}5\end{pmatrix} = \begin{pmatrix}1\\1\\1\end{pmatrix} + r_1\begin{pmatrix}-0{,}5\\1\\-0{,}5\end{pmatrix} + s_1\begin{pmatrix}0\\0{,}5\\1{,}5\end{pmatrix}$$

Aus dieser Gleichung erhalten wir ein Gleichungssystem mit drei Gleichungen und drei Unbekannten:

$$\begin{array}{llrrr}
\text{(I)} & 2 = & -1t_1 & -\ 0{,}5r_1 & +\ 0s_1\\
\text{(II)} & 3 = & -1t_1 & +\ 1r_1 & +\ 0{,}5s_1\\
\text{(III)} & 0 = & 1{,}5t_1 & -\ 0{,}5r_1 & +\ 1{,}5s_1
\end{array}$$

Dieses Gleichungssystem besitzt die Lösungen $t_1 = -2$, $r_1 = 0$ und $s_1 = 2$. Folglich hat g mit ε *genau einen Punkt S* gemeinsam. Diesen *Schnittpunkt S* können wir leicht aus der Gleichung für g bestimmen, wenn wir $t = -2$ wählen. Es ergibt sich $S(1; 2; 4)$.

b) Unter der Annahme, dass h und ε gemeinsame Punkte haben, erhalten wir die Gleichung

$$\begin{pmatrix}2\\-1\\2\end{pmatrix} + t_2\begin{pmatrix}-1\\3\\2\end{pmatrix} = \begin{pmatrix}1\\1\\1\end{pmatrix} + r_2\begin{pmatrix}-0{,}5\\1\\-0{,}5\end{pmatrix} + s_2\begin{pmatrix}0\\0{,}5\\1{,}5\end{pmatrix}.$$

Daraus ergibt sich durch Koeffizientenvergleich das folgende Gleichungssystem:

$$\begin{array}{llrrr}
\text{(I)} & 1 = & 1t_2 & -\ 0{,}5r_2 & +\ 0s_2\\
\text{(II)} & -2 = & -3t_2 & +\ 1r_2 & +\ 0{,}5s_2\\
\text{(III)} & 1 = & -2t_2 & -\ 0{,}5r_2 & +\ 1{,}5s_2
\end{array}$$

Formen wir (I) in $r_2 = 2t_2 - 2$ um und setzen den rechten Term in (II) und (III) ein, so erhalten wir:

$$\text{(II')}\quad 0 = -1t_2 + \tfrac{1}{2}s_2$$

$$\text{(III')}\quad 0 = -3t_2 + \tfrac{3}{2}s_2$$

Offensichtlich ist (III′) das 3fache von (II′). Das Gleichungssystem (II′), (III′) und damit auch das Ausgangssystem hat demzufolge *unendlich viele* Lösungen, da sich zu jeder reellen Zahl $s_2$ in (III′) ein $t_2$ und damit ein $r_2$ bestimmen lässt. Wenn aber die Gerade g und die Ebene ε unendlich viele gemeinsame Punkte haben, dann muss *g in ε liegen.*

Genauer werden solche Gleichungssysteme im Abschnitt G 3 untersucht.

## G 2.5 Lagebeziehungen von zwei Ebenen

Aus der Anschauung entnehmen wir, dass sich zwei Ebenen ε und η in den folgenden Lagebeziehungen zueinander befinden können:

a) $\varepsilon$ und $\eta$ haben *keinen gemeinsamen Punkt*, sie sind *„echt" parallel* zueinander (Fig. G 35a);
b) $\varepsilon$ und $\eta$ schneiden einander *in genau einer Geraden* (Fig. G 35b);
c) $\varepsilon$ und $\eta$ *fallen zusammen* und sind damit auch parallel (Fig. G 35c).

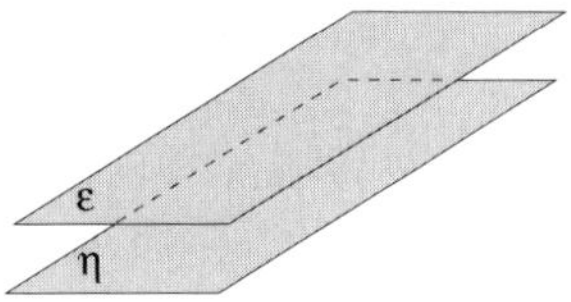


Fig. G 35a

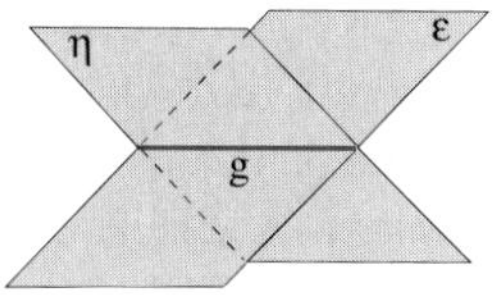


Fig. G 35b

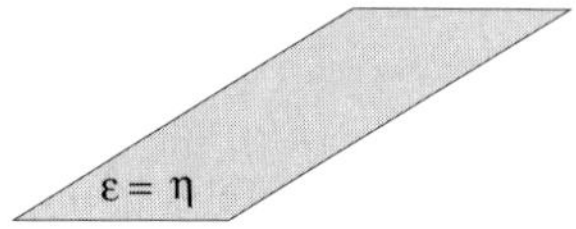


Fig. G 35c

G 20 Beispiel G 20:
Wir betrachten die beiden Ebenen $\varepsilon$ und $\eta$ mit den Gleichungen

$$\varepsilon: \vec{x} = \begin{pmatrix} 3 \\ 4 \\ -2 \end{pmatrix} + r \begin{pmatrix} -1 \\ -1 \\ 3 \end{pmatrix} + s \begin{pmatrix} -0{,}5 \\ -2{,}5 \\ 2 \end{pmatrix}, \quad \eta: \vec{x} = \begin{pmatrix} 1 \\ 1 \\ 1 \end{pmatrix} + r \begin{pmatrix} -0{,}5 \\ 1 \\ -0{,}5 \end{pmatrix} + s \begin{pmatrix} 0 \\ 0{,}5 \\ 1{,}5 \end{pmatrix}.$$

Nehmen wir an, dass beide Ebenen gemeinsame Punkte haben. Dann muss es in der Gleichung für $\varepsilon$ reelle Zahlen $r_1$ und $s_1$ und in der Gleichung für $\eta$ reelle Zahlen $r_2$ und $s_2$ geben, so dass gilt:

$$\begin{pmatrix} 3 \\ 4 \\ -2 \end{pmatrix} + r_1 \begin{pmatrix} -1 \\ -1 \\ 3 \end{pmatrix} + s_1 \begin{pmatrix} -0{,}5 \\ -2{,}5 \\ 2 \end{pmatrix} = \begin{pmatrix} 1 \\ 1 \\ 1 \end{pmatrix} + r_2 \begin{pmatrix} -0{,}5 \\ 1 \\ -0{,}5 \end{pmatrix} + s_2 \begin{pmatrix} 0 \\ 0{,}5 \\ 1{,}5 \end{pmatrix}$$

Ein Koordinatenvergleich führt uns zu einem Gleichungssystem aus drei Gleichungen mit vier Unbekannten:

$$\begin{array}{lrcl} \text{(I)} & 2 &=& 1r_1 + 0{,}5s_1 - 0{,}5r_2 + 0s_2 \\ \text{(II)} & 3 &=& 1r_1 + 2{,}5s_1 + 1r_2 + 0{,}5s_2 \\ \text{(III)} & -3 &=& -3r_1 - 2s_1 - 0{,}5r_2 + 1{,}5s_2 \end{array}$$

Aus (I) erhalten wir $r_2 = 2r_1 + 1s_1 - 4$. Setzt man dies in (II) und (III) ein, so folgt:

$$\begin{array}{lrcl} \text{(II')} & 7 &=& 3r_1 + 3{,}5s_1 + 0{,}5s_2 \\ \text{(III')} & -5 &=& -4r_1 - 2{,}5s_1 + 1{,}5s_2 \end{array}$$

Multiplizieren wir nun (II′) mit 3 und subtrahieren (III′), so erhalten wir:

$$\text{(III'')} \quad 2 = r_1 + s_1$$

Das bedeutet: Das gegebene Gleichungssystem besitzt wieder *unendlich viele* Lösungen, denn zu jeder reellen Zahl $r_1$ können wir in (III″) genau eine reelle Zahl $s_1$ bestimmen. Mit beiden zusammen folgt aus (I) ein Wert für $r_2$ und damit aus (II) der Wert für $s_2$. Da $r_1$ und $s_1$ zu $\varepsilon$ bzw. $r_2$ und $s_2$ zu $\eta$ gehören, erhalten wir mit diesen beiden Zahlenpaaren jeweils einen gemeinsamen Punkt der beiden Ebenen.

$\varepsilon$ und $\eta$ haben jedoch *nicht alle* Punkte gemeinsam, weil wir $r_1$ und $s_1$ bzw. $r_2$ und $s_2$ nicht unabhängig voneinander variieren können. Deshalb müssen sich $\varepsilon$ und $\eta$ in einer Geraden schneiden, deren Gleichung hier jedoch nicht bestimmt werden soll.

# G 3 Lineare Gleichungssysteme

## G 3.1 Lineare Gleichungssysteme mit drei Variablen; GAUSSsches Eliminierungsverfahren

Das Bearbeiten von Problemen mit Methoden der analytischen Geometrie verlangt vielfach das Aufstellen und Lösen von Gleichungssystemen. Nachfolgend sollen die bislang erworbenen Kenntnisse über lineare Gleichungssysteme systematisiert und erweitert werden. Wir können uns dabei im Wesentlichen auf Systeme mit drei Variablen beschränken, weil bereits daran entscheidende Vorgehensweisen und Arbeitsschritte erkennbar sind. Bei all diesen Überlegungen werden uns geometrische Vorstellungen sehr hilfreich sein.

Das folgende Beispiel führt uns auf ein solches lineares Gleichungssystem mit 3 Variablen.

G 21

Beispiel G 21:
Drei Behälter haben insgesamt ein Fassungsvermögen von 400 Litern. Gießt man die vollen Behälter 1 und 2 in den dritten, so fehlen dort noch 20 Liter. Wird mit dem vollen dritten Behälter der zweite gefüllt, so bleiben im dritten noch $\frac{3}{7}$ seines Gesamtinhalts zurück. Wie viel Liter fasst jeder Behälter?
Bezeichnen wir die Literzahl für den ersten Behälter mit x, für den zweiten mit y und für den dritten mit z, so ergibt sich aus jedem Satz der Situationsbeschreibung eine Gleichung, insgesamt ein System aus drei linearen Gleichungen mit den Variablen x, y und z. Wir werden dieses System unter Nutzung des Einsetzungs- und des Additionsverfahrens lösen:

$$\begin{array}{ll} \text{(I)} & x + y + z = 400 \\ \text{(II)} & x + y + 20 = z \\ \text{(III)} & y = \frac{4}{7}z \end{array}$$

Einsetzung von (III) in (I) und (II) liefert:

$$\begin{array}{lll} \text{(I')} & x + \frac{4}{7}z + z = 400 & \\ \text{(II')} & x + \frac{4}{7}z - z = -20 & \cdot(-1) \downarrow \end{array}$$

Durch Multiplikation von (II) mit (–1) und Addition des Produkts zu (I) (kurz: durch Anwendung des Additionsverfahrens) erhält man:

$$2z = 420$$
$$z = 210$$

Setzen wir z = 210 in (I′) ein, so ergibt sich x = 70 und aus I schließlich y = 120.
Eine Probe in den Ausgangsgleichungen (I) bis (III) ist zur Absicherung unserer Rechnung nützlich. Vor allem durchdenken wir aber mit den erhaltenen Literzahlen 210 Liter, 120 Liter und 70 Liter den Aufgabentext.

Bereits dieses Beispiel für das Nutzen von Einsetzungsverfahren (das Gleichsetzungsverfahren ist davon ein Sonderfall) und Additionsverfahren beim Lösen eines Gleichungssystems macht deutlich, dass bei Erhöhung der Zahl der Variablen die Rechnung sehr unübersichtlich werden kann. Anhand des nachfolgenden Beispiels wollen wir daher ein Lösungsverfahren für lineare Gleichungssysteme kennen lernen, das es ermöglicht, das Hantieren mit einzelnen Gleichungen zu ersetzen durch *äquivalente Umformungen (Äquivalenzumformungen)* des gesamten Systems.

G 14

Definition G 14:
Zwei lineare Gleichungssysteme mit den gleichen Variablen sind genau dann äquivalent, wenn sie beide die gleiche Lösungsmenge besitzen.
Im Sonderfall können also auch beide *nicht lösbar* sein, d. h. die leere Menge von Variablenbelegungen als Lösungsmenge haben.

G 22

Beispiel G 22:
Wir versuchen das lineare Gleichungssystem

$$\begin{array}{lrcl} \text{(I)} & 2x + 3y - z &=& 1 \\ \text{(II)} & x + 3y + z &=& 2 \\ \text{(III)} & -2x - 2y + 4z &=& 4 \end{array} \qquad (1)$$

durch Äquivalenzumformungen in ein System der Form (falls möglich)

$$\begin{array}{lll} x \qquad\qquad = c_1 & \text{bzw.} & 1x + 0y + 0z = c_1 \\ \quad y \qquad = c_2 & \text{ausführlich} & 0x + 1y + 0z = c_2 \\ \qquad\quad z = c_3 & & 0x + 0y + 1z = c_3 \end{array} \qquad (2)$$

zu bringen.

Für die Umformungen, die uns von (1) auf (2) führen, nutzen wir im Wesentlichen das Additionsverfahren. Dabei wird von (1) aus *schrittweise* vorgegangen:

*1. Schritt*: Man eliminiert ab der 2. Gleichung die 1. Variable (hier x) – in unserem Beispiel durch Multiplikation von Gleichung (II) mit (–2) und Addition zu Gleichung (I) (ergibt (II′)) sowie durch Addition von (III) zu (I) (ergibt (III′)); die 1. Gleichung wird unverändert notiert.
*2. Schritt:* Man schreibt die 1. und 2. Gleichung (also (I) und (II′)) unverändert auf und formt die 3. Gleichung mit Hilfe der 2. so um, dass die 2. Variable (hier y) nicht mehr vorkommt – in unserem Beispiel durch Multiplikation von Gleichung (III′) mit 3 und Addition zu (II′) (ergibt (III″)).

$$\begin{array}{lrcl|l} \text{(I)} & 2x + 3y - z &=& 1 & \\ \text{(II)} & x + 3y + z &=& 2 & \cdot(-2) \\ \text{(III)} & -2x - 2y + 4z &=& 4 & \end{array}$$

*1. Schritt*

$$\begin{array}{lrcl|l} \text{(I)} & 2x + 3y - z &=& 1 & \\ \text{(II')} & -3y - 3z &=& -3 & \\ \text{(III')} & y + 3z &=& 5 & \cdot 3 \end{array}$$

*2. Schritt*

$$\begin{array}{lrcl} \text{(I)} & 2x + 3y - z &=& 1 \\ \text{(II'')} & -3y - 3z &=& -3 \\ \text{(III'')} & 6z &=& 12 \end{array} \qquad (3)$$

(III″) hat die Lösung $z = 2$ und damit ergibt sich durch schrittweises Einsetzen $y = -1$ und $x = 3$.
Die Form (3) nennt man *Dreiecksform* des gegebenen linearen Gleichungssystems. Eine weitere Umformung bis zur Darstellung (2) wird in der Regel nicht durchgeführt.

Das am Beispiel (1) praktizierte Vorgehen heißt **GAUSSsches Eliminierungsverfahren**. Es besteht – wie wir sahen – aus einer Reihe von *Einzelumformungen,* die sich auch für den allgemeinen Fall als *Äquivalenzumformungen* bestätigen lassen:

a) Eine Gleichung wird mit einer Zahl (verschieden von 0) multipliziert – die restlichen Gleichungen bleiben unverändert.

b) Zu einer Gleichung wird eine andere addiert – und diese „andere“ sowie die übrigen Gleichungen werden unverändert übernommen.

Wir ergänzen noch:

c) Zwei Gleichungen werden vertauscht. (Dies kann zweckmäßig oder auch notwendig sein, wenn z.B. in der 1. Gleichung des Systems die 1. Variable nicht auftritt.)

Geht man von einer angenommenen Lösung eines linearen Gleichungssystems aus und betrachtet ein zweites Gleichungssystem, das nach der Einzelumformung a) oder b) aus dem ersten entstanden ist, so hat das zweite System auch diese Lösung. Ebenso ist in beiden Fällen jede Lösung des zweiten Systems eine Lösung des Ausgangssystems. Es gilt:

G 9

Satz G 9:
Beim Übergang von einem linearen Gleichungssystem zu einem neuen bewirken folgende Operationen Äquivalenzumformungen:
1. Vertauschen von zwei Gleichungen;
2. Multiplizieren einer Gleichung mit einer von null verschiedenen Zahl;
3. Addieren einer anderen Gleichung oder (wegen 2.) eines Vielfachen einer anderen Gleichung zu einer Gleichung.
   Dabei ist wesentlich, dass man die „andere Gleichung" in das neue System übernimmt.

Die Schrittfolge für das Vorgehen beim GAUSSschen Eliminierungsverfahren lässt sich folgendermaßen kurz zusammenfassen:

0. Gegebenenfalls Gleichungen neu ordnen (Vertauschen von Gleichungen).
1. Gleichung (I) unverändert übernehmen.
2. Mit Hilfe von Gleichung (I) die Variable x (1. Variable) in der Gleichung (II) (wird dadurch zu (II′)), dann in (III) (wird dadurch zu (III′)) usw. eliminieren.
3. a) (I) und die zuerst umgeformte Gleichung (II′) unverändert übernehmen.
   b) Mit Hilfe von (II′) die 2. Variable (Variable y) ab Gleichung (III′) (falls weitere vorhanden sind) entfernen.

Nach Fortführung des Verfahrens ist die Dreiecksform oder eine andere entsprechende Form, wie wir sie in G 3.2 betrachten werden, erreicht. Satz G 9 sichert dabei, dass das nach Anwendung des GAUSSschen Eliminierungsverfahrens am Ende erhaltene System die gleiche Lösungsmenge wie das Ausgangssystem besitzt.

## G 3.2 Geometrische Interpretation; Lösbarkeit und Lösungsmenge

Unter geometrischem Aspekt kann jede Gleichung des linearen Gleichungssystems (1) in G 3.1 / Beispiel G 22 als Gleichung einer Ebene im Raum (s. Abschnitt G 2.3) interpretiert werden:

G 23

Beispiel G 23:
Alle Punkte P(x; y; z), deren Koordinaten die Gleichung

(I) $2x + 3y - z = 1$

erfüllen, bilden eine Ebene. Zur Veranschaulichung dieser Ebene $\varepsilon_1$ und der Ebene $\varepsilon_2$ mit der Gleichung

(II) $x + 3y + z = 2$

bilden wir die Achsenabschnittsgleichungen (s. Abschnitt G 2.3) der beiden Ebenen

$$\varepsilon_1\colon \frac{x}{\frac{1}{2}} + \frac{y}{\frac{1}{3}} + \frac{z}{-1} = 1 \qquad \varepsilon_2\colon \frac{x}{2} + \frac{y}{\frac{2}{3}} + \frac{z}{2} = 1$$

und stellen diese dar (Fig. G 36).

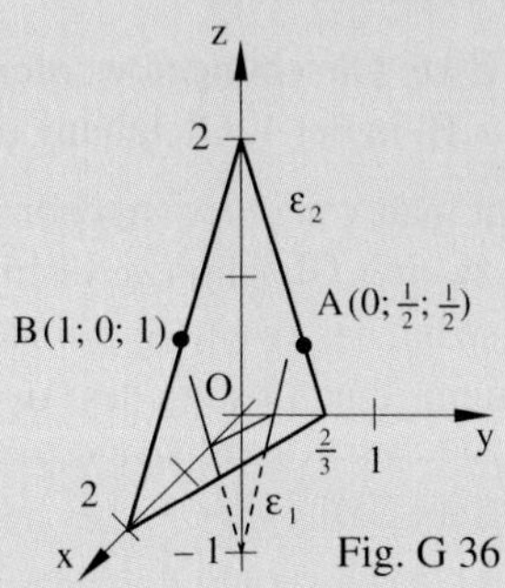


Fig. G 36

Wollen wir auf analytischem Wege gemeinsame Punkte von $\varepsilon_1$ und $\varepsilon_2$ ermitteln, so verlangt dies, das aus (I) und (II) bestehende Gleichungssystem (4) mit den Variablen x, y und z zu lösen. Wir wenden das GAUSSsche Eliminierungsverfahren an:

$$\begin{array}{llcl|l} \text{(I)} & 2x + 3y - z & = & 1 & \\ \text{(II)} & x + 3y + z & = & 2 & \cdot(-2) \downarrow \end{array} \qquad (4)$$

$$\begin{array}{llcl|l} \text{(I)} & 2x + 3y - z & = & 1 & \\ \text{(II')} & -3y - 3z & = & -3 & :(-3) \end{array}$$

$$\begin{array}{llcl} \text{(I)} & 2x + 3y - z & = & 1 \\ \text{(II'')} & y + z & = & 1 \end{array} \qquad (5)$$

Das erhaltene System (5) bezeichnet man als *Trapezform* des linearen Gleichungssystems (4). Die letzte Gleichung (II″) hat die Gestalt y + z = 1. Im Unterschied zur Dreiecksform des Systems, wo die letzte (dritte) Gleichung die dritte Variable als eine reelle Zahl festlegte (vgl. Gleichung (III″) in Beispiel G 22), bedingt hier jede reelle Zahl für z eine bestimmte reelle Zahl für y und umgekehrt. Mit jedem Paar (y; z) reeller Zahlen, das der Gleichung (II″) genügt, ist dann durch Gleichung (I) ein x-Wert bestimmt. Die Lösungsmenge ist *unendlich.*

Beim GAUSSschen Eliminierungsverfahren werden die drei Variablen in einer bestimmten Reihenfolge behandelt. Wir beginnen aus diesem Grunde hier damit, dass wir z frei belegen. Als Ausdruck dafür, dass diese Variable bei der Angabe der Lösungsmenge des Gleichungssystems ein *freier Parameter* ist, setzt man z = t.

Mit z = t, t ∈ ℝ, ergeben sich damit für die Bestimmung von x und y folgende zu (5) äquivalente Gleichungssysteme.

$$\begin{array}{lcl|l} 2x + 3y & = & 1 + t & \\ y & = & 1 - t & \cdot(-3) \uparrow \\ z & = & t & \end{array}$$

$$\begin{array}{lcl|l} 2x & = & -2 + 4t & :2 \\ y & = & 1 - t & \\ z & = & t & \end{array}$$

Nach Division der 1. Gleichung durch 2 erhalten wir für die Lösungsmenge die zusammenfassende Beschreibung:

$$\begin{pmatrix} x \\ y \\ z \end{pmatrix} = \begin{pmatrix} -1 \\ 1 \\ 0 \end{pmatrix} + t \begin{pmatrix} 2 \\ -1 \\ 1 \end{pmatrix} \qquad (6)$$

Die Vektorgleichung (6) kann nun als Punktrichtungsgleichung einer Geraden g im Raum (Satz G 5) gedeutet werden: Die Koordinaten x, y, z aller Punkte P (x; y; z) dieser Geraden erfüllen das Gleichungssystem (4). Wir heben zwei Punkte dieser Geraden hervor: Für $x_1 = 0$ ergibt sich $t_1 = \frac{1}{2}$ und damit $y_1 = \frac{1}{2}$ und $z_1 = \frac{1}{2}$. Entsprechend erhält man für $y_2 = 0$ nacheinander $t_2 = 1$, $x_2 = 1$ und $z_2 = 1$. Das heißt: Die Punkte $A(0; \frac{1}{2}; \frac{1}{2})$ und $B(1; 0; 1)$ gehören der Geraden g mit der Gleichung (6) an. Die Gerade g ist demnach die Schnittgerade der Ebenen $\varepsilon_1$ und $\varepsilon_2$ mit den Gleichungen (I) bzw. (II) aus dem System (4). $g = \varepsilon_1 \cap \varepsilon_2$ als Verbindungsgerade der Punkte A und B kann nun in der Fig. G 36 ergänzt werden.

Beispiel G 24: **G 24**

Wir betrachten ein lineares Gleichungssystem aus 2 Gleichungen und mit 3 Variablen:

$$\begin{array}{ll} \text{(I)} & 6x + 3y + 4z = 12 \\ \text{(II)} & 2x - y \phantom{+4z} = 0 \end{array}$$

Es ist die Menge aller Tripel (x; y; z) reeller Zahlen zu ermitteln, die (I) und (II) erfüllen. Die Anwendung des GAUSSschen Eliminierungsverfahrens ergibt:[1)]

$$\begin{array}{llcl|l} \text{(I)} & 6x + 3y + 4z & = & 12 & \\ \text{(II)} & 2x - y & = & 0 & \cdot(-3) \downarrow \\ \hline & 6x + 3y + 4z & = & 12 & \\ & \phantom{6x+{}} 6y + 4z & = & 12 & :2 \quad (z = t) \\ \hline & 6x + 3y & = & 12 - 4t & \uparrow \\ & \phantom{6x+{}} 3y & = & 6 - 2t & \cdot(-1) \quad :3 \\ & \phantom{6x+3y+{}} z & = & t & \\ \hline & 6x & = & 6 - 2t & :6 \\ & \phantom{6x+{}} y & = & 2 - \frac{2}{3}t & \\ & \phantom{6x+3y+{}} z & = & t & \\ \hline \end{array}$$

Die Lösungsmenge kann durch folgende Gleichung angegeben werden:

$$\begin{pmatrix} x \\ y \\ z \end{pmatrix} = \begin{pmatrix} 1 \\ 2 \\ 0 \end{pmatrix} + t \begin{pmatrix} -\frac{1}{3} \\ -\frac{2}{3} \\ 1 \end{pmatrix} \qquad (7)$$

Obige Aufgabe lässt sich auch völlig gleichwertig auf geometrischem Wege behandeln: Die Gleichungen (I) und (II) stellen Gleichungen von Ebenen $\varepsilon_1$ bzw. $\varepsilon_2$ im Raum dar. Nach Division der Gleichung (I) durch 12 erhalten wir die Achsenabschnittsgleichung dieser Ebene

$$\varepsilon_1\colon \frac{x}{2} + \frac{y}{4} + \frac{z}{3} = 1.$$

Die Ebene $\varepsilon_2$ mit der Gleichung (II) verläuft parallel zur z-Achse und enthält insbesondere die z-Achse. Sie schneidet die xy-Koordinatenebene in der Geraden mit den Gleichungen $y = 2x$ und $z = 0$.

[1)] Zur Vereinfachung nummerieren wir hier und nachfolgend nur noch die Gleichungen des Ausgangssystems.

Aus der Fig. G 37 entnehmen wir, dass die Koordinaten x, y, z der Punkte auf der Geraden durch P(1; 2; 0) und Q (0; 0; 3) beide Gleichungen des betrachteten Gleichungssystems erfüllen. Alle Lösungsvektoren $\begin{pmatrix} x \\ y \\ z \end{pmatrix}$ werden folglich durch die Zweipunktegleichung (Satz G 6) für die Gerade durch P und Q beschrieben:

$$\begin{pmatrix} x \\ y \\ z \end{pmatrix} = \begin{pmatrix} 1 \\ 2 \\ 0 \end{pmatrix} + t \begin{pmatrix} -1 \\ -2 \\ 3 \end{pmatrix} \qquad (8)$$

Die Gleichungen (7) und (8) für die Angabe der Lösungsvektoren stimmen überein.

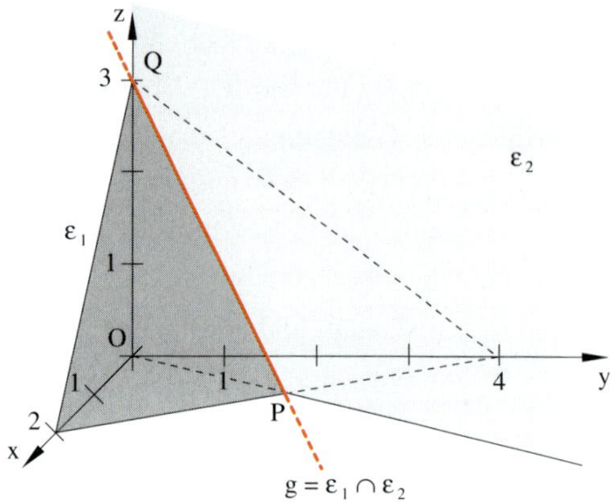


Fig. G 37

G 25

Beispiel G 25:
Es sei das folgende Gleichungssystem gegeben:

$$\begin{aligned} &(\mathrm{I}) \quad 6x + 3y + 4z = 12 \\ &(\mathrm{II}) \quad 3x + \tfrac{3}{2}y + 2z = 18 \end{aligned}$$

Dividiert man die Gleichung (I) durch 2, so stimmen die linken Seiten der beiden Gleichungen überein, die rechten Seiten sind verschieden. Dieser Widerspruch bedeutet, dass das System keine Lösung besitzt. Auch bei strikter Anwendung des GAUSSschen Eliminierungsverfahrens wäre man zu diesem Resultat gekommen:

$$\begin{array}{rcl|l} 6x + 3y + 4z &=& 12 & \\ 3x + \tfrac{3}{2}y + 2z &=& 18 & \cdot(-2) \downarrow \\ \hline 6x + 3y + 4z &=& 12 & \\ 0 &=& -24 & \end{array}$$

Geometrische Interpretation: Die Gleichungen (I) und (II) beschreiben Ebenen, die echt parallel sind. Das heißt: Es gibt keinen Punkt P(x; y; z), der in beiden Ebenen liegt.

G 26

Beispiel G 26:
Man löse das Gleichungssystem

$$\begin{array}{lrcl|l} (\mathrm{I}) & x + y - 2z &=& 1 & \downarrow \cdot 2 \\ (\mathrm{II}) & x - 2y + z &=& 1 & \cdot(-1) \downarrow \\ (\mathrm{III}) & -2x + y + z &=& 1 & \downarrow \end{array} \qquad (9)$$

$$\begin{array}{rcl|l} x + y - 2z &=& 1 & \\ 3y - 3z &=& 0 & \cdot(-1) \\ 3y - 3z &=& 3 & \downarrow \end{array}$$

$$\begin{array}{rcl} x + y - 2z &=& 1 \\ 3y - 3z &=& 0 \\ 0 &=& 3 \end{array} \qquad (10)$$

Wir stellen fest: Durch Äquivalenzumformungen ergab sich aus (9) das System (10). (10) enthält mit 0 = 3 einen Widerspruch, d. h., kein Tripel (x; y; z) reeller Zahlen erfüllt (10) und damit auch nicht (9). Das Gleichungssystem (9) ist nicht lösbar.

Zusammenfassend lässt sich feststellen:

1. *Lösbarkeit eines linearen Gleichungssystems:*
   Führen die Äquivalenzumformungen des GAUSSschen Eliminierungsverfahrens auf eine Trapez- oder Dreiecksform des Systems zu keinem Widerspruch, so ist das System lösbar.
   Ergibt sich dabei ein Widerspruch (also am Ende $0 = b$ mit $b \neq 0$), so ist das Gleichungssystem nicht lösbar.
2. *Lösungsmengen für lösbare Gleichungssysteme (mit 3 Variablen)*

a) Das Gleichungssystem hat *genau eine Lösung* (genau einen Lösungsvektor $\begin{pmatrix} x \\ y \\ z \end{pmatrix}$), falls mit Hilfe des GAUSSschen Eliminierungsverfahrens eine Dreiecksform des Systems erreichbar ist.

b) Das Gleichungssystem hat *unendlich viele Lösungen*, falls Äquivalenzumformungen zu einer Trapezform des Systems führen. Für Gleichungssysteme mit 3 Variablen erhält man dann Lösungsmengen, die mit Hilfe von einem freien Parameter oder von zwei freien Parametern darstellbar sind.

## G 3.3 Koeffizientenmatrix; Matrizen und Vektoren

Beim Lösen eines linearen Gleichungssystems mit Hilfe des GAUSSschen Eliminierungsverfahrens rechnen wir mit den Koeffizienten der Variablen und mit den Absolutgliedern. Genauer formuliert: Es werden bei den Äquivalenzumformungen mit den Koeffizienten der Variablen in einer Gleichung dieselben Rechenschritte wie mit den Absolutgliedern rechts vom Gleichheitszeichen durchgeführt. Das Wesentliche eines linearen Gleichungssystems lässt sich daher durch ein geeignetes Schema aus diesen Koeffizienten und Absolutgliedern ausdrücken. Ein solches Schema reeller Zahlen heißt *Matrix*. Nachfolgend ist

a) das Zahlenschema, welches zum linearen Gleichungssystem (1) aus Abschnitt G 3.1 gehört,
b) die *Koeffizientenmatrix* von (1),
c) die durch den Spaltenvektor der Absolutglieder *erweiterte Koeffizientenmatrix*

notiert.

$$\begin{matrix} 2 & 3 & -1 & 1 \\ 1 & 3 & 1 & 2 \\ -2 & -2 & 4 & 4 \end{matrix} \qquad \begin{pmatrix} 2 & 3 & -1 \\ 1 & 3 & 1 \\ -2 & -2 & 4 \end{pmatrix} \qquad \begin{pmatrix} 2 & 3 & -1 & 1 \\ 1 & 3 & 1 & 2 \\ -2 & -2 & 4 & 4 \end{pmatrix} \qquad (11)$$

a) b) c)

Zwischen a) und c) besteht im Wesentlichen kein Unterschied. Betrachtet man jedoch ein Zahlenschema als Matrix, so wird es durch Klammern gekennzeichnet. Anwendungsbeispiele werden zeigen, dass sich mit Hilfe von Matrizen gewisse Sachverhalte des praktischen Lebens widerspiegeln und zahlreiche Probleme bearbeiten lassen. Dies verlangt allerdings, in Matrizenmengen zu rechnen und dabei bestimmte Gesetze zu beachten.
Ein erster Schritt zum Rechnen mit Matrizen ist schon die Notierung des linearen Gleichungssystems (1) in Matrizendarstellung: Man verknüpft die Koeffizientenmatrix (vgl. (11b)) mit dem Spal-

tenvektor der Variablen x, y und z so, dass der Koordinatenvergleich mit dem Spaltenvektor $\vec{b}$ der Absolutglieder 1, 2 und 4 dann wieder auf das Gleichungssystem (1) zurückführt:

$$\begin{pmatrix} 2 & 3 & -1 \\ 1 & 3 & 1 \\ -2 & -2 & 4 \end{pmatrix} \cdot \begin{pmatrix} x \\ y \\ z \end{pmatrix} = \begin{pmatrix} 1 \\ 2 \\ 4 \end{pmatrix} \qquad \begin{pmatrix} 2x + 3y - z \\ x + 3y + z \\ -2x - 2y + 4z \end{pmatrix} = \begin{pmatrix} 1 \\ 2 \\ 4 \end{pmatrix} \tag{12}$$

Die „Multiplikation“ der Koeffizientenmatrix mit dem Spaltenvektor der Variablen muss also auf folgende Weise vor sich gehen: Eine Zeile der Koeffizientenmatrix (Zeilenvektor der Matrix genannt) wird mit dem Spaltenvektor der Variablen multipliziert, indem man die Summe der Koordinatenprodukte beider Vektoren bildet. Das Ergebnis ist die zu dieser Zeile gehörende Koordinate im Vektor der Absolutglieder. Auf Zeile 1 der obigen Koeffizientenmatrix und den Variablenvektor bezogen, würde das also heißen: Man rechnet $2 \cdot x + 3 \cdot y + (-1) \cdot z$, erhält demnach $2x + 3y - z$. Dieser Term ist gleich der ersten Koordinate (also 1) im Vektor der Absolutglieder. Das Muster in (12) liefert uns eine allgemeine Vorschrift, *wie man eine Matrix mit einem Vektor multipliziert*. Einzige Bedingung ist: Die Anzahl der Glieder in den Zeilen der Matrix muss mit der Anzahl der Koordinaten des Vektors übereinstimmen.

Auf die 4-gliedrigen Zeilenvektoren der erweiterten Koeffizientenmatrix (11c) kann man die Äquivalenzumformungen des GAUSSschen Eliminierungsverfahrens anwenden. Völlig analog zur Behandlung des Gleichungssystems erhält man die umgeformte erweiterte Koeffizientenmatrix bzw. die zugehörige Matrizendarstellung des Gleichungssystems

$$\begin{pmatrix} 1 & 0 & 0 & 3 \\ 0 & 1 & 0 & -1 \\ 0 & 0 & 1 & 2 \end{pmatrix} \quad \text{bzw.} \quad \begin{pmatrix} 1 & 0 & 0 \\ 0 & 1 & 0 \\ 0 & 0 & 1 \end{pmatrix} \cdot \begin{pmatrix} x \\ y \\ z \end{pmatrix} = \begin{pmatrix} 3 \\ -1 \\ 2 \end{pmatrix}.$$

Dies ist nur eine andere Schreibweise für die Lösung des Gleichungssystems (1) im Beispiel G 22, wie sie auf S. 238 mit Hilfe des GAUSSschen Eliminierungsverfahrens bestimmt wurde.

G 27

Beispiel G 27:

Das lineare Gleichungssystem (4) aus Beispiel G 23 hat unendlich viele Lösungen. Die Vektorgleichung (6) liefert beispielsweise für t = 2 die Lösung (x; y; z) = (3; –1; 2).

Schreibt man (4) analog zu (12) in Matrizendarstellung auf

$$\begin{pmatrix} 2 & 3 & -1 \\ 1 & 3 & 1 \end{pmatrix} \cdot \begin{pmatrix} x \\ y \\ z \end{pmatrix} = \begin{pmatrix} 1 \\ 2 \end{pmatrix}$$

und setzt dann für $\begin{pmatrix} x \\ y \\ z \end{pmatrix}$ diese spezielle Lösung $\begin{pmatrix} 3 \\ -1 \\ 2 \end{pmatrix}$ ein, so finden wir bei Anwendung obiger Multiplikationsregel die Richtigkeit der Lösung noch einmal bestätigt:

$$\begin{pmatrix} 2 & 3 & -1 \\ 1 & 3 & 1 \end{pmatrix} \cdot \begin{pmatrix} x \\ y \\ z \end{pmatrix} = \begin{pmatrix} 2 & 3 & -1 \\ 1 & 3 & 1 \end{pmatrix} \cdot \begin{pmatrix} 3 \\ -1 \\ 2 \end{pmatrix} = \begin{pmatrix} 2 \cdot 3 - 3 \cdot 1 - 1 \cdot 2 \\ 1 \cdot 3 - 3 \cdot 1 + 1 \cdot 2 \end{pmatrix} = \begin{pmatrix} 1 \\ 2 \end{pmatrix}$$

Die praktische Nützlichkeit des eingeführten Produktes einer Matrix mit einem Vektor zeigt das folgende Beispiel.

G 28

Beispiel G 28:
Bei der Herstellung von Produkten aus bestimmten Rohstoffen sollen die Kosten je Produkt aus den Rohstoffkosten möglichst *rationell* berechnet werden.
Werden z. B. drei Produkte $P_1$, $P_2$ und $P_3$ zu 40%, 20%, 30%, 10% bzw. zu 10%, 10%, 30%, 50% bzw. zu 20%, 10%, 10%, 60% aus den Rohstoffen $R_1$, $R_2$, $R_3$, $R_4$ hergestellt, so beschreibt bereits die folgende Tabelle (in Mengeneinheiten ME) die Zusammensetzung einer ME je Produkt wesentlich übersichtlicher als der komplizierte Text:

| | $R_1$ | $R_2$ | $R_3$ | $R_4$ |
|---|---|---|---|---|
| $P_1$ | 0,4 | 0,2 | 0,3 | 0,1 |
| $P_2$ | 0,1 | 0,1 | 0,3 | 0,5 |
| $P_3$ | 0,2 | 0,1 | 0,1 | 0,6 |

Das Zahlenschema dieser Tabelle können wir als Matrix T (technologische Matrix) des Herstellungsverfahrens ansehen. Werden die Rohstoffkosten (in Geldeinheiten GE) je ME mit $K_1 = 15$, $K_2 = 12$, $K_3 = 10$ und $K_4 = 8$ veranschlagt, so lassen sich durch Multiplikation von Matrix T mit dem Spaltenvektor $\vec{k}$ der Kosten (Kostenvektor) die Einzelkosten für jedes der Produkte $P_1$, $P_2$, $P_3$ je ME in dem zugehörigen Ergebnisvektor erfassen:

$$T \cdot \vec{k} = \begin{pmatrix} 0{,}4 & 0{,}2 & 0{,}3 & 0{,}1 \\ 0{,}1 & 0{,}1 & 0{,}3 & 0{,}5 \\ 0{,}2 & 0{,}1 & 0{,}1 & 0{,}6 \end{pmatrix} \cdot \begin{pmatrix} 15 \\ 12 \\ 10 \\ 8 \end{pmatrix} = \begin{pmatrix} 12{,}2 \\ 9{,}7 \\ 10{,}0 \end{pmatrix}$$

Die Kosten für 1 ME z. B. des Produkts $P_1$ ergeben sich dabei durch Multiplikation des obersten Zeilenvektors von T mit dem Spaltenvektor $\vec{k}$ als
$(0{,}4 \cdot 15 + 0{,}2 \cdot 12 + 0{,}3 \cdot 10 + 0{,}1 \cdot 8)$ GE = 12,2 GE.

## G 3.4 Determinanten; Regel von Cramer

Für lineare Gleichungssysteme mit n Variablen und n Gleichungen, die eindeutig lösbar sind, kann man jede einzelne Variable unabhängig von den anderen berechnen. Wir wollen nachfolgend am Beispiel bzw. mit einem allgemeinen Ansatz für Gleichungssysteme mit 2 Variablen eine Regel kennen lernen, die sich auf eindeutig lösbare Systeme mit n Variablen und n Gleichungen ausdehnen lässt.

Beispiel

$$\begin{array}{rl} 3x_1 - x_2 = 2 & \mid \cdot(-2) \downarrow \\ 2x_1 + x_2 = 8 & \mid \cdot 3 \\ \hline 5x_2 = 20 & \end{array}$$

Allgemeiner Fall

$$\begin{array}{rl} a_{11}x_1 + a_{12}x_2 = b_1 & \mid \cdot(-a_{21}) \downarrow \\ a_{21}x_1 + a_{22}x_2 = b_2 & \mid \cdot a_{11} \\ \hline (a_{11}a_{22} - a_{12}a_{21})x_2 = a_{11}b_2 - b_1a_{21} & \end{array}$$

Für das Beispiel ergibt sich sofort die Lösung $x_2 = 4$ und $x_1 = 2$. Das allgemein notierte Gleichungssystem, von dem wir $a_{11} \neq 0$ voraussetzen können, ist eindeutig lösbar, falls $a_{11}a_{22} - a_{12}a_{21} \neq 0$ ist.

Dann folgt $x_2 = \frac{a_{11}b_2 - b_1a_{21}}{a_{11}a_{22} - a_{12}a_{21}}$ und analog $x_1 = \frac{b_1a_{22} - a_{12}b_2}{a_{11}a_{22} - a_{12}a_{21}}$. Man erhält also für $x_1$ und $x_2$ jeweils Darstellungen, die aus dem Koeffizientenschema und den Absolutgliedern des Gleichungssystems

„gut strukturiert" aufgebaut sind. Es liegt nahe, sich dieses Koeffizientenschema, d. h. die Koeffizientenmatrix, in der Matrizendarstellung des Gleichungssystems anzusehen:

$$\begin{pmatrix} a_{11} & a_{12} \\ a_{21} & a_{22} \end{pmatrix} \cdot \begin{pmatrix} x_1 \\ x_2 \end{pmatrix} = \begin{pmatrix} b_1 \\ b_2 \end{pmatrix}$$

Der Ausdruck $a_{11}a_{22} - a_{12}a_{21}$ wird der Koeffizientenmatrix zugeordnet und heißt *Determinante* der Matrix. Man schreibt:

$$\det\begin{pmatrix} a_{11} & a_{12} \\ a_{21} & a_{22} \end{pmatrix} = a_{11}a_{22} - a_{12}a_{21}$$

Die Elemente $a_{11}$ und $a_{22}$ stehen auf der sogenannten *Hauptdiagonalen*, $a_{12}$ und $a_{21}$ auf der *Nebendiagonalen.* Die Determinante einer zweireihigen Matrix berechnet man also, indem man vom Produkt der Hauptdiagonalelemente das Produkt der Nebendiagonalelemente subtrahiert.

Auch die Ausdrücke $b_1a_{22} - a_{12}b_2$ und $a_{11}b_2 - b_1a_{21}$ können nun als Determinanten gewisser Matrizen notiert werden:

G 10

Satz G 10: **Regel von CRAMER**

Das Gleichungssystem

$$a_{11}x_1 + a_{12}x_2 = b_1$$
$$a_{21}x_1 + a_{22}x_2 = b_2$$

ist eindeutig lösbar, falls $\det\begin{pmatrix} a_{11} & a_{12} \\ a_{21} & a_{22} \end{pmatrix} \neq 0$. Seine Lösungen sind dann:

$$x_1 = \frac{\det\begin{pmatrix} b_1 & a_{12} \\ b_2 & a_{22} \end{pmatrix}}{\det\begin{pmatrix} a_{11} & a_{12} \\ a_{21} & a_{22} \end{pmatrix}} \qquad x_2 = \frac{\det\begin{pmatrix} a_{11} & b_1 \\ a_{21} & b_2 \end{pmatrix}}{\det\begin{pmatrix} a_{11} & a_{12} \\ a_{21} & a_{22} \end{pmatrix}}$$

Also: Will man mit Hilfe der CRAMERschen Regel die Lösung $x_i$ $(i = 1, 2)$ für ein lineares Gleichungssystem aus zwei Gleichungen mit zwei Variablen ermitteln, so berechnet man

1. die Determinante der Koeffizientenmatrix,
2. die Determinanten der Matrizen, die aus der Koeffizientenmatrix durch Ersetzung der Koeffizienten von $x_i$ $(i = 1, 2)$ durch die entsprechenden Absolutglieder entstehen, und
3. die Quotienten aus jedem der im 2. Schritt erhaltenen Werte und dem Wert aus Schritt 1. Diese Quotienten sind dann die Lösung des Gleichungssystems.

Für unser obiges Beispiel gilt also

Schritt 1: $\det\begin{pmatrix} 3 & -1 \\ 2 & 1 \end{pmatrix} = 3 \cdot 1 + 1 \cdot 2 = 5$, Schritt 2: $\det\begin{pmatrix} 2 & -1 \\ 8 & 1 \end{pmatrix} = 2 \cdot 1 + 1 \cdot 8 = 10$,

$$\det\begin{pmatrix} 3 & 2 \\ 2 & 8 \end{pmatrix} = 3 \cdot 8 - 2 \cdot 2 = 20$$

und schließlich (Schritt 3): $x_1 = \frac{10}{5} = 2$, $x_2 = \frac{20}{5} = 4$.

## G 3.5 Praktische Anwendungen

Beispiel G 29: G 29

Wir betrachten noch einmal das Beispiel G 2 / Abschnitt G 1.1 zur Dreipunktaufhängung für die Oberleitung einer Straßenbahn. Die in der zugehörigen Fig. G 2 angegebenen Punkte mögen folgende Koordinaten besitzen: $P(3; 4; 0)$, $P_1(0; 0; 2)$, $P_2(0; 6; 2)$, $P_3(11; 3; 2)$.
Damit erhalten wir die Vektoren

$$\vec{a}_1 = \overrightarrow{PP_1} = \begin{pmatrix} -3 \\ -4 \\ 2 \end{pmatrix}, \quad \vec{a}_2 = \overrightarrow{PP_2} = \begin{pmatrix} -3 \\ 2 \\ 2 \end{pmatrix}, \quad \vec{a}_3 = \overrightarrow{PP_3} = \begin{pmatrix} 8 \\ -1 \\ 2 \end{pmatrix},$$

in deren Richtung die Kräfte $\vec{F}_1$, $\vec{F}_2$ bzw. $\vec{F}_3$ wirken. Sie entstehen, wenn voraussetzungsgemäß eine Kraft $\vec{F}$ in P angreift und in Richtung der negativen z-Achse wirkt.
Es sei $|\vec{F}| = 440$ (gemessen in N). Die Kräfte $\vec{F}_1$, $\vec{F}_2$ und $\vec{F}_3$ sind Vielfache der Vektoren $\vec{a}_1$, $\vec{a}_2$ bzw. $\vec{a}_3$, also gilt: $\vec{F}_1 = x_1\vec{a}_1$, $\quad \vec{F}_2 = x_2\vec{a}_2$, $\quad \vec{F}_3 = x_3\vec{a}_3$.

Der Kraft $\vec{F} = \begin{pmatrix} 0 \\ 0 \\ -440 \end{pmatrix}$ hat die Kraft $-\vec{F}$ als Resultierende von $\vec{F}_1$, $\vec{F}_2$ und $\vec{F}_3$ entgegenzuwirken, um einen Gleichgewichtszustand zu erzeugen. Es ergibt sich das Gleichungssystem

$$x_1\begin{pmatrix} -3 \\ -4 \\ 2 \end{pmatrix} + x_2\begin{pmatrix} -3 \\ 2 \\ 2 \end{pmatrix} + x_3\begin{pmatrix} 8 \\ -1 \\ 2 \end{pmatrix} = \begin{pmatrix} 0 \\ 0 \\ 440 \end{pmatrix} \quad \text{bzw.} \quad \begin{aligned} -3x_1 - 3x_2 + 8x_3 &= 0 \\ -4x_1 + 2x_2 - x_3 &= 0 \\ 2x_1 + 2x_2 + 2x_3 &= 440 \end{aligned} \; .$$

Äquivalenzumformungen führen nach dem GAUSSschen Verfahren zu einer Dreiecksform des Systems:

$$\begin{array}{rcrcrcl|l} -3x_1 & - & 3x_2 & + & 8x_3 & = & 0 & \cdot 4 \\ -4x_1 & + & 2x_2 & - & x_3 & = & 0 & \cdot(-3) \\ x_1 & + & x_2 & + & x_3 & = & 220 & \cdot 3 \\ \hline -3x_1 & - & 3x_2 & + & 8x_3 & = & 0 & \\ & - & 18x_2 & + & 35x_3 & = & 0 & \\ & & & & 11x_3 & = & 660 & \end{array}$$

Das Gleichungssystem hat die eindeutige Lösung

$$x_3 = 60,\ x_2 = \frac{35 \cdot 60}{18} = \frac{350}{3} \approx 116{,}6 \text{ und } -3x_1 = 3 \cdot \frac{350}{3} - 8 \cdot 60 = -130 \text{ bzw. } x_1 = \frac{130}{3} \approx 43{,}3.$$

Damit erhalten wir die Koordinaten der Vektoren:

$$\vec{F}_1 = x_1\vec{a}_1 = \begin{pmatrix} -130 \\ -\frac{520}{3} \\ \frac{260}{3} \end{pmatrix} \qquad \vec{F}_2 = x_2\vec{a}_2 = \begin{pmatrix} -350 \\ \frac{700}{3} \\ \frac{700}{3} \end{pmatrix} \qquad \vec{F}_3 = x_3\vec{a}_3 = \begin{pmatrix} 480 \\ -60 \\ 120 \end{pmatrix}$$

Von Interesse sind die Beträge der Kräfte (in N):

$$|\vec{F}_1| = \sqrt{130^2 + \left(\frac{520}{3}\right)^2 + \left(\frac{260}{3}\right)^2} \approx 233{,}4; \quad |\vec{F}_2| = \sqrt{350^2 + \left(\frac{700}{3}\right)^2 + \left(\frac{700}{3}\right)^2} \approx 481{,}0;$$

$$|\vec{F}_3| = \sqrt{480^2 + 60^2 + 120^2} \approx 498{,}4$$

Auf die Verankerungspunkte wirken also Kräfte von rund 233,4 N, 481 N bzw. 498,4 N.

G 30

Beispiel G 30:

In einem Unternehmen wird eine Kupferlegierung L benötigt, die 85% Kupfer, 10% Zink und 5% Zinn enthält. Zur Verfügung stehen aber nur Legierungen $L_1$, $L_2$ und $L_3$ mit den in nebenstehender Tabelle angegebenen Zusammensetzungen.

| | $L_1$ | $L_2$ | $L_3$ |
|---|---|---|---|
| Kupfer | 80% | 85% | 95% |
| Zink | 10% | 15% | 0% |
| Zinn | 10% | 0% | 5% |

Ob die benötigte Legierung L durch Zusammensetzung aus den Legierungen $L_1$, $L_2$ und $L_3$ hergestellt werden kann, zeigt die Auswertung des folgenden Ansatzes:

Mit $x_1$, $x_2$ und $x_3$ bezeichnen wir die Mengen der Legierungen $L_1$, $L_2$ bzw. $L_3$ für die Herstellung einer Mengeneinheit der benötigten Legierung L, also

$$\text{(I)} \quad x_1 + x_2 + x_3 = 1.$$

Weitere Gleichungen ergeben sich aus den Anteilen von Kupfer, Zink und Zinn in $L_1$, $L_2$ und $L_3$ einerseits und in L andererseits:

$$\begin{array}{ll} \text{(II)} & 0{,}8x_1 + 0{,}85x_2 + 0{,}95x_3 = 0{,}85 \\ \text{(III)} & 0{,}1x_1 + 0{,}15x_2 = 0{,}1 \\ \text{(IV)} & 0{,}1x_1 + 0{,}05x_3 = 0{,}05 \end{array}$$

Das aus den Gleichungen (I) bis (IV) bestehende System wird mit Hilfe des GAUSSschen Eliminierungsverfahrens gelöst:

$$\begin{array}{rrrrl} x_1 & + \;\; x_2 & + \;\; x_3 & = 1 & \cdot(-80) \downarrow \quad \cdot(-10) \downarrow \quad \cdot(-10) \downarrow \\ 80x_1 & + 85x_2 & + 95x_3 & = 85 & \\ 10x_1 & + 15x_2 & & = 10 & \\ 10x_1 & & + \;\; 5x_3 & = 5 & \\ \hline x_1 & + \;\; x_2 & + \;\; x_3 & = 1 & \\ & 5x_2 & + 15x_3 & = 5 & \cdot(-1) \downarrow \quad \cdot 2 \downarrow \\ & 5x_2 & - 10x_3 & = 0 & \\ & -10x_2 & - \;\; 5x_3 & = -5 & \\ \hline x_1 & + \;\; x_2 & + \;\; x_3 & = 1 & \\ & 5x_2 & + 15x_3 & = 5 & \\ & & 25x_3 & = 5 & \\ & & 25x_3 & = 5 & \end{array}$$

Die letzte Gleichung im abschließend umgeformten System stimmt mit der vorletzten überein. Sie kann gestrichen werden.

Aus der Dreiecksform des Systems ergibt sich $x_1 = \frac{2}{5}$, $x_2 = \frac{2}{5}$ und $x_3 = \frac{1}{5}$. Das heißt: Das Einschmelzen der Legierungen $L_1$, $L_2$ und $L_3$ für die benötigte Kupferlegierung ist im Verhältnis 2:2:1 vorzunehmen.

## G 3.6 Matrizen in Anwendungsbereichen; Rechnen mit Matrizen

Zwei Anwendungsbeispiele mit betriebswirtschaftlichen Fragestellungen sollen uns zum Rechnen mit Matrizen führen. Im Vordergrund steht dabei die *Multiplikation von Matrizen*.

G 31

Beispiel G 31:

In einem Produktionsablauf werden aus 3 Rohstoffen 2 Zwischenprodukte erzeugt, aus denen dann direkt 3 verschiedene Endprodukte entstehen. Fig. G 38 gibt die Zusammensetzung je einer Einheit des Zwischenproduktes $Z_1$ bzw. des Endproduktes $E_1$ an. Die anschließenden Tabellen a) und b) komplettieren die Daten für die restlichen Produkte.

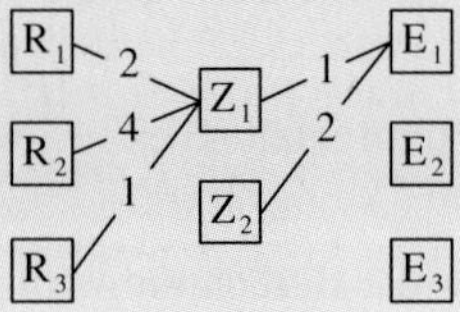


Fig. G 38

Die Tabelle c) ist die Umsetzung der Frage: Wie viel Rohstoffeinheiten werden zur Herstellung von je einer Einheit des Endproduktes $E_1$, $E_2$ bzw. $E_3$ benötigt?

| | $R_1$ | $R_2$ | $R_3$ |
|---|---|---|---|
| $Z_1$ | 2 | 4 | 1 |
| $Z_2$ | 3 | 1 | 4 |

a)

| | $Z_1$ | $Z_2$ |
|---|---|---|
| $E_1$ | 1 | 2 |
| $E_2$ | 2 | 1 |
| $E_3$ | 3 | 1 |

b)

| | $R_1$ | $R_2$ | $R_3$ |
|---|---|---|---|
| $E_1$ | $a_1$ | $b_1$ | $c_1$ |
| $E_2$ | $a_2$ | $b_2$ | $c_2$ |
| $E_3$ | $a_3$ | $b_3$ | $c_3$ |

c)

Für das Produkt $E_1$ *allein* könnten wir nun ermitteln:

$$E_1 = 1 \cdot Z_1 + 2 \cdot Z_2 = 1 \cdot (2R_1 + 4R_2 + 1R_3) + 2 \cdot (3R_1 + 1R_2 + 4R_3) = 8R_1 + 6R_2 + 9R_3 \qquad (1)$$

Die *Gesamt*zusammenhänge zwischen End- und Zwischenprodukten sowie zwischen Roh- und Zwischenprodukten hingegen lassen sich nur beschreiben, wenn man Gleichungssysteme (ggf. in Matrizendarstellung) verwendet:

$$\begin{aligned} 1Z_1 + 2Z_2 &= E_1 \\ 2Z_1 + 1Z_2 &= E_2 \\ 3Z_1 + 1Z_2 &= E_3 \end{aligned} \text{ bzw. } \begin{pmatrix} 1 & 2 \\ 2 & 1 \\ 3 & 1 \end{pmatrix} \cdot \begin{pmatrix} Z_1 \\ Z_2 \end{pmatrix} = \begin{pmatrix} E_1 \\ E_2 \\ E_3 \end{pmatrix}; \quad \begin{aligned} 2R_1 + 4R_2 + 1R_3 &= Z_1 \\ 3R_1 + 1R_2 + 4R_3 &= Z_2 \end{aligned} \text{ bzw. } \begin{pmatrix} 2 & 4 & 1 \\ 3 & 1 & 4 \end{pmatrix} \cdot \begin{pmatrix} R_1 \\ R_2 \\ R_3 \end{pmatrix} = \begin{pmatrix} Z_1 \\ Z_2 \end{pmatrix}$$

(2) (3)

Durch Einsetzen von $\begin{pmatrix} Z_1 \\ Z_2 \end{pmatrix}$ aus der Matrizengleichung (3) in die Gleichung (2) ergibt sich:

$$\begin{pmatrix} 1 & 2 \\ 2 & 1 \\ 3 & 1 \end{pmatrix} \cdot \begin{pmatrix} 2 & 4 & 1 \\ 3 & 1 & 4 \end{pmatrix} \cdot \begin{pmatrix} R_1 \\ R_2 \\ R_3 \end{pmatrix} = \begin{pmatrix} E_1 \\ E_2 \\ E_3 \end{pmatrix} \qquad (4)$$

Wie in G 3.3 (S. 244) schon vorbereitet, ermittelt man das Produkt $A \cdot B$ zweier Matrizen, indem man die Matrix A mit jeder Spalte (jedem Spaltenvektor) der Matrix B multipliziert, wobei die Anzahl der Spalten in A mit der Anzahl der Zeilen in B übereinstimmen muss. Die dabei entstehenden Spaltenvektoren bilden die Spalten der Produktmatrix $A \cdot B$. Auf unser Beispiel angewendet heißt das wegen $1 \cdot 2 + 2 \cdot 3 = 8$ (also „1. Zeile · 1. Spalte“); $2 \cdot 2 + 1 \cdot 3 = 7$ (also „2. Zeile · 1. Spalte“); …; $1 \cdot 4 + 2 \cdot 1 = 6$ (also „1. Zeile · 2. Spalte“); …:

$$\begin{pmatrix} 1 & 2 \\ 2 & 1 \\ 3 & 1 \end{pmatrix} \cdot \begin{pmatrix} 2 & 4 & 1 \\ 3 & 1 & 4 \end{pmatrix} = \begin{pmatrix} 8 & 6 & 9 \\ 7 & 9 & 6 \\ 9 & 13 & 7 \end{pmatrix} \text{ bzw. } \begin{pmatrix} 8 & 6 & 9 \\ 7 & 9 & 6 \\ 9 & 13 & 7 \end{pmatrix} \cdot \begin{pmatrix} R_1 \\ R_2 \\ R_3 \end{pmatrix} = \begin{pmatrix} E_1 \\ E_2 \\ E_3 \end{pmatrix} \qquad (5)$$

Daraus lassen sich außer der bereits auf anderem Weg ermittelten Gleichung $8R_1+6R_2+9R_3=E_1$ zugleich die Beziehungen $7R_1 + 9R_2 + 6R_3 = E_2$ und $9R_1 + 13R_2 + 7R_3 = E_3$ ablesen: Die Produktmatrix in (5) gibt also gerade den Zusammenhang zwischen Endprodukten und Rohstoffen wieder und stellt somit die ausgerechnete Tabelle c) dar.

Wir haben oben eine bestimmte Reihenfolge der Produktbildungen auf der linken Seite von (4) gewählt, indem wir zunächst die 1. mit der 2. Matrix multiplizierten und dann das erhaltene Produkt mit dem Spaltenvektor $\begin{pmatrix} R_1 \\ R_2 \\ R_3 \end{pmatrix}$, also $(A \cdot B) \cdot C$ rechneten. Ein Vergleich mit der Vorgehensweise bei (1) oder die Berechnung von $A \cdot (B \cdot C)$ zeigen aber, dass $A \cdot (B \cdot C)$ zu demselben Resultat führt. Rechengesetze für reelle Zahlen haben zur Folge, dass die Beziehung $A \cdot (B \cdot C) = (A \cdot B) \cdot C$ allgemein gilt. Die Matrizenmultiplikation ist also assoziativ.

G 32 Beispiel G 32:
Ein Betrieb benötigt für eine Produktion 2 Rohstoffe. Für beide Rohstoffe gibt es 5 Anbieter. Man möchte quartalsweise die erforderlichen Mengen jeweils von dem Anbieter beziehen, der den günstigsten Preis fordert. Es seien der Bedarf an Rohstoffen pro Quartal sowie die Preise der einzelnen Anbieter für die beiden Rohstoffe gegeben.

Die *Bedarfsmatrix T* gibt den Bedarf (in Mengeneinheiten ME) an beiden Rohstoffen quartals- und hier zeilenweise an. In der *Preismatrix P* sind spaltenweise die von den einzelnen Anbietern für die Rohstoffe $R_1$ und $R_2$ pro ME geforderten Preise (in Geldeinheiten GE) erfasst:

Rohstoffmengen

$$\begin{array}{c} \quad R_1 \quad R_2 \\ T = \begin{pmatrix} 5 & 20 \\ 20 & 30 \\ 15 & 10 \\ 30 & 5 \end{pmatrix} \begin{array}{l} \text{I.} \\ \text{II.} \\ \text{III.} \\ \text{IV.} \end{array} \text{Quartal} \end{array} \qquad \begin{array}{c} \text{5 Anbieter} \\ P = \begin{pmatrix} 9 & 8 & 7 & 6 & 6 \\ 5 & 6 & 6 & 7 & 8 \end{pmatrix} \begin{array}{l} R_1 \\ R_2 \end{array} \text{Preise} \end{array}$$

Bildet man nun das Produkt $T \cdot P$, so kann man aus den vier Zeilen dieser Matrix quartalsweise die nach den Anbietern geordneten Gesamtkosten zum Vergleich ablesen.
In unserem Fall also:

$$T \cdot P = \begin{pmatrix} 5 & 20 \\ 20 & 30 \\ 15 & 10 \\ 30 & 5 \end{pmatrix} \cdot \begin{pmatrix} 9 & 8 & 7 & 6 & 6 \\ 5 & 6 & 6 & 7 & 8 \end{pmatrix} = \overset{\text{5 Anbieter}}{\begin{pmatrix} \underline{145} & 160 & 155 & 170 & 190 \\ 330 & 340 & \underline{320} & 330 & 360 \\ 185 & 180 & 165 & \underline{160} & 170 \\ 295 & 270 & 240 & \underline{215} & 220 \end{pmatrix}} \begin{array}{l} \text{I.} \\ \text{II.} \\ \text{III.} \\ \text{IV.} \end{array} \text{Kosten}$$

Der kleinste Wert in der i-ten Zeile von $T \cdot P$ weist den Anbieter (Nummer der Spalte) aus, der bezogen auf den Bedarf im jeweiligen Quartal das kostengünstigste Angebot macht.

Die optimale Variante bestünde also darin, dass der Betrieb die benötigten Rohstoffe im I. Quartal vom Anbieter 1, im II. Quartal vom Anbieter 3 sowie im III. und IV. Quartal vom Anbieter 4 bezieht.

# G 4 Skalarprodukt von Vektoren

## G 4.1 Definition und Eigenschaften

Zwei Beispiele aus der Physik führen uns zu einer weiteren Rechenoperation in der Menge der Vektoren.

G 33

Beispiel G 33:
Hebt man einen Gegenstand mit der Gewichtskraft $F_G$ z. B. vom Fußboden auf einen Tisch (Fig. G 39), so wird mechanische Arbeit verrichtet. Diese Arbeit berechnet sich nach der bekannten Formel $W = F_s \cdot s$, wobei $F_s$ die Größe der Kraft ist, die in Richtung des Weges wirkt, und $s$ die Länge dieses Weges angibt.[1] Im Gegensatz zu den vektoriellen Größen Kraft und Weg lässt sich der mechanischen Arbeit keine Richtung zuordnen – es handelt sich hier um eine skalare Größe. In unserem Beispiel bemerken wir insbesondere, dass $F_s$ und $s$ dieselbe Richtung haben.

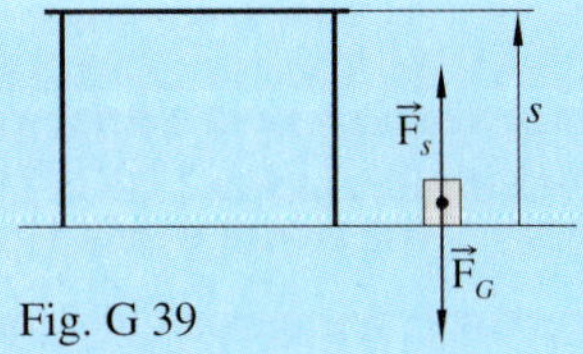

Fig. G 39

G 34

Beispiel G 34:
Wird ein Eisenbahnwagen auf Schienen von einem Traktor gezogen, der nicht auf diesen Schienen fährt (Fig. G 40), so wirkt auf den Wagen eine Kraft $F_T$ in Richtung des Seiles, also nicht in Wegrichtung. Dennoch wird die mechanische Arbeit nach der Formel $W = F_s \cdot s$ berechnet, wobei $F_s$ die Größe der Kraft ist, die in Richtung des Weges wirkt. Ist $\alpha$ der Winkel zwischen den Kräften $F_T$ und $F_s$, so gilt nach trigonometrischen Beziehungen im rechtwinkligen Dreieck ABC für die Größen dieser Kräfte $F_s = F_T \cdot \cos\alpha$. Für die mechanische Arbeit erhalten wir also insgesamt $W = F_T \cdot s \cdot \cos\alpha$. (Diese Formel gilt auch für das Beispiel G 33, da dort $\alpha = 0°$ und damit $\cos\alpha = 1$ ist.)

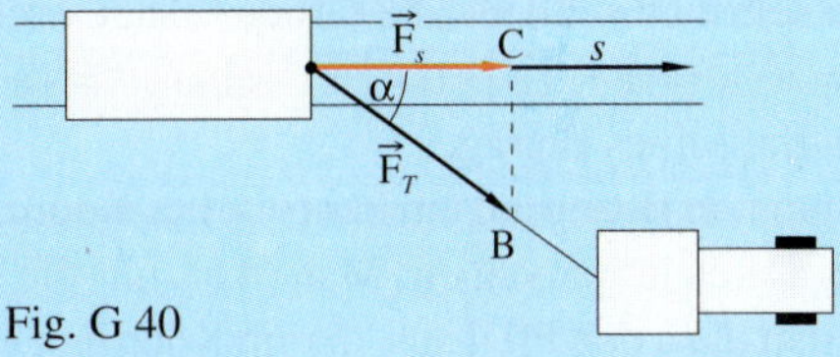

Fig. G 40

Bedenkt man nun, dass in obiger Formel Kraft $F$ und Weg $s$ vektorielle Größen darstellen, die in unserer Schreibweise mit $\vec{F}$ und $\vec{s}$ bezeichnet werden, so können wir auch $W = |\vec{F}| \cdot |\vec{s}| \cdot \cos\alpha$ schreiben. Dabei bezeichnet $\alpha$ den von $\vec{F}$ und $\vec{s}$ eingeschlossenen Winkel. Wir stellen fest: Auf der linken Seite der obigen Gleichung steht eine skalare, also nicht gerichtete Größe und auf der rechten Seite das Produkt aus den Beträgen zweier gerichteter Größen und dem Kosinus des eingeschlossenen Winkels. Ausgehend davon definieren wir nun ein Produkt zweier Vektoren. Weil das Resultat dieses Produktes ein Skalar, also eine reelle Zahl ist, heißt dieses Produkt Skalarprodukt[2].

G 15

Definition G 15:
Sind $\vec{a}$ und $\vec{b}$ zwei Vektoren, so nennt man $\vec{a} \cdot \vec{b} = |\vec{a}| \cdot |\vec{b}| \cdot \cos\alpha$ das **Skalarprodukt** der Vektoren $\vec{a}$ und $\vec{b}$, wobei $\alpha$ den von $\vec{a}$ und $\vec{b}$ eingeschlossenen Winkel bezeichnet (s. „Formeln und Tabellen", S. 52).

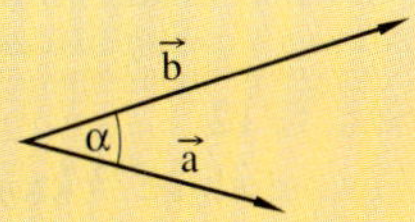

Fig. G 41

[1] Wir fassen auch hier die physikalischen Größen Kraft und Weg als vektorielle Größen auf, rechnen aber nur mit ihren Beträgen.

[2] Man kann auch noch ein weiteres Produkt zweier Vektoren, das sog. Vektorprodukt definieren, dessen Ergebnis ein Vektor ist. Darauf wird in diesem Buch nicht eingegangen (s. „Formeln und Tabellen", S. 52).

Das Skalarprodukt zweier Vektoren ist offensichtlich gleich 0, wenn einer der beiden Vektoren der Nullvektor $\vec{o}$ ist, da dieser den Betrag 0 hat. Für $a \neq \vec{o}$ und $b \neq \vec{o}$ folgt aus $\vec{a} \cdot \vec{b} = 0$ nach der Definition des Skalarprodukts hingegen stets $\cos\alpha = 0$, also $\alpha = 90°$. Das heißt: Die Vektoren $\vec{a}$ und $\vec{b}$ stehen in diesem Falle senkrecht aufeinander. Da umgekehrt auch das Skalarprodukt zweier Vektoren $\vec{a}$ und $\vec{b}$, die senkrecht aufeinander stehen, wegen $\vec{a} \cdot \vec{b} = |\vec{a}| \cdot |\vec{b}| \cdot \cos 90° = |\vec{a}| \cdot |\vec{b}| \cdot 0$ den Wert 0 hat und wir vereinbaren wollen, dass der Nullvektor senkrecht zu jedem Vektor ist, gilt:

G 11

Satz G 11:
Das Skalarprodukt zweier Vektoren ist genau dann 0, wenn die beiden Vektoren senkrecht aufeinander stehen.

Bemerkung: Wir haben mit dem Skalarprodukt eine Rechenoperation in der Menge der Vektoren kennen gelernt, die zwei Vektoren eine reelle Zahl zuordnet und damit aus dem Bereich der Vektoren herausführt. Außerdem kann das Skalarprodukt zweier Vektoren den Wert 0 annehmen, obwohl beide Vektoren vom Nullvektor verschieden sind.
Betrachten wir nun den Spezialfall, dass die beiden Vektoren, von denen wir das Skalarprodukt bilden wollen, identisch sind. Wir wollen also $\vec{a} \cdot \vec{a} = \vec{a}^2$ berechnen. Da der Winkel, den ein Vektor mit sich selbst einschließt, die Größe 0° hat, ergibt sich aus der Definition des Skalarprodukts sofort $\vec{a}^2 = \vec{a} \cdot \vec{a} = |\vec{a}| \cdot |\vec{a}| \cdot 1 = |\vec{a}|^2$, also $\vec{a}^2 = |\vec{a}|^2$. Das heißt: Das Quadrat eines Vektors ist gleich dem Quadrat seines Betrages.
Ist nun $\vec{a}$ in Bezug auf ein kartesisches Koordinatensystem durch seine *Koordinaten* gegeben, so lässt sich $\vec{a}^2$ leicht berechnen: Man muss nur die Länge eines Pfeils berechnen, der $\vec{a}$ repräsentiert. Wir wählen dazu den Pfeil aus, der im Koordinatenursprung beginnt. Je nachdem, ob $\vec{a}$ in der Ebene oder im Raum liegt, gibt Fig. G 42 bzw. Fig. G 43 den Sachverhalt wieder. Zur Berechnung von $\vec{a}^2$ wenden wir den Satz des PYTHAGORAS (mehrmals) an.

Fig. G 42

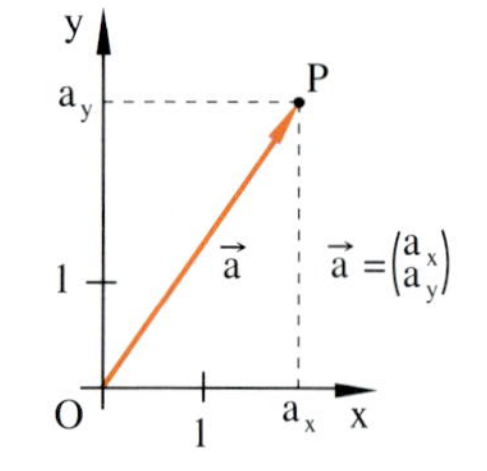


$$|\vec{a}| = |\overrightarrow{OP}| = \sqrt{a_x^2 + a_y^2}$$
$$\vec{a}^2 = a_x^2 + a_y^2$$

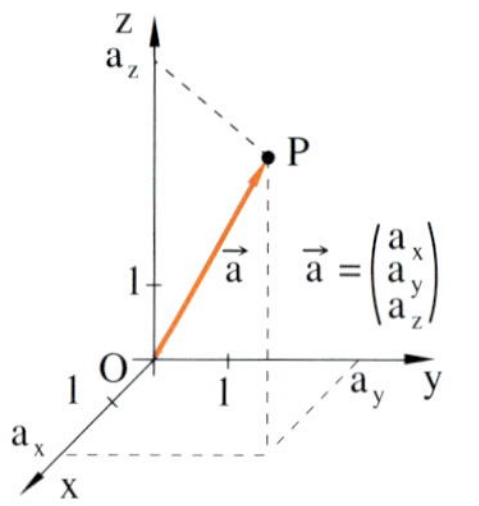


Fig. G 43

$$|\vec{a}| = |\overrightarrow{OP}| = \sqrt{a_x^2 + a_y^2 + a_z^2}$$
$$\vec{a}^2 = a_x^2 + a_y^2 + a_z^2$$

Aus der Definition entnehmen wir sofort die folgenden *Eigenschaften des Skalarprodukts:*

G 12

Satz G 12:
Für beliebige Vektoren $\vec{a}$, $\vec{b}$ und $\vec{c}$ sowie für jede reelle Zahl t gilt:

- $\vec{a} \cdot \vec{b} = \vec{b} \cdot \vec{a}$ (Kommutativität),
- $\vec{a} \cdot (\vec{b} + \vec{c}) = \vec{a} \cdot \vec{b} + \vec{a} \cdot \vec{c}$ (Distributivität),
- $(t\vec{a}) \cdot \vec{b} = t \cdot (\vec{a} \cdot \vec{b})$,
- $\vec{a}^2 \geq 0$, wobei $\vec{a}^2 = 0$ genau dann, wenn $\vec{a} = \vec{o}$.

Man kann das Skalarprodukt zweier Vektoren $\vec{a}$ und $\vec{b}$, die mit ihren Koordinaten bezüglich eines kartesischen Koordinatensystems gegeben sind, berechnen, ohne zuerst Betrag und eingeschlossenen Winkel zu bestimmen. Dazu gehen wir von der eindeutigen Zerlegbarkeit jedes Vektors in Komponenten bezüglich des Koordinatensystems aus (s. Abschnitt G 1.5, Definition G 11):

Fig. G 44

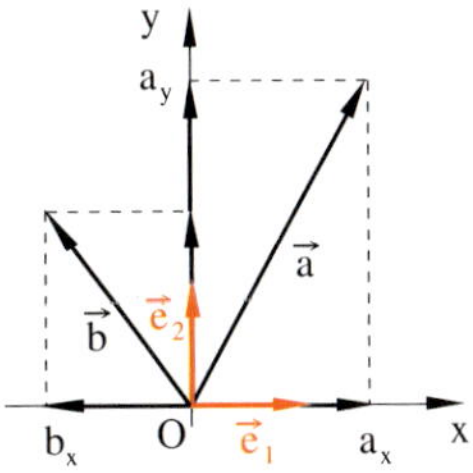


Fig. G 45

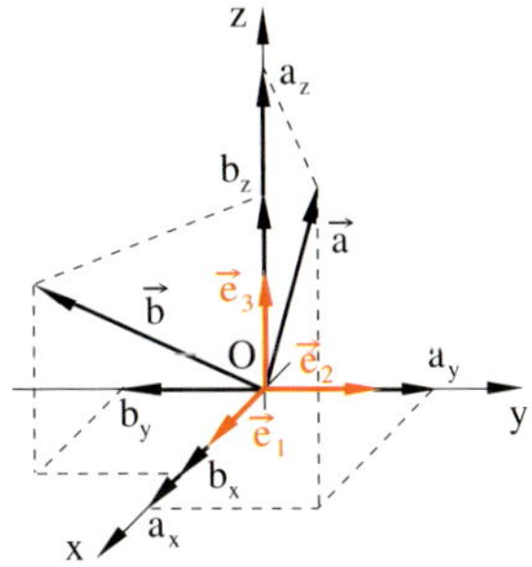


Für $\vec{a} = \begin{pmatrix} a_x \\ a_y \end{pmatrix} = a_x\vec{e}_1 + a_y\vec{e}_2$

und $\vec{b} = \begin{pmatrix} b_x \\ b_y \end{pmatrix} = b_x\vec{e}_1 + b_y\vec{e}_2$

Für $\vec{a} = \begin{pmatrix} a_x \\ a_y \\ a_z \end{pmatrix} = a_x\vec{e}_1 + a_y\vec{e}_2 + a_z\vec{e}_3$

und $\vec{b} = \begin{pmatrix} b_x \\ b_y \\ b_z \end{pmatrix} = b_x\vec{e}_1 + b_y\vec{e}_2 + b_z\vec{e}_3$

gilt dann:

$\vec{a}\cdot\vec{b} = (a_x\vec{e}_1 + a_y\vec{e}_2)\cdot(b_x\vec{e}_1 + b_y\vec{e}_2)$

$\vec{a}\cdot\vec{b} = (a_x\vec{e}_1 + a_y\vec{e}_2 + a_z\vec{e}_3)\cdot(b_x\vec{e}_1 + b_y\vec{e}_2 + b_z\vec{e}_3)$

Unter Verwendung des Distributivgesetzes der Skalarmultiplikation erhalten wir

$$\vec{a}\cdot\vec{b} = a_xb_x\vec{e}_1\cdot\vec{e}_1 + a_xb_y\vec{e}_1\cdot\vec{e}_2 + a_yb_x\vec{e}_2\cdot\vec{e}_1 + a_yb_y\vec{e}_2\cdot\vec{e}_2.$$

$$\begin{aligned}\vec{a}\cdot\vec{b} = {} & a_xb_x\vec{e}_1\cdot\vec{e}_1 + a_xb_y\vec{e}_1\cdot\vec{e}_2 + a_xb_z\vec{e}_1\cdot\vec{e}_3 \\ & + a_yb_x\vec{e}_2\cdot\vec{e}_1 + a_yb_y\vec{e}_2\cdot\vec{e}_2 + a_yb_z\vec{e}_2\cdot\vec{e}_3 \\ & + a_zb_x\vec{e}_3\cdot\vec{e}_1 + a_zb_y\vec{e}_3\cdot\vec{e}_2 + a_zb_z\vec{e}_3\cdot\vec{e}_3.\end{aligned}$$

Weil $\vec{e}_1\cdot\vec{e}_1 = |\vec{e}_1|^2 = 1$, $\vec{e}_2\cdot\vec{e}_2 = |\vec{e}_2|^2 = 1$

und $\vec{e}_1\cdot\vec{e}_2 = \vec{e}_2\cdot\vec{e}_1 = 0$ ist, ergibt sich

$\vec{a}\cdot\vec{b} = a_xb_x + a_yb_y.$

Weil $\vec{e}_1\cdot\vec{e}_1 = |\vec{e}_1|^2 = 1$, $\vec{e}_2\cdot\vec{e}_2 = |\vec{e}_2|^2 = 1$, $\vec{e}_3\cdot\vec{e}_3 = |\vec{e}_3|^2 = 1$

und $\vec{e}_1\cdot\vec{e}_2 = \vec{e}_1\cdot\vec{e}_3 = \vec{e}_2\cdot\vec{e}_3 = 0$ ist, ergibt sich

$\vec{a}\cdot\vec{b} = a_xb_x + a_yb_y + a_zb_z.$

Zusammengefasst lässt sich damit feststellen:

**G 13**

Satz G 13:

a) Sind in der Ebene die beiden Vektoren $\vec{a} = \begin{pmatrix} a_x \\ a_y \end{pmatrix}$ und $\vec{b} = \begin{pmatrix} b_x \\ b_y \end{pmatrix}$ bezüglich eines kartesischen Koordinatensystems gegeben, dann ist

$\vec{a}\cdot\vec{b} = a_xb_x + a_yb_y$

(s. „Formeln und Tabellen", S. 52).

b) Sind im Raum die beiden Vektoren $\vec{a} = \begin{pmatrix} a_x \\ a_y \\ a_z \end{pmatrix}$ und $\vec{b} = \begin{pmatrix} b_x \\ b_y \\ b_z \end{pmatrix}$ bezüglich eines kartesischen Koordinatensystems gegeben, dann ist

$\vec{a} \cdot \vec{b} = a_x b_x + a_y b_y + a_z b_z$

(s. „Formeln und Tabellen“, S. 52).

Mit diesem Satz haben wir eine praktikable Möglichkeit gefunden, das Skalarprodukt zweier Vektoren zu bestimmen, wenn diese durch ihre Koordinaten gegeben sind. Außerdem wird es dadurch möglich, die Orthogonalitätsbedingung für zwei Vektoren aus Satz G 11 mit ihren Koordinaten zu formulieren.

G 14 Satz G 14:

Sind bezüglich eines kartesischen Koordinatensystems die beiden Vektoren

| | |
|---|---|
| $\vec{a} = \begin{pmatrix} a_x \\ a_y \end{pmatrix}$ und $\vec{b} = \begin{pmatrix} b_x \\ b_y \end{pmatrix}$ (in der Ebene) | $\vec{a} = \begin{pmatrix} a_x \\ a_y \\ a_z \end{pmatrix}$ und $\vec{b} = \begin{pmatrix} b_x \\ b_y \\ b_z \end{pmatrix}$ (im Raum) |

gegeben, dann gilt $\vec{a} \perp \vec{b}$ genau dann, wenn

| | |
|---|---|
| $a_x b_x + a_y b_y = 0$ | $a_x b_x + a_y b_y + a_z b_z = 0$ |

G 35 Beispiel G 35:

Gegeben seien in der Ebene die beiden Geraden

$g_1\colon \vec{x} = \begin{pmatrix} 1 \\ 2 \end{pmatrix} + t \begin{pmatrix} 2 \\ 2 \end{pmatrix},\ t \in \mathbb{R}$, und $g_2\colon y = -x + 3$,

die sich im Punkt S(1; 2) schneiden. Aus Fig. G 46 entnehmen wir, dass diese beiden Geraden senkrecht zueinander sein könnten. Dies soll nun rechnerisch nachgeprüft werden.

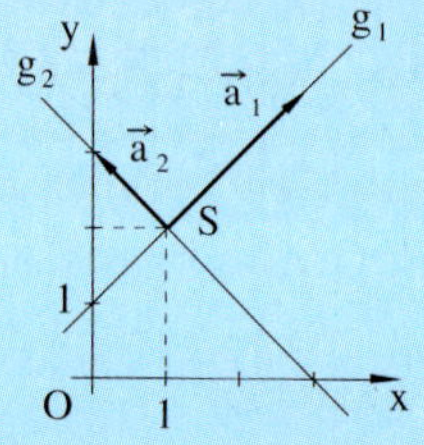


Fig. G 46

Dazu bestimmen wir von $g_1$ und $g_2$ jeweils einen Richtungsvektor:

Aus der Gleichung von $g_1$ können wir sofort einen Richtungsvektor dieser Geraden ablesen, nämlich $\vec{a}_1 = \begin{pmatrix} 2 \\ 2 \end{pmatrix}$. Da der Anstieg der Geraden $g_2$ den Wert $-1$ hat, kann man aus dem Anstiegsdreieck $\vec{a}_2 = \begin{pmatrix} -1 \\ 1 \end{pmatrix}$ als einen Richtungsvektor von $g_2$ bestimmen. Bildet man nun das Skalarprodukt dieser beiden Richtungsvektoren, so ergibt sich

$$\vec{a}_1 \cdot \vec{a}_2 = \begin{pmatrix} 2 \\ 2 \end{pmatrix} \cdot \begin{pmatrix} -1 \\ 1 \end{pmatrix} = -2 + 2 = 0.$$

$\vec{a}_1$ und $\vec{a}_2$ stehen also senkrecht aufeinander (Satz G 14). Da aber $\vec{a}_1$ und $\vec{a}_2$ die Richtungen von $g_1$ bzw. $g_2$ beschreiben, sind folglich auch $g_1$ und $g_2$ senkrecht zueinander und die Vermutung aus Fig. G 46 wurde bestätigt.

G 36

Beispiel G 36:
Gegeben seien im Raum die drei Punkte A(2; –1; 2), B(1; 1; 1) und C(0; 3; 2). Es sind die Innenwinkel des Dreiecks ABC zu bestimmen (Fig. G 47).
Zu den Punkten A, B und C gehören die eindeutig bestimmten Ortsvektoren

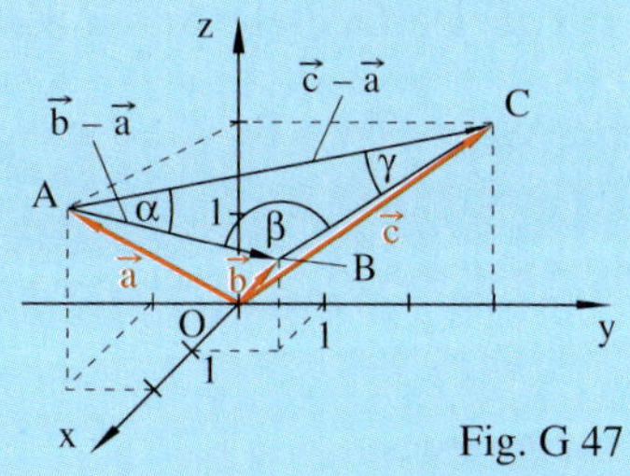


Fig. G 47

$$\vec{a} = \begin{pmatrix} 2 \\ -1 \\ 2 \end{pmatrix}, \quad \vec{b} = \begin{pmatrix} 1 \\ 1 \\ 1 \end{pmatrix} \quad \text{bzw.} \quad \vec{c} = \begin{pmatrix} 0 \\ 3 \\ 2 \end{pmatrix}.$$

Wir berechnen zuerst den Winkel $\alpha$. Durch die Vektoren $\vec{b} - \vec{a} = \overrightarrow{AB}$ und $\vec{c} - \vec{a} = \overrightarrow{AC}$ werden die Richtungen der Dreiecksseiten $\overline{AB}$ bzw. $\overline{AC}$ beschrieben. Folglich ist der Innenwinkel $\alpha$ gleich dem Winkel, der durch die beiden Vektoren $\overrightarrow{AB}$ und $\overrightarrow{AC}$ eingeschlossen wird. Diesen Winkel können wir mit Hilfe des Skalarprodukts berechnen.

Aus Definition G 15 folgt nämlich $\cos\alpha = \dfrac{\vec{a} \cdot \vec{b}}{|\vec{a}| \cdot |\vec{b}|}$, für unser Beispiel also

$$\cos\alpha = \frac{(\vec{b} - \vec{a}) \cdot (\vec{c} - \vec{a})}{|\vec{b} - \vec{a}| \cdot |\vec{c} - \vec{a}|} = \frac{\begin{pmatrix} -1 \\ 2 \\ -1 \end{pmatrix} \cdot \begin{pmatrix} -2 \\ 4 \\ 0 \end{pmatrix}}{\sqrt{(-1)^2 + 2^2 + (-1)^2} \cdot \sqrt{(-2)^2 + 4^2 + 0^2}} = \frac{2 + 8 + 0}{\sqrt{6} \cdot \sqrt{20}} \approx 0{,}9129,$$

woraus sich $\alpha \approx 24{,}09°$ ergibt. Analog erhalten wir für $\beta$ und $\gamma$:

$$\cos\beta = \frac{(\vec{a} - \vec{b}) \cdot (\vec{c} - \vec{b})}{|\vec{a} - \vec{b}| \cdot |\vec{c} - \vec{b}|} = \frac{-4}{\sqrt{6} \cdot \sqrt{6}} \approx -0{,}6667, \text{ also } \beta \approx 131{,}81°$$

$$\cos\gamma = \frac{(\vec{a} - \vec{c}) \cdot (\vec{b} - \vec{c})}{|\vec{a} - \vec{c}| \cdot |\vec{b} - \vec{c}|} = \frac{10}{\sqrt{20} \cdot \sqrt{6}} \approx -0{,}9129, \text{ also } \gamma \approx 24{,}09°$$

Natürlich muss die Summe der drei berechneten Winkel gleich der Innenwinkelsumme eines Dreiecks sein. Dies ist auch tatsächlich so, denn $\alpha + \beta + \gamma = 179{,}99°$ (Rundungsungenauigkeiten). Bei der Berechnung haben wir weiterhin festgestellt, dass das betrachtete Dreieck gleichschenklig ist. Es gilt $|\overline{AB}| = |\overline{BC}| = \sqrt{6} \approx 2{,}45$ und $|\overline{AC}| = \sqrt{20} \approx 4{,}47$.

Als weiteres Beispiel sei ein physikalisches Problem gewählt:

G 37

Beispiel G 37:
Eine Kraft $\vec{F}$ mit dem Betrag 4400 N, die in Richtung der positiven z-Achse wirkt, bewegt einen Körper von A(2; 1; – 4) nach B(2; 4; 0). Die Punktkoordinaten sind bezüglich eines kartesischen Koordinatensystems angegeben, in dem auf jeder Achse eine Einheit 1 m entspricht. Es ist die bei dieser Bewegung verrichtete Arbeit zu berechnen.
In Fig. G 48 wird neben den Punkten A und B auch die Kraft $\vec{F}$ veranschaulicht, und zwar so, dass eine Einheit auf der z-Achse gerade 1 kN entspricht.

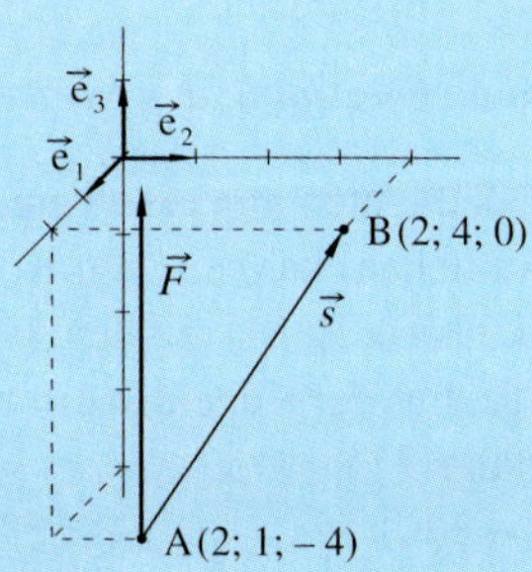


Fig. G 48

Für die mechanische Arbeit $W = \vec{F} \cdot \vec{s} = |\vec{F}| \cdot |\vec{s}| \cos \sphericalangle(\vec{F}, \vec{s})$, die die Kraft $\vec{F} = \begin{pmatrix} 0 \\ 0 \\ 4{,}4 \end{pmatrix}$ längs des Weges $\vec{s} = \overrightarrow{AB} = \begin{pmatrix} 0 \\ 3 \\ 4 \end{pmatrix}$ leistet, gilt:

$$W = \begin{pmatrix} 0 \\ 0 \\ 4{,}4 \end{pmatrix} \cdot \begin{pmatrix} 0 \\ 3 \\ 4 \end{pmatrix} = 4{,}4 \cdot 4 = 17{,}6$$

Da die Einheiten in Kilonewton bzw. Meter festgelegt waren, beträgt die verrichtete Arbeit also 17,6 kNm.
Zusätzlich kann $\cos \sphericalangle(\vec{F}, \vec{s})$ (bzw. der Winkel $\sphericalangle(\vec{F}, \vec{s})$) berechnet werden.
Wegen $\sphericalangle(\vec{F}, \vec{s}) = \sphericalangle(\vec{e}_3, \vec{s})$, $|\vec{e}_3| = 1$ und $|\vec{s}| = 5$, gilt:

$$\cos \sphericalangle(\vec{F}, \vec{s}) = \cos \sphericalangle(\vec{e}_3, \vec{s}) = \frac{\vec{e}_3 \cdot \vec{s}}{|\vec{e}_3| \cdot |\vec{s}|} = \frac{\begin{pmatrix} 0 \\ 0 \\ 1 \end{pmatrix} \cdot \begin{pmatrix} 0 \\ 3 \\ 4 \end{pmatrix}}{5} = \frac{4}{5}$$

Die Größe des Winkels $\sphericalangle(\vec{F}, \vec{s})$ beträgt rund 36,9 °. Die Arbeit $W$ erhalten wir auch aus der Gleichung $W = |\vec{F}| \cdot |\vec{s}| \cdot \cos \sphericalangle(\vec{F}, \vec{s}) = 4{,}4 \cdot 5 \cdot \frac{4}{5} = 17{,}6$ (kNm).

## G 4.2 Gleichungen von Kreis und Kugel in vektorieller Schreibweise

Im Abschnitt F 7 haben wir bereits eine Gleichung für einen Kreis in der Ebene kennen gelernt. Dabei bezogen wir uns auf ein kartesisches Koordinatensystem und arbeiteten mit den Koordinaten des Mittelpunktes und der Größe des Radius. Auch jetzt wird wieder ein Kreis k mit dem Mittelpunkt M und dem Radius r in einem Koordinatensystem (Fig. G 49) betrachtet. Mit $\vec{m}$ bezeichnen wir den Ortsvektor zum Punkt M. Ist X (mit dem Ortsvektor $\vec{x}$) ein beliebiger Punkt des Kreises, so gilt stets $|\overrightarrow{MX}| = r$ oder $|\overrightarrow{MX}|^2 = r^2$. Da das Quadrat eines Vektors mit dem Quadrat seines Betrages übereinstimmt (s. Abschnitt G 4.1, S. 252), können wir die obige Gleichung auch in der Form $\overrightarrow{MX}^2 = r^2$ schreiben. Wegen $\overrightarrow{MX} = \vec{x} - \vec{m}$ ergibt sich

$$(\vec{x} - \vec{m})^2 = r^2$$

als eine *Gleichung des Kreises k in vektorieller Schreibweise*.

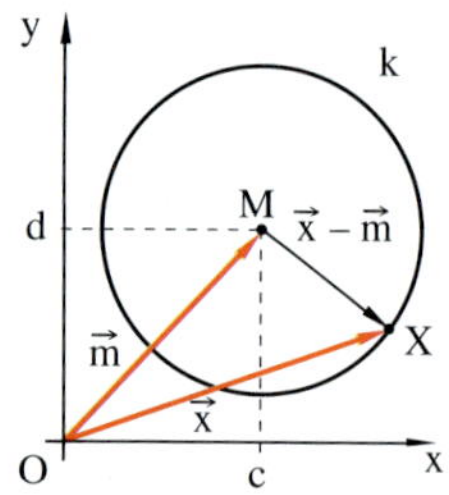

Fig. G 49

Wir betrachten nun eine Kugel k im Raum, die bezüglich eines (räumlichen) kartesischen Koordinatensystems gegeben ist (Fig. G 50). Ist M (mit dem Ortsvektor $\vec{m}$) der Mittelpunkt und r der Radius der Kugel, so gilt für jeden Punkt X der Kugel die Beziehung

$$|\overrightarrow{MX}| = r \quad \text{oder} \quad |\overrightarrow{MX}|^2 = r^2.$$

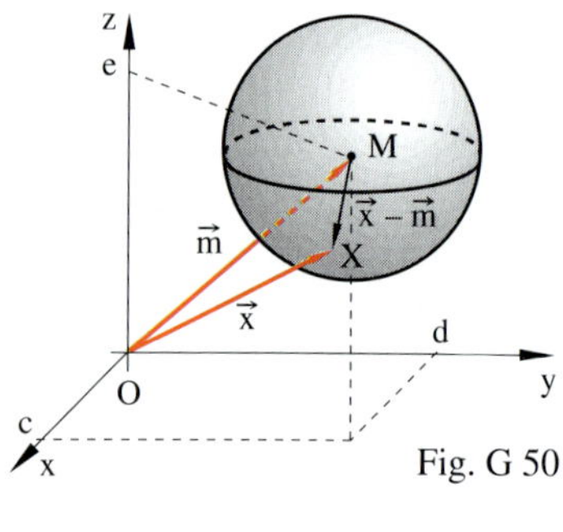

Fig. G 50

Umgekehrt ist natürlich jeder Punkt X, der diese Gleichungen erfüllt, ein Punkt der Kugel k. Daher wird auch die *Kugel k mit dem Mittelpunkt M und dem Radius r* durch die Gleichung

$$(\vec{x} - \vec{m})^2 = r^2$$

beschrieben. Die Gleichungen von Kreis bzw. Kugel in vektorieller Schreibweise unterscheiden sich also nicht. Der Unterschied wird nur dadurch klar, wenn man weiß, in welchem Koordinatensystem (Ebene oder Raum) man diese Gleichung betrachtet.

G 15

Satz G 15:
Es sei $\vec{m}$ der Ortsvektor des Mittelpunktes M und $\vec{x}$ der Ortsvektor eines Punktes X eines Kreises in der Ebene bzw. einer Kugel im Raum mit dem Radius r. Dann ist

$$(\vec{x} - \vec{m})^2 = r^2$$

eine **vektorielle Gleichung dieses Kreises bzw. dieser Kugel**.

Ist nun eine Kugel durch ihren Mittelpunkt M(c; d; e) und den Radius r in einem (räumlichen) kartesischen Koordinatensystem gegeben, so bezeichnet $\vec{m} = \begin{pmatrix} c \\ d \\ e \end{pmatrix}$ den Ortsvektor von M und $\vec{x} = \begin{pmatrix} x \\ y \\ z \end{pmatrix}$ den Ortsvektor zu einem beliebigen Punkt X dieser Kugel. $\left(\begin{pmatrix} x \\ y \\ z \end{pmatrix} - \begin{pmatrix} c \\ d \\ e \end{pmatrix}\right)^2 = r^2$ ist dann eine Gleichung dieser Kugel in vektorieller Schreibweise. Durch Anwenden der Rechenregeln für Vektoren erhalten wir $\begin{pmatrix} x-c \\ y-d \\ z-e \end{pmatrix}^2 = r^2$ bzw. $(x-c)^2 + (y-d)^2 + (z-e)^2 = r^2$ als Gleichung der gegebenen Kugel in Koordinatenschreibweise. Vergleichen wir diese Gleichung einer Kugel mit der entsprechenden Gleichung $(x-c)^2 + (y-d)^2 = r^2$ eines Kreises in der Ebene (Abschnitt F 7), so stellen wir auch hier eine Analogie fest.

## G 4.3 HESSEsche Normalform der Geradengleichung

In der Ebene ist eine Gerade g durch die Gleichung $ax + by + c = 0$ gegeben (Fig. G 51). Um eine vektorielle Gleichung dieser Geraden aufstellen zu können, benötigen wir einen Punkt $P_0(x_1; y_1)$ und einen Richtungsvektor $\vec{a}$ von g. Ein Punkt $P_0(x_1; y_1)$ lässt sich leicht bestimmen. Es eignet sich z. B. der Schnittpunkt von g mit der x- oder y-Achse. Für die Ermittlung eines Richtungsvektors bedenken wir, dass wegen $y = -\frac{a}{b}x - \frac{c}{a}$ der Quotient $m = -\frac{a}{b}$ den Anstieg der Geraden g angibt und demzufolge (wie das zugehörige Anstiegsdreieck zeigt) $\vec{a} = \begin{pmatrix} -b \\ a \end{pmatrix}$ ein Richtungsvektor von g sein muss. Folglich bestimmen die Koeffizienten von x und y in der Geradengleichung $ax + by + c = 0$ einen Richtungsvektor dieser Geraden und wir erhalten $\vec{x} = \vec{p}_0 + t\vec{a}$ als Punktrichtungsgleichung von g in vektorieller Form.

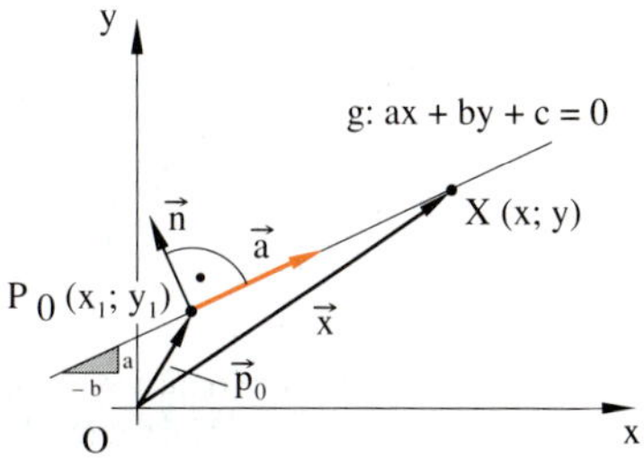


Fig. G 51

Auch der Vektor $\vec{n} = \begin{pmatrix} a \\ b \end{pmatrix}$ hat eine geometrische Bedeutung für die Gerade mit der Gleichung $ax + by + c = 0$: Es ist nämlich $\vec{a} \cdot \vec{n} = \begin{pmatrix} -b \\ a \end{pmatrix} \cdot \begin{pmatrix} a \\ b \end{pmatrix} = 0$, d. h., $\vec{a}$ und $\vec{n}$ sind senkrecht zueinander. Damit ist $\vec{n}$ ein Vektor, der senkrecht zur Richtung der Geraden g ist. $\vec{n}$ heißt **Normalenvektor** der Geraden g.

Mit Hilfe eines solchen Normalenvektors der Geraden g lässt sich eine neue Form einer Gleichung der Geraden g aufstellen:

Der Punkt X(x; y) ist genau dann ein Punkt der Geraden g, wenn der Vektor $\overrightarrow{P_0X}$ (mit $P_0 \in g$, vgl. Fig. G 51) senkrecht zu $\vec{n}$ liegt. Daher ist auch $(\vec{x} - \vec{p}_0) \cdot \vec{n} = 0$ eine Gleichung der Geraden g, und zwar eine vektorielle Gleichung ohne Parameter. Sie heißt **Normalengleichung der Geraden g**.

Nun soll der Abstand d des Punktes P zur Geraden g bestimmt werden. Wir bezeichnen dazu mit L den Fußpunkt des Lotes von P auf g (Fig. G 52). Der gesuchte Abstand ist dann die Länge der Strecke $\overline{LP}$. Weil $\overrightarrow{LP}$ senkrecht zur Richtung von g ist, können wir diesen Vektor als einen Normalenvektor von g auffassen. Daher ist $(\vec{x} - \vec{p}_0) \cdot \overrightarrow{LP} = 0$ eine Normalengleichung von g.

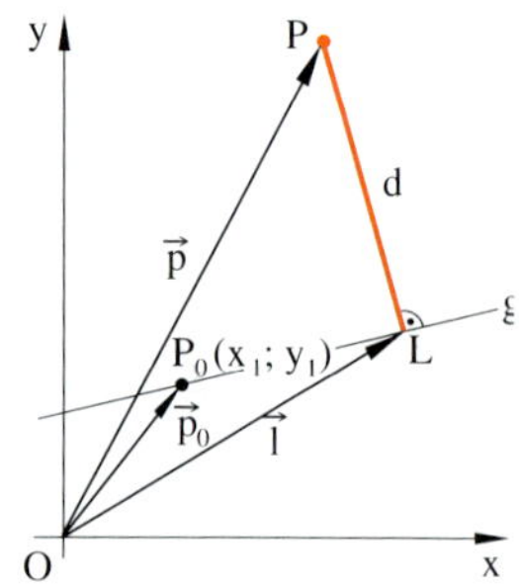

Fig. G 52

Aus $\quad \overrightarrow{LP} = \vec{p} - \vec{l}$

$$= \vec{p} - (\vec{p}_0 + \overrightarrow{P_0L}) = \vec{p} - \vec{p}_0 - \overrightarrow{P_0L}$$

folgt durch Multiplizieren mit $\overrightarrow{LP}$

$$\overrightarrow{LP}^2 = (\vec{p} - \vec{p}_0 - \overrightarrow{P_0L}) \cdot \overrightarrow{LP}.$$

Weil $\quad \overrightarrow{LP}^2 = |\overrightarrow{LP}|^2$ und $\overrightarrow{P_0L} \cdot \overrightarrow{LP} = 0$ gilt, folgt

$$|\overrightarrow{LP}|^2 = (\vec{p} - \vec{p}_0) \cdot \overrightarrow{LP}.$$

Dividieren wir diese Gleichung durch $|\overrightarrow{LP}|$ und beachten, dass $d = |\overrightarrow{LP}|$ der gesuchte Abstand ist, so erhalten wir schließlich

$$d = |\overrightarrow{LP}| = (\vec{p} - \vec{p}_0) \cdot \frac{\overrightarrow{LP}}{|\overrightarrow{LP}|}.$$

Nun ist aber $\overrightarrow{LP}$ ein Normalenvektor von g und folglich ist $\frac{\overrightarrow{LP}}{|\overrightarrow{LP}|}$ ein Normalenvektor mit der Länge 1 ein *Normaleneinheitsvektor von g*. Daher gilt:

**G 16**

Satz G 16:

Ist $(\vec{x} - \vec{p}_0) \cdot \vec{n} = 0$ die Gleichung einer Geraden g in der Ebene und P ein Punkt, so gibt

$$d = (\vec{p} - \vec{p}_0) \cdot \frac{\vec{n}}{|\vec{n}|}$$

den Abstand des Punktes P von g an.

G 38

Beispiel G 38:
In einem kartesischen Koordinatensystem seien eine Gerade g durch ihre Gleichung $\frac{x}{4} + \frac{y}{3} = 1$ und drei Punkte P(4; 6), Q(6; –3) und R(2; 1,5) gegeben (Fig. G 53). Es sind die Abstände der drei Punkte von der Geraden zu bestimmen.

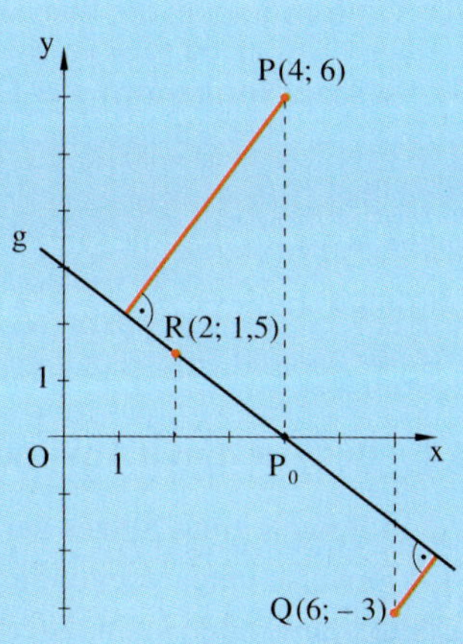


Fig. G 53

a) Wir berechnen zuerst den Abstand des Punktes P von g.
Durch Umformung der Geradengleichung in 3x + 4y = 12 erhalten wir einen Normalenvektor $\vec{n} = \begin{pmatrix} 3 \\ 4 \end{pmatrix}$ der Geraden g und ermitteln beispielsweise $P_0(4; 0)$ als einen zu g gehörenden Punkt. Nach Satz G 16 gilt dann für Abstand des Punktes P von g:

$$d = (\vec{p} - \vec{p}_0) \cdot \frac{\vec{n}}{|\vec{n}|} = \frac{\left(\begin{pmatrix} 4 \\ 6 \end{pmatrix} - \begin{pmatrix} 4 \\ 0 \end{pmatrix}\right) \cdot \begin{pmatrix} 3 \\ 4 \end{pmatrix}}{\sqrt{3^2 + 4^2}} = \frac{\begin{pmatrix} 0 \\ 6 \end{pmatrix} \cdot \begin{pmatrix} 3 \\ 4 \end{pmatrix}}{\sqrt{25}} = \frac{0 + 24}{5} = \frac{24}{5} = 4{,}80$$

Beträgt die Koordinateneinheit 1 cm, so ist P von der Geraden 4,8 cm entfernt.

b) Mit den entsprechenden Größen erhält man für den Abstand des Punktes Q von der Geraden g:

$$d = (\vec{q} - \vec{p}_0) \cdot \frac{\vec{n}}{|\vec{n}|} = \frac{\left(\begin{pmatrix} 6 \\ -3 \end{pmatrix} - \begin{pmatrix} 4 \\ 0 \end{pmatrix}\right) \cdot \begin{pmatrix} 3 \\ 4 \end{pmatrix}}{\sqrt{3^2 + 4^2}} = \frac{\begin{pmatrix} 2 \\ -3 \end{pmatrix} \cdot \begin{pmatrix} 3 \\ 4 \end{pmatrix}}{\sqrt{25}} = \frac{6 - 12}{5} = -\frac{6}{5} = -1{,}2$$

Q ist von der Geraden 1,2 cm entfernt. Das Minuszeichen im Ergebnis zeigt uns an, dass Q und P auf verschiedenen Seiten von g liegen.

c) Nun bestimmen wir noch den Abstand des Punktes R von der Geraden g. Wir erhalten:

$$d = (\vec{r} - \vec{p}_0) \cdot \frac{\vec{n}}{|\vec{n}|} = \frac{\left(\begin{pmatrix} 2 \\ 1{,}5 \end{pmatrix} - \begin{pmatrix} 4 \\ 0 \end{pmatrix}\right) \cdot \begin{pmatrix} 3 \\ 4 \end{pmatrix}}{\sqrt{3^2 + 4^2}} = \frac{\begin{pmatrix} -2 \\ 1{,}5 \end{pmatrix} \cdot \begin{pmatrix} 3 \\ 4 \end{pmatrix}}{\sqrt{25}} = \frac{-6 + 6}{5} = 0$$

Der Punkt R liegt *auf* der Geraden g, da sein Abstand zu ihr den Wert 0 hat.

Das Beispiel und die vorhergehenden Überlegungen machen deutlich, dass der Abstand eines Punktes von einer Geraden genau dann 0 ist, wenn der Punkt auf der Geraden liegt. Wir betrachten noch einmal die Abstandsformel $d = (\vec{p} - \vec{p}_0) \cdot \frac{\vec{n}}{|\vec{n}|}$ aus Satz G 16. Setzt man hierin anstelle eines beliebigen Punktes P der Ebene einen beliebigen Punkt X (mit dem Ortsvektor $\vec{x}$) der Geraden g selbst ein, so ergibt sich (wegen d = 0)

$$(\vec{x} - \vec{p}_0) \cdot \frac{\vec{n}}{|\vec{n}|} = 0.$$

Das ist aber eine Normalengleichung der Geraden, die durch den Punkt $P_0$ geht und den Einheitsvektor $\frac{\vec{n}}{|\vec{n}|}$ als Normalenvektor hat. Diese Form nennt man **HESSEsche Normalform** der Gleichung einer Geraden.

Durch Umformungen, die hier nicht weiter ausgeführt werden sollen, erhält man $\frac{a \cdot x + b \cdot y + c}{\sqrt{a^2 + b^2}} = 0$ als HESSEsche Normalform der Geraden mit der Gleichung $ax + by + c = 0$. Es gilt:

G 17

Satz G 17:
Ist $ax + by + c = 0$ die Gleichung einer Geraden g und P(u; v) ein Punkt, so hat P von g den Abstand $d = \frac{a \cdot u + b \cdot v + c}{\sqrt{a^2 + b^2}}$.

## G 4.4 Beweise durch Anwendung des Skalarprodukts

Mit dem Beweis eines Satzes der euklidischen Geometrie soll (als kurze Fortsetzung des Abschnitts „G 1.4 Beweise unter Verwendung von Vektoren“) exemplarisch gezeigt werden, wie man das Skalarprodukt anwenden kann. Hierbei spielen Längen und Winkelgrößen eine wichtige Rolle.

G 39

Beispiel G 39:
Für ein beliebiges Dreieck (mit den Bezeichnungen von Fig. G 54) gilt:
$c^2 = a^2 + b^2 - 2ab\cos\gamma$ (Kosinussatz).

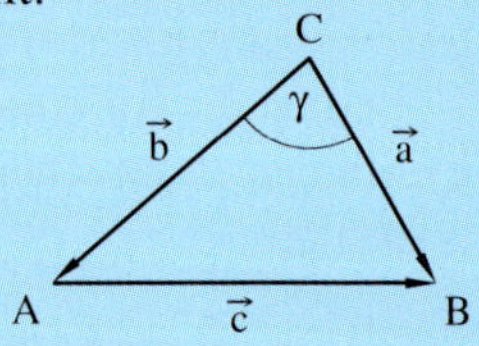

Fig. G 54

*Beweis:*
Aus dem Dreieck ABC in Fig. G 52 liest man ab: $\vec{c} = \vec{a} - \vec{b}$.
Daraus ergibt sich
$\vec{c}^{\,2} = (\vec{a} - \vec{b})^2 = \vec{a}^{\,2} - 2\vec{a} \cdot \vec{b} + \vec{b}^{\,2} = \vec{a}^{\,2} + \vec{b}^{\,2} - 2|\vec{a}| \cdot |\vec{b}| \cdot \cos\gamma$

und wegen $\vec{a}^{\,2} = |\vec{a}|^2 = a^2$ sowie $\vec{b}^{\,2} = |\vec{b}|^2 = b^2$ der zu beweisende Satz.

# STOCHASTIK

# H Wahrscheinlichkeitstheorie

Menschen sind verantwortlich für das, was sie tun. Zugleich müssen sie aber – wie die nachfolgenden alltäglichen Beispiele zeigen – viele Entscheidungen von mehr oder weniger großer Bedeutung treffen, ohne dass sie eine hinreichende Grundlage für eine sichere Vorhersage besitzen.

a) Karin sieht sich das momentane Wolkenbild an und ist sich daraufhin ziemlich sicher, dass es während der nächsten drei Stunden nicht regnen wird. Sie lässt deswegen ihren Regenschirm zu Hause.

b) Ein Roulettespieler setzt auf Rot, weil bereits zehnmal hintereinander Schwarz „gekommen" ist.

c) An nummerierten Spieltischen werden nach einem Einsatz von 1 DM gleichzeitig drei unterscheidbare Würfel geworfen. Einen Gewinn erzielt nur der Spieler, dessen gewürfelte Augenzahlsumme mit der Spieltischnummer übereinstimmt. Thomas entscheidet sich, nur am Spieltisch 11 zu würfeln.

d) Bei Herrn X fiel der Krebstest negativ aus. Er schließt daraus, dass er nicht an Krebs erkrankt ist.

All diesen Situationen ist gemeinsam, dass jeweils eine Entscheidung bzw. ein Urteil gefällt wird aufgrund von nur mehr oder weniger sinnvollen Vermutungen über das vom Zufall abhängige Eintreten eines Ereignisses. Das griechische Wort στοχάζεσθαι – vermuten – gibt dem Teilgebiet der Mathematik, das die „Vernünftigkeit" solcherart Vermutungen quantitativ beschreibt, seinen Namen: **Stochastik**.
Die *Stochastik* untersucht also Vorgänge, deren Ausgang jeweils vom Zufall abhängt und demzufolge nicht mit Sicherheit vorhersagbar ist. Bei solchen vom Zufall abhängigen Vorgängen können die möglichen Ereignisse also nur mehr oder weniger *„wahr-scheinen"*, mehr oder weniger wahrscheinlich sein.

Die beiden Hauptgebiete moderner Stochastik sind Wahrscheinlichkeitstheorie und Statistik.

Die historischen Wurzeln der **Wahrscheinlichkeitstheorie** liegen im Glücksspiel, in Überlegungen von Mathematikern zu Glücksspielen: Am Hofe Ludwigs des XIV. lebte der Chevalier de MÉRÉ (1610–1685), dessen Leidenschaft das Würfelspiel war. Im Jahr 1654 wandte er sich eines Tages an den berühmten Mathematiker PASCAL (1623–1662) mit der Frage *„Ist es günstig, darauf zu wetten, dass bei vier Würfen mit einem Würfel mindestens einmal eine ‚Sechs' fällt?"* Durch diese und ähnliche Fragen zu Glücksspielen wurde zwischen den beiden Mathematikern PASCAL und FERMAT (1601–1655) ein interessanter Briefwechsel angeregt, der als Geburtsurkunde der Wahrscheinlichkeitstheorie betrachtet wird.

Der Ursprung der **Statistik** liegt in dem Bemühen, durch Zählungen und Erhebungen sowie geschickte Zusammenfassung der dabei erhaltenen Daten den Zustand (Status) eines Staates zu charakterisieren und den Regierenden die für ihre Entscheidungen notwendigen Informationen aufzubereiten (im Einzelnen s. Kap. J, S. 299 ff.).

# H 1 Zufallsexperimente

## H 1.1 Absolute und relative Häufigkeiten

In nahezu allen menschlichen Lebensbereichen, insbesondere in der Wirtschaft, der Politik, den Naturwissenschaften, der Medizin, aber auch im Alltag, sind **stochastische Vorgänge** zu beobachten, bei denen sich Ereignisse nicht mit Sicherheit vorhersagen lassen, da ihr Eintreten vom Zufall abhängt.
Wie lässt sich diese Zufälligkeit des Eintretens eines Ereignisses sinnvoll erfassen, wie lässt sie sich messen?
Das auf Seite 261 angeführte einleitende Beispiel bezüglich der „Wettererwartungen" zeigt, dass es in unserem alltäglichen Sprachgebrauch für die Zufälligkeit des Eintretens eines Ereignisses ein fest verankertes Maß gibt. Dieses Maß besitzt eine Messskala, die von *„unmöglich"* bis *„sicher"* reicht und viele (sich teilweise überlappende) Messbereiche wie *„gewiss", „ziemlich sicher", „zweifelhaft", „unwahrscheinlich", „höchstwahrscheinlich"* usw. aufweist. Umfragen zeigen, dass dieses im Alltagsleben häufig hinreichend nützliche Maß der Zufälligkeit stark subjektiven, meist nur qualitativen sowie oft intuitiven Charakter trägt und somit für eine mathematische Charakterisierung stochastischer Vorgänge ungeeignet ist.
Kehren wir nochmals zu dem Einführungsbeispiel zurück: Karin trifft ihre Entscheidung tatsächlich nur subjektiv, qualitativ und auch nur mehr oder weniger intuitiv. Aber ihre bisher gesammelten Erfahrungen beim Beobachten von Wolkenbildern spielen dabei eine gewisse Rolle. Zu einer verlässlicheren Prognose für das Eintreten des Regens kommen Meteorologen, wenn sie in Wetterstationen derartige stochastische Situationen vielfach beobachtet und analysiert haben.
Gehen wir davon aus, dass Meteorologen die Entwicklung eines bestimmten Wolkenbildes (bei ansonsten gleichen Nebenbedingungen) n-mal beobachten und dabei zählen, wie oft das Ereignis
E = {es regnet innerhalb der nächsten drei Stunden} eingetreten ist.

H 1

Definition H 1:
Die Zahl $H_n(E)$, die angibt, wie oft bei n-maligem Realisieren eines zufälligen Vorgangs das Ereignis E eingetreten ist, heißt **absolute Häufigkeit** von E.

Absolute Häufigkeiten erhalten erst einen hinreichenden Informationswert, wenn man sie in Beziehung zur Gesamtzahl n der Vorgangswiederholungen setzt:

H 2

Definition H 2:
Ist k die absolute Häufigkeit $H_n(E)$ eines Ereignisses E bei n-maligem Realisieren eines zufälligen Vorgangs, so heißt $h_n(E) = \frac{k}{n}$ die **relative Häufigkeit** des Ereignisses E.

Durch das Bezeichnen von absoluten bzw. relativen Häufigkeiten eines Ereignisses E bei n Wiederholungen des zufälligen Vorgangs mit den Symbolen $H_n(E)$ bzw. $h_n(E)$ kann leicht der Eindruck entstehen, dass diese Zahlen *nur* von n und E abhängen. In Wirklichkeit erhält man trotz gleichen n und E bei verschiedenen Wiederholungsreihen des stochastischen Vorgangs in der Regel verschiedene $H_n(E)$ und demzufolge auch verschiedene $h_n(E)$. Diese Tatsache lässt auch die relative Häufigkeit als ein für die Mathematik unbrauchbares Maß für die Zufälligkeit des Eintretens eines Ereignisses erscheinen.

## H 1.2 Empirisches Gesetz der großen Zahlen

Betrachten wir die „Nicht-*nur*-Abhängigkeit“ der relativen Häufigkeiten $h_n(E)$ von n und E bei einem sehr einfachen stochastischen Vorgang genauer.
Ein Kronenverschluss wurde mittels Würfelbecher 1000-mal geworfen und in einem Versuchsprotokoll eine „1“ registriert, wenn der Kronenverschluss nach oben geöffnet, bzw. eine „0“, wenn er nach unten geöffnet auffiel. Für die Auswertung dieser Daten berechnet man die relativen Häufigkeiten

$h_{20}$ (A) nach jeweils 20 Würfen,
$h_{100}$(A) nach jeweils 100 Würfen,
$h_{20i}$(A) nach jeweils 20-mal-i-Würfen mit i = 1; 2; …; 50

für das Ereignis A = {der Kronenverschluss fällt nach oben geöffnet auf}.

| i | | $h_{20}(A)$ | $h_{100}(A)$ | $h_{20i}(A)$ | i | | $h_{20}(A)$ | $h_{100}(A)$ | $h_{20i}(A)$ |
|---|---|---|---|---|---|---|---|---|---|
| 1 | 11011 11111 11111 11111 | 0,95 | | 0,9500 | 26 | 01111 11111 11101 01011 | 0,80 | | 0,7115 |
| 2 | 01010 01111 10111 11011 | 0,70 | | 0,8250 | 27 | 11011 11111 11111 10111 | 0,90 | | 0,7185 |
| 3 | 11011 10101 00111 10111 | 0,70 | | 0,7833 | 28 | 00010 10101 00011 10111 | 0,50 | | 0,7107 |
| 4 | 11110 10100 11101 11110 | 0,70 | | 0,7625 | 29 | 01111 01101 11111 11111 | 0,85 | | 0,7155 |
| 5 | 11111 11111 11111 11011 | 0,95 | 0,80 | 0,8000 | 30 | 11111 11110 11101 11111 | 0,90 | 0,79 | 0,7217 |
| 6 | 10011 11101 11110 00110 | 0,65 | | 0,7750 | 31 | 01111 10111 00111 11111 | 0,80 | | 0,7242 |
| 7 | 10110 11100 11011 11111 | 0,75 | | 0,7714 | 32 | 10111 11111 11111 10011 | 0,85 | | 0,7281 |
| 8 | 10111 11100 01111 11101 | 0,75 | | 0,7688 | 33 | 11010 11100 11001 11111 | 0,70 | | 0,7273 |
| 9 | 01011 11010 11011 11111 | 0,75 | | 0,7667 | 34 | 11001 11110 01001 00111 | 0,60 | | 0,7235 |
| 10 | 10110 11111 11000 00001 | 0,55 | 0,69 | 0,7450 | 35 | 10110 11011 11101 01010 | 0,65 | 0,72 | 0,7214 |
| 11 | 01111 11011 00101 01111 | 0,70 | | 0,7409 | 36 | 01111 01011 01111 11111 | 0,80 | | 0,7236 |
| 12 | 11111 00111 10111 11011 | 0,80 | | 0,7458 | 37 | 01101 01101 01011 01111 | 0,65 | | 0,7216 |
| 13 | 01100 01011 11001 10001 | 0,50 | | 0,7270 | 38 | 11011 11111 11111 00111 | 0,85 | | 0,7250 |
| 14 | 11110 11000 11111 11111 | 0,80 | | 0,7321 | 39 | 00011 01101 11010 11111 | 0,85 | | 0,7231 |
| 15 | 11101 11100 11111 11111 | 0,85 | 0,73 | 0,7400 | 40 | 11111 11010 11011 11111 | 0,85 | 0,76 | 0,7263 |
| 16 | 11010 10011 01011 01111 | 0,65 | | 0,7344 | 41 | 11011 11011 10111 10000 | 0,65 | | 0,7244 |
| 17 | 11110 01101 11001 10100 | 0,60 | | 0,7265 | 42 | 11011 11011 11101 11110 | 0,80 | | 0,7262 |
| 18 | 11111 00111 11110 01011 | 0,75 | | 0,7278 | 43 | 11111 11111 11111 00111 | 0,90 | | 0,7302 |
| 19 | 00111 11001 11011 11110 | 0,70 | | 0,7263 | 44 | 01000 11101 11111 01111 | 0,70 | | 0,7295 |
| 20 | 11011 11110 11000 01101 | 0,65 | 0,67 | 0,7225 | 45 | 01010 10110 01111 11011 | 0,65 | 0,74 | 0,7278 |
| 21 | 10111 11110 11101 10101 | 0,75 | | 0,7238 | 46 | 10011 11110 11111 01011 | 0,75 | | 0,7283 |
| 22 | 11011 11101 01110 10110 | 0,70 | | 0,7227 | 47 | 01101 00000 11001 11110 | 0,50 | | 0,7234 |
| 23 | 11111 10101 01011 11011 | 0,75 | | 0,7239 | 48 | 01101 11010 11011 00000 | 0,50 | | 0,7188 |
| 24 | 10110 11000 00001 01111 | 0,50 | | 0,7145 | 49 | 11111 11101 11001 11111 | 0,85 | | 0,7214 |
| 25 | 00101 10000 11011 11011 | 0,55 | 0,65 | 0,7080 | 50 | 10111 11111 10101 11111 | 0,85 | 0,69 | 0,7240 |

Tab. H 1

Der Auswertungstabelle H 1 ist zu entnehmen, dass die relativen Häufigkeiten $h_{20}$(A) für die einzelnen 20er-Versuchsserien recht stark (nämlich zwischen 0,5 und 0,95) schwanken, die relativen Häufigkeiten $h_{100}$(A) hingegen nur noch zwischen 0,65 und 0,80 variieren.
Auch aus der letzten Spalte der Tabelle ist abzulesen, dass die relativen Häufigkeiten mit zunehmender Anzahl der Vorgangswiederholungen in der Tendenz immer weniger schwanken, wenngleich (im Unterschied zu Grenzwerten) auch immer wieder einmal etwas größere Abweichungen auftreten können. Also: Die relativen Häufigkeiten stabilisieren sich mit zunehmender Anzahl der Vorgangswiederholungen.

Dieses Stabilisieren von relativen Häufigkeiten ist im Laufe der systematischen Untersuchung zufälliger Vorgänge immer wieder beobachtet worden. Man bezeichnet diese Erfahrung heute als *Empirisches Gesetz der großen Zahlen.*

H 1

Satz H 1: **Empirisches Gesetz der großen Zahlen**
Ist A ein Ereignis, das bei einem zufälligen Vorgang beobachtet werden kann, dann stabilisieren sich die relativen Häufigkeiten $h_n(A)$ mit wachsender Anzahl n von Vorgangswiederholungen jeweils gegen einen bestimmten Wert.

Dieser *stabile Wert der relativen Häufigkeiten* ist bei einem zufälligen Vorgang nur noch abhängig von dem beobachteten Ereignis A und scheint daher als Maß für die Zufälligkeit des Ereignisses A geeignet zu sein.

## H 1.3 Zufallsexperimente und Ergebnismengen; Baumdiagramme

Es entsteht nun die Frage, wie der in obigem Abschnitt genannte stabile Wert der relativen Häufigkeiten (der zwar existiert, aber unbekannt ist) bestimmt werden kann, wenn es nicht möglich ist, hinreichend viele Realisierungen des zufälligen Vorgangs zu beobachten.

Einen Ausweg fanden Mathematiker dadurch, dass sie aufhörten, ein Maß für die Zufälligkeit *explizit* durch eine umgangssprachliche Bedeutungsangabe exakt definieren zu wollen. Vielmehr versuchten sie, eine Definition *implizit* zu geben, indem sie – ähnlich etwa der Charakterisierung der Schachfiguren – die Gültigkeit gewisser Regeln fordern für die Beziehungen zwischen dem Maß der Zufälligkeit und den Ereignissen, deren Zufälligkeit gemessen werden soll. Solche „normative" Festlegungen, die in diesem mathematischen System nicht zu beweisen sind, werden als **Axiome** (von dem griechischen Wort αξίωμα: Verlangen) bezeichnet. Ein *System von Axiomen* sollte einerseits einen bestimmten Teil der außermathematischen Welt modellhaft widerspiegeln und andererseits jene mathematiktypische begriffliche Exaktheit aufweisen, die für logisch zwingende Schlussfolgerungen, für mathematische Beweisführungen notwendig ist.

Die in der Mathematik untersuchten stochastischen Vorgänge bezeichnen wir im Weiteren als *zufällige Vorgänge* (im Gegensatz zu deterministischen Vorgängen) oder meist auch als *Zufallsexperimente.*

H 3

Definition H 3:
(1) Ein **Zufallsexperiment** kann (wenigstens prinzipiell) beliebig oft und in gleicher Weise (d. h. unter einem bestimmten Komplex von Bedingungen) ablaufen.
(2) Ein **Zufallsexperiment** besitzt mindestens zwei mögliche Ergebnisse, von denen bei jeder Durchführung genau eines erzielt wird. Dabei ist vor Ablauf des Zufallsexperiments nicht vorhersehbar, welches der möglichen Ergebnisse eintreten wird.

H 4

Definition H 4:
Die Menge aller möglichen Ergebnisse eines Zufallsexperiments heißt **Ergebnismenge** des Zufallsexperiments und wird mit $\Omega$ bezeichnet.

Wir beschränken uns im Weiteren auf *endliche* Ergebnismengen.

Die Ergebnismenge $\Omega$ eines Zufallsexperiments kann in Abhängigkeit vom jeweils interessierenden Beobachtungsziel verschiedenartig angegeben werden.

Beispiel H 1: **H 1**
Zufallsexperiment: Einmaliges Werfen eines Würfels.
Mögliche Ergebnismengen:

$\Omega_1 = \{1; 2; 3; 4; 5; 6\}$ $\Omega_2 = \{6; \text{keine } 6\}$ $\Omega_3 = \{2; 3; \text{weder 2 noch 3}\}$.

Wichtig ist dabei:
- Es darf kein Ergebnis eintreten können, das nicht zu $\Omega$ gehört, wie es z. B. bei $\Omega_4 = \{1; 3; \text{gerade Zahl}\}$ der Fall wäre.
- Es darf kein Ergebnis eintreten können, das durch zwei oder mehr Elemente von $\Omega$ beschrieben wird. Ein solcher Fall läge beispielsweise bei $\Omega_5 = \{1; 6; \text{keine } 6\}$ vor.
- Bei Angaben der Ergebnismenge $\Omega$ gehen wir von idealisierten (modellhaften) Bedingungen aus. Der Würfel darf nicht „auf der Kippe" stehen bleiben; er darf nicht entzwei- oder verloren gehen usw.

Besteht ein Zufallsexperiment aus n Einzelexperimenten, so ist jedes Ergebnis ein n-Tupel. Solche **mehrstufigen Zufallsexperimente** lassen sich in einem **Baumdiagramm** darstellen, woraus sich die zugehörige Ergebnismenge leicht ermitteln lässt.

Beispiel H 2: **H 2**
Qualitätskontrolle bei der Produktion von Porzellan:
Jedes einzelne Stück wird in drei Schritten nacheinander auf Form, Dekor und Glasur geprüft. Diese Kontrollen können jeweils entweder positiv (p) oder negativ (n) ausfallen.

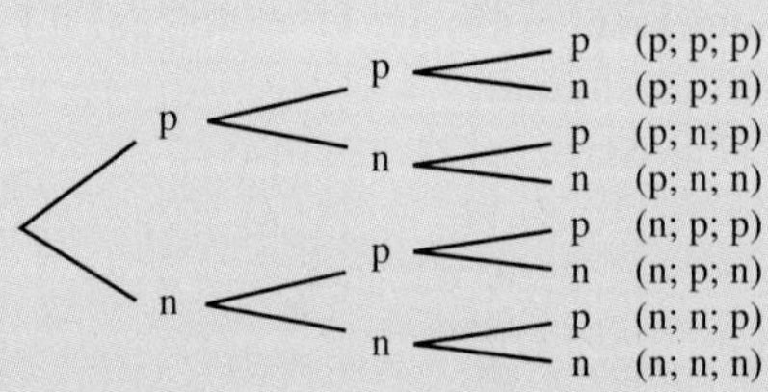


*Deutung des Baumdiagramms:*
- Erste Koordinate: Ergebnis der Formkontrolle;
- zweite Koordinate: Ergebnis der Dekorkontrolle;
- dritte Koordinate: Ergebnis der Glasurkontrolle.

$\Omega = \{(p; p; p), (p; p; n), (p; n; p), (p; n; n), (n; p; p), (n; p; n), (n; n; p), (n; n; n)\}$

Beispiel H 3: **H 3**
Zwei Freunde $f_1$ und $f_2$ spielen gegeneinander.
Sieger ist derjenige, der zuerst zwei Spiele gewonnen hat.

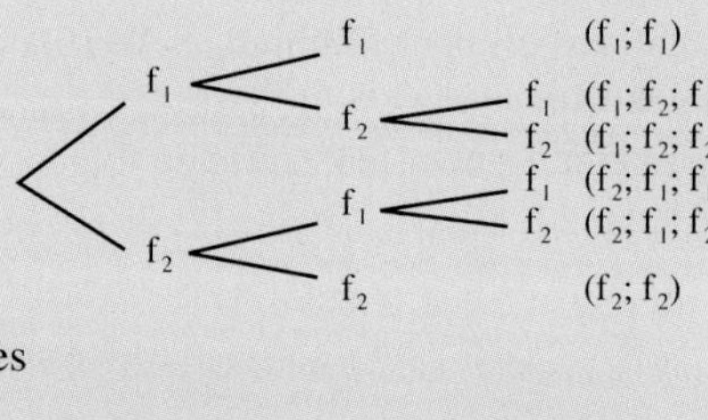


*Deutung des Baumdiagramms:*
- Erste Koordinate: Gewinner des ersten Spiels;
- zweite Koordinate: Gewinner des zweiten Spiels;
- dritte Koordinate (wenn vorhanden): Gewinner des dritten Spiels, wenn dies ausgetragen wird.

$\Omega = \{(f_1; f_1), (f_1; f_2; f_1), (f_1; f_2; f_2), (f_2; f_1; f_1), (f_2; f_1; f_2), (f_2; f_2)\}$

## H 1.4 Zufällige Ereignisse; Verknüpfen von Ereignissen

Zur *Modellbildung* eines Zufallsexperiments gehört neben der Benennung aller möglichen Ergebnisse auch die Beschreibung der *Ereignisse*.

H 5

Definition H 5:
Jede Teilmenge A der Ergebnismenge $\Omega$ heißt **Ereignis**.

H 2

Satz H 2:
Besitzt $\Omega$ genau n Elemente ($|\Omega| = n$), so gibt es $2^n$ verschiedene Teilmengen von $\Omega$, d. h. $2^n$ unterschiedliche Ereignisse.

H 6

Definition H 6:
Die Menge aller Teilmengen von $\Omega$ nennt man **Ereignisraum** und bezeichnet sie (analog zu Satz H 2) mit $2^\Omega$ (oder in Anlehnung an *Potenzmenge* auch mit $\mathbf{P}(\Omega)$).

H 4

Beispiel H 4:
Zufallsexperiment: Einmaliges Werfen eines Tetraeders
Ergebnismenge: $\Omega = \{1; 2; 3; 4\}$ mit $|\Omega| = 4$
Ereignisse:
A = {Augenzahl nicht 3} = {1; 2; 4}[1]; B = {Augenzahl prim} = {2; 3}; C = {Augenzahl ungerade} = {1; 3}; D = {Augenzahl größer 5} = $\emptyset$ = { }; E = {Augenzahl kleiner 5} = $\Omega$
Ereignisraum:

$$2^\Omega = \{\emptyset, \{1\}, \{2\}, \{3\}, \{4\},\ \{1; 2\}, \{1; 3\}, \{1; 4\}, \{2; 3\}, \{2; 4\}, \{3; 4\},\ \{1; 2; 3\}, \{1; 2; 4\}, \{1; 3; 4\}, \{2; 3; 4\}, \Omega\}$$

mit $|2^\Omega| = 2^{|\Omega|} = 2^4 = 16$

H 7

Definition H 7:
Endet das Zufallsexperiment mit dem Ergebnis e und gilt $e \in A$, so sagt man, ***das Ereignis A ist eingetreten***.

H 5

Beispiel H 5:
Zufallsexperiment: Einmaliges Werfen eines Tetraeders
Ergebnismenge: $\Omega = \{1; 2; 3; 4\}$
Wird eine 3 geworfen, so treten folgende acht Ereignisse ein:
{3}, {1; 3}, {2; 3}, {3; 4}, {1; 2; 3}, {1; 3; 4}, {2; 3; 4}, {1; 2; 3; 4}.

[1] Wir *definieren* hier Ereignisse, was man häufig durch die Bezeichnungsweise „A: = {Augenzahl nicht 3}" (also durch die Verwendung von „: =" im Sinne von *„sei definiert als"*) kennzeichnet. In diesem Buch wird auf eine solche Schreibweise verzichtet.

H 8

Definition H 8:
Die n einelementigen Teilmengen der n-elementigen Ergebnismenge heißen **atomare Ereignisse** oder auch **Elementarereignisse**. A nennt man **unmögliches Ereignis**, wenn $A = \emptyset$ gilt, und **sicheres Ereignis**, wenn $A = \Omega$ gilt.

| Mengenbild: | Symbol: | Sprechweise: |
|---|---|---|
| 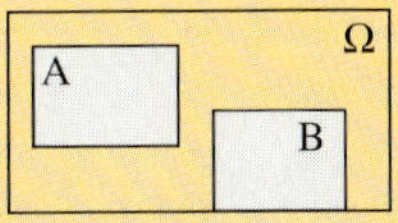  | $A \cap B = \emptyset$ | Die Ereignisse A und B sind **unvereinbar**. Das heißt: A und B können nicht gleichzeitig eintreten. |
| 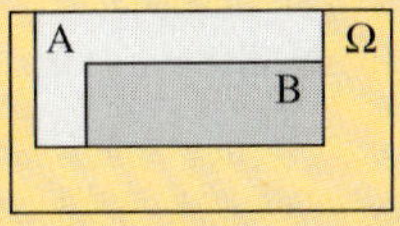  | $B \subseteq A$ | Das Ereignis B **zieht** A **nach** sich. Das heißt: Immer wenn B eintritt, tritt auch A ein. |
| 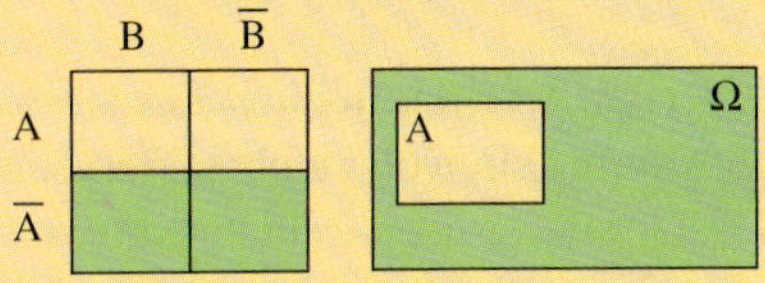  | $\overline{A}$ | Das **Gegenereignis (komplementäre Ereignis)** $\overline{A}$ (lies: A quer) tritt genau dann ein, wenn A nicht eintritt. |
| 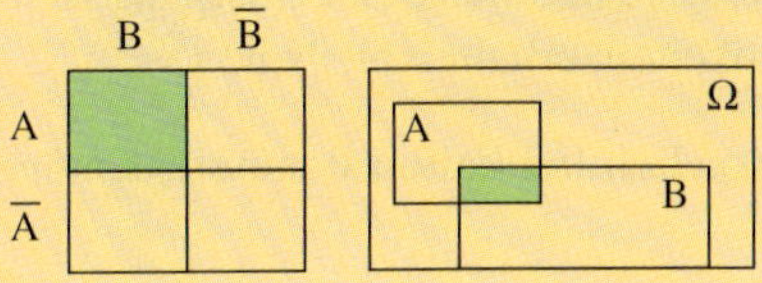  | $A \cap B$ | Das Ereignis **A und B** tritt genau dann ein, wenn *sowohl* A *als auch* B eintreten. |
| 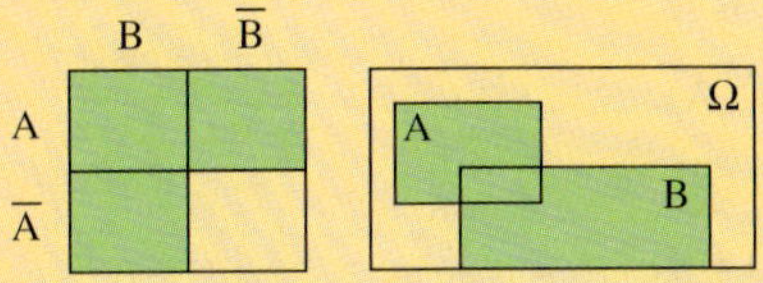  | $A \cup B$ | Das Ereignis **A oder B** tritt genau dann ein, wenn *mindestens eines* der Ereignisse A, B eintritt. |
| 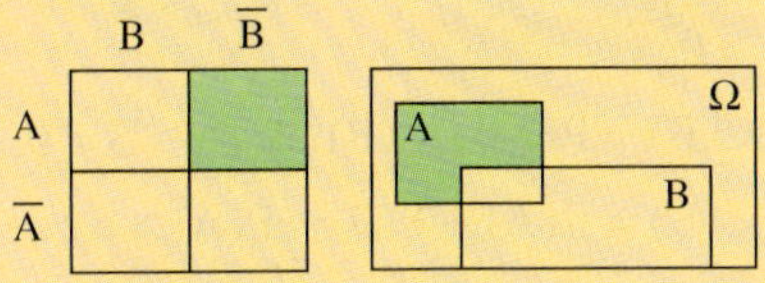  | $A \setminus B$ | Das Ereignis **A minus B** tritt genau dann ein, wenn A *eintritt* und *gleichzeitig* B *nicht* eintritt. |
| 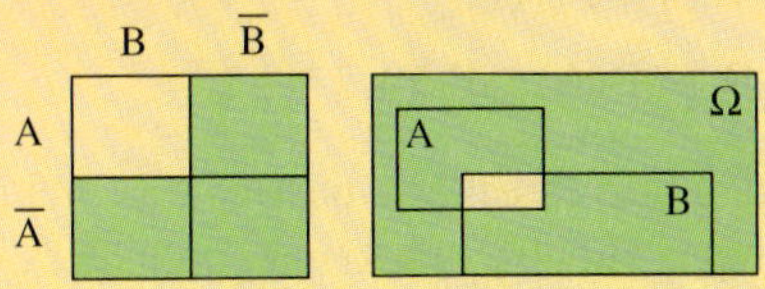  | $\overline{A \cap B}$ | **Höchstens eines** der Ereignisse A, B tritt ein, wenn *entweder* A *oder* B oder *keines von beiden* eintritt. |
| 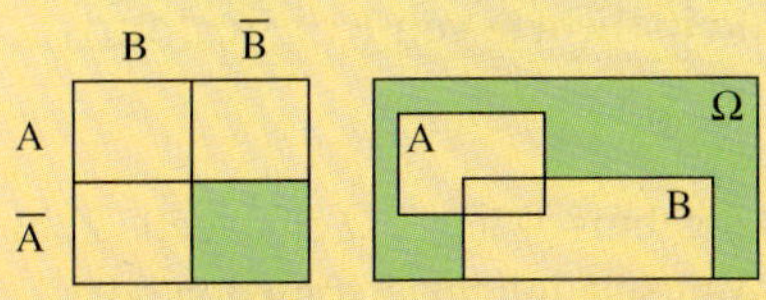  | $\overline{A \cup B}$ | Das Ereignis **Weder A noch B** tritt genau dann ein, wenn *keines der beiden* Ereignisse A, B eintritt. |
| 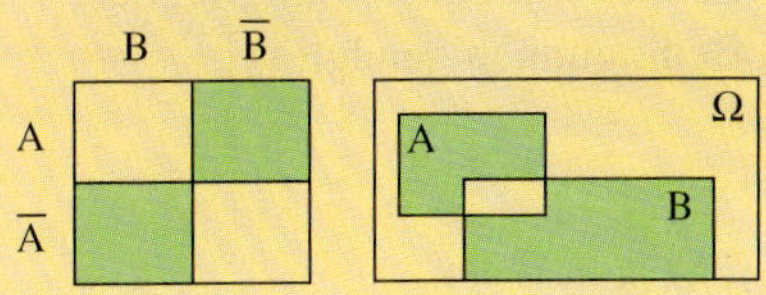  | $(A \cap \overline{B}) \cup (\overline{A} \cap B)$ | Das Ereignis **Entweder A oder B** tritt genau dann ein, wenn *genau eines* der Ereignisse A, B eintritt. |

## H 1.5 KOLMOGOROVsches Axiomensystem

Eine Ergebnismenge $\Omega$ bzw. ein Ereignisraum $2^\Omega$ beschreibt ein Zufallsexperiment (einen zufälligen Vorgang) noch nicht hinreichend genau.

H 6

Beispiel H 6:
$\Omega = \{1; 0\}$ kann man beispielsweise interpretieren als Ergebnismenge folgender drei Zufallsexperimente:

- Werfen einer Münze mit
  1 – Zahl; 0 – Wappen
- Werfen eines Kronenverschlusses mit
  1 – nach oben geöffnet aufgefallen; 0 – nach unten geöffnet aufgefallen
- Werfen eines Würfels mit
  1 – Augenzahl 5; 0 – nicht die Augenzahl 5

Es fehlt noch die Angabe, mit welcher Zufälligkeit, mit welcher **Wahrscheinlichkeit** das jeweilige Ereignis eintritt. Um das Maß der Zufälligkeit implizit durch Axiome sinnvoll zu charakterisieren, sehen wir uns – unter Berücksichtigung des Empirischen Gesetzes der großen Zahlen (Satz H 1) – einige Eigenschaften der relativen Häufigkeiten an. Diese müssten nämlich beim Übergang zu ihren stabilen Werten, d. h. beim Übergang zu den Wahrscheinlichkeiten, erhalten bleiben.

Für **relative Häufigkeiten $h_n$** gilt:

Wenn $A, B \in 2^\Omega$, so

(1) $0 \le h_n(A)$,

(2) $h_n(A) \le 1$,

(3) $h_n(\Omega) = 1$,

(4) $h_n(\emptyset) = 0$,

(5) $h_n(A \cup B) = h_n(A) + h_n(B)$ für $A \cap B = \emptyset$,

(6) $h_n(A \cup B) = h_n(A) + h_n(B) - h_n(A \cap B)$,

(7) $h_n(\overline{A}) = 1 - h_n(A)$,

(8) $A \subseteq B \Rightarrow h_n(A) \le h_n(B)$.

Für **Wahrscheinlichkeiten P** müsste dann gelten:

Wenn $A, B \in 2^\Omega$, so

(1) $0 \le P(A)$,

(2) $P(A) \le 1$,

(3) $P(\Omega) = 1$,

(4) $P(\emptyset) = 0$,

(5) $P(A \cup B) = P(A) + P(B)$ für $A \cap B = \emptyset$,

(6) $P(A \cup B) = P(A) + P(B) - P(A \cap B)$,

(7) $P(\overline{A}) = 1 - P(A)$,

(8) $A \subseteq B \Rightarrow P(A) \le P(B)$.

Der russische Mathematiker KOLMOGOROV (1906–1987) fand im Jahre 1933, dass bereits drei dieser acht Regeln für ein entsprechendes Axiomensystem genügen. Eingeschränkt auf endliche Ergebnismengen lautet das **Axiomensystem der Wahrscheinlichkeitstheorie von KOLMOGOROV**:

H 9

Definition H 9:
Eine Funktion P, die jeder Teilmenge A einer endlichen (Ergebnis-)Menge $\Omega$ eine reelle Zahl P(A) zuordnet, heißt **Wahrscheinlichkeitsverteilung** (Wahrscheinlichkeitsfunktion oder auch Wahrscheinlichkeitsmaß), wenn sie folgenden drei Bedingungen genügt:

*Axiom 1* (Nichtnegativität): $P(A) \ge 0$,
*Axiom 2* (Normiertheit): $P(\Omega) = 1$,
*Axiom 3* (Additivität): $P(A \cup B) = P(A) + P(B)$, falls $A \cap B = \emptyset$.

## H 1.6 Additionssatz; Vierfeldertafeln

Aus den drei KOLMOGOROVschen Axiomen lassen sich für die Wahrscheinlichkeitsverteilung P Folgerungen beweisen, die alle den Eigenschaften der relativen Häufigkeit entsprechen (s. „Formeln und Tabellen“, S. 56).

Satz H 3: $P(\overline{A}) = 1 - P(A)$ **H 3**

Satz H 4: $P(\emptyset) = 0$ **H 4**

Satz H 5: $P(A) \leq 1$ **H 5**

Satz H 6: **Additionssatz** **H 6**
$P(A \cup B) = P(A) + P(B) - P(A \cap B)$

Satz H 7: $P(A) \leq P(B)$, wenn $A \subseteq B$ gilt **H 7**

Satz H 8: $P(A) = \sum_{e_i \in A} P(\{e_i\})$ **H 8**

Beim Berechnen der Wahrscheinlichkeiten von Ereignissen ist es oft zweckmäßig, sich die entsprechenden Wahrscheinlichkeiten mittels einer **Vierfeldertafel** zu veranschaulichen.
Sind E und F zwei Ereignisse aus $2^{\Omega}$, so lässt sich $\Omega$ grob zerlegen in

$\Omega = E \cup \overline{E}$ bzw. $\Omega = F \cup \overline{F}$

| $E$ | $\overline{E}$ |
|---|---|
| | |

| | |
|---|---|
| $F$ | |
| $\overline{F}$ | |

oder feiner in

| | $E$ | $\overline{E}$ |
|---|---|---|
| $F$ | $E \cap F$ | $\overline{E} \cap F$ |
| $\overline{F}$ | $E \cap \overline{F}$ | $\overline{E} \cap \overline{F}$ |

Trägt man im Innern und an den Rändern der Felder die entsprechenden Wahrscheinlichkeiten ein, so ergibt sich die Wahrscheinlichkeitsverteilung für die verfeinerte Zerlegung von $\Omega$.

| | $E$ | $\overline{E}$ | |
|---|---|---|---|
| $F$ | $P(E \cap F) = p_1$ | $P(\overline{E} \cap F) = p_2$ | $P(F) = p_1 + p_2$ |
| $\overline{F}$ | $P(E \cap \overline{F}) = p_3$ | $P(\overline{E} \cap \overline{F}) = p_4$ | $P(\overline{F}) = p_3 + p_4$ |
| | $P(E) = p_1 + p_3$ | $P(\overline{E}) = p_2 + p_4$ | |

H 7

Beispiel H 7:
Folgende Wahrscheinlichkeiten seien bekannt:
P({B tritt nicht ein}) = 0,07; P({weder A noch B treten ein}) = 0,05; P({sowohl A als auch B treten ein}) = 0,11.
Es sind P(A), P(B), P({A oder B tritt ein}) sowie P({entweder A oder B tritt ein}) zu berechnen.
Um diese Aufgabe zu lösen, trägt man zuerst die *gegebenen* Wahrscheinlichkeiten in eine entsprechende Vierfeldertafel ein (I) und vervollständigt dann diese Tafel zu (II):

| | B | $\overline{B}$ |
|---|---|---|
| A | 0,11 | |
| $\overline{A}$ | | 0,05 |
| | | 0,07 |

(I)

| | B | $\overline{B}$ | |
|---|---|---|---|
| A | 0,11 | 0,07 – 0,05 = 0,02 | 0,11 + 0,02 = 0,13 |
| $\overline{A}$ | 0,87 – 0,05 = 0,82 | 0,05 | 1 – 0,13 = 0,87 |
| | 1 – 0,07 = 0,93 | 0,07 | |

(II)

Die gesuchten Wahrscheinlichkeiten sind jetzt der Vierfeldertafel zu entnehmen:
P(A) = 0,13; P(B) = 0,93;
$P(\{A \text{ oder } B \text{ tritt ein}\}) = P(A \cup B) = 0{,}82 + 0{,}11 + 0{,}02 = 0{,}95$ sowie
$P(\{\text{entweder } A \text{ oder } B \text{ tritt ein}\}) = P((A \cap \overline{B}) \cup (\overline{A} \cap B)) = 0{,}02 + 0{,}82 = 0{,}84.$

# H 2 Gleichverteilung (LAPLACE-Experimente)

## H 2.1 Der Begriff *Gleichverteilung*

Wir betrachten das Zufallsexperiment „*einmaliges Werfen eines Würfels*“ mit der Ergebnismenge $\Omega = \{1; 2; 3; 4; 5; 6\}$ nun etwas näher. Die Erfahrungen beim Werfen eines normalen (nicht gezinkten) Spielwürfels sowie unser Wissen über die symmetrische Form und die homogene Massenverteilung eines solchen Würfels besagen, dass jede seiner sechs Augenzahlen mit derselben Wahrscheinlichkeit gewürfelt wird. Die sechs atomaren Ereignisse {1}, {2}, {3}, {4}, {5}, {6} erscheinen uns als **gleich wahrscheinlich**.

H 10

Definition H 10:
Die Wahrscheinlichkeitsverteilung eines zufälligen Vorganges (mit endlicher Ergebnismenge) heißt **Gleichverteilung**, wenn alle zugehörigen atomaren Ereignisse die gleiche Wahrscheinlichkeit besitzen. Diese Bedingung nennt man **LAPLACE-Annahme.**
Kann man bei einem Zufallsexperiment von der Gültigkeit der LAPLACE-Annahme ausgehen, so spricht man von einem **LAPLACE-Experiment**.

Es sei $\Omega = \{e_1; e_2; \ldots; e_n\}$ die Ergebnismenge eines zufälligen Vorganges.
Die Wahrscheinlichkeitsverteilung P heißt nach Definition G 9 also dann *Gleichverteilung*, wenn

$$P(\{e_1\}) = \ldots = P(\{e_n\}) = p$$

gilt. Die Bedingung wird erfüllt, wenn die Wahrscheinlichkeit p den Wert $\frac{1}{n}$ hat (in Analogie zum Würfel mit $p = \frac{1}{6}$). Dieser Wert für p ist die einzige Möglichkeit, um der genannten Bedingung zu genügen. Deshalb stellt $p = \frac{1}{n}$ nicht nur eine hinreichende, sondern auch eine notwendige Bedingung für das Vorliegen einer Gleichverteilung dar.

H 9

Satz H 9:
Für jedes **LAPLACE-Experiment** gilt:
Besteht $\Omega = \{e_1; e_2; \ldots; e_n\}$ aus n Ergebnissen, so ergibt sich für jedes Ergebnis $e_i$ $(i \in \{1; 2; 3; 4; 5; 6\})$ die Wahrscheinlichkeit $P(\{e_i\}) = \frac{1}{n} = \frac{1}{|\Omega|}$.

Auf den Beweis dieses Satzes sei hier verzichtet.
Die Gleichverteilung bei einem Zufallsexperiment (mit endlicher Ergebnismenge) kann mit sehr unterschiedlichen sprachlichen Wendungen „signalisiert" werden. Als Beispiele hierfür seien angegeben:

- „Man kann auf jedes Ergebnis des Zufallsexperiments *mit der gleichen Chance* setzen."
- „*Keines* der möglichen Ergebnisse des Zufallsexperiments ist hinsichtlich seines Eintretens *bevorzugt*."
- „Es wird mit einem *idealen (symmetrischen, fairen, einwandfreien, ungezinkten, homogenen, nicht manipulierten)* Würfel geworfen."
- Vier äußerlich gleiche Kugeln werden *„auf gut Glück" („blind", „rein zufällig")* einer Urne entnommen usw.

H 8

Beispiel H 8:
a) Einmaliges Werfen eines „fairen" Würfels:
$\Omega = \{1; 2; 3; 4; 5; 6\}$; $|\Omega| = 6$; $P(\{1\}) = P(\{2\}) = \ldots = P(\{6\}) = \frac{1}{6}$
b) Werfen einer „idealen" Münze:
$\Omega = \{W; Z\}$; $|\Omega| = 2$; $P(\{W\}) = P(\{Z\}) = \frac{1}{2}$
c) Inge entnimmt einer Urne mit vier gleichartigen von 1 bis 4 nummerierten Kugeln „auf gut Glück" zwei Kugeln gleichzeitig.
$\Omega = \{\{1; 2\}, \{1; 3\}, \{1; 4\}, \{2; 3\}, \{2; 4\}, \{3; 4\}\}$; $|\Omega| = 6$;
$P(\{1; 2\}) = P(\{1; 3\}) = \ldots = P(\{3; 4\}) = \frac{1}{6}$

Zufallsexperimente, bei denen eine Gleichverteilung sinnvollerweise angenommen werden kann, wurden insbesondere von dem französischen Mathematiker LAPLACE (1749–1827) untersucht und werden ihm zu Ehren häufig als LAPLACE-Experimente bezeichnet. Eine „ideale" Münze heißt daher *LAPLACE-Münze* (kurz: L-Münze), ein „fairer" Würfel *LAPLACE-Würfel* (kurz: L-Würfel).

## H 2.2 Rechenregel für die Gleichverteilung (LAPLACE-Regel)

In Kenntnis der gleichverteilten Wahrscheinlichkeiten $P(\{e_1\}) = P(\{e_2\}) = \ldots = P(\{e_n\}) = \frac{1}{n}$ für die atomaren Ereignisse sollen nun die Wahrscheinlichkeiten für entsprechende zusammengesetzte Ereignisse berechnet werden (s. „Formeln und Tabellen", S. 56).

H 10

Satz H 10: **LAPLACE-Regel**
Für jedes Ereignis $A \in 2^{\Omega}$ gilt die Rechenregel.

$$P(A) = \frac{|A|}{|\Omega|} \text{ bzw. } P(A) = \frac{\text{Anzahl der für A günstigen Ergebnisse}}{\text{Anzahl aller möglichen Ergebnisse}}$$

*Beweis:*
Aus der Definition der Gleichverteilung und der Forderung des KOLMOGOROVschen Axioms 3 (s. Definition H 9) $P(A \cup B) = P(A) + P(B)$ für $A \cap B = \emptyset$ folgt für ein beliebiges k-elementiges Ereignis $A = \{e_1; e_2; \ldots; e_k\}$ aus dem Ereignisraum $2^\Omega$
$P(A) = P(\{e_1; e_2; \ldots; e_k\}) = P(\{e_1\} \cup \{e_2\} \cup \ldots \cup \{e_k\}) = P(\{e_1\}) + P(\{e_2\}) + \ldots + P(\{e_k\})$, also

$$P(A) = \frac{1}{|\Omega|} + \frac{1}{|\Omega|} + \ldots + \frac{1}{|\Omega|} = \frac{k}{|\Omega|}.$$

Demnach gilt $P(A) = \frac{|A|}{|\Omega|}$ – was zu beweisen war.

Den mit obiger Rechenregel zum Bestimmen der Wahrscheinlichkeit eines Ereignisses A aufgrund der LAPLACE-Annahme ermittelten Wert P(A) nennt man häufig ***LAPLACE-Wahrscheinlichkeit** von A* oder auch ***klassische Wahrscheinlichkeit** von A*.

H 9

Beispiel H 9:
Für das einmalige Werfen eines idealen Würfels gilt $\Omega = \{1; 2; 3; 4; 5; 6\}$; $|\Omega| = 6$ sowie

$$P(\{1\}) = P(\{2\}) = \ldots = P(\{6\}) = \frac{1}{6}.$$

Daraus folgt beispielsweise:

$$P(\{\text{Augenzahl ist 2 oder 3}\}) = P(\{2; 3\}) = \frac{2}{6} = 0{,}3\ldots$$

$$P(\{\text{Augenzahl ist ungerade}\}) = P(\{1; 3; 5\}) = \frac{3}{6} = 0{,}5$$

$$P(\{\text{Augenzahl ist eine Primzahl}\}) = P(\{2; 3; 5\}) = \frac{3}{6} = 0{,}5$$

$$P(\{\text{Augenzahl ist gerade und prim}\}) = P(\{2\}) = \frac{1}{6} = 0{,}16\ldots$$

$$P(\{\text{Augenzahl ist 7}\}) = P(\emptyset) = \frac{0}{6} = 0$$

$$P(\{\text{Augenzahl ist kleiner als 10}\}) = P(\Omega) = \frac{6}{6} = 1$$

H 10

Beispiel H 10:
Gegeben sei ein vierreihiges GALTON-Brett. Dies besteht aus 4 Reihen von Hindernissen, wobei sich in der k-ten Reihe genau k ($k \in \{1; 2; 3; 4;\}$) Hindernisse befinden (Fig. H 2). Unter der vierten Reihe sind fünf Fächer angebracht.
Wir lassen nun eine Kugel geeigneter Größe von oben (den Gesetzen der Schwerkraft folgend) durch alle Reihen herunterrollen. An jedem Hindernis hat die Kugel dieselbe Chance, nach rechts (r) bzw. nach links (l) abgelenkt zu werden.
Wie groß ist die Wahrscheinlichkeit dafür, dass die Kugel in das Fach II fällt?

Fig. H 2

Lösung:

| I | II | III | IV | V |
|---|---|---|---|---|
| | | (r; r; l; l) | | |
| | | (r; l; r; l) | | |
| | (r; r; r; l) | (l; r; r; l) | (r; l; l; l) | |
| | (r; r; l; r) | (r; l; l; r) | (l; r; l; l) | |
| | (r; l; r; r) | (l; r; l; r) | (l; l; r; l) | |
| (r; r; r; r) | (l; r; r; r) | (l; l; r; r) | (l; l; l; r) | (l; l; l; l) |

Wie man sieht, enthält die zugehörige Ergebnismenge $\Omega$ genau 16 Elemente ($|\Omega| = 16$). Für den Weg der Kugel gibt es also insgesamt 16 Möglichkeiten, wobei jeder dieser Wege dieselbe Chance hat, von der Kugel eingeschlagen zu werden. Damit gilt die LAPLACE-Annahme.
Für das Ereignis, dass die Kugel in das Fach II fällt, sind alle *die* Ergebnisse günstig, die *genau eine* Linksablenkung (l) beschreiben:

$P(\{\text{die Kugel fällt ins Fach II}\}) = P(\{(r;r;r;l), (r;r;l;r), (r;l;r;r), (l;r;r;r)\}) = \frac{4}{16} = 0{,}25$

Die mathematische Untersuchung von LAPLACE-Experimenten erweist sich nicht nur für Glücksspiele als nützlich, sondern sehr viele reale zufällige Vorgänge lassen sich – zumindest angenähert – als LAPLACE-Experimente auffassen: Fällt beim einmaligen Münzwurf „Zahl“ oder „Wappen“? Wird das zu erwartende Kind ein Mädchen oder ein Junge? Beide zufälligen Vorgänge können – zumindest angenähert (es gibt einen Überschuss an Jungengeburten im Verhältnis von etwa 51 : 49) – durch dasselbe stochastische Modell, nämlich eine zweielementige Ergebnismenge $\Omega = \{1; 0\}$ und die Gleichverteilung mit $P(\{1\}) = P(\{0\}) = \frac{1}{2}$, beschrieben werden. Doch nicht immer ist die Annahme der Gleichverteilung so offensichtlich oder so direkt möglich.

Beispiel H 11: (D'ALEMBERTsches Paradoxon) **H 11**

Zwei Münzen mit den Seiten „Zahl“ und „Wappen“ werden gleichzeitig geworfen, es interessiert nur, welche Seiten oben liegen (und nicht, welche Seite bei jeweils welcher Münze oben liegt).
Als Ergebnismenge bietet sich an
$\Omega$ = {zweimal Zahl, einmal Zahl und einmal Wappen, zweimal Wappen} = {zweimal Zahl, genau einmal Zahl, keinmal Zahl} = $\{2; 1; 0\}$
Die Anzahl aller möglichen Ergebnisse beträgt also 3. Hieraus zog der französische Mathematiker D'ALEMBERT (1717–1783) den Schluss, dass jedes der drei atomaren Ereignisse mit der Wahrscheinlichkeit $\frac{1}{3}$ auftritt. In Wirklichkeit sind aber die drei atomaren Ereignisse nicht gleichwahrscheinlich. Dies wird deutlich, wenn man sich z. B. vorstellt, dass die beiden Münzen *nacheinander* geworfen werden. Dann werden nämlich aus dem *einen* bezüglich $\Omega$ atomaren Ereignis {1} = {einmal Zahl und einmal Wappen} die *zwei* bezüglich $\Omega_1$ atomaren Ereignisse {(Z; W)} = {zuerst Zahl und dann Wappen} und {(W; Z)} = {zuerst Wappen und dann Zahl}. Man erhält auf diese Weise also zwei atomare Ereignisse bezüglich einer „aufgeblasenen“ vierelementigen Ergebnismenge $\Omega_1 = \{(Z; Z), (Z; W), (W; Z), (W; W)\}$.

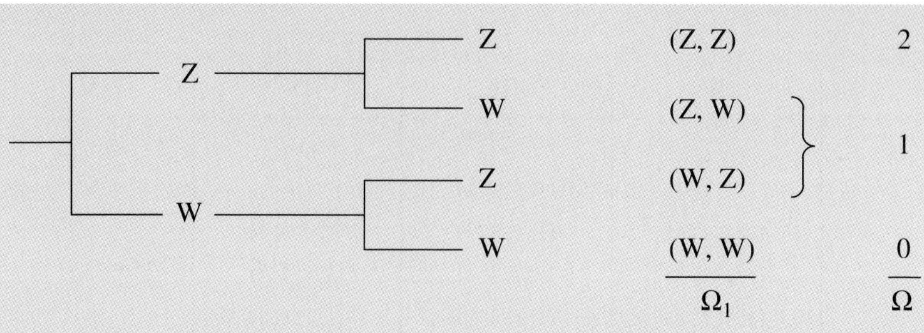


Bei der Ergebnismenge $\Omega_1$ haben die vier atomaren Ereignisse alle die gleiche Chance einzutreten, besitzen also dieselbe Wahrscheinlichkeit $\frac{1}{|\Omega_1|} = \frac{1}{4}$. Damit ergeben sich folgende Wahrscheinlichkeiten für die bezüglich $\Omega$ atomaren Ereignisse:

$P(\{2\}) = P(\{(Z; Z)\}) = \frac{1}{4}$; $P(\{1\}) = P(\{(Z; W), (W; Z)\}) = \frac{2}{4}$; $P(\{0\}) = P(\{(W; W)\}) = \frac{1}{4}$.

Dieses Beispiel zeigt, wie man manchmal eine Wahrscheinlichkeitsverteilung, die keine Gleichverteilung bezüglich einer Ergebnismenge $\Omega$ ist, über den Umweg einer Gleichverteilung einer anderen Ergebnismenge $\Omega_1$ ermitteln kann. Bei diesem Umweg „verfeinert", d. h. vergrößert man die ursprüngliche Ergebnismenge so, dass alle neuen atomaren Ereignisse von $\Omega_1$ tatsächlich gleichverteilt sind, d. h. mit der gleichen Wahrscheinlichkeit eintreten.

## H 2.3 Verschiedene Modelle für ein und dasselbe Zufallsexperiment

Die Wahl der Ergebnismenge und damit die Wahl des mathematischen Modells für ein Zufallsexperiment ist durch die Beschreibung des zufälligen Vorgangs häufig (wie beim Beispiel) nicht eindeutig festgelegt. Drei solchen Wahlmöglichkeiten sowie deren Einfluss auf den Rechenweg bei der Bestimmung von Wahrscheinlichkeiten auf der Basis der LAPLACE-Annahme wird im folgenden Beispiel nachgegangen.

H 12 Beispiel H 12:
Im Halbfinale einer im K.-o.-System ausgetragenen Schulmeisterschaft im Schachspiel stehen zwei Schülerinnen und zwei Schüler. Die Aufteilung dieser vier Personen auf die beiden zu bildenden Besetzungen am Schachbrett soll „auf gut Glück" erfolgen. Dazu mischt man vier Zettel mit den Namen der vier Teilnehmer und zieht nacheinander „blind" zwei Zettel. Die Personen, deren Namen die beiden gezogenen Zettel tragen, bilden die eine Besetzung, die beiden übrigen die andere.
Wie groß ist die Wahrscheinlichkeit dafür, dass das Halbfinale in gemischten Besetzungen ausgetragen wird?
*Modell 1:* Entsprechend der Fragestellung interessiert nur die Unterscheidung Mädchen (M), Junge (J). Sie führt bei Berücksichtigung der Reihenfolge der Ziehung zu der vierelementigen Ergebnismenge
$\Omega = \{(M; M), (M; J), (J; M), (J; J)\}$
sowie zu dem uns interessierenden Ereignis
$A = \{(M; J), (J; M)\}$.

Die atomaren Ereignisse von $2^{\Omega}$ sind aber nicht gleichwahrscheinlich. Während es für das Eintreten des Ergebnisses (M; M) die zwei Realisierungsmöglichkeiten „zuerst Mädchen $M_1$ und dann Mädchen $M_2$ ausgelost" und „zuerst Mädchen $M_2$ und dann Mädchen $M_1$ ausgelost", d. h. die beiden geordneten Paare $(M_1; M_2)$ und $(M_2; M_1)$ gibt, existieren für das Ergebnis (M; J) die vier Realisierungsmöglichkeiten $(M_1; J_1)$, $(M_1; J_2)$, $(M_2; J_1)$, $(M_2; J_2)$. Analoges gilt auch für die Ergebnisse (J; J) und (J; M) aus $\Omega$. „Blasen" wir also die Ergebnismenge $\Omega$ künstlich auf, verfeinern wir die vierelementige Ergebnismenge $\Omega$ zu der zwölfelementigen Ergebnismenge

$$\Omega_1 = \{(M_1; M_2), (M_2; M_1), (M_1; J_1), (M_1; J_2), (M_2; J_1), (M_2; J_2), (J_1; M_1), (J_1; M_2), (J_2; M_1), (J_2; M_2), (J_1; J_2), (J_2; J_1)\},$$

so ist jetzt die LAPLACE-Annahme gerechtfertigt. Für das uns interessierende Ereignis A gilt demzufolge:

$$\begin{aligned} P(A) &= P(\{\text{eine gemischte Besetzung wird ausgelost}\}) = P(\{(M; J), (J; M)\}) \\ &= P(\{(M_1; J_1), (M_1; J_2), (M_2; J_1), (M_2; J_2), (J_1; M_1), (J_1; M_2), (J_2; M_1), (J_2; M_2)\}) \\ &= \frac{8}{|\Omega_1|} = \frac{8}{12} \end{aligned}$$

$$P(A) = \frac{2}{3}$$

*Modell 2:* Zeichnet man einen der am Auslosungsverfahren beteiligten Halbfinalisten (z. B. $J_1$) willkürlich aus, dann lassen sich die möglichen Ergebnisse des Zufallsexperiments durch Angabe seiner möglichen Spielgegner interpretieren. Dies führt zu der Ergebnismenge

$$\Omega = \{M_1; M_2; J_2\},$$

für die die LAPLACE-Annahme gerechtfertigt ist. Somit ergibt sich als Wahrscheinlichkeit für das uns interessierende Ereignis:

$$P(A) = P(\{M_1; M_2\})$$

$$P(A) = \frac{2}{3}$$

*Modell 3:* Registriert man bei der Auslosung nur, ob die zwei ausgelosten Personen entweder beide Mädchen sind oder nicht, so führt dies zu einer zweielementigen Ergebnismenge:

$\Omega = \{m; nm\}$ (mit *m: nur Mädchen ausgelost* und *nm: nicht nur Mädchen ausgelost*)

Diese Ergebnismenge entspricht aber nicht der gestellten Frage, das interessierende Ereignis A = {*eine gemischte Besetzung wird ausgelost*} ist nicht als Teilmenge von $\Omega$ darstellbar.

Beim Vergleich dieser drei Modelle erweist sich eine dem Zufallsexperiment und der gestellten Frage gut angepasste, nahe liegende Ergebnismenge (z. B. $\Omega$ vom *Modell 1*) nicht unbedingt auch vom rechnerischen Aufwand her als so gut geeignet.

Andererseits muss eine „grobe" Ergebnismenge ($\Omega$ vom *Modell 2*) mit minimalem Rechenaufwand zur Bestimmung der gesuchten Wahrscheinlichkeit nicht auch so nahe liegend, so leicht zu finden sein, weil erst eine gewisse Umstrukturierung des eigentlichem Ablaufs des Zufallsexperiments erforderlich ist.

Somit ergeben sich drei allgemeine *Gesichtspunkte bei der Wahl einer Ergebnismenge:*

(1) Die Ergebnismenge $\Omega$ muss sowohl dem Zufallsexperiment als auch dem diesbezüglich betrachteten Ereignis A entsprechen. A muss also stets eine Teilmenge des gewählten $\Omega$ sein.

(2) Man sollte versuchen, die Ergebnismenge $\Omega$ so zu wählen, dass alle atomaren Ereignisse gleichwahrscheinlich sind, dass also die LAPLACE-Annahme gerechtfertigt ist und damit die LAPLACE-Regel $P(A) = \frac{|A|}{|\Omega|}$ angewandt werden kann.

(3) Unter Wahrung der LAPLACE-Annahme sollte die Ergebnismenge möglichst „grob“ sein, d. h. möglichst wenige Elemente enthalten.

Das nicht selten mühsame Suchen nach einer geeigneten Ergebnismenge $\Omega$ unter Wahrung der LAPLACE-Annahme kann man – wie bei obigem Beispiel – unter Zuhilfenahme eines Baumdiagramms zu umgehen versuchen.

## H 2.4 Pfadregeln

Kann man bei einem zufälligen Vorgang davon ausgehen, dass alle seine atomaren Ereignisse gleichverteilt sind, so lassen sich die gesuchten Wahrscheinlichkeiten $P(A) = \frac{|A|}{|\Omega|}$ durch Abzählen der „für A günstigen“ und der „möglichen“ Ergebnisse bestimmen. Dieses Abzählen war bei den bisher betrachteten Beispielen sehr einfach. Um auch bei etwas komplizierteren LAPLACE-Experimenten sich nicht zu verzählen, d. h. einerseits *alle* Möglichkeiten zu zählen und andererseits auch *keine* Möglichkeit mehrfach zu zählen, kann man wiederum das Baumdiagramm nutzen. Betrachten wir folgendes Beispiel:

Eine (ideale) Münze mit den Seiten *Wappen* und *Zahl* werde dreimal hintereinander geworfen.

a) Mit welcher Wahrscheinlichkeit fällt zuerst *Zahl*, dann *Wappen* und schließlich wieder *Zahl*?

b) Wie groß ist die Wahrscheinlichkeit dafür, dass mindestens zweimal hintereinander *Zahl* fällt?

Diesen zufälligen Vorgang des dreimaligen Werfens einer idealen Münze können wir auffassen als dreistufiges Zufallsexperiment. Das zugehörige und nachfolgend dargestellte Baumdiagramm (wir beachten vorerst die Färbung nicht) verästelt sich auf jeder Stufe des Experiments, und zwar mit jeweils zwei Verzweigungen, den zwei Möglichkeiten *Wappen* und *Zahl* entsprechend. Auf der

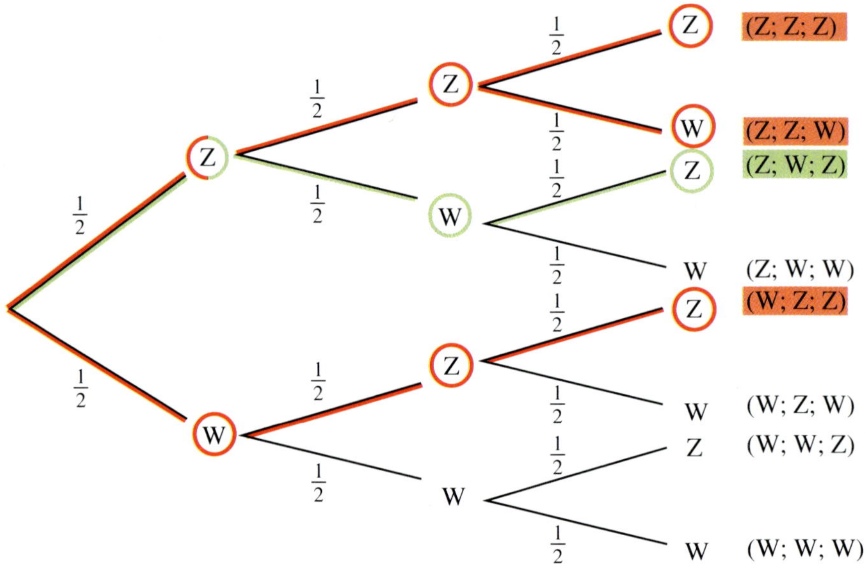

ersten Stufe gibt es also 2 Möglichkeiten, die jeweils mit der gleichen Wahrscheinlichkeit, nämlich $\frac{1}{2}$, eintreten. Deshalb wird jeder der beiden Äste mit $\frac{1}{2}$ beschriftet. Auf der zweiten Stufe gibt es nun zu jeder Möglichkeit der ersten Stufe wieder 2 Möglichkeiten, die ebenfalls mit der Wahrscheinlichkeit $\frac{1}{2}$ eintreten. Zu jeder der $2 \cdot 2$ Möglichkeiten für den Verlauf der ersten beiden Stufen des Zufallsexperiments gibt es in der dritten Stufe wiederum 2 gleichwahrscheinliche Möglichkeiten. Jedes der $2 \cdot 2 \cdot 2 = 8$ möglichen Ergebnisse wird durch einen **Pfad** von links nach rechts in diesem Baumdiagramm dargestellt. An den Enden dieser acht verschiedenen Pfade sind die entsprechenden Ergebnisse nochmals angegeben, und zwar als Tripel (3-Tupel). Die Wahrscheinlichkeit der zugehörigen 8 atomaren Ereignisse von jeweils $\frac{1}{8}$ ergibt sich durch Multiplikation der Wahrscheinlichkeiten längs des zugehörigen Pfades, die hier alle $\frac{1}{2}$ betragen. Für die eingangs genannte Aufgabe a) erhält man also den Pfad $Z - W - Z$ mit

$P(\{(Z; W; Z)\}) = \frac{1}{2} \cdot \frac{1}{2} \cdot \frac{1}{2} = \frac{1}{8}$ (vgl. Baumdiagramm, S. 276, grün gekennzeichnet).

In Verallgemeinerung dieses Beispiels kann man also sagen: In einem mehrstufigen Zufallsexperiment ist die Wahrscheinlichkeit eines atomaren Ereignisses gleich dem Produkt der Wahrscheinlichkeiten entlang des Pfades, der dem jeweiligen Ergebnis im Baumdiagramm entspricht.
Um diesen Lösungsweg in einer möglichst kurzen Rechenregel zu verallgemeinern, sprechen wir verkürzt von der *„Wahrscheinlichkeit des Pfades"* anstatt von der *„Wahrscheinlichkeit des atomaren Ereignisses, das dem Pfad entspricht"*, und formulieren als

Satz H 11: **Erste Pfadregel** (Produktregel): **H 11**
Die Wahrscheinlichkeit eines Pfades ist gleich dem Produkt der Wahrscheinlichkeiten längs des Pfades (s. „Formeln und Tabellen", S. 57).

Für das im Aufgabenteil b) beschriebene Ereignis *„mindestens zweimal hintereinander Zahl"* ergibt sich durch analoge „Pfadüberlegungen" (vgl. Baumdiagramm, S. 276, rot gekennzeichnet).

$$\begin{aligned} P(\{\text{mindestens zweimal hintereinander Zahl}\}) &= P(\{(Z; Z; W), (W; Z; Z), (Z; Z; Z)\} \\ &= P(\{(Z; Z; W)\}) + P(\{(W; Z; Z)\}) + P(\{(Z; Z; Z)\}) \\ &= \frac{1}{8} + \frac{1}{8} + \frac{1}{8} = \frac{3}{8} \end{aligned}$$

Als Verallgemeinerung erhalten wir

Satz H 12: **Zweite Pfadregel** (Summenregel): **H 12**
In einem mehrstufigen Zufallsexperiment ist die Wahrscheinlichkeit eines Ereignisses gleich der Summe der Wahrscheinlichkeiten aller der Pfade, die im Baumdiagramm diesem Ereignis entsprechen.

Beispiel H 13: **H 13**
Einer Urne mit (genau) elf Kugeln (sieben weiße, eine rote und drei blaue) werden auf gut Glück zwei Kugeln entnommen, und zwar
a) mit Zurücklegen oder b) ohne Zurücklegen.
Wie groß ist die Wahrscheinlichkeit dafür, dass beide Kugeln dieselbe Farbe haben?

*Lösung:*

Zu a)

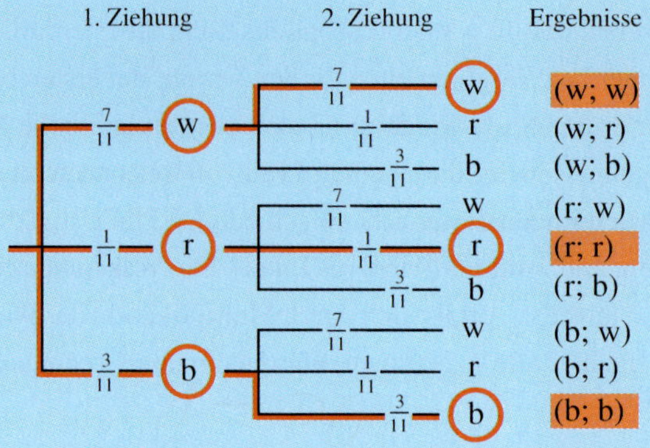


P({zwei gleichfarbige Kugeln ziehen}) = P({(w; w), (r; r), (b; b)})

$$= \frac{7}{11} \cdot \frac{7}{11} + \frac{1}{11} \cdot \frac{1}{11} + \frac{3}{11} \cdot \frac{3}{11} = \frac{59}{121} \approx 0{,}488$$

Zu b)

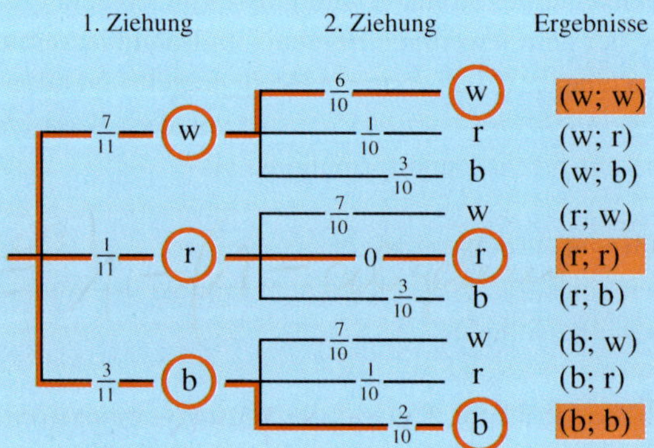


P({zwei gleichfarbige Kugeln ziehen}) = P({(w; w), (r; r), (b; b)}

$$= \frac{7}{11} \cdot \frac{6}{10} + 0 + \frac{3}{11} \cdot \frac{2}{10} = \frac{48}{110} \approx 0{,}436$$

*Bemerkung*: Die beiden Pfadregeln haben wir unter der Annahme der Gleichwahrscheinlichkeit formuliert. Sie gelten aber auch für beliebige mehrstufige Zufallsexperimente.

## H 2.5 Zählprinzip bei k-Tupeln

Noch schwieriger wird das Abzählen der für ein Ereignis günstigen Ergebnisse bei der Beantwortung der zwei nachfolgenden Fragen.

- Wie viele „mögliche" Ergebnisse gibt es beim gleichzeitigen Werfen von fünf unterscheidbaren LAPLACE-Würfeln?
- Wie viele „mögliche" Ergebnisse gibt es bei der Lottoziehung „6 aus 49"?

Solcherart mehr oder weniger komplizierte Abzählprobleme sind Gegenstand der **Kombinatorik**[1] (s. „Formeln und Tabellen", S. 54 f.), der Kunst des geschickten und teilweise trickreichen Abzählens.

[1] combinare (lat.) – zusammenstellen, verbinden

Ein Zufallsexperiment bestehe darin, dass zuerst eine Münze, dann ein Würfel, anschließend ein Tetraeder und zum Schluss nochmals eine Münze geworfen wird.
Wie viele mögliche Ergebnisse besitzt ein solches mehrstufiges Zufallsexperiment?
Stellen wir dieses *vierstufige Zufallsexperiment* – zumindest in Gedanken – durch ein Baumdiagramm dar, so erkennen wir, dass der Baum auf der *ersten Stufe* zwei Verästelungen, d. h. 2 mögliche Ergebnisse (nämlich *Zahl* und *Wappen*) aufweist. Auf der *zweiten Stufe* gibt es an jedem dieser beiden Ergebnisse 6 Verästelungen (für die Augenzahlen 1 bis 6), d. h., das bisher zweistufige Zufallsexperiment hat $2 \cdot 6 = 12$ verschiedene Pfade, 12 Ergebnisse. Auf der *dritten Stufe* bestehen nun an jedem dieser 12 Ergebnisse 4 Verästelungen (für jede Seite des Tetraeders), d. h. insgesamt $(2 \cdot 6) \cdot 4 = 48$ verschiedene Pfade, 48 Ergebnisse. Auf der *vierten* und damit letzten *Stufe* gibt es schließlich an jedem der 48 Ergebnisse wieder 2 Verästelungen (für *Zahl* und *Wappen*). Das heißt: Das vierstufige Zufallsexperiment weist insgesamt $(2 \cdot 6 \cdot 4) \cdot 2 = 96$ verschiedene Pfade, also 96 Ergebnisse auf.
Jedes dieser 96 Ergebnisse kann aufgrund der Vierstufigkeit des Zufallsexperiments als ein 4-Tupel dargestellt werden, wobei

- die *erste* Koordinate des 4-Tupels mit den möglichen Ergebnissen der *ersten Stufe*, d. h. mit den Ergebnissen W oder Z des ersten Münzwurfes,
- die *zweite* Koordinate mit den möglichen Ergebnissen der *zweiten Stufe*, d. h. mit den Augenzahlen 1, 2, 3, 4, 5, 6 des Würfelwurfes,
- die *dritte* Koordinate mit den möglichen Ergebnissen der *dritten Stufe*, d. h. mit den Augenzahlen 1, 2, 3, 4 des Tetraederwurfes,
- die *vierte* Koordinate mit den möglichen Ergebnissen der *vierten Stufe*, d. h. mit W und Z des zweiten Münzwurfes

belegt werden kann.

Als Ergebnismenge erhalten wir somit

$$\Omega = \{(m_1; w; t; m_2) \mid m_1, m_2 \in \{W; Z\}, w \in \{1; 2; 3; 4; 5; 6\}, t \in \{1; 2; 3; 4\}\} \text{ mit } |\Omega| = 2 \cdot 6 \cdot 4 \cdot 2.$$

Interessiert nun z. B., wie viele Ergebnisse zu dem Ereignis $A \in 2^{\Omega}$ mit
A = {mit dem Würfel eine gerade und mit dem Tetraeder eine Primzahl geworfen}
gehören, so zählt man analog ab:

$$|A| = |\{(m_1; w; t; m_2) \in \Omega \mid w \in \{2; 4; 6\}, t \in \{2; 3\}\}| = 2 \cdot 3 \cdot 2 \cdot 2$$

Als Wahrscheinlichkeit von A ergäbe sich aufgrund der gerechtfertigten LAPLACE-Annahme
$P(A) = \frac{|A|}{|\Omega|} = \frac{2 \cdot 3 \cdot 2 \cdot 2}{2 \cdot 6 \cdot 4 \cdot 2} = 0{,}25.$

Satz H 13: **Zählprinzip für k-Tupel** H 13
Wenn ein Ereignis A aus den k-Tupeln $(a_1; a_2; \ldots; a_k)$ besteht, wobei für
- das 1. Tupelelement $a_1$ genau $\mathbf{n_1}$ Auswahlmöglichkeiten,
- das 2. Tupelelement $a_2$ genau $\mathbf{n_2}$ Auswahlmöglichkeiten,

...
- das k-te Tupelelement $a_k$ genau $\mathbf{n_k}$ Auswahlmöglichkeiten

existieren, so gibt es $\mathbf{n_1 \cdot n_2 \cdot \ldots \cdot n_k}$ verschiedene solcher k-Tupel, d. h. $n_1 \cdot n_2 \cdot \ldots \cdot n_k$ verschiedene Ergebnisse in A.

Man kann auch sagen: Die Anzahl der

- k-Tupel, für deren Koordinaten es $n_1, n_2, \ldots$ bzw. $n_k$ Auswahlmöglichkeiten gibt,
- Möglichkeiten, aus jeder der k Mengen mit $n_1, n_2, \ldots$ bzw. $n_k$ Elementen genau ein Element auszuwählen,
- Ergebnisse eines k-stufigen Zufallexperiments mit $n_1, n_2, \ldots$ bzw. $n_k$ (unabhängig voneinander eintretenden) Ergebnissen auf den einzelnen Stufen

beträgt stets $\mathbf{n_1 \cdot n_2 \cdot \ldots \cdot n_k}$.

Wenden wir nun dieses Zählprinzip für k-Tupel an, um eine der zu Beginn von Abschnitt H 2.5 gestellten Frage zu beantworten.

H 14

Beispiel H 14:

Wie viele Ergebnisse sind beim gleichzeitigen Werfen von fünf verschiedenfarbigen LAPLACE-Würfeln möglich?

*Lösung:*

Sinnvollerweise stellt man jedes mögliche Ergebnis dieses Zufallsexperiments als 5-Tupel $(w_1; w_2; w_3; w_4; w_5)$ dar, bei dem jeweils die erste Koordinate $w_1$ angibt, welche Augenzahl mit dem ersten Würfel geworfen wird, die zweite Koordinate $w_2$, welche Augenzahl mit dem zweiten Würfel geworfen wird usw. bis zur fünften Koordinate $w_5$. Als Ergebnismenge $\Omega$ erhält man dann

$$\Omega = \{(w_1; w_2; w_3; w_4; w_5) \mid w_1, w_2, w_3, w_4, w_5 \in \{1; 2; 3; 4; 5; 6\}\}.$$

Nach dem Zählprinzip für n-Tupel erhalten wir $|\Omega| = 6 \cdot 6 \cdot 6 \cdot 6 \cdot 6 = 6^5$, da alle Koordinaten $w_1$ bis $w_5$ jeweils die sechs Belegungsmöglichkeiten 1, 2, 3, 4, 5, 6 besitzen.

H 15

Beispiel H 15:

Aus einem Buchstabensatz wurde in einem Leserahmen

a) das Wort BLUME und

b) das Wort ANANAS

zusammengestellt. Diese Buchstaben werden von einem leseunkundigen Kind fallen gelassen.

Zu bestimmen ist die Wahrscheinlichkeit dafür, dass das Kind beim erneuten Legen eines Wortes aus denselben Buchstaben (zufällig) wieder das ursprüngliche Wort erhält.

*Lösung:*

*zu a)*

Den beschriebenen zufälligen Vorgang können wir als fünfstufiges Zufallsexperiment auffassen, wobei auf der ersten Stufe der erste Buchstabe $b_1$ in den Leserahmen gelegt wird, auf der zweiten Stufe der zweite Buchstabe $b_2$ usw., bis der fünfte Buchstabe $b_5$ gelegt ist. Als Ergebnismenge $\Omega$ bietet sich somit eine Menge von 5-Tupeln der Gestalt $(b_1; b_2; b_3; b_4; b_5)$ an. Jede der fünf Koordinaten kann einer der Buchstaben B, L, U, M und E sein, d. h. $b_1, b_2, b_3, b_4, b_5 \in \{B; L; U; M; E\}$. Es muss dabei aber beachtet werden, dass keiner der Buchstaben mehrfach auftreten darf, d. h., $b_1, b_2, b_3, b_4$ und $b_5$ müssen paarweise verschieden sein. Diese letztgenannte Bedingung kann man symbolisieren durch $|\{b_1; b_2; b_3; b_4; b_5\}| = 5$. Zusammengefasst also:

$$\Omega = \{(b_1; b_2; b_3; b_4; b_5) \mid b_1, \ldots, b_5 \in \{B; L; U; M; E\} \text{ und } |\{b_1; b_2; b_3; b_4; b_5\}| = 5\}$$

Die Anzahl aller möglichen Ergebnisse in $\Omega$ ergibt sich nach dem Zählprinzip für k-Tupel:

$|\Omega| = 5 \cdot 4 \cdot 3 \cdot 2 \cdot 1 = 120$

Da für die Ergebnismenge $\Omega$ im vorliegenden Fall die LAPLACE-Annahme sinnvoll ist, lässt sich die gesuchte Wahrscheinlichkeit nach der LAPLACE-Regel (Satz H 10) berechnen:

$P(\{BLUME\}) = P(\{(B; L; U; M; E)\}) = \frac{1}{|\Omega|} = \frac{1}{120} \approx 0{,}0083$

Mit anderen Worten: Die Wahrscheinlichkeit, dass von allen jeweils aus den 5 Buchstaben B, E, L, M und U bestehenden 5-Tupeln gerade dasjenige mit der Anordnung B; L; U; M; E getroffen wird, ist rund 0,0083.

*zu b)*:

Um für {ANANAS} eine geeignete Ergebnismenge $\Omega$ aufzuschreiben, muss man beachten, dass hier – im Unterschied zu BLUME – nicht jeder der Buchstaben nur einmal im Wort erscheint. Mit Hilfe eines kleinen „Tricks“ kann man aber trotzdem analog zu Fall a) vorgehen: Dieser Trick besteht darin, dass man bei den im Wort ANANAS mehrfach auftretenden Buchstaben A und N durch Nummerierung künstlich eine Unterscheidbarkeit einführt. Statt des *einen* dreifach vorkommenden Buchstabens A definiert man die *drei* bezüglich der Auswahl verschiedenen Buchstaben $A_1$, $A_2$, $A_3$ und statt des *einen* zweifach vorkommenden Buchstabens N die *zwei* bezüglich der Auswahl verschiedenen Buchstaben $N_1$, $N_2$. Damit ergibt sich:

$\Omega = \{(b_1; b_2; b_3; b_4; b_5; b_6) \mid b_1, \ldots, b_6 \in \{A_1; A_2; A_3; N_1; N_2; S\} \text{ und } |\{b_1; \ldots; b_6\}| = 6\}.$

$|\Omega| = 6 \cdot 5 \cdot 4 \cdot 3 \cdot 2 \cdot 1 = 720$

Aufgrund der wiederum gerechtfertigten LAPLACE-Annahme lässt sich nun die gesuchte Wahrscheinlichkeit folgendermaßen berechnen:

$$P(\{ANANAS\}) = P(\{(b_1; b_2; b_3; b_4; b_5; b_6) \in \Omega \mid b_1, b_3, b_5 \in \{A_1; A_2; A_3\} \text{ und } b_2, b_4 \in \{N_1; N_2\} \text{ und } b_6 = S\}) = \frac{3 \cdot 2 \cdot 2 \cdot 1 \cdot 1 \cdot 1}{720} = \frac{12}{720}$$

$P(\{ANANAS\}) \approx 0{,}017$

In obigem Beispiel H 15 haben wir das Zählprinzip für k-Tupel in spezieller Weise angewendet: Die k-Tupel $(a_1; a_2; \ldots; a_k)$ wurden hier aus den Elementen einer k-elementigen Menge gebildet. Das heißt: Für jedes der k-Tupel wurde die gesamte Menge „aufgebraucht“. Die einzelnen k-Tupel unterscheiden sich also lediglich durch die Anordnung der zur Verfügung stehenden k Elemente. Dabei standen für die Koordinate $a_1$ k Auswahlmöglichkeiten, für $a_2$ noch (k – 1) Möglichkeiten, für $a_3$ noch (k – 2) Möglichkeiten usw. und schließlich für $a_k$ nur noch 1 „Auswahl“-Möglichkeit zur Verfügung. Die Gesamtzahl der Anordnungsmöglichkeiten oder **Permutationen** beträgt damit insgesamt $k \cdot (k-1) \cdot (k-2) \cdot \ldots \cdot 1$. Man schreibt für ein solches Produkt $k \cdot (k-1) \cdot (k-2) \cdot \ldots \cdot 1$ auch **k!** (gesprochen *„k Fakultät“*). Fassen wir die verschiedenen Formulierungsvarianten für den obigen Sachverhalt zusammen, so lässt sich feststellen:

Die Anzahl der
- k-Tupel, deren Koordinaten verschiedene Elemente aus einer k-elementigen Menge sind;
- Möglichkeiten, die Elemente einer k-elementigen Menge anzuordnen;
- verschiedene Permutationen von k Elementen

beträgt jeweils $k \cdot (k-1) \cdot (k-2) \cdot \ldots \cdot 1 = k!$ (s. auch „Formeln und Tabellen“, S. 54).

## H 2.6 Zählprinzip bei n-elementigen Mengen

In einer Urne befinden sich genau 16 Kugeln, und zwar sechs weiße und zehn rote. Dieser Urne werden nacheinander sieben Kugeln entnommen, ohne dass dabei eine Kugel wieder zurückgelegt wird. Man bestimme die Wahrscheinlichkeit für das Ereignis
A = {es werden vier weiße und drei rote Kugeln entnommen}.
Um P(A) als Quotient aus der Anzahl $|A|$ der „für A günstigen" Ergebnisse und der Anzahl $|\Omega|$ „aller möglichen" Ergebnisse zu berechnen, ermitteln wir zuerst eine geeignete Ergebnismenge. Da die Kugeln nacheinander und ohne Zurücklegen entnommen werden, wäre es z. B. möglich, folgende Ergebnismenge zu verwenden:

$$\Omega_1 \quad = \{(k_1; \ldots; k_7) \mid \ k_1, \ldots, k_7 \in \{0_1; \ldots; 0_6; 1_1; \ldots; 1_{10}\} \text{ und } |\{k_1; \ldots; k_7\}| = 7\},$$

wobei 0 als weiße und 1 als rote Kugel zu interpretieren ist. Diese Ergebnismenge hat $|\Omega_1| = 16 \cdot 15 \cdot 14 \cdot 13 \cdot 12 \cdot 11 \cdot 10$ Elemente, da für das 1. Ziehen 16 Kugeln, für das 2. nur noch 15 Kugeln, für das 3. noch 14 usw. zur Verfügung stehen. Weil aber für das Ereignis A die *Reihenfolge* der herausgenommenen Kugeln uninteressant ist, wäre es sinnvoller, *statt der 7-Tupel* als Ergebnisse *siebenelementige Mengen* zu wählen.

Somit erhielte man die Ergebnismenge

$$\Omega_2 \quad = \{\{k_1; \ldots; k_7\} \mid \ k_1, \ldots, k_7 \in \{0_1; \ldots; 0_6; 1_1; \ldots; 1_{10}\} \text{ und } |\{k_1; \ldots; k_7\}| = 7\}.$$

Diese Ergebnismenge hat weniger Elemente als $\Omega_1$, da *allen* 7-Tupeln, die sich nur in der Reihenfolge ihrer Koordinatenbelegung unterscheiden, genau *ein* Element in $\Omega_2$ entspricht. 7 Elemente kann man nun aber in $7 \cdot 6 \cdot 5 \cdot 4 \cdot 3 \cdot 2 \cdot 1 = 7!$ verschiedenen Reihenfolgen anordnen. Demzufolge ist $|\Omega_2|$ nur der 7!-te Teil von $|\Omega_1|$. Es gilt also

$$|\Omega_2| \quad = \frac{16 \cdot 15 \cdot 14 \cdot 13 \cdot 12 \cdot 11 \cdot 10}{7!} = \frac{16!}{9! \cdot 7!}$$

Einen derartigen Ausdruck kann man auch als Binomialkoeffizient $\binom{16}{7}$ (gesprochen *16 über 7*) schreiben. Allgemein gilt: $\binom{n}{k} = \frac{n!}{k! \cdot (n-k)!}$ mit $n, k \in \mathbb{N}$ und $k \leq n$ (vgl. „Formeln und Tabellen", S. 54). Um die gesuchte Wahrscheinlichkeit P(A) bestimmen zu können, benötigen wir weiter die Anzahl $|A|$ der für A „günstigen" Möglichkeiten. Diese Anzahl ist gleich dem Produkt aus

- der Anzahl der Möglichkeiten, aus 6 weißen Kugeln vier auszuwählen, und
- der Anzahl der Möglichkeiten, aus 10 roten Kugeln drei auszuwählen.

Diese umständliche Ausdrucksweise lässt sich wesentlich vereinfachen, wenn man die roten Kugeln mit 1 und die weißen mit 0 bezeichnet. Dann gilt nämlich $|A| = |\{e \in \Omega_2 \mid \ k_1 + \ldots + k_7 = 3\}|$, in Worten: „$|A|$ = Anzahl der Möglichkeiten, aus sechs Nullen vier auszuwählen, multipliziert mit der Anzahl der Möglichkeiten, aus zehn Einsen drei auszuwählen". Unter Verwendung derselben Überlegungen, wie sie für die Ermittlung von $|\Omega_2|$ angestellt wurden, erhält man

$$|A| = \binom{6}{4} \cdot \binom{10}{3} \text{ und somit } P(A) = \frac{\binom{6}{4} \cdot \binom{10}{3}}{\binom{16}{7}} \approx 0{,}157.$$

Bei obigem Beispiel wurde – ausgehend von dem Zählprinzip für n-Tupel – ein Zählprinzip für Mengen angewendet:

H 14

Satz H 14: **Zählprinzip für Mengen**

Eine n-elementige Menge besitzt $\binom{n}{k}$ k-elementige Teilmengen ($k \le n$).

Man kann auch sagen: Die Anzahl

- der k-elementigen Teilmengen einer n-elementigen Menge,
- aller Möglichkeiten, k Elemente aus einer n-elementigen Menge auszuwählen,
- der **ungeordneten Stichproben ohne Zurücklegen** vom Umfang k aus einer n-elementigen Menge,
- der Möglichkeiten, in einem n-Tupel genau k Plätze zu reservieren,

oder (in der Sprechweise der Kombinatorik)

- der **Kombinationen ohne Wiederholung** von n Elementen zur k-ten Klasse

beträgt jeweils $\binom{n}{k}$ (s. „Formeln und Tabellen", S. 55).

Wir kehren zu der zweiten der am Beginn von Abschnitt H 2.5 gestellten Fragen zurück:

H 16

Beispiel H 16:
Wie viele mögliche Ergebnisse gibt es bei der Lottoziehung „6 aus 49"?
*Lösung:*
Für das Ziehungsergebnis beim Lotto interessiert nur, welche sechs der Zahlen von 1 bis 49 gezogen werden, gleich, in welcher Reihenfolge die Ziehung erfolgte. Für die mathematische Modellierung ist damit eine geeignete Ergebnismenge nicht eine Menge von 6-Tupeln, sondern von Sechsermengen, da es bei Mengen – im Unterschied zu Tupeln – nicht auf die Reihenfolge ihrer Elemente ankommt. $\{2; 4; 6; 8; 10; 12\}$ und $\{6; 8; 2; 4; 12; 10\}$ stellen beispielsweise dieselbe Menge dar.
Im vorliegenden Fall könnten wir also als Ergebnismenge verwenden:

$$\Omega = \{\{z_1; z_2; z_3; z_4; z_5; z_6\} \mid z_1, \ldots, z_6 \in \{1; 2; \ldots; 49\}\}$$

Die Anzahl der Ziehungsergebnisse (hier $|\Omega|$) ist also gleich der Anzahl der sechselementigen Teilmengen einer 49-elementigen Menge. Es gilt:

$$|\Omega| = \binom{49}{6} = \frac{49!}{6! \cdot 43!} = 13\,983\,816$$

H 17

Beispiel H 17:
Wie groß ist beim Lotto „6 aus 49" die Wahrscheinlichkeit für das Ereignis
$A = \{$genau fünf Richtige (ohne Zusatzzahl)$\}$?
*Lösung:*
Aufgrund derselben Überlegungen wie beim Beispiel H 16 wählen wir die Ergebnismenge

$$\Omega = \{\{z_1; z_2; z_3; z_4; z_5; z_6\} \mid z_1, \ldots, z_6 \in \{1; 2; \ldots; 49\}\} \text{ mit } |\Omega| = \binom{49}{6} = 13\,983\,816.$$

Von diesen Ergebnissen sind $\binom{6}{5}$ für das Ereignis A günstig, denn es gibt $\binom{6}{5}$ Möglichkeiten, eine Teilmenge von 5 Zahlen aus der Menge der 6 gezogenen Zahlen zu bilden. Zu jeder dieser fünfelementigen Teilmenge muss man noch eine sechste Zahl auswählen, und zwar aus den 49 – 6 = 43 nicht gezogenen Zahlen. Für diese Auswahl der einelementigen Teilmenge der 43-elementigen Menge gibt es $\binom{43}{1} = 43$ Möglichkeiten.

Somit erhalten wir – aufgrund der Gültigkeit der LAPLACE-Annahme – für die gesuchte Wahrscheinlichkeit

$$P(A) = \frac{\binom{6}{5} \cdot \binom{43}{1}}{\binom{49}{6}} = \frac{258}{13\,983\,816} \approx 0{,}0000184.$$

# H 3 Unabhängigkeit von Ereignissen; *bedingte Wahrscheinlichkeit (Erweiterung III)*

Für eine Untersuchung von n „auf gut Glück" ausgewählten Vierzehnjährigen hinsichtlich der beiden Merkmale „mathematisch hoch begabt" und „blauäugig" seien die Ereignisse A und B durch

A = {der Vierzehnjährige ist hoch begabt} und B = {der Vierzehnjährige ist blauäugig}

definiert.

Die Ereignisse A und B könnten in verschiedener Beziehung zueinander stehen.

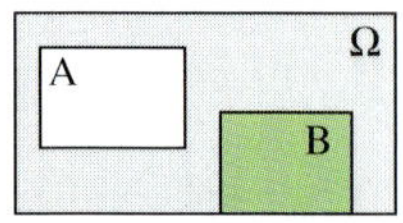


**$A \cap B = \emptyset$**: A und B sind unvereinbar, A und B können nicht gleichzeitig eintreten.
Auf obigen speziellen Fall bezogen, heißt das: „wer mathematisch hoch begabt ist, hat keine blauen Augen" bzw. „wer blaue Augen hat, ist nicht mathematisch hoch begabt".

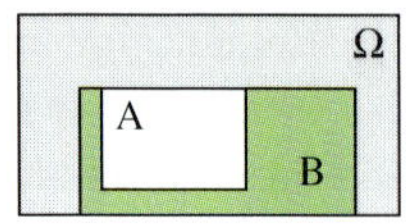


**$A \cap B = A$**, also $A \subseteq B$: Wenn A eintritt, tritt auch B ein.
Das heißt für obigen Spezialfall: „wer mathematisch hoch begabt ist, hat blaue Augen".

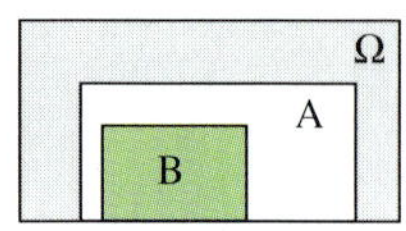


**$A \cap B = B$**, also $B \subseteq A$: Wenn B eintritt, tritt auch A ein.
Das heißt für obigen Spezialfall: „wer blaue Augen hat, ist mathematisch hoch begabt".

Keine dieser drei Beziehungen zwischen A und B entspricht unseren Erfahrungen, die besagen, dass Begabtheit für Mathematik und blaue Augenfarbe sich in keiner Weise beeinflussen, dass diese Merkmale also *unabhängig voneinander* auftreten. Diese Unabhängigkeit wäre dann auch wirklich *nachgewiesen*, wenn sich zeigen ließe, dass der Anteil der *blauäugigen* mathematisch Hochbegabten unter *allen* mathematisch Hochbegabten genauso groß ist wie der Anteil der Blauäugigen in der Gesamtbevölkerung. Wenn also beispielsweise $\frac{1}{7}$ der Gesamtbevölkerung blauäugig ist, so müsste auch $\frac{1}{7}$ der mathematisch Hochbegabten blauäugig sein. Dass sich die Ereignisse A und B nicht beeinflussen, dass sie unabhängig voneinander eintreten, wäre also nur zu akzeptieren, wenn die absoluten Häufigkeiten von $B \cap A$ im gleichen Verhältnis zu den entsprechenden absoluten Häufigkeiten von A stünden wie die absoluten Häufigkeiten von B zur Gesamtanzahl n. Es muss also gelten:

$$\frac{H_n(A \cap B)}{H_n(A)} = \frac{H_n(B)}{n} \quad \text{bzw.} \quad \frac{\frac{H_n(A \cap B)}{n}}{\frac{H_n(A)}{n}} = \frac{H_n(B)}{n}, \quad \text{woraus folgt}$$

$$\frac{h_n(A \cap B)}{h_n(A)} = h_n(B) \quad \text{bzw.} \quad h_n(A \cap B) = h_n(A) \cdot h_n(B), \quad \text{also}$$

$$\mathbf{P(A \cap B) = P(A) \cdot P(B).}$$

Definition: H 12:
Zwei Ereignisse A und B heißen genau dann voneinander **(stochastisch) unabhängig**, wenn $P(A \cap B) = P(A) \cdot P(B)$ gilt.

H 11

Beim Gebrauch dieses Begriffes der (stochastischen[1]) Unabhängigkeit ist zu beachten:

(1) Wenn A und B *unabhängig* sind, so gilt $P(A \cap B) = P(A) \cdot P(B)$[2].
Wenn A und B *unvereinbar* sind (s. Definition H 8), so gilt $P(A \cup B) = P(A) + P(B)$.

(2) Wenn A und B unabhängig sind, dann sind dies auch A und $\overline{B}$, $\overline{A}$ und B sowie $\overline{A}$ und $\overline{B}$, wie der nebenstehenden Vierfeldertafel zu entnehmen ist.

| | B | $\overline{B}$ | |
|---|---|---|---|
| A | $P(A) \cdot P(B)$ | $P(A) \cdot (1 - P(B))$ | $P(A)$ |
| $\overline{A}$ | $(1 - P(A)) \cdot P(B)$ | $(1 - P(A)) \cdot (1 - P(B))$ | $1 - P(A)$ |
| | $P(B)$ | $1 - P(B)$ | |

(3) Drei Ereignisse A, B, C heißen **paarweise (stochastisch) unabhängig**, wenn
$P(A \cap B) = P(A) \cdot P(B)$ und $P(A \cap C) = P(A) \cdot P(C)$ und $P(B \cap C) = P(B) \cdot P(C)$.

(4) Drei Ereignisse A, B, C heißen **(stochastisch) unabhängig**, wenn sie sowohl paarweise (stochastisch) unabhängig sind als auch der Gleichung $P(A \cap B \cap C) = P(A) \cdot P(B) \cdot P(C)$ genügen.

Die *praktische* Bedeutung stochastischer Unabhängigkeit zeigt folgendes Beispiel:
Nehmen wir an, ein „Wetterprophet" sage für morgen schönes Wetter voraus und er irre sich in 20% aller Fälle. Ein zweiter „Wetterprophet" sage dasselbe voraus und die Wahrscheinlichkeit seines Irrtums sei ebenfalls 0,20. Schließt man nun daraus, dass die Wahrscheinlichkeit für einen Irrtum *beider* $0{,}20 \cdot 0{,}20 = 0{,}040$ betrage, so ist genau das i. Allg. falsch. Man muss nämlich davon ausgehen, dass die beiden übereinstimmenden Wetterprognosen auf denselben Beobachtungsdaten basieren und deshalb *nicht voneinander (stochastisch) unabhängig,* sondern im Extremfall *identisch* sind. Gäbe nämlich der zweite Wetterprophet statt einer eigenen Wetterprognose nur das Zitat des ersten Wetterpropheten bekannt, so bliebe die Irrtumswahrscheinlichkeit gleich 0,20.
Man darf also nicht dem Trugschluss erliegen, dass die Übereinstimmung zweier Vorhersagen stets die Wahrscheinlichkeit eines Irrtums verkleinert.

Beispiel H 18:
In einer Urne befinden sich vier Kugeln – zwei weiße und zwei rote. Dieser Urne werden nacheinander
a) mit Zurücklegen, b) ohne Zurücklegen
zwei Kugeln entnommen.

H 18

[1] im Unterschied z. B. zur „linearen" Unabhängigkeit in der Vektorrechnung (s. Definition G 10, S. 222)

[2] Definiert man die (stochastische) Unabhängigkeit über bedingte Wahrscheinlichkeiten, dann stellt die Aussage $P(A \cap B) = P(A) \cdot P(B)$ aus Definition H 12 einen mathematischen Satz dar, den sogenannten **Speziellen Multiplikationssatz**.

Sind die beiden Ereignisse
A = {die erste gezogene Kugel ist weiß} und B = {die zweite gezogene Kugel ist weiß}
voneinander (stochastisch) unabhängig?

*Lösung:*
Zu a): Dem nebenstehenden Baumdiagramm sind die folgenden Wahrscheinlichkeiten zu entnehmen:

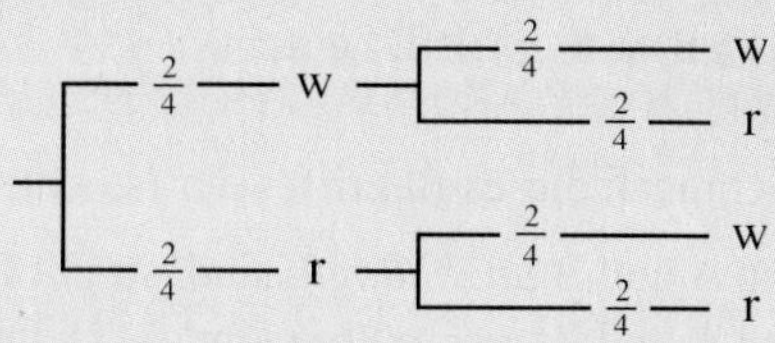


$$P(A) = \frac{2}{4} = \frac{1}{2}$$

$$P(B) = \frac{2}{4}\cdot\frac{2}{4} + \frac{2}{4}\cdot\frac{2}{4} = \frac{1}{2}$$

$$P(A \cap B) = \frac{2}{4}\cdot\frac{2}{4} = \frac{1}{4}$$

Folglich gilt $P(A \cap B) = P(A)\cdot P(B)$, d.h., A und B sind *voneinander (stochastisch) unabhängig.*

Zu b): Dem nebenstehenden Baumdiagramm sind die folgenden Wahrscheinlichkeiten zu entnehmen:

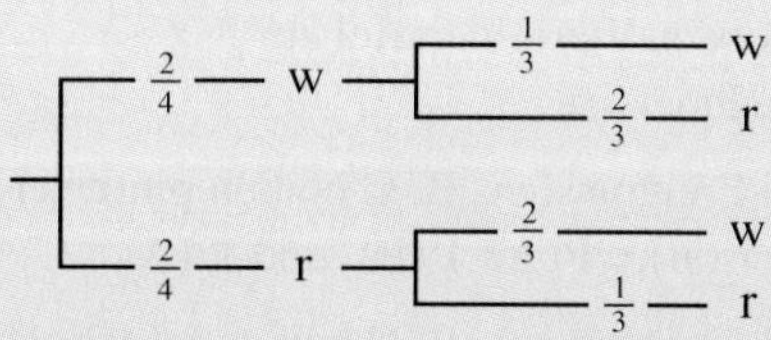


$$P(A) = \frac{2}{4} = \frac{1}{2}$$

$$P(B) = \frac{2}{4}\cdot\frac{1}{3} + \frac{2}{4}\cdot\frac{2}{3} = \frac{1}{2}$$

$$P(A \cap B) = \frac{2}{4}\cdot\frac{1}{3} = \frac{1}{6}$$

Folglich gilt $P(A \cap B) \neq P(A)\cdot P(B)$, d.h., A und B sind *nicht voneinander (stochastisch) unabhängig.*

H 19

Beispiel H 19:
Man vervollständige die nebenstehende Vierfeldertafel für den Fall, dass A und B voneinander stochastisch unabhängig sind.

| | B | $\overline{B}$ |
|---|---|---|
| A | 0,12 | |
| $\overline{A}$ | | |
| | | 0,60 |

*Lösung:*

$$P(B) = 1 - P(\overline{B}) = 1 - 0{,}60 = 0{,}40$$

$$P(A \cap B) = P(A)\cdot P(B) \Rightarrow P(A) = \frac{P(A \cap B)}{P(B)} = \frac{0{,}12}{0{,}40} = 0{,}30$$

$$P(\overline{A}) = 1 - P(A) = 1 - 0{,}30 = 0{,}70$$

$$P(\overline{A} \cap B) = P(\overline{A})\cdot P(B) = 0{,}70\cdot 0{,}40 = 0{,}28$$

$$P(\overline{A} \cap \overline{B}) = P(\overline{A})\cdot P(\overline{B}) = 0{,}70\cdot 0{,}60 = 0{,}42$$

$$P(A \cap \overline{B}) = P(A)\cdot P(\overline{B}) = 0{,}30\cdot 0{,}60 = 0{,}18$$

H 20

Beispiel H 20:
Herr Theodor-Claus P. möchte heute Abend mit dem Auto von A(stadt) nach E(dorf) fahren. Der aktuellen Stauvorwarnkarte ist zu entnehmen, mit welcher Wahrscheinlichkeit auf den einzelnen Straßenabschnitten mit Stau zu rechnen ist.

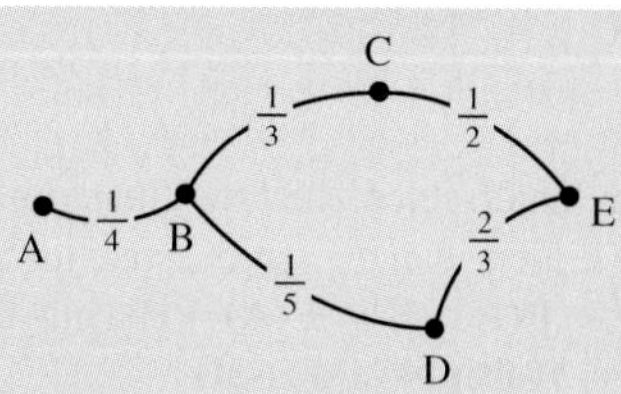

Mit welcher Wahrscheinlichkeit kann Herr P. über dieses Straßennetz von A nach E fahren, ohne in einen Stau zu geraten?
Zur Beantwortung dieser Frage werden folgende Ereignisse definiert:
$S_{AB}$ = {Stau auf dem Straßenabschnitt AB}
$S_{BC}$ = {Stau auf dem Straßenabschnitt BC}
$S_{CE}$ = {Stau auf dem Straßenabschnitt CE}
$S_{BD}$ = {Stau auf dem Straßenabschnitt BD}
$S_{DE}$ = {Stau auf dem Straßenabschnitt DE}
Daraus ergibt sich:
P({von A nach E ohne Stau}) =
= P({(AB ohne Stau und BC ohne Stau und CE ohne Stau) oder (AB ohne Stau und BD ohne Stau und DE ohne Stau)})
$= P((\overline{S_{AB}} \cap \overline{S_{BC}} \cap \overline{S_{CE}}) \cup (\overline{S_{AB}} \cap \overline{S_{BD}} \cap \overline{S_{DE}}))$
$= P(\overline{S_{AB}} \cap \overline{S_{BC}} \cap \overline{S_{CE}}) + P(\overline{S_{AB}} \cap \overline{S_{BD}} \cap \overline{S_{DE}}) - P(\overline{S_{AB}} \cap \overline{S_{BC}} \cap \overline{S_{CE}} \cap \overline{S_{BD}} \cap \overline{S_{DE}})$
(nach dem Additionssatz für Wahrscheinlichkeiten und bei Annahme der Unabhängigkeit der Ereignisse)
$= \frac{3}{4} \cdot \frac{2}{3} \cdot \frac{1}{2} + \frac{3}{4} \cdot \frac{4}{5} \cdot \frac{1}{3} - \frac{3}{4} \cdot \frac{2}{3} \cdot \frac{1}{2} \cdot \frac{4}{5} \cdot \frac{1}{3} \approx 0{,}383$

Folgendes Beispiel führt uns zu einem weiteren wichtigen Begriff der Wahrscheinlichkeitstheorie.

Die Zuverlässigkeit eines Krebstestes sei durch folgende Angaben gekennzeichnet:

- 96% der an Krebs erkrankten Personen werden entdeckt.
- 94% der nicht an Krebs erkrankten Personen werden als solche erkannt.

Wie groß ist die Wahrscheinlichkeit dafür, dass eine Person, bei der dieser Krebstest positiv ausging, wirklich an Krebs erkrankt ist?
Gesucht wird bei diesem Beispiel die Wahrscheinlichkeit des Ereignisses A = {die Person ist an Krebs erkrankt} unter der Bedingung, dass das Ereignis B = {positiver Testausgang bei der Person} eingetreten ist. Eine solche bedingte Wahrscheinlichkeit wird mit $P_B(A)$ oder auch mit $P(A \mid B)$ bezeichnet. Auch diese zu definierende Wahrscheinlichkeitsverteilung $P_B$ dürfte dem Empirischen Gesetz der großen Zahlen nicht widersprechen, d. h., die entsprechenden relativen Häufigkeiten bei n-maliger Realisierung des zufälligen Vorganges „Krebstest“ müssten gegen $P_B(A)$ stabil werden. Wir betrachten deshalb die relativen Häufigkeiten etwas näher:

$$\text{relative Häufigkeit von A unter der Bedingung B} = \frac{\text{Anzahl der Fälle, in denen A und B eintraten}}{\text{Anzahl der Fälle, in denen B eintrat}} =$$

$$= \frac{\frac{\text{Anzahl der Fälle, in denen A und B eintraten}}{n}}{\frac{\text{Anzahl der Fälle, in denen B eintrat}}{n}} = \frac{h_n(A \cap B)}{h_n(B)} \text{ stabilisiert sich gegen } \frac{P(A \cap B)}{P(B)}.$$

Definition H 13: H 12

Sind A und B Ereignisse mit P(B) > 0, dann heißt $P_B(A) = \frac{P(A \cap B)}{P(B)}$ die durch B **bedingte Wahrscheinlichkeit** von A. Man sagt auch: Die Wahrscheinlichkeit von A unter der Bedingung B (s. „Formeln und Tabellen“, S. 57).

Für die so definierte bedingte Wahrscheinlichkeit gilt: Ist P eine Wahrscheinlichkeitsverteilung bezüglich der Ergebnismenge $\Omega$ mit $P(B) > 0$, dann ist auch $P_B$ eine Wahrscheinlichkeitsverteilung bezüglich $\Omega$.

Unmittelbar aus der Definition folgt nun:

**H 15**

Satz H 15: **Allgemeiner Multiplikationssatz**
$P(A \cap B) = P_B(A) \cdot P(B)$.

**H 16**

Satz H 16: **Satz von der totalen Wahrscheinlichkeit**
Bilden die Ereignisse $B_1, B_2, \ldots, B_n$ eine *Zerlegung von* $\Omega$, d. h. ist
(1) $P(B_i) > 0$ für alle $i \in \{1; 2; \ldots; n\}$,
(2) $B_1 \cup B_2 \cup \ldots \cup B_n = \Omega$,
(3) $B_i \cap B_k = \emptyset$ für $i \neq k$ (sind also die Ereignisse $B_1, \ldots, B_n$ paarweise unvereinbar),
dann gilt:

$$P(A) = P(A \cap B_1) + P(A \cap B_2) + \ldots + P(A \cap B_n) = P_{B_1}(A) \cdot P(B_1) + \ldots + P_{B_n}(A) \cdot P(B_n)$$

**H 17**

Satz H 17: **BAYESsche Formel**
Ist $P(A) > 0$, $P(B_k) > 0$ und bilden $B_1, \ldots, B_n$ eine Zerlegung von $\Omega$, dann gilt

$$P_A(B_k) = \frac{P_{B_k}(A) \cdot P(B_k)}{P(A)} = \frac{P_{B_k}(A) \cdot P(B_k)}{P_{B_1}(A) \cdot P(B_1) + \ldots + P_{B_n}(A) \cdot P(B_n)}$$

für $k \in \{1; 2; \ldots; n\}$.

**H 21**

Beispiel H 21:
Über die Zuverlässigkeit eines Krebstestes war auf S. 287 ausgesagt:
96% der an Krebs erkrankten Personen werden entdeckt (es liegt bei ihnen ein positives Testergebnis vor), also $P_K([+]) = 0{,}96$;
94% der *nicht* an Krebs erkrankten Personen werden als solche identifiziert (bei ihnen tritt tatsächlich ein negatives Testergebnis auf), also $P_{\overline{K}}([-]) = 0{,}94$.
Die Wahrscheinlichkeit dafür, dass eine Person mit positivem Testausgang wirklich an Krebs erkrankt ist, beträgt:

$$P_{[+]}(K) = \frac{P(K \cap [+])}{P([+])} \qquad \text{nach Definition}$$

$$= \frac{P_K([+]) \cdot P(K)}{P_K([+]) \cdot P(K) + P_{\overline{K}}([+]) \cdot P(\overline{K})} \qquad \text{nach BAYESscher Formel}$$

$$= \frac{0{,}96 \cdot P(K)}{0{,}96 \cdot P(K) + (1 - 0{,}94) \cdot (1 - P(K))} \qquad \left| \; \frac{:P(K)}{:P(K)} \right.$$

$$= \frac{0{,}96}{0{,}90 + \frac{0{,}06}{P(K)}}$$

Das bedeutet: Die Wahrscheinlichkeit dafür, dass eine Person mit positivem Testausgang an Krebs erkrankt ist, hängt stets von P(K) ab, also von der Wahrscheinlichkeit, mit der in der betrachteten Population eine rein zufällig ausgewählte Person an Krebs erkrankt ist.

Wenn $P(K) = 0{,}007$, dann gilt $P_{[+]}(K) \approx 0{,}10$.
Wenn $P(K) = 0{,}07$, dann gilt $P_{[+]}(K) \approx 0{,}55$.
Wenn $P(K) = 0{,}7$, dann gilt $P_{[+]}(K) \approx 0{,}97$.

# H 4 Erwartung-mal-Wert-Rechnung

Bei den bisherigen Untersuchungen zufälliger Vorgänge konzentrierten wir uns darauf, diese Vorgänge durch geeignete Ergebnismengen bzw. Ereignisräume zu beschreiben sowie die Wahrscheinlichkeiten der Ereignisse zu bestimmen. Uns interessierte also, welche Ereignisse mit welcher Wahrscheinlichkeit zu „erwarten" sind. Was aber diese zufälligen Ereignisse für uns „wert" sind, was ihr Eintreten uns also an Gewinn bzw. Verlust bringt, werden wir erst jetzt in der sogenannten Erwartung-mal-Wert-Rechnung in die Betrachtungen einbeziehen.

## H 4.1 Endliche Zufallsgrößen

Petra wird aufgefordert, sich an dem folgenden Spiel zu beteiligen:
Eine ideale Münze mit *„Wappen"* und *„Zahl"* wird dreimal geworfen.

- Liegt dreimal *Wappen* oben, so soll sie 5 DM erhalten,
- liegt genau zweimal *Wappen* oben, dann erhält sie 2 DM.
- Liegt genau einmal *Wappen* oben, dann hat sie 4 DM zu zahlen und
- falls keinmal *Wappen* oben liegt, soll sie 1 DM zahlen.

Was würden Sie Petra empfehlen?

Petra interessiert sich weniger für die acht möglichen Ergebnisse und die Wahrscheinlichkeit der entsprechenden atomaren Ereignisse von jeweils $\frac{1}{8}$ als vielmehr für den Gewinn bzw. den Verlust, den sie bei diesem Spiel zu erwarten hat.

Durch die Spielregeln wird jedem zufälligen Ergebnis ein Gewinn zugeordnet:

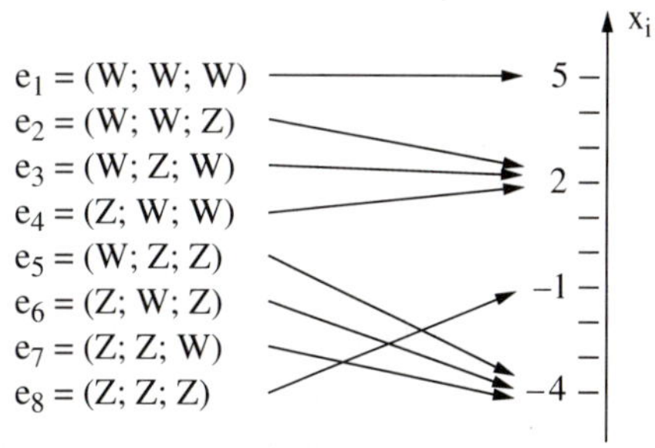


H 13

Definition H 13:
Eine Funktion $X: \Omega \mapsto \mathbb{R}$, die jedem Ergebnis eines zufälligen Vorgangs eine reelle Zahl zuordnet, heißt **Zufallsgröße** (oder auch **Zufallsvariable**). Eine Zufallsgröße X heißt **endlich**, wenn X nur endlich viele Werte $x_i$ annehmen kann.

Zufallsgrößen werden i. Allg. mit den Großbuchstaben X, Y, Z bzw. $X_i$, $Y_i$, $Z_i$ oder mit einem dem jeweiligen praktischen Problem angepassten Großbuchstaben (z. B. G für Gewinn) bezeichnet.

In dem einleitenden Beispiel können wir die Bewertung der Ergebnisse mit Hilfe der Zufallsgröße X beschreiben, für die gilt:

$$X(e) = \begin{cases} -4, \text{ wenn } e \in \{(W; Z; Z), (Z; W; Z), (Z; Z; W)\}; \\ -1, \text{ wenn } e = (Z; Z; Z); \\ +2, \text{ wenn } e \in \{(W; W; Z), (W; Z; W), (Z; W; W)\}; \\ +5, \text{ wenn } e = (W; W; W). \end{cases}$$

In der Stochastik verwendet man anstatt der in der Analysis üblichen Gleichungen für Funktionswerte wie z. B. $X(e) = -4$ meist nur die Kurzschreibweise $X = -4$. In unserem Beispiel gilt $X = -4$ genau dann, wenn das Ereignis $A = \{(W; Z; Z), (Z; W; Z), (Z; Z; W)\}$ eintritt. Dies erfolgt mit der Wahrscheinlichkeit $\frac{3}{8}$. Dafür sagt man auch kürzer: Die Zufallsgröße **X nimmt den Wert** $-4$ **mit der Wahrscheinlichkeit** $\frac{3}{8}$ **an** und schreibt kurz $\mathbf{P(X = -4) = \frac{3}{8}}$. Auf diese Weise ordnet man jedem Wert der Zufallsgröße X eine Wahrscheinlichkeit zu.

**H 14**

Definition H 14:
Kann eine Zufallsgröße X die Werte $x_1, x_2, \ldots, x_n$ annehmen, so heißt die Funktion $x_i \mapsto P(X = x_i)$ mit $i \in \{1; 2; \ldots; n\}$ **Wahrscheinlichkeitsverteilung** der Zufallsgröße X.

Als Darstellungsmöglichkeiten der Wahrscheinlichkeitsverteilung einer Zufallsgröße X werden neben zweireihigen Matrizen auch Wertetabellen sowie Stab- und Säulendiagramme genutzt. Die Daten aus obigem Würfelspiel ließen sich z. B. folgendermaßen darstellen:

$$X \triangleq \begin{pmatrix} -4 & -1 & +2 & +5 \\ \frac{3}{8} & \frac{1}{8} & \frac{3}{8} & \frac{1}{8} \end{pmatrix}$$

| $x_i$ | $-4$ | $-1$ | $+2$ | $+5$ |
|---|---|---|---|---|
| $P(X = x_i)$ | $\frac{3}{8}$ | $\frac{1}{8}$ | $\frac{3}{8}$ | $\frac{1}{8}$ |

Dieser Wahrscheinlichkeitsverteilung ist zu entnehmen, dass Petra mit der Wahrscheinlichkeit von 0,5 das Spiel, an dem sie sich beteiligt, auch gewinnt:

$$P(\{\text{Petra gewinnt}\}) = P(X \geq 0) = P(X = +2) + P(X = +5) = \frac{3}{8} + \frac{1}{8} = 0{,}5$$

Diese Information ist recht schwach, um den gewünschten Rat hinsichtlich einer Spielbeteiligung zu geben. Fundierter könnte die Empfehlung sein, wenn man wüsste, welchen Gewinn bzw. Verlust Petra bei einem solchen Spiel zu erwarten hat.

## H 4.2 Erwartungswert

Beteiligte sich Petra beispielsweise 1000-mal an dem in H 4.1 betrachteten Spiel, so wüssten wir aufgrund des Empirischen Gesetzes der großen Zahlen und obiger Wahrscheinlichkeitsverteilung von X, dass sie bei etwa $\frac{3}{8}$ der Spiele (d. h. im Mittel bei 375 Spielen) jeweils 4 DM und bei etwa $\frac{1}{8}$ der Spiele (im Mittel also bei 125 Spielen) jeweils 1 DM zu bezahlen hätte. Dagegen dürfte sie im Mittel bei 375 Spielen mit einem Gewinn von 2 DM und im Mittel bei 125 Spielen mit einem Gewinn von jeweils 5 DM rechnen. Der Gewinn (in DM) bei 1000 Spielen ergäbe sich damit näherungsweise aus der nachfolgenden Rechnung:

$$(-4) \cdot 375 + (-1) \cdot 125 + 2 \cdot 375 + 5 \cdot 125 = -250$$

Dividieren wir diese Gleichung durch die Anzahl der Spiele, so erhalten wir den *durchschnittlichen* Gewinn (oder auch *mittleren* Gewinn) pro Spiel von $-0{,}25$.

Dieser mittlere Gewinn pro Spiel wurde also folgendermaßen berechnet:

$$-0{,}25 \approx (-4)\cdot h_{1000}(X=-4) + (-1)\cdot h_{1000}(X=-1) + 2\cdot h_{1000}(X=2) + 5\cdot h_{1000}(X=5).$$

Nun wissen wir aufgrund der Gültigkeit des Empirischen Gesetzes der großen Zahlen, dass relative Häufigkeiten $h_n(A)$ bei hinreichend großem n stabil werden gegen die entsprechende Wahrscheinlichkeit P(A). Der für den Spieler zu erwartende Gewinn ergibt sich demzufolge aus der Gleichung

$$-0{,}25 = (-4)\cdot P(X=-4) + (-1)\cdot P(X=-1) + 2\cdot P(X=2) + 5\cdot P(X=5).$$

Das heißt: Obige Spielstrategie führt auf Dauer gesehen für Petra zu einem Verlust von jeweils 25 Pf pro Spiel.

Verallgemeinern wir nun den oben dargestellten Berechnungsweg auf beliebige (endliche) Zufallsgrößen, so lässt sich feststellen: Multipliziert man alle möglichen „Werte“ $x_i$ der Zufallsgröße X jeweils mit der Wahrscheinlichkeit $P(X = x_i)$ ihres Eintretens, d. h. mit unserer „Erwartung“ ihres Eintretens, und addiert diese Produkte, so erhält man den *Erwartungswert* der Zufallsgröße X, in unserem obigen Beispiel den Erwartungswert des Gewinns pro Spiel.

**H 15**

Definition H 15:
X sei eine endliche Zufallsgröße, die genau die Werte $x_i$ ($i \in \{1; 2; \ldots; n\}$) annehmen kann, und zwar jeweils mit der Wahrscheinlichkeit $P(X = x_i)$. Dann nennt man

$$EX = x_1\cdot P(X=x_1) + x_2\cdot P(X=x_2) + \ldots + x_n\cdot P(X=x_n)$$

den **Erwartungswert** der endlichen Zufallsgröße X. Für EX schreibt man auch E(X) oder auch $\mu(X)$, $\mu_X$, oder $\mu$.

**H 22**

Beispiel H 22:
Beim zweimaligen Werfen eines idealen Würfels sei X die Augensumme. Man berechne EX.
*Lösung:*
X kann als Augensumme die elf Werte 2, 3, …, 12 annehmen. Um deren Wahrscheinlichkeitsverteilung zu bestimmen, überlegen wir uns nun, welchen Ergebnissen welcher Wert von X zugeordnet wird.

| | |
|---|---|
| 2 | (1; 1) |
| 3 | (1; 2), (2; 1) |
| 4 | (1; 3), (2; 2), (3; 1) |
| 5 | (1; 4), (2; 3), (3; 2), (4; 1) |
| 6 | (1; 5), (2; 4), (3; 3), (4; 2), (5; 1) |
| 7 | (1; 6), (2; 5), (3; 4), (4; 3), (5; 2), (6; 1) |
| 8 | (2; 6), (3; 5), (4; 4), (5; 3), (6; 2) |
| 9 | (3; 6), (4; 5), (5; 4), (6; 3) |
| 10 | (4; 6), (5; 5), (6; 4) |
| 11 | (5; 6), (6; 5) |
| 12 | (6; 6) |

Daraus ergibt sich:

$$EX = 2\cdot\frac{1}{36} + 3\cdot\frac{2}{36} + 4\cdot\frac{3}{36} + 5\cdot\frac{4}{36} + 6\cdot\frac{5}{36} + 7\cdot\frac{6}{36} + 8\cdot\frac{5}{36} + 9\cdot\frac{4}{36} + 10\cdot\frac{3}{36} + 11\cdot\frac{2}{36} + 12\cdot\frac{1}{36},$$

also EX = 7.

Zufallsgrößen können sich trotz desselben Erwartungswertes in ihren Wahrscheinlichkeitsverteilungen wesentlich voneinander unterscheiden:

$$X \mathrel{\widehat{=}} \begin{pmatrix} 1 & 2 & 3 \\ \frac{1}{3} & \frac{1}{3} & \frac{1}{3} \end{pmatrix} \quad \begin{aligned} EX &= 1 \cdot \tfrac{1}{3} + 2 \cdot \tfrac{1}{3} + 3 \cdot \tfrac{1}{3} \\ EX &= 2 \end{aligned} \qquad Y \mathrel{\widehat{=}} \begin{pmatrix} 1 & 2 & 3 \\ 0 & 1 & 0 \end{pmatrix} \quad \begin{aligned} EY &= 1 \cdot 0 + 2 \cdot 1 + 3 \cdot 0 \\ EY &= 2 \end{aligned}$$

Dieser beträchtliche Informationsverlust ist aber auch zu erwarten, da bei der Berechnung eines Erwartungswertes EX sowohl alle Werte $x_i$ von X als auch alle zugehörigen Wahrscheinlichkeiten $P(X = x_i)$ auf diese eine Maßzahl EX verdichtet werden.

Deutet man die Wahrscheinlichkeitsverteilung von X als Verteilung der Masse 1 auf die Stellen $x_i$ eines masselos gedachten Waagebalkens, wobei der Stelle $x_i$ die Masse $p_i = P(X = x_i)$ zugeordnet ist, so befindet sich dieser Waagebalken genau dann im Gleichgewicht, wenn er an der Stelle EX unterstützt wird. Der Erwartungswert EX ist also (im Sinne der Mechanik) als Schwerpunkt dieser Masseverteilung zu interpretieren.

## H 4.3 Streuung (Varianz)

Zur weiteren Kennzeichnung einer Wahrscheinlichkeitsverteilung wäre auch eine Zahl geeignet, die angibt, wie stark die einzelnen Werte der Zufallsgröße X von ihrem Erwartungswert EX abweichen, wie weit also die Werte von X **streuen**. Das gebräuchlichste Streuungsmaß ist die mittlere quadratische Abweichung, d. h. der Erwartungswert der quadratischen Abweichungen vom Erwartungswert EX.

H 16

Definition H 16:
Ist X eine Zufallsgröße mit dem Erwartungswert EX, so heißt $D^2X = E(X - EX)^2$ die **Streuung**[1)] oder auch die **Varianz** (dann mit $V(X)$ bezeichnet) von X.
Die Quadratwurzel aus der Streuung wird **Standardabweichung** genannt und mit DX, $\sqrt{V(X)}$ oder auch mit $\sigma(X)$, $\sigma_X$, $\sigma$ symbolisiert (s. „Formeln und Tabellen“, S. 57).

In Anlehnung daran verwendet man anstelle von $D^2X$ auch die Bezeichnung $\sigma^2(X)$.
X sei eine endliche Zufallsgröße, die genau die Werte $x_i$ mit $i \in \{1; 2; \ldots; n\}$ annimmt sowie den Erwartungswert EX besitzt. Dann ergeben sich zur Berechnung der Streuung von X die nachfolgenden zwei Formeln.

$$D^2X = E(X - EX)^2 = \sum_{i=1}^{n} (x_i - EX)^2 \cdot P(X = x_i); \qquad D^2X = E(X^2) - (EX)^2$$

(Auf die Herleitung wird hier verzichtet.)

Die am Ende des Abschnitts H 4.2 aufgeführten Zufallsgrößen X und Y, die zwar denselben Erwartungswert EX = EY = 2, aber verschiedene Wahrscheinlichkeitsverteilungen besitzen, weisen unterschiedliche Streuungen auf.

$$D^2X = E(X^2) - (EX)^2 = 1^2 \cdot \tfrac{1}{3} + 2^2 \cdot \tfrac{1}{3} + 3^2 \cdot \tfrac{1}{3} - (2)^2 = \tfrac{2}{3}$$

$$D^2Y = E(Y^2) - (EY)^2 = 1^2 \cdot 0 + 2^2 \cdot 1 + 3^2 \cdot 0 - (2)^2 = 0$$

[1)] Die Bezeichnung $D^2X$ rührt von dem aus dem Lateinischen stammenden Wort *„Dispersion“* für *Streuung*.

Um Erwartungswert und Streuung mit einem möglichst geringen Rechenaufwand zu bestimmen, sind die nachfolgend genannten Eigenschaften der beiden Kenngrößen einer Zufallsgröße X nützlich.

H 18

Satz H 18:
Für alle a, $b \in R$ gilt $E(a \cdot X + b) = a \cdot EX + b$ sowie $D^2(a \cdot X + b) = a^2 \cdot D^2X$.

H 19

Satz H 19:
Für beliebige Zufallsgrößen X und Y gilt $E(X + Y) = EX + EY$.

# H 5 Binomialverteilung

## H 5.1 BERNOULLI-Experimente

Neben den gleichverteilten Zufallsgrößen

$$X \mathrel{\widehat{=}} \begin{pmatrix} x_1 & x_2 & \dots & x_n \\ \frac{1}{n} & \frac{1}{n} & \dots & \frac{1}{n} \end{pmatrix}$$

sind auch die Zufallsgrößen von besonderer Bedeutung, die nur zwei Werte annehmen können, die also zufällige Vorgänge mit nur zwei (interessierenden) Ergebnissen – genannt **„Erfolg“** und **„Misserfolg“** bzw. **„Treffer“** und **„Niete“** – beschreiben. Sinnvollerweise ordnet man dabei dem Ergebnis „Erfolg“ die Zahl 1 und dem Ergebnis „Misserfolg“ die Zahl 0 zu und bezeichnet $P(X = 1)$ mit p als **„Erfolgswahrscheinlichkeit p“** oder **„Trefferwahrscheinlichkeit p“** sowie demzufolge $P(X = 0)$ mit $1 - p$ (oder häufig mit q).

H 17

Definition H 17:
Eine Zufallsgröße $X \mathrel{\widehat{=}} \begin{pmatrix} 1 & 0 \\ p & 1-p \end{pmatrix}$ heißt **BERNOULLI-Größe** und das zugehörige (einstufige) Zufallsexperiment **BERNOULLI-Experiment**[1)].

H 23

Beispiel H 23:
Einmaliges Werfen eines Kronenverschlusses

$X \mathrel{\widehat{=}} \begin{pmatrix} 1 & 0 \\ 0,72 & 0,28 \end{pmatrix}$

Interpretation:
1 – „fällt nach oben geöffnet“
0 – „fällt nach unten geöffnet“

H 24

Beispiel H 24:
Einmaliges Werfen eines (idealen) Würfels

$X \mathrel{\widehat{=}} \begin{pmatrix} 1 & 0 \\ \frac{1}{6} & \frac{5}{6} \end{pmatrix}$

Interpretation:
1 – „Augenzahl 3“
0 – „Augenzahl ist nicht 3“

[1)] Diese Bezeichnung wurde zu Ehren des Mathematikers JAKOB BERNOULLI (1654–1705) gewählt.

## H 5.2 BERNOULLI-Ketten; binomialverteilte Zufallsgrößen

Von besonderem Interesse im Zusammenhang mit BERNOULLI-Experimenten sind (bezogen auf die Beispiele H 23 und H 24) Fragen wie

*Frage 1*: Mit welcher Wahrscheinlichkeit fällt der Kronenverschluss genau dreimal nach oben geöffnet auf, wenn er genau siebenmal geworfen wird?

*Frage 2*: Mit welcher Wahrscheinlichkeit fällt die Augenzahl 3 höchstens 20-mal, wenn der Würfel genau 100-mal geworfen wird?

Der Beantwortung dieser Fragen liegt als Zufallsexperiment also ein sieben- bzw. 100faches Wiederholen ein und desselben BERNOULLI-Experiments zugrunde.

H 18

Definition H 18:
Eine n-fache Wiederholung eines BERNOULLI-Experiments mit der Erfolgswahrscheinlichkeit p heißt **BERNOULLI-Kette der Länge n und mit der Erfolgswahrscheinlichkeit p** oder kurz **BERNOULLI-Kette mit den Parametern n und p**.

Eine solche BERNOULLI-Kette wird beschrieben durch eine Zufallsgröße X, welche die n + 1 Werte 0, 1, 2, …, n annehmen kann. X = k wäre dann für $k \in \{0; 1; \ldots; n\}$ zu interpretieren als das Ereignis, dass in der BERNOULLI-Kette k „Erfolge" und n – k „Misserfolge" registriert werden.

Um eine Formel für die Wahrscheinlichkeiten $P(X = k)$ für $k \in \{0; 1; \ldots; n\}$ herzuleiten, kehren wir nochmals zu obiger *Frage 1* zurück. Das dort zugrunde liegende Zufallsexperiment ist eine BERNOULLI-Kette der Länge 7 und mit der Erfolgswahrscheinlichkeit 0,72 (vgl. Tab. H 1, S. 263). Die gestellte Frage ließe sich dann mittels eines (recht aufwendig zu zeichnenden) Baumdiagramms und den allgemeingültigen Pfadregeln beantworten. Jedes Ergebnis, das zu dem uns interessierenden Ereignis A = {dreimal nach oben geöffnet bei siebenmaligem Werfen} gehört, ist als 7-Tupel mit drei Einsen und vier Nullen darzustellen. So würde beispielsweise das 7-Tupel (0; 1; 0; 0; 0; 1; 1) bedeuten, dass beim zweiten, sechsten und siebenten Wurf „Erfolg" eintrat, d. h., der Kronenverschluss nach oben geöffnet auffiel, während bei den anderen vier Würfen ein „Misserfolg" zu verzeichnen war. Nach der *Ersten Pfadregel* (s. Abschnitt H 2.4) ergibt sich die Wahrscheinlichkeit für das Eintreten dieses Ergebnisses durch Multiplikation der Wahrscheinlichkeiten längs des zu diesem Ergebnis führenden Pfades, d. h. durch Multiplikation der Wahrscheinlichkeiten für einen Misserfolg beim ersten Wurf, einen Erfolg beim zweiten Wurf, einen Misserfolg beim dritten Wurf, … und einen Erfolg beim siebenten Wurf. Wir erhalten damit:

$$0{,}28 \cdot 0{,}72 \cdot 0{,}28 \cdot 0{,}28 \cdot 0{,}28 \cdot 0{,}72 \cdot 0{,}72 = 0{,}72^3 \cdot 0{,}28^4 = 0{,}72^3 \cdot (1 - 0{,}72)^4$$

Dieselbe Wahrscheinlichkeit ergibt sich für *alle möglichen* 7-Tupel mit drei Einsen und vier Nullen, d. h. für alle Ergebnisse aus A. Damit erhält man P(A) als Summe dieser Wahrscheinlichkeiten, also durch $0{,}72^3 \cdot (1 - 0{,}72)^4$ multipliziert mit der Anzahl aller möglichen 7-Tupel mit drei Einsen und vier Nullen. Diese Anzahl solcher 7-Tupel ist nach den Überlegungen aus der Kombinatorik gleich $\frac{7!}{3! \cdot 4!} = \binom{7}{3}$, d. h. gleich der Anzahl der Möglichkeiten, aus der 7-elementigen Menge {1; 2; …; 7} der Experimentnummern eine dreielementige Teilmenge zu bilden – und zwar jeweils bestehend gerade aus den Nummern derjenigen Experimente, bei denen „Erfolg" erzielt worden ist. Die Wahrscheinlichkeit, dass bei einer BERNOULLI-Kette der Länge 7 und mit der Erfolgswahrscheinlichkeit 0,72 genau dreimal „Erfolg" eintritt, beträgt demzufolge:

$$P(A) = \binom{7}{3} \cdot 0{,}72^3 \cdot (1 - 0{,}72)^4 \approx 0{,}0023$$

Bezogen auf *Frage 1* bedeutet das: Beim *siebenmaligen Werfen* eines Kronenverschlusses fällt dieser mit einer Wahrscheinlichkeit von ca. 0,0023 *genau dreimal* nach oben geöffnet auf.

Als Verallgemeinerung erhalten wir:

Satz H 20: **BERNOULLI-Formel** H 20

Bei einer BERNOULLI-Kette der Länge n und mit der Erfolgswahrscheinlichkeit p beträgt die Wahrscheinlichkeit für genau k-mal „Erfolg"

$$\mathbf{B_{n,\,p}(\{k\})} = P(X = k) = \binom{n}{k} \cdot p^k \cdot (1 - p)^{n-k}$$

(s. „Formeln und Tabellen", S. 57)[1].

Mit dieser BERNOULLI-Formel können wir nun die zu einer BERNOULLI-Kette der Länge n und mit der Erfolgswahrscheinlichkeit p gehörende Zufallsgröße X vollständig charakterisieren.

Definition H 19: H 19

Eine Zufallsgröße X, welche die Werte 0; 1; 2;...; n mit den Wahrscheinlichkeiten

$$P(X = k) = B_{n,\,p}(\{k\}) = \binom{n}{k} \cdot p^k \cdot (1 - p)^{n-k} \quad \text{für } k \in \{0; 1; 2; \ldots; n\}$$

annimmt, heißt **binomialverteilt mit den Parametern n und p** oder auch kurz $\mathbf{B_{n,\,p}}$**-verteilt** (geschrieben $X \sim B_{n,\,p}$). Die zu X gehörende Wahrscheinlichkeitsverteilung nennt man **Binomialverteilung mit den Parametern n und p**.[2]

Satz H 21: H 21

Die Binomialverteilung genügt den drei KOLMOGOROVschen Axiomen der Wahrscheinlichkeitstheorie.

Beispiel H 25: H 25

Ein (idealer) Würfel wird zehnmal hintereinander geworfen. Mit welcher Wahrscheinlichkeit treten die nachfolgend genannten drei Ereignisse A, B und C ein?

A = {*genau* zweimal wird die 4 geworfen}

B = {*höchstens* zweimal wird die 4 geworfen},

C = {*mindestens* zweimal wird die 4 geworfen}.

*Lösung:*

Zufallsgröße X: Anzahl der gewürfelten Vieren (bei zehn Würfen)

BERNOULLI-Kette der Länge 10 mit $p = \frac{1}{6}$,

$$P(X = k) = \binom{10}{k} \cdot \left(\frac{1}{6}\right)^k \cdot \left(\frac{5}{6}\right)^{10-k} \text{für } k \in \{0; 1; \ldots; 9; 10\}.$$

[1] Häufig wird anstelle von $B_{n,\,p}(\{k\})$ die weniger genaue Schreibweise $B_{n,\,p}(k)$ verwendet.

[2] Die diese Wahrscheinlichkeitsverteilung charakterisierenden Terme $\binom{n}{k}$ heißen Binomialkoeffizienten, denn sie treten beim Entwickeln der n-ten Potenz eines Binoms nach dem binomischen Lehrsatz, der eine Verallgemeinerung der binomischen Formel $(a + b)^2 = a^2 + 2ab + b^2$ für das Quadrieren eines Binoms darstellt (s. „Formeln und Tabellen", S. 54), als Koeffizienten auf.

- $P(A) = P(X = 2) = B_{10;\,1/6}(\{2\}) = \binom{10}{2} \cdot (\frac{1}{6})^2 \cdot (\frac{5}{6})^8 \approx 0{,}291$
- $P(B) = P(X \le 2) = P(X=0) + P(X=1) + P(X=2) = B_{10;\,1/6}(\{0\}) + B_{10;\,1/6}(\{1\}) + B_{10;\,1/6}(\{2\})$
  $= \binom{10}{0} \cdot (\frac{1}{6})^0 \cdot (\frac{5}{6})^{10} + \binom{10}{1} \cdot (\frac{1}{6})^1 \cdot (\frac{5}{6})^9 + \binom{10}{2} \cdot (\frac{1}{6})^2 \cdot (\frac{5}{6})^8 \approx 0{,}775$
- $P(C) = P(X \ge 2) = 1 - P(X \le 1) = 1 - (P(X = 0) + P(X = 1))$
  $= 1 - (B_{10;\,1/6}(\{0\}) + B_{10;\,1/6}(\{1\}))$
  $= 1 - \binom{10}{0} \cdot (\frac{1}{6})^0 \cdot (\frac{5}{6})^{10} - \binom{10}{1} \cdot (\frac{1}{6})^1 \cdot (\frac{5}{6})^9 \approx 0{,}515$

### H 5.3 Tabellierungen zur Binomialverteilung

Für binomialverteilte Zufallsgrößen $X \sim B_{n,\,p}$ erfordert das Berechnen von Wahrscheinlichkeiten der Art $P(X = k)$, $P(X \le k)$, $P(X \ge k)$ bei größeren n und k – wie z. B. zur Beantwortung der *Frage 2* aus H 5.2 – mittels der BERNOULLI-Formel einen erheblichen Rechenaufwand. Aus diesem Grund sind für einige gebräuchliche n und p die Wahrscheinlichkeiten

$$B_{n,\,p}(\{k\}) = P(\{\text{genau k Erfolge}\}) = P(X = k) = \binom{n}{k} \cdot p^k \cdot (1 - p)^{n-k}$$

sowie die kumulierten, die **aufsummierten binomialen Wahrscheinlichkeiten**

$$B_{n,\,p}(\{0; 1; \ldots; k\}) = P(\{\text{höchstens k Erfolge}\}) = P(X \le k) = B_{n,\,p}(\{0\}) + B_{n,\,p}(\{1\}) + \ldots + B_{n,\,p}(\{k\})$$
$$= \binom{n}{0} p^0 (1 - p)^n + \binom{n}{1} p^1 (1 - p)^{n-1} + \ldots + \binom{n}{k} p^k (1 - p)^{n-k}$$

tabelliert.

H 22

Satz H 22:
Für binomialverteilte Zufallsgrößen X mit den Parametern n und p gilt:

(1) $P(X \ge k) = 1 - B_{n,\,p}(\{0; 1; \ldots; k - 1\})$
(2) $P(i \le X \le k) = B_{n,\,p}(\{0; 1; \ldots; k\}) - B_{n,\,p}(\{0; 1; \ldots; i - 1\})$
(3) $B_{n,\,p}(\{k\}) = B_{n,\,p}(\{0; 1; \ldots; k\}) - B_{n,\,p}(\{0; 1; \ldots; k - 1\})$
(4) $B_{n,\,p}(\{k\}) = B_{n,\,1-p}(\{n - k\})$
(5) $B_{n,\,p}(\{0; 1; \ldots; k\}) = 1 - B_{n,\,1-p}(\{0; 1; \ldots; n - k - 1\})$

Die Aussagen (4) und (5) ermöglichen eine große Platzeinsparung bei den Binomialverteilungstabellen. Es genügt, die Wahrscheinlichkeiten $B_{n,\,p}(\{k\})$ und $B_{n,\,p}(\{0; 1; \ldots; k\})$ für $p \le 0{,}5$ zu tabellieren bzw. Tabellen mit zwei Eingängen anzugeben.

H 26

Beispiel H 26: Tabelle für $B_{n,\,p}(\{k\})$

| | | |
|---|---|---|
| $n = 10;\ p = 0{,}4$ | $P(X = 4) = B_{10;\,0,4}(\{4\})$ | $\approx 0{,}251$ |
| $n = 50;\ p = 0{,}5$ | $P(X = 22) = B_{50;\,0,5}(\{22\})$ | $\approx 0{,}079$ |
| $n = 10;\ p = 0{,}7$ | $P(X = 4) = B_{10;\,1-0,7}(\{10 - 4\}) = B_{10;\,0,3}(\{6\})$ | $\approx 0{,}037$ |

H 27

Beispiel H 27: Tabelle für $B_{n,\,p}(\{0;\,1;\,\ldots;\,k\})$:

$n = 10;\ p = 0{,}4$

$$P(X \le 4) = B_{10;\,0,4}(\{0;\,1;\,\ldots;\,4\}) \approx 0{,}633$$
$$P(X > 4) = 1 - B_{10;\,0,4}(\{0;\,1;\,\ldots;\,4\}) \approx 0{,}367$$
$$P(X \ge 4) = 1 - B_{10;\,0,4}(\{0;\,1;\,\ldots;\,3\}) \approx 0{,}618$$
$$P(X = 4) = B_{10;\,0,4}(\{0;\,1;\,\ldots;\,4\}) - B_{10;\,0,4}(\{0;\,1;\,\ldots;\,3\}) \approx 0{,}251$$

H 28

Beispiel H 28: (zu Frage 2 aus H 5.2):
Mit welcher Wahrscheinlichkeit fällt die Augenzahl 3 höchstens 20-mal, wenn ein idealer Würfel genau 100-mal geworfen wird?
Zufallsgröße X: Anzahl der Dreien bei 100 Würfen; $X \sim B_{100;\,1/6}$
$P(X \le 20) = B_{100;\,1/6}(\{0;\,1;\,2;\,\ldots;\,20\}) \approx 0{,}848$

H 29

Beispiel H 29:
In einer großen Gruppe von Skitouristen sind 90% der Personen „fortgeschrittene“ Skiläufer und 10% Anfänger. Auf gut Glück werden nun zehn Personen der Gruppe ausgewählt.

a) Mit welcher Wahrscheinlichkeit befinden sich unter diesen zehn Skitouristen genau acht Fortgeschrittene?
b) Wie viele Skitouristen müssen auf gut Glück *mindestens* ausgewählt werden, damit mit einer Wahrscheinlichkeit von *mindestens* 0,95 *mindestens* einer der Touristen ein Anfänger ist?

*Lösung:*

Zu a) $P(\{\text{unter 10 Personen genau 8 Fortgeschrittene}\}) = B_{10;\,0,9}(\{8\}) = B_{10;\,0,1}(\{2\}) \approx 0{,}194$

Zu b) $P(\{\text{mindestens ein Anfänger unter n Personen}\}) =$

$$= 1 - P(\{\text{kein Anfänger unter n Personen}\}) =$$
$$= 1 - B_{n;\,0,1}(\{0\}) = 1 - \binom{n}{0} \cdot 0{,}1^0 \cdot 0{,}9^n = 1 - 0{,}9^n$$

Es soll gelten: $1 - 0{,}9^n \ge 0{,}95$ bzw. $0{,}9^n \le 0{,}05$, woraus folgt

$\ln(0{,}9^n) \le \ln 0{,}05$,

also $n \ge \dfrac{\ln 0{,}05}{\ln 0{,}9}$ und damit $n > 28{,}4$.

Es müssen mindestens 29 Personen ausgewählt werden.

## H 5.4 Erwartungswert und Streuung binomialverteilter Zufallsgrößen

H 23

Satz H 23:
Eine binomialverteilte Zufallsgröße $X \sim B_{n,\,p}$ hat den Erwartungswert $\mathbf{EX = n \cdot p}$ und die Streuung $\mathbf{D^2X = n \cdot p \cdot q}$ mit $q = 1 - p$.

H 30

Beispiel H 30:
Ein ideales Tetraeder mit den Seitenbeschriftungen 1, 2, 3 und 4 werde 100-mal geworfen.
Wie viele Vieren sind dabei zu erwarten?
Welche Standardabweichung besitzt die (zufällige) Anzahl der Vieren?

*Lösung:*
Zufallsgröße X: Anzahl der geworfenen Vieren bei 100 Würfen des Tetraeders; $X \sim B_{100;\,0,25}$
Erwartungswert: $\mu = EX = 100 \cdot 0{,}25 = 25$
Standardabweichung: $\sigma = DX = \sqrt{D^2X} = \sqrt{100 \cdot 0{,}25 \cdot 0{,}75} \approx 4{,}3$

## H 5.5 Grenzwertsatz zur Binomialverteilung

Beim Berechnen der aufsummierten Binomialwahrscheinlichkeiten $B_{n,\,p}(\{0;\ 1;\ \ldots;\ k\})$ für lange BERNOULLI-Ketten ist es sinnvoll, nur noch mit Näherungsformeln zu arbeiten.
Bei vielen praktischen Problemen werden Binomialwahrscheinlichkeiten für $n > 200$ oder „krumme" p (z. B. $p = 0{,}21$) benötigt. Aber eine Tabelle, die die Binomialwahrscheinlichkeiten für alle n bis beispielsweise $n = 1000$ enthielte, wäre zum einen unhandlich und könnte zum anderen trotzdem nicht alle möglichen Werte p erfassen.
Betrachtet man Histogramme (Säulendiagramme der Breite 1) von Binomialwahrscheinlichkeiten z. B. mittels Computer genauer, so erkennt man:

(1) Die größten binomialen Wahrscheinlichkeiten liegen jeweils bei $k \approx \mu = n \cdot p$;

(2) für $p = 0{,}5$ sind alle Histogramme axialsymmetrisch, für $p \neq 0{,}5$ nähern sich die Histogramme umso stärker einer axialsymmetrischen Form, je größer n ist;

(3) je größer n wird, desto mehr nähert sich die äußere Form der Histogramme einer *Glockenkurve*. Diese **GAUSSsche Glockenkurve** ist der waagerecht verschobene Graph einer Funktion mit der Gleichung

$$\varphi(x) = \frac{1}{\sqrt{2\pi}}\, e^{-\frac{1}{2}x^2}$$

und der Stammfunktion $\Phi$ (Fig. H 3).

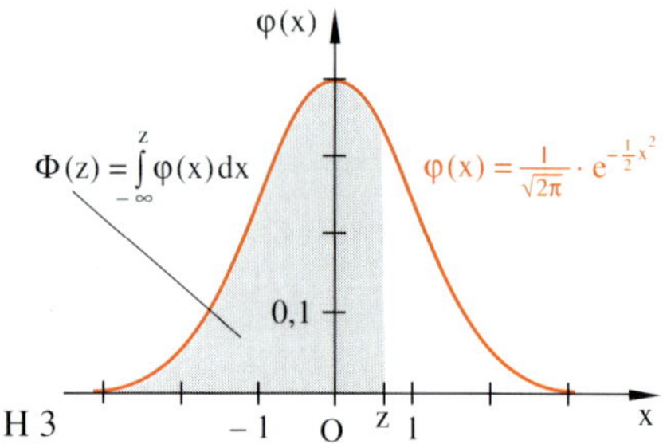

Fig. H 3

H 24 Satz H 24: **Näherungsformel von LAPLACE und de MOIVRE**
Es sei X eine binomialverteilte Zufallsgröße mit $X \sim B_{n,\,p}$ und $n \cdot p \cdot q > 9$. Dann gelten die *lokale Näherungsformel*

$$P(X = k) = B_{n,\,p}(\{k\}) \approx \frac{1}{\sigma}\,\varphi\!\left(\frac{k - \mu}{\sigma}\right)$$

und die *globale Näherungsformel*

$$P(X \leq k) = B_{n,\,p}(\{0;\ 1;\ \ldots;\ k\}) \approx \Phi\!\left(\frac{k + 0{,}5 - \mu}{\sigma}\right),$$

wobei $\mu = EX = n \cdot p$ und $\sigma = DX = \sqrt{n \cdot p \cdot (1 - p)}$.

Da die Funktion $\varphi$ keine elementare Stammfunktion besitzt, sind die Funktionswerte von $\Phi$ für Argumente $x \geq 0$ tabelliert (s. „Formeln und Tabellen", S. 58).

# J Statistik

Täglich werden wir durch die Medien mit Tabellen, grafischen Darstellungen u. Ä. konfrontiert. Die Angabe solchen Datenmaterials bezeichnet man umgangssprachlich oft als „Statistik". Wir wollen den Begriff **Statistik** umfassender verwenden und ihn als *Teilgebiet der Stochastik* verstehen: Die Statistik ist in diesem Sinne die Wissenschaft von der zahlenmäßigen Erfassung und Untersuchung solcher Massenerscheinungen in der Natur, der Technik und der Gesellschaft, bei denen Zufallseinflüsse wirken.

Das Sammeln und Auswerten von Daten über Individuen, Objekte oder Vorgänge ist ein Weg der Erkenntnisfindung, der nicht erst mit der Entwicklung der Statistik als Wissenschaftszweig beschritten wird. Überlieferungen und Aufzeichnungen von Volkszählungen aus dem Reich der Ägypter um 2650 v. u. Z. beweisen das. In der Verfassung Roms unter dem 6. König namens Servius Tullius (577–534 v. u. Z.) war verankert, dass alle fünf Jahre der *census* (lat. – Volkszählung) durchzuführen sei. Im Jahre 433 v. u. Z. wurde in Rom ein „Volkszählungsbüro" eingerichtet, das regelmäßige Erhebungen über Bevölkerungsdaten und Vermögensverhältnisse aller Bürger veranlasste. Die Bibel berichtet, „dass ein Gebot von dem Kaiser Augustus ausging, dass alle Welt geschätzt würde ... und jedermann ging, dass er sich schätzen ließe, ein jeder in seine Stadt" (Lukas-Evangelium, Kapitel 2). Zur Zeit der Herrschaft Karls des Großen (768–814) wurden Güter- und Besitzverzeichnisse angelegt, die neben Personen auch deren Wohnräume, Getreidebestände und das Vieh getrennt nach Art und Alter auswiesen. Ende des 18. Jahrhunderts besaßen dann die meisten Länder staatliche statistische Ämter. Daneben entwickelte sich an den Hochschulen das Lehrgebiet *„Staatenkunde"*, später *„Politische Arithmetik"* genannt. Das Wort *„Statistik"* verwendete der Göttinger Staatswissenschaftler GOTTFRIED ACHENWALL (1719–1772) im Sinne von *„Staatsbeschreibung"* oder *„Lehre von der Staatsverfassung"*.

Neben den bis ins 18. Jahrhundert fast ausschließlichen Erhebungen von Angaben über Bevölkerungszahlen und Besitzverhältnisse begann man dann in England und später auch in Deutschland bevölkerungsstatistische Massenerscheinungen zu untersuchen. Ausgehend von Geburten- und Sterbelisten, getrennt nach Geschlechtern, wird nun nach Ursachen bestimmter Sterbehäufigkeiten und nach Regelmäßigkeiten, z. B. bei der Verteilung von Jungen- und Mädchengeburten, gefragt. 1835 befasste sich der Belgier ADOLPHE QUETELET (1796–1874) mit der Messung von Brustumfängen schottischer Soldaten. Der Graph der Häufigkeitsverteilung dieser Messwerte ergab eine Glockenkurve. Der Engländer FRANCIS GALTON (1822–1911) beschäftigte sich, u. a. angeregt durch seinen Vetter CHARLES DARWIN, mit Vererbungsgesetzen der menschlichen Rasse. Zur Auswertung seines umfangreichen statistischen Materials schuf er im Zusammenhang mit Beispielen für eine Binomialverteilung das nach ihm benannte Galtonbrett. Neben FRANCIS GALTON stellten u. a. auch KARL PEARSON (1857–1936) und RONALD A. FISHER (1890–1962) die Frage nach einem zweckmäßigen Vorgehen bei der Untersuchung statistischer Zusammenhänge, nach der Aussagekraft und dem Umfang von Stichproben und nach Verfahren zum Überprüfen von statistischen Hypothesen.

Etwa zur gleichen Zeit erarbeiteten russische Wissenschaftler wie PAFNUTI LWOWITSCH TSCHEBYSCHEW (1821–1894), ANDREI ANDREJEWITSCH MARKOW (1856–1922) und ALEXANDER JAKOWLEWITSCH CHINTCHIN (1894–1959) Lösungsverfahren zur Abschätzung für den Fall, dass die Verteilung in der Grundgesamtheit unbekannt ist.

# J 1 Entwicklung und Ziele der beschreibenden Statistik

In den letzten 50 Jahren hat sich der Anwendungsbereich der Statistik außerordentlich erweitert. Dank der Computertechnik kann nunmehr auch umfangreiches Datenmaterial schnell ausgewertet werden. Jedes Bundesland verfügt heute über ein Landesamt für Statistik, das u. a. jedes Jahr ein Statistisches Jahrbuch erarbeitet, in dem zu geografischen, politischen, volkswirtschaftlichen u. a. gesellschaftlichen Bereichen das aktuelle Datenmaterial veröffentlicht wird.
Das Hauptanliegen einer statistischen Erhebung besteht darin, ausgehend von einer möglichst großen Anzahl von Ergebnissen der Beobachtung (Befragung, Zählung oder Messung) einer Massenerscheinung wissenschaftliche Aussagen über die Beschaffenheit dieser Erscheinung zu erhalten. Aussagen über soziale Verhältnisse der Bevölkerung eines Landes werden oft durch Befragen von 1% der Gesamtbevölkerung gewonnen. Diese Beschränkung auf 1%, der sogenannte „Mikrozensus" *(„kleine Zählung")*, hat sich seit Jahren bewährt und wird seit 1992 auch in den neuen Bundesländern angewandt. Große Volkszählungen sind aufwendig und kosten viel Zeit und Geld. Deshalb macht man von Totalerhebungen nur in sehr großen Zeitabständen Gebrauch. Da der Mikrozensus lediglich eine Stichprobe ist, muss beim Schließen von 1% der Bevölkerung auf die Gesamtbevölkerung beachtet werden, dass die Stichprobe *repräsentativ* ist. Das heißt: Die Stichprobe muss alle wesentlichen Merkmale der zu untersuchenden Grundgesamtheit „proportional" widerspiegeln. Diese Forderung kann nur erfüllt werden, wenn durch die Auswahl der Objekte eine subjektive Beeinflussung vermieden wird. Jedes Element der Grundgesamtheit muss die gleiche Chance haben, in die Auswahl zu gelangen. Ist dies der Fall, so spricht man von einer *„Zufallsauswahl"*.

J 1

Definition J 1:
Eine **Stichprobenentnahme** vom Umfang n ist eine zufällige, unabhängig voneinander vollzogene Auswahl von n Objekten (Individuen) aus der Grundgesamtheit.

Viele Beispiele für statistische Erhebungen lassen aus technischen Gründen nur eine Stichprobenauswahl zu, um bestimmte Qualitäten oder Quantitäten der Individuen anzugeben. Beispiele dafür sind statistische Erhebungen für Keimproben, für die Brenndauer von Glühlampen, für die Funktionsdauer bestimmter Geräte oder Bauelemente u. a.
Das Vorbereiten, Durchführen und Auswerten jeder statistischen Erhebung verlangt Überlegungen zu folgenden Fragen:

1. Welches Problem ist zu lösen? Über welche Grundgesamtheit wollen wir Aussagen machen?
2. Sind die Elemente der Stichprobe zufällig ausgewählt worden?
3. Welche Merkmale der einzelnen Elemente wollen wir untersuchen? Welche Merkmalsausprägungen vermuten wir?
4. Welche Instrumente sollen zum Erfassen der Merkmalsausprägungen genutzt werden?
5. In welcher Weise stellen wir die Häufigkeiten der einzelnen Merkmalsausprägungen dar?
6. Welche statistischen Kenngrößen sollen für die Auswertung des Datenmaterials berechnet werden?
7. Wie zuverlässig sind die ermittelten Kenngrößen in Bezug auf die Grundgesamtheit, über die wir Aussagen machen wollen?
8. Welche Schlussfolgerungen kann man ziehen? Welche Antwort ergibt sich für die Ausgangsfrage?

Die Fragen zu den Punkten 1 bis 6 betreffen das Aufgabenfeld der **beschreibenden Statistik**, die Fragen zu den Punkten 7 und 8 gehören zur **beurteilenden Statistik**. Antworten auf Fragen der beurteilenden Statistik können in der Regel erst auf der Grundlage entsprechender Kenntnisse aus der Wahrscheinlichkeitsrechnung gewonnen werden.

Wir wenden uns im Folgenden dem Aufgabenfeld der beschreibenden Statistik zu und betrachten dazu ein Beispiel für eine statistische Erhebung aus dem landwirtschaftlichen Bereich.

J 1

Beispiel J 1:
Auf einem Versuchsfeld bei Weimar wurde eine kanadische Weizensorte ausgesät. Im Vergleich zu einer einheimischen Sorte soll geprüft werden, ob die kanadische Sorte bei der Ernte längere Ähren und eine größere Körnerzahl pro Ähre bringt.
Für die Lösung dieses Problems könnte man beispielsweise folgendermaßen vorgehen: Aus der Grundgesamtheit aller reifen Ähren auf der Versuchsfläche werden 50 Ähren ausgewählt. (Die Auswahl sollte verteilt über die Fläche erfolgen.) Die 50 Ähren sind also eine Stichprobe. Man misst die Ährenlängen und zählt die Körnerzahl pro Ähre. Die ermittelten Merkmalsausprägungen x und y der Ährenlänge bzw. der Körnerzahl sind in folgender **Urliste** (in der Reihenfolge der zufälligen Auswahl) festgehalten:

| Nr. | Länge der Ähre in cm x | Anzahl der Körner y | Nr. | Länge der Ähre in cm x | Anzahl der Körner y | Nr. | Länge der Ähre in cm x | Anzahl der Körner y |
|---|---|---|---|---|---|---|---|---|
| 1 | 7,8 | 51 | 18 | 8,6 | 62 | 35 | 6,5 | 45 |
| 2 | 7,0 | 45 | 19 | 7,5 | 61 | 36 | 6,0 | 41 |
| 3 | 9,0 | 73 | 20 | 6,8 | 25 | 37 | 6,5 | 46 |
| 4 | 8,0 | 59 | 21 | 8,8 | 65 | 38 | 8,0 | 68 |
| 5 | 7,5 | 60 | 22 | 7,5 | 58 | 39 | 6,5 | 44 |
| 6 | 8,4 | 76 | 23 | 8,3 | 62 | 40 | 7,0 | 37 |
| 7 | 8,3 | 68 | 24 | 8,3 | 65 | 41 | 8,5 | 60 |
| 8 | 7,0 | 47 | 25 | 7,3 | 53 | 42 | 7,2 | 49 |
| 9 | 7,5 | 33 | 26 | 8,0 | 74 | 43 | 7,0 | 28 |
| 10 | 8,5 | 59 | 27 | 8,0 | 82 | 44 | 7,0 | 26 |
| 11 | 8,8 | 82 | 28 | 8,5 | 70 | 45 | 7,5 | 42 |
| 12 | 8,5 | 77 | 29 | 8,7 | 74 | 46 | 8,0 | 40 |
| 13 | 8,5 | 76 | 30 | 8,7 | 75 | 47 | 8,0 | 57 |
| 14 | 9,2 | 79 | 31 | 7,8 | 56 | 48 | 8,5 | 44 |
| 15 | 8,6 | 70 | 32 | 7,5 | 70 | 49 | 7,8 | 63 |
| 16 | 7,0 | 34 | 33 | 7,0 | 39 | 50 | 8,2 | 64 |
| 17 | 9,4 | 56 | 34 | 8,0 | 57 | | | |

Tab. J 1

# J 2 Häufigkeiten und ihre Darstellung

## J 2.1 Absolute und relative Häufigkeit

Eine bessere Übersicht als die Urliste in Tab. J 1 (S. 301) liefert eine Strichliste oder Häufigkeitsliste, in der die Daten (Merkmalsprägungen) der Größe nach geordnet mit der (absoluten) Häufigkeit ihres Auftretens erfasst werden. Liegen mehrere Messreihen zum gleichen Merkmal vor und ist die Anzahl der Messwerte unterschiedlich, dann fällt ein Vergleich schwer. Bessere Vergleichsmöglichkeiten liefert dann die Angabe der relativen Häufigkeit.[1)]

J 2

Definition J 2:
Unter der **absoluten Häufigkeit $H_n(\{x\})$** einer Merkmalsausprägung x versteht man die Anzahl der Mess- oder Beobachtungswerte, in der diese Merkmalsausprägung innerhalb der Stichprobe mit dem Umfang n auftritt.

Die Summe aller absoluten Häufigkeiten ergibt den Stichprobenumfang n.

J 3

Definition J 3:
Unter der **relativen Häufigkeit $h_n(\{x\})$** einer Merkmalsausprägung x versteht man den Quotienten aus deren absoluter Häufigkeit $H_n(\{x\})$ und dem Umfang n der Stichprobe:

$$h_n(\{x\}) = \frac{H_n(\{x\})}{n}$$

Statt der relativen Häufigkeit wird in der Praxis oft die *prozentuale Häufigkeit* angegeben.
Die eindeutige Zuordnung (Abbildung) der jeweiligen Häufigkeiten zu jeder bei der entsprechenden statistischen Erhebung in Betracht kommenden Ausprägung eines Merkmals wird **Häufigkeitsverteilung** genannt.
Tab. J 2 ist eine Häufigkeitsliste, in der die absoluten und relativen Häufigkeiten für die einzelnen Messwerte der Ährenlänge x geordnet angegeben sind. Eine Häufigkeitsverteilung ist jetzt schon gut erkennbar.

| $x_i$ | 6,0 | 6,5 | 6,8 | 7,0 | 7,2 | 7,3 | 7,5 | 7,8 | 8,0 | 8,2 | 8,3 | 8,4 | 8,5 | 8,6 | 8,7 | 8,8 | 9,0 | 9,2 | 9,4 |
|---|---|---|---|---|---|---|---|---|---|---|---|---|---|---|---|---|---|---|---|
| $H_n(\{x_i\})$ | 1 | 3 | 1 | 7 | 1 | 1 | 6 | 3 | 7 | 1 | 3 | 1 | 6 | 2 | 2 | 2 | 1 | 1 | 1 |
| $h_n(\{x_i\})$ | 0,02 | 0,06 | 0,02 | 0,14 | 0,02 | 0,02 | 0,12 | 0,06 | 0,14 | 0,02 | 0,06 | 0,02 | 0,12 | 0,04 | 0,04 | 0,04 | 0,02 | 0,02 | 0,02 |

Tab. J 2

## J 2.2 Klasseneinteilung

Aus der Urliste (Tab. J 1) bzw. der geordneten Tab. J 2 zu Beispiel J 1 ist zu ersehen, dass die Messung der *Ährenlänge* 19 verschiedene Werte (also 19 Ausprägungen des Merkmals „Ährenlänge") ergab. Verdichtet man diese Messwerte, indem man sie z. B. in Klassen $K_i$ mit der Breite von 0,5 cm

[1)] Die Begriffe „absolute Häufigkeit" und „relative Häufigkeit" sind zwar bereits in den Definitionen H 1 bzw. H 2 erfasst, dort aber auf die Inhalte der Wahrscheinlichkeitstheorie (Ereignisse als Teilmengen einer Ergebnismenge) bezogen. In obigen Definitionen J 2 bzw. J 3 werden diese beiden Begriffe den Aufgaben und Inhalten der Statistik angepasst (also auf die Zahl der Menge $\{x\}$ gleicher Merkmalsausprägungen x bezogen).

einteilt, dann ergibt sich eine Klasseneinteilung von 7 Klassen $K_1$ bis $K_7$, wie sie in Tab. J 3 dargestellt ist. (Die Anzahl der Klassen ermittelt man nach der Faustregel „Wurzel aus dem Stichprobenumfang“, im vorliegenden Fall also $\sqrt{50} \approx 7$.)

| $K_i$ | $6{,}0 \le x < 6{,}5$ | $6{,}5 \le x < 7{,}0$ | $7{,}0 \le x < 7{,}5$ | $7{,}5 \le x < 8{,}0$ | $8{,}0 \le x < 8{,}5$ | $8{,}5 \le x < 9{,}0$ | $9{,}0 \le x < 9{,}5$ |
|---|---|---|---|---|---|---|---|
| $H_n(K_i)$ | 1 | 4 | 9 | 9 | 12 | 12 | 3 |
| $h_n(K_i)$ | 0,02 | 0,08 | 0,18 | 0,18 | 0,24 | 0,24 | 0,06 |

Tab. J 3

Bezogen auf die *Anzahl der Körner* pro Ähre erhält man bei der Auszählung 36 verschiedene Merkmalsausprägungen. Die absolute Häufigkeit der einzelnen Merkmalsausprägungen ist sehr gering, deshalb verdichten wir die Ergebnisse und bilden Klassen mit einer Breite von 10 Körnern. Tab. J 4 liefert eine mögliche Klasseneinteilung $L_i$, in der die 36 Merkmalsausprägungen auf die Klassen $L_1$ bis $L_7$ reduziert wurden.

| $L_i$ | $20 \le y < 30$ | $30 \le y < 40$ | $40 \le y < 50$ | $50 \le y < 60$ | $60 \le y < 70$ | $70 \le y < 80$ | $80 \le y < 90$ |
|---|---|---|---|---|---|---|---|
| $H_n(L_i)$ | 3 | 4 | 10 | 9 | 11 | 11 | 2 |
| $h_n(L_i)$ | 0,06 | 0,08 | 0,20 | 0,18 | 0,22 | 0,22 | 0,04 |

Tab. J 4

Bei einer solchen Klasseneinteilung der Beobachtungswerte gehen zwar Informationen verloren, aber das Wesentliche einer Verteilung wird oft besser hervorgehoben. Man muss sich von Fall zu Fall entscheiden, welchem der beiden Aspekte im jeweiligen Zusammenhang der Vorrang gebührt.

In obigem Beispiel wurden rechtsoffene Klassen mit gleicher Klassenbreite gewählt. Für jede Klasseneinteilung muss gelten:

- Die Vereinigungsmenge $K_1 \cup K_2 \cup K_3 \cup \ldots \cup K_m$ aller Klassen $K_i$ ($i = 1, 2, \ldots, m$) enthält alle Elemente der Urliste.
- Die Durchschnittsmenge je zwei beliebiger Klassen muss leer sein. $K_i \cap K_j = \emptyset$ ($i \neq j$), d. h.: Jede Merkmalsausprägung gehört in genau eine Klasse.

J 2

Beispiel J 2:
Aus dem Statistischen Jahrbuch von 1994 für das Land Thüringen kann man Angaben über das monatliche Nettoeinkommen der Erwerbstätigen (Stand: April 1993) mit nebenstehender Klasseneinteilung entnehmen. Die Klassenbreiten in Tab. J 5 sind unterschiedlich gewählt. Für Argumentationen in den Medien nutzt man je nach Zielstellung unterschiedliche Klasseneinteilungen. Für die Interpretation von Verteilungen der Merkmalsausprägungen ist oft die Häufigkeit oberhalb oder unterhalb eines bestimmten Wertes der Skala von Interesse. Bezogen auf Tab. J 5 also

| Monatl. Nettoeink. von … bis unter … DM | absolute Häufigk. in 1000 Erwerbstätigen |
|---|---|
| unter 600 | 70,1 |
| 600 bis 1000 | 95,7 |
| 1000 bis 1400 | 183,5 |
| 1400 bis 1800 | 249,3 |
| 1800 bis 2200 | 213,3 |
| 2200 bis 2500 | 99,9 |
| 2500 bis 3500 | 84,8 |
| 3500 bis 4500 | 16,5 |
| 4500 und mehr | 9,7 |

Tab. J 5

z. B.: *„Wie viele Erwerbstätige haben ein Nettoeinkommen, das unter 2500 DM liegt?"*
Die gesuchte Häufigkeit erhalten wir durch die Summenbildung aller Häufigkeiten, die zu den Klassen bis zu der mit der oberen Grenze „unter 2500 DM" gehören:
Von 1022800 erfassten Erwerbstätigen verfügen 911800 (jeweils auf Tausender gerundet) über ein Nettoeinkommen unter 2500 DM – das sind rund 90%.

## J 2.3 Grafische Darstellungen

Grafische Darstellungen von Häufigkeitsverteilungen lassen das Wesentliche einer Verteilung noch besser erkennen als eine Tabelle. Je nach Merkmalsart verwenden wir verschiedene Darstellungsarten. Ist das zu untersuchende Merkmal *qualitativer Art* (z. B.: Familienstand, Beruf, Lieblingsfarbe, Automarke, Studienrichtung u. a.), dann bietet sich die Darstellung der Häufigkeit der einzelnen Merkmalsausprägungen in einem Stab-(Balken-), Säulen- oder Kreisdiagramm an.

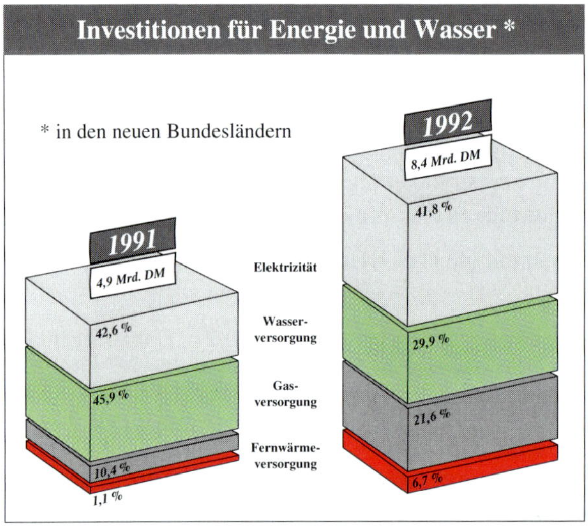


Quelle: Gemeindefinanzierungsbericht des Deutschen Städtetages

Fig. J 1

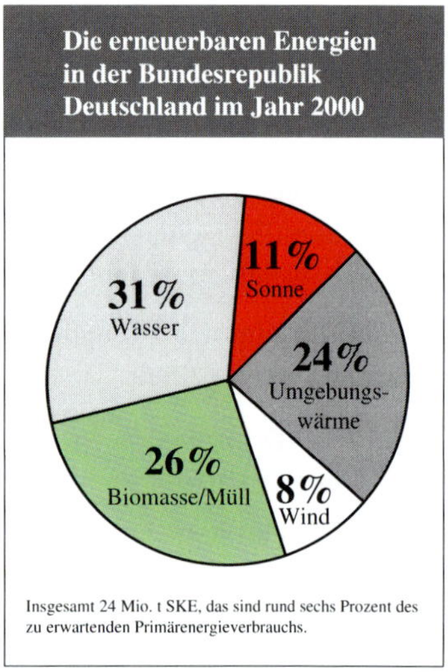


Quelle: DIW/ISI

Fig. J 2

Die Diagramme in den Fig. J 1 und J 2 sind Beispiele für qualitative Merkmale.
Sind die Merkmalsausprägungen reelle Zahlen, die z. B. durch Messung von Ährenlänge, Körpergröße, Masse, Zeitspannen u. a. entstanden sind, dann sprechen wir von *quantitativen Merkmalen.*

Quantitative Merkmale, die stetig sind, können in Form eines Polygonzugs oder in einem Histogramm dargestellt werden. Alle bereits erwähnten Diagrammarten wie Kreis- und Säulen- oder Blockdiagramme lassen sich auch für quantitative Merkmale verwenden. Die Fig. J 3 ist ein Beispiel für eine Darstellung der Ährenlängen aus Beispiel J 1 in Form eines Histogramms.

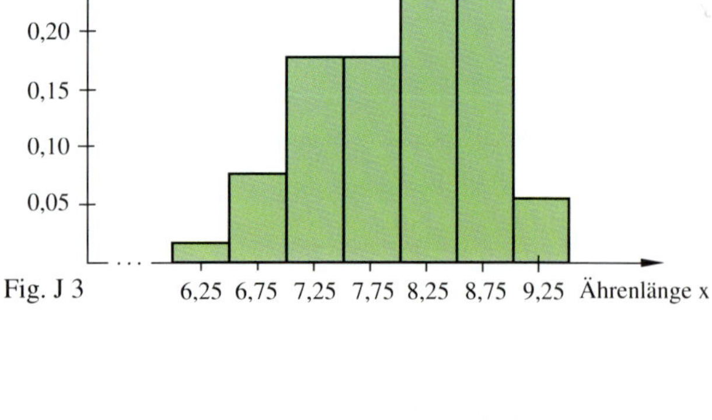


Fig. J 3

Zur Kennzeichnung der Rechtecke wurde die Klasseneinteilung von Tab. J 3 verwendet.
Jede Klasse ist durch ein bestimmtes halboffenes Intervall oder durch die Klassenmitte auf der waagerechten Achse sowie durch die absolute oder relative Häufigkeit der Merkmalsausprägung auf der senkrechten Achse gekennzeichnet. Die Fläche des Rechtecks repräsentiert die Häufigkeit der jeweiligen Klasse.
*Bemerkung:* Die Einteilung von Merkmalen in qualitative Merkmale und quantitative Merkmale unterliegt oft einer gewissen Willkür. Bei der Spektralanalyse des Lichtes könnten z. B. die Farben Rot, Orange, Gelb, Grün, Blau, Violett oder die Anordnung der Farbfolge ein qualitatives Merkmal sein. Als quantitatives Merkmal ließe sich die Wellenlänge des sichtbaren Lichtes von 400 bis 800 nm betrachten.

# J 3 Lageparameter

Charakteristische Eigenschaften von Häufigkeitsverteilungen können durch geeignete **Lageparameter** beschrieben werden (s. „Formeln und Tabellen“, S. 55).
Ein wesentlicher Lageparameter ist der **Mittelwert** einer Verteilung. Wollen wir z. B. die im Beispiel J 1 gestellte Frage *„Ist die Länge der Ähren der kanadischen Sorte größer als bei einheimischen Sorten?“* beantworten, dann finden wir die Antwort, indem wir die Durchschnittswerte bzw. Mittelwerte vergleichen. Ein solcher Mittelwert ist das *arithmetische Mittel.*

## J 3.1 Arithmetisches Mittel

Definition J 4: J 4
Treten in einer Stichprobe mit dem Umfang n die Messwerte $x_1, x_2, \ldots, x_n$ auf, dann heißt

$\bar{x}_n = \frac{x_1 + x_2 + \ldots + x_n}{n} = \frac{1}{n}\sum_{i=1}^{n} x_i$ das **arithmetische Mittel** dieser Stichprobe.

Treten *gleiche* Messwerte *mehrfach* auf und bezeichnet man die k *unterschiedlichen* Messwerte mit $x_j$ (j = 1, 2, …, k) sowie die absoluten Häufigkeiten ihres Auftretens mit $H_n(\{x_j\})$, dann gibt die Formel $\bar{x}_n = \frac{1}{n}\sum_{j=1}^{k} x_j \cdot H_n(\{x_j\})$ das sogenannte **gewogene arithmetische Mittel** an. Die absoluten Häufigkeiten stellen dabei die „Wägungsfaktoren“ dar.

Bei vielen praktischen Aufgaben ist das zu untersuchende Material nicht als Urliste oder Häufigkeitstabelle angegeben, sondern als gruppiertes Material in Form von Klasseneinteilungen. In einem solchen Fall kann das arithmetische Mittel über die Klassenmitten berechnet werden. Es gilt:

$\bar{x}_n = \frac{1}{n}\sum_{i=1}^{t} m_i \cdot h_n(K_i)$, wobei $K_1$ bis $K_t$ die Klassen sind und $m_i$ die Klassenmitte der i-ten Klasse ist.

Wendet man die Formel zur Berechnung des (gewogenen) arithmetischen Mittels auf das Beispiel J 1 an und nutzt dazu die in Tab. J 2 bereits berechneten Werte, dann ergibt sich

$$\bar{x}_{50} = \frac{1}{50}(1 \cdot 6{,}0\text{ cm} + 3 \cdot 6{,}5\text{ cm} + \ldots + 1 \cdot 9{,}4\text{ cm}) \approx 7{,}9\text{ cm}.$$

Analog lässt sich $\bar{x}_{50}$ über die relativen Häufigkeiten aus der Tabelle J 2 (S. 302) berechnen:

$\bar{x}_{50} = 0{,}02 \cdot 6{,}0 + 0{,}06 \cdot 6{,}5 + \ldots + 0{,}02 \cdot 9{,}4 \approx 7{,}9$. (Einheiten wurden hier weggelassen.)

Um die Frage aus Beispiel J 1 *„Hat die kanadische Weizensorte längere Ähren und gleichzeitig auch eine größere Körneranzahl?"* beantworten zu können, müssen wir den Daten der kanadischen Sorte (s. Tab. J 2) die Werte der Stichprobe der einheimischen Sorte gegenüberstellen.
Urliste der einheimischen Weizensorte:

| Länge in cm | 10 | 8 | 9 | 9,5 | 9,5 | 7,5 | 9 | 8,5 | 9 | 10,5 | 9 | 8 | 8,5 | 8 | 10,5 | 8 | 9,5 | 9,5 | 9 | 8,5 | 10 |
|---|---|---|---|---|---|---|---|---|---|---|---|---|---|---|---|---|---|---|---|---|---|
| Körnerzahl | 49 | 32 | 41 | 46 | 52 | 37 | 51 | 39 | 48 | 51 | 37 | 19 | 49 | 42 | 65 | 41 | 56 | 26 | 46 | 45 | 57 |

Als arithmetisches Mittel für die Ährenlänge der einheimischen Sorte erhält man 9 cm. Die kanadische Vergleichssorte ist durchschnittlich 7,9 cm lang. Bei der Körnerzahl errechnen wir für die einheimische Sorte rund 44 Körner, bei der kanadischen Sorte sind es 57 Körner. Also ist die kanadische Sorte auf der Basis unserer Stichprobenvergleiche ertragreicher.

Über die Sicherheit unseres Ergebnisses können wir allerdings innerhalb der beschreibenden Statistik noch keine Aussagen machen. Dies gehört in das Aufgabenfeld der beurteilenden Statistik.
Eine weitere Erkenntnis lassen obige Urlisten zu – nämlich die, dass längere Ähren nicht automatisch eine größere Körnerzahl garantieren. Die Masse der Körner wurde bei unserer Aufgabenstellung unberücksichtigt gelassen. In der Praxis wäre dies sicher von Interesse.
Zum Vergleich der beiden Stichproben können auch noch die Histogramme in Fig. J 4a und J 4b herangezogen werden.
Ein Messwert, der im Vergleich zu den übrigen Skalenwerten stark vom arithmetischen Mittel der n – 1 übrigen Werte abweicht, fällt bei der Berechnung des arithmetischen Mittels dann deutlich ins Gewicht, wenn der Stichprobenumfang n nicht sehr groß ist.

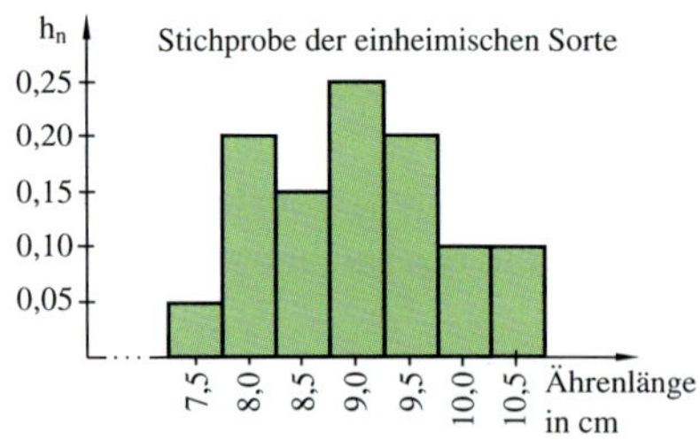

Fig. J 4a

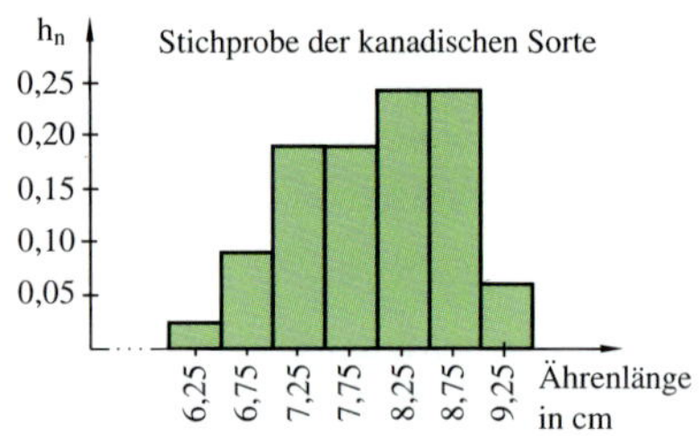

Fig. J 4b

## J 3.2 Median (Zentralwert)

J 3

Beispiel J 3:
Ein Institut beschäftigt 11 Mitarbeiter. Bei einer Gehaltsverteilung, wie in nachstehender Tab. J 6 angegeben, beträgt der Durchschnittsverdienst $\bar{x}_{11} = \frac{30400\,\text{DM}}{11} \approx 2764\,\text{DM}$.

| Anzahl d. Mitarb. | 2 | 1 | 3 | 3 | 1 | 1 |
|---|---|---|---|---|---|---|
| Gehalt in DM | 1800 | 2000 | 2200 | 2500 | 3200 | 7500 |

Tab. J 6

Das arithmetische Mittel kennzeichnet in diesem Beispiel *nicht* die Mitte der Verteilung, denn 9 Mitarbeiter von den insgesamt 11 Institutsangehörigen liegen mit ihrem Gehalt *unter* dem Mittelwert. Es ist daher unangebracht, das arithmetische Mittel hier so zu interpretieren, als erhielte jeder Institutsangehörige knapp 2800 DM (2764 DM) Lohn.

Beim arithmetischen Mittel geht die Maßzahl der einzelnen Messwerte in die Berechnung ein. Treten sogenannte „Ausreißerwerte" (wie in Beispiel J 3) auf, so charakterisiert das arithmetische Mittel *nicht* die Mitte der nach der Größe geordneten Messwerte. Zur Kennzeichnung der Mitte einer Messreihe wird dann ein anderer Lageparameter herangezogen, der die Eigenschaft hat, dass „oberhalb" und „unterhalb" von ihm gleich viele Werte liegen. Solch einen Wert bezeichnet man als *Median oder Zentralwert.*

J 5

Definition J 5:
Der **Median**[1] (oder Zentralwert) $\tilde{x}_n$ einer aus n Messwerten $x_1, x_2, \ldots, x_n$ bestehenden Folge ist derjenige Wert, der die nach der Größe der einzelnen Messwerte geordnete Folge halbiert.
Sind $x_{(1)} \leq x_{(2)} \leq \ldots \leq x_{(n)}$ die nach Größe geordneten Messwerte, dann ist der Median bei ungerader Anzahl der Messwerte

$$\tilde{x}_n = x_{\left(\frac{n+1}{2}\right)}$$

und bei gerader Anzahl der Messwerte

$$\tilde{x}_n = \frac{x_{\left(\frac{n}{2}\right)} + x_{\left(\frac{n}{2}+1\right)}}{2}.$$

Betrachten wir noch einmal die Gehaltsangaben aus dem Beispiel J 3 und ordnen sie der Größe nach, dann ergibt sich folgende Anordnung:

$$\underbrace{1800,\ 1800,\ 2000,\ 2200,\ 2200}, \quad 2200, \quad \underbrace{2500,\ 2500,\ 2500,\ 3200,\ 7500},$$

$$x_{\left(\frac{11+1}{2}\right)} = x_{(6)} = \tilde{x}_{11}$$

Der Median $\tilde{x}_{11}$ beträgt 2200 DM. Dieser Wert charakterisiert die Mitte der geordneten Messwerte.

J 4

Beispiel J 4:
Bei der Messung der Körpergröße von 12 jungen Männern einer Gymnasialklasse ergaben sich folgende Messwerte (in cm):

$$\underbrace{168, 169, 172, 173, 175, 177} \quad \underbrace{178, 179, 183, 185, 186, 188}$$

Bei einer geraden Zahl von Messwerten ist der Median das arithmetische Mittel der beiden mittleren Werte:

$$\tilde{x}_{12} = \frac{1}{2}(x_{(6)} + x_{(7)}) = \frac{1}{2}(177 + 178)\text{ cm} = 177{,}5\text{ cm}$$

Das arithmetische Mittel für die Körpergröße dieser 12 Männer beträgt rund 178 cm ($\bar{x}_{12} = \frac{2133\text{ cm}}{12} = 177{,}75$ cm) und der Median ebenfalls rund 178 cm.
In diesem Beispiel kennzeichnen $\bar{x}_n$ und $\tilde{x}_n$ die Mitte der Verteilung der Messwerte.

[1] medius (lat.) – in der Mitte befindlich

## J 3.3 Lageparameter bei der Darstellung im Boxplot

Bei empirischen Untersuchungen zu wissenschaftlichen Zwecken vergleicht man Häufigkeitsverteilungen, indem man die nach der Größe geordneten Messwerte in weitere Abschnitte unterteilt. Beim Median erreicht man eine Zweiteilung zu je 50%.
Man spricht von einer Einteilung in **Quartile**, wenn für die geordnete Messreihe ein Wert bei 25% (1. Quartil), ein Wert bei 50% (2. Quartil oder Median) und ein Wert bei 75% (3. Quartil) bestimmt wird. Verwendung findet diese Quartilangabe neben der Kennzeichnung des kleinsten und größten Wertes der Messreihe bei der Darstellung als **Boxplot** (Kastenschaubild). Insbesondere Computerprogramme zur Statistik oder grafikfähige Taschenrechner geben die genannten Lageparameter häufig in Boxplot-Form an. Die Boxplot-Darstellung ist ein gutes Hilfsmittel beim Vergleich von Verteilungen. Man übersieht leicht, welchen Bereich (Spannweite) die einzelnen Messwerte einnehmen. An der Lage des Medians erkennt man, ob die Verteilung symmetrisch, rechts- oder linksschief ist.
Eine Boxplot-Darstellung erhält man in folgenden Schritten:

1. Ordnen der Werte und Kennzeichnen der fünf Lageparameter.
   Bezogen auf Beispiel J 3 ergibt sich:

$$1800 \le 1800 \le 2000 \le 2200 \le 2200 \le 2200 \le 2500 \le 2500 \le 2500 \le 3200 \le 7500$$

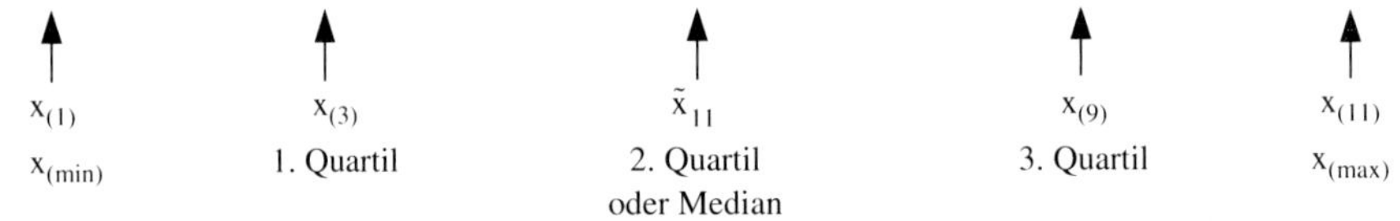


2. Festlegen eines geeigneten Maßstabes und Darstellen im Boxplot (Fig. J 5a).

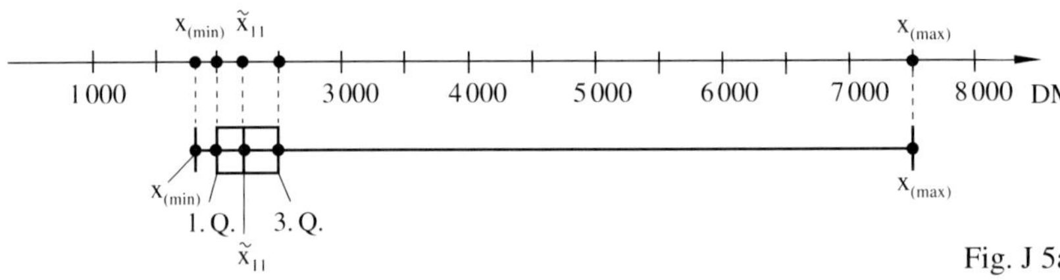


Fig. J 5a

Eine Boxplot-Darstellung für das Merkmal „Ährenlänge“ aus Beispiel J 1 gibt Fig. J 5b an.

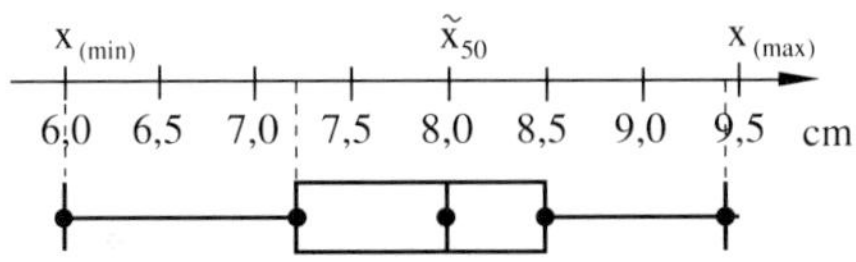


Fig. J 5b

Vergleicht man die beiden Boxplot-Darstellungen, so ist zu erkennen, dass sich für die Ährenlänge eine „ausgeglichenere“ Verteilung der Messwerte ergibt als für die Gehaltsstaffelung. Im zweiten Fall beeinflusst der „Ausreißerwert“ merklich die Länge des vierten Quartils gegenüber den ersten drei Quartilen.
Auf die Erörterung weiterer Mittelwerte, wie des geometrischen und des harmonischen Mittels, und der Möglichkeiten ihrer Verwendung wird hier verzichtet.

### J 3.4 Modalwert (Mode)

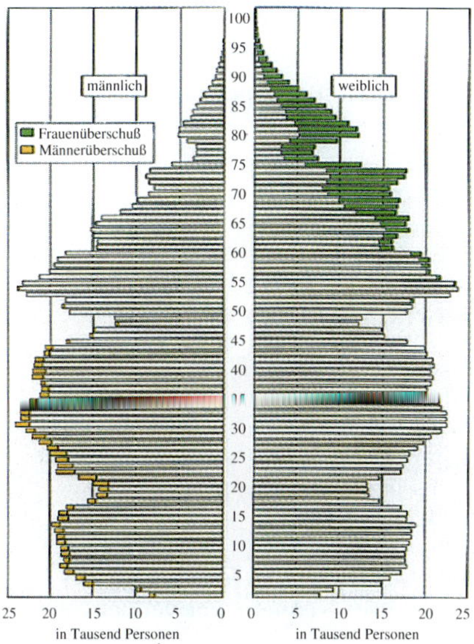


Der Modalwert $\hat{x}$ [1] (auch als Mode oder „Dichtemittel" bezeichnet) ist ein weiterer Lageparameter, der in der Praxis Verwendung findet.

> Definition J 6:
> Der **Modalwert** $\hat{x}$ ist der in einer Messreihe mit größter Häufigkeit auftretende Messwert.

J 6

Nicht immer lässt sich ein Modalwert $\hat{x}$ innerhalb einer Häufigkeitsverteilung eindeutig angeben. Bei der in Fig. J 6 dargestellten „Alterspyramide" der Bevölkerung Sachsen-Anhalts vom 31.12.1992 (Statistisches Jahrbuch 1993 Sachsen-Anhalt) kann jedoch genau ein Modalwert abgelesen werden: Das Alter von 52 bis 53 Jahren tritt bei Männern und Frauen offensichtlich mit größter Häufigkeit auf.

Fig. J 6

# J 4 Streuungsparameter

### J 4.1 Spannweite

Lageparameter beschreiben die Verteilung von Messwerten über einer Skala nur grob. Bei den fünf kennzeichnenden Werten eines Boxplots haben wir schon ein Maß für die Ausdehnung oder Streubreite der Messwerte insgesamt verwendet. Von Interesse ist häufig die Differenz zwischen dem maximalen und minimalen Messwert.

> Definition J 7:
> Die Differenz $R = x_{max} - x_{min}$ nennt man **Spannweite** oder **Variationsbreite** der Messwerte.

J 7

Die Spannweite ist ein Maß für die *Streuung* der Werte, denn sie gibt uns an, in welchem Skalenbereich oder Intervall alle Messwerte liegen.
Die durchschnittliche Abweichung oder Streuung um den Mittelwert kann man über den Durchschnitt der Differenzen zwischen jedem einzelnen Messwert x und dem arithmetischen Mittelwert $\bar{x}_n$ oder dem Median $\tilde{x}_n$ berechnen. Damit sich hierbei die positiven und negativen Abweichungen vom Mittelwert (also die „nach oben" und „nach unten") nicht aufheben, kann man – als *eine* Möglichkeit – von den Beträgen der Differenzen ausgehen. Man betrachtet also die absoluten Abweichungen vom Mittelwert und nennt dieses Maß „mittlere absolute Abweichung". Wir wollen auf die Anwendung der mittleren absoluten Abweichung nicht weiter eingehen, da diese nur bei der Untersuchung ökonomischer Erscheinungen als Streumaß Anwendung findet, wenn es um eine einfache und schnelle Berechnung für Vergleichszwecke geht.

[1] modal – die Art und Weise angebend, durch die Verhältnisse bedingt (abgeleitet von modo (lat.) – Art, Weise)

### J 4.2 Varianz und Standardabweichung

In der Technik, bei Qualitätskontrollen und anderen statistischen Prüfverfahren verwendet man als Streumaß nicht die mittlere absolute Abweichung. Von C. F. GAUSS stammt die Idee, die Abweichungen der Messwerte vom Mittelwert durch die Abstandsquadrate zu berechnen (s. „Formeln und Tabellen“, S. 55).

J 8

Definition J 8:
Ist $\bar{x}_n$ das arithmetische Mittel von n Messwerten $x_1, x_2, \ldots, x_n$, dann heißen die Zahlen

$$s_{n-1}^2 = \frac{1}{n-1}\sum_{i=1}^{n}(x_i - \bar{x}_n)^2$$ empirische **Varianz**[1] oder empirische **Streuung**

und

$$s_{n-1} = \sqrt{\frac{1}{n-1}\sum_{i=1}^{n}(x_i - \bar{x}_n)^2}$$ empirische **Standardabweichung**.

*Bemerkung:* Der Nenner (n – 1) liefert bessere statistische „Güteeigenschaften“, z. B. hinsichtlich der Erwartungstreue. Bei großem Stichprobenumfang kann statt (n – 1) der Nenner n verwendet werden.

J 5

Beispiel J 5:

| $x_i$ | $(x_i - \bar{x}_{12})$ | $(x_i - \bar{x}_{12})^2$ |
|---|---|---|
| 179 | 1,25 | 1,5625 |
| 168 | –9,75 | 95,0625 |
| 186 | 8,25 | 68,0625 |
| 188 | 10,25 | 105,0625 |
| 185 | 7,25 | 52,5625 |
| 178 | 0,25 | 0,0625 |
| 177 | –0,75 | 0,5625 |
| 175 | –2,75 | 7,5625 |
| 172 | –5,75 | 33,0625 |
| 183 | 5,25 | 27,5625 |
| 173 | –4,75 | 22,5625 |
| 169 | –8,75 | 76,5625 |
| 2133 | | 490,2500 |

Tab. J 7

Wenn man für die Verteilung der Körpergrößen aus Beispiel J 4 die empirische Varianz und die empirische Standardabweichung berechnen möchte, dann ist es zweckmäßig, die Tab. J 7 zu verwenden (auf die Angabe der Längeneinheit wird verzichtet):

Empirische Varianz: $s_{11}^2 = \frac{490{,}25}{11} \approx 44{,}6$

Empirische Standardabweichung:

$s_{11} = \sqrt{\frac{490{,}25}{11}} \approx 6{,}68$

Die Körpergrößen der jungen Männer weichen durchschnittlich um 6,68 cm vom arithmetischen Mittelwert ab.

# J 5 Ziele der beurteilenden Statistik

In den Kapiteln J 1 bis J 4 wurde an einigen ausgewählten Beispielen gezeigt, wie statistische Daten einer (vorgegebenen oder selbst realisierten) Stichprobe geordnet und dargestellt werden können. Zum Vergleichen verschiedener Stichproben haben wir darüber hinaus Mittelwerte und Streumaße für die vorliegenden Daten konkret berechnen können. Der Umfang der Stichprobe war z. T. aus praktischen oder rechnerischen Gründen relativ klein gehalten. Bei vorliegenden Urlisten können wir davon ausgehen, dass den berechneten Werten (z. B. Mittel- oder Streuwerte) – bezogen auf diese

[1] varius (lat.) – veränderlich

Stichproben – keinerlei Unsicherheit anhaftet. Aufgabe der beurteilenden Statistik ist es nun, von der Verteilung der Merkmalsausprägungen innerhalb der Stichprobe auf die Verteilung in der Grundgesamtheit zu schließen. Sichere Aussagen würde man nur erhalten, wenn für jedes Element der Grundgesamtheit die entsprechende Merkmalsausprägung bestimmt werden könnte. Man müsste also eine Totalerhebung durchführen, was aus bereits im Abschnitt J 1 erwähnten Gründen meist kaum realisierbar ist.

Überträgt man die berechneten Kenngrößen der jeweiligen Stichprobe auf die Grundgesamtheit, werden Sicherheitsrisiken bzw. Fehler auftreten. Die Irrtumsmöglichkeiten werden umso größer sein, wenn der Stichprobenumfang sehr klein ist. Aufgabe der beurteilenden Statistik ist es nun, diese Risiken oder Irrtumsmöglichkeiten mathematisch erfassbar zu machen.

Im Zusammenhang mit Binomialverteilungen werden wir Verfahren kennen lernen, um die Wahrscheinlichkeiten für Fehler zu berechnen, die bei der Annahme einer bestimmten Erfolgswahrscheinlichkeit p auftreten können.

Ein derartiges Problem wäre zu lösen, um beispielsweise folgende Frage beantworten zu können: „Wenn ein bestimmter Würfel in einer Stichprobe mit dem Umfang $n = 50$ die Augenzahl *‚Sechs‘* 18-mal erzeugt, können wir dann noch annehmen, dass es sich um einen regulären Würfel mit $p = \frac{1}{6}$ handelt?“

Das Aufgabenfeld der beurteilenden Statistik umfasst wesentlich mehr als die bereits erwähnten Anwendungsbereiche, z. B. neben dem **Testen** auch das **Schätzen** unbekannter Parameter.

Bei **Schätzproblemen** geht es darum, aus einer oder mehreren Stichproben Schätzwerte für unbekannte Wahrscheinlichkeiten (oder unbekannte Erwartungswerte u.a.) zu ermitteln sowie Vertrauensintervalle zu konstruieren, die z. B. die unbekannte Wahrscheinlichkeit mit einem hohen Maß an Sicherheit abdecken.

Bei **Testproblemen** ist mittels Stichproben zu entscheiden, mit welcher Irrtumswahrscheinlichkeit eine vorgegebene oder gewählte Hypothese angenommen oder abgelehnt wird bzw. welcher Ablehnungsbereich bei vorgegebener Irrtumswahrscheinlichkeit betrachtet wird. Wir wollen uns in diesem Buch auf Testprobleme beschränken, bei denen die Binomialverteilung verwendet werden kann.

# J 6 Testen von Hypothesen

## J 6.1 Alternativtest

J 6

Beispiel J 6:
Wir wählen folgendes Urnenmodell: Es sollen Kugeln mit Zurücklegen aus einer Urne mit roten und schwarzen Kugeln gezogen werden. Wir gehen von der Annahme aus, dass der Anteil der schwarzen Kugeln entweder $\frac{1}{6}$ oder $\frac{1}{2}$ ist. Nach n-maligem Ziehen einer Kugel ist zu entscheiden, welche Verteilung zutrifft.

Die Aufgabe besteht also darin, sich *für* oder *gegen* eine Verteilung zu entscheiden. Bei einer Stichprobe mit dem Umfang $n = 10$ erhalte man X schwarze Kugeln. Trifft nun $p_0 = \frac{1}{6}$ oder $p_1 = \frac{1}{2}$ zu? X ist binomialverteilt mit den Parametern $n = 10$ und $p_0 = \frac{1}{6}$ bzw. $p_1 = \frac{1}{2}$. In diesem Fall ist also zwischen den zwei alternativen Hypothesen

*$H_0$: X ist nach $B_{n;\,1/6}$ verteilt* bzw. *$H_1$: X ist nach $B_{n;\,1/2}$ verteilt*

zu entscheiden (kürzere Schreibweise: $H_0$: $p = \frac{1}{6}$; $H_1$: $p = \frac{1}{2}$).

$H_0$ nennt man die *Nullhypothese,* $H_1$ die zugehörige *Gegenhypothese.*
Folgendes Vorgehen wäre möglich: Wir ziehen n-mal und betrachten das Verhältnis von x gezogenen schwarzen Kugeln zur Gesamtzahl n der Ziehungen. Ist die Anzahl der schwarzen Kugeln „klein", dann entscheiden wir uns für $H_0$ – z. B. also:

a) Entscheidung *für* $H_0$, wenn $x \leq 2$. Der *Annahmebereich* für $H_0$ ist $A = \{0; 1; 2\}$.

b) Entscheidung *gegen* $H_0$, wenn $x > 2$. Der *Ablehnungsbereich* (Verwerfungsbereich oder kritische Bereich) für $H_0$ ist $\overline{A} = \{3; 4; \ldots; 10\}$.

Der Ablehnungsbereich für $H_0$ ist gleichzeitig der Annahmebereich für $H_1$.
Als entscheidenden oder *kritischen Wert k* haben wir hier die Anzahl von zwei schwarzen Kugeln gewählt.

Bei der Beurteilung dieses Testverfahrens ist zu bedenken, dass die Hypothese $H_0$ in Wirklichkeit richtig oder falsch sein kann. Unabhängig davon, wie wir uns bei einem Test aufgrund der erhaltenen Stichprobenwerte entscheiden, ist also eine Fehlentscheidung nie auszuschließen. Von den insgesamt zur Verfügung stehenden vier Entscheidungsmöglichkeiten sind nämlich zwei falsch:

| | Hypothese $H_0$ in Wirklichkeit | |
|---|---|---|
| | wahr | falsch |
| $H_0$ wird abgelehnt | Entscheidung falsch **Fehler 1. Art** | Entscheidung richtig |
| $H_0$ wird nicht abgelehnt | Entscheidung richtig | Entscheidung falsch **Fehler 2. Art** |

Man verwendet in diesem Zusammenhang folgende Bezeichnung:
*Fehler 1. Art*: Eine wahre Hypothese $H_0$ wird abgelehnt (verworfen).
*Fehler 2. Art*: Eine falsche Hypothese $H_0$ wird nicht abgelehnt (nicht verworfen).
Nachfolgend soll nun mit Bezug auf Beispiel J 6 erörtert werden, wie man das beim Testen auf obige Weise unvermeidliche Risiko rechnerisch ermitteln kann.

*1. Fall*: Irrtümliche Entscheidung für $H_1$

$H_0$ trifft in Wirklichkeit zu, d. h. $p = \frac{1}{6}$, aber die Stichprobe liefert mehr als zwei schwarze Kugeln.
Die Wahrscheinlichkeit für einen Fehler 1. Art berechnen wir durch

$B_{10;\,1/6}(\overline{A}) = B_{10;\,1/6}(\{3; 4; \ldots; 10\}) = 1 - B_{10;\,1/6}(\{0; 1; 2\}) = 0{,}225 \approx 23\%$.[1)]

Die Wahrscheinlichkeit, dass wir uns beim Ziehen von zwei schwarzen Kugeln irrtümlich für die Hypothese $H_1$ entscheiden, beträgt 23% (Fig. J 7a).

*2. Fall*: Irrtümliche Entscheidung für $H_0$

$H_1$ liegt in Wirklichkeit vor, d. h. $p = \frac{1}{2}$, aber die Stichprobe liefert keine, eine oder zwei schwarze Kugeln. Die Wahrscheinlichkeit für diesen Fehler 2. Art berechnen wir durch

$B_{10;\,1/2}(A) = B_{10;\,1/2}(\{0; 1; 2\}) = 0{,}055 \approx 6\ \%$ (Fig. J 7b).

[1)] Zur Ermittlung der Werte von $B_{n,\,p}(\{k\})$ verwenden wir die Tabelle der summierten Binomialverteilung. (In der Literatur wird auch von kumulierter Binomialverteilung oder von der Verteilungsfunktion gesprochen.)

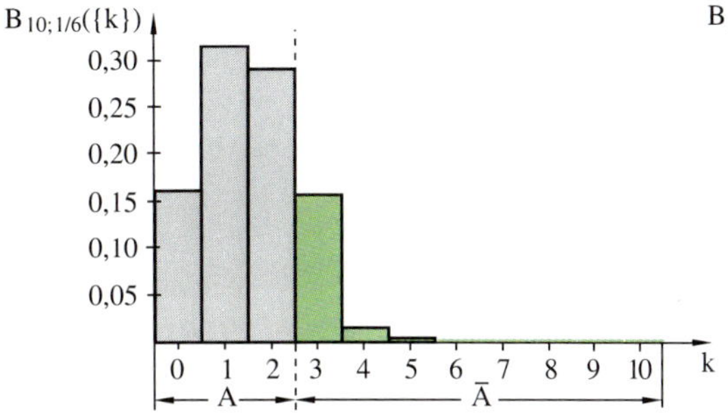


Fig. J 7a

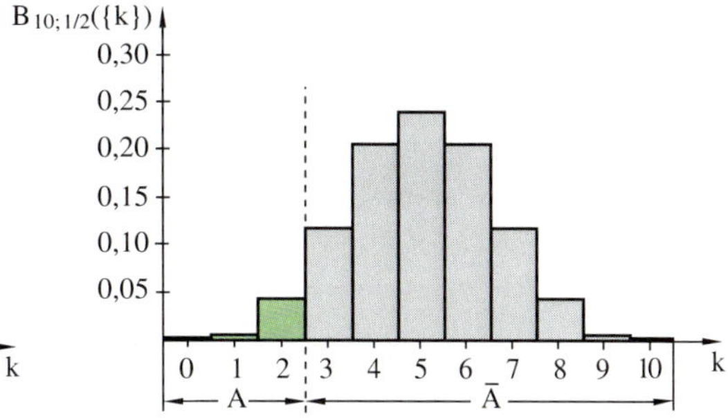


Fig. J 7b

Zusammengefasst hat sich damit also ergeben:

| Realität | Entscheidung für $H_0$ | Entscheidung für $H_1$ |
|---|---|---|
| $H_0$ liegt vor (p = 1/6) | 77% | **23%** |
| $H_1$ liegt vor (p = 1/2) | **6%** | 94% |

Wollen wir die Wahrscheinlichkeit für den Fehler 1. Art verkleinern, dann ist dies möglich, indem wir den kritischen Wert k vergrößern. Wählt man etwa k = 3, dann ist aus Fig. J 7a und J 7b zu erkennen, dass sich die Wahrscheinlichkeit für den Fehler 1. Art verringert, aber die des Fehlers 2. Art sich dafür vergrößert.

Berechnung für die Wahrscheinlichkeiten der Fehler 1. und 2. Art bei k = 3:

$B_{10;\,1/6}(\{4; 5; \ldots; 10\}) = 1 - B_{10;\,1/6}(\{0; 1; 2; 3\}) = 1 - 0{,}9303 = 0{,}0697 \approx 7\%$

$B_{10;\,1/2}(\{0; 1; 2; 3\}) = 0{,}1719 \approx 17\%$

Damit lässt sich feststellen:

Je *größer* man den *Annahmebereich* A für die Hypothese $H_0$ wählt, umso *kleiner* wird die Wahrscheinlichkeit für den *Fehler 1. Art*. Je *kleiner* man den *Annahmebereich* wählt, umso *kleiner* wird bei gleichem Stichprobenumfang die Wahrscheinlichkeit für den *Fehler 2. Art*.

Beim Testen pharmazeutischer Produkte, bei Qualitätskontrollen und anderen praktischen Anwendungsfällen muss man abwägen, welcher der Fehler möglichst klein werden soll.

Geht es darum, möglichst beide Fehlerarten klein zu halten, dann ist die Anzahl der Versuche zu erhöhen. Der Stichprobenumfang muss also größer werden. Wir beziehen uns wieder auf Beispiel J 6:

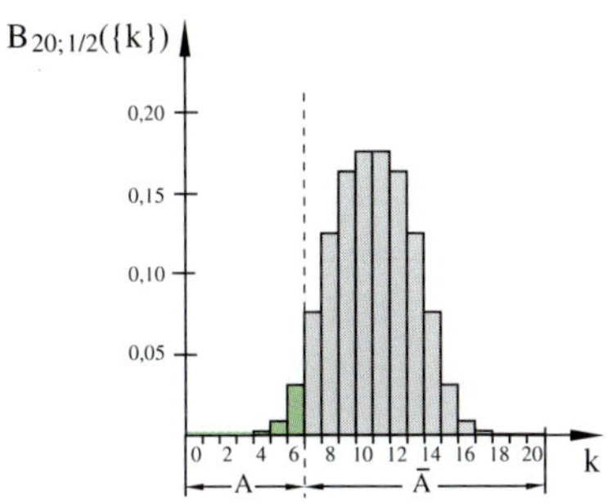


Fig. J 8a

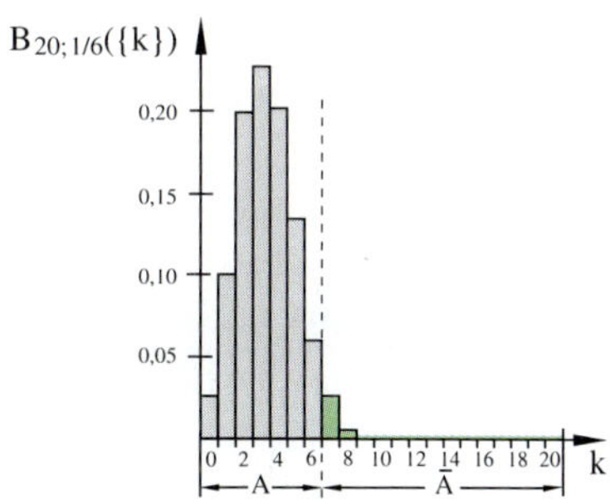


Fig. J 8b

In Fig. J 8a und J 8 b wurde für den Stichprobenumfang n = 20 und als kritischer Wert k = 6 gewählt. Der Annahmebereich für $H_0$ ist A = {0; 1; ...; 6}. Dann gilt:
$B_{20;\,1/2}(A) = B_{20;\,1/2}(\{0; 1; \ldots; 6\}) = 0{,}0577 \approx 5{,}8\%$
$B_{20;\,1/6}(\overline{A}) = B_{20;\,1/6}(\{7; 8; \ldots; 20\}) = 1 - B_{20;\,1/6}(\{0; 1; \ldots; 6\}) = 1 - 0{,}9629 = 0{,}037 \approx 3{,}7\%$
Zusammengefasst ergibt sich hier also:

| Realität | Entscheidung | |
|---|---|---|
| | für $H_0$ | für $H_1$ |
| $H_0$ liegt vor ($p = \frac{1}{6}$) | 96,3 % | **3,7 %** |
| $H_1$ liegt vor ($p = \frac{1}{2}$) | **5,8 %** | 94,2 % |

Es lässt sich also feststellen:
*Vergrößert* man den *Stichprobenumfang*, so werden die Wahrscheinlichkeiten für die *Fehler 1. und 2. Art verkleinert*. Die *Sicherheit* für die zu treffende Entscheidung *wächst*.

In praktischen Anwendungen solcher Testverfahren gilt es wieder abzuwägen zwischen einer gewissen Mindestsicherheit und dem dafür notwendigen Stichprobenumfang, denn aus Zeit- und Kostengründen darf der Stichprobenumfang nicht unnötig groß sein.

J 7 Beispiel J 7:
Zwei Sorten Saatgetreide mit einer Keimfähigkeit von 90 % bzw. 70 % wurden in verschiedenen Containern angeliefert, die nicht klar bez. der Keimfähigkeit des jeweiligen Inhalts gekennzeichnet waren. Es ist zu prüfen, wie groß die Keimfähigkeit des Saatgetreides in einem bestimmten Container ist. Wir testen die Hypothesen:
$H_0$: p = 0,9 („Die Keimfähigkeit des Getreides im Container beträgt 90%.")
$H_1$: p = 0,7 („Die Keimfähigkeit des Getreides im Container beträgt 70%.")
Zur Überprüfung werden 50 zufällig ausgewählte Getreidekörner aus einem Container auf Keimfähigkeit untersucht. X sei die zufällige Anzahl der keimenden Körner (unter den 50 ausgewählten). X kann als binomialverteilt mit den Parametern n = 50 und p angenommen werden (kleine Stichprobe aus großer Grundgesamtheit).
Wir haben nun zwischen den zwei Alternativen $H_0$ und $H_1$ zu entscheiden.
Der Erwartungswert für die Annahme, dass der Container Saatgut mit einer Keimfähigkeit von 90 % enthält, beträgt ca. 45 keimfähige Körner. Es ist sinnvoll, als Annahmebereich A = {45; ...; 50} und entsprechend als Ablehnungsbereich $\overline{A}$ = {0; ...; 44} zu wählen. Der kritische Wert wäre dann also k = 44. Es sind zwei Fehlentscheidungen möglich:
- Hypothese $H_0$ wird abgelehnt, obwohl sie in Wirklichkeit zutrifft (Fehler 1. Art).
- Hypothese $H_0$ wird nicht abgelehnt, obwohl sie in Wirklichkeit falsch ist (Fehler 2. Art).

a) Als Wahrscheinlichkeit für einen Fehler 1. Art erhalten wir dann
$B_{50;\,0,9}(\overline{A}) = B_{50;\,0,9}(\{0; \ldots; 44\}) = 1 - 0{,}6161 = 0{,}3839.$
Wir können die Wahrscheinlichkeit für diesen Fehler 1. Art verringern, indem wir den Ablehnungsbereich verkleinern und damit den Annahmebereich vergrößern. Wählen wir z. B. als kritischen Wert k = 40, dann ergibt sich als Ablehnungsbereich $\overline{A}$ = {0; ...; 40} und somit als Annahmebereich A = {41; ...; 50}. Daraus erhält man als Wahrscheinlichkeit für einen Fehler 1. Art:
$B_{50;\,0,9}(\overline{A}) = B_{50;\,0,9}(\{0; \ldots; 40\}) = 1 - 0{,}9755 = 0{,}0245$

Das heißt: Lehnen wir die Nullhypothese $H_0$ ab, wenn höchstens 40 Körner keimen, dann beträgt die Wahrscheinlichkeit etwa 2,5 %, dass wir die richtige Hypothese ablehnen. Auf den vorliegenden Sachverhalt bezogen hieße das also: Bei dem angewandten Prüfverfahren müsste man damit rechnen, in etwa 2,5 % der Fälle einen Container mit Saatgut der Keimfähigkeit 90 % irrtümlich als einen Container mit Saatgut der Keimfähigkeit 70 % einzustufen.

b) Wir haben uns in a) für einen kritischen Wert k = 40 entschieden, d. h. für $\overline{A} = \{0; \ldots; 40\}$ und $A = \{41; \ldots; 50\}$. Sind unter den 50 Getreidekörnern weniger als 41 keimfähig, dann spricht das gegen die Hypothese $H_0$, also würden wir uns für $H_1$ entscheiden und $H_0$ ablehnen.
Zufällig können aber mindestens 41 Körner keimen, obwohl p = 0,7 zutrifft. Als Wahrscheinlichkeit für einen Fehler 2. Art würde sich dann ergeben:
$B_{50;\,0,7}(A) = B_{50;\,0,7}(\{41; \ldots; 50\}) = 0{,}04023$
Das heißt: Lehnen wir die Nullhypothese $H_0$ nicht ab, wenn mehr als 40 (mindestens 41) Körner keimen, dann beträgt die Wahrscheinlichkeit etwa 4 %, dass wir uns fälschlich für $H_0$ entscheiden. Auf den vorliegenden Sachverhalt bezogen hieße das also: Bei dem angewandten Prüfverfahren müsste man damit rechnen, in etwa 4 % der Fälle einen Container mit Saatgut der Keimfähigkeit 70 % irrtümlich als einen Container mit Saatgut der Keimfähigkeit 90 % einzustufen.

Mit dem kritischen Wert k = 40 haben wir durch Probieren eine Entscheidungsregel gefunden, bei der sowohl die Wahrscheinlichkeit des Fehlers 1. Art als auch die des Fehlers 2. Art unter 5 % liegt.

In Beispiel J 6 und J 7 ging es darum, sich zwischen den Wahrscheinlichkeiten $p_0$ und $p_1$ zu entscheiden, d. h. zwischen den Binomialverteilungen mit den Parametern n und $p_0$ bzw. n und $p_1$. Da man sich bei solchen Testverfahren für oder gegen eine Verteilung entscheiden soll, nennt man ein derartiges Entscheidungsverfahren einen **Alternativtest**.

## J 6.2 Signifikanztest

Beispiel J 8: J 8
Ein Würfel mit den Augenzahlen „1" bis „6" brachte einer Schülerin beim „Mensch-ärgere-dich-nicht"-Spiel mehrmals hintereinander den Sieg, weil sie die Augenzahl „6" relativ oft würfelte. Ist der benutzte Würfel bezüglich dieser Augenzahl wirklich regulär?
Zur Beantwortung dieser Frage kann man folgendermaßen vorgehen:
*Nullhypothese* $H_0$: $p = \frac{1}{6}$ *Gegenhypothese* $H_1$: $p \neq \frac{1}{6}$
Als Erfolg bezeichnen wir, dass eine „6" gewürfelt wird. Wir würfeln n-mal (z. B. n = 50).
Die Hypothese $H_0$ soll abgelehnt werden, wenn die Wahrscheinlichkeit für den Fehler 1. Art höchstens 5% beträgt.
X sei die zufällige Anzahl der Sechsen bei 50 Würfen. X ist binomialverteilt mit den Parametern n = 50 und p. Die Wahrscheinlichkeit für den Fehler 1. Art ist in diesem Fall mit 5% vorgegeben, d. h. $B_{50;\,1/6}(\overline{A}) \leq 0{,}05$.
Wir lehnen $H_0$ ab, wenn die Anzahl der sich bei 50 Würfen ergebenden Augenzahlen „6" „zu groß" oder „zu klein" ist, d. h. $\overline{A} = \{0; 1; \ldots; k_1\} \cup \{k_2; \ldots; 50\}$. Der Ablehnungsbe-

reich $\overline{A}$ setzt sich hier aus zwei Mengen zusammen – er ist also zweiseitig. Die Wahrscheinlichkeit für den Fehler 2. Art können wir nicht ermitteln, weil $B_{50;\,p}(\{k_1 + 1; \ldots; k_2 - 1\})$ mit $p \neq \frac{1}{6}$ nicht eindeutig bestimmbar ist.

Bevor Beispiel J 8 weiter bearbeitet wird, wollen wir zunächst einige allgemeinere Überlegungen durchführen und zugehörige Begriffe erklären:

Für die Wahrscheinlichkeit des Fehlers 1. Art wählt man eine Zahl $\alpha$ mit $0 < \alpha < 1$ als obere Schranke. Diese Schranke für die Wahrscheinlichkeit des Fehlers 1. Art wird **Signifikanzniveau** $\alpha$ genannt. Von einem **Signifikanztest** spricht man, wenn im Prinzip nur *eine* Hypothese $H_0$ untersucht wird.[1)] Mit einer Stichprobe vom Umfang n soll hier eine Entscheidung gefunden werden, ob die Nullhypothese $H_0$ über eine unbekannte Wahrscheinlichkeit bei einem vorgegebenen Signifikanzniveau nicht abzulehnen (also anzunehmen) oder abzulehnen ist. Für praktische Anwendungen wählt man als Signifikanzniveau 5% oder 1%. Man spricht von einem **signifikanten Ergebnis,** wenn $\alpha = 5\%$ ist, und von einem **hochsignifikanten Ergebnis,** wenn $\alpha = 1\%$ ist.

Bezogen auf Beispiele, die sich als BERNOULLI-Experimente darstellen lassen, geht man dann in folgender Weise vor:
Vor der Stichprobenentnahme formulieren wir die Nullhypothese $H_0$ und bestimmen (bei vorgegebenem Signifikanzniveau $\alpha$) den Annahmebereich A und den Ablehnungsbereich $\overline{A}$. Erhalten wir nun beim n-maligen unabhängigen Durchführen des entsprechenden Zufallsexperiments als Anzahl der „Erfolge" die Zahl x, so können wir folgende Entscheidungen treffen:

$x \in A \Rightarrow H_0$ wird nicht abgelehnt, $\qquad x \in \overline{A} \Rightarrow H_0$ wird abgelehnt.

In der Regel sind Annahme- und Ablehnungsbereich beliebig wählbar. Sinnvollerweise wählt man aber die Bereiche so, dass die Wahrscheinlichkeit für den Fehler 1. Art möglichst gering gehalten wird. Die Wahrscheinlichkeit für den Fehler 1. Art wird auch als *Irrtumswahrscheinlichkeit* bezeichnet.

Wir kehren zur Betrachtung von Beispiel J 8 zurück:
Gesucht sind $k_1$ und $k_2$ aus der Ungleichung $B_{50;\,1/6}(\{0; 1; \ldots; k_1\} \cup \{k_2; \ldots; 50\}) \leq 0{,}05$.
Das Signifikanzniveau als obere Schranke der Wahrscheinlichkeit für den Fehler 1. Art wird halbiert. Dadurch entstehen zwei Ungleichungen, die zu lösen sind:
$B_{50;\,1/6}(\{0; 1; \ldots; k_1\}) \leq 0{,}025$ und $B_{50;\,1/6}(\{k_2; \ldots; 50\}) \leq 0{,}025$
Bei diesem zweiseitigen Bereich $\overline{A}$ suchen wir eine möglichst große ganze Zahl $k_1$ und eine möglichst kleine ganze Zahl $k_2$, so dass die beiden Ungleichungen erfüllt sind.
Aus der Tabelle der summierten Binomialverteilung kann man für
$B_{50;\,1/6}(\{0; 1; \ldots; k_1\}) \leq 0{,}025$
den Wert für $k_1$ ermitteln, nämlich $k_1 = 3$.
Die Ungleichung $B_{50;\,1/6}(\{k_2; \ldots; 50\}) \leq 0{,}025$ lösen wir analog über die Ungleichung $B_{50;\,1/6}(\{0; 1; \ldots; k_2 - 1\}) \geq 0{,}975$ und erhalten $k_2 - 1 = 14$, also $k_2 = 15$.
Damit lässt sich feststellen:
Führen wir das Zufallsexperiment 50-mal durch und erhalten eine Anzahl von Augenzahlen „6", die im zweiseitigen Ablehnungsbereich $\overline{A} = \{0; 1; 2; 3\} \cup \{15; 16; \ldots; 50\}$ liegt, dann lehnen wir die Nullhypothese, dass der Würfel bezüglich der „6" regulär ist, mit einer Irrtumswahrscheinlichkeit von höchstens 5% ab.

1) Die Gegenhypothese $H_1$ ergibt sich als Negation der Nullhypothese.

J 9

Beispiel J 9:
Vor Wahlen werden Prognosen über die Chancen der einzelnen politischen Parteien aufgestellt. Um solche Prognosen zu erhärten, wählt man eine bestimmte Anzahl stimmberechtigter Personen nach einem Zufallsprinzip aus und befragt sie unabhängig voneinander. Die Partei P hatte bei der letzten Wahl einen Stimmenanteil von 40%. Vor der neuen Wahl möchte diese Partei nun wissen, ob sich ihr Wahlergebnis verändern wird. Dazu befragt man 100 Personen und prüft die Hypothese „Der Stimmenanteil ist höchstens gleich geblieben". Die Wahrscheinlichkeit, dass man irrtümlich auf eine Erhöhung des Stimmenanteils schließt, soll nicht größer als 10% (5%) sein.

a) Als „Erfolg" werde bezeichnet, wenn die befragte Person die Partei P wählen will. X sei die zufällige Anzahl solcher Personen aus der befragten Stichprobe. X kann als binomialverteilt mit den Parametern $n = 100$ und p angenommen werden.
Nullhypothese $H_{0_1}$: $p \leq 0{,}4$ Gegenhypothese $H_{1_1}$: $p > 0{,}4$
Die Nullhypothese ist abzulehnen, wenn die Anzahl der Personen, welche die Partei P wählen wollen, „groß" ist. Der Ablehnungsbereich wäre dann $\overline{A} = \{k; k + 1; \ldots; 100\}$.
In diesem Fall spricht man von einem „rechtsseitigen Ablehnungsbereich". Es gilt:
$B_{100;\,p}(\overline{A}) \leq B_{100;\,0,4}(\overline{A})$ für $p \leq 0{,}4$
Bei einem Signifikanzniveau von 10% können wir aus der Tabelle für
$B_{100;\,0,4}(\{k; k + 1; \ldots; 99; 100\}) \leq 0{,}1$
den Wert $k = 47$ entnehmen. Also gilt: $\overline{A} = \{47; 48; \ldots; 100\}$
Bei einem Signifikanzniveau von 5% entnimmt man der Tabelle für
$B_{100;\,0,4}(\{k; k + 1; \ldots; 99; 100\}) \leq 0{,}05$
den Wert $k = 49$, woraus $\overline{A} = \{49; 50; \ldots; 100\}$ folgt.
Also: Wollen mindestens 49 befragte Personen die Partei P wählen, dann lehnen wir die Nullhypothese $H_{0_1}$ mit $p \leq 0{,}4$ auf dem Signifikanzniveau von 5% ab.

b) Definieren wir als „Erfolg", wenn die befragte Person die Partei P *nicht* wählt, so ergibt sich für die einzelnen Schritte:
Nullhypothese $H_{0_2}$: $p \geq 0{,}6$ Gegenhypothese $H_{1_2}$: $p < 0{,}6$
linksseitiger Ablehnungsbereich $\overline{A} = \{0; 1; \ldots; k - 1; k\}$
$B_{100;\,p}(\overline{A}) \leq B_{100;\,0,6}(\overline{A})$ für $p \geq 0{,}6$
Bei einem Signifikanzniveau von 10% können wir aus der Tabelle für
$B_{100;\,0,6}(\{0; 1; \ldots; k\}) \leq 0{,}1$
den Wert $k = 53$ entnehmen. Also gilt: $\overline{A} = \{0; 1; \ldots; 52; 53\}$
Bei einem Signifikanzniveau von 5% entnimmt man der Tabelle für
$B_{100;\,0,6}(\{0; 1; \ldots; k\}) \leq 0{,}05$
den Wert $k = 51$, woraus $\overline{A} = \{0; 1; \ldots; 50; 51\}$ folgt.
Also: Wollen höchstens 51 befragte Personen die Partei P nicht wählen, dann lehnen wir die Nullhypothese $H_{0_2}$ mit $p \geq 0{,}6$ auf dem Signifikanzniveau von 5% ab.

c) Beim Vergleich von a) und b) ist festzustellen, dass wir den Ablehnungsbereich für b) bereits in a) ablesen können: Bei einem Signifikanzniveau von 10% entsprechen höchstens 53 Nichtwähler mindestens 47 Wählern der Partei P.

Beim Testen auf diese Weise darf man im Falle der Nichtablehnung der Nullhypothese keinesfalls davon ausgehen, dass die Nullhypothese dann gilt. Es lässt sich nur sagen: „Es gibt keinen Grund, die Nullhypothese auf dem Signifikanzniveau $\alpha$ abzulehnen."

# Register

# Personenregister[1]

**D´Alembert, Jean, Baptiste le Rond;** (1717–1783); Paris; führender französischer Mathematiker des 18. Jahrhunderts, führte Grenzwertbegriffe ein, grundlegende Arbeiten zur theoretischen Physik, zur Theorie der partiellen Differentialgleichungen

**Archimedes;** um 287 v. u. Z.–212 v. u. Z.; Syrakus; „Integralrechnung", Hebelgesetz, Archimedisches Prinzip

**Bayes, Thomas;** Tunbridge Wells; 1702–1761; Wahrscheinlichkeitstheorie (Bayessche Regel); Statistik

**Bernoulli, Jakob;** 1654–1705; Basel; grundlegende Arbeiten zur Analysis

**Bernoulli, Johann;** 1667–1748; Basel; grundlegende Arbeiten zur Infinitesimalrechnung und zur Mechanik

**Bolzano, Bernhard;** 1781–1848; Prag; grundlegende Arbeiten zur Analysis und Mengenlehre

**Bombelli, Raffael;** 1526–1572; Bologna; Ingenieur und Mathematiker; rechnete als erster mit komplexen Zahlen

**Cauchy, Augustin Louis;** 1789–1857; Paris; grundlegende Arbeiten zur Infinitesimalrechnung und mathematischen Physik

**Chintchin, Alexander;** 1894–1959; Moskau; Wahrscheinlichkeitstheorie; Analysis, Statistik, Informationstheorie

**Cramer, Gabriel;** 1704–1752; Genf; Determinanten

**Dandelin, Pierre Germinal;** 1794–1847; Geometrie

**Descartes, René;** 1596–1650; Paris, Amsterdam; Mitbegründer der analytischen Geometrie, philosophische Schriften

**Dirichlet, Peter Gustav Lejeune;** 1805–1859; Göttingen und Berlin; Begründer der analytischen Zahlentheorie; grundlegende Arbeiten zur Analysis und Potentialtheorie

**Euler, Leonhard;** 1707–1783; St. Petersburg und Berlin; bedeutendster Mathematiker des 18. Jahrhunderts; grundlegende Arbeiten zur Infinitesimalrechnung; Zahlentheorie; Variationsrechnung; Algebra; angewandte Mathematik

**Fermat, Pierre de;** 1601–1665; Toulouse; Mitbegründer der analytischen Geometrie und der Wahrscheinlichkeitstheorie; grundlegende Arbeiten zur Infinitesimalrechnung und Zahlentheorie

**Fischer, Ronald A.;** 1890–1962; Adelaide, London, Cambridge; Statistik

**Fourier, Jean-Baptiste-Joseph de;** 1768–1830; Paris; grundlegende Untersuchungen über trigonometrische Reihen und zur mathematischen Physik

**Galilei, Galileo;** 1564–1642; Italien; Physik, Astronomie

**Galton, Francis;** 1822–1911; London; Vererbungstheorie, Galtonbrett (Demonstration der Binomialverteilung)

**Graßmann, Hermann;** 1809–1877; Stettin; Vektoralgebra, Physik, Sprachwissenschaft

**Gauß, Carl Friedrich;** 1777–1855; Göttingen; bedeutendster Mathematiker der Neuzeit, fundamentale Arbeiten zur Zahlentheorie, Potentialtheorie, nichteuklidischen Geometrie, Analysis, angewandten Mathematik, Physik und Astronomie

**Hamilton, William Rowan;** 1805–1865; Dublin; Mechanik, theoretische Optik, Quaternionenkalkül

**Hesse, Ludwig Otto;** 1811–1874; Königsberg, Halle, Heidelberg, München; Invariantentheorie, analysische Geometrie, Determinanten

**Hippokrates von Chios;** 440 v. u. Z.; griechischer Mathematiker; speziell Geometer

[1] Es werden jeweils angegeben: Name, Vorname; Geburts- und Sterbejahr; hauptsächliche Wirkungsstätten; wichtigste wissenschaftliche Arbeitsgebiete bzw. Leistungen